LEÇONS

ÉLÉMENTAIRES

DE

MATHÉMATIQUES.

Par M. l'Abbé DE LA CAILLE, *de l'Académie Royale des Sciences, de celles de Pétersbourg, de Berlin, de Stockholm, de Gottingue, & de l'Institut de Bologne; Professeur de Mathématiques au Collége Mazarin.*

NOUVELLE ÉDITION,

Avec de nouveaux Eléments d'Algèbre, de Géométrie, de Trigonométrie rectiligne & sphérique, de Sections coniques, de plusieurs autres Courbes, des Lieux géométriques, de Calcul Différentiel & de Calcul Intégral.

Par M. l'Abbé MARIE, *de la Maison & Société de Sorbonne, Sous-Précepteur des Enfants de Monseigneur* LE COMTE D'ARTOIS; *ci-devant Professeur de Mathématiques au Collége Mazarin.*

A PARIS,

Chez la Veuve DESAINT, Libraire,
rue du Foin S. Jacques.

———————————

M. DCC. LXXXIV.

Avec Approbation, & Privilege du Roi.

PRÉFACE.

Les Éléments d'Arithmétique, d'Algèbre, de Géométrie, de Trigonométrie Rectiligne, & de Trigonométrie Sphérique forment la première Partie de cet Ouvrage. La seconde contient un abrégé des Sections Coniques, de plusieurs autres Courbes, & des Lieux Géométriques. Elle est terminée par les Éléments du Calcul Différentiel, & du Calcul Intégral.

Pour faire entrer ces diverses matières dans un seul Volume, il a fallu les presser un peu, & supprimer assez souvent des opérations intermédiaires dans le courant des calculs. Il en est résulté le double avantage, de renfermer entre des limites assez étroites toutes les parties élémentaires des Mathématiques pures, & d'offrir aux Lecteurs une suite de difficultés propres à exercer leurs forces, & à provoquer leur ardeur.

Cette lutte continuelle produit les meilleurs effets pour les jeunes Gens destinés à faire des progrès rapides dans les Mathématiques. Rien ne les flatte, rien ne les anime comme le plaisir de vaincre ces difficultés. Rien aussi ne leur donne plus de facilité pour les Calculs, & plus d'énergie pour la réfolution des Problêmes.

Voulant leur procurer ces avantages, M. *l'Abbé de la Caille*, dont la mémoire eſt ſi juſtement célèbre, rédigea ſes Leçons de Mathématiques d'après ce plan. Je m'y ſuis conformé dans les différentes Éditions que j'ai données de ſon Ouvrage.

J'ai mis en petit caractère, ce qui m'a paru moins utile ou moins aiſé. On pourra donc ſe borner à ce qui eſt en gros caractère, quand on voudra n'apprendre que les premiers Eléments des Mathématiques. Si on veut pouſſer plus loin cette étude, il faut ne lire d'abord que ce qui eſt en gros caractère, après quoi on reprendra dans une ſeconde lecture tout le fil de ces Leçons.

TABLE
DES CHAPITRES

ET DE QUELQUES MÉTHODES PRINCIPALES.

ÉLÉMENTS D'ARITHMÉTIQUE, Page 2
Des Regles de l'Arithmétique, 4
De l'Addition, 5
De la Souftraction, 7
De la Multiplication, 9
De la Divifion, 16

DES FRACTIONS.

De quelques opérations préliminaires, 29
De l'Addition des Fractions, 34
De la Souftraction des Fractions, 35
De la Multiplication des Fractions, Ibid.
De la Divifion des Fractions, 37

DES FRACTIONS DÉCIMALES, 40

De l'Addition, Souftraction, Multiplication & Divifion
des Fractions décimales, 41
De la Transformation & de l'utilité des décimales, 47
De quelques autres Fractions, 52

ÉLÉMENTS D'ALGEBRE.

Notions préliminaires, 60

De l'Addition Algébrique,   65
De la Souftraction Algébrique,   66
De la Multiplication Algébrique,   67
De la Divifion Algébrique,   72
De la formation des Puiffances,   79
De la maniere d'exprimer & de calculer toutes fortes
   de Puiffances, au moyen de leurs expofants,   87
De l'extraction des Racines, & en particulier de la
   Racine quarrée,   93
De l'extraction de la Racine cubique,   104
Deux méthodes pour extraire par approximation les
   Racines d'un degré quelconque,   106

APPLICATION DE L'ALGEBRE

A LA RÉSOLUTION DE QUELQUES PROBLÊMES,   114

Réfolution des Équations du premier degré,   115
Réfolution des Équations du fecond degré,   130

DES RAPPORTS ET DES PROPORTIONS,   139

Des Proportions & Progreffions Arithmétiques,   142
Des Proportions & Progreffions Géométriques,   150

DE LA REGLE DE TROIS

ET DE QUELQUES AUTRES REGLES QUI EN DÉPENDENT,
   164

Regle de Compagnie,   167
Regle d'Alliage,   169
Régle de fauffe Pofition,   172
Regle d'intérêt,   179
Quelques Notions fur les Séries,   181
De la Sommation des Séries,   185
De la Méthode inverfe des Séries,   190

DES LOGARITHMES,   194

Des Propriétés des Logarithmes en général,   198
Du Calcul des Logarithmes par les Séries,   200

De l'usage des Logarithmes dans la résolution de plusieurs Équations,   203

INTRODUCTION A LA RÉSOLUTION
DES EQUATIONS DES DEGRÉS SUPÉRIEURS,   205

Démonstration de la formule du Binome,   207
Méthode pour trouver les Facteurs } du premier degré, 214
  commensurables,   } du second degré, 216
Maniere de transformer les Équations, & d'en faire
  évanouir le second terme,   219
Du Calcul des Quantités radicales,   221
Méthode pour extraire les Racines des quantités en
  partie rationelles & en partie incommensurables,   225
Résolution des Équations du troisieme degré,   228
Résolution des Équations du quatrieme degré,   231
Des Équations plus élevées que celles du quatrieme degré, 236
Méthode générale pour en trouver les Facteurs d'un
  degré quelconque,   Ibid.
Méthode pour trouver les Racines par approximation, 238
Méthode pour trouver les Racines égales,   240
Des Prolêmes indéterminés du premier degré,   241

ÉLÉMENTS DE GÉOMÉTRIE,

PREMIERE PARTIE.

Des Lignes,   252
Des Angles,   254
Des Lignes perpendiculaires,   256
Des Lignes perpendiculaires considérées dans le Cercle, 258
Des Tangentes,   260
Des Lignes paralleles,   261
De la mesure des Angles,   263

TABLE
DES FIGURES.

Du Triangle, 265
De la similitude & de l'égalité des Triangles, 267
Des autres Polygones & de leurs principales propriétés, 270
De Polygones symmétriques, 272
Des Polygones réguliers, 273
Des Lignes proportionnelles, 277
Des Lignes proportionelles considérées dans le Cercle, 282
Solutions de quelques Problêmes sur les Lignes propor-
    tionelles, 285
Construction géométrique des Équations déterminées
    du premier & du second degré, 287
Des Figures semblables, 292

SECONDE PARTIE DES ÉLÉMENTS DE GÉOMÉTRIE.

Des Surfaces, 294
De la comparaison des Surfaces, 299
Des Surfaces planes, 304
Des Lignes droites coupées par des plans paralleles, 307

TROISIEME PARTIE DES ÉLÉMENTS DE GÉOMÉTRIE.

Des Solides, 309
De la mesure des Surfaces des Solides, 313
De la mesure des Solides, 316

APPLICATION DES PRINCIPES
DE GÉOMÉTRIE ET D'ALGEBRE AU CALCUL DES SINUS ET A LA TRIGONOMÉTRIE, 324

Du Calcul des Sinus, Ibid.
Du Calcul des Tables de Sinus par les Séries, 334
Méthode d'approximation pour trouver la Quadrature
    du Cercle, 339
Résolution des Équations du troisieme degré dans le
    cas irréductible, par les Sinus, 341
Résolution des Triangles, par les Sinus, Cosinus, &c. 343

RÉSOLUTION DES TRIANGLES SPHÉRIQUES, 349

Principes & Proportions pour la Résolution des Triangles sphériques, 355
Applications des Principes & des Proportions qui précédent, 358
Résolution des Triangles sphériques-obliquangles, 363
Quelques Applications de la Trigonométrie sphérique, 369

TRAITÉ ANALYTIQUE DES SECTIONS CONIQUES.

Notions préliminaires sur l'usage de l'Algebre, dans la description des Courbes, 374
Origine des Sections Coniques, & leur Équation générale, 380
De la Parabole, 382
De l'Ellipse, 384
De l'Hyperbole, 390
De la Quadrature des Sections Coniques, 397
De quelques autres Courbes, 403
Des Lieux géométriques, 411
Résolution des Problêmes indéterminés du second degré, 416
Résolution des Problêmes déterminés qui ne passent pas le quatrieme degré, 421

ÉLÉMENTS DU CALCUL DIFFÉRENTIEL, 428

Regles du Calcul différentiel, 432
Des Différentielles secondes, troisiemes, &c. 434
Des Différentielles Logarithmiques & Exponentielles, 435
Des Différentielles des quantités affectées de Sinus, de Cosinus, &c. 437
Applications du Calcul différentiel à la théorie des Courbes, 439
Des Développées, 444

Des Points d'inflexion, & de la Méthode de Maximis
& Minimis ,   449
Des Fractions dont le Numérateur & le Dénominateur
se réduisent à zéro dans certains cas ,   455
Quelques autres Applications du Calcul différentiel, 458.

ÉLÉMENTS DU CALCUL INTÉGRAL , 471

Méthode pour ramener l'intégration de plusieurs
Différentielles binomes à celles d'autres Dif-
férentielles connues ,   474
De l'intégration des Fractions différentielles , ra-
tionelles ,   479
Méthode pour intégrer par Séries ,   485.
De l'intégration des Différentielles Logarithmiques
& Exponentielles ,   489.
De l'intégration des Quantités Différentielles où il
entre des Sinus , des Cosinus , &c.   493.
De l'Intégration des Différentielles à plusieurs
Variables ,   498
Applications du Calcul Intégral ,   503
De la Quadrature des Courbes ,   Ibid.
De la Rectification des Courbes ,   507
De la Mesure des Solidités ,   510
Des Surfaces courbes des Solides de révolution ,   512
De la Méthode inverse des Tangentes , & des Équa-
tions différentielles ,   513.
Résultats des Solutions de quelques Problèmes énoncés
dans le cours de l'Ouvrage ,   521

TABLE

Des Numéros ajoutés ou changés.

NUMÉROS AJOUTÉS.	NUMÉROS CHANGÉS.
Depuis le Numéro 5 juſqu'au Numéro 15.	Depuis le Numéro 1 juſqu'au Numéro 5.
16	15
29	17.............23
32	36.............39
39 . 40.	63
43.............51	67
59	71.............74
64	80
68.............71	97
74	106.............126
77.............80	131
81.............97	137
100.............106	149.............164
113.............116	217.............229
126.............129	230.............251
132.............137	282
141.............149	
167.............175	
180.............185	
186.............217	
229	
251.............274	
275.............280	
283.............288	
296.............358	

Depuis le commencement de la Géométrie, Numéro 358, juſqu'à la fin de l'Ouvrage, Numéro 929, tout a été ajouté, ou entiérement changé, à l'exception des Numéros 509, 575, 657, 658 : de maniere que ce qui reſte de l'Ouvrage de M. l'Abbé DE LA CAILLE ne fait pas la dixieme partie de celui-ci.

EXTRAIT DES REGISTRES DE L'ACADEMIE ROYALE DES SCIENCES.

Du 12 Août 1778.

MEſſieurs DE LA LANDE & BAILLY qui avoient été nommés par l'Académie pour examiner la ſeconde Édition des *Leçons de Mathématiques de feu M. l'Abbé* DE LA CAILLE, *augmentées conſidérablement par M. l'Abbé* MARIE, en ayant fait leur rapport, l'Académie a jugé cet Ouvrage digne d'être approuvé & imprimé ſous ſon Privilege ; en foi de quoi j'ai ſigné le préſent Certificat. A Paris, le 12 Août 1778.

LE MARQUIS DE CONDORCET.

PRIVILEGE DU ROI.

LOUIS, par la grace de Dieu, Roi de France & de Navarre, à nos amés & féaux Conſeillers, les Gens tenans nos Cours de Parlement, Maîtres des Requêtes orninaires de notre Hôtel, Grand Conſeil, Prévôt de Paris, Baillifs, Sénéchaux, leurs Lieutenants Civils, & autres nos Juſticiers qu'il appartiendra : SALUT. Nos bien-amés LES MEMBRES DE L'ACADÉMIE ROYALE DES SCIENCES de notre bonne Ville de Paris, Nous ont fait expoſer qu'ils auroient beſoin de nos Lettres de Privilege pour l'impreſſion de leurs Ouvrages : A CES CAUSES, voulant favorablement traiter les Expoſants, Nous leur avons permis & permettons par ces Préſentes, de faire imprimer, par tel Imprimeur qu'ils voudront choiſir, toutes les Recherches ou Obſervations joürnalieres, ou Relations annuelles de tout ce qui aura été fait dans les Aſſemblées de ladite Académie Royale des Sciences, les Ouvrages, Mémoires ou Traités de chacun des Particuliers qui la compoſent, & généralement tout ce que ladite Académie voudra faire paroître, après avoir fait examiner leſdits Ouvrages, & jugé qu'ils feront dignes de l'impreſſion, en tels volumes, forme, marge, caracteres, conjointement ou ſéparément, & autant de fois que bon leur ſemblera, & de les faire vendre & débiter par-tout notre Royaume, pendant le temps de vingt années conſécutives, à compter du jour de la date des Préſentes ; ſans toutefois qu'à l'occaſion des Ouvrages ci-deſſus ſpécifiés, il en puiſſe être imprimé d'autres qui ne ſoient pas de ladite Académie. Faiſons défenſes à toutes ſortes de perſonnes, de quelque qualité & condition qu'elles ſoient, d'en introduire d'impreſſion étrangere dans aucun lieu de notre obéiſſance ; comme auſſi à tous Libraires & Imprimeurs d'imprimer ou faire imprimer, vendre, faire vendre, & débiter leſdits Ouvrages, en tout ou en partie, & d'en faire aucunes traductions ou extraits ſous quelque prétexte que ce puiſſe être, ſans la permiſſion expreſſe & par écrit deſdits Expoſants, ou de ceux qui auront droit d'eux ; à peine de confiſcation des Exemplaires contrefaits, de trois mille livres d'amende contre chacun des Contrevenants ; dont un tiers à Nous, un tiers à l'Hôtel-Dieu de Paris, & l'autre tiers auxdits Expoſants, ou à celui qui aura droit d'eux, & de tous dépens, dommages & intérêts ; à la charge que ces Préſentes ſeront enregiſtrées tout au long ſur le Regiſtre de la Communauté des Libraires & Imprimeurs de Paris, dans trois mois de la date d'icelles ; que l'impreſſion deſdits Ouvrages ſera faite dans notre Royaume, & non ailleurs, en bon papier & beaux caracteres, conformément aux Réglements de la Librairie ; qu'avant de les expoſer en vente, les Manuſcrits ou imprimés qui auront ſervi de copie à l'impreſſion deſdits Ouvrages, ſeront remis ès mains de notre très-cher & féal Chevalier, Garde des Sceaux de France, le ſieur HUE DE MIROMESNIL ; qu'il en ſera enſuite remis deux Exemplaires dans notre Bibliothéque publique, un dans celle de notre Château du Louvre, & un dans celle de notre très-cher & féal Chevalier, Chancelier de France, le ſieur DE MAUPEOU, & un dans celle dudit ſieur HUE DE MIROMESNIL ; le tout à peine de nullité deſdites Préſentes, du contenu deſquelles vous mandons & enjoignons de faire jouir leſdits Expoſants & leurs ayans cauſe, pleinement & paiſiblement, ſans ſouffrir qu'il leur ſoit fait aucun trouble ou empêchement. Voulons que la copie des Préſentes, qui ſera imprimée tout au long, au commencement ou à la fin deſdits Ouvrages, ſoit tenue pour duement ſignifiée ; & qu'aux copies collationnées par l'un de nos amés & féaux Conſeillers & Secrétaires, foi ſoit ajoutée comme à l'original : commandons au premier notre Huiſſier ou Sergent ſur ce requis, de faire, pour l'exécution d'icelles, tous actes requis & néceſſaires, ſans demander autre permiſſion, & nonobſtant Clameur de Haro, Charte Normande, & Lettres à ce contraires. CAR tel eſt notre plaiſir. DONNÉ à Paris le premier jour de Juillet, l'an de grace mil ſept cent ſoixante-dix-huit, & de notre regne le cinquieme. Par le Roi en ſon Conſeil.

Signé LEBEGUE.

Regiſtré ſur le Regiſtre XX de la Chambre Royale & Syndicale des Libraires & Imprimeurs de Paris, N°. 1477, folio 582, conformément au Réglement de 1723, qui fait défenſes, article 4, à routes personnes, de quelque qualité & condition qu'elles soient, autres que les Libraires & Imprimeurs, de vendre, débiter & faire afficher aucuns Livres pour les vendre en leur nom, soit qu'ils s'en disent les Auteurs ou autrement, & à la charge de fournir à la susdite Chambre huit exemplaires, prescrits par l'art. CVII, du même Réglement. A Paris le 20 Août 1778.

Signé A. M. LOTTIN l'aîné, Syndic.

LEÇONS

LEÇONS
ÉLÉMENTAIRES
DE MATHÉMATIQUES.

1. $\mathbf{O}$N comprend fous le nom de *Mathématiques*, les Sciences qui ont pour objet les Nombres, l'Étendue, le Mouvement, la Lumiere, .& en général tout ce qui eft fufceptible d'augmentation ou de diminution.

2. Mais chacune de ces Sciences a une dénomination particuliere, fuivant la nature de l'objet qu'elle contemple. La Science des Nombres, par exemple, s'appelle *Arithmétique*. Celle. qui a pour objet la connoiffance des dimenfions de l'Étendue, s'appelle *Géométrie*. La Science du Mouvement, s'appelle *Méchanique :* celle qui traite de la Lumiere, s'appelle *Optique*, & ainfi des autres.

3. L'Arithmétique fert de fondement aux autres parties des Mathématiques. Elle eft d'ailleurs d'un ufage fi univerfel dans la fociété, qu'il faut au moins favoir en pratiquer les premieres regles.

A

ÉLÉMENTS D'ARITHMÉTIQUE.

4. Tous les hommes ont une idée distincte de l'*Unité*. La vue d'un objet quelconque, suffit pour faire naître cette idée.

Celle de la *Pluralité* n'est pas moins facile à acquérir. Il suffit de voir deux ou plusieurs objets qui se ressemblent.

5. Mais toute pluralité étant le résultat des unités particulieres qui concourent à la former, on dût bientôt sentir la nécessité d'imaginer un moyen de distinguer telle ou telle pluralité de toute autre.

6. Trois hommes, par exemple, quatre hommes, cent hommes rassemblés ne pouvoient pas être désignés de la même maniere. Il sembloit donc indispensable d'avoir recours à autant de signes différents, qu'il pouvoit y avoir de *Nombres*.

7. Cependant la moindre réflexion dût faire prévoir l'inconvénient qu'auroit entraîné cette multitude innombrable de signes. On renonça donc à ce moyen, & par un procédé aussi simple qu'ingénieux, on vint à bout d'exprimer toutes sortes de Nombres, par la simple combinaison des dix *Chiffres* si connus. . . . .

0, 1, 2, 3, 4, 5, 6, 7, 8, 9.

Zéro, Un, Deux, Trois, Quatre, Cinq, Six, Sept, Huit, Neuf.

8. Le premier ne signifie rien quand il est seul; mais par une convention généralement adoptée, zéro placé à la droite d'un autre chiffre, lui donne une valeur dix fois plus grande. Ainsi pour exprimer dix ou une unité de *Dixaine*, on écrit 10; pour exprimer vingt ou deux dixaines, on écrit 20; & successivement trente, quarante, cinquante, soixante, soixante-dix, quatre-vingt, quatre-vingt-dix, s'écrivent par 30, 40, 50, 60, 70, 80, 90.

9. Les autres chiffres ont la même propriété que le zéro ; c'est-à-dire, que *tout chiffre placé à la droite d'un autre, le rend dix fois plus grand.*

Une *unité simple* peut donc devenir une unité de dixaine, une unité de *centaine*, une unité de *mille*, &c. en mettant un, deux, trois zéros ou tels autres chiffres qu'on voudra, à la droite du chiffre 1.

Un 5, un 4 & un 6 placés de cette manière, 546 font donc une expression abrégée du nombre *cinq cent quarante-six.*

10. Trois chiffres ainsi disposés à la suite l'un de l'autre, forment ce qu'on appelle la *Tranche* des unités. Trois autres chiffres mis sur la même ligne que ceux-ci vers la gauche, comme on le voit dans cet exemple, 921546, forment la tranche des Milles. On prononce ainsi : *Neuf cent vingt-un mille cinq cent quarante-six.* La tranche des *Millions* vient ensuite, puis celle des *Billions*, celle des *Trillions*, & ainsi des autres.

11. Elles font composées de trois chiffres, dont le premier à droite marque toujours des unités du même ordre que la tranche. Ainsi dans la première tranche ce font des unités simples ; dans la seconde ce font des unités de mille ; dans la troisieme, des unités de million ; &c.

Le second chiffre de chaque tranche marque des dixaines en général : ces dixaines prennent le nom de la tranche où elles se trouvent. Il en est de même pour les centaines, que le troisieme chiffre de chaque tranche désigne toujours.

12. Avec cette Remarque, & un peu d'exercice, il n'y a pas de nombre déja écrit en chiffres, que l'on n'apprenne bien vîte à prononcer : il n'y en a pas non plus de prononcé ou d'écrit *en toutes lettres*, que l'on ne sache bientôt mettre en chiffres. On peut s'exercer sur les Exemples suivants, dont on trouvera les résultats à la fin du Livre, afin que chacun puisse les comparer avec les siens.

Soit donc proposé 1°. d'affigner la valeur des nombres

A   B   C   D   E

75....893.....1111.......67509......10200701

Soit proposé 2°. d'exprimer en chiffres les nombres

F   G   H

trois cent-deux...huit mille-un...quinze mille-feize...

I   K

cinquante millions mille.....vingt-deux billions quatre millions foixante dix-neuf.

Paffons maintenant aux Regles de l'Arithmétique. On en compte quatre principales, l'Addition, la Souftraction, la Multiplication, & la Divifion.

Des Regles de l'Arithmétique.

13. Puisque les Nombres font fufceptibles d'augmentation ou de diminution, il eft clair qu'on peut les affujettir à deux fortes d'opérations ; l'une par laquelle on les augmente, ce qui s'appelle faire une *Addition* ; l'autre par laquelle on les diminue, ce qu'on appelle *Souftraction*. Toutes les autres opérations de l'Arithmétique dépendent plus ou moins de ces deux opérations fondamentales, comme on le verra par la fuite.

14. On diftingue deux fortes de Nombres, *les entiers & les fractionaires*. Les premiers font ceux qui contiennent *l'unité* fans refte, tels que deux, fept, mille, &c; les autres ne contiennent que des parties de l'unité, par exemple, un tiers, un vingtieme, &c. Or il eft clair que ces deux efpeces de nombres étant également fufceptibles d'accroiffement ou de diminution, on peut les foumettre aux mêmes regles. Voyons d'abord celles que l'on doit fuivre pour les Nombres entiers.

Si ces nombres ne paſſent pas dix, auquel cas on les appelle *nombres ſimples*, on n'a pas beſoin de regles pour les calculer, parce qu'on opere alors très-facilement. Mais lorſqu'il s'agit de nombres *compoſés*, il faut avoir recours à certaines opérations qui n'ont été inventées que pour ſuppléer au peu d'étendue de notre eſprit : or les plus élémentaires de ces opérations ſont d'une extrême facilité, comme on va le voir.

De l'Addition.

15. L'ADDITION ſert à trouver la *ſomme* de pluſieurs nombres donnés. Par exemple, 5, 7 & 4 ajoutés enſemble, font 16 ; & pour abréger le diſcours, on écrit $5 + 7 + 4 = 16$. (Le ſigne $+$ eſt le ſigne conſacré pour l'Addition : on prononce *plus* ; le ſigne $=$ ſignifie qu'il y a égalité : on prononce *égale*.)

Lorſque les nombres à ajouter ſont compoſés de pluſieurs chiffres, par exemple, lorſqu'on cherche la ſomme de 432 & 363, voici la Regle qu'il faut ſuivre.

1°. *Ecrivez ces nombres l'un au-deſſous de l'autre, en ſorte que les unités ſoient ſous les unités, les dixaines ſous les dixaines, les centaines ſous les centaines, &c.*

2°. *Tirez un trait au-déſſous ; & allant de droite à gauche, prenez la ſomme des unités ; ſi elle ne paſſe pas 9, écrivez-la ſous la colonne des unités ; ſi elle ſurpaſſe 9, n'écrivez que les unités, & réſervez les dixaines pour les ajouter à la colonne ſuivante.*

3°. *Prenez de même la ſomme des dixaines, des centaines, &c. & écrivez-la ſucceſſivement au-deſſous de la colonne correſpondante.* Ainſi dans la premiere colonne je dis ; $2 + 3 = 5$, j'écris 5 au-deſſous.

Dans la ſeconde , $3 + 6 = 9$.

Dans la troiſieme , $4 + 3 = 7$, j'écris 7, & j'ai la ſomme cherchée, 795.

$$\begin{array}{r} 432 \\ 363 \\ \hline 795 \end{array}$$

Si l'on propose d'ajouter ces trois nombres, 6078, 9198, 483, je les écris l'un sous l'autre suivant la Regle, & je dis.... 8+8=16, +3=19; c'est-à-dire, la somme de la premiere colonne, est 19 ou 1 dixaine & 9 unités; je n'écris que 9 au-dessous de la colonne des unités, & je tiendrai compte de la dixaine dans la somme de la colonne suivante.

```
   6078
   9198
    483
  ─────
  15759
```

Je dis donc, 1+7=8, +9=17, +8=25; par la même raison je n'écris que 5 sous la seconde colonne, & je retiens les deux dixaines pour la colonne suivante.

Après quoi je dis... 2+0=2, +1=3, +4=7; je pose 7.

Enfin 6+9=15; & parce que c'est la derniere colonne, j'écris 15 tout de suite. Ainsi la somme cherchée est 15759.

Voici quelques Additions à faire.

```
     5783        77756        10376786
     4328         3388          789632
     5987         9763             589
     8521        90257              73
   ────────     ────────      ──────────
L              M            N
```

16. On voit bien qu'en ajoutant successivement toutes les parties des Nombres donnés, on doit trouver la somme totale. Ainsi cette Regle est infaillible.

Tout infaillible qu'elle est cependant, il n'est pas rare de se tromper en la pratiquant. Il est donc à propos de la vérifier en recommençant l'opération ; ce que l'on peut faire, en prenant la somme des colonnes de bas en haut.

Comme les erreurs qui échappent dans le cours des opérations numériques, proviennent souvent de la confusion des colonnes ou des chiffres mal faits, on ne sauroit prendre trop-tôt l'habitude de bien séparer les colonnes, & de donner aux chiffres une forme bien distincte. Cette double précaution fait éviter beaucoup de fautes.

Il faut prendre garde aussi à une autre cause d'erreur; on oublie quelquefois d'ajouter à la colonne suivante ce que l'on a retenu sur celle qui précede.

De la Souftraction.

17. La Souftraction sert à trouver la *différence* de deux quantités données. Or cette différence est toujours égale à ce qui reste de l'une de ces quantités, quand on en a retranché l'autre.

On la trouve sans calcul dans les nombres simples. Il est clair, par exemple, que si on ôte 2 de 5, il reste 3, & qu'ainsi 3 est la différence qu'il y a entre 2 & 5. Cette opération s'exprime ainsi en abrégé, $5—2=3$; (ce signe — signifie *moins*); de même $9—4=5$, & $8—7=1$.

18. Regle pour la souftraction des nombres composés. *Pour souftraire un nombre d'un autre, mettez le plus petit au-dessous du plus grand, comme dans l'Addition, & tirez un trait au-dessous; puis écrivez successivement sous chaque colonne les excès des unités, dixaines, centaines, &c. du nombre supérieur, sur les unités, dixaines, centaines, &c. du nombre inférieur, & vous aurez l'excès total ou la différence entre ces deux nombres.*

Ainsi pour souftraire le nombre 243 du nombre 695, je les écris d'abord comme vous le voyez...................... 695
je dis ensuite, $5—3=2$ que je pose sous 243
la colonne des unités: $9—4=5$, que j'é- ———
cris sous la colonne des dixaines: $6—2$ 452
$=4$ que je pose au rang des centaines.
La différence cherchée est donc 452.

Il est clair en effet qu'en prenant successivement toutes les différences partielles, on doit avoir pour résultat la différence totale : & c'eſt-là tout le fondement de cette regle.

19. *Lorſque le chiffre inférieur eſt plus grand que le chiffre qui lui correſpond dan: le nombre ſupérieur, il faut ajouter à ce chiffre correſpondant une dixaine priſe ſur le chiffre qui le ſuit à gauche ; puis écrire l'excès du chiffre ſupérieur, ainſi augmenté, ſur l'inférieur ; & ſe ſouvenir que par-là on a diminué d'une unité le chiffre ſupérieur ſuivant.*

Pour ôter 38 de 64, par exemple, je dis... 4—8, cela ne ſe peut. Je détache une unité du 6, que je tranſporte ſur la colonne des unités ſimples, où elle vaut dix, & ajoutant ces dix unités aux quatre autres, je dis.... 14—8=6, que je poſe au rang des unités : puis 5 —3 =2. La différence eſt donc 26.

Par une opération ſemblable, on trouveroit que Newton, a vécu 84 ans. Né en 1643, il eſt mort en 1727.

20. Si le chiffre qui ſuit à gauche étoit un *zéro*, ou s'il étoit ſuivi lui-même d'autres *zéros*, on iroit de proche en proche, juſqu'à ce qu'on eût trouvé un chiffre dont on pût détacher une unité. Par la décompoſition de cette unité, *tous les zéros précédents deviendroient des 9*, & il reſteroit une dixaine pour l'ajouter au chiffre plus petit que le chiffre inférieur.

Si l'on vouloit, par ex. ſouſtraire 18 de 200, on diroit.... 0—8, cela ne ſe peut. Alors il faudroit détacher une unité du 2, que l'on décompoſeroit en dix dixaines ; & de ces dix dixaines, on en laiſſeroit 9 à la place du ſecond zéro. La dixieme, tranſportée ſur le premier, rendroit poſſible la ſouſtraction de 8, & on diroit 10—8=2....9—1=8....1—0 = 1 ; reſteroit donc 182.

$$\begin{array}{r} 200 \\ 18 \\ \hline 182 \end{array}$$

Un homme qui devoit 3000^{lt}, en a payé 1296, que

lui refte-t-il à payer ?.............. 3000

o—6, cela ne fe peut. Je détache une 1296

unité du 3. Cette unité vaut 1000=990

+10. Je dis donc, 10 — 6 = 4.... 1704

9—9=0.... 9—2=7.... 2—1=1.

Il lui refte donc 1704ᵗ à payer.

21. Lorfque le chiffre fupérieur n'eft pas affez grand, on peut, fans avoir recours à ceux qui le fuivent, lui ajouter une dixaine : mais alors, pour compenfer ce que l'on a ajouté au nombre fupérieur, il faut fuppofer que le chiffre fuivant du nombre inférieur eft augmenté d'une unité. On voit bien que cela revient au même.

Voici quelques autres exemples.

6000	1798	6532	5002	150001
4000	1653	5421	4573	76385
O	P	Q	R	S

22. *Quand une Souftraction eft bien faite, il faut nécessairement que le refte ajouté au nombre fouftrait, foit égal au nombre dont on avoit à le fouftraire.* Car un Tout quelconque doit être égal à fes parties prifes enfemble : & c'eft de là que l'on a déduit un moyen prompt & facile de vérifier les fouftractions. Ajoutez donc le refte au plus petit nombre, & voyez fi leur fomme eft égale au plus grand des deux nombres.

De la Multiplication.

23. On fe fert de la Multiplication pour trouver fans beaucoup de calcul, la fomme d'un nombre que l'on veut ajouter plufieurs fois à lui-même. Pour trouver, par exemple, la fomme de 12 ajouté neuf fois, il faudroit écrire neuf fois 12, & en chercher la fomme, ce qui feroit affez long ; par la Multiplication on trouve tout de fuite que 9 fois 12 font 108.

Dans cet Exemple, on appelle 12 *le Multiplicande,*

9 *le Multiplicateur*, & 108 *le Produit*. En général le multiplicande & le multiplicateur s'appellent les *racines* ou les *facteurs* du produit.

24. *Le produit est donc la somme du multiplicande pris autant de fois qu'il y a d'unités dans le multiplicateur :* ou ce qui est la même chose, le produit contient autant de fois le multiplicande, que le multiplicateur contient l'unité.

25. Si au lieu d'écrire neuf fois 12 en colonne, pour en prendre la somme, on écrivoit douze fois 9, il est clair qu'on trouveroit la même somme 108 ; d'où il suit que *lorsqu'on a deux nombres à multiplier, on peut indifféremment prendre celui qu'on voudra pour multiplicande ; l'autre sera le multiplicateur ; le produit sera le même.*

26. On n'a pas besoin de regles pour la Multiplication des nombres simples ; on voit facilement que le produit de 2 multiplié par 3, est 6 ; ce qui s'exprime ainsi ; 2 × 3, ou 2 . 3 = 6. (le signe ×, ou le point mis entre deux nombres, signifie *multiplié par*) ; de même 3 × 4 = 12, 7 . 5 = 35, &c. Il faut se rendre très-familiers les produits des nombres simples, si l'on veut pratiquer sûrement & promptement la Multiplication.

Voici les moins aisés de ces produits..........

3 × 3 = 9	4 × 3 = 12	5 × 3 = 15	6 × 3 = 18
3 × 4 = 12	4 × 4 = 16	5 × 4 = 20	6 × 4 = 24
3 × 5 = 15	4 × 5 = 20	5 × 5 = 25	6 × 5 = 30
3 × 6 = 18	4 × 6 = 24	5 × 6 = 30	6 × 6 = 36
3 × 7 = 21	4 × 7 = 28	5 × 7 = 35	6 × 7 = 42
3 × 8 = 24	4 × 8 = 32	5 × 8 = 40	6 × 8 = 48
3 × 9 = 27	4 × 9 = 36	5 × 9 = 45	6 × 9 = 54

7 × 3 = 21	8 × 3 = 24	9 × 3 = 27
7 × 4 = 28	8 × 4 = 32	9 × 4 = 36
7 × 5 = 35	8 × 5 = 40	9 × 5 = 45
7 × 6 = 42	8 × 6 = 48	9 × 6 = 54
7 × 7 = 49	8 × 7 = 56	9 × 7 = 63
7 × 8 = 56	8 × 8 = 64	9 × 8 = 72
7 × 9 = 63	8 × 9 = 72	9 × 9 = 81

27. Lorsqu'on a deux nombres composés, comme 32 &
24, à multiplier l'un par l'autre, *il faut* 1°. *poser celui que
l'on aura choisi pour multiplicateur* (c'est ordinairement le
plus petit) *au-dessous du multiplicande*, comme dans l'Addition ; ainsi je pose 24 sous 32.

2°. Il faut *écrire au-dessous, en allant
de droite à gauche, le produit de chaque
chiffre du multiplicande par chaque chiffre
du multiplicateur.* Ainsi j'écris d'abord le
produit de chaque chiffre du multiplicande, par les unités du multiplicateur,
en disant.... 2 × 4 = 8, je pose 8...
3 × 4 = 12, je pose 12.

.32
24
————
128
64
————
768

Après cela, j'écris aussi de droite à gauche, en commençant par la colonne des dixaines, le produit des chiffres
du multiplicande par les dixaines du multiplicateur, & je dis,
2 × 2 = 4, je pose 4 au rang des dixaines .... 3 × 2 = 6,
je pose 6 ..... 3°. *Il faut prendre la somme de ces deux
produits* ; ce qui donnera 768 pour produit total.

28. Pour concevoir cette opération, on peut, en la
faisant, raisonner ainsi. Le produit de 32 par 24 est
évidemment égal aux dixaines & aux unités de 32, prises
autant de fois qu'il y a d'unités dans 24, c'est-à-dire, prises
4 fois, & 2 dixaines de fois. Il faut donc dire d'abord, les
unités du multiplicande prises 4 fois produisent 8 unités
que j'écris. Ensuite les 3 dixaines du multiplicande prises
4 fois, produisent 12 dixaines ; j'écris 12 sur la gauche
de 8. Ainsi les 3 dixaines & les 2 unités de 32 prises
4 fois, produisent 128 unités.

Passant maintenant aux 2 dixaines du multiplicateur,
je dis ; les 2 unités du multiplicande prises 2 dixaines
de fois, produisent 4 dixaines. J'écris 4 dans la seconde
colonne à gauche, ou, ce qui revient au même, j'écris
4 dans la colonne du *multiplicateur* actuel, parce que 4
exprime des dixaines, & qu'ainsi il doit être dans la colonne
des dixaines. Enfin je dis, les trois dixaines du multiplicande prises 2 dixaines de fois, produisent 6 dixaines de

dixaines, c'est-à-dire, 6 centaines; j'écris 6 après 4, afin qu'il se trouve dans le rang des centaines. Donc les 3 dixaines & les 2 unités de multiplicande prises 2 dixaines de fois, produisent 64 dixaines, ou 6 centaines & 4 dixaines. J'ajoute ce produit à celui que j'ai trouvé plus haut, afin d'avoir le produit de toutes les parties du multiplicande par toutes celles du multiplicateur. Ce produit total est donc 768.

Soit proposé de multiplier 564 par 249.... Je commence par écrire ces deux nombres l'un sous l'autre; puis je multiplie tout le multiplicande 564 par les 9 unités du multiplicateur, en disant $4 \times 9 = 36$, je pose 6, & retiens 3... $6 \times 9 = 54$, mais à cause de 3 que je viens de retenir, je dis $54 + 3 = 57$, je pose 7, & retiens 5...

$$
\begin{array}{r}
564 \\
249 \\
\hline
5076 \\
2256 \\
1128 \\
\hline
140436
\end{array}
$$

$5 \times 9 = 45$: or $45 + 5$ que j'ai retenu $= 50$, je pose 50 de suite, parce qu'il n'y a plus rien à multiplier par ce premier chiffre 9.

Je passe ensuite aux 4 dixaines du multiplicateur, par lesquelles je multiplie 564, en disant.... $4 \times 4 = 16$; je pose 6 au rang des dixaines, & retiens 1... $6 \times 4 = 24$, $+ 1 = 25$, je pose 5, & retiens 2... $5 \times 4 = 20$, $+ 2 = 22$, j'écris 22.

Enfin, je multiplie 564 par les 2 centaines du multiplicateur; disant à l'ordinaire, $4 \times 2 = 8$, je pose 8 au rang des centaines.... $6 \times 2 = 12$, je pose 2, & retiens 1.... $5 \times 2 = 10$, $+ 1 = 11$, je pose 11.

Je prends la somme de ces différents produits, & j'ai 140436 pour produit total.

29. Lorsqu'il y a un ou plusieurs zéros à la fin de l'un ou des deux nombres donnés, on abrege l'opération, en ne multipliant que les autres chiffres, & mettant à la suite de leur produit autant de zéros qu'il y en a, soit à la fin du multiplicande, soit à la fin du multiplicateur.

Par exemple, pour multiplier 120 par 120, on mettra deux zéros à la suite de 144, produit de 12 par 12, & on aura 14400 pour produit. Car il eſt bien évident que des dixaines multipliées par des dixaines, produiſent des centaines. Or ce ſont 12 dixaines que l'on a ici à multiplier par 12 dixaines. Leur produit doit donc être 144 centaines $= 14400$. On trouveroit de même que $406000 \times 10700 = 4\,344\,200\,000$.

Voici quelques Exemples de Multiplications toutes faites.

$$\begin{array}{r} 5874 \\ 685 \\ \hline 29370 \\ 46992 \\ 35244 \\ \hline 4023690 \end{array} \qquad \begin{array}{r} 886633 \\ 777 \\ \hline 6206431 \\ 6206431 \\ 6206431 \\ \hline 688913841 \end{array}$$

$$\begin{array}{r} 466 \\ 1002 \\ \hline 932 \\ 46600 \\ \hline 466932 \end{array} \qquad \begin{array}{r} 1\,000\,000 \\ 1\,000 \\ \hline 1\,000\,000\,000 \end{array} \qquad \begin{array}{r} 53687 \\ 908 \\ \hline 429496 \\ 4831830 \\ \hline 48747796 \end{array}$$

En voici quelques autres à faire.

$$\begin{array}{r} 3020804 \\ 570504 \\ \hline \end{array} \qquad \begin{array}{r} 55554444 \\ 88979765 \\ \hline \end{array}$$

T U

$$\begin{array}{r} 987654321 \\ 123456789 \\ \hline \end{array}$$

X

Pour connoître ſi l'on ne s'eſt pas trompé dans la multiplication, on peut, en attendant que l'on ſache la diviſion ;

changer l’ordre des nombres donnés, c’eſt-à-dire, du multiplicateur faire le multiplicande, & réciproquement ; car
on doit trouver le même produit.

30. On peut auſſi ſe ſervir de ce qu’on appelle la preuve
par 9. C’eſt une opération ingénieuſe & prompte, qu’il eſt
bon de ſavoir. Voici en quoi elle conſiſte.

1°. Ajoutez les chiffres du multiplicande, comme s’ils
exprimoient tous des unités ſimples, & de leur ſomme
retranchez 9 auſſi ſouvent que faire ſe pourra. Ou il ne
vous reſtera rien après cette ſouſtraction, ou il vous reſtera
un nombre moindre que 9. Dans le premier cas écrivez
zéro. Dans le ſecond, écrivez le chiffre qui vous reſte.

2°. Faites de même pour les chiffres du multiplicateur,
& vous aurez un ſecond reſte que vous pourrez écrire au-
deſſous du premier.

3°. Multipliez ces deux reſtes, & de leur produit retranchez 9 auſſi ſouvent que vous le pourrez. Vous aurez un
troiſieme reſte, que vous mettrez à côté des deux premiers.

4°. Ajoutez les chiffres du produit, comme ceux des deux
facteurs, retranchez de leur ſomme tous les 9 qu’elle contient, & mettez le quatrieme reſte au-deſſous du précédent.

Si la multiplication que vous voulez vérifier eſt bonne,
ce dernier reſte doit être le même que l’avant-dernier.

Je voudrois ſavoir, par exemple, ſi 97350 eſt le véritable produit de 354 par 275.

J’ajoute les chiffres du multiplicande, en
diſant 3 + 5 + 4 = 12 ; j’en ôte 9 ; reſte
3 que je mets en réſerve.

J’écris au-deſſous le reſte 5 provenant des
chiffres du multiplicateur.

$$\begin{array}{c|c} 3 & 6 \\ \hline 5 & 6 \end{array}$$

Je multiplie le premier reſte 3 par le ſecond reſte 5, &
du produit 15 j’ôte 9. Reſte 6 que j’écris à côté de 3.

Enfin j’ajoute de même les chiffres du produit 97350,
& je trouve qu’après en avoir retranché deux fois 9, il
reſte 6, comme dans la derniere ſouſtraction. D’où je
conclus que l’opération eſt bonne. Et voici ſur quoi eſt
fondée cette concluſion.

31. Si j'ôte de 10, de 100, de 1000, &c. tous les 9 qui y font contenus, il est évident, qu'il restera toujours 1. En faisant la même opération sur 20, sur 200, sur 2000, &c. on trouvera constamment 2 pour reste. En général, *tout nombre exprimé par un chiffre suivi d'un ou de plusieurs zéros, donnera toujours ce chiffre pour reste, après la suppression des 9 que ce nombre contient.*

Or il n'est aucun nombre que l'on ne puisse décomposer aux seules unités près, en nombres entiers & *décimaux*. Le multiplicande 354, par exemple, peut se décomposer en 300 + 50 + 4. On trouvera donc le même reste, après avoir ôté les 9 de la somme de 3 + 5 + 4, ajoutés comme unités simples, que si on les avoit ôtés successivement de 300 + 50 + 4. Il en est de même pour le multiplicateur 275; & c'est-là le fondement des deux premieres parties de la regle.

Cela posé, je remarque qu'en multipliant un nombre dans lequel 9 est contenu un certain nombre de fois sans reste, par un autre nombre qui contienne aussi 9 sans reste, le produit doit pareillement le contenir sans reste.

Si donc 354 le contient avec un reste 3, & si 275 le contient avec un reste 5, leur produit doit évidemment le contenir avec un reste 15. Supprimant donc le 9 contenu dans ce reste 15, il doit rester 6; & c'est effectivement ce qui est resté après avoir ôté tous les 9 de 97350.

Voilà le fondement de la quatrieme partie de la Regle. Voici celui de la troisieme.

Pour savoir ce qui reste du produit de deux nombres quelconques, après la suppression de tous les 9, il n'y a qu'à multiplier le reste du multiplicande par celui du multiplicateur, & soustraire de ce produit les 9 qu'il contient. Le reste sera toujours celui que l'on cherche.

On peut le démontrer généralement de cette maniere. Soit le multiplicande = 9 B + m : & le multiplicateur = 9 C + n, (B & C expriment le nombre de fois que les deux facteurs contiennent 9 ; m & n représentent les deux restes.) Le produit sera 81 B C + 9 C m + 9 B n + m n. Or les trois premiers termes de ce produit sont évidemment divifibles fans refte par 9. Si le quatrieme l'eft auffi, tout le produit l'eft de même. S'il provient un refte de la divifion de *mn* par 9, ce refte fera celui que l'on cherche. Donc pour favoir, &c.

Appliquons cette méthode à un autre exemple.

Je fuppofe que l'on ait trouvé 265325592 pour produit de 6546 × 4053, & qu'on veuille le vérifier. Le premier refte eft 7 ; le fecond eft 3 ; leur produit eft 21 ; fon refte eft 3 ; celui du produit total eft 3 auffi. L'opération eft donc bonne.

$$\begin{array}{c|c} 7 & 3 \\ \hline 3 & 3 \end{array}$$

32. Obfervez 1°, que pour abréger, on peut fouftraire les 9 à mefure qu'on en trouve dans le cours de l'addition des chiffres.

2°. Que 3 pourroit fervir ainfi que 9.

3°. Qu'il y a deux erreurs à éviter. L'une qui confifte dans la tranfpofition des chiffres du produit total, comme fi au lieu d'écrire 97350, on écrivoit 79350, ou 57903, ou &c. L'autre, qui eft de mettre dans ce produit des zéros au lieu des 9, ou d'oublier les 9, & de ne rien mettre à leur place. Car alors le réfultat de la vérification feroit le même ; & cependant les produits feroient bien différents. Mais des erreurs difficiles à commettre, ne doivent pas empêcher de fe fervir d'une regle auffi expéditive. Au refte la divifion tend directement à vérifier la multiplication.

De la Divifion.

33. LA Divifion fert à trouver combien de fois un nombre eft contenu dans un autre ; & comme il ne peut y être contenu qu'autant de fois qu'il peut en être fouftrait, la divifion eft un moyen abrégé de faire ces fouftractions.

Ainfi, pour favoir combien 12 contient de fois 4, la maniere la plus naturelle eft d'ôter 4 de 12 ; refte 8 : enfuite 4 de 8 ; refte 4 : enfin 4 de 4 ; refte zéro : d'où l'on voit que la quantité 12 eft épuifée, après que 4 en a été retranché 3 fois, & qu'ainfi 12 contient 4 précifé-

ment

ment 3 fois. Mais cette méthode feroit trop longue, fi les nombres étoient fort grands. On a donc imaginé un moyen de trouver en peu de temps combien de fois une quantité appelée *le Dividende*, contient une autre quantité appelée *le Diviseur*. On appelle *Quotient* le nombre qui exprime combien de fois le dividende contient le diviseur.

Dans cet exemple 12 eft le dividende, 4 le diviseur, & 3 le quotient.

34. Il fuit clairement de ces notions, I°. Que *le dividende contient autant de fois le diviseur, que le quotient contient l'unité.*

35. II°. Que le diviseur pris autant de fois que le quotient contient l'unité, doit être égal au dividende, (car alors c'eft remettre le diviseur autant de fois qu'on l'a ôté; ce qui doit rétablir le dividende), ou, ce qui eft la même chofe, *le produit du diviseur par le quotient eft égal au dividende.*

Donc, *pour favoir fi un quotient eft exact, il faut le multiplier par le diviseur, & en comparer le produit avec le dividende.*

Or on peut regarder le dividende comme le produit d'une multiplication, dont le diviseur & le quotient font les facteurs. Ainfi divifer le dividende par le diviseur pour avoir un quotient, c'eft la même chofe que de divifer un produit par un de fes facteurs, pour trouver l'autre facteur.

Donc, *quand on connoît un produit & un facteur de ce produit, il faut, pour trouver l'autre facteur, divifer le produit par le facteur connu.*

36. Cela pofé, parcourons les différents cas de la divifion. Il y en a trois; le premier a lieu, lorfque le dividende & le diviseur font l'un & l'autre des nombres fimples, comme fi on propofoit de divifer 8 par 4.

Le fecond, lorfque le dividende eft un nombre compofé, & que le diviseur eft un nombre fimple; 7953, par exemple, à divifer par 3.

Le troifieme cas eft le plus ordinaire, c'eft quand le

dividende & le diviseur sont tous deux des nombres com‑
posés; par exemple, 147475 à diviser par 362.

Premier Cas de la Division.

37. *Lorsque le dividende & le diviseur sont des nombres
simples*, on n'a pas besoin de regles pour trouver le quo‑
tient. Par exemple, on voit tout de suite que le quotient
de 8 divisé par 4 est 2.

Pour abréger, on écrit le diviseur immédiatement au-
dessous du dividende, & on les sépare par un trait, qui
signifie *divisé par* : ainsi $\frac{8}{4} = 2$ signifie que 8 divisé par 4
égale 2. De même $\frac{9}{3} = 3$.

Quand on ne trouve pas un quotient exact ; (comme si
on vouloit diviser 9 par 4, où l'on voit que 9 contient 4
plus de 2 fois, mais moins que 3 fois, & qu'ainsi le quo‑
tient véritable est entre 2 & 3) : *alors on écrit pour quotient
le plus petit des deux nombres entre lesquels le vrai quotient
doit se trouver : on multiplie ce nombre par le diviseur, on
retranche du dividende le produit de cette multiplication, &
l'on a un reste qu'on écrit à côté du quotient, en mettant
le diviseur au-dessous de ce reste, dont on le sépare par un
trait.*

Par exemple, il faut dire, 9 contient 4 deux fois &
plus, mais non pas trois fois : j'écris donc 2 pour quo‑
tient, & je dis... $2 \times 4 = 8$, ensuite $9 - 8 = 1$, &
j'ai $\frac{9}{4} = 2\frac{1}{4}$; ce qui signifie que 9 divisé par 4, a 2 pour
quotient, & qu'il reste encore une des unités de 9 à par‑
tager en quatre parties. De même $\frac{7}{2} = 3\frac{1}{2}\ldots\ \frac{8}{3} = 2\frac{2}{3}\ldots\ \frac{6}{5}$
$= 1\frac{1}{5}$.

38. REMARQUES. I. La division consiste en trois opéra‑
tions. 1°. *On divise le dividende par le diviseur, pour avoir
un quotient ; 2°. on multiplie le diviseur par le quotient,
pour avoir un produit ; 3°. on ôte ce produit du dividende,
pour avoir un reste.*

II. Si le diviseur est plus grand que le dividende,
comme s'il falloit diviser 4 par 7, alors on se contente

d'écrire $\frac{4}{7}$ comme un refte de divifion , & cette expreffion repréfente le quotient.

III. Une quantité qui peut fe divifer exactement & fans refte par une autre, eft *multiple* de cette autre quantité. Ainfi 8 eft multiple de 4 & de 2.....12 eft multiple de 6, de 4, de 3, & de 2. Tout nombre eft multiple de l'unité : mais 8 n'eft pas multiple de 7, ni de 6, ni de 5, ni de 3. De même 11, n'eft multiple d'aucun nombre entier plus grand que 1.

IV. Tout nombre entier qui n'eft multiple d'aucun autre nombre entier plus grand que l'unité, s'appelle *nombre premier*. On trouve dans différents Auteurs des Tables de ces nombres. Voici ceux qui font moindres que 500.

1, 2, 3, 5, 7, 11, 13, 17, 19, 23, 29, 31, 37, 41, 43, 47, 53, 59, 61, 67, 71, 73, 79, 83, 89, 97.

101, 103, 107, 109, 113, 127, 131, 137, 139, 149, 151, 157, 163, 167, 173, 179, 181, 191, 193, 197, 199.

211, 223, 227, 229, 233, 239, 241, 251, 257, 263, 269, 271, 277, 281, 283, 293.

307, 311, 313, 317, 331, 337, 347, 349, 353, 359, 367, 373, 379, 383, 389, 397.

401, 409, 419, 421, 431, 433, 439, 443, 449, 457, 461, 463, 467, 479, 487, 491, 499.

On peut voir dans le cinquieme Volume des Mémoires de Mathématique & de Phyfique, préfentés à l'Académie Royale des Sciences, (*page* 485). la méthode que M. Rallier des Ourmes a donnée pour trouver les nombres premiers. Cette méthode eft fort fimple, quoique indirecte.

Le célebre Jean Bernoulli en avoit déja indiqué une autre (*Tome I. page* 90 de fes Ouvrages). Elle eft fondée fur la propriété commune à tous les nombres premiers, excepté 2 & 3, de ne différer que d'une unité, de 6 ou de fes multiples ; ce qui n'eft pas réciproque.

On a imprimé depuis peu à Berlin des Tables qui contiennent tous les nombres premiers depuis 1 jufqu'à 101000.

Second Cas de la Divifion.

39. *Lorfque le dividende eft un nombre compofé, & que le divifeur eft un nombre fimple :* 1°. *Je cherche combien de*

fois le diviſeur eſt contenu dans le premier chiffre du dividende, en allant de gauche à droite.

2°. J'écris le chiffre qui exprime ce nombre de fois, & par ce chiffre je multiplie le diviſeur que l'on place ordinairement ſur la droite du dividende.

3°. Je ſouſtrais ce produit du premier chiffre du dividende, & j'abaiſſe le ſecond chiffre à côté du reſte, s'il y en a. Après quoi, je recommence les mêmes opérations, juſqu'à ce que je ſois parvenu à diviſer ſucceſſivement tous les chiffres du dividende.

Ainſi pour diviſer 7953 par 3 , j'écrirai d'abord le diviſeur à droite du dividende , comme on le voit ici.

Enſuite je dirai... En 7 combien de fois 3 ? deux fois. J'écris 2 au quotient. Je multiplie 3 par 2 , & je ſouſtrais le produit 6 , de 7 ; il me reſte 1 , à côté duquel j'abaiſſe 9.

Je dis enſuite... En 19 combien de fois 3 ? ſix fois. Je mets 6 au quotient. Je multiplie 3 par 6 , & je ſouſtrais le produit 18 , de 19. Il me reſte encore 1 , qui , ajouté au chiffre ſuivant 5 , fait 15.

$$
\begin{array}{r|l}
7953 & 3 \\ \hline
 & 2651 \\
6 \\ \hline
19 \\
18 \\ \hline
15 \\
15 \\ \hline
03 \\
3 \\ \hline
0
\end{array}
$$

Le même procédé dans cette troiſieme diviſion me fait trouver 5 pour quotient, 15 pour produit, 0 pour reſte.

J'abaiſſe le 3 , & je diviſe comme à l'ordinaire. Le quotient eſt 1 , le produit 3 , le reſte 0. D'où je conclus que 3 eſt contenu 2651 fois exactement dans 7953. Pour m'en aſſurer, je multiplie 2651 par 3 ; je retrouve le dividende. L'opération eſt donc bonne.

Dans un cas auſſi ſimple , on a plutôt fait de prendre ſur chaque chiffre du dividende la partie déſignée par le diviſeur. On auroit pu dire , par exemple.... Le tiers de 7 eſt 2 avec un reſte. Ce reſte eſt 1 , qui ajouté à 9 , fait 19. Le tiers de 19 eſt 6. Le tiers de 15 eſt 5. Celui de 3 eſt 1. Donc 2651 eſt le tiers cherché de 7953.

Voici quelques autres exemples de cette abréviation.

$$\frac{12538}{2}=6269 \qquad \frac{8764}{5}=1752\tfrac{4}{5} \qquad \frac{97593}{7}=13941\tfrac{6}{7}$$

40. REMARQUES. I. On commence la division par la gauche, afin que s'il y a des restes dans les premiers chiffres, on puisse les joindre aux chiffres suivants. En commençant par la droite, on seroit presque toujours obligé de revenir sur ses pas.

II. Si le premier chiffre du dividende est plus petit que le diviseur, il faut chercher combien de fois celui-ci est contenu dans les deux premiers du dividende.

III. Lorsqu'après une soustraction il ne reste rien, & que le chiffre abaissé est moindre que le diviseur, il faut mettre zéro au quotient, & abaisser le chiffre suivant, s'il y en a. On met zéro au quotient, pour conserver la valeur respective des chiffres.

IV. Quand après une soustraction, il se trouve un reste, ce reste doit toujours être plus petit que le diviseur. S'il lui étoit même égal, c'est qu'alors le chiffre mis en dernier lieu au quotient seroit trop petit d'une unité. Il faut donc interrompre le cours d'une division, aussi-tôt que l'on trouve un reste qui n'est pas plus petit que le diviseur.

V. A mesure que l'on abaisse un chiffre, il est à propos de le marquer par un point : cela sert à reconnoître chaque fois où l'on en est, & de combien de chiffres le quotient doit être composé.

VI. On ne peut jamais mettre plus de 9 au quotient, parce que l'Arithmétique dont nous nous servons est décimale.

Troisieme Cas de la Division.

41. Si le dividende & le diviseur sont des nombres composés; si on a, par exemple, 147475 à diviser par 362, on commencera par écrire ces deux nombres, comme on

le voit ici. . . . . 147475 $\{$ 362

puis on cherchera combien de fois le diviseur 362 eſt contenu dans le dividende 147475, ce que l'on fera par parties.

On dira donc d'abord : les trois premiers chiffres 147
du dividende ne contiennent pas les trois chiffres du diviſeur (abſtraction faite de la valeur relative de 147, qui,
dans l'exemple préſent, exprime des milles, pendant que
362 n'exprime que des unités). Il faut donc prendre les
quatre premiers chiffres 1474 du dividende, & chercher
combien de fois 362 y eſt contenu. Il y eſt 4 fois & plus,
ce que je trouve en cherchant ſeulement combien de fois
les deux premiers chiffres 14 du dividende contiennent
3 , premier chiffre du diviſeur. Je multiplie le diviſeur
362 par le quotient trouvé 4, pour ſavoir ſi ce produit
1448, eſt plus petit que 1474. Je mets donc 4 au quotient. Je ſouſtrais enſuite 1448 de 1474. Il me reſte 26,
& la premiere partie de la diviſion eſt faite.

J'abaiſſe à côté du reſte 26 le cinquieme chiffre 7 que je
marque d'un point, & le ſecond membre de la diviſion
conſiſte à diviſer 267 par 362 : la diviſion n'eſt pas poſſible, parce que 267 ne contient pas même une fois 362 ;
je poſe donc 0 au quotient, & la ſeconde partie de la diviſion eſt faite.

Enſuite j'abaiſſe à côté de 267 le dernier chiffre 5 , &
le troiſieme membre de la diviſion conſiſte à diviſer 2675
par 362. Je dis donc, en 26 combien de fois 3 ? 8 fois;
je multiplie 362 par 8 , & je trouve le produit 2896,
lequel étant plus grand que le dividende 2675 , me fait
connoître que 8 eſt trop grand. Je le diminue donc d'une
unité , & après avoir multiplié 362
par 7 , je vois que le produit 2534
peut être ſouſtrait de 2675. Souſ-
traction faite, il reſte 141 : & parce
qu'il n'y a plus de chiffres à abaiſſer,
la diviſion eſt finie. Ainſi le quotient
eſt 407 + $\frac{141}{362}$. Voyez le détail du
calcul dans l'Exemple ci-joint.

$$147475 \left\{ \begin{array}{l} 362 \\ 407\frac{141}{362} \end{array} \right.$$
$$\begin{array}{r} 1448 \\ \hline 2675 \\ 2534 \\ \hline 141 \end{array}$$

Autre Exemple. On demande le quotient de 790758 divisé par 394 ?

Je prends 790 pour premier membre de division, & après avoir mis un point sous le 0, je demande combien de fois 7 contient 3. Il le contient deux fois avec un reste : mais avant de mettre 2 au quotient, je multiplie 394 par 2, afin de voir si le produit pourra se soustraire de 790. Je trouve que le résultat de cette multiplication ne donne que 788 : ainsi je mets 2 au quotient.

Puis je soustrais 788 de 790; il reste 2, à côté duquel j'abaisse le quatrieme chiffre 7, & j'ai 27 à diviser par 394. La division ne peut se faire, & je mets 0 au quotient.

J'abaisse un nouveau chiffre, ce qui me donne 275; nombre plus foible encore que le diviseur 394. Je pose donc un second 0 au quotient.

Abaissant enfin le 8, je cherche combien de fois 2758 contient 394, ou plutôt combien de fois 27 contient 3. Au premier aspect, il semble que l'on doit mettre 9 au quotient : mais si on essaye de multiplier 394 par 9, on trouvera 3546, qui ne peut être soustrait de 2758.

En multipliant de même 394 par 8, on trouvera 3152, nombre encore trop fort : mais en ne multipliant le diviseur que par 7, le produit 2758, pourra se soustraire du dernier membre de division, & il ne restera rien. Le quotient demandé est donc 2007, sans reste.

42. *La preuve de l'exactitude de ces opérations se fait en ajoutant le dernier reste de la division au produit du diviseur par le quotient. Leur somme doit égaler le dividende.* Car s'il est vrai, par exemple, que 362 soit contenu 407 fois dans 147475, avec le reste 141, ne faut-il pas nécessairement que $362 \times 407 + 141 = 147475$?

43. On peut aussi s'assurer qu'une division est exacte en supprimant les 9 contenus, 1°. dans le diviseur, 2°. dans le quotient, 3°. dans le produit de leurs restes, 4°. dans le dividende. Car après ces soustractions, les deux derniers restes doivent être égaux comme dans la multiplication.

Obſervez ſeulement que lorſque la diviſion n'a pu ſe faire ſans reſte , il faut ajouter les chiffres de ce reſte comme des unités ſimples , au produit du reſte du diviſeur par celui du quotient , & ôter de cette ſomme tous les *9* qu'elle contient.

Vérifions l'avant-dernier quotient par cette méthode. Le reſte du diviſeur 362 eſt 2 ; celui du quotient 407 eſt 2 auſſi. Leur produit eſt 4. Le reſte 141 donne 6 , que j'ajoute à 4. La ſomme eſt 10. J'en ôte 9 ; reſte 1 , qui doit reſter auſſi du dividende 147475 , ſi l'opération eſt bonne ; c'eſt effectivement ce qui reſte.

$$\begin{array}{c|c} 2 & 1 \\ \hline 2 & 1 \end{array}$$

44. REMARQUES. I. Au lieu de demander combien de fois tout le diviſeur eſt contenu dans tout le dividende , on demande ſeulement combien de fois le premier chiffre à gauche du diviſeur eſt contenu dans le premier , ou dans les deux premiers chiffres à gauche du dividende. C'eſt que le produit de ce premier chiffre du diviſeur par le quotient , décide communément du nombre de fois que tout le diviſeur eſt contenu dans le dividende.

II. Je dis *communément* ; car il arrive aſſez ſouvent que ce produit peut être ſouſtrait du premier ou des deux premiers chiffres du dividende , & que lorſqu'on vient à comparer le produit total du diviſeur par le même quotient , avec la partie correſpondante du dividende , la ſouſtraction n'eſt plus poſſible.

III. Cela arrive ſur-tout , lorſque le ſecond chiffre du diviſeur eſt au-deſſus de 5. Mais alors , on regarde ce que le produit de ce ſecond chiffre par celui que l'on veut mettre au quotient , feroit refluer d'unités ſur le produit du premier chiffre par ce même quotient , & on reconnoît auſſi-tôt le chiffre qu'il convient d'employer.

IV. Quand le dividende & le diviſeur ſont terminés par des zéros , on peut effacer le même nombre de zéros dans l'un & dans l'autre , & faire le reſte de la diviſion ſuivant les Regles précédentes. Ainſi ayant à diviſer 417000 par

2500, je divise seulement 4170 par 25, & le quotient est 166$\frac{20}{25}$. Pour diviser 43495000 par 2850000, je divise seulement 43495 par 2850 ; & j'ai 15$\frac{745}{2850}$. De même le quotient de 100000 divisé par 1700 est 58$\frac{14}{17}$.

V. Quand le diviseur seul est terminé par des zéros, on abrege la division, en séparant à la fin du dividende autant de chiffres qu'il y a de zéros à la fin du diviseur; on divise ensuite les autres par les chiffres restants du diviseur; on joint le reste de la division, s'il s'en trouve, à la gauche des chiffres qu'on a séparés, & on en fait une fraction : Par exemple, ayant à diviser 238873 par 3600, je divise 2388 par 36, je trouve le quotient 66 & un reste 12 : je dis donc que le quotient cherché est 66 $\frac{1273}{3600}$. Le quotient de 324755 divisé par 300, est 1082 $\frac{155}{300}$. Le quotient de 843554 divisé par 1000, est 843 $\frac{554}{1000}$.

VI. On a dû voir par ce qui précede, que *la division est l'opération inverse de la multiplication, & que par conséquent ces deux regles peuvent se servir mutuellement de preuve.*

VII. Ainsi pour apprendre en peu de tems la pratique de la division, commencez par multiplier un nombre par un autre. Divisez ensuite leur produit par l'un des deux (par le plus grand ordinairement, pour avoir plutôt fait) : vous trouverez toujours l'autre pour quotient, sans reste. Vous saurez donc à chaque fois quel chiffre il faut mettre au quotient, & par-là vous acquerrez promptement la facilité de diviser tous les autres nombres.

VIII. Lorsqu'on a pris au hazard un dividende & un diviseur, il y a tout le diviseur moins 1 contre 1 à parier, que la division ne se fera pas sans reste.

IX. Le quotient doit avoir autant de chiffres qu'il y a de membres de division : or le nombre de ces membres est toujours déterminé par celui des points que l'on met sous chacun de leurs derniers chiffres. On peut donc, dès le premier membre de la division, savoir le nombre de chiffres que le quotient doit avoir.

Voici maintenant quelques divisions toutes faites.

$$
\begin{array}{ll}
46728 & \{21 \\
42 & \{2225 \\
\hline
47 \\
42 \\
\hline
52 \\
42 \\
\hline
108 \\
105 \\
\hline
(3)
\end{array}
\qquad
\begin{array}{ll}
72312146 & \{8369 \\
66952 & \{8640 \\
\hline
53601 \\
50214 \\
\hline
33874 \\
33476 \\
\hline
(3986)
\end{array}
$$

$$
\begin{array}{ll}
823945687089 & \{8247685671 \\
74229171039 & \{\qquad 99 \\
\hline
81653976699 \\
74229171039 \\
\hline
(7424805660)
\end{array}
$$

En voici quelques autres à faire.

$$
Y\ \frac{2567875}{2568} \qquad Z\ \frac{38678267}{99887} \qquad A'\ \frac{700200031}{683679}
$$

DES FRACTIONS.

De la nature des Fractions en général, de leur valeur & de leur comparaison.

45. Une Quantité quelconque eft divifible en deux moitiés, en trois tiers, en quatre quarts, en cinq cinquiemes, &c; donc fi on ne prend qu'une moitié, ou qu'un ou deux tiers, ou qu'un, ou deux ou trois quarts, &c, on n'aura qu'une portion plus ou moins grande de la quantité dont il s'agit. C'eft cette portion que l'on défigne en général par le mot *fraction*.

46. L'idée de fraction comprend donc *l'efpece* & *le nombre* de parties que l'on veut prendre pour avoir une portion plus ou moins grande de telle ou telle quantité. Ainfi $\frac{1}{3}$ fignifie que l'unité étant divifée en 3 parties égales, on en a pris une : la fraction $\frac{4}{5}$ exprime que l'unité étant divifée en 5 parties égales, on en a pris 4, &c.

Le nombre ou terme fupérieur s'appelle *le numérateur* de la fraction, & l'inférieur s'appelle *le dénominateur;* ainfi dans la fraction $\frac{4}{5}$, le numérateur eft 4, & le dénominateur eft 5.

47. Une fraction proprement dite eft donc une quantité moindre que l'unité, parce que fon numérateur eft plus petit que fon dénominateur. Cependant, il n'eft pas rare de trouver des expreffions en forme de fractions, dont le numérateur eft égal, ou même plus grand que le dénominateur. Or quand le numérateur eft égal au dénominateur, la fraction eft égale à l'unité; par ex. $\frac{4}{4}$ fignifiant que l'unité eft divifée en 4 parties égales, & que l'on prend à la fois ces 4 parties, il eft clair qu'on a l'unité entiere. Ainfi $\frac{11}{11} = 1 \ldots \frac{99}{99} = 1$; &c. Et quand le numérateur furpaffe le dénominateur, la valeur de la frac-

tion furpaffe l'unité : ainfi $\frac{12}{4} = 3 \ldots \frac{49}{7} = 7 \ldots \frac{105}{20} = 5 + \frac{5}{20}$, &c.

48. Il n'eft pas toujours aifé de diftinguer au premier coup d'œil quelle eft la plus grande de deux fractions, à moins qu'elles n'ayent un même numérateur, ou un même dénominateur. On ne voit pas tout de fuite, par exemple, quelle eft la plus grande de ces deux fractions... $\frac{3}{4}$, $\frac{5}{7}$. Mais, 1°. *fi elles ont un même numérateur, celle qui a un dénominateur plus petit eft la plus grande :* ainfi il eft clair que la fraction $\frac{1}{2}$ eft plus grande que la fraction $\frac{1}{4}$; la fraction $\frac{3}{5}$ eft plus grande que $\frac{3}{7}$, &c.

2°. *Si deux fractions ont le même dénominateur, alors la plus grande eft celle qui a le plus grand numérateur.* Il eft évident, par exemple, que $\frac{2}{3}$ font plus que $\frac{1}{3}$, & que $\frac{5}{8}$ valent plus que $\frac{1}{8}$.

49. Si une quantité eft double, triple, ou centuple d'une autre, la moitié de la premiere quantité fera évidemment double, triple, ou centuple de la moitié de la feconde quantité. Le tiers, le quart, le millieme, ou telle autre partie que l'on voudra de la premiere, fera également double, triple ou centuple du tiers, du quart, du millieme, & en général de la partie correfpondante de la feconde. D'où il fuit que *les parties femblables de deux ou de plufieurs quantités ont toujours entre elles le même rapport que ces quantités.*

50. La valeur d'une fraction ne change donc pas, foit que l'on divife, foit que l'on multiplie fes deux termes par un même nombre ; & par conféquent *il y a une infinité de fractions de même valeur, quoique exprimées en termes différents.*

Exemples. $\frac{36}{72} = \frac{18}{36} = \frac{6}{12} = \frac{1}{2}$, comme il eft évident. La feconde fraction vient des deux termes de la premiere, divifés l'un & l'autre par deux. On a divifé ceux de la feconde par 3, & ceux de la troifieme par 6, ce qui a donné la fraction $\frac{1}{2}$, vifiblement égale à celles qui la précedent. On feroit parvenu immédiatement à ce dernier réfultat, en divifant les deux termes de la premiere fraction par 36.

Pareillement $\frac{2}{3} = \frac{6}{9} = \frac{30}{45} = \frac{210}{315} = $ &c : mais quand il s'agit d'évaluer une fraction, on fent bien que cela eft plus aifé dans les petits nombres que dans les grands; $\frac{2}{3}$, par exemple, d'une quantité quelconque, ont une valeur plus décidée que $\frac{210}{315}$ de la même quantité. D'où il fuit qu'une méthode qui apprendroit à trouver, dans tous les cas qui en font fufceptibles, *l'expreffion la plus fimple* d'une fraction, feroit infailliblement fort utile. On l'a trouvée, cette méthode; & nous allons l'expliquer en parlant du calcul des fractions.

Du Calcul des Fractions; & d'abord de quelques opérations préliminaires.

Outre les quatre Regles ordinaires que nous avons développées dans le calcul des Nombres entiers, il y en a quelques autres qui font particulieres aux fractions. Elles confiftent 1°. à transformer tel nombre entier que l'on veut, en fraction ; 2°. (& celle-ci eft la plus ufitée,) à réduire plufieurs fractions au même dénominateur ; 3°. à réduire une fraction quelconque à la plus fimple expreffion. On fentira bientôt l'utilité de ces Regles.

51. *Transformer les entiers en Fractions.* On peut donner à un nombre entier la forme d'une fraction, en lui donnant 1 pour dénominateur ; ainfi 6 mis en forme de fraction, eft $\frac{6}{1}$... $8 = \frac{8}{1}$, &c.

On peut auffi le préfenter fous une forme fractionaire qui ait un dénominateur à volonté. Pour cet effet on multiplie le nombre entier par le dénominateur qu'on a choifi, le produit eft le numérateur de la fraction; ainfi pour réduire 6 à une fraction dont le dénominateur foit 7, on écrit $\frac{42}{7}$. Or comme en faifant la divifion de 42 par 7, on a 6 au quotient, il eft clair que $\frac{42}{7}$ & 6 font deux expreffions équivalentes.

S'il falloit réduire en une fraction seule un nombre entier joint à une fraction , on multiplieroit le nombre entier par le dénominateur de la fraction , on ajouteroit le numérateur à ce produit , & de la somme on feroit le numérateur de la fraction cherchée; ainsi 6 $\frac{1}{4}$ se réduit à la fraction $\frac{27}{4}$. . 3 $\frac{1}{22}$ se réduit à $\frac{67}{12}$.

52. *Réduire plusieurs Fractions au même dénominateur.*

Multipliez le numérateur , puis le dénominateur de chaque fraction , par chacun des dénominateurs de toutes les autres fractions. Vous aurez d'autres fractions respectivement égales aux premieres & qui auront toutes le même dénominateur.

Voulez-vous , par exemple , réduire $\frac{1}{2}$ & $\frac{1}{4}$ au même dénominateur ? multipliez les deux termes de la fraction $\frac{1}{2}$ par 4 , vous aurez $\frac{4}{8}$; multipliez ensuite les deux termes de la fraction $\frac{1}{4}$ par 2 , vous aurez $\frac{6}{8}$: les deux nouvelles fractions seront donc $\frac{4}{8}$ & $\frac{6}{8}$.

Pareillement pour réduire les fractions $\frac{2}{3}$, $\frac{5}{7}$, $\frac{3}{4}$, au même dénominateur , on multipliera les deux termes de la fraction $\frac{2}{3}$ par 7 , puis par 4 , & on aura $\frac{2\times7\times4}{3\times7\times4} = \frac{56}{84}$. Multipliant de même ceux de la fraction $\frac{5}{7}$ par 3 , puis par 4 , on trouvera $\frac{5\times3\times4}{7\times3\times4} = \frac{60}{84}$. Multipliant enfin ceux de la fraction $\frac{3}{4}$ par 7 , les produits seront $\frac{3\times3\times7}{4\times3\times7} = \frac{63}{84}$. Ainsi les trois fractions réduites sont $\frac{56}{84}$, $\frac{60}{84}$, $\frac{63}{84}$, & chacune est respectivement égale à celle dont elle tire sa premiere origine.

53. On pourroit réduire par la même méthode tant de fractions qu'on voudroit au même numérateur, en multipliant les deux termes de chacune par chaque numérateur des autres. Ainsi les trois fractions $\frac{2}{3}$, $\frac{5}{7}$, $\frac{3}{4}$, se réduisent à celles-ci , $\frac{30}{45}$, $\frac{30}{42}$, $\frac{30}{40}$: mais cette réduction au même numérateur trouve rarement son application.

54. *Pour réduire une Fraction à l'expression la plus simple.*

Il faut examiner d'abord , si le numérateur est plus grand que le dénominateur ; car alors , il faut diviser le numérateur par le dénominateur : ainsi $\frac{12}{4}$ se réduit à 3 .... $\frac{8}{3}$ se réduit à $2\frac{2}{3}$.

Il faut voir ensuite, si le numérateur & le dénominateur ne pourroient pas être divisés tous deux sans reste par un même nombre ; car alors, l'expression deviendroit plus simple, sans changer de valeur. Elle deviendra d'autant plus simple, que ses deux termes seront divisés par un plus grand nombre.

Il arrive souvent que cette réduction est impossible ; mais comme il est rare que l'on puisse juger du premier abord, si elle est possible ou non, on peut s'en assurer au moyen de certaines propriétés des nombres, dont nous ne rapporterons que les principales.

55. I. Tout nombre pair est divisible par 2 : ainsi tant que les termes d'une fraction seront des nombres pairs, ils pourront toujours être réduits à leur moitié. La fraction $\frac{128}{432}$, par exemple, se réduit à $\frac{8}{27}$, en divisant quatre fois par 2.

II. Tout nombre terminé par 0, est divisible par 5 & par 10. Ainsi la fraction $\frac{20}{90}$ se réduit à $\frac{2}{9}$.

III. Tout nombre terminé par 5, est divisible par 5. Ainsi $\frac{15}{85}$ se réduisent à $\frac{3}{17}$. De même $\frac{120}{215}$ se réduisent à $\frac{24}{43}$.

IV. Tout nombre tel que la somme de ses chiffres est un multiple de 3, est divisible par 3. Ainsi la fraction $\frac{288}{351}$ est divisible par 3, & se réduit d'abord à $\frac{96}{117}$, puis à $\frac{32}{39}$. Et si de plus le nombre divisible par 3 est pair, on peut alors le diviser par 6. On peut le diviser par 9, lorsque la somme de ses chiffres est multiple de 9 (31).

V. Quand le nombre qu'expriment les deux derniers chiffres d'un nombre est divisible par 4, le nombre lui-même peut se diviser par 4 : la fraction $\frac{184}{240}$ peut donc se réduire d'abord à $\frac{46}{60}$, puis à $\frac{23}{30}$, après quoi elle est *irréductible*. La fraction $\frac{2064}{3096}$ peut se réduire de même à $\frac{516}{774}$: ensuite à $\frac{172}{258}$, puis à $\frac{86}{129}$, & enfin à $\frac{2}{3}$.

VI. Tout nombre est divisible par 8, lorsque la partie de ce nombre exprimée par ses trois derniers chiffres est divisible par 8. Ainsi $\frac{888}{2432} = \frac{111}{304}$.

56. Au lieu d'essayer les unes après les autres ces di-

verſes propriétés des nombres, on va plus directement au fait, en ſe ſervant de la méthode générale, fondée ſur ce principe, que *pour réduire à l'expreſſion la plus ſimple une fraction quelconque, il faut diviſer ſes deux termes par leur plus grand diviſeur commun.*

. Or pour trouver le plus grand commun diviſeur poſſible de deux nombres quelconques, diviſez le plus grand par le plus petit; & ſi la diviſion ſe fait ſans reſte, le plus petit nombre eſt le plus grand diviſeur cherché.

Si après la diviſion, il ſe trouve un reſte, diviſez le plus petit nombre donné, par ce reſte; & ſi la diviſion ſe fait ſans un nouveau reſte, le premier reſte eſt le plus grand diviſeur cherché.

S'il ſe trouve un ſecond reſte, diviſez le premier par le ſecond, & ſi la diviſion ſe fait ſans troiſieme reſte, le ſecond eſt alors le plus grand commun diviſeur que vous puiſſiez trouver.

En général, le reſte qui diviſe exactement le reſte précédent, eſt le plus grand diviſeur cherché.

Exemple. On veut réduire la fraction $\frac{91}{294}$ à l'expreſſion la plus ſimple qu'il ſoit poſſible. Pour cela 1°, diviſez 294 par 91; vous trouverez 3 pour quotient, 273 pour produit, & 21 pour reſte.

2°. Diviſez 91 par ce premier reſte 21 : le quotient ſera 4, le produit 84, & le ſecond reſte, 7.

3°. Diviſez le premier reſte 21 par le nombre 7, & vous aurez 3 pour quotient exact. D'où vous conclurez que 7 eſt le plus grand commun diviſeur de 294 & de 91.

4°. Diviſant donc ces deux nombres par 7, vous aurez, ſous l'expreſſion la plus ſimple, la fraction $\frac{13}{42} = \frac{91}{294}$.

57. Reprenons ces diverſes opérations, & faiſons voir, 1°. que 7 eſt un diviſeur commun des nombres propoſés; 2°. qu'il eſt le plus grand de tous leurs diviſeurs communs.

Puiſque 7 diviſe 21, il doit diviſer $21 \times 4 = 84$, & par conſéquent $84 + 7 = 91$. Mais s'il diviſe 91, il doit diviſer auſſi $91 \times 3 = 273$, & par conſéquent $273 + 21 = 294$. Il eſt donc diviſeur commun des deux nombres propoſés.

Il est aussi le plus grand de tous leurs diviseurs communs : car tout autre nombre qui diviseroit 91 & 294, devroit diviser 21 qui reste de 294 après en avoir soustrait $91 \times 3 = 273$: il devroit également diviser 7, reste de 91 après en avoir soustrait $21 \times 4 = 84$. Or un nombre plus grand que 7 ne peut être un diviseur exact de 7.

58. Pour démontrer cette regle d'une maniere générale, il faut observer que deux quantités ne sont divisibles sans reste par un même nombre, que lorsqu'elles sont des produits exacts de ce nombre. La plus grande quantité est produite par ce nombre pris plus de fois que dans la plus petite quantité. Or deux quantités A & B étant ainsi composées, si ayant ôté la plus petite B de la plus grande A, autant de fois qu'il est possible, par exemple trois fois, il n'y a pas de reste, il est clair que A est composé de B pris trois fois, que B est composé de B pris une fois, & que par conséquent B est, dans ce cas, le plus grand commun diviseur des quantités A & B.

2°. Mais si ayant retranché B de A autant de fois qu'il est possible, (c'est-à-dire, trois fois dans cet exemple) il se trouve un reste C; alors A—C est une quantité composée de B pris trois fois justes; ou A—C = 3 B; par conséquent si C est contenu un certain nombre de fois juste, par exemple, 4 fois dans B, il sera aussi contenu un nombre juste de fois dans A—C. Il est clair en effet qu'on aura B = 4 C, & A—C = 3 B deviendra A—C = 3 × 4 C, d'où l'on tire A = 13 C. Il faut donc ôter C de B autant de fois qu'il est possible, & si cela se fait sans reste, C est la quantité qui a servi à composer les quantités A & B.

3°. Mais si ayant ôté C de B autant de fois qu'il est possible, par exemple 4 fois, il se trouve un reste D : alors B—D est une quantité composée de C pris juste 4 fois, ou B—D = 4 C. Donc si D est contenu un certain nombre de fois juste, par exemple 3 fois dans C, il sera justement aussi dans A & dans B, il sera le nombre qui aura servi à composer les quantités A & B. Car on aura C = 3 D. Donc dans l'équation B—D = 4 C, on aura B—D = 4 × 3 D, & par conséquent B = 13 D; & l'équation A—C = 3 B, deviendra A—3 D = 3 × 13 D. Donc A = 42 D.

En continuant ce raisonnement, on verra que le dernier reste qui se peut retrancher un certain nombre de fois juste du reste précédent, est la quantité qui a servi à former les deux quantités A & B, & par conséquent qu'il est leur plus grand commun diviseur.

Il est évident aussi que c'est la même chose de diviser une quantité par une autre, que d'en retrancher cette autre, autant de fois qu'il est possible.

59. Quand la fraction ne se peut réduire à une expression plus simple, ces divisions donnent enfin l'unité pour dernier reste. Car l'unité est un diviseur commun à tous les nom-

bres. Il eft fâcheux cependant de ne pouvoir reconnoître qu'une fraction eft irréductible, qu'après avoir fait tous les frais de calcul néceffaires pour s'en alfurer.

Pour fe rendre familiere la pratique de cette regle, il n'y a qu'à multiplier fucceffivement par un même nombre les deux termes de quelques fractions irréductibles. On verra que le plus grand divifeur commun des fractions provenues de ces multiplications, fera toujours le nombre par lequel on aura multiplié.

Par exemple, les deux termes de la fraction $\frac{2}{3}$ multipliés par 84 donnent $\frac{168}{252}$. Et pour ramener cette derniere fraction à la premiere, il n'y aura qu'à divifer d'abord 252 par 168, enfuite 168 par 84, refte de la premiere divifion. On trouvera que la feconde divifion fe fait exactement, & par conféquent que le plus grand commun divifeur cherché eft 84.

Voici quelques fractions toutes réduites . . . .

$$\frac{441}{567} = \frac{7}{9} \cdots \frac{48}{272} = \frac{3}{17} \cdots \frac{840}{1848} = \frac{5}{11} \cdots \frac{3661}{11506} = \frac{7}{22}.$$

En voici quelques autres à réduire.

$$B' \; \frac{504}{1152} \qquad C' \; \frac{1248}{2016} \qquad D' \; \frac{14342}{38264} \qquad E' \; \frac{202994}{293215}.$$

De l'Addition des Fractions.

60. POUR ajouter enfemble des fractions, *réduifez-les au même dénominateur, & de la fomme de tous les numérateurs des fractions réduites, faites-en le numérateur d'une nouvelle fraction qui ait le dénominateur commun.*

Ainfi pour ajouter les fractions $\frac{1}{2}$ & $\frac{1}{3}$, réduifez-les à celles-ci $\frac{3}{6}$ & $\frac{2}{6}$; leur fomme eft $\frac{5}{6}$.

Pour ajouter enfemble les fractions $\frac{2}{3}$, $\frac{1}{2}$, $\frac{1}{4}$, je les réduis à celles-ci (52) $\frac{16}{24}$, $\frac{12}{24}$, $\frac{18}{24}$; la fomme des numérateurs eft 46, j'ai donc $\frac{46}{24}$, & en réduifant à l'expreffion la plus fimple, $1 \frac{11}{12}$.

S'il y a des nombres entiers joints aux fractions, il faut

ajouter leur somme à celle des fractions, ainsi $4\frac{1}{2} + 2\frac{1}{4}$ $= 6\frac{5}{6}$; . . . . $3\frac{2}{3} + 4\frac{3}{4} = 8\frac{5}{12}$.

De la Soustraction des Fractions.

61. Pour soustraire une fraction d'une autre, *réduisez-les au même dénominateur, prenez la différence entre les deux numérateurs, & faites-en le numérateur d'une nouvelle fraction qui ait le dénominateur commun.*

Voulez-vous, par exemple, soustraire $\frac{1}{4}$ de $\frac{2}{3}$? réduisez ces fractions à celles-ci $\frac{3}{12}$, $\frac{8}{12}$; il est clair que la différence est $\frac{5}{12}$.

S'il y a des nombres entiers joints aux fractions, il faut les soustraire à l'ordinaire, & joindre leur différence à la nouvelle fraction; ainsi pour ôter $3\frac{1}{2}$ de $4\frac{1}{4}$, il faut écrire $1\frac{2}{8}$, ou $1\frac{1}{4}$.

62. Mais si la fraction à soustraire est plus grande que celle dont on soustrait, ou si l'on a une fraction à soustraire d'un entier, alors il faut réduire en fraction une unité de ce nombre entier. Par exemple, pour ôter $3\frac{2}{3}$ de $6\frac{1}{4}$, je réduis la quantité $6\frac{1}{4}$ à $5\frac{5}{4}$, & réduisant $\frac{2}{3}$ & $\frac{1}{4}$ au même dénominateur, j'ai $\frac{8}{12}$ & $\frac{15}{12}$; j'ôte $\frac{8}{12}$ de $\frac{15}{12}$, restent $\frac{7}{12}$; j'ôte 3 de 5, & j'ai 2 pour reste; ensorte que la différence cherchée est $2\frac{7}{12}$.

De même, pour ôter $\frac{2}{3}$ de 4, je réduis 4 à cette expression; $3\frac{3}{3}$ de sorte que retranchant $\frac{2}{3}$ de $3\frac{3}{3}$, restent $3\frac{1}{3}$. Pour ôter $\frac{4}{5}$ de 2, je réduis 2 à $1\frac{5}{5}$, & la différence est $1\frac{1}{5}$.

De la Multiplication des Fractions.

63. Le multiplicateur d'une fraction peut être un nombre entier, ou un nombre fractionaire. Dans le premier cas, on multiplie le numérateur seul par l'entier; & on divise le produit par le dénominateur de la fraction. Ainsi $\frac{2}{3} \cdot 5 = \frac{10}{3}$.

Dans le second cas, on multiplie les deux numérateurs

l'un par l'autre, & on divise leur produit par celui des deux dénominateurs. C'est ainsi qu'en multipliant $\frac{5}{7}$ par $\frac{1}{4}$, on trouve $\frac{15}{28}$ pour produit.

La raison de cette double Regle est très-facile à comprendre. Car en se rappellant le Principe de la multiplication en général, on verra que le produit doit toujours contenir le multiplicande, comme le multiplicateur contient l'unité (24). Or dans le premier cas, le multiplicateur 5 contient cinq fois l'unité. Il faut donc que le produit contienne cinq fois aussi le multiplicande $\frac{2}{13}$, & par conséquent que le produit soit $\frac{10}{13}=\frac{2\cdot5}{13}$.

Par la même raison, il faut dans le second cas, que le produit ne soit que les $\frac{1}{4}$ du multiplicande, puisque le multiplicateur n'est que les $\frac{1}{4}$ de l'unité. Or les $\frac{1}{4}$ de $\frac{5}{7}$ sont $\frac{15}{28}$: le quart de $\frac{1}{7}$ en effet est $\frac{1}{28}$; donc le quart de $\frac{5}{7}$ est $\frac{5}{28}=\frac{5}{7\cdot4}$: donc les trois quarts de $\frac{5}{7}$ sont $\frac{15}{28}=\frac{5\cdot3}{7\cdot4}$.

Autrement. Si au lieu de ne multiplier $\frac{5}{7}$ que par $\frac{1}{4}$, on avoit eu à les multiplier par 3 , il eût fallu, suivant la premiere Regle, écrire $\frac{15}{7}$ pour produit. Donc en les multipliant par un nombre quatre fois plus petit que 3 , ou par $\frac{1}{4}$, on doit avoir un produit quatre fois moindre que $\frac{15}{7}$; on doit donc avoir $\frac{15}{28}$.

Exemples. $\frac{5}{8}$. 9 $=\frac{45}{8}=5\frac{3}{8}\ldots\frac{11}{18}$. 36 $=\frac{11\cdot36}{18}=$ $\frac{11\cdot2\cdot18}{18}=\frac{11\cdot2}{1}=22\ldots\frac{19}{24}$. 12 $=\frac{19\cdot12}{2\cdot12}=\frac{19}{2}=9\frac{1}{2}$.

$\frac{1}{2}\cdot\frac{1}{2}=\frac{1\cdot1}{2\cdot2}=\frac{1}{4}\ldots\frac{1}{3}\cdot\frac{1}{3}=\frac{1}{9}\ldots\frac{3}{8}\cdot\frac{2}{5}=\frac{6}{40}=\frac{1}{20}\ldots\frac{8}{19}$.

$\frac{57}{64}=\frac{8\cdot57}{19\cdot64}=\frac{8\cdot3\cdot19}{19\cdot8\cdot8}=\frac{3}{8}$.

64. Toute fraction proprement dite étant moindre que l'unité, le produit de deux fractions de cette espece, doit être moindre que le multiplicande, dans le même rapport que le multiplicateur est moindre que l'unité. C'est pourquoi $\frac{1}{2}$, par exemple, multiplié par $\frac{1}{2}$ donne $\frac{1}{4}$ pour produit, &c.

65. Si le multiplicande & le multiplicateur étoient des

nombres entiers joints à des fractions, on les transformeroit en une feule fraction chacun, pour les faire rentrer
dans le fecond cas dont nous avons parlé.

Exemples. $3\frac{2}{9} \cdot 7\frac{1}{3} = \frac{29}{9} \cdot \frac{22}{3} = \frac{638}{27} = 23\frac{17}{27} \ldots$
$12\frac{6}{7} \cdot 30\frac{1}{90} = \frac{90}{7} \cdot \frac{2701}{90} = \frac{2701}{7} = 385\frac{6}{7} \ldots 10\frac{1}{100} \cdot$
$15\frac{1}{10} = \frac{1001}{100} \cdot \frac{151}{10} = \frac{151451}{1000} = 151\frac{453}{1000}.$

66. REMARQUES. I. On a fouvent des fractions à mukiplier par des
nombres qui font des divifeurs exacts des dénominateurs. Alors on
parvient tout de fuite à l'expreffion la plus fimple du produit, en divifant le dénominateur par l'entier, au lieu de multiplier le numérateur. C'eft ainfi, par exemple, que $\frac{5}{12} \cdot 2 = \frac{5}{6}$; &c.

II. Souvent auffi le nombre par lequel on doit multiplier, eft égal
au dénominateur même. Alors le produit eft égal au numérateur :
ainfi $\frac{3}{11} \cdot 11 = 3$; &c.

III. Quand on a plufieurs fractions à multiplier les unes par les
autres, il eft très-rare que le calcul ne puiffe pas s'abréger, en
effaçant des nombres communs au numérateur & au dénominateur du
produit.

Exemples. $\frac{2}{3} \cdot \frac{3}{4} \cdot \frac{5}{6} \cdot \frac{4}{5} = \frac{2}{6} = \frac{1}{3} \ldots \frac{1}{7} \cdot \frac{21}{40} \cdot \frac{8}{9} = \frac{8}{40} = \frac{1}{5}$. Voici quelques autres réductions à faire. $\frac{5}{9} \cdot \frac{3}{5} = F' \ldots \frac{7}{10} \cdot \frac{10}{11} = G' \ldots 4\frac{5}{17}$
$\frac{27}{113} = H'.$

De la Divifion des Fractions.

67. Ou le divifeur d'une fraction eft un nombre entier,
ou c'eft un nombre fractionaire; s'il eft entier, multipliez
le dénominateur feul par ce nombre, & divifez par leur
produit le numérateur de la fraction. Ex. $\frac{3}{4}$ divifés par 2
donnent $\frac{3}{4 \cdot 2} = \frac{3}{8}$ pour quotient.

Si le divifeur eft fractionaire, multipliez le numérateur
du dividende par le dénominateur du divifeur, & divifez
leur produit par celui que vous donnera la multiplication
du dénominateur du dividende par le numérateur du divi-
feur. Ex. $\frac{2}{5}$ divifés par $\frac{3}{7} = \frac{2 \cdot 7}{5 \cdot 3} = \frac{14}{15}.$

Pour bien concevoir ces deux Regles, il faut fe reffou-
venir que dans une divifion quelconque, le quotient doit
être à l'unité, comme le dividende eft au divifeur (34). Or

dans le premier cas le dividende $\frac{1}{4}$ est les $\frac{1}{8}$ du diviseur 2 ; donc le quotient doit être les $\frac{1}{8}$ de l'unité.

Il est aisé d'ailleurs de s'en convaincre par le raisonnement suivant. Diviser une quantité quelconque par 2, c'est en prendre la moitié : or la moitié de $\frac{1}{4}$ est $\frac{1}{8}$; donc la moitié de $\frac{1}{4}$ est $\frac{1}{8}$.

Dans le second cas, si on eût eu simplement $\frac{2}{5}$ à diviser par 3, le quotient auroit été $\dfrac{2}{5 \cdot 3} = \frac{2}{15}$: mais comme le diviseur $\frac{1}{7}$ est sept fois plus petit que 3, le quotient $\frac{2}{15}$ est sept fois trop foible. Il faut donc le multiplier par 7, ce qui donne $\dfrac{2 \cdot 7}{5 \cdot 3} = \frac{14}{15}$ pour le vrai quotient.

On peut le démontrer aussi de cette maniere. Dans une division quelconque, le quotient doit être au dividende comme l'unité est au diviseur. Or le diviseur est ici les $\frac{1}{7}$ de l'unité, donc le dividende doit être les $\frac{1}{7}$ du quotient. On a donc $\frac{2}{5} = \frac{1}{7} q$, (en désignant par q le quotient cherché); d'où l'on tire $\frac{2 \cdot 7}{5 \cdot 3}$ ou $\frac{14}{15} = q$.

68. Les divisions des fractions se vérifient comme celles des nombres entiers, en multipliant le diviseur par le quotient.

Or le quotient d'une quantité divisée par une fraction proprement dite, doit être toujours plus grand que le dividende. Car le quotient est d'autant plus grand, que le diviseur est plus petit. Puis donc qu'il est égal au dividende, quand le diviseur est 1, il sera plus grand que lui, toutes les fois que le diviseur sera moindre que l'unité.

Si le dividende & le diviseur sont des entiers joints à des fractions, on les transformera en une seule fraction chacun, sur laquelle on opérera ensuite à l'ordinaire.

69. Mais si le dividende est un nombre entier, & que le diviseur soit fractionaire, alors on multipliera l'entier par le dénominateur de la fraction, & on divisera le produit par le numérateur.

Exemple. 8 divisé par $\frac{3}{5}$ donne $\frac{8 \cdot 5}{3} = \frac{40}{3} = 13 \frac{1}{3}$; car s'il ne s'agiſſoit de diviſer 8 que par 3, il faudroit écrire $\frac{8}{3}$; donc en diviſant 8 par $\frac{3}{5}$, c'eſt-à-dire, par une quantité cinq fois plus petite que 3, on doit avoir un quotient cinq fois plus grand que $\frac{8}{3}$: on doit donc avoir $\frac{40}{3} = 13\frac{1}{3}$. Il n'y auroit d'ailleurs qu'à mettre l'entier 8 ſous la forme fractionnaire $\frac{8}{1}$, pour ramener cet exemple à la ſeconde Regle.

Voici maintenant quelques exemples de diviſions de fractions ſur leſquels on peut s'exercer. (Les deux points mis entre le dividënde & le diviſeur ſignifient *diviſé par*, comme le trait dont nous nous ſommes ſervi juſqu'ici).

$$\frac{2}{5} : \frac{4}{5} = I' \ldots \frac{18}{19} : \frac{9}{38} = K' \ldots \frac{1}{17} : \frac{1}{17} = L' \ldots 16 : \frac{16}{19} = M'.$$

70. REMARQUES. I. Une portion de fraction, telle, par exemple, que les $\frac{3}{4}$ de $\frac{2}{7}$, s'appelle *une fraction de fraction*. Or il eſt évident que cette expreſſion, $\frac{3}{4}$ de $\frac{2}{7}$ ſignifie qu'il faut prendre trois fois le quart de $\frac{2}{7}$. Il faut donc diviſer d'abord $\frac{2}{7}$ par 4, ce qui donne $\frac{2}{7.4} = \frac{2}{28}$; puis multiplier ce quotient par 3, ce qui donnera $\frac{6}{28}$, produit de $\frac{3}{4}$ par $\frac{2}{7}$; d'où il faut conclure 1°, que la valeur d'une fraction de fraction ſe trouve en multipliant l'une par l'autre les deux fractions qui l'expriment; 2°, qu'il n'y a par conſéquent aucune différence entre la valeur de $\frac{2}{7}$ de $\frac{3}{4}$, & la valeur de $\frac{3}{4}$ de $\frac{2}{7}$.

II. Souvent la fraction que l'on doit diviſer a le même dénominateur que la fraction par laquelle doit ſe faire la diviſion. Alors on a tout de ſuite pour quotient la fraction des deux numérateurs. Ainſi pour diviſer $\frac{3}{5}$ par $\frac{4}{5}$, il n'y a qu'à écrire $\frac{3}{4}$.

III. Si le numérateur du dividende peut ſe diviſer ſans reſte par le numérateur du diviſeur, il faut effectuer cette diviſion, afin de parvenir immédiatement à l'expreſſion la plus ſimple. Même remarque à faire ſur les deux dénominateurs. Exemple: $\frac{9}{33}$ diviſés par $\frac{3}{11}$ donnent 1 pour quotient.

IV. Il n'eſt pas rare de trouver deux numérateurs ou deux dénominateurs diviſibles par un même nombre. Alors on ſimplifie le calcul en exécutant cette diviſion. Soit, par exemple, la fraction $\frac{15}{16}$ à diviſer par $\frac{5}{8}$. On diviſera d'abord les numérateurs par 5, puis les dénominateurs par 8; le quotient ſera $\frac{3}{2}$.

Des Fractions Décimales.

71. P AR Fractions Décimales, on entend généralement toutes les fractions qui ont pour dénominateur l'unité suivie d'un ou de plusieurs zéros. Telles sont les fractions $\frac{3}{10}$, $\frac{23}{100}$, $\frac{541}{1000}$, $\frac{8}{10000}$, &c.

On voit bien que sous cette forme elles rentrent dans la classe des fractions ordinaires. Ainsi on peut les assujettir aux mêmes Regles, & les calculer avec la même facilité.

Maïs pour abréger le calcul, on a imaginé de sous-entendre les dénominateurs des fractions décimales, & de substituer aux Regles générales quelques Regles particulieres, dont voici le Principe.

72. La numération ordinaire a pour base la convention, que tout chiffre placé à la droite d'un autre, lui donne une valeur décuple (10). Ainsi pour écrire trois dixaines, on met zéro sur la droite du 3, & on écrit 30; donc pour écrire trois dixiemes, il suffit de mettre un zéro sur la gauche du 3, comme on le voit ici, 03.

Seulement pour fixer le rang des unités simples, on est convenu de le séparer du rang des dixiemes par une virgule, & au lieu d'écrire $\frac{1}{10}$, on écrit 0,3. On écriroit 0,2 pour deux dixiemes; 0,7 pour sept dixiemes; 0,9 pour neuf dixiemes, & si on avoit dix, ou vingt ou trente dixiemes à écrire, on en feroit une ou deux ou trois unités.

73. En suivant la même marche, on verra que puisque les centaines occupent le troisieme rang vers la gauche, à partir de celui des unités, les centiemes doivent occuper le troisieme rang en sens contraire. Et comme pour écrire cinq cents, on écrit 500, il est clair que pour écrire cinq centiemes, on peut se servir de l'expression suivante; 0,05. Pour exprimer huit mille, on écrit 8000; donc pour exprimer huit milliemes, on écrira 0,008. &c. &c.

Si au lieu de huit milliemes, on eût voulu en écrire

deux cent douze, on se seroit servi de cette expression
0,212. En général on écrit toujours le numérateur comme
les nombres entiers.

74. D'après cela on devinera sans peine la valeur des
quantités suivantes :

$0,1 = N' \ldots 3,42 = O' \ldots 354,0063 = P' \ldots 8,700201 = Q'$.

Il ne sera guere plus difficile de transformer en chiffres
les quantités que voici.

Trois dix-milliemes $= R'$.

Mille $+$ quatre centiemes $= S'$.

Neuf $+$ deux millioniemes $= T'$.

Treize mille cent-millioniemes $= U'$.

75. Cela posé, on voit que le premier rang des décimales sur la droite de la virgule, exprime des dixiemes ;
que le second rang exprime des centiemes, & ainsi de
suite : de maniere que 2,9654 n'est qu'une expression
abrégée de la quantité $2 + \frac{9}{10} + \frac{6}{100} + \frac{5}{1000} + \frac{4}{10000}$ que
l'on peut réduire à celle-ci $2 + \frac{9654}{10000}$.

Passons aux Regles du calcul de ces fractions.

De l'Addition, Soustraction, Multiplication & Division
des Fractions Décimales.

76. Si aux Regles déja connues pour les nombres entiers, on ajoute celle qui concerne la virgule des décimales, rien n'est plus simple ni plus commode que le
calcul de ces fractions.

I. Soit donc proposé d'ajouter $4852,791 \ldots 4,00745 \ldots$
$2,7 \ldots 0,0049$. J'écris d'abord ces quatre nombres l'un
sous l'autre, avec cette seule précaution que les virgules se
trouvent dans la même colonne, comme vous le voyez ici.

$$
\begin{array}{r}
4852,791 \\
4,00745 \\
2,7 \\
0,0049 \\
\hline
4859,50335
\end{array}
$$

Puis j'ajoute ces nombres à l'ordinaire, & j'ai foin de placer la virgule de la fomme totale, fous la colonne des autres virgules. Autre exemple.

$$
\begin{array}{r}
37,5602385642 \\
91,7832036785 \\
8,12 \\
1,30005 \\
\hline
138,7634922427
\end{array}
$$

II. La fouftraction des décimales fe fait comme celle des nombres entiers. Il fuffit, pour l'entendre, de jeter les yeux fur les exemples fuivants.

$$
\begin{array}{llll}
57,02 & 4,8274 & 6,00435 & 3,842 \\
48,1 & 2,0139 & 0,17 & 1,004554 \\
\hline
8,92 & 2,8135 & 5,83435 & 2,837446
\end{array}
$$

III. La multiplication des décimales ne diffère prefque pas de celle des nombres entiers. On multiplie à l'ordinaire tous les chiffres du multiplicande par chaque chiffre du multiplicateur, fans avoir d'abord égard aux virgules : mais lorfqu'on a pris la fomme de chaque produit, pour avoir un produit total, *il faut féparer par une virgule autant de chiffres fur la droite, qu'il y a de décimales dans le multiplicande & le multiplicateur :* enforte que fi cette fomme n'étoit pas compofée d'autant de chiffres qu'il y a de décimales dans ces deux nombres, il faudroit mettre fur la gauche un nombre fuffifant de zéros : voyez le fecond Exemple.

$$
\begin{array}{llll}
43,7 & 2,4542 & 3,7 & 21,32 \\
13 & 0,0053 & 4,12 & 0,100103 \\
\hline
1311 & 73626 & 74 & 6396 \\
437 & 122710 & 37 & 2132 \\
\hline
568,1 & 0,01300726 & 148 & 2132 \\
& & \hline & \hline \\
& & 15,244 & 2,13419596
\end{array}
$$

77. Ces multiplications peuvent se vérifier par la simple suppression des 9 (30) ou par la division. Quant à ce que la Regle a de particulier pour les décimales qu'il faut séparer, on peut s'en rendre raison de cette maniere. Le produit doit toujours être au multiplicande, comme le multiplicateur est à l'unité (24). Donc si le multiplicateur exprime des dixiemes de l'unité, par exemple, le produit doit exprimer des dixiemes du multiplicande. Donc si le multiplicande exprime des centiemes de l'unité, le produit doit alors donner des milliemes de l'unité. Ainsi $\frac{1}{100} \cdot \frac{1}{10}$ $= \frac{1}{1000} = 0{,}001$. Or il est clair que pour avoir ces milliemes d'unité, il faut que le produit ait trois décimales, c'est-à-dire, autant qu'il y en a dans les deux facteurs ensemble.

78. Lorsque le multiplicande a des décimales, & que le multiplicateur est 10, ou 100, ou 1000, &c, il suffit de retirer la virgule vers la droite, d'autant de rangs qu'il y a de zéros dans le multiplicateur. Ainsi $45{,}3289 \times 100$ $= 4532{,}89 \ldots 0{,}007854 \times 10000 = 78{,}54 \ldots\ldots$ $36{,}5 \times 1000 = 36500$.

79. Si le multiplicande & le multiplicateur avoient un grand nombre de décimales, l'opération seroit fort longue, & donneroit un résultat beaucoup plus exact qu'on n'en a besoin communément. Alors on peut simplifier le calcul, de cette maniere.

1°. Multipliez tous les chiffres du multiplicande par le premier à gauche du multiplicateur.

2°. Multipliez-les ensuite par le second chiffre à gauche du multiplicateur ; mais en écrivant ce produit, ne tenez compte que des dixaines que la multiplication du premier chiffre à droite du multiplicande pourra donner; ajoutez-les au produit de son second chiffre ; & conséquemment écrivez-en la somme sous le premier chiffre du produit déja écrit.

3°. Servez-vous du troisieme chiffre du multiplicateur pour multiplier ceux du multiplicande, à ne commencer qu'au second : encore faudra-t-il ne retenir que les dixaines de ce produit pour les ajouter aux unités du suivant. Vous en écrirez la somme sous les deux produits déja écrits.

4°. A mesure que vous avancerez vers la droite du multiplicateur, vous commencerez la multiplication par un chiffre plus avancé vers la gauche du multiplicande, & retenant les dixaines de ce premier pro-

duit, vous les ajouterez aux unités du suivant, jusqu'à ce que vous
soyez parvenu au dernier chiffre du multiplicateur.

5°. Ajoutez tous les produits, & dans leur somme séparez autant de
décimales qu'il y en avoit dans le multiplicande, lorsque vous l'avez
multiplié par les unités du multiplicateur, ou, ce qui est plus général,
voyez quel rang tiennent dans les deux racines, la décimale par laquelle vous multipliez chaque fois, & celle par laquelle commence
alors la multiplication. La somme de ces deux rangs indiquera toujours
le nombre de décimales que doit avoir le produit général.

Trois exemples suffiront pour rendre cette méthode familiere.

· · · · · ·	· · · · · ·	· · · ·
9,34528	2,302585	0,234567
3,44776	0,984977	0,003431
· · · · · ·	· · · · · ·	· · · ·
2803584	20723266	703701
373811	1842068	93827
37381	92103	7037
6541	20723	234
654	1611	0,000804799
56	161	
32,322027	2,2679932	

Dans le premier, je multiplie d'abord par 3, & j'écris le produit :
ensuite par 4, en disant 4 foit 8 = 32, que je n'écris pas : mais je retiens les trois dixaines pour les ajouter au produit suivant. Je dis donc
4 fois 2 = 8, & 3 de retenues font 11. J'écris 1 sous le 4, & je continue à l'ordinaire.

Puis je multiplie par le second 4, en commençant par le 2 du multiplicande. 4 fois 2 font 8. Je retiens 1, parce 8 approche plus de
10 que de 1, & je dis ; 4 fois 5 font 20, & un de retenu font 21.
J'écris 1 dans le même rang que les premiers chiffres des autres produits, &c. &c.

Après avoir fait toutes ces multiplications j'ajoute les produits, &
je sépare cinq décimales, parce qu'il y en avoit cinq au multiplicande, lorsque j'ai multiplié par les 3 unités du multiplicateur; ou,
parce qu'en multipliant par la premiere décimale du multiplicateur,
j'ai commencé par la quatrieme du multiplicande.

En faisant tout au long cette multiplication, on auroit trouvé
32,2202815728, c'est-à-dire, que le produit trouvé par la méthode
abrégée, ne differe pas du produit exact, de $\frac{1}{10000}$ d'unité.

Afin de reconnoître à quelles décimales du multiplicande & du multiplicateur on en est chaque fois, il est à propos de les marquer d'un
point à mesure qu'on s'en sert. Voyez les exemples.

Comme il est aisé de se rendre raison des différentes parties de cette méthode, nous laiſſons à chercher ces petits détails. Nous obſerverons ſeulement que dans le produit du troiſieme exemple, il faut ajouter trois zéros, parce que 3 étant au troiſieme rang des décimales dans le multiplicateur, & 7 au ſixieme du multiplicande, le produit doit avoir 9 décimales.

80. IV. La diviſion des décimales ne differe de celle des nombres entiers, qu'en ce qu'*il faut ſéparer dans le quotient autant de chiffres ſur la droite, qu'il y a de décimales de plus dans le dividende que dans le diviſeur.*

$$
\begin{array}{ll}
6{,}9345\,\{\ 3 & \\
\phantom{6{,}}\cdots\cdots\ \ \{\ 2{,}3115 & \\
6 & \\
\hline
0{,}9 & \\
9 & \\
\hline
{,}03 & \\
3 & \\
\hline
04 & \\
3 & \\
\hline
15 & \\
15 & \\
\hline
0 &
\end{array}
\qquad
\begin{array}{l}
8{,}445\,\{\ 3{,}22 \\
\phantom{8{,}}\cdots\ \ \{\ 2{,}6 \\
644 \\
\hline
2005 \\
1932 \\
\hline
73.
\end{array}
\qquad
\begin{array}{l}
49{,}1\ \ \{\ 20{,}074 \\
40\ 148\,\{ \\
\phantom{40\ 148\{}2{,}44 \\
\hline
89520 \\
80296 \\
\hline
92240 \\
80296 \\
\hline
11944
\end{array}
$$

Ainſi dans le ſecond exemple on a procédé à la diviſion, comme ſi l'on eût eu 8445 à diviſer par 322. Le quotient s'eſt trouvé 26. Mais parce que le dividende avoit trois décimales, & que le diviſeur n'en avoit que deux, on en a mis une au quotient, en plaçant la virgule avant le 6.

81. Lorſque le diviſeur a plus de décimales que le dividende, (voyez le 3ᵉ. exemple) on ajoute autant de zéros que l'on veut au dividende ; enſorte cependant que cela rende le nombre de ſes décimales un peu plus grand que celui des décimales du diviſeur, afin d'en avoir quelques-unes au quotient. Ici on eſt cenſé en avoir ajouté quatre

au dividende; car si l'on divise 49,10000 par 20,074, on trouvera le quotient 2,44.

Si l'on veut avoir égard aux restes de ces sortes de divisions, il faut leur ajouter de nouveaux zéros, & les quotients qu'on en tirera, en continuant la division par le même diviseur, seront de nouvelles décimales; ainsi dans le second exemple, ajoutant trois zéros au reste 73, on auroit le quotient 2,6226, avec un autre reste 228.

82. La Regle pour la division des décimales est fondée sur ce que le quotient doit toujours être à l'unité, comme le dividende est au diviseur. En effet; le quotient doit exprimer des dixiemes de l'unité, par exemple, toutes les fois que le dividende exprime des dixiemes du diviseur. Or pour exprimer des dixiemes du diviseur, il faut que le dividende ait une décimale de plus que lui. Il faut donc alors que le quotient ait une décimale, c'est-à-dire, autant qu'il y en a de plus dans le dividende que dans le diviseur.

Quand il faut diviser par 10, par 100, ou par 1000 une fraction décimale, il suffit d'avancer la virgule d'un, de deux, ou de trois rangs, vers la gauche. Ainsi $\frac{124,65}{100} = 1,2465 \ldots \frac{8,34}{1000} = 0,00834.$

83. Lorsque par la méthode ordinaire les divisions seroient trop longues, à cause du grand nombre de décimales, on peut en abréger le calcul de la maniere suivante.

Je suppose que l'on veuille vérifier le produit 32,22027 trouvé ci-dessus, en le divisant par 9,34528. Après avoir disposé ces deux nombres comme dans la division ordinaire, je demande en 32 combien de fois 9 ? Je mets 3 au quotient. Ensuite je multiplie tout le diviseur par 3, & je soustrais le produit du dividende; reste 418445.

Je divise ce reste, en disant, combien de fois 9 est-il contenu dans 41 ? Je mets 4 au quotient; & je multiplie le diviseur par 4; je dis donc 4 fois 8 font 32, que je n'écris pas. Je retiens seulement les trois dixaines que j'ajoute au produit suivant, comme on l'a vu dans la multiplication. Car ce n'est ici que l'opération inverse.

Soustrayant de 418443 ce qui provient de cette multiplication, je divise le reste 44632 par le même diviseur, & je mets au quotient un second 4 par lequel je multiplie le diviseur, à commencer au 2. Je dis donc, 4 fois 2 font 8 ; je retiens 1 , que j'ajoute à 20 = 5 × 4 ; & ainsi de suite , jusqu'à ce que j'aye retrouvé 3,44776.

$$
\begin{array}{c}
\cdots\cdots \\
32,22027 \left\{ \dfrac{9,34528}{3,44776} \right. \\
\underline{2803584} \\
\underline{418443} \\
373811 \\
\underline{} \\
44632 \\
\underline{37381} \\
7251 \\
\underline{6541} \\
710 \\
\underline{654} \\
56 \\
\underline{56} \\
0
\end{array}
$$

De la transformation & de l'utilité des Décimales.

84. On sait que les fractions ordinaires peuvent être transformées en une infinité d'autres, qui auroient toutes la même valeur. Les fractions décimales ont le même avantage, d'une maniere encore plus simple ; car soit la fraction 0,4 : il est clair que sa valeur ne changera pas tant que son numérateur & son dénominateur seront multipliés par le même nombre ; & si 10, ou 100, ou 1000, &c. sert de multiplicateur, il est également clair qu'en ajoutant un , ou deux, ou trois zéros sur la droite du 4, on fera d'un seul coup la multiplication du numérateur & du dénominateur (73). Ainsi 0,4 = 0,40 = 0,400 = 0,4000 = &c.

85. Il suit de-là que *lorsqu'une fraction décimale est terminée par des zéros , on peut les supprimer tous , sans altérer sa valeur.*

Mais si on supprimoit d'autres chiffres que des zéros, on sent bien que la fraction diminueroit de valeur : en supprimant, par exemple, le chiffre 3 , dans la quantité

0,683 , il ne reste plus que 0,68 , quantité moindre de $\frac{3}{1000}$ que la précédente.

86. Cette diminution est d'autant moins sensible, que la fraction a plus de chiffres. Ainsi la quantité 0,680003 n'est diminuée que de $\frac{3}{1000000}$, lorsqu'on retranche le dernier chiffre 3. On peut donc négliger plusieurs décimales dans une quantité qui en a beaucoup, sans diminuer sensiblement la valeur de cette quantité.

87. Comme il en résulte pourtant une petite erreur, on doit la corriger, du moins en partie, quand cela est possible : & cette correction consiste à ajouter une unité au dernier des chiffres conservés, toutes les fois que le premier sur la gauche de ceux que l'on retranche surpasse 5. Si on négligeoit, par exemple, les quatre dernieres décimales de la fraction 0,12346889, il faudroit écrire 0,1235 , & non 0,1234.

La raison en est que 0,1235 differe moins de la quantité proposée 0,12346889, que 0,1234. Car la fraction 0,1235 équivaut à 0,12350000, & la fraction 0,1234 = 0,12340000. La quantité proposée se trouve comprise entre ces deux fractions, mais elle approche davantage de la premiere.

88. En général, ou le premier des chiffres retranchés est au-dessous de 5, ou c'est un 5, ou il surpasse 5. Dans le premier cas, il ne faut rien ajouter au chiffre qui reste le dernier. Dans le second cas, on peut indifféremment ajouter ou ne pas ajouter une unité à ce dernier chiffre ; mais dans le troisieme cas, l'erreur sera toujours moindre, si on ajoute cette unité.

Soit, pour exemple, la quantité 9,685243 que je suppose exprimer des livres & des parties décimales de livre de notre monnoie ; si on ne veut retrancher que les trois derniers chiffres 243, qui valent à peine un $\frac{1}{10}$ de denier, on écrira 9,685. Si on veut retrancher les quatre derniers chiffres 5243 , dont la valeur n'est guere que d'un denier, on écrira indifféremment 9,68 ou 9,69. Mais en supprimant les cinq derniers chiffres 85243 , qui équivalent environ à 20 deniers = 1ˢ 8ᵈ, il faudra écrire 9,7, au lieu de n'écrire que 9,6 ; en effet le résultat total de la quantité proposée étant, à très-peu de chose près, 9ˡᵗ 13ˢ 8ᵈ,

on

on en approche davantage en écrivant 9, 7 $= 9^{tt}$ 14^f, qu'en n'écrivant que $9,6 = 9^{tt}$ 12^f.

89. Dans les calculs ordinaires on a rarement befoin de plus de fix décimales : fouvent même deux ou trois fuffifent.

90. Lorfque les premiers chiffres à gauche de deux fractions décimales ne font pas les mêmes, il eft clair que la plus grande eft celle dont le premier chiffre furpaffe celui de l'autre. Ainfi $0, 8$ furpaffe $0, 79 \ldots 0, 54$ furpaffe $0,49999 \ldots$ Par la même raifon, $0, 111$ furpaffe $0, 110999$.

91. Et fi les premiers chiffres d'une fraction décimale font les mêmes que ceux d'une autre fraction, la plus grande fera toujours celle qui aura quelques chiffres de plus, pourvu qu'ils ne foient pas tous des zéros. La fraction $0, 76324102$, par exemple, eft plus grande que la fraction $0, 76324$.

92. C'eft de-là que dérive la principale utilité des décimales. Elle confifte à approcher de plus en plus de l'égalité avec les différentes expreffions numériques dont il n'eft pas poffible d'avoir rigoureufement la valeur. Or toutes les parties des Mathématiques offrent une foule d'exemples de ces fortes *d'approximations :* en voici quelques-uns tirés de la fimple Arithmétique.

Il eft bien rare qu'un nombre pris au hazard, foit exactement divifible par un autre nombre pris de même (44). Prefque toujours il y a un refte que l'on joint au quotient, en forme de fraction. Par exemple, en divifant 147475 par 362; on a trouvé (41) pour quotient 407 avec le refte 141, dont on a fait la fraction $\frac{141}{362}$ que l'on a ajoutée au quotient. Mais cette fraction eft incommode, quand il s'agit de l'évaluer fous cette forme. On a donc imaginé un moyen de transformer ces fractions en d'autres, dont la valeur foit la même, ou du moins qui en approchent autant que le Calculateur le juge à propos.

93. Ce moyen fe réduit à ajouter un zéro à chaque refte de divifion, afin de pouvoir continuer de divifer :

& comme en ajoutant un zéro, ce reſte devient dix fois trop grand, on corrige l'erreur qui en réſulte, en plaçant au rang des dixiemes, le chiffre provenu de cette diviſion ultérieure.

Reprenant donc l'exemple qui précède, j'ajouterois un zéro au reſte 141, & j'aurois 1410 à diviſer par 362. Le quotient feroit 3, que j'écrirois au rang des dixiemes; le nouveau reſte feroit 324, auquel je pourrois ajouter un zéro, pour en former le nouveau dividende 3240. Je diviſerois ce nombre par le même diviſeur 362, ce qui me donneroit 8 pour quotient, & 344 pour reſte. Le 8 feroit mis au rang des centiemes, & l'addition d'un troiſieme zéro me feroit trouver 9 pour le rang des milliemes. Il y auroit encore un reſte 182, que je négligerois, au cas qu'il fuffît d'avoir trois décimales. Le quotient cherché feroit donc $407,389 = 407\frac{141}{362}$, à moins d'un millieme près.

94. Toutes les fractions ordinaires peuvent ſe transformer de même en fractions décimales qui leur ſoient parfaitement égales, ou qui en approchent du moins autant que l'on voudra. $\frac{1}{2}$, par exemple, ſe transforme en 0, 5, dont la valeur eſt exactement la même : mais $\frac{1}{3}$ n'eſt fufceptible que d'une approximation infinie, à laquelle on peut procéder ainſi. Ajoutez un zéro au numérateur 1, & diviſez 10 qui en réſulte, par lé dénominateur 3. Le quotient le plus approché en nombres entiers, fera 3, que vous placerez au rang des dixiemes; il reſtera 1, auquel vous ajouterez un zéro, comme ci-deſſus; & vous aurez encore une fois 10 à diviſer par 3. Le quotient ſera donc le même que le précédent, & il eſt clair que cela n'aura jamais de fin. On a donc $\frac{1}{3} = 0, 33333$ &c; & par conféquent $\frac{2}{3} = 0, 66666$, &c.

La même méthode fait trouver $\frac{1}{4} = 0, 25$; donc $\frac{3}{4} = 0, 75$. On trouve auſſi que $\frac{1}{5} = 0, 2$; donc $\frac{4}{5} = 0, 8$. La fraction $\frac{1}{6}$ ſe transforme en 0, 16666 &c, où l'on voit que le même chiffre revenant toujours, il n'eſt pas poſſible d'avoir exactement en décimales la valeur de $\frac{1}{6}$.

La fraction $\frac{1}{7}$ eſt dans le même cas. On ne peut la mettre en décimales ſans trouver 0, 142857 142857 142857 &c. Or le retour périodique des mêmes chiffres, annonce l'impoſſibilité d'une transformation rigoureuſe. Il eſt vrai que dans les deux derniers exemples on peut pouſſer auſſi loin que l'on veut l'approximation qui en réſulte, dans l'un en écrivant le même chiffre, dans l'autre en répétant la même période, ſans ſe donner la peine de recommencer le calcul.

95. En général, il eſt impoſſible de réduire en décimales une fraction ordinaire, dans deux cas différents. Le premier a lieu toutes les fois que deux diviſions ſucceſſives donnent le même reſte. Le ſecond, lorſque les chiffres du quotient reviennent dans le même ordre.

Il ſuit de-là que le dénominateur fait connoître la limite la plus reculée du retour périodique dont il s'agit. Le dénominateur 7, par exemple, indique qu'en réduiſant $\frac{1}{7}$ en décimales, les chiffres ne peuvent reparoître dans le même ordre, plus tard qu'au ſeptieme rang. On en trouvera aiſément la raiſon, en y réfléchiſſant un peu. Il eſt plus ordinaire cependant qu'ils reviennent, dans des cas ſemblables, avant le rang déſigné par le dénominateur. On peut le vérifier ſur la fraction $\frac{1}{13}$ entre autres.

96. S'il eſt toujours facile de transformer en décimales les fractions ordinaires, on éprouve ſouvent de la difficulté pour ramener les premieres à celles-ci. On opere néanmoins cette réduction d'une maniere bien facile, dans les exemples les plus familiers.

On ſuppoſe que l'on demande en fraction ordinaire la valeur de 0, 3333 &c... Si on multiplie par 10 la quantité donnée, on aura (78) 3,333 &c ; & ſi on la ſouſtrait de ce produit, il ne reſtera qu'une quantité neuf fois plus grande que 0, 3333 &c. Ce reſte eſt 3, dont la neuviéme partie eſt $\frac{1}{3}$. On conclura donc que 0, 3333 &c. $=\frac{1}{3}$, comme on le fait d'ailleurs.

Il en eſt de même de la fraction 0, 142857 142857 &c, qui, multipliée par 10, devient 1, 42857 142857 &c. Si on retranche de ce produit le triple de la quantité donnée, le reſte ne ſera que ſept fois plus grand que cette quantité. Or le triple de 0, 142857 142857 &c, eſt 0, 42857 142857 &c. Le reſte ſera donc 1, dont la ſeptieme partie eſt un $\frac{1}{7}$, comme ci-deſſus.

La fraction o, 125 peut se transformer en $\frac{1}{8}$, par la méthode du plus grand commun diviseur (56). Mais outre qu'il y a beaucoup de fractions décimales qui ne sont pas susceptibles d'une transformation exacte, on voit bien que ce seroit un tâtonnement perpétuel, s'il n'y avoit pas d'autres méthodes.

De quelques autres fractions.

97. L'espece des fractions est toujours relative à l'unité dont elles font partie ; & comme dans les Sciences, dans les Arts, dans la Société même, on emploie différentes fortes d'unités, il est à propos de rappeler ici les noms qu'on a donnés à leurs fractions les plus usitées.

I. Le besoin très-fréquent d'un grand nombre de divisions du cercle, détermina les anciens Géometres à supposer que tous les cercles étoient composés de 360 parties égales, généralement connues sous le nom de *Degrés*. (On préféra le nombre 360 à tous les autres nombres inférieurs, parce qu'il a plus de diviseurs exacts ; & on le préféra à tous les nombres supérieurs, pour éviter l'embarras d'une plus grande quantité de chiffres). Chaque degré est donc $\frac{1}{360}$ de la circonférence du cercle auquel il appartient.

Mais comme on a souvent besoin aussi de différentes parties du degré, on a imaginé de le considérer à son tour comme une unité formée de l'assemblage de 60 parties égales, appellées des *Minutes*. Chaque minute est donc $\frac{1}{60}$ de degré, & par conséquent $\frac{1}{21600}$ de cercle.

Pour mettre encore plus de précision dans la mesure des arcs circulaires, on a sous-divisé les minutes en 60 *Secondes* chacune ; les secondes ont été sous-divisées en 60 *Tierces* ; les tierces en 60 *Quartes*, & ainsi de suite. Il y a donc 1296000 secondes dans chaque circonférence de cercle, & par conséquent 77760000 tierces. Chaque degré est de 3600 secondes, & de 216000 tierces.

On a cherché à abréger le discours, en marquant les diverses parties du cercle par des signes particuliers : de maniere qu'au lieu d'écrire tout au long 18 degrés, 34 minutes, 53 secondes, 26 tierces, on n'écrit simplement que 18° 34′ 53″ 26‴.

II. La division du Temps en *jours* est aussi ancienne que le monde ; chaque lever du Soleil faisoit une époque trop brillante dans la Nature, pour que les premiers hommes n'en tiraffent pas une mesure du temps.

Mais les divers travaux de la journée exigeant des sous-divisions de cette mesure, on imagina de partager le jour en plusieurs parties égales. Le nombre de ces parties étant arbitraire, on choisit le nombre 24, duquel on forma les 24 *Heures* du jour.

La durée d'une heure a été sous-divisée en 60 minutes, celle d'une minute en 60 secondes, & ainsi de suite, le jour est donc de $1440' = 86400'' = 5184000'''$, & la minute $= 3600''$. Mais ces sous-divisions font de beaucoup postérieures à la premiere ; parce qu'il falloit, avant d'en pouvoir faire usage, trouver le moyen de mesurer d'aussi petites parties du temps, & on sait que l'Horlogerie est un Art assez récent.

III. Pour mesurer les distances, il a fallu se servir d'une unité quelconque, dont la longueur fût connue, & la porter successivement d'un bout à l'autre de chaque distance à mesurer. Rien dans le monde ne fixant cette unité, chaque Peuple en a pris une à sa fantaisie. La plus usitée parmi nous est la toise.

Or la Toise se divise en six parties égales, que l'on nomme *Pieds* ; le pied se divise en 12 *Pouces* ; le pouce en 12 *Lignes*, & la ligne en 12 *Points*. De sorte que le pied est $\frac{1}{6}$ de la toise, que le pouce en est $\frac{1}{72}$, que la ligne en est $\frac{1}{864}$, &c.

Les besoins de la Société & du Commerce n'eurent pas plutôt introduit l'usage des Poids & des Monnoies, que chaque Nation, & presque chaque Ville voulut avoir les siens. De-là cette diversité vétilleuse dans la maniere de peser & de compter, chez les différents Peuples.

Comme il falloit cependant établir une unité de poids & une unité de monnoie pour base de ces deux opérations, chaque pays en choisit une. La nôtre s'appelle *la Livre ;* & nous en distinguons de deux especes, *la Livre Poids* & *la Livre Monnoie.*

IV. La premiere se divise en 16 parties égales, appellées des *Onces ;* chaque once contient 8 *Gros ;* le gros contient 72 *Grains.* Une livre pese donc 128 gros, ou 9216 grains. On emploie assez souvent une autre fraction de la livre, qui en est la moitié, & on la nomme le *Marc ;* le marc ne contient donc que 8 onces.

V. L'autre espece de livre se divise en *Sous :* elle en contient 20. C'est une mesure fictive, puisque nous n'avons point de piece de monnoie qui vaille 20 sous. Le sou contient 12 *Deniers.* Ainsi il y a 240 deniers dans chaque livre. Tout le reste de notre monnoie se rapporte à ces trois sortes ; livres, sous & deniers.

98. Cela posé, appliquons les premieres regles de l'Arithmétique à ces différentes grandeurs ; & d'abord proposons-nous d'en ajouter plusieurs ensemble. Pour cet effet, on commence par écrire les unes sous les autres les parties qui ont une même dénomination : puis on prend successivement la somme de chaque colonne, en allant de droite à gauche, & on pose à chaque fois ce qui reste, quand on en a ôté, s'il y a lieu, de quoi former une ou plusieurs unités, que l'on ajoute à la colonne suivante. Quelques exemples suffiront pour l'intelligence d'une regle aussi élémentaire.

$36°$	$25'$	$47''$		3^i	17^h	$42'$	$16''$
49	33	28		9	13	25	33
55	31	49		11	23	17	42
141	31	4		25	6	25	31

toises.	pieds.	pouces.	lignes.
9	3	11	2
100	0	0	0
47	5	3	8
11	0	10	8
168	4	1	6

℔	onces.	gros.	grains.	livres.	sous.	den.
10	15	7	70	325	17	4
9	10	4	18	15	11	6
47	3	6	40	25	1	8
	13	0	55	4	10	0
68	11	3	39	371	0	6

99. La souftraction de ces fortes de quantités s'opere avec la même facilité que leur addition. Après les avoir écrites l'une fous l'autre, on fouftrait fucceffivement toutes les parties de l'une des parties correfpondantes de l'autre ; & fi par hazard quelques-unes des premieres furpaffent celles qui leur correfpondent, on détache une unité de la colonne fuivante dans le nombre fupérieur, pour la décompofer en unités du genre de celles que l'on veut fouftraire. Le refte s'entend affez par les exemples fuivants.

48°	16′	17″	19^j	14^h	19′	40″
25	3	12	3	11	43	30
23	13	5	16	2	36	10

	17′	11^h	47′	5″
	13	18	55	40
	3	16	51	25

toises.	pieds.	pouces.	lignes.
100	0	0	0
17	4	5	11
82	1	6	1

℔	onces.	gros.	grains.	livres.	sous.	deniers.
47	10	2	55	655	3	4
12	12	5	12	30	0	0
34	13	5	43	625	3	4

100. Quoique la multiplication & la division de toutes ces quantités, à l'exception de celles qui ont rapport au Toisé, n'ayent presque jamais lieu dans les Mathématiques, il est à propos cependant de parler ici de ces deux regles, à cause du fréquent usage que l'on en fait dans la Société.

On voudroit savoir, par exemple, le prix de 34 Aunes ¼ d'une étoffe qui coûteroit 6^{tt} 12^s 6^d l'Aune ?

Il est clair 1°, que 34 Aunes, à raison de 6^{tt} chacune, doivent coûter 204^{tt}.

2°. Qu'à raison de 2^s qui sont la dixieme partie de la livre, elles doivent coûter 3^{tt} 8^s. Donc à raison de 12^s, leur prix doit être de 20^{tt} 8^s. Ainsi nous avons déja. . . . . 224^{tt} 8^s

3°. Puisqu'à 2^s chacune, 34 Aunes coûteroient 3^{tt} 8^s, elles ne doivent coûter, à raison de 6^d, (quart de 2^s,) que . . . . . 17^s
Donc en réunissant ces valeurs, on auroit le prix de 34 Aunes, à 6^{tt} 12^s 6^d l'Aune. Mais comme il y a ¼ d'Aune de plus, il faut en ajouter le prix à celui que nous avons déja trouvé.

Or 4°, ces ¼ égalant ½ ╋ ¼, il est évident que la demi-Aune doit coûter . . . 3   6   3^d
Le quart d'Aune vaut donc 1   13   1½
Ainsi la somme totale est . . . . 230^{tt} 4^s 4½^d

Chaque opération dans cette regle porte sa preuve. Deux autres exemples suffiront pour la rendre facile. Soit proposé d'abord de trouver le prix de 42^t 5^{pi} 9^{po}, à raison de 12^{tt} 19^s 8^d la toise.

Soit proposé ensuite de déterminer la valeur de 36^{u} 6^{on} 4^{gros} d'Argent, à 51^{tt} 15^{s} 9^{d} le Marc.

$$
\begin{array}{lcccl}
 & 12^{tt} & 19^{s} & 8^{d} & \\
 & 42^{v} & 5^{pi} & 9^{po} & \\
\hline
 & 24\ldots & & & \left.\right\}\ \text{pour } 42^{v} \text{ à } 12^{tt} \\
 & 48\ldots & & & \\
42^{v} \text{ à } 2^{s} & 37 & 16 & & \text{à } 18^{s} \\
\text{valent } 4^{tt}\,4^{s} & 2 & 2 & & \text{à } 1^{s} \\
 & 1 & 1 & & \text{à } 6^{d} \\
 & & 7 & & \text{à } 2^{d} \\
\text{Le pied} & 10 & 16 & 4\tfrac{2}{3} & \text{prix de } 5^{pi} \\
\text{vaut } 2^{tt}\,3^{s}\,3\tfrac{1}{3}^{d} & 1 & 1 & 7\tfrac{1}{3} & \text{de } 6^{po} \\
 & & 10 & 9\tfrac{1}{6} & \text{de } 3^{po} \\
\hline
 & 57^{tt} & 14^{s} & 10\tfrac{1}{6}^{d} & \\
\hline
\end{array}
$$

$$
\begin{array}{lcccl}
 & 51^{tt} & 15^{s} & 9^{d} & \\
 & 36^{m} & 6^{on} & 4^{gros} & \\
\hline
 & 306\ldots & & & \left.\right\}\ \text{pour } 36^{m} \text{ à } 51^{tt} \\
 & 153\ldots & & & \\
 & 18\ldots & & & \text{à } 10^{s} \\
 & 9\ldots & & & \text{à } 5^{s} \\
 & & 18^{s} & & \text{à } 6^{d} \\
 & & 9 & & \text{à } 3^{d} \\
\text{Une once vaut} & 38 & 16 & 9\tfrac{1}{4} & \text{prix de } 6^{on} \\
6^{tt}\,9^{s}\,5\tfrac{1}{3}^{d} & 3 & 4 & 8\tfrac{13}{16} & \text{de } 4^{gros} \\
\hline
 & 1906^{tt} & 8^{s} & 6\tfrac{9}{16}^{d} & \\
\hline
\end{array}
$$

101. Remarquez en passant, que pour prendre le dixieme d'un nombre de livres, il n'y a qu'à doubler le chiffre des unités, & le regarder ensuite comme exprimant des sous. Les chiffres qui resteront à gauche, exprimeront des livres. Ainsi $\frac{12^{tt}}{10} = 1^{tt}\,4^{s}\ldots\,\frac{347^{tt}}{10} = 34^{tt}\,14^{s}$, &c. La raison en est évidente.

Ceux qui dans des moments de loifir voudront s'affurer s'ils pof-
fédent bien la pratique de cette regle, pourront s'exercer fur les
trois exemples fuivants, dont les réfultats fe trouvent fous les lettres
X', Y', Z'.

I. La livre de Tabac coûte $3^{tt} 4^{f}$. Que coûteront donc 19 livres
13 onces de Tabac ?

II. Si la *Toife courante* d'un mur coûte $37^{tt} 4^{f}$, combien coûteront
$9^{t} 5^{pi} 11^{po}$ de ce mur ?

III. On eft convenu de payer un cercle gradué en degrés, minutes
& fecondes, à raifon de $7^{tt} 8^{f}$ par degré. L'Ouvrier chargé de cette
graduation a déja divifé $258° 48' 12''$. Que faut-il lui donner pour
fon travail ?

162. Au lieu de la méthode que nous venons d'employer pour ces
fortes de multiplications, on peut transformer le multiplicande & le
multiplicateur en parties de la plus petite efpece dont il foit fait mention dans l'exemple que l'on veut calculer. Ces parties n'étant que des
fractions, les deux produifants auront donc une forme fractionaire ;
ainfi leur produit fe trouvera par la regle de la multiplication des
fractions (63).

Exemple. On a vu ce que 34 Aunes $\frac{1}{4}$ d'étoffe coûteroient, à
raifon de $6^{tt} 12^{f} 6^{d}$ l'Aune. Si on vouloit le vérifier par cette autre
méthode, on transformeroit d'abord 34 Aunes $\frac{1}{4}$ en $\frac{139}{4}$. On tranf-
formeroit de même $6^{tt} 12^{f} 6^{d}$ en $\frac{1590}{240} = \frac{159}{24}$ de livre. Puis on multiplieroit les deux numérateurs l'un par l'autre, & on diviferoit
leur produit par celui des deux dénominateurs. Il en réfulteroit une
fraction qui, étant réduite à fa plus fimple expreffion, feroit connoître

le prix cherché. Ainfi dans le cas préfent, on auroit $\frac{139}{4} \cdot \frac{159^{tt}}{24} = \frac{22101^{tt}}{96} = 230^{tt} 4^{f} 4^{d} \frac{1}{2}$, comme nous l'avions déja trouvé.

163. Quant à la divifion de ces quantités, elle n'a point
de difficulté dans le cas où le divifeur ne contient qu'une
feule efpece de grandeur. Suppofons, par exemple, qu'un
Ouvrier ait reçu $151^{tt} 14^{f} 6^{d}$ pour 42 jours de travail, &
que l'on veuille favoir ce qu'il gagnoit par jour.

On divifera d'abord 151 par 42. Le quotient fera 3,
le produit 126, & le refte 25 ; réduifant ce refte de livres
en fous, on en aura 500, qui, avec les 14 du dividende,
formeront le fecond membre de divifion, & ainfi des
autres. Le quotient cherché fera donc $3^{tt} 12^{f} 3^{d}$.

Mais s'il entre dans le divifeur des quantités de différente efpece, alors il faut le transformer en parties de la plus petite efpece de celles qu'il contient dans l'exemple propofé ; & après avoir transformé de même le dividende, il faut le divifer fuivant la regle de la divifion des fractions (67).

Appliquons cette méthode à la recherche du prix de la Toife, dans la fuppofition que $42^t\ 5^{pi}\ 9^{po}$ ayent coûté $557^{tt}\ 14^f\ 10\frac{1}{6}^d$.

$$557^{tt} = 133680^d$$
$$14^f = 168^d$$
$$10\tfrac{1}{6}$$

$$557^{tt}\ 14^f\ 10\tfrac{1}{6}^d = 133858\tfrac{1}{6}^d = \frac{803149}{6}\ \text{de denier} = \frac{803149}{1440}$$

de livre.

Voilà le dividende mis fous une forme fractionaire : paffons au divifeur.

Ses plus petites patties font des pouces : ainfi on aura, toute transformation faite, $42^t\ 5^{pi}\ 9^{po} = 3093^{po} = \frac{3093}{72}$ de toife $= \frac{1031}{24}^t$.  Divifant donc $\frac{803149}{1440}^{tt}$ par $\frac{1031}{24}$, on trouvera $\frac{19275576}{1484640}^{tt} = 12^{tt}\ 19^f\ 8^d$, comme ci-deffus.

Telles font les premieres regles de l'Arithmétique. Pour traiter les autres d'une maniere plus générale, il eft à propos d'expofer auparavant les principes du Calcul Algébrique.

ÉLÉMENTS D'ALGÈBRE.

104. L'Algèbre eſt une eſpece d'Arithmétique uni-verſelle, dont les principaux avantages ſont 1°, de démon-trer d'une maniere tout-à-fait générale, ce que l'Arithmé-tique ordinaire ne démontre que pour des cas particuliers.

2°, De mener rapidement à des réſultats qu'il eſt rare d'obtenir par l'Arithmétique, ſans de longs tâtonnements.

3°, D'exprimer avec un laconiſme ſingulier, ces mêmes réſultats que l'Arithmétique n'exprime ordinairement qu'a-vec beaucoup de paroles.

4°, De réſoudre une infinité de Problêmes, à la ſolu-tion deſquels la Science des Nombres ne ſauroit guere atteindre.

5°, De fournir à l'Arithmétique même, dans des opé-rations compliquées, beaucoup de reſſources qui facilitent le calcul, en ſimplifiant le travail.

Ces avantages vont être rendus ſenſibles dans le Traité ſuivant.

Notions Préliminaires.

105. Les chiffres ont une valeur déterminée par la convention générale des Peuples qui les emploient. Ainſi quoique le chiffre 3, par exemple, puiſſe auſſi bien ſigni-fier 3 pouces, que 3 toiſes, que 3 lieues, que 3 heures &c, on n'eſt plus à temps de lui en faire ſignifier cent ou mille, &c. Les chiffres ne ſont donc point des ſignes propres à repréſenter indiſtinctement toutes les quantités poſſibles; & en conſéquence on a imaginé de leur ſubſti-tuer d'autres ſignes, dont la valeur n'étant fixée par

aucune efpece de convention, pût fucceffivement varier au gré du Calculateur qui voudroit en faire ufage.

Ces fignes étoient tout trouvés dans les lettres de l'Alphabet. Chacun les connoît dès l'enfance, & par leur généralité ils font fufceptibles de toutes les valeurs qu'on juge à propos de leur donner : bien entendu cependant que fi en commençant un calcul, on donne telle ou telle valeur aux lettres que l'on emploie, ces lettres confervent jufqu'à la fin de l'opération, les valeurs refpectives qui leur ont été attribuées.

106. Cela pofé, on appelle *Quantité* ou *expreffion Algébrique*, tout ce qui eft défigné par des lettres de l'Alphabet.

On eft convenu de repréfenter par certains autres fignes les diverfes opérations que l'on peut faire fur ces quantités. Par exemple, pour ajouter a avec b, on écrit $a + b$ (15). Pour marquer que c eft fouftrait de d, on écrit $d - c$ (17).

La multiplication à faire de b par c, s'indique de la maniere fuivante . . . . . $b \times c$ ou $b . c$. Mais la multiplication eft cenfée faite, toutes les fois qu'une lettre eft fuivie d'une autre ou de plufieurs autres, fans la moindre interruption caufée par des fignes. Ainfi xy fignifie que la quantité x, quelle qu'elle foit, a été multipliée par une autre quantité quelconque y . . . . abc fignifie le produit des trois quantités a, b, & c.

La divifion de deux quantités algébriques fe marque comme celle des nombres. Ainfi pour marquer que a doit être divifé par b, on écrit $\frac{a}{b}$ ou $a : b$. Pour marquer que xy doit être divifé par abc, on écrit $\frac{xy}{abc}$, ou $xy : abc$.

107. On appelle *Monome* toute quantité ifolée, qui n'eft ni précédée ni fuivie d'aucune autre quantité dont elle foit féparée par le figne $+$ ou par le figne $-$. Voici

donc autant de *monomes* ; a, $b\,c\,d$, m, n, $\frac{\pi}{\varphi}$, $\frac{\omega}{\beta}$; &c.

On appelle *Binome*, toute quantité qui a deux *Termes* ; & par Terme on entend toute expression séparée d'une autre par un des deux signes $+$ ou $-$. De maniere que $a + b$ est un binome, ainsi que $fg - s\,u\,t \ldots 1 + x$ en est un aussi ; &c.

Par *Trinome*, on entend une quantité composée de trois termes ; en général celle qui en contient plusieurs s'appelle *Polynome*.

108. On distingue deux sortes de termes, les termes *Positifs* & les termes *Négatifs*. Ceux-ci sont toujours précédés du signe $-$; les autres sont tous précédés du signe $+$. Dans la quantité $+ p - q - rr + x - y$, il y a deux termes positifs, & trois termes négatifs.

Quand le premier terme d'une quantité algébrique est positif, on néglige de l'affecter du signe $+$, parce qu'on est convenu de le regarder comme positif, toutes les fois qu'il n'est précédé d'aucun signe.

109. On a souvent les mêmes termes à écrire dans une même quantité : par exemple, $a + a + a - b - b + d$. Mais au lieu de les répéter ainsi, on a imaginé de ne les écrire qu'une fois chacun, en marquant par un chiffre qui les précède vers la gauche, combien de fois ils doivent être ajoutés ou soustraits. Par exemple, $3\,a - 2\,b + d$ est l'expression abrégée de la quantité précédente. On appelle *Coefficients* ces chiffres respectifs dont chaque terme est affecté.

Lorsqu'un terme n'a point de coefficient marqué, il est censé avoir l'unité pour coefficient. C'est ainsi que dans l'exemple précédent, la lettre d est une expression abrégée de $1\,d$; pareillement $fh - pq = 1\,fh - 1\,pq$; c'est à-dire, que ces sortes de quantités ne doivent être prises qu'une seule fois, soit en $+$ soit en $-$.

110. Il arrive très-fréquemment qu'une quantité est multipliée par elle-même, & alors on l'écrit deux fois

de fuite, fans interruption de figne. Ainfi aa marque le produit de la quantité a par elle-même : aaa marque pareillement le produit de la quantité aa par a, & $aaaa$ indique le produit de aaa par a. Pour abréger ces expreffions, on eft convenu de défigner le nombre de fois qu'une quantité doit être écrite de fuite, par un chiffre mis à la droite & un peu au-deffus de la quantité. Ainfi a^2 eft une expreffion abrégée de aa, & a^3, a^4 tiennent lieu de aaa, $aaaa$.

Ces chiffres s'appellent des *Expofants*. Leur fonction, comme on vient de le voir, eft d'indiquer la multiplication plus ou moins réitérée d'une quantité par elle-même, tandis que la fonction des coefficients eft de marquer l'addition répétée d'une même quantité. $3a$, fignifie donc $a + a + a$, au lieu que $a^3 = a \cdot a \cdot a$; en forte que fi on fuppofe $a = 5$, on aura $3a = 15$, pendant que $a^3 = 125$. Il y a donc une grande différence entre les expofants & les coefficients, & il faut bien fe garder de confondre les uns avec les autres.

111. Chaque lettre a fon expofant particulier; mais quand cet expofant eft l'unité, on eft convenu de le fous-entendre. Ainfi bc eft la même chofe que $b^1 c^1$, & $xxxyy\zeta = x^3 y^2 \zeta^1 = x^3 y^2 \zeta$.

112. On ne doit jamais réunir fous un même coefficient que des termes abfolument femblables. Or *par termes femblables, on entend ceux qui font formés des mêmes lettres affectées refpectivement des mêmes expofants dans chacun de ces termes, quels que foient d'ailleurs leurs fignes & leurs coefficients.*

Exemple. $a + 3a + 4a$ font trois termes femblables, c'eft la même quantité a, qui eft prife d'abord une feule fois, puis trois fois, enfuite quatre autres fois. On peut donc réunir le tout fous un feul coefficient, & écrire $8a$: & fi on eût eu $-a-3a-4a$, on eût pu réduire le tout à $-8a$.

Si au lieu de $+3a$ on avoit $-3a$, alors ce feroit bien la même quantité a prife trois fois, mais en fens contraire, c'eſt-à-dire, ſouſtraire trois fois. Réuniſſant donc les deux quantités poſitives $a + 4a = 5a$, on en auroit ſouſtrait $3a$, & le reſte eût été $2a$. Cette opération qu'il ne faut pas manquer de faire, quand il y a lieu, s'appelle *Réduction*. Elle eſt auſſi facile que fréquente.

Si on eût eu $a + 3a - 4a$, alors les quantités poſitives étant égales aux négatives, le réſultat eût été zéro. D'où on peut déduire la regle ſuivante.

113. *Toutes les fois qu'il y a des termes ſemblables dans une expreſſion algébrique, il faut les réduire à un ſeul terme, ou les effacer s'ils ſe détruiſent.*

On les efface, quand avec des coefficients égaux, ils ont des ſignes contraires. C'eſt ainſi que la quantité $2a + b - 2a - b$ ſe réduit à o.

On les réduit à un ſeul terme, 1°, quand ils ſont affectés du même ſigne. Alors on ajoute leurs coefficients; & la ſomme ſert de coefficient au nouveau terme. C'eſt ainſi que nous avons réduit $a + 3a + 4a$, au terme $8a$, & que nous réduirions $\gamma_\varepsilon - \omega + 5\gamma_\varepsilon$ à $6\gamma_\varepsilon - \omega$; comme auſſi $f^2 - 3x + 4f^2 - 8x$ ſe réduiroit à $5f^2 - 11x$.

2°. La réduction à un ſeul terme a lieu auſſi, quand les termes ſemblables ſont affectés de ſignes contraires & de coefficients inégaux. Alors on ſouſtrait le petit coefficient du grand, & le reſte ſert de coefficient au nouveau terme, précédé du même ſigne que le grand. C'eſt en ſuivant ce procédé, que l'expreſſion $12m - 5n^2 - 8m + 4nn$ ſe réduit à $4m - n^2$; & que $\frac{3}{4}\pi + 2\varphi - \frac{1}{4}\pi - 15\varphi$ ſe réduit à $\frac{1}{2}\pi - 13\varphi$.

114. Puiſque la ſimilitude des termes exige les deux conditions indiquées, ſavoir 1°, qu'ils ſoient compoſés préciſément des mêmes lettres; 2°, que chacune de ces lettres ait un même expoſant reſpectif dans tous ces termes, on ne doit jamais être embarraſſé pour prononcer ſur leur ſimilitude ou leur diſſimilitude. On jugera donc, du premier coup d'œil, quels ſont les termes ſemblables dans

dans les exemples suivants , & on les réduira sans peine.

I. $3x - 2xy - 3z + 2x - 32xy + 3z \ldots$ A″

II. $\frac{2}{5}a - \frac{4d}{7b} - 6a + \frac{7}{4}a + \frac{d}{b} - u^2 \ldots\ldots\ldots$ B″

III. $352\alpha\beta - \theta\omega^2 + \varphi - 57\alpha\beta + \theta\omega^2 \ldots\ldots$ C″

Parmi les exemples des termes dissemblables, nous ne rapporterons que ceux-ci.

I. $ab - 30c + 4\gamma$

II. $x^2y - xy - xy^2$

III. $8\varphi^3 + 5\varphi^2 - \gamma\varphi^3$

115. C'est plutôt un usage qu'une regle dans les calculs algébriques, de faire garder aux lettres de chaque terme leur ordre alphabétique. Ainsi au lieu d'écrire cba, ou bca, ou bac, on écrit abc : au lieu d'écrire $\pi\gamma$, on écrit $\gamma\pi$. Encore est-ce un usage dont il ne faut point être esclave : il contribue seulement à faire mieux discerner les termes semblables. On va voir maintenant avec quelle facilité toutes les premieres regles de l'Algèbre s'exécutent.

De l'Addition algébrique.

116. Pour ajouter des quantités algébriques, il suffit de les écrire les unes après les autres avec les signes qu'elles ont, & de faire ensuite les réductions convenables, s'il y a lieu.

Ainsi on ajoute cdn avec $4m^2$ en écrivant $cdn + 4m^2$. Pour ajouter $xy + z^3$ avec $u - t - z^3$, on écrit $xy + u - t$. La somme de b, de d & de $-f$ est $b + d - f$. Celle de $2m + 3n - q$ & de $q - 3n - 2m$ est zéro.

117. Et si l'on a des fractions algébriques à ajouter avec des quantités entieres ou fractionaires, on suivra les regles déja pres-

crites pour réduire au même dénominateur les fractions numériques;
Par exemple, $\dfrac{a}{m} + 1 = \dfrac{a+m}{m} \dots \dfrac{a}{b} + \dfrac{c}{d} = \dfrac{ad+bc}{bd}$.

De la Souftraction algébrique.

118. Pour fouftraire une quantité A, d'une autre quantité B, on change tous les fignes de la quantité A, & on l'écrit enfuite à côté de la quantité B : après quoi, s'il y a des réductions à faire, on les fait.

Exemples. On veut fouftraire g de c ; on écrit $c-g$.

On veut fouftraire $m^3 + n^4$ de $x^3 z - u^2$: on écrit $x^3 z - u^2 - m^3 - n^4$.

Veut-on fouftraire $a^2 b - 4 c$ de $5 a^2 b - 4 c$? on écrira $4 a^2 b$.

119. Ce changement de fignes dans la quantité que l'on fouftrait, ne laiffe aucun nuage, quand il s'agit de changer les $+$ en $-$. Car tout le monde conçoit du premier abord, que pour indiquer la fouftraction d'une quantité pofitive quelconque p, il faut lui donner la forme négative $-p$. Mais ce que l'on ne conçoit pas auffi facilement, c'eft que pour indiquer la fouftraction d'une quantité négative $-a$, il faille écrire $+a$.

Cependant les Inventeurs de cette regle n'avoient que deux partis à prendre, lorfqu'ils eurent des quantités négatives à fouftraire. Le premier parti étoit de laiffer ces quantités fous une forme négative : le fecond, de leur donner une forme pofitive, en changeant leur figne $-$ en $+$. S'ils balancerent entre ces deux partis, une réflexion bien fimple dut mettre fin à leurs doutes ; voici cette réflexion.

120. Le but d'une fouftraction quelconque eft de faire connoître la différence qu'il y a entre la quantité fouftraite, & celle dont on a dû la fouftraire. Cette différence eft toujours marquée par le refte de la fouftraction. Et comme on fait d'ailleurs (22) que ce refte doit toujours être tel, qu'en le réuniffant à la quantité fouftraite,

on retrouve celle dont on a souftrait, les Inventeurs ne tardèrent sûrement pas à reconnoître qu'on ne pouvoit retrouver cette quantité qu'en changeant tous les signes de la quantité à souftraire. De-là ils conclurent généralement qu'il falloit toujours changer en — les signes +, & en + les signes — des termes à souftraire.

Nous avons, par exemple, écrit $c - g$ pour marquer que g étoit souftrait de c. Le reste de cette souftraction eft donc exprimé généralement par $c - g$; & la preuve que ce reste eft le seul véritable, quelles que soient les valeurs de c & de g, c'eft qu'en le réuniffant avec la quantité souftraite g, on a $c - g + g$, qui se réduit à c, comme cela doit être.

Il en a été de même, lorfque souftrayant $a^2 b - 4 c$ de $5 a^2 b - 4 c$, nous avons trouvé pour reste, $4 a^2 b$. Ce reste, en effet, ajouté à $a^2 b - 4 c$, reproduit toute la quantité primitive $5 a^2 b - 4 c$.

De la Multiplication algébrique.

121. Tout terme algébrique peut être regardé comme composé de quatre parties. La premiere eft le signe qui le précède. La seconde eft le coefficient dont ce terme eft affecté. La troifieme eft formée des lettres qu'il renferme. Les exposants respectifs de ces lettres forment la quatrieme partie. Or la multiplication de deux termes algébriques, l'un par l'autre, exige des regles particulieres pour ces quatre objets.

122. Regle pour les signes. Lorfque le multiplicande & le multiplicateur ont tous deux le même signe, soit +, soit —, le produit doit toujours être affecté du signe +. Ainfi $a \times b = ab \ldots - a \times - b$ donne pareillement $a b$ (& non $- a b$).

Mais si le multiplicande & le multiplicateur ont des signes différents, le produit doit toujours être affecté du signe —. Ainfi $a \times - b$, ou $- a \times b$ donne également $- a b$

pour produit. Nous démontrerons cette regle, après avoir indiqué les trois autres.

123. Regle des coefficients. Multipliez l'un par l'autre, comme dans l'Arithmétique, les coefficients des deux facteurs, & faites servir leur produit de coefficient au produit algébrique. $3a \times 9b = 27ab \ldots \frac{1}{2}c \times \frac{1}{2}p = \frac{1}{4}cp$.

124. Regle des lettres. On est convenu (106) que toutes les fois que deux ou plusieurs lettres seroient écrites de suite, c'est-à-dire, sans aucun signe $+$ ou $-$, intermédiaire, cela signifieroit le produit des quantités désignées par ces lettres. Ainsi pour multiplier $12x$ par $5y$, écrivez $60xy$, & pour multiplier $60xy$ par $3az$, écrivez $180\,axyz$.

125. Regle des exposants. Lorsqu'une lettre affectée d'un exposant quelconque doit être multipliée par cette même lettre, affectée d'un autre exposant ou d'un exposant égal au premier, il ne faut écrire qu'une seule fois cette lettre au produit, mais avec un exposant égal à la somme des deux exposants primitifs.

Exemple. $8a^2b^3 \times 4a^5b = 32a^7b^4$. Cette regle n'est qu'un cas particulier & abrégé de la troisieme : puisque si on écrivoit tout au long $8aabbb \times 4aaaaab = 32aaaaaabbbb$, on auroit évidemment (116) le même produit $32\,a^7b^4$.

126. Jusqu'ici nous n'avons parlé que de la multiplication des monomes. Celle des polynomes se fait à peu-près comme la multiplication des nombres composés.

D'abord on multiplie tous les termes du multiplicande par un des termes du multiplicateur, n'importe par lequel on commence. Puis on les multiplie successivement par tous les autres termes du multiplicateur : & enfin si en prenant la somme de tous ces produits particuliers, on trouve quelque réduction à faire, on la fait.

Soit proposé pour exemple de multiplier la quantité $a + 3c - d$ par $2a - d \ldots$ je dispose ces termes comme vous le voyez ici, ...

$$a + 3c - d$$
$$2a - d$$

$$2aa + 6ac - 2ad$$
$$- ad - 3cd + dd$$

Red. $2aa + 6ac - 3ad - 3cd + dd$

& je multiplie d'abord a par $2a$, le produit eſt $2aa$; en-ſuite $+ 3c$ par $2a$, le produit eſt $+ 6ac$; puis $- d$ par $2a$, le produit eſt $- 2ad$. Je paſſe au ſecond terme du multiplicateur, & je multiplie a par $- d$, le produit eſt $- ad$; je multiplie $+ 3c$ par $- d$, le produit eſt $- 3cd$; enfin je multiplie $- d$ par $- d$, le produit eſt $+ dd$; j'a-joute tous ces produits enſemble, & réduction faite, je trouve pour produit total . . . . $2aa + 6ac - 3ad - 3cd + dd$.

Autres exemples.

$$a + x$$
$$a - x$$

$$a^2 + ax$$
$$- ax - xx$$

$$a^2 - x^2$$

$$2a - 2b$$
$$2a + b$$

$$4aa - 4ab$$
$$+ 2ab - 2bb$$

$$4aa - 2ab - 2bb$$

$$aa + 2ac - bc$$
$$a - b$$

$$a^3 + 2aac - abc$$
$$- aab - 2abc + bbc$$

$$a^3 - aab + 2aac - 3abc + bbc$$

Les fractions algébriques ſe multiplient comme les fractions numériques . . . . $\frac{x}{y} \times \frac{u}{z} = \frac{ux}{yz}$ . . . $\frac{c}{d} \times \frac{m+n}{p+q}$
$= \frac{cm+cn}{dp+dq}$ . . . $\frac{a+b}{1-x} \times \frac{a-b}{1+x} = \frac{a^2-b^2}{1-x^2}$.

Il arrive souvent qu'au lieu d'effectuer la multiplication des polynomes, on ne fait que l'indiquer, en écrivant le signe $\times$ entre le multiplicande & le multiplicateur. Alors on les couvre chacun d'un trait, ou on les enferme entre parenthefes. Par exemple, pour exprimer le produit de $a + 3c - dd$ par $bb - 6\,dd$, on écrit $\overline{a + 3c - dd}$ $\times \overline{bb - 6\,dd}$, ou bien $(a + 3c - dd)\,(bb - 6\,dd)$. Ces parenthefes font fort commodes, fur-tout quand on a plufieurs facteurs à multiplier les uns par les autres. On les enferme chacun dans une parenthefe, & s'il faut effectuer la multiplication, on en multiplie d'abord deux l'un par l'autre; puis leur produit fe multiplie par le troifieme facteur, & ainfi de fuite. On en verra plufieurs exemples dans le cours de cet ouvrage, & notamment, quand il nous tombera fous la main des expreffions algébriques dont plufieurs termes auront un même facteur.

Par exemple, au lieu d'écrire

$$4a^2bc - 12a^3c^2 + 5axy - 10ax^2y^3 - 8a^2c - 15a^2xy;$$

on peut fimplifier l'expreffion, en écrivant

$$(b - 3ac - 2)\,4a^2c + (1 - 2xy^2 - 3a)\,5axy.$$

Pareillement au lieu d'écrire $s^4 - ps^3 + qs^2 - s$, on écriroit $(s^3 - ps^2 + qs - 1)\,s$.

Multiplications Algébriques à faire.

$$(\tfrac{1}{4}y^2 - \tfrac{2}{5}x z)\,(8\,xy - 20\,uz^3) \ldots\ldots\ldots D''$$
$$(a + b + c + d)\,(a + b - c - d) \ldots\ldots\ldots E''$$
$$(\alpha^2\beta^2 - \alpha\beta^3 + \beta^4)\,(\alpha + \beta) \ldots\ldots\ldots\ldots F''$$

127. Maintenant il faut démontrer la regle des fignes.

1°. Quand pour multiplier a par $b - c$, on écrit d'abord le produit de a par b qui eft ab, il eft clair que ce produit eft trop grand; car ce n'eft pas b en entier,

mais $b - c$ par lequel on veut multiplier a. Donc c entre
autant de fois de trop dans le produit ab, que la quantité b y entre de fois. Or a exprime combien de fois b
entre dans le produit ab; donc il en faut retrancher c un
nombre a de fois; ou, ce qui revient au même, il en
faut retrancher $c \times a$ ou ac. Donc le produit de a par
$b - c$ est $ab - ac$.

Application aux nombres.

Quand pour multiplier 5 par $6 - 4$, on dit d'abord, $5 \times 6 = 30$,
ce produit 30 est trop grand; car $6 - 4$ ne vaut que 2 : & il est trop
grand, parce qu'on y a fait entrer 5 fois le nombre 4 qui est retranché de 6. Pour avoir un produit juste, il faut donc ôter 5 fois
4, ou 20 de 30, & le reste 10 est le vrai produit; donc pour avoir
le produit de 5 ($6 - 4$) il faut écrire $30 - 20$.

Autrement. $b - b = 0$. Donc $\overline{b - b} \times c$ doit être aussi $= 0$; ce qui
ne peut avoir lieu, qu'autant que $- b \times c = - bc$.

2°. Quand on multiplie $a - b$ par $c - d$, il est constant que le premier produit de cette multiplication, savoir
$ac - bc$, est trop grand, par qu'en multipliant par c
seulement, on se sert d'un multiplicateur plus grand qu'il
ne faut, de la quantité d; il faut donc de ce produit
$ac - bc$, ôter autant de fois d, que c y entre de fois :
or $a - b$ marque combien de fois c est entré dans le produit $ac - bc$; donc il faut en ôter d multiplié par $a - b$;
c'est-à-dire, il faut ôter $ad - bd$ de $ac - bc$: or pour
ôter $ad - bd$ de $ac - bc$, il faut écrire $ac - bc -$
$ad + bd$; donc dans la multiplication de $a - b$ par
$c - d$, le produit de $- b$ par $- d$, doit être $+ bd$.

Si à la place des lettres a, b, c, d, on met des nombres, comme 6,
4, 7, 3, on fera la même démonstration sur ces nombres.
On peut aussi multiplier ($b - b$) par ($c - c$). Le produit doit
être 0. Il faut donc que $- b \times - c = + bc$; sans quoi jamais le produit ne se réduiroit à zéro.
118. Malgré ces raisonnemens & ces preuves, il faut pourtant con-
venir qu'il est assez étrange pour des oreilles peu faites au langage
algébrique, d'entendre dire que $- a$ multiplié par $- a$ donne $+ a^2$.
L'espece d'embarras & de doute que ce résultat occasionne au premier abord, semble venir principalement de l'expression même du

mot *multiplié*, lequel n'ayant été mis en ufage dans l'Arithmétique, que pour fignifier des additions répétées d'une même quantité pofitive, doit naturellement offrir un fens louche, quand on le fait fervir pour marquer une véritable fouftraction de quantités négatives. Or c'eft ce que l'on fait, en difant, par exemple, que $-a \times -b = +ab$.

De la Divifion algébrique.

129. QUAND on veut divifer une quantité algébrique par une autre, on les met ordinairement en fraction. Ainfi pour divifer $2bc$ par mn, on écrit $\frac{2bc}{mn}$; & parce que le numérateur de cette fraction n'a rien de commun avec fon dénominateur, elle eft cenfée irréductible à de moindres termes. On fe contente alors d'indiquer la divifion.

Mais lorfqu'on peut réduire la fraction algébrique à une plus fimple expreffion, il ne faut pas manquer de le faire. On y réuffira communément au moyen des quatre regles fuivantes. (Je dis *communément*, parce qu'il y a certains cas où l'on eft obligé de fe fervir, outre cela, de la méthode du plus grand commun divifeur, avec quelques modifications).

I. Pour les fignes. Le quotient de deux termes qui ont un même figne, eft pofitif; & le quotient de deux termes qui ont différents fignes, eft négatif.

II. Pour les coefficients. Si on peut les divifer fans refte l'un par l'autre, il faut les effacer tous deux, & mettre leur quotient à la place du plus grand coefficient : s'ils ne font pas divifibles fans refte, il faut les laiffer en fraction tels qu'ils font; enfin s'ils font égaux, il faut les effacer l'un & l'autre.

III. Pour les lettres. Effacez celles qui étant communes au dividende & au divifeur, ont le même expofant dans les deux termes; & par-tout où elles font feules, écrivez 1 à leur place.

IV. Pour les expofants. Quand une même lettre fe trouve avec des expofants différents dans le dividende &

dans le diviseur, on l'efface dans le terme où elle a l'exposant le plus petit, (on met 1 à sa place, si elle est seule) & dans l'autre terme on ne lui laisse pour exposant que la différence des deux exposants primitifs.

Exemples. Pour diviser $4ac^3de^3$ par $-2bd^3e^3f$, je dis d'abord; $+4$ divisé par $-2 = -2$; que je mets au quotient, pour lui servir de coefficient. Je passe à la regle des lettres, en disant, les lettres a & c ne se trouvent que dans le dividende, & les lettres b & f ne se trouvent que dans le diviseur, il faudra donc les mettre au quotient, chacune à leur place. Puis, je vois par la regle des exposants que $\frac{d}{d^3} = \frac{1}{d^2}$, & que $\frac{e^3}{e^3} = 1$. D'où je conclus que le quotient cherché est $-\frac{2ac^3}{bd^2f}$.

Pareillement, je trouverai que $\frac{3a^3}{12a^4b^3} = \frac{1}{4ab^3}$, en disant $\frac{12}{3} = 4$. J'efface 3 dans le dividende, & je mets 4 à la place de 12 dans le diviseur : puis je vois que selon la regle des exposants, il faut mettre 1 dans le dividende à la place de a^3, & laisser a^1 ou a seulement dans le diviseur. Ainsi le quotient est $\frac{1}{4ab^3}$.

On trouvera de même que $\frac{3abc}{3abc} = \frac{1}{1} = 1 \ldots$ que $\frac{-4bd}{2bd} = -\frac{2}{1} = -2 \ldots$ que $\frac{3aab}{5ac} = \frac{3ab}{5c} \ldots$ que $\frac{-12abd}{3a} = -\frac{4bd}{1} = -4bd \ldots$ que $\frac{4a^3bbd}{4abd} = \frac{aab}{1} = aab$, &c.

La regle des coefficients & celle des exposants ne font, comme l'on voit, que des réductions de fractions aux expressions les plus simples.

Ainsi $\frac{a^3}{a^5}$ étant la même chose que $\frac{aaa}{aaa \times aa}$, il est évident que $\frac{aaa}{aaa} = \frac{1}{1}$ ou 1; on peut donc écrire $\frac{1}{1 \times aa}$, ou simplement $\frac{1}{aa}$ ou $\frac{1}{a^2}$; d'où il suit que cette réduction exige que la différence des deux exposants serve d'exposant à la lettre qui avoit le plus grand, & que l'on substitue 1 à la lettre dont l'exposant étoit le plus petit, si elle est toute seule.

130. Ces regles peuvent s'appliquer aux fractions des Polynomes, lorsqu'il se trouve une même quantité dans tous les termes du dividende & du diviseur. Ainsi $\frac{ax - 2abx}{ax + axx}$ se réduit à $\frac{1 - 2b}{1 + x}$, en effaçant $a x$ dans tous les termes, & mettant 1 à sa place dans ceux où il se trouve seul.

De même $\dfrac{3xx}{3axx + 3bbxx}$ se réduit à $\dfrac{1}{a + bb}$. . . . . $\dfrac{4a^2xx + 3a^3bbx}{aax - aabx}$ se réduit à $\dfrac{4x + 3abb}{1 - b}$ . . . . . $\dfrac{4abxx - 2ab}{2aabb + 4abb}$ se réduit à $\dfrac{2xx - 1}{ab + 2b}$.

131. On divise aussi les Polynomes comme dans l'Arithmétique ; & quoiqu'il arrive rarement que cette division se puisse faire, il faut cependant l'essayer, avant que de se contenter de faire quelques-unes des réductions précédentes.

Mais pour s'épargner bien des tâtonnements, il faut arranger les termes du dividende & ceux du diviseur, de façon que de part & d'autre, celui-là soit le premier, dont une lettre quelconque choisie à volonté, pourvu qu'elle soit commune à tous les deux, ait un plus grand exposant que dans les autres termes : que celui-là soit le second, où la même lettre ait l'exposant prochainement moindre, & ainsi de suite. Cela s'appelle *ordonner* une quantité. Voici un exemple dans lequel le dividende & le diviseur sont ordonnés par rapport à la lettre *a*.

$$a^4 + 4a^3b + 6a^2b^2 + 4ab^3 + b^4 \left\{ a^2 + 2ab + b^2 \right.$$

On auroit pu l'ordonner de même par rapport à la lettre b. Quelquefois cependant il eſt plus commode de préférer une lettre à une autre. C'eſt lorſque celle-ci ſe trouve avec le même expoſant dans pluſieurs termes ; par exemple, on a préféré la lettre x aux lettres b & c, dans la diviſion ſuivante, dont nous allons détailler le procédé.

$$\begin{array}{l}
9b^2x^5 - 3b^2cx^4 - 3b^2cx^3 + b^2c^2x^2 \\
-\ 9b^2x^5 + 3b^2cx^4 \\
\hline
0 \ - 3b^2cx^3 + b^2c^2x^2 \\
+\ 3b^2cx^3 - b^2c^2x^2 \\
\hline
0
\end{array} \qquad \left\{ \begin{array}{l} -3b^2x^2 + b^2cx \\ \hline -3x^3 + cx \end{array} \right.$$

Je dis donc $\ldots\ldots\ \dfrac{9b^2x^5}{-3b^2x^2} = -3x^3$ que je mets au quotient. Je multiplie le diviſeur par ce terme, & je ſouſtrais le produit $9\,b^2x^5 - 3\,b^2c\,x^4$, des deux premiers termes du dividende. Il ne me reſte rien. J'abaiſſe les deux termes ſuivants, & je dis ; $\dfrac{-3\,b^2c\,x^3}{-3\,b^2x^2} = +\,cx$, que je mets au quotient.

Multipliant enſuite le diviſeur par ce nouveau terme, je ſouſtrais le produit $-3\,b^2c\,x^3 + b^2c^2x^2$ des deux termes abaiſſés ; reſte zéro. Il n'y a plus rien au dividende. La diviſion eſt donc finie, & le quotient exaƈt eſt $-3\,x^3 + cx$. Je le vérifie, en le multipliant par le diviſeur ; je retrouve le dividende, l'opération eſt donc bonne.

Au reſte pour acquérir de la facilité dans ces ſortes de calculs, il faut multiplier d'abord deux quantités algébriques l'une par l'autre, & diviſer enſuite leur produit par l'une des deux. Le quotient doit être l'autre quantité.

132. On peut auſſi s'exercer ſur des expreſſions ſemblables à celle-ci, $\ldots\ \dfrac{a^5 + m^5}{a + m}$. Elles ont cela de particulier, qu'elles font naître, pour ainſi dire, de nouveaux termes dans le dividende, à meſure que l'on pourſuit la diviſion, comme on va le voir dans l'exemple ſuivant.

$$
\begin{array}{r|l}
a^5 + m^5 & a + m \\
- a^5 - a^4 m & \overline{a^4 - a^3 m + a^2 m^2 - am^3 + m^4} \\
\end{array}
$$

Prem. Reste. $0 - a^4 m + m^5$
        $+ a^4 m + a^3 m^2$

2. R. $0 + a^3 m^2 + m^5$
         $- a^3 m^2 - a^2 m^3$

3. R. $0 - a^2 m^3 + m^5$
         $+ a^2 m^3 + am^4$

4. R. $0 + am^4 + m^5$
         $- am^4 - m^5$

5. R. 0

On trouve pour quotient $a^4 - a^3 m + a^2 m^2 - am^3 + m^4$. En divifant $1 - x^{12}$ par $1 - x$, le quotient fera $1 + x + x^2 + x^3 + x^4 + x^5 + x^6 + x^7 + x^8 + x^9 + x^{10} + x^{11}$.

Il en feroit de même pour d'autres exemples femblables. Auffi avec un peu d'ufage voit-on, fans calcul, quels doivent être les quotients en pareil cas.

On trouveroit de même que $\dfrac{1}{1 - x} = 1 + x + x^2 + x^3 + \&c$, &c fans fin; & que $\dfrac{1}{1 + xx} = 1 - x^2 + x^4 - x^6 + x^8 - \&c + \&c \dots$ à l'infini pareillement.

133. La divifion des fractions algébriques par des entiers ou par d'autres fractions, ou d'un entier par une fraction, ne peut fouffrir aucune difficulté (67). Exemples.

1°. Pour divifer par $4m$ la fraction $\dfrac{b}{c}$, on écrira d'abord $\dfrac{\frac{b}{c}}{4m}$; puis $\dfrac{b}{4cm}$. (On a foin, dans ce cas-là, de faire un peu plus long le trait qui fépare le divifeur du dividende, pour marquer que c'eft $\dfrac{b}{c}$ que l'on veut divifer par $4m$, & non b par $\dfrac{c}{4m}$).

2°. Pour divifer un entier x par une fraction $\frac{p}{q}$, on écrira

$$\frac{x}{\frac{p}{q}} = \frac{qx}{p} \dots \text{ Pour divifer } xy \text{ par } \frac{3}{2} \text{ on écrira } \frac{2}{3}\, xy.$$

3°. Le quotient d'une fraction divifée par une autre frac-tion, fe trouve comme celui des fractions numériques. Ainfi $\frac{m}{n} : \frac{s}{t} = \frac{mt}{ns} \dots \frac{3}{4}\varphi : \frac{4}{5}\omega = \frac{15}{16} \cdot \frac{\varphi}{\omega}$.

134. Il a été dit (129) que pour réduire certaines ex-preffions algébriques à leurs moindres termes, il falloit fe fervir de leur plus grand divifeur. Voici la maniere de le trouver. Elle ne differe de celle qui a été prefcrite pour les nombres, que dans quelques cas particuliers.

Après avoir ordonné les deux quantités, il faut divifer la plus grande par la plus petite. Si la divifion fe fait fans refte, la plus petite eft le divifeur cherché : auquel cas il faut effectuer les deux divifions, & fubftituer les deux quotients aux quantités propofées.

$$\text{Ex. } \frac{a+x}{aa-xx} = \frac{1}{a-x} \dots \frac{px+xx}{bmp+bmx} = \frac{x}{b\,m}$$

En divifant $aa - xx$ par $a + x$, la divifion fe fait exactement. Donc $a + x$ eft le plus grand commun divi-feur. Effectuant donc la divifion, ou trouvera 1°, que $\frac{a+x}{a+x} = 1$; 2°, que $\frac{aa-xx}{a+x} = a - x$. Donc $\frac{a+x}{aa-xx}$ fe réduit à $\frac{1}{a-x}$.

Si la plus grande quantité ne pouvoit fe divifer fans refte par la plus petite, on diviferoit à fon tour celle-ci par le refte de la premiere ; & ce refte feroit le plus grand commun divifeur, s'il divifoit exactement la plus petite, &c.

Jufque-là c'eft la même méthode pour les lettres & pour les nom-bres ; mais cette méthode ne s'étend pas à tous les cas algébriques qui font fufceptibles de réduction, comme nous allons le voir, après les deux remarques fuivantes.

135. 1°. Il n'eft pas rare de trouver dans l'une des deux quantités propofées, un divifeur commun à tous fes termes. Quand on en trouve, & que ce divifeur n'eft pas commun à tous les termes de l'autre quantité, on peut l'effacer dans la premiere quantité avant que de commencer la divifion. Le calcul n'en fera que plus fimple, & le plus grand commun divifeur n'en fera point altéré.

Par exemple, dans $\dfrac{x^4 - \zeta^4}{x^5 - x^3\zeta^2}$ je vois que x^3 eft commun aux deux termes du divifeur, & qu'il ne l'eft pas à ceux du dividende. Il ne peut donc pas faire partie du plus grand commun divifeur que je cherche. Je l'efface donc, & par-là j'ai $\dfrac{x^4 - \zeta^4}{x^2 - \zeta^2} = x^2 + \zeta^2$ fans refte. D'où je conclus que $x^2 - \zeta^2$ eft le divifeur cherché. Effectuant donc les deux divifions, je trouve $\dfrac{x^2 + \zeta^2}{x^3}$; expreffion plus fimple que la premiere.

En général, toute quantité femblable à $\dfrac{bm + mx}{b^2n - nx^2}$ aura le même plus grand divifeur que $\dfrac{b + x}{b^2 - x^2}$; & réciproquement. Soit donc que l'on divife, foit que l'on multiplie l'une des deux quantités données, par une grandeur qui n'ait aucun divifeur commun avec l'autre, les réfultats auront toujours le même plus grand commun divifeur que les deux quantités données.

136. 2°. Le changement des fignes dans une de ces quantités, n'en produit aucun dans leur divifeur commun, pourvu qu'on les change tous à la fois dans cette quantité. Il eft clair, par exemple, que fi $a^2 = b^2$ eft divifible par $a - b$, il le fera encore par $- a + b$. Toute la différence fera dans les fignes des quotients.

Cela pofé, cherchons le plus grand divifeur commun de $\dfrac{6x^3 - 6x^2y + 2xy^2 - 2y^3}{12x^2 - 15xy + 3y^2}$. On voit d'abord que tous les termes du dividende peuvent être divifés exactement par 2, mais non ceux du divifeur. On peut donc fimplifier l'opération en divifant les premiers par 2.

Par la même raifon, on peut divifer par 3 les termes du divifeur. Ainfi tout fe réduit à trouver le plus grand divifeur commun de $\dfrac{3x^3 - 3x^2y + xy^2 - y^3}{4x^2 - 5xy + y^2}$.

Mais ici la méthode eft en défaut, parce que le coefficient 3 n'eft pas divifible par 4. Pour y fuppléer, on multipliera tout le dividende par 4, & l'on divifera $12x^3 - 12x^2y + 4xy^2 - 4y^3$ par $4x^2 - 5xy + y^2$. Le quotient fera $3x$, que l'on négligera à l'ordinaire : le refte fera $3x^2y + xy^2 - 4y^3$.

Suivant la méthode, il faudroit divifer $4x^2 - 5xy + y^2$ par ce refte.

Mais avant de procéder à cette division, on effacera d'abord dans tous les termes de ce reste la lettre y, qui leur est commune, & qui ne l'est pas à tous ceux du nouveau dividende. On aura donc $3x^2 + xy - 4y^2$ pour diviseur.

On remarquera ensuite que cette quantité ne peut pas diviser exactement $4x^2 - 5xy + y^2$, à cause des coefficients. On multipliera donc celle-ci par 3, & on essayera la division. Le quotient sera 4, & le reste sera $- 19xy + 19y^2$.

Ce second reste servira de diviseur à $3x^2 + xy - 4y^2$: mais auparavant on effacera dans les deux termes la quantité $19y$ qui leur est commune. Procédant alors à une troisieme division, on aura $3x^2 + xy - 4y^2$ pour dividende, $- x + y$ pour diviseur, & $- 3x - 4y$ pour quotient exact. On peut donc assurer que $- x + y$ est le plus grand commun diviseur cherché ; & si on effectue les divisions, on trouvera que $\dfrac{6x^3 - 6x^2y + 2xy^2 - 2y^3}{12x^2 - 15xy + 3y^2}$ se réduit à $\dfrac{-6x^2 - 2y}{-12x + 3y} = \dfrac{6x + 2y}{12x - 3y}$; fraction qu'il n'est plus possible de réduire.

Soit proposé maintenant de trouver le plus grand diviseur commun de $\dfrac{3bcq + 30mp + 18bc + 5mpq}{24ad - 7fgq - 42fg + 4adq}$.

1°. J'ordonne ainsi la quantité, $\dfrac{(3bc + 5mp)q + 18bc + 30mp}{(4ad - 7fg)q + 24ad - 42fg}$.

2°. Pour rendre la division possible, il faudroit multiplier tout le dividende par $(4ad - 7fg)$: mais auparavant il faut être sûr que cette quantité ne divise pas exactement le diviseur lui-même. Or par le fait elle le divise, & le quotient exact est $q + 6$.

Je substitue donc $q + 6$ au premier diviseur, & je cherche le plus grand commun diviseur de $\dfrac{(3bc + 5mp)q + 18bc + 30mp}{q + 6}$: il est visible que c'est $q + 6$ lui-même, puisque la division réussit.

Ainsi l'expression proposée peut se réduire à $\dfrac{3bc + 5mp}{4ad - 7fg}$. On trouvera d'autres exemples dans les Éléments d'Algèbre de M. Clairaut.

De la Formation des Puissances.

137. On distingue les degrés des puissances d'une quantité quelconque par les exposants de cette quantité. Ainsi a, ou a^1 est la premiere puissance de a. La seconde est a^2, la troisieme est a^3 &c. En général a^m est la puissance m de a, quelle que soit la valeur de m.

Cette quantité a est la *Racine* de ces divers produits ; & la dénomination de cette racine dépend de la puissance correspondante.

On verra dans les Éléments de Géométrie, pourquoi la premiere puissance d'une quantité s'appelle aussi la *Puissance linéaire* de cette quantité ; & pourquoi la seconde puissance s'appelle le *Quarré;* de maniere qu'au lieu de dire que c^2 est la seconde puissance de c, on dit que c^2 est le quarré de c. C'est encore de la Géométrie que dérive le nom de *Cube*, donné à la troisieme puissance d'une quantité quelconque : les puissances qui sont au-dessus, se désignent simplement par leurs exposants. Ainsi b^4 est la quatrieme puissance de b, &c.

138. Réciproquement la racine seconde, ou la *racine quarrée* de c^2 est c. La racine troisieme, ou la *racine cubique* de a^3 est a. La racine quatrieme de x^4 est x, &c, &c.

Puisque la premiere puissance de a est a ou a^1 ; que la seconde puissance est a^2 ou $a.a$; que la troisieme puissance est a^3 ou $a.a.a$; que la quatrieme est a^4 ou $a.a.a.a$, &c ; on peut en conclure que . . .

139. Pour élever une quantité à une puissance donnée, il faut multiplier cette quantité par elle-même autant de fois moins une, que l'exposant de la puissance contient d'unités. Ainsi pour élever le nombre 9 à la troisieme puissance, il faut le multiplier deux fois par lui-même, en disant d'abord $9.9 = 81$ . . . puis $81.9 = 729$.

De même, le quarré de $\frac{1}{3}$ est $\frac{1}{3}.\frac{1}{3} = \frac{1}{9}$: son cube est $\frac{1}{3}.\frac{1}{3}.\frac{1}{3} = \frac{1}{27}$; sa quatrieme puissance est $\frac{1}{3}.\frac{1}{3}.\frac{1}{3}.\frac{1}{3} = \frac{1}{81}$, &c. Le quarré de $\frac{1}{10}$ est $\frac{1}{100}$; son cube est $\frac{1}{1000}$; sa quatrieme puissance est $\frac{1}{10000}$, &c.

D'où l'on voit que la valeur d'une fraction diminue, à mesure qu'on l'éleve à de plus hautes puissances, & que cette diminution est d'autant plus rapide, que le dénominateur est plus grand par rapport au numérateur.

140. Quant aux expressions algébriques. 1°. S'il s'agit d'un monome, on met à toutes ses lettres l'exposant de

la puiſſance propoſée. Ainſi la cinquieme puiſſance de abc eſt $a^5 b^5 c^5$. La puiſſance m de $\frac{ab}{cd}$ eſt $\frac{a^m b^m}{c^m d^m}$; & ſi le monome a un cœfficient, on éleve auſſi ce cœfficient à la puiſſance indiquée. Le cube de $\frac{2ab}{5fg}$, par exemple, eſt $\frac{8 a^3 b^3}{125 f^3 g^3}$.

II°. S'il y a dans le monome d'autres expoſants que l'unité, on les multiplie tous par celui de la puiſſance à laquelle on veut l'élever. Ainſi la quatrieme puiſſance de $a^3 b^2$ eſt $a^{12} b^8$; & en général la puiſſance m de $\frac{a^3 b^n}{cd^q}$ eſt $\frac{a^{3m} b^{mn}}{c^m d^{mq}}$.

III°. Pour un polynome, il ſuffit quelquefois d'indiquer la puiſſance à laquelle on veut l'élever. Cela ſe fait, ou en le couvrant d'un trait au bout duquel on écrit l'expoſant, ou en le renfermant entre deux crochets. Ainſi $\overline{a+b}^m$, & $(a+b)^m$ déſignent également la puiſſance m du binome $a+b$.

141. Si $m=2$, alors le binome $a+b$, qui par ſa généralité, peut repréſenter tous les binomes poſſibles, doit être multiplié une fois par lui-même, & on trouve que . . . . $a+b$

multiplié par $a+b$

$$a^2 + ab$$
$$+ ab + b^2$$

donne . . . . . $a^2 + 2ab + b^2$

Or a^2 eſt le quarré du premier terme du binome; $2ab$ eſt le double produit de ce premier terme par le ſecond; b^2 eſt le quarré du ſecond. Ainſi on doit conclure généralement que le *quarré d'un binome quelconque contient trois termes, ſavoir; 1°, le quarré du premier terme. 2°, le double du premier terme multiplié par le ſecond. 3°, le quarré du ſecond.*

F.

Cette regle ne souffre aucune exception ; & voilà comme l'Algebre s'éleve à des résultats généraux, pendant que l'Arithmétique n'y parvient que par analogie, en se traînant d'exemple en exemple.

Quant aux signes, ils sont tous positifs, lorsque les deux termes du binome ont le même signe ; & lorsque ceux-ci ont des signes différents, le produit du double du premier par le second est le seul terme négatif.

En élevant au quarré le trinome $a + b + c$, on trouvera, réduction faite, $a^2 + 2ab + b^2 + 2ac + 2bc + c^2$. C'est-à-dire que le quarré d'un trinome contient les quarrés de chaque terme en particulier, plus le double du premier par le second, plus le double du premier & du second par le troisieme.

D'après cela, il est aisé de voir que le quarré de $(ax + yz)$ $= a^2 x^2 + 2axyz + y^2 z^2 \ldots\ldots$ que celui de $(3mn - 4m^2)$ $= 9m^2 n^2 - 24m^3 n + 16m^4 \ldots\ldots$ & que $(x + \frac{1}{2}a)^2 = x^2 + ax + \frac{a^2}{4}$. On voit aussi que $(b + 2c - y)^2 = b^2 + 4bc + 4c^2 - 2by - 4cy + y^2$.

142. Remarquez que pour compléter le quarré d'un binome, lorsqu'on a déja les deux premiers termes de ce quarré, il ne faut que leur ajouter le quarré de la moitié du *Coefficient total* du second. (J'appelle ainsi tout ce qui affecte ce second terme, soit en chiffres soit en lettres). Si j'avois, par exemple, $x^2 + 2ax$ à compléter, je prendrois a, moitié de $2a$, coefficient total du second terme $2ax$, & j'ajouterois son quarré a^2 aux deux autres termes $x^2 + 2ax$, ce qui me donneroit alors le quarré parfait du binome $x + a$. Donc toutes les fois qu'on voudra compléter un quarré, ayant déja deux termes de cette forme, $x^2 + ax$, il n'y aura qu'à écrire $x^2 + ax + \frac{a^2}{4}$. Ceci trouvera plus d'une fois son application.

143. Si $m = 3$, alors le binome $a + b$, doit être multiplié deux fois de suite par lui-même ; ou, ce qui est

là même chofe, fon quarré doit être multiplié par la premiere puiffance. Or toute réduction faite, on trouve que

$$a^2 + 2ab + b^2$$
multiplié par . . . . $a + b$

$$a^3 + 2a^2 b + ab^2$$
$$+ \quad a^2 b + 2ab^2 + b^3$$
donne . . . . $a^3 + 3a^2 b + 3ab^2 + b^3$

On doit donc en conclure généralement que *le cube d'un binome quelconque contient quatre termes ; 1°, le cube du premier terme du binome. 2°, le triple du quarré de ce premier terme multiplié par le second. 3°, le triple du quarré du second multiplié par le premier. 4°, le cube du second.* Ou plus briévement ; le cube d'un binome contient les cubes de fes deux termes, & les produits refpectifs du triple du quarré de chacun de ces deux termes par l'autre.

Quant aux fignes, ils font tous pofitifs quand ceux du binome le font ; on vient de le voir dans le cube de $a + b$. Lorfque les deux fignes du binome font négatifs, tous ceux du cube le font auffi.

Exemples. $(- m - 2n)^3 = - m^3 - 6m^2 n - 12 mn^2 - 8n^3 \ldots - (a + 1)^3 = - a^3 - 3a^2 - 3a - 1$. (Le figne — mis avant la parenthefe annonce qu'il faut changer les fignes de tous les termes qui y font compris). Lorfque des deux termes du binome, il y en a un négatif, ceux du cube le font alternativement , de maniere que les feuls termes négatifs du cube , font ceux qui renferment les puiffances impaires de la partie du binome affectée du figne —.

Exemples. $(- p + q)^3 = - p^3 + 3p^2 q - 3p^1 q^2 + q^3 \ldots (2ax - xx)^3 = 8a^3 x^3 - 12a^2 x^4 + 6ax^5 - x^6$.

144. Si $m = 4$, le binome $a + b$ doit être élevé à la quatrieme puiffance , & il en réfultera cinq termes,

$$(a + b)^4 = a^4 + 4a^3 b + 6a^2 b^2 + 4ab^3 + b^4.$$

Si $m = 5$, on aura par un procédé semblable la cinquieme puissance de $a + b$, composée de six termes.

$$(a + b)^5 = a^5 + 5\,a^4 b + 10\,a^3 b^2 + 10\,a^2 b^3 + 5\,a\,b^4 + b^5.$$

Et ainsi des autres puissances d'un binome quelconque, qui toutes ont pareillement un terme de plus qu'il n'y a d'unités dans leurs exposants.

145. Mais s'il falloit passer par toutes les puissances intermédiaires, avant d'arriver à une puissance plus élevée dont on auroit besoin, on sent bien que le calcul en seroit souvent fort long & toujours indirect. Les Géometres du siécle dernier avoient tant de fois éprouvé cet inconvénient, qu'ils tournerent leur attention vers la recherche d'une méthode qui pût les mener directement à leur but. Cette méthode, ils la trouverent ; & Newton en eut la principale gloire.

Ce n'est pas encore ici le lieu de la démontrer : mais nous pouvons d'avance en présenter les résultats, comme une des choses les plus utiles qu'il y ait dans l'Algèbre.

146. 1°. Une puissance quelconque d'un binome algébrique ne pouvant être composée que de signes, de coefficients, de lettres & d'exposants qui doivent en former les différents termes, il falloit, avant tout, des regles générales pour ces diverses parties.

Or 2°, La regle des signes ne pouvoit souffrir aucune difficulté. (122).

3°. Celle des lettres n'en pouvoit pas souffrir non plus (124).

4°. Celle des exposants fut d'abord déduite par une simple analogie que voici. On avoit remarqué que le premier terme de toutes les puissances auxquelles on élevoit un binome, étoit formé de la premiere partie de ce binome, élevée à la puissance dont il s'agissoit.

On avoit remarqué aussi que dans les termes suivants, l'exposant de cette premiere partie diminuoit successivement d'une unité, pendant que l'exposant de la seconde partie augmentoit dans la même proportion.

On avoit remarqué enfin que cette diminution gra-duelle se continuoit jusqu'au dernier terme, ou la seconde partie du binome restoit seule avec un exposant égal à celui de la puissance demandée.

De-là on conclut que pour élever un binome quelconque $p+q$ à la sixieme puissance, par exemple, on n'avoit qu'à écrire, (abstraction faite des coefficients)

$$(p+q)^6 = p^6 + p^5 q + p^4 q^2 + p^3 q^3 + p^2 q^4 + p q^5 + q^6;$$

& ainsi des autres puissances plus élevées.

5°. Restoit donc la regle des coefficients à trouver, & c'étoit la plus difficile. On avoit bien remarqué que le coefficient du premier terme étoit toujours l'unité, & que celui du second terme étoit toujours l'exposant de la puissance proposée. Mais jusqu'à Newton, on n'avoit fait qu'entrevoir la loi qui sert maintenant à déterminer tous les autres coefficients.

Voici à-peu-près comment on l'avoit devinée. En dé-pouillant successivement de leurs coefficients les cinq premieres puissances d'un binome quelconque, on avoit trouvé que ces coefficients étoient,

pour la premiere puissance   1 , 1

pour la 2e. . . . . . .   1 , 2 , 1

pour la 3e. . . . . . .   1 , 3 , 3 , 1

pour la 4e. . . . . .   1 , 4 , 6 , 4 , 1

pour la 5e. . . . . . 1 , 5 , 10, 10 , 5 , 1

de maniere que chaque premier coefficient de toutes ces puissances étoit 1, ainsi que le dernier, & que chacun des autres étoit la somme des deux coefficients correspon-dants de la puissance immédiatement précédente. Ainsi les coefficients de la cinquieme puissance, à compter du second jusqu'à l'avant-dernier, se forment en disant $1+4=$ $5\dots4+6=10\dots6+4=10\dots4+1=5\dots$ Cette loi s'observant dans toutes les puissances que l'on avoit calculées, la seule analogie portoit à la regarder comme générale. Mais outre que l'analogie n'est point une dé-monstration, l'inconvénient de ne pouvoir connoître les coefficients d'une puissance, sans la connoissance préalable de ceux de la puiſſance précédente, reſtoit dans ſon entier. On s'aviſa donc d'un autre expédient qui fournit la regle ſuivante, dont nous donnerons la démonſtration (313).

147. Pour trouver le coefficient d'un terme quelconque de la puiſſance propoſée d'un binome $p + q$, multipliez le coefficient du terme précédent par l'expoſant que p a dans ce terme précédent, & diviſez le produit par le nombre qui marque le rang de ce terme précédent. Le quotient ſera toujours le coefficient cherché.

Exemple. On voudroit avoir le développement de la ſeptieme puiſſance de $p + q$ .... Ecrivez,

$$(p+q)^7 = \begin{cases} p^7 + \dfrac{1.7}{1} p^6 q + \dfrac{7.6}{2} p^5 q^2 + \dfrac{7.6.5}{2.3.} p^4 q^3 + \dfrac{7.6.5.4}{2.3.4} p^3 q^4. \\[2mm] + \dfrac{7.6.5.4\,3}{2.3.4.5} p^2 q^5 + \dfrac{7.6.5.4.3.2}{2.3.4.5.6} p q^6 + \dfrac{7.6.5.4.3.2.1}{2.3.4.5.6.7} q^7 \end{cases}$$

148. Et ſi on veut généraliſer les regles que nous venons d'indiquer, on trouvera que pour élever un binome quelconque $a + b$ à une puiſſance quelconque m, il faut écrire . . . .

$$(a+b)^m = \begin{cases} a^m + m a^{m-1} b + \dfrac{m.m-1}{2} a^{m-2} b^2 + \dfrac{m.m-1.m-2}{2.3} \\[2mm] a^{m-3} b^3 + \dfrac{m.m-1.m-2.m-3}{2.3.4} a^{m-4} b^4 \ldots\ldots \text{Et} \\[2mm] \text{ainſi de ſuite juſqu'à un dernier terme qui aura} \\[2mm] \text{cette forme } \dfrac{m.m-1.m-2\ldots m-(m-1)}{2.3\ldots\ldots m} b^m. \end{cases}$$

Si l'on veut maintenant appliquer cette *Formule* à quelques exemples, on verra avec quelle promptitude elle les expédie. Soit donc propoſé de trouver la neuvieme puiſſance du binome $a + b$.

On fera $m = 9$, & on ſubſtituera les valeurs convenables dans la formule, ce qui donnera . . . .

$$(a+b)^9 = \begin{cases} a^9 + 9a^8b + \dfrac{9.8}{2}\,a^7b^2 + \dfrac{9.8.7}{2.3}\,a^6b^3 + \dfrac{9.8.7.6}{2.3.4}\,a^5b^4 \\[2ex] + \dfrac{9.8.7.6.5.}{2.3.4.5.}\,a^4b^5 + \dfrac{9.8.7.6.5.4}{2.3.4.5.6}\,a^3b^6 + \dfrac{9.8.7.6.5.4.3}{2.3.4.5.6.7}\,a^2b^7 \\[2ex] + \dfrac{9.8.7.6.5.4.3.2}{2.3.4.5.6.7.8.}\,ab^8 + \dfrac{9.8.7.6.5.4.3.2.1}{2.3.4.5.6.7.8.9.}\,b^9. \end{cases}$$

Réduction faite, $(a+b)^9 = a^9 + 9\,a^8 b + 36a^7 b^2 + 84a^6b^3 + 126\,a^5 b^4 + 126\,a^4b^5 + 84\,a^3b^6 + 36\,a^2b^7 + 9\,ab^8 + b^9$.

Soit proposé maintenant de calculer les premiers termes de la millieme puissance de $a + b$.

On supposera $m = 1000$, & on trouvera $(a+b)^{1000} = a^{1000} + 1000\,a^{999} b + \dfrac{1000.999}{2}\,a^{998}b^2 + \&c.$

De la maniere d'exprimer & de calculer toutes sortes de Puissances, par le moyen de leurs exposants.

149. Puisque les degrés des puissances dépendent de leurs exposants, il est clair qu'il y a autant de puissances différentes d'une quantité quelconque b, qu'il peut y avoir d'exposants différents.

Or 1°, il y a une infinité de nombres entiers ; voilà donc déja une infinité de puissances différentes ; & celles-là se conçoivent sans peine.

Mais 2°, il y a aussi une infinité de nombres fractionaires. Or ceux-là peuvent-ils, à leur tour, servir d'exposants ? Et au cas qu'ils en servent, quelles puissances indiquent-ils ?

3°. Il y a de plus une infinité de nombres négatifs, soit entiers soit fractionaires. A quelles puissances répondent-ils, quand ils servent d'exposants ?

Pour répondre à cette double question, nous allons développer *la Théorie des exposants*, l'une des plus importantes de l'Algèbre élémentaire.

150. On a vu (125) que le produit d'une quantité affec-

tée d'un expofant, par cette même quantité affectée auffi d'un expofant, fe trouvoit tout de fuite, en écrivant une feule fois cette quantité avec un expofant égal à la fomme de ceux des facteurs. Ainfi $a^2 \times a^6 = a^8 \ldots b^3 \times b^7 = b^{10} \ldots$ Et généralement $c^m \times c^n = c^{m+n}$.

Donc par la raifon contraire, fi le dividende ne diffère du divifeur que par fon expofant, leur quotient doit être la quantité qui leur eft commune, affectée d'un expofant égal à la différence de ceux qu'ils avoient avant la divifion. Ainfi $a^8 : a^2 = a^{8-2} = a^6 \ldots b^{10} : b^7 = b^{10-7} = b^3 \ldots c^{m+n} : c^n = c^{m+n-n} = c^m$.

151. Cela pofé, reprenons (129) la divifion de $a^3 : a^5$. On écrira, fuivant la regle précédente, $a^3 : a^5 = a^{3-5} = a^{-2}$. (On prononce a élevé à la puiffance — 2, ou bien pour abréger, a puiffance — 2). Voilà donc des puiffances négatives introduites dans le calcul par une fuite de principes & d'exemples qui ne fouffrent aucune difficulté. Mais nous avons trouvé (129) que $a^3 : a^5 = \frac{1}{a^2}$. Donc la quantité a élevée à la puiffance négative — 2, n'eft autre chofe que l'unité divifée par cette même quantité a élevée à la puiffance pofitive 2.

152. Et comme au lieu des expofants 3 & 5, on peut en fubftituer une infinité d'autres, tels que leur différence foit également négative, il eft évident que a^{-m} peut repréfenter en général toutes les puiffances négatives d'une quantité quelconque. Or $a^{-m} = \frac{1}{a^m}$. Donc (& cette regle eft d'un grand ufage), *toutes les fois qu'une quantité a un expofant négatif, elle équivaut à l'unité divifée par cette même quantité, affectée du même expofant, mais pofitif.*

153. Soit maintenant la quantité $c^m : c^n$; on écrira pour quotient c^{m-n}. Or il peut arriver 1°, que m foit plus grand que $n \ldots 2°$, que $m = n, \ldots 3°$, que m foit plus petit que $n \ldots 4°$, que $m - n$ donne un réfultat fractionnaire, pofitif ou négatif.

Dans le premier cas, la quantité *c* doit être élevée à une puissance positive, marquée par le reste de *m*, quand on en a souftrait *n*.

Dans le second cas, l'exposant $m - n$ se réduit à o; résultat qui paroît au moins singulier, la premiere fois qu'on le trouve. Ce résultat en effet indique *la puissance* zéro de *c*, & il semble que la puissance o d'une quantité quelconque, doit être o. Elle équivaut pourtant à l'unité; car $a^0 = a^{m-m}$. Or $a^{m-m} = \dfrac{a^m}{a^m} = 1$.

154. Donc *une quantité quelconque élevée à la puissance* o, *est toujours égale à l'unité.*

Ainsi $a^0 = b^0 = (c\,d)^0 = (p + q)^0 = (\tfrac{1}{2})^0 = (\tfrac{\varphi}{\lambda})^0 = 1$.

Dans le troisieme cas, *m* étant plus petit que *n* (ce qui s'exprime quelquefois ainsi , $m < n$; & pour exprimer que *m* est plus grand que *n*, on écrit $m > n$), la différence des deux exposants est négative. Par exemple, si $n = 2m$,

on aura $a^m : a^n = a^m : a^{2m} = a^{m-2m} = a^{-m}$. Or $\dfrac{a^m}{a^{2m}} =$

$(129, \text{IV}) \dfrac{1}{a^m}$.

Donc, encore une fois, *toute quantité affectée d'un exposant négatif, n'est autre chose que l'unité divisée par la puissance égale, mais positive de cette quantité.*

Ainsi $a^{-3} = \dfrac{1}{a^3} \ldots\ldots (b\,c)^{-p} = \dfrac{1}{(b\,c)^p} \ldots\ldots b\,c^{-p} = \dfrac{b}{c^p} \ldots 4^{-1} = \dfrac{1}{4} \ldots \varsigma\varepsilon^{-m}\omega^{-r} = \dfrac{\varsigma}{\varepsilon^m \omega^r}$.

155. Il suit de-là que l'on peut faire passer au numérateur toutes les quantités qui sont au dénominateur d'une fraction & réciproquement, sans altérer la valeur de la fraction. Il ne faut pour cela que changer les signes de leurs exposants.

Exemples. $\frac{1}{a} = a^{-1} \dots \frac{c}{f} = cf^{-1} = \frac{f^{-1}}{c^{-1}} \dots \frac{mn}{p^2 q^3} =$ $mnp^{-2}q^{-3} = \frac{p^{-2}q^{-3}}{(mn)^{-1}} = \frac{1}{(mn)^{-1}p^2 q^3} \dots \frac{\lambda}{\varphi^{-5}} = \lambda\,\varphi^5 =$ $\frac{\varphi^5}{\lambda^{-1}} = \frac{1}{\lambda^{-1}\varphi^{-5}}.$

156. Dans le quatrieme cas, où $m - n$ fe réduit à un expofant fractionaire, on a toujours une racine à extraire. Pour s'en affurer, & difcerner en même temps le degré de cette racine, il faut fe rappeller la maniere dont on à formé les puiffances.

Or nous avons dit (140) que pour élever une quantité à fes diverfes puiffances, il falloit multiplier fon expofant par celui de la puiffance à laquelle on vouloit l'élever.

157. Donc, *quand on voudra extraire une racine quel-conque d'une quantité donnée, il faudra divifer l'expofant de cette quantité par celui de la racine.*

Exemples. On demande la racine quarrée de b^2 ? . . . . On écrira $b^{\frac{2}{2}}$ qui fe réduit à b . . . . On demande la racine quatrieme de φ^{12} ? . . . on écrira $\varphi^{\frac{12}{4}} = \varphi^3$ . . . . La racine m de c^{2m} ? . . . . . . eft $c^{\frac{2m}{m}} = c^2$.

158. La divifion ayant réuffi dans tous ces exemples, on eft sûr d'avoir exactement les racines demandées. Mais il arrive très-fouvent que l'on ne peut divifer fans refte l'expofant de la quantité par celui de la racine ; & alors il faut bien, de toute néceffité, fe contenter d'une fim-ple indication ; ce qui introduit dans le calcul, les expo-fants fractionaires dont l'ufage eft fi fréquent.

Par exemple, fi on demandoit la racine quarrée de b, il faudroit, fuivant la regle précédente, écrire $b^{\frac{1}{2}}$. Ainfi *la puiffance $\frac{1}{2}$ d'une quantité quelconque n'eft autre chofe que la racine quarrée de cette quantité.*

Pour avoir la racine cubique ou troifieme de b, il faudroit écrire $b^{\frac{1}{3}}$. Donc *la puiſſance $\frac{1}{3}$ d'une quantité quelcon-que n'eſt autre choſe que la racine cubique de cette quantité.*

Il en eſt de même pour les puiſſances $\frac{1}{4}$, $\frac{1}{5}$, $\frac{1}{6}$, &c, &c, qui répondent aux racines quatrieme, cinquieme, ſixieme, &c.

159. En général, *tout expoſant fractionaire annonce une racine à extraire ; & le degré de cette racine eſt toujours égal au dénominateur de la fraction.* Ainſi $a^{\frac{1}{n}} =$ la racine n de la quantité $a \ldots b^{\frac{m}{n}} =$ la racine n de la quantité b^m.

160. On a coutume de ſe ſervir de la lettre initiale *r* du mot racine, pour déſigner toute extraction de racine à faire : mais afin que ce *ſigne Radical* ſe diſtin-gue mieux, on a altéré ſa forme ordinaire, & on l'écrit ainſi $\sqrt{}$; de maniere que pour indiquer la racine quar-rée de c, on écrit $\sqrt{c}$. On a donc $\sqrt{c} = c^{\frac{1}{2}}$.

Pour déſigner la racine cubique de c, on écrit $\sqrt[3]{c}$. On a donc $\sqrt[3]{c} = c^{\frac{1}{3}}$. Pour déſigner la racine quatrieme de gf, on écrit $\sqrt[4]{gf} = (gf)^{\frac{1}{4}}$; & ainſi des autres, en affectant le ſigne radical, du chiffre qui marque le degré de la racine.

On excepte le radical quarré, parce que l'on eſt con-venu de prendre pour tel, celui qui n'a point d'expoſant. Toutes les fois donc que l'on trouve des expreſſions de cette forme, $\sqrt{a} \ldots \sqrt{(\frac{bc}{a})} \ldots \sqrt{(a^2 - b^2)}$, c'eſt toujours de la racine quarrée de ces quantités qu'il s'agit. Et même le ſeul nom de racine s'applique toujours à la racine quarrée, de ſorte que pour en déſigner une autre, on eſt convenu d'ajouter à ce mot le *numéro* qui la diſtingue.

161. Puiſque les expoſants fractionaires annoncent des ſignes radicaux, on peut donc transformer toutes les *quan-tités radicales* en puiſſances fractionaires; ce qui eſt d'une

grande utilité, comme on le verra par la suite. Cette transformation se fait en divisant par l'exposant du radical, les exposants de la quantité qui est sous le signe.

Exemples. $\sqrt{}(c^2 g^4) = c^{\frac{2}{2}} g^{\frac{4}{2}} = c\,g^2 \ldots \sqrt[3]{}(b^6 q^9) = b^{\frac{6}{3}} q^{\frac{9}{3}} = b^2 q^3 \ldots \sqrt[5]{}(ab^2 c^3) = a^{\frac{1}{5}} b^{\frac{2}{5}} c^{\frac{3}{5}} \ldots$

162. Dans les deux premiers exemples, la division a réussi; & toutes les fois que cela arrive, on dit que l'extraction de la racine demandée peut s'effectuer. Ces sortes de racines s'appellent *rationelles* ou *commensurables*. Mais quand l'exposant du radical n'est point un diviseur exact des exposants soumis au signe, comme cela est arrivé dans le troisieme exemple, on dit alors que l'extraction est impraticable; & qu'il n'est pas possible d'obtenir, autrement que par approximation, la racine demandée. On appelle ces racines, des quantités *irrationelles* ou *incommensurables*. Quelques Auteurs les appellent encore des *racines sourdes*; ces trois mots sont synonymes.

163. La transformation réciproque des puissances fractionaires, en quantités radicales, n'est pas d'un aussi grand usage: mais elle est tout aussi facile; elle se fait, ainsi que nous l'avons déja insinué, en donnant pour exposant au radical, le dénominateur de la fraction qui marque la puissance, & en soumettant à ce signe la même quantité, élevée à la puissance désignée par le numérateur de la fraction.

Exemples. $(3a)^{\frac{1}{2}} = \sqrt{3a} \ldots (x^2 - y^2)^{\frac{1}{2}} = \sqrt{(x^2 - y^2)} \ldots b^{\frac{3}{2}} = \sqrt{b^3} \ldots c^{\frac{4}{5}} p^{\frac{1}{5}} = \sqrt[5]{c^4 p} \ldots\ldots (2\varphi - 3\varepsilon + 4\omega)^{\frac{2}{3}} = \sqrt[3]{(2\varphi - 3\varepsilon + 4\omega)^2}.$

Souvent il arrive que les quantités dont on veut extraire la racine, sont affectées d'un coefficient numérique; & il faut bien alors savoir la maniere de faire subir à toute forte de nombres l'extraction convenable. On l'apprendra dans les trois Chapitres fuivants.

***

De l'extraction dés racines, & en particulier de la racine quarrée.

164. L'Extraction des racines eft l'opération inverfe de la formation des puiffances. On cherche, par exemple, dans celle-ci le produit d'une quantité par elle-même, pour avoir fon quarré. Dans l'autre, on a le quarré, & on cherche la racine.

Elle eft très-aifée à trouver dans les quantités algébriques, quand elles font commenfurables; & comme nous venons d'indiquer la méthode générale pour toutes les quantités monomes, il ne nous refte qu'à traiter de l'extraction de la racine des polynomes. Commençons par la racine quarrée.

165. Soit la quantité $a^2 + 2ax + x^2$ dont on cherche la racine quarrée. . . . D'abord il eft évident que fi cette quantité qui n'a que trois termes, eft un quarré complet, fa racine ne peut être qu'un binome (141).

Il n'eft pas moins évident enfuite, que le premier de ces termes eft le quarré de la premiere partie du binome cherché; que le fecond terme eft le double du produit des deux parties de ce même binome, & que le troifieme eft le quarré de la feconde partie.

Je fuis donc sûr de trouver la premiere partie du binome en prenant la racine quarrée de a^2. Or $\sqrt{a^2} = a$; j'écris donc a à la racine. Puis je fouftrais fon quarré a^2 de la quantité propofée. Il me refte $2ax + xx$.

$$\begin{array}{l} a^2 + 2ax + x^2 \\ -a^2 \\ \hline 0 + 2ax + x^2 \\ - 2ax - x^2 \\ \hline 0 \end{array} \left\{ \begin{array}{l} \underline{a + x} \ . \ . \ . \ \text{Raci.} \\ \\ 2a \ . \ . \ . \ . \ . \ \text{Div}^r. \end{array} \right.$$

Mais puifque $2ax$ doit être le produit du double de

la premiere partie a de la racine par la seconde, il est clair que pour connoître cette seconde partie, il n'y a qu'à diviser $2ax$ par $2a$. Le quotient $+x$ me la fera connoître. Car s'il est vrai que $+x$ soit le second terme de la racine, son produit par $2a$, plus son quarré x^2 étant souftraits du reste que j'avois, il ne doit rien rester. Or pour avoir tout à la fois ce produit & ce quarré, je multiplie $(2a+x)$ par x; & j'ai $2ax+xx$. Souftraction faite, il ne reste rien; d'où je conclus que $a+x$ est la racine cherchée.

166. Dans des cas aussi simples, on voit à la seule inspection de la quantité donnée, si elle a une racine quarrée exacte, ou si elle n'en a point. Mais si on ne le voyoit pas du premier abord, on ne tarderoit pas à le reconnoître, en ordonnant la quantité, (131) & en observant les regles suivantes.

I. Si la quantité proposée est un *quarré parfait*, composé de trois termes, on est sûr qu'elle a un binome pour racine.

II. Si les termes de cette quantité sont tous positifs, ceux de la racine seront tous positifs, ou tous négatifs. On voit bien en effet que la racine quarrée de $a^2+2ab+b^2$ est également $a+b$, ou $-a-b$. Mais si le second terme du quarré est négatif, l'un des deux termes de la racine (n'importe lequel) doit être négatif. Car $a-b$, & $-a+b$ servent également de racine à la quantité $a^2-2ab+b^2$.

157. C'est-là l'origine de l'*ambiguité du radical quarré*; lequel est susceprible, comme l'on voit, du signe $+$ & du signe $-$. Aussi trouve-t-on assez souvent l'occasion de l'*affecter* de ce double signe $\pm$ que l'on prononce *plus ou moins*, & qui est toujours sous-entendu, quand on ne l'écrit pas.

La racine de c^2, par exemple, équivaut à $\pm \sqrt{c^2}$, c'est-à-dire, qu'elle est indifféremment $+c$ ou $-c$, sans que l'on puisse se décider pour une valeur plutôt que pour une autre, à moins que l'état de la queſtion n'exclue une des deux valeurs, comme cela arrive quelquefois.

III. Après avoir au moins entrevu la poſſibilité de l'extraction projettée, cherchez la premiere partie de la racine. Vous la trouverez en diviſant par 2 l'expoſant du premier terme de cette quantité. Donc ſi vous ſouſtrayez de ce premier terme le quarré de la racine trouvée, il ne vous reſtera plus que deux termes dans la quantité.

IV. Et de ces deux termes, l'un ſera le double du produit des deux parties de la racine totale; l'autre ſera le quarré de la ſeconde partie de cette racine. Tous deux peuvent également ſervir à faire connoître cette ſeconde partie. Le dernier, par la ſimple extraction de ſa racine; l'autre, en le diviſant par le double de la partie déja connue. Si on préfere cette diviſion, c'eſt uniquement parce qu'elle eſt toujours applicable aux quantités numériques.

V. Le ſecond terme de la quantité étant donc diviſé par le double de la premiere partie de la racine, vous aurez pour quotient la ſeconde partie, & c'eſt alors, que pour la vérifier, vous la multiplierez par le double de la premiere, plus par elle-même, afin de voir ſi ces deux produits ſouſtraits des deux termes qui reſtoient dans la quantité, donnent zéro pour réſultat. Quand cela arrive, l'opération eſt finie, & on a une racine exacte.

Application. On demande la racine quarrée de $4p^6 + 16 p^3 q^2 + 16 q^4$.

1°. La racine de $4 p^6$ eſt $2 p^3$.

2°. Le double de $2 p^3$ eſt $4 p^3$.

3°. Le quotient de $16 p^3 q^2$ diviſé par $4 p^3$, eſt $4 q^2$.

4°. $4 q^2$ eſt la racine de $16 q^4$.

Donc $2 p^3 + 4 q^2$ eſt la racine demandée.

Voici les détails.

$$
\begin{array}{l}
4p^6 + 16\,p^3q^2 + 16\,q^4 \left(2p^3 + 4q^2 \quad \ldots \quad \text{Raci.} \right.\\
\underline{-4p^6}\\
\quad 0 + 16\,p^3q^2 + 16\,q^4 \left\}\, 4p^3 \quad \ldots\ldots \quad \text{Div}^r. \right.\\
\quad \underline{-16\,p^3q^2 - 16\,q^4}\\
\qquad\qquad 0
\end{array}
$$

168. Pour que la racine soit un trinome, il faut que la quantité donnée soit non-seulement un quarré parfait, mais encore qu'elle soit composée de six termes (141). Il en faudroit dix pour un quadrinome, & ainsi de suite. Mais à peine trouve-t-on une fois dans la vie ces sortes d'extractions à faire, sur dix termes. Nous nous bornerons donc à un exemple de racine trinome.

Soit $a^4 - 2\,a^2b^2 + b^4 - 2\,a^2c^3 + 2\,b^2c^3 + c^6$, dont on cherche la racine quarrée.

$$
\begin{array}{l}
a^4 - 2a^2b^2 + b^4 - 2a^2c^3 + 2b^2c^3 + c^6 \left(a^2 - b^2 - c^3 \ \ldots \ \text{Raci.} \right.\\
\underline{-a^4} \qquad\qquad\qquad\qquad\qquad\qquad\quad \underline{2a^2} \ \ldots\ldots \ \text{I. Div}^r.\\
\quad 0 - 2a^2b^2 + b^4 \qquad\qquad\qquad\qquad 2a^2 - 2b^2 \ \ldots \ \text{II. Div}^r.\\
\quad \underline{+ 2a^2b^2 - b^4}\\
\qquad\qquad 0 - 2a^2c^3 + 2b^2c^3 + c^6\\
\qquad\qquad \underline{+ 2a^2c^3 - 2b^2c^3 - c^6}\\
\qquad\qquad\qquad\qquad 0
\end{array}
$$

Celle du premier terme est a^2, dont le quarré a^4 étant souftrait de la quantité donnée, on a pour reste les cinq autres termes $-2a^2b^2 + b^4$ &c... Le premier terme de la racine est donc a^2.

Pour trouver le second, j'abaisse $-2a^2b^2 + b^4$, & je divise $-2a^2b^2$ par $2a^2$. Le quotient est $-b^2$, qui multiplié par $(2a^2 - b^2)$ donne $-2a^2b^2 + b^4$ pour produit. Je souftrais ce produit des deux termes abaissés, & comme la souftraction se fait sans reste, je vois que $a^2 - b^2$ sont les deux premieres parties de la racine.

Pour trouver la troisieme, j'abaisse les trois derniers
termes

termes de la quantité , & je divife les deux premiers par $2a^2 - 2b^2$, quantité double de ce qui eft déja à la racine. Le quotient eft $-c^3$, que je multiplie par $2a^2 - 2b^2 - c^3$. Souftraction faite , il ne refte rien ; donc $a^2 - b^2 - c^3$ eft la racine cherchée.

169. Maintenant rien ne fera plus facile que d'appliquer aux nombres, ces formules algébriques , fur-tout après avoir décompofé le quarré d'un nombre quelconque, comme nous allons y procéder.

On fait que le quarré de 9 eft 81. Donc le quarré de $5 + 4$ doit être auffi 81. Or $5 + 4$ peut être comparé au binome $a + b$, en faifant $x = 5$, & $b = 4$. Ainfi on aura $81 = a^2 + 2ab + b^2$; quantité dans laquelle $a^2 = 5^2 = 25 \ldots 2ab = 2.5.4 = 40 \ldots b^2 = 4^2 = 16.$

$$
\begin{aligned}
a^2 &= 25 \\
2ab &= 40 \\
b^2 &= 16 \\
\hline
&\ \ 81
\end{aligned}
$$

Mais comme $9 =$ pareillement $6 + 3$, ou $7 + 2$, ou $8 + 1$, le même binome, en fubftituant ces diverfes valeurs, donneroit toujours 81 pour quarré.

S'il falloit cependant retrouver deux de ces valeurs plutôt que deux autres pour racine, on fent bien qu'il n'y auroit pas moyen de les reconnoître, à caufe du mêlange que les chiffres auroient fouffert dans la compofition de 81 : au lieu que dans les quantités algébriques, rien ne fe mêle ; tout eft diftinct jufqu'à la fin du calcul. Auffi reconnoît-on mieux la marche qu'il faut fuivre dans l'extraction de leurs racines.

Le nombre 54 étant auffi décompofé en deux parties, $50 + 4$, on trouvera fubftitution faite , que fon quarré eft$\ldots\ldots\ldots\ldots\ldots\ldots\ldots\ldots$

$$
\left\{
\begin{aligned}
a^2 &= 2500 \\
2ab &= 400 \\
b^2 &= 16 \\
\hline
&\ 2916
\end{aligned}
\right.
$$

Enfin si on décompose 523 en 500 + 20 + 3, &
que l'on fasse $a = 500 \ldots b = 20 \ldots c = 3$, on trouvera que son quarré contient exactement les mêmes parties, que celui de $a + b + c$. Ces parties sont (141)

$$
\begin{aligned}
a^2 &= 250000 \\
2ab &= 20000 \\
b^2 &= 400 \\
2ac &= 3000 \\
2bc &= 120 \\
c^2 &= 9 \\
\hline
\text{Donc} \quad (523)^2 &= 273529.
\end{aligned}
$$

170. On peut donc élever toutes sortes de nombres
au quarré, sans les multiplier par eux-mêmes. Il suffit
de leur appliquer la formule du binome, & d'additionner
les termes qui en résultent. Encore un exemple. Quel
est le quarré de 607?

Je suppose $a = 600 \ldots b = 7$, & je trouve $a^2 =
360000 \ldots 2ab = 8400 \ldots b^2 = 49$; donc $(607)^2
= 368449$.

171. Après nous être assurés que les quarrés des nombres contiennent les mêmes parties que les quarrés des
quantités algébriques, nous ne pouvons pas douter que
la méthode d'extraction ne soit la même, à quelques
différences près, que le mêlange des chiffres doit exiger.
La premiere de ces différences est qu'il faut commencer
l'opération par la gauche, au lieu que dans l'Algèbre
on réussiroit également des deux côtés.

La seconde différence consiste à partager le nombre dont
on veut extraire la racine quarrée, en tranches de deux
chiffres chacune, en commençant par la droite, ce qui
ne laissera dans tous les nombres impairs de chiffres,
qu'un seul chiffre pour la derniere tranche.

172. Ce partage seroit inutile, si les parties des quar-

res numériques fe préfentoient toutes féparées, comme celles des quarrés algébriques. Mais ne formant qu'un feul tout, on eft obligé de les divifer ainfi, pour favoir de combien de chiffres la racine doit être compofée. C'eft qu'en élevant au quarré différents nombres; on a reconnu 1°, qu'un nombre fimple ne peut avoir plus de deux chiffres à fon quarré; 2°, qu'un nombre compofé de deux chiffres n'en fauroit avoir plus de quatre à fon quarré, & qu'en général, *le quarré d'un nombre quel--conque ne peut avoir tout au plus qu'un nombre de chiffres double de celui dont ce nombre eft compofé.*

173. Il doit donc y avoir autant de chiffres à la racine quarrée d'un nombre, qu'il y a de tranches dans ce nombre. La racine de 1849, par exemple, doit en avoir deux que l'on déterminera de la maniere fuivante.

On cherchera d'abord le plus grand quarré contenu dans 18. C'eft 16, dont on mettra à l'écart la racine 4. On fouftraira enfuite de 18 ce quarré 16 qui repréfente ici a, & on écrira au-deffous le refte 2.

<table>
<tr><td>A côté de ce refte, on abaiffera la tranche fuivante 49, & on aura 249 pour repréfenter les deux autres termes $2ab$ +b^2 de la Formule.</td><td>

$18,49\begin{cases}43\dots\text{Raci.}\\8\dots\text{Div}^r.\end{cases}$

16

249

249

0

</td></tr>
</table>

Nous avons donc trouvé $a = 4$ dixaines; donc pour trouver le nombre b d'unités, il n'y aura plus qu'à divifer par $8 = 2a$, la quantité qui tient lieu de $2ab$. Or cette quantité eft toujours renfermée dans le refte de la premiere tranche, joint au premier chiffre de la feconde. C'eft donc ici 24 qui doit fervir de dividende; ce que l'on peut marquer par un point mis fous le 4, qui eſt le premier des chiffres abaiſſés.

Diviſant maintenant 24 par 8, le quotient ſera 3, qu'il ne faut pas mettre à la racine, ſans s'être aſſuré qu'il a les qualités requiſes pour y être. On s'en aſſurera, en le ſoumettant aux mêmes épreuves que la quantité b, c'eſt-à-dire, que l'on multipliera ce quotient $3 = b$ par 8 dixaines $= 2a$, jointes à 3 unités, afin de voir ſi le produit de 83 par 3 peut ſe ſouſtraire de 249.

Comme ce produit donne le même nombre 249, la ſouſtraction ne laiſſe point de reſte. On eſt donc ſûr alors que 3 eſt le ſecond chiffre de la racine cherchée. Et la preuve que 43 eſt vraiment cette racine, c'eſt qu'en élevant 43 au quarré, on retrouve 1849.

Autres exemples. Quelle eſt la racine de 121 ? . . ?
Rép. . . 11 ſans reſte.

$$\begin{array}{l|l}
1,21 & 11 \ldots \text{. Raci.} \\
\underline{1} & \underline{2} \ldots \text{. Div}^{r}. \\
2\,1 & \\
\dot{2}\,1 & \\
\hline
\text{o} &
\end{array}$$

Quelle eſt la racine de 9999 ? . . . . Rép. . . . 99, avec 198 de reſte.

$$\begin{array}{l|l}
99,99 & 99 \ldots \text{. Raci.} \\
\underline{81} & \underline{18} \ldots \text{. Div}^{r}. \\
1899 & \\
1701 & \\
\hline
(\,198\,) &
\end{array}$$

Quelle eſt la racine de 273529 ? . . . . Rép. . . . 523.

fans refte. Car d'abord, on voit que cette racine doit avoir trois chiffres. On voit enfuite que le premier doit être un 5, parce que le plus grand quarré contenu dans 27 eft 25. On mettra donc 5 à la racine, & on fouftraira fon quarré de 27. Il reftera 2, à côté duquel on abaiffera la feconde tranche 35; après quoi mettant un point fous le 3, on divifera 23 par 10. Le quotient fera 2.

Mais avant que de placer ce quotient à la racine, on l'ajoutera à la fuite du divifeur 10, & on multipliera 102 par ce quotient. Le produit fera 204, qui peut être fouf-trait de 235. Le chiffre 2 eft donc la feconde partie de la racine demandée, & comme on n'en eft fûr qu'après cette épreuve, il ne faudra mettre qu'alors 2 à la racine. Reprenant enfuite le fil de l'opération, on dira :

Le refte de 235, quand on en a ôté 204, eft 31, à côté duquel il faut abaiffer la troifieme tranche, 29. Le nouveau dividende fera donc 312, & pour divifeur on aura 104, qui eft le double de 52 déja mis à la racine.

Le quotient fera 3, que l'on vérifiera en multipliant 1043 par 3; & comme le produit 3129 eft égal au refte de l'opération, on conclura que 523 eft la racine demandée. Voici le calcul.

$$
\begin{array}{ll}
27,35,29 \left\{ 523 \ldots\ldots \quad \text{Raci.} \right. \\
\quad 25 \qquad \left. 10 \ldots\ldots \text{I. Div.} \right. \\
\quad\ 2\ 35 \quad \left\{ 104 \ldots\ldots \text{II. Div.} \right. \\
\quad\ 2\ 04 \\
\qquad 3129 \\
\qquad 3129 \\
\qquad\quad 0.
\end{array}
$$

Enfin s'il falloit chercher la racine du nombre 4243600, je ferois déja fûr qu'elle doit être compofée de quatre chiffres, & que le dernier doit être un zéro, au cas que le nombre propofé foit un quarré parfait. Je ne tarde pas

à connoître ces quatre chiffres au moyen du calcul suivant.

$$
\begin{array}{l}
4,24,36,00 \left\{\begin{array}{l} 2060 \ldots \ldots \text{ R.} \\ 4 \ldots \ldots \ldots \text{I. D.} \end{array}\right. \\
\quad 2436 \left\{\begin{array}{l} 40 \ldots \ldots \text{II. D.} \\ 412 \ldots \text{III. D.} \end{array}\right. \\
\quad \underline{2436} \\
\qquad 0
\end{array}
$$

174. Pour s'affermir de plus en plus dans la pratique
de cette regle, on pourra s'exercer sur les exemples suivants.

$$
\begin{array}{l}
\sqrt{728654} = \text{D}''. \\
\sqrt{1111088889} = \text{E}''. \\
\sqrt{900000027} = \text{F}''.
\end{array}
$$

175. Comme il est très-rare qu'un nombre pris au hazard soit un quarré parfait, on ne doit guere s'attendre à
trouver des racines exactes. Il y a presque toujours un reste,
après la derniere souftraction. Mais alors si on n'a pas besoin d'une très-grande exactitude, on néglige ce reste,
dont il n'est pas possible de tirer une seule unité de plus
pour la racine.

Si l'on veut cependant en tenir compte, on calculera
des décimales pour la racine, en ajoutant successivement
deux zéros à chaque reste, & en continuant l'extraction
autant qu'on le jugera à propos.

Après avoir trouvé, par exemple, que 624 est la
racine approchée de 389489, & qu'il reste 113, j'ajoute
deux zéros à ce reste; & regardant 624 comme la premiere partie d'une racine compofée de deux termes, je le
double, pour avoir le troisieme diviseur 1248.

Le dividende qui lui correfpond, eft 1130; le quotient qui en réfulte eft 0 que je mets au premier rang des décimales.

J'ajoute deux autres zéros à 11300, & je prends 113000 pour dividende. Le divifeur eft 12480. Le quotient eft 9.

$$
\begin{array}{r|l}
38,94,89 & 624,09 \,\&\mathrm{c} \ldots \ldots \mathrm{R.} \\
36 & \\ \hline
294 & 12 \ldots \ldots \ldots \mathrm{I.\ D.} \\
244 & 124 \ldots \ldots \mathrm{II.\ D.} \\ \hline
50\ 89 & 1248 \ldots \ldots \mathrm{III.\ D.} \\
49\ 76 & 12480 \ldots \ldots \mathrm{IV.\ D.} \\ \hline
1130000 & \&\mathrm{c.} \\
1123281 & \\ \hline
6719 \,\&\mathrm{c.} &
\end{array}
$$

Avant de l'écrire à la racine, je le place à la fuite de 12480, & je multiplie 124809 par 9. Le produit 1123281 pouvant être fouftrait de 1130000, je mets 9 au fecond rang des décimales.

S'il falloit encore plus d'exactitude, on continueroit d'ajouter deux zéros chaque fois. Le calcul n'a plus d'autre difficulté que celle de la longueur.

176. On extrait la racine d'une fraction, en extrayant celle de chacun de fes termes. Ainfi $\sqrt{\frac{4}{9}} = \frac{2}{3}$, puifque $\frac{2}{3} \times \frac{2}{3} = \frac{4}{9}$. De même $\sqrt{\frac{1}{4}} = \frac{1}{2}$. Mais quand le numérateur & le dénominateur ne font pas des nombres quarrés, on ne fait qu'indiquer l'extraction en mettant le figne radical avant la fraction, ou bien on réduit la fraction en décimales (94), & l'on fait l'extraction de la racine, comme on vient de le pratiquer pour les reftes des quarrés imparfaits.

177. Par tout ce détail, on voit affez que l'extraction des racines fe rapporte à la divifion, comme la formation des puiffances fe rapporte à la multiplication.

On doit voir auffi que l'Algèbre fimplifie beaucoup les raifonnements qu'il faudroit faire pour démontrer par l'Arithmétique feule les regles de l'extraction, celle furtout qui prefcrit de divifer chaque fois par le double de ce qui eft la racine. Mais ce n'eft encore là qu'une foible preuve de la fupériorité de l'Algèbre fur l'Arithmétique.

De l'extraction de la racine cubique.

178. ON a trouvé des regles pour extraire la racine cubique, en raisonnant sur la nature des polynomes élevés au cube, comme nous l'avons fait pour la racine quarrée. Mais ces regles sont si compliquées, & d'ailleurs il est si rare de trouver l'occasion de les appliquer, que ce n'est presque pas la peine de les apprendre. Cependant pour ne pas les omettre tout-à-fait, nous les appliquerons à quelques exemples.

Soit proposé d'extraire la racine cubique de $a^3 + 6a^2b + 12ab^2 + 8b^3$ .... Il est clair qu'au cas qu'il y en ait une, elle doit être composée de deux termes (143).

Cela posé, je vois que le premier terme de la quantité donnée est a^3, dont la racine cubique est a, que j'écris; je prends le cube a^3 de cette racine, & je l'ôte de la quantité proposée; reste $6a^2b + 12ab^2 + 8b^3$.

Je dis ensuite; dans ce reste, il y a un produit du triple du quarré du premier terme a que je viens de trouver, par le second terme que je cherche : j'élève donc a au quarré a^2; je le triple & j'ai $3a^2$, par lequel je divise le reste, en disant; $\dfrac{6a^2b}{3a^2} = 2b$. Mais si $+2b$ est le second terme de la racine, la somme de son produit par $3a^2$, plus le produit de son quarré par $3a$, plus son cube, doit être égale au reste de la quantité. Or cette somme est effectivement $6a^2b + 12ab^2 + 8b^3$, comme le reste de la quantité: donc la racine cubique cherchée est $a + 2b$.

179. Pour les nombres, il faut d'abord connoître les dix premiers cubes parfaits.

Cubes. . . . . 1. 8. 27. 64. 125. 216. 343. 512. 729. 1000.

Racines cub. . 1. 2. 3. 4. 5. 6. 7. 8. 9. 10.

Ce qui a donné lieu de remarquer qu'un nombre ne peut avoir à son cube plus que le triple de ses chiffres; car 10, premier des nombres composés de deux chiffres, a pour cube 1000, premier des nombres composés de 4 chiffres. 100 premier des nombres de 3 chiffres, a pour cube 1000000 premier des nombres de 7 chiffres, &c. On peut même, par une semblable induction, conclure en général, qu'*un nombre composé de* n *chiffres, n'en peut avoir à sa puissance* p *plus que* pn *n'en exprime.*

Cela posé, soit le nombre 74088 dont on demande la racine cubique . . . Il faut le partager en tranches de trois chiffres chacune, en allant de droite à gauche, sauf à n'en laisser qu'un ou deux pour la derniere tranche. Il faut dire ensuite la racine cubique la plus proche de la premiere tranche 74, est 4; j'écris 4 à la racine, j'éleve 4 à son cube, & j'ai 64 que je soustrais de 74; reste 10. J'abaisse la seconde tranche 088 à côté du reste 10. J'éleve au quarré la premiere partie trouvée 4, laquelle doit valoir 40 à l'égard du second chiffre que nous cherchons; j'ai 1600 que je triple, & j'écris le produit 4800 pour diviseur. Puis je dis, $\frac{10088}{4800} = 2$; nombre qu'il faut éprouver avant de l'écrire à la racine. Pour cet effet, je multiplie le diviseur 4800 par la seconde partie trouvée; le produit est 9600, que j'écris à l'écart; j'éleve 2 au quarré 4, je le multiplie par 40, qui est la premiere partie de la racine, j'en multiplie le produit 160 par 3, & j'écris le nouveau produit 480 au-dessous de 9600. Enfin j'éleve 2 au cube, & j'ai 8 que j'écris au-dessous de 480. J'ajoute ensemble les deux produits & ce cube, & parce que leur somme 10088 est égale au reste 10088, & qu'il n'y a plus de tranches à abaisser, je dis que la racine cubique de 74088 est précisément 42.

$$
\begin{array}{ll}
74{,}088 \left\{ \begin{array}{l} 42\ldots\ \text{Raci.} \\[2pt] \overline{4800\ldots\ \text{Div}^r.} \end{array} \right. &
\quad \text{Soit}\ \begin{array}{l} a = 40 \\ b = 2 \end{array}\ \text{Donc}\ \begin{array}{l} 3a^2 b = 9600 \\ 3ab^2 = 480 \\ b^3 = 8 \end{array}
\end{array}
$$

$$
\begin{array}{l}
64 \\
\overline{10\,088} \\
10\,088 \\
\overline{0}
\end{array}
\qquad\qquad
\overline{10088}
$$

AUTRE EXEMPLE. Soit proposé d'extraire la racine cubique du nombre 5305472 . . . . . Je le divise par tranches à l'ordinaire, & je dis; la racine cubique la plus proche de la tranche 5, est 1; le cube de 1 est 1, je l'ôte de 5, reste 4. J'abaisse la seconde tranche, & j'ai 4305. Je dis, 1 étant la premiere partie de la racine, vaut 10 à l'égard de la seconde; le quarré de 10 est 100, son triple est 300, je divise 4305 par 300, en disant, en 43 combien de fois 3? il doit y être 14 fois; mais parce qu'on ne met jamais plus de 9 au quotient, & même qu'en y mettant 9 dans le cas présent, on y mettroit trop, comme il est aisé de s'en assurer par les regles précédentes, je trouve après avoir essayé 9 & 8, qu'ils ne conviennent pas : j'essaye 7.

Et pour cela, je multiplie d'abord 300 par 7; j'ai 2100 pour produit: puis $7 \times 7 = 49$, ensuite $49 \times 10 = 490$, enfin $490 \times 3 = 1470$; j'écris 1470 au-dessous de 2100. Après quoi je dis : $7 \times 7 \times 7 = 343$, je l'écris au-dessous de 1470, j'ajoute ensemble 2100, 1470, & 343, & parce que la somme 3913 peut se soustraire du nombre 4305, je conclus que le chiffre 7 est le second de la racine que je cherche.

Comme il est resté 392 de la derniere soustraction, j'abaisse à côté de ce reste la troisieme tranche 472, & je regarde 17 que j'ai

déja trouvé, comme la premiere partie de la racine : elle vaut donc
170 à l'égard de la partie qui m'occupe ; j'en prends le quarré 28900,
je le triple, & j'ai 86700, par lequel je divise le troisieme membre
392472, j'ai le quotient 4. Pour le vérifier, je multiplie le diviseur 86700 par 4, & j'écris au-dessous le produit 346800. Puis 4 ×
4 = 16 . . . . . 16 × 170 × 3 = 8160. J'écris 8160 au-dessous de
346800. J'écris encore au-dessous le cube de 4, qui est 64 J'ajoute
ces trois quantités, & j'ôte leur somme 355024 du troisieme membre 392472, reste 37448. Et parce qu'il n'y a plus de tranches à
abaisser, je dis que la racine cubique demandée est 174, & que le
nombre donné n'est pas un cube exact, mais qu'il a 37448 unités
de trop.

Si l'on veut avoir égard à ce reste, il faut chercher des décimales
pour la racine. On les trouve, en ajoutant aux restes autant de fois
trois zéros, que l'on veut avoir de décimales, & en continuant l'extraction, regardant chaque fois tout ce qui a déja été trouvé à la
racine, comme la premiere partie d'une racine dont on cherche
la seconde. L'exemple fera mieux comprendre tout cela.

```
5,305,472  ⎰ 174,41 &c. . . . . . . . . . Rac.
    1      ⎱  300 . . . . . . . . . . . I. Div.
  ─────       86700. . . . . . . . . . II. Div.
  4305        9082800 . . . . . . . III. Div.
  3913        912460800 . . . . . . IV. Div.
  ─────          &c.
  392472
  355024
  ───────
  37448000
  36414784
  ─────────
   1033216000
    912513121
   ──────────
    120702879 &c.
```

La longueur des opérations qu'il faut faire pour ces sortes d'extractions approchées, rend encore plus précieuses les deux méthodes
suivantes.

Deux Méthodes pour extraire par approximation les Racines d'un degré quelconque.

180. LA Formule du binome est d'une grande utilité,
pour l'extraction des racines approchées, quand il n'y a pas
moyen d'en avoir d'exactes ; ce qui arrive très-souvent.

Si on demandoit, par exemple, la racine quarrée de

$a^2 - x^2$, il est clair (165) que par quelque méthode que ce fût, on ne parviendroit jamais à la trouver, d'une maniere rigoureuse ; de sorte qu'en multipliant ensuite cette racine par elle-même, on reproduisît la quantité $a^2 - x^2$. On a recours alors aux méthodes d'approximation, qui sont la derniere ressource des calculs désespérés.

Ces méthodes sont des applications plus ou moins directes de la Formule si connue pour élever un binome à une puissance quelconque (148). Car telle est la généralité de cette Formule, qu'elle s'étend à tous les cas des puissances fractionaires, qui ne sont autre chose, comme l'on sait (159), que des racines à extraire.

Soit donc proposé de trouver la racine approchée de $a^2 - x^2$.).... D'abord on comparera cette quantité avec celle du binome $(a+b)^m$, & on supposera que a^2 tient ici lieu de a, que $-x^2$ tient lieu de b ; & que $m = \frac{1}{2}$. Puis on substituera ces trois valeurs aux lettres qui les représentent dans la Formule . . . .

$$(a+b)^m = a^m + m\, a^{m-1}\, b + m.\frac{m-1}{2}\, a^{m-2}\, b^2 + m.\frac{m-1}{2}.\frac{m-2}{3}\, a^{m-3}\, b^3 + \&c.$$

Et on aura, toute réduction faite,

$$(a^2 - x^2)^{\frac{1}{2}} = \begin{cases} a - \dfrac{x^2}{2a} - \dfrac{x^4}{8a^5} - \dfrac{x^6}{16a^5} - \dfrac{5x^8}{128a^7} - \dfrac{7x^{10}}{256a^9} \\[2ex] - \dfrac{21x^{12}}{1024a^{11}} - \&c. \end{cases}$$

181. On eût trouvé, quoique d'une maniere plus laborieuse, la même série, par la simple regle de l'extraction, telle que nous l'avons donnée (165). Car la racine quarrée de a^2 est a. Soustrayant a^2 de la quantité $a^2 - x^2$, reste $-x^2$ qu'il faut diviser par $2a$. On a donc $-\dfrac{x^2}{2a}$ pour le second terme de la racine : son quarré est $\dfrac{x^4}{4a^2}$, & son produit par $2a$ est $-x^2$. Otant donc ces deux termes, du premier reste $-x^2$, on aura pour second reste $-\dfrac{x^4}{4a^2}$ qu'il faudra diviser par le double de tout ce qui est déja à la racine.

Ce nouveau diviseur est $2a - \dfrac{x^2}{a}$; on aura donc $-\dfrac{x^4}{8a^3}$ pour troisieme terme de la racine. Le quarré de ce terme est $\dfrac{x^8}{64a^6}$, & son produit par $2a - \dfrac{x^2}{a}$ est $-\dfrac{x^4}{4a^2} + \dfrac{x^6}{8a^4}$. Soustrayant donc ce produit du reste $-\dfrac{x^4}{4a^2}$, on aura pour troisieme reste $-\dfrac{x^6}{8a^4} - \dfrac{x^8}{64a^6}$, que l'on divisera par le double de ce qui est déja à la racine ; & de cette division proviendra $-\dfrac{x^6}{16a^5}$, quatrieme terme de la série. En continuant le même procédé, on trouveroit les termes suivants ; & voilà où l'on en étoit réduit, lorsque Newton publia sa formule.

182. Au lieu d'écrire les coefficients tout réduits, comme nous l'avons fait (180), on eût pu les écrire tout au long, ce qui eût servi à faire connoître la loi qu'ils observent. Alors on eût trouvé que . . . . . .

$$(a^2 - x^2)^{\frac{1}{2}} = \begin{cases} a - \dfrac{1}{2}\cdot\dfrac{x^2}{a} - \dfrac{1}{2}\cdot\dfrac{1}{4}\cdot\dfrac{x^4}{a^3} - \dfrac{1}{2}\cdot\dfrac{1}{4}\cdot\dfrac{3}{6}\cdot\dfrac{x^6}{a^5} - \dfrac{1.3.5}{2.4.6.8}\cdot \\[2ex] \dfrac{x^8}{a^7} - \dfrac{1.3.5.7}{2.4.6.8.10}\cdot\dfrac{x^{10}}{a^9} - \dfrac{1.3.5.7.9}{2.4.6.8.10.12}\cdot\dfrac{x^{12}}{a^{11}} - \&c.\&c. \end{cases}$$

Où l'on voit que les nombres pairs sont les seuls qui entrent dans la composition des dénominateurs, tandis que les seuls nombres impairs se trouvent dans les numérateurs. Il est donc bien facile de pousser l'approximation aussi loin que l'on voudra.

Si au lieu de la quantité $a^2 - x^2$ on avoit $a^2 + x^2$, le résultat seroit le même, aux signes près, qui deviendroient alternatifs. Car $(a^2 + x^2)^{\frac{1}{2}} = a + \dfrac{1}{2}\cdot\dfrac{x^2}{a} - \dfrac{1}{2}\cdot\dfrac{1}{4}\cdot\dfrac{x^4}{a^3} + \dfrac{1.3.}{2.4.6}\cdot\dfrac{x^6}{a^5} - \&c.$

183. Les racines approchées des nombres qui n'en ont pas d'exactes, se calculent aisément par ces formules. Exemple. . . . . On sait que la racine quarrée de 5 est entre 2 & 3. Pour la trouver d'une maniere approchée, partageons 5 en deux parties, dont l'une soit 4, & l'autre 1. Nous aurons $a^2 = 4$ . . . . . $x^2 = 1$ . . . . . &

$$(a^2 + x^2)^{\frac{1}{2}} = (4 + 1)^{\frac{1}{2}} = 2 + \frac{1}{2} \cdot \frac{1}{2} \cdot - \frac{1}{2} \cdot \frac{1}{4} \cdot \frac{1}{8} \cdot +$$

&c.

En s'arrêtant aux deux premiers termes, on auroit $2 + \frac{1}{4}$ pour la racine de 5 ; ce qui n'est pas tout-à-fait juste, puisque $2 + \frac{1}{4}$, ou $\frac{9}{4}$ élevés au quarré donnent $\frac{81}{16} = 5 + \frac{1}{16}$. Cette premiere approximation nous montre donc que la racine cherchée est entre 2 & $2 + \frac{1}{4}$.

Si on calcule les trois premiers termes de la formule, on trouvera $2 + \frac{1}{4} - \frac{1}{64}$, ou $2 + \frac{15}{64}$, ou $\frac{143}{64}$ pour racine. Or $\left(\frac{143}{64}\right)^2 = \frac{20449}{4096} = 5 - \frac{31}{4096}$. La racine approchée est donc plus grande que $2 + \frac{15}{64}$. Mais nous venons de voir qu'elle est moindre que $2 + \frac{1}{4} = 2 + \frac{16}{64}$. Elle est donc entre $2 + \frac{16}{64}$ & $2 + \frac{15}{64}$.

En calculant d'autres termes, on resserreroit de plus en plus les limites entre lesquelles est comprise la racine de 5 ; sans pouvoir cependant parvenir à sa vraie valeur : car la racine de 5 est incommensurable, c'est-à-dire, qu'il n'y a aucun nombre ni entier, ni fractionaire, qui, multiplié par lui-même, puisse donner 5 pour produit. Cela est évident pour les nombres entiers, & on trouvera sans beaucoup de peine la raison pour les nombres fractionaires.

Autre exemple. Soit proposé de trouver la racine de 8 . . . . Je fais $8 = 9 - 1$ . . . . $a^2 = 9$ . . . $x^2 = 1$, & je substitue ces valeurs dans la formule $(a^2 - x^2)^{\frac{1}{2}} = a - \frac{1}{2} \cdot \frac{x^2}{a} - \frac{1}{2} \cdot \frac{1}{4} \cdot \frac{x^4}{a^3} - $ &c. Je trouve, en ne calculant que les deux premiers termes $\ldots(9-1)^{\frac{1}{2}} = 3 - \frac{1}{6} = 2 + \frac{5}{6} = \frac{17}{6}$. Cette valeur n'est pas bien exacte, puisque le quarré de $\frac{17}{6}$ est $\frac{289}{36} = 8 + \frac{1}{36}$. Mais en calculant les trois premiers termes, j'aurai $(9-1)^{\frac{1}{2}} = 3 - \frac{1}{6} - \frac{1}{216} = \frac{611}{216} = 3 - \frac{37}{216}$; valeur plus approchée, puisque $\left(\frac{611}{216}\right)^2 = \frac{373321}{46656} = 8 + \frac{73}{46656}$.

Et pour mener encore plus rapidement l'approximation, je ferai $8 = \frac{373371}{46656} - \frac{73}{46656} \ldots a^2 = \frac{373311}{46656}$, ou $\left(\frac{611}{211}\right)^2 \ldots x^2 = \frac{73}{46656}$; après quoi je calculerai les deux ou trois premiers termes de la formule. On trouvera le résultat sous la lettre G″.

184. L'extraction des racines cubiques se fait en suivant les mêmes procédés. Il n'y a de différence que dans les substitutions de l'exposant. Pour avoir donc la racine cubique de $a + x$, on écrira $\ldots$

$$(a+x)^{\frac{1}{3}} = a^{\frac{1}{3}} + \frac{1}{3}a^{\frac{1}{3}-1}x + \frac{1}{3}\left(\frac{\frac{1}{3}-1}{2}\right)a^{\frac{1}{3}-2}x^2 + \&c;$$

d'où l'on tirera

$$(a+x)^{\frac{1}{3}} = a^{\frac{1}{3}} + \frac{1}{3}a^{-\frac{2}{3}}b - \frac{1}{9}a^{-\frac{5}{3}}b^2 + \frac{5}{12}a^{-\frac{8}{3}}x^3 - \&c.$$

Cette expression peut prendre aussi la forme radicale suivante (163).

$$\sqrt[3]{(a+b)} = \sqrt[3]{a} + \frac{\frac{1}{3}x}{3\sqrt[3]{a^2}} - \frac{\frac{1}{9}x^2}{3\sqrt[3]{a^5}} + \frac{\frac{5}{81}x^3}{3\sqrt[3]{a^8}} - \frac{\frac{10}{243}x^4}{3\sqrt[3]{a^{11}}} + \&c.$$

Donc $\sqrt[3]{(1-y^3)} = 1 - \frac{y^3}{3} - \frac{y^6}{9} - \frac{5y^9}{81} - \frac{10y^{12}}{243} - \frac{22y^{15}}{729} - \&c.$

Quand il s'agit de la racine cubique d'un nombre, on parvient à l'obtenir au moyen des substitutions convenables.

Exemple. Quelle est la racine cubique de 2?....Je décompose 2 en $1 + 1$, & faisant $a = 1....b = 1....$ j'ai $(1 + 1)^{\frac{1}{3}} = 1 + \frac{1}{3} - \frac{1}{9} + \frac{5}{81} - \frac{10}{243} - $ &c.

Si je m'arrête aux deux premiers termes, la racine approchée devient $\frac{4}{3}$. Or $\left(\frac{4}{3}\right)^3 = \frac{64}{27} = 2 + \frac{10}{27}$. Donc cette valeur est trop grande, de $\frac{10}{27}$.

Prenons au lieu de 2, la quantité qui lui est égale, $\frac{64}{27} - \frac{10}{27}$, & supposons $a = \frac{64}{27}....l = -\frac{10}{27}$; nous aurons $\left(\frac{64}{27} - \frac{10}{27}\right)^{\frac{1}{3}} = \frac{4}{3} - \frac{5}{72}$ pour les deux premiers termes. Réduisant $\frac{4}{3} - \frac{5}{72}$ à la quantité $\frac{91}{72}$, on trouvera que $\left(\frac{91}{72}\right)^3 = \frac{753571}{373248} = 2 + \frac{7075}{373248}$. Ainsi $\frac{91}{72}$ est déja une racine fort approchée de celle que l'on demande.

Autre exemple. Quelle est la racine cubique de 100?....Rép. $4 +$ une fraction que l'on déterminera d'une manière approchée, par le calcul suivant.

Soit $100 = 125 - 25$. (Le but de cette transformation est d'avoir pour a un cube parfait). Soit $125 = a....25 = b$. On aura, en ne calculant que les deux premiers termes de la formule,

$$(125 - 25)^{\frac{1}{3}} = (125)^{\frac{1}{3}} - \frac{1}{3}.125^{-\frac{2}{3}}.25 - \&c = 5 - \frac{1}{3}.$$

Donc la premiere approximation donnera $\sqrt[3]{100} = 4 + \frac{2}{3} = \frac{14}{3}$ quantité un peu trop grande, puisque $\left(\frac{14}{3}\right)^3 = \frac{2744}{27} = 101\frac{17}{27}$.

On fera donc $100 = \frac{2744}{27} - \frac{44}{27}$, & par de nouvelles substitutions, on trouvera pour racine plus approchée, $\frac{2047}{441} = 4 + \frac{283}{441}$.

Ce résultat surpasse encore la racine cubique de 100; puisque $\left(\frac{2047}{441}\right)^3 = \frac{8577357823}{85766121} = 100 + \frac{6585723}{85697721} = 100, 008$ &c. L'approximation eût été plus prompte par la voie des Logarithmes.

Il en seroit de même pour les racines quatriemes, cinquiemes, & suivantes.

Mais comme les approximations que l'on obtient par cette méthode font quelquefois trop lentes, nous ajouterons celle que Halley inféra dans les *Tranfactions Philofophiques* de 1694.

185. Seconde Méthode. Soit propofé généralement d'extraire par approximation la racine m d'une quantité quelconque $a^m \pm b \ldots$. On peut fuppofer que cette racine eft repréfentée par la quantité $a + d$, a exprimant un nombre entier, & d la fraction décimale qu'il faut ajouter à ce nombre pour avoir la racine cherchée.

Cela pofé, on aura $a + d = \sqrt[m]{(a^m \pm b)}$. Donc $(a + d)^m = a^m \pm b$. Donc $a^m + m\,a^{m-1}\,d + \frac{m \cdot m-1}{2}\,a^{m-2}\,d^2 + \ldots$ &c $= a^m \pm b$. Négligeant les termes où la fraction d eft élevée aux puiffances fupérieures au quarré, effaçant de part & d'autre a^m, & divifant le refte par m, on aura $a^{m-1}\,d + \frac{m-1}{2}\,a^{m-2}\,d^2 = \pm \frac{b}{m}$.

Multipliant enfuite par 2, divifant par $m - 1\ a^{m-2}$, & ordonnant, on trouvera $d^2 + \frac{2a}{m-1}\,d = \pm \frac{2b}{[mm]\,a^{m-2}}$. Complétant le quarré, extrayant la racine, & tranfpofant, il viendra $\ldots \ldots d =$
$$\frac{-a}{m-1} + \sqrt{\left(\frac{a^2}{(m-1)^2} \pm \frac{2b}{(mm-m)\,a^{m-2}} \right)}.$$

Enfin fi l'on ajoute a aux deux membres de cette équation, on aura généralement pour l'extraction d'une racine approchée quelconque,
$$a + d = \sqrt[m]{(a^m \pm b)} = \frac{m-2}{m-1}\,a + \sqrt{\left(\frac{a^2}{(m-1)^2} \pm \frac{2b}{(mm-m)\,a^{m-2}} \right)}.$$

De cette Formule générale dont Halley ne parle pas, découlent par de fimples fubftitutions toutes les formules particulieres qu'il a inférées dans fon Mémoire. Leur principale utilité confifte à donner des approximations que les Tables ordinaires de Logarithmes ne fauroient donner. Commençons par détailler ces formules.

$$\sqrt[3]{(a^3 \pm b)} = \tfrac{1}{2}a + \sqrt{\left(\tfrac{1}{4}aa \pm \frac{b}{3\,a}\right)}$$

$$\sqrt[4]{(a^4 \pm b)} = \tfrac{2}{3}a + \sqrt{\left(\tfrac{1}{9}aa \pm \frac{b}{6aa}\right)}$$

$$\sqrt[5]{(a^5 \pm b)} = \tfrac{3}{4}a + \sqrt{\left(\tfrac{1}{16}aa \pm \frac{b}{10a^3}\right)}$$

$$\sqrt[6]{(a^6 \pm b)} = \tfrac{4}{5}a + \sqrt{\left(\tfrac{1}{25}aa \pm \frac{b}{15a^4}\right)}$$

$$\sqrt[7]{(a^7 \pm b)} = \tfrac{5}{6}a + \sqrt{\left(\tfrac{1}{36}aa \pm \frac{b}{21a^5}\right)}$$

&c.　　　&c.　　　&c.

Maintenant faiſons-en une application, en nous propoſant de trouver la racine cinquieme de 161900 avec 12 décimales.

Je diviſe par 5 le logarithme de 161900 qui eſt 5,2092468 : j'ai 1,0418494, logarithme de 11,012, racine approchée ; je fais 11,012 $= a$: j'éleve 11, 012 à la cinquieme puiſſance, & j'ai $a^5 = 161931$, 378732020728832 , qui excede 161900 de 31, 378732020728832. Je fais cet excès $= b$, & j'ai $a^5 - b = 161900$; donc par la formule $\sqrt[5]{(a^5-b)} = \tfrac{3}{4}a + \sqrt{\left(\tfrac{1}{16}aa - \frac{b}{10a^3}\right)}$, j'ai en

ſubſtituant les nombres.... $\sqrt[5]{(a^5-b)} = 8,259 + \sqrt{\left(7,579009 - \frac{31,378732020728832}{13353,60753728}\right)} =$

$8,259 + \sqrt{(7, 579009 - 0, 002349831828824315932711\,)} =$
$8,259 + \sqrt{(7,576659168171175684067289)} =$
$8,259 + 2,752573190339 = 11,011573190339$, racine cherchée.

APPLICATION DE L'ALGEBRE

A

LA RÉSOLUTION DE QUELQUES PROBLÈMES.

186. La résolution des problêmes mathématiques est fondée sur les rapports connus entre des choses que l'on sait, & des choses qu'on ignore. Ces rapports s'appellent les *conditions du Problême*; & quiconque est parvenu à exprimer algébriquement ces conditions, ne tarde guere à en déduire la connoissance de ce qu'il cherche.

Ce résultat est donc le fruit de la comparaison des quantités connues avec celles qui ne le sont pas. Les premieres s'appellent les *données du problême*, & on a coutume de les représenter par les premieres lettres, a, b, c, &c. ou α, β, γ, &c. Les autres portent simplement le nom de quantités *inconnues* : on les désigne par les lettres x, y, z, φ, ω, &c.

Toute formule qui exprime l'égalité de deux ou de plusieurs quantités, s'appelle généralement *Equation*. Le signe d'égalité partage l'équation en deux membres. Celui qui est à gauche s'appelle *le premier membre*; l'autre est le second.

187. Le *Degré* d'une équation dépend de celui de la plus haute puissance des inconnues qu'elle renferme. Ainsi toute équation qui ne contient pas d'inconnue plus élevée que la premiere puissance, est une équation du premier degré. Les exemples suivants, $x = a \ldots z + b = y - c \ldots \zeta \varphi - \epsilon = (c + d)$ sont donc autant d'équations de ce genre.

On les appelle aussi quelquefois des *équations linéaires*, parce que les inconnues qu'elles renferment, n'offrent qu'une feule *Dimenfion*, comme les lignes.

Lorfqu'une équation contient une ou plufieurs inconnues élevées féparément au quarré, ou multipliées deux à deux, elle appartient aux *équations du fecond degré*. Telles font les équations fuivantes :

$$x^2 = a \ldots z^2 + y^2 = \varphi \ldots xy = b \ldots x^2 + p\,x = q \ldots$$

Pour qu'une équation foit du *troifieme degré*, il fuffit qu'une de fes inconnues foit élevée au cube. Ainfi les équations fuivantes . . .

$$x^3 = c \ldots x^3 + p\,x^2 + q\,x = b \ldots \ldots y^3 - my = n\,z^2$$

font toutes du troifieme degré. L'équation $x\,y\,z = f$ eft de la même claffe, parce qu'elle contient le produit de trois inconnues fimples. On doit en dire autant de l'équation $xy^2 = g$.

Les équations du quatrieme degré fe diftinguent avec la même facilité, & ainfi des autres. Mais de quelque degré qu'elles foient, le but général de leur réfolution eft de faire connoître la valeur des inconnues qu'elles renferment.

Pour atteindre ce but dans les équations du premier & du fecond degré, il ne faut qu'un peu d'habitude du calcul algébrique ; & on va voir avec quelle facilité cette habitude s'acquiert. La réfolution des équations du troifieme & du quatrieme degré eft fujette à des difficultés. Celle des équations du cinquieme eft encore à trouver ; & on verra par la fuite à quoi tiennent les obftacles qui ont rendu jufqu'à préfent inutiles tous les efforts que l'on a faits pour y parvenir. Commençons par les équations du premier degré.

Réfolution des Equations du premier degré.

188. Une équation eft réfolue quand on eft parvenu à laiffer toute feule dans un membre l'inconnue dont on cherche la valeur, & à n'avoir dans l'autre membre que

des quantités connues. Alors en effet le problème est résolu, puisqu'une quantité égale à des quantités connues cesse d'être inconnue.

I. Problème. Un pere a six fois autant d'âge que son fils, & la somme des deux âges est de 91 ans. Quel est l'âge du fils ? Quel est celui du pere ?

Pendant que les Arithméticiens tâtonneront, l'Algébriste dira.... J'appelle x l'âge du fils ; donc par l'énoncé du problême, l'âge du pere sera $6x$. Or ces deux âges réunis doivent faire 91 ans ; donc $7x = 91$; & voilà le problême *mis en équation*.

A présent qu'il est, pour ainsi dire, traduit en langage algébrique, le reste de la solution n'est qu'un jeu.... Si $7x = 91$, dira-t-on, donc $x = \frac{91}{7} = 13$; & par conséquent le fils a 13 ans. Le pere en a donc 78 ; & la preuve en est, que $13 + 78 = 91$; ce qui satisfait à la condition du problême.

189. Concluons de cet exemple, que pour *dégager l'inconnue*, quand elle est affectée d'un coefficient quelconque, il faut diviser toute l'équation par ce même coefficient. Ainsi pour connoître la valeur de x dans l'équation suivante $ax = b$, on écrira $x = \frac{b}{a}$.

II. Problème. Quel est le nombre dont le tiers & le quart ajoutés ensemble font 63 ?

Ce nombre m'est inconnu ; mais quel qu'il soit, je l'appelle x. Son tiers est donc $\frac{x}{3}$ & son quart sera $\frac{x}{4}$. Ces deux parties réunies doivent faire 63. J'ai donc pour équation du problême . . . $\frac{x}{3} + \frac{x}{4} = 63$.

Réduisant au même dénominateur, & ajoutant les deux fractions, j'aurai . . . $\frac{7x}{12} = 63$. Le coefficient de l'inconnue sera donc $\frac{7}{12}$, par lesquels je diviserai les deux membres de l'équation, suivant la regle précédente : ce qui me donnera .... $x = \frac{12.63}{7} = \frac{12.9.7}{7} = 12.9$

$= 108$. Effectivement le tiers de 108 est 36, le quart de 108 est 27 ; & $36 + 27 = 63$.

190. Concluons de cet exemple que toutes les équations de cette forme . . . $\frac{a\,x}{b} = c$, se résolvent en écrivant $x = \frac{b\,c}{a}$: c'est-à-dire que pour dégager une inconnue affectée d'un coefficient fractionaire, il faut multiplier tous les termes de l'équation par le dénominateur de ce coefficient, & les diviser par son numérateur.

III. Prob. On demande un nombre tel, qu'en le divisant par 5, on ait un quotient, qui ajouté au produit de ce même nombre par 4, & au multiplicateur 4, fasse $12\frac{1}{2}$.

Si on appelle x le nombre demandé, on aura . . . . $\frac{x}{5} + 4x + 4 = 12\frac{1}{2}$. Multipliant tout par le dénominateur 5, pour faire disparoître la fraction $\frac{x}{5}$ on aura... $20x + x + 20 = 62\frac{1}{2}$; d'où l'on tirera $21x + 20 = 62\frac{1}{2}$.

191. Or toutes les fois que deux quantités sont égales, on peut ajouter ou soustraire de part & d'autre une même quantité ; on peut tout multiplier ou tout diviser par le même nombre ; on peut tout élever à une même puissance, sans détruire l'égalité des deux membres de l'équation.

Je puis donc soustraire 20, par exemple, de chacun de ces membres dans l'équation . . . $21x + 20 = 62\frac{1}{2}$, & en déduire . . . . $21x = 42\frac{1}{2}$. Mais par la premiere regle (189) on a . . . $x = \frac{42\frac{1}{2}}{21}$; donc $x = 2 + \frac{1}{42} = \frac{85}{42}$; ce qui eut été un peu long à trouver par les tâtonnements de l'Arithmétique.

192. Il suit de la remarque précédente que pour faire passer une quantité positive d'un membre dans un autre, on n'a qu'à effacer cette quantité dans le membre où elle est, & l'écrire dans l'autre membre avec le signe $-$. Ainsi

toute équation de cette forme...$x + a = b$, se réduit à celle-ci...$x = b - a$.

Et réciproquement pour transporter d'un membre à l'autre une quantité négative, on l'effacera dans le membre où elle est, & on l'écrira dans l'autre membre avec le signe $+$. Exemple...$x - m = p$; donc $x = p + m$. En général, si on a....$x \pm c = h$, on en conclura que $x = h \mp c$. Cette regle est d'un grand usage.

193. Avec ce petit nombre de principes & d'opérations bien élémentaires, il n'y a point d'équation du premier degré qui ne se résolve très-promptement. Prenons pour exemple un des cas les plus compliqués; & proposons-nous de trouver la valeur de l'inconnue x dans l'équation suivante.

$$\frac{ax}{b} + \frac{cx}{f} + m = px + \frac{cx}{f} + n.$$

D'abord je vois que les deux membres contiennent une même quantité $\frac{cx}{f}$, affectée du même signe. L'égalité subsistera donc, après que l'on aura retranché de part & d'autre cette quantité; (quand on trouve ainsi précédés du même signe des termes communs aux deux membres, il ne faut pas manquer de les effacer). On n'aura donc plus à résoudre que l'équation,

$$\frac{ax}{b} + m = px + n.$$

Je vois ensuite que pour laisser x toute seule dans un membre, il faut que je transporte du même côté les quantités connues, & que l'autre membre soit formé seulement des termes qui contiennent x. La regle des transpositions observée me donne

$$\frac{ax}{b} - px = n - m.$$

194. Remarque. Quelquefois on est embarrassé pour fa-

voir dans quel fens on fera ces fortes de tranfpofitions : ici,
par exemple, il n'y a pas plus de raifon pour tranfpofer le
terme px dans le premier membre, que le terme $\dfrac{a\,x}{b}$ dans
le fecond. Cela dépend uniquement de celui qui réfoud
le problême. La valeur de l'inconnue eft la même dans
les deux cas. Seulement elle eft pofitive dans l'un & négative dans l'autre.

A préfent que l'équation eft tranfpofée, il ne refte plus
qu'à dégager l'inconnue ; & pour cela, je multiplie tout par
le dénominateur b, ce qui me donne,

$$a\,x - bpx = bn - bm.$$
$$\text{ou } (a - bp)\,x = (n - m)\,b.$$

A cette nouvelle préparation j'en fais fuccéder une autre, qui
eft celle de la divifion de toute l'équation par le coefficient
de l'inconnue. Ce coefficient eft $a - bp$: j'ai donc enfin,

$$x = \frac{(n-m)b}{a-bp}.$$

IV. Prob. A la fuite d'une inondation il eft tombé dans
un même jour la moitié des maifons d'une Ville ; il en
eft tombé le tiers le lendemain, & le douzieme dans
les jours fuivants ; on n'en compte plus que 63 fur pied.
De combien de maifons cette Ville étoit-elle compofée
avant l'inondation ?

Soit x le nombre cherché ; $\dfrac{x}{2}$ fera l'expreffion du nombre de bâtiments écroulés le premier jour : $\dfrac{x}{3}$ & $\dfrac{x}{12}$ exprimeront combien il en eft tombé dans les jours fuivants ;
l'équation du problême fera donc :

$$\frac{x}{2} + \frac{x}{3} + \frac{x}{12} + 63 = x.$$

Suppofons, pour abréger, que $63 = a$, & que l'on multiplie toute l'équation par le plus grand dénominateur qui
eft ici 12. On aura

$$6x + 4x + x + 12a = 12x.$$
$$\text{Réduifant}\dots\dots\dots 11x + 12a = 12x.$$

H iv

Retranchant de part & d'autre la quantité commune $11x$, il restera pour solution du Problême,

$$12\,a = x.$$

Cette Ville renfermoit donc dans son enceinte 756 maisons.

V. Prob. Trois amis que je désignerai, l'un par B, l'autre par C, & le troisieme par D, ont pris en commun des billets de Loterie. La mise de B + celle de C font 21^{tt}. Ce que B & D ont mis d'argent fait 24^{tt}. Les deux mises de C & de D font 27^{tt}. Quelle est la mise de chacun ?

Je suppose $a = 21 \ldots e = 24 \ldots f = 27$; & j'appelle x la mise de B; donc $a - x$ est la mise de C, & $e - x$ est celle de D. Or l'énoncé du problême porte que ces deux dernieres mises font 27^{tt}. Donc$\ldots a - x + e - x = f$; d'où je tire ,

$$x = \frac{a+e-f}{2} = 9^{tt}$$

ce qui me donne 12 & 15^{tt} pour les mises respectives de C & de D.

195. Au premier apperçu de ce problême, il paroissoit indispensable de regarder les trois mises comme autant d'inconnues différentes : mais en y regardant de plus près, on a dû voir qu'une seule de ces mises étant déterminée, les deux autres ne pouvoient manquer par-là même d'être déterminées aussi. D'où nous conclurons que le nombre des inconnues ne dépend pas du nombre des questions particulieres que l'énoncé d'un problême renferme ; mais du degré de liaison, qui existe entre les conditions du problême proposé.

Ce n'est pas, au reste, que l'on ne fût également parvenu à la solution du dernier, en introduisant trois inconnues dans le calcul. On en verra la preuve tout à l'heure : mais en général il faut toujours tendre aux solutions les plus simples ; & c'est au tact particulier de chacun qu'il appartient uniquement de mettre sur la voie qui mene à ces sortes de solutions. Ni Livres, ni Maîtres ne peuvent donner la fagacité néceffaire pour démêler dans un problême, ce qui en eft le principal, & ce qui n'en eft que l'acceffoire. Les exemples cependant donnent une grande facilité : c'eft pourquoi nous en ajouterons encore quelques-uns.

VI. Prob. Par le teftament qu'un pere a fait avant fa mort, le fils aîné doit prélever d'abord 1000 écus fur la maffe des biens, puis prendre le fixieme de ce qui reftera. La part du fecond fils doit être formée; 1°, de 2000 écus ; 2°, du fixieme de ce qui reftera. La part du troifieme doit être compofée de 3000 écus & du fixieme de ce qui reftera, & ainfi de fuite jufqu'au dernier, dont la part fera le refte de celles de fes freres. Les difpofitions du teftament s'exécutent, & le partage de chacun des enfants fe trouve égal . . . On demande 1°, quel eft le bien du pere? 2°, combien il y a d'enfants? 3°, quelle eft la part de chacun?

On feroit porté à croire qu'il y a réellement trois inconnues dans ce problême. Cependant avec un peu de réflexion on verra que fi le bien du pere étoit connu, tout le refte le feroit. Effectivement la part du fils aîné réfultant de la fomme de 1000 écus $+$ du fixieme de ce qui refteroit, on n'auroit qu'à prélever ces mille écus fur le bien total, fuppofé connu, & puis on ajouteroit à ces mille écus, le fixieme du refte, pour connoître la part de l'aîné. Mais comme par l'énoncé du problême toutes les parts doivent être égales, il fuffiroit de divifer le bien du pere par la portion du fils aîné, pour connoître le nombre des parts, & par conféquent celui des enfants. Cela pofé, occupons-nous de la recherche du bien du pere.

Je l'appelle x, & pour abréger je fais $a = 1000$ écus. Après quoi je raifonne ainfi : quand l'aîné aura pris mille écus, le refte du bien fera exprimé par $x - a$. Il doit prendre le fixieme de ce refte, & ce fixieme eft $\frac{x-a}{6}$; fa part fera donc $a + \frac{x-a}{6}$, ou en réduifant au même dénominateur , $\frac{5a+x}{6}$. Cette part doit être égale à celle de chacun de ses freres ; cherchons donc, par exemple, la valeur algébrique de la part du second , afin de l'égaler à la valeur déja trouvée pour celle de l'aîné.

Quand du bien total on a soustrait la part de l'aîné , le reste est exprimé par $x-\frac{5a+x}{6}=\frac{5x-5a}{6}$. Sur ce reste, le second fils doit prélever 2000 écus $= 2a$; il ne restera donc que $\frac{5x-5a}{6}-2a=\frac{5x-17a}{6}$, dont il faut prendre le sixieme , qui est $\frac{5x-17a}{36}$. Ajoutant ce sixieme aux 2000 écus , on aura pour la part du second fils, $2a+\frac{5x-17a}{36}=\frac{55a+5x}{36}$. Cela posé, on aura pour l'équation du problême ,

$$\frac{5a+x}{6}=\frac{55a+5x}{36}.$$

Mais aussi-tôt qu'un problême du premier degré est mis en équation , il n'y a plus de difficulté. On trouve tout de suite la valeur de l'inconnue en la laissant seule dans un membre. Ici , par exemple , en multipliant par 36 les deux membres de l'équation , on aura

$$30a+6x=55a+5x.$$

ôtant de part & d'autre les quantités communes qui sont $30a$ & $5x$, il viendra enfin pour la valeur du bien que le pere laisse....$x=25a=25000$ écus.

Et par conséquent la part de chaque fils est de 5000 écus. Il y avoit donc cinq freres.

VII. A & B se sont mis au jeu , ayant autant d'argent l'un que l'autre. Ils en ont perdu une partie ; la perte de A est de 12^{tt}, celle de B est de 57^{tt}, & par-là B n'a plus que le quart de l'argent qui reste à A. Combien avoient-ils avant le jeu ?

Ils avoient x^{tt}, & puisque la perte de A est de 12^{tt}, il lui reste $x - 12$. La perte de B est de 57^{tt}. Ce qui lui reste est donc $x - 57$. Or la condition du problême est que pour égaler ces deux restes, il faut quadrupler le dernier ; donc l'équation cherchée est

$$x - 12 = 4 (x - 57)$$

donc $x = 72^{tt}$.

VIII. Quel est le nombre dont le tiers & le cinquieme diffèrent entre-eux de 8 ?

Soit x ce nombre . . . Soit $a = 8$ . . $\frac{1}{3} = \frac{1}{m}$ . . . $\frac{1}{5} = \frac{1}{n}$ . . . On aura $\frac{x}{m} - \frac{x}{n} = a$; donc $x = \frac{a\,m\,n}{n - m} = 60$; & en effet le tiers de 60 est 20, le cinquieme de 60 est 12, & $20 - 12 = 8$.

IX. On a divisé un nombre par 6, & le quotient s'est trouvé tel, qu'en l'ajoutant avec le diviseur & le dividende, on a eu pour somme totale 69. Quel est ce nombre ?

Soit $a = 6$ . . . $b = 69$. On aura $x + \frac{x}{a} + a = b$; donc $x = \frac{(b - a)\,a}{a + 1}$, & substituant les valeurs de a & de b, on trouvera que $x = 54$.

X. Etant données la somme & la différence de deux quantités, trouver chacune de ces quantités.

Soit a la somme, b la différence, x la plus grande des deux inconnues, y la plus petite. On aura les deux équations suivantes ;

$$x + y = a \ldots x - y = b.$$

Si on prend la valeur de x dans la premiere équation, on aura $x = a - y$.

Si on la prend dans la seconde, on trouvera $x = b + y$. Or ces deux valeurs étant nécessairement égales, on aura $a - y = b + y$; équation qui ne renfermant plus qu'une inconnue, se résout avec la plus grande facilité par une simple transposition, en disant $a - b = 2y$; d'où l'on tire $y = \frac{1}{2} (a - b) = \frac{1}{2} a - \frac{1}{2} b$.

196. Or la valeur de y étant une fois connue, il n'y a

plus qu'à la fubftituer dans l'équation $x = a - y$, ou $x = b + y$, pour trouver $x = \frac{1}{2}(a + b) = \frac{1}{2}a + \frac{1}{2}b$.

On peut donc dire généralement (& cette généralité dans les réfultats eft encore une fois un des plus précieux avantages de l'Algèbre) que *toutes les fois que l'on connoît la fomme & la différence de deux quantités, la plus grande fe trouve en ajoutant la moitié de la fomme à la moitié de la différence ; & que la plus petite eft égale à la moitié de la fomme moins la moitié de la différence.*

APPLICATIONS. Deux freres ont 57 ans à eux deux ; le frere aîné a 7 ans de plus que le cadet. Quel eft l'âge de chacun ?

La moitié de la fomme eft 28 $\frac{1}{2}$; la moitié de la diffé-rence eft 3 $\frac{1}{2}$. L'aîné a donc 32 ans ; le cadet n'en a que 25.

Une maifon compofée de deux étages a 35 pieds de haut. Le premier étage eft de 4 pieds plus élevé que le fecond. Quelle eft la hauteur des deux étages ?

$a = 35 \ldots b = 4$. Donc $x = \frac{1}{2}a + \frac{1}{2}b = 19\frac{1}{2}$; & $y = \frac{1}{2}a - \frac{1}{2}b = 15\frac{1}{2}$.

Deux poids réunis pefent 2878 livres, le moins lourd pefe 156 livres de moins que l'autre. Combien pefent-ils chacun ?

$a = 2878 \ldots b = 156$. Donc $x = 1517 \ldots y = 1361$.

197. Au lieu de réfoudre ce petit problême en com-parant les deux valeurs de x, on eût pu ajouter les deux équations $\ldots x + y = a \ldots x - y = b$, ce qui eût fait trouver tout de fuite la valeur de $x = \dfrac{a + b}{2}$; & fi on eût fouftrait la feconde équation de la premiere, la valeur de y fe feroit trouvée avec la même promptitude. Mais cet abrégé ne fe préfente pas toujours d'une maniere auffi facile.

Un pere, avons-nous dit (*page* 116), a fix fois autant d'âge que fon fils, & la fomme des deux âges fait 91 ans. Ne pourroit-on pas ramener ce problême à ceux qui ont deux inconnues ?

Soit x l'âge du pere, y l'âge du fils. On aura
$$x = 6y \ldots x + y = 91.$$
Souſtrayant la premiere équation de la ſeconde, on trouvera que
$$y = 91 - 6y. \text{ Donc } y = 13,$$
& par conſéquent $x = 78$, comme nous l'avions trouvé par la premiere méthode, qui eſt toujours préférable quand on peut l'employer.

198. Lorſqu'on a pluſieurs inconnues, il faut les réduire ſucceſſivement à une ſeule, ou, comme l'on dit, il faut les *éliminer* toutes, hors une derniere, qui ſe trouvant enfin en égalité avec des quantités connues, ceſſe d'être inconnue.

Cette *élimination* ſe fait en prenant d'abord la valeur d'une même inconnue dans deux équations différentes, & en égalant cès deux valeurs, pour avoir en y, par exemple, la valeur de x. C'eſt ainſi qu'après avoir trouvé dans le dernier problême $\ldots x + y = a \ldots x - y = b$, nous avons d'abord conclu $\ldots x = a - y \ldots x = b + y$, & puis $a - y = b + y$.

On peut auſſi, après avoir pris la valeur d'une inconnue, ſubſtituer cette valeur par-tout où l'inconnue ſe trouve; cela revient abſolument au même.

199. L'élimination des inconnues ne peut donc être pouſſée juſqu'au bout, ſi on n'a pas autant d'équations que d'inconnues. Car il eſt bien clair que ſi on propoſe de trouver deux quantités x & y dont on ne connoît que la ſomme a, la condition unique du problême, exprimée par l'équation $x + y = a$, ne permet pas d'éliminer aucune des deux inconnues : en prenant en effet la valeur de x, par exemple, c'eſt-à-dire, en laiſſant x toute ſeule dans un membre, on n'apprend autre choſe, ſinon qu'elle eſt égale à une quantité $a - y$, auſſi inconnue qu'elle. Ces ſortes de problêmes, dans leſquels il y a plus d'inconnues que de conditions, s'appellent des *Problêmes indéterminés*. Nous en parlerons dans la ſuite.

XI. Une perfonne ayant des jetons dans fes deux mains, en prend un de la droite pour l'ajouter à ceux de la gauche, & par-là il s'en trouve autant dans une main que dans l'autre. Si cette même perfonne eût fait paffer deux jetons de la gauche dans la droite, cette derniere main en eût contenu le double de ce qui feroit refté dans l'autre. Là deffus on demande combien de jetons il y avoit d'abord dans chaque main.

Soit x le nombre qu'il y en avoit dans la droite; foit y le nombre de ceux de la gauche. On aura par la premiere condition . . . . $x - 1 = y + 1$.
& par la feconde . . . . $x + 2 = 2(y - 2)$.

On pourroit prendre dans la premiere équation la valeur de x, & la fubftituer dans la feconde, pour n'avoir plus que l'inconnue y à évaluer : mais il eft plus court de fouftraire cette premiere équation de la feconde. Le réfultat donnera $y = 8$, & par conféquent $x = 10$; nombres qui fatisfont aux deux conditions du problême.

XII. Un Orfevre a fait payer 318^{tt} pour 3 onces d'or & 5 onces d'argent. Il a fait payer auffi 522^{tt} pour 5 onces d'or & 7 onces d'argent. A quel prix eft donc l'once d'or? A quel prix eft l'once d'argent?

Soient x & y les valeurs cherchées. Soient $a = 318^{tt} \ldots$ $b = 522$. On aura

$$3x + 5y = a \ldots 5x + 7y = b.$$

Mais à caufe des coefficients différents qui affectent les mêmes inconnues, il n'eft pas poffible d'en éliminer aucune par la feule addition ou fouftraction des deux équations, comme nous l'avons pratiqué ci-deffus. Il faut donc tâcher de donner dans ces deux équations un même coefficient à l'une des deux inconnues, pour pouvoir enfuite l'éliminer par cette voie. Or pour cela, il fuffit de multiplier la premiere équation par le coefficient que cette inconnue a dans la feconde, & de multiplier enfuite la feconde équation par le coefficient que cette même inconnue a dans la premiere.

EXEMPLE. Je voudrois éliminer x des deux équations précédentes . . . . je multiplie la premiere par 5 (coefficient de x dans la seconde), & la seconde par 3 (coefficient de x dans la premiere). Les produits sont

$$15x + 25y = 5a \ldots 15x + 21y = 3b.$$

Je souftrais le second du premier ; le reste est $4y = 5a - 3b$. Donc $y = 6^{tt}$. Je substitue cette valeur dans l'une des deux équations primitives, & j'en déduis $x = 96^{tt}$. Ces deux prix rempliffent les conditions du problême.

On eût trouvé les mêmes valeurs par la substitution, mais le calcul eût été un peu plus long. Au reste, pour traiter ces fortes de problêmes avec toute la généralité dont ils font susceptibles, nous réfoudrons les deux équations suivantes,

$$px + qy = a \ldots mx + ny = b.$$

En multipliant la premiere équation par m, & la seconde par p, nous aurons,

$$mpx + mqy = am \ldots mpx + npy = bp,$$

& en souftrayant la seconde de la premiere, il viendra

$$mqy - npy = am - bp$$
$$\text{donc } y \, (mq - np) = am - bp$$
$$\text{& par conséquent} \ldots y = \frac{am - bp}{mq - np}.$$

Reste à substituer cette valeur dans une des deux équations générales, pour trouver la valeur de x.

Substitution faite, on trouvera que $x = \frac{bq - an}{mq - np}$.

Et si on donne aux lettres m, n, p, q les valeurs refpectives qu'elles ont dans l'énoncé du dernier problême, on verra que x & y feront refpectivement 96^{tt} & 6^{tt}, comme ci-deffus. Il y aura même cette facilité de plus, qu'en variant tant que l'on voudra les valeurs des données, on n'aura que de simples substitutions à faire dans les formules des valeurs de x & de y, pour réfoudre tous les problêmes analogues à celui-là. Voilà pourquoi les solutions générales font préférables, à tous égards, aux solutions particulieres.

XIII. On a acheté trois chevaux dont les prix font tels que le prix du premier plus la moitié du prix du fecond & du troifieme font 25 louis. Le prix du fecond plus le tiers du prix des deux autres font 26 louis. Le prix du troifieme plus la moitié du prix des deux autres font 29 louis. Quel eft le prix de chaque cheval ?

En appellant x, y & z les trois prix demandés, on auroit pour équations du problême,

$$x + \frac{y}{2} + \frac{z}{2} = 25 \ldots y + \frac{x}{3} + \frac{z}{3} = 26 \ldots z + \frac{x}{2} + \frac{y}{2} = 29 \, ;$$

& dans ces trois équations, après avoir fait difparoître les fractions, on élimineroit fucceffivement deux inconnues x & y, par exemple, afin d'obtenir une derniere équation où il n'y eût plus que l'inconnue z. Mais cette voie, qui a d'ailleurs l'avantage d'être applicable à tous les cas d'élimination, eft plus longue que la voie que nous allons fuivre.

Et d'abord, pour éviter les fractions, foit $6x$ le prix du premier cheval ; foit $6y$ le prix du fecond, & $6z$ le prix du troifieme. Soit enfuite, pour abréger le calcul, $a = 25 \ldots b = 26 \ldots c = 29$.

Cela pofé, on aura les trois équations fuivantes,

$$\text{I. } 6x + 3y + 3z = a.$$
$$\text{II. } 6y + 2x + 2z = b.$$
$$\text{III. } 6z + 3x + 3y = c.$$

Or fi on ajoute la premiere à la troifieme, on trouvera...

$$\text{IV. } 9x + 6y + 9z = a + c$$

Et fi on multiplie cette derniere équation par 2 (coefficient de x & de z dans l'équation II) il viendra

$$\text{V. } 18x + 12y + 18z = 2a + 2c.$$

Comparant ce réfultat au produit de l'équation II multipliée par 9 (coefficient des mêmes inconnues x & z dans l'équation IV), on verra que ces deux inconnues y font affectées du même coefficient. Donc en fouftrayant l'équa-

tion

tion IV de l'équation V, ces deux inconnues feront éliminées du même coup.

Souftraction faite, il reftera

$$\text{VI.} \quad 42y = 9b - 2a - 2c.$$

D'où on tire tout de fuite,

$$6y = \frac{9b - 2a - 2c}{7} = \frac{234 - 50 - 58}{7} = 18 \text{ louis.}$$

C'eft le prix du fecond cheval.

Pour avoir le prix du premier, je fubftitue la valeur de y dans les équations I & II, ce qui les change en celles-ci . . . . $\begin{cases} 6x + 9 + 3z = a \\ 2x + 18 + 2z = b; \end{cases}$

puis je multiplie la premiere par 2, & la feconde par 3 (coefficients refpectifs de z)

& j'ai . . . . $\begin{cases} 12x + 18 + 6z = 2a \\ 6x + 54 + 6z = 3b. \end{cases}$

Je fouftrais la feconde de la premiere, & il vient . . . . $6x - 36 = 2a - 3b.$ Donc $6x = 8$ louis, & $6z = 16.$ Les trois prix demandés font donc 8 louis pour le premier cheval, 18 pour le fecond, & 16 pour le troifieme. Ces trois nombres fatisfont aux trois conditions du problême, comme il eft aifé de le vérifier, & il n'y en a pas d'autres qui puiffent y fatisfaire.

La réfolution du problême V (*page* 117), où il s'agit de trois mifes, fembloit également exiger trois inconnues; & dans le fait, on en feroit venu à bout très-facilement par cette méthode, fi la premiere n'eût pas été encore plus facile. On s'y feroit pris de la maniere fuivante.

Soient x, y, z les mifes refpectives des trois amis. Soit $a = 21 \ldots e = 24 \ldots f = 27$, comme ci-deffus. On aura par les trois conditions du problême,

$$x + y = a \ldots x + z = e \ldots y + z = f.$$

Prenant la valeur de x dans la premiere équation, on aura . . . $x = a - y$; & fubftituant cette valeur dans la feconde équation, afin d'en éliminer x, on trouvera . . . . . $a - y + z = e.$

On pourroit enſuite prendre la valeur de y dans ce dernier réſultat, & la ſubſtituer dans la troiſieme équation du problême : mais il eſt plus ſimple d'ajouter cette équation qui eſt $y + \gamma = f$, à celle que l'on vient de trouver, $a - y + \gamma = e$.

Par cette addition, l'inconnue y eſt éliminée, & il reſte . . . . $a + 2\gamma = f + e$; d'où l'on tire $\gamma = \dfrac{f + e - a}{2} = \dfrac{27 + 24 - 21}{2} = 15$.

Or la valeur de γ étant une fois connue, celle de x ſe déduit de l'équation $x + \gamma = c$; laquelle, en tranſpoſant & ſubſtituant donne $x = 9^{u}$. La ſubſtitution de la valeur de x dans l'équation $x + y = a$, ou celle de la valeur de γ dans l'équation $y + \gamma = f$, donne auſſi-tôt $y = 12$.

Réſolution des Equations du ſecond degré.

200. Toute équation du ſecond degré peut être repréſentée par cette formule . . . $x^2 + px = q$, dans laquelle p & q expriment des quantités connues. Celui-là donc aura réſolu généralement toutes les équations du ſecond degré, qui aura une fois trouvé la réſolution de la formule propoſée.

Or il eſt évident 1°, que pour obtenir dans ce cas la valeur de x, il faut extraire la racine quarrée de l'équation $x^2 + px = q$. Il n'eſt pas moins évident 2°, que ſi $p = 0$, cette équation ſe réduit à celle-ci . . . . $x^2 = q$; d'où on tire $x = \pm \sqrt{q}$.

Cette premiere ſuppoſition n'entraîne donc d'autre difficulté que celle de l'extraction des racines numériques. Le radical eſt affecté du double ſigne, à cauſe de la double valeur qui en réſulte pour l'inconnue (267).

201. Mais ſi p eſt une quantité réelle, comme il arrive le plus ſouvent, alors il faut *compléter le quarré* du premier membre (142), & ajouter au ſecond membre la même quantité qu'on aura ajoutée au premier. Or pour

compléter ce qui manque à la quantité $x^2 + px$, pour en faire un quarré parfait, il faut ajouter $\frac{1}{4} p^2$; donc . . . . . .
$$x^2 + px + \tfrac{1}{4} p^2 = q + \tfrac{1}{4} p^2.$$

Maintenant, lorsque deux quantités sont égales, leurs racines de même nom sont égales aussi ; donc . . . .
$\sqrt{(x^2 + px + \tfrac{1}{4} p^2)} = \sqrt{(q + \tfrac{1}{4} p^2)}$ & par conséquent . . .
$x + \tfrac{1}{2} p = \pm \sqrt{(q + \tfrac{1}{4} p^2)}$; d'où l'on tire,
$$x = -\tfrac{1}{2} p \pm \sqrt{(q + \tfrac{1}{4} p^2)}.$$

202. Toutes les fois que la quantité représentée par q, sera positive, le radical affectera une quantité positive, puisque $\frac{1}{4} p^2$ est nécessairement positif (122). Ainsi de deux choses l'une ; ou la substitution des valeurs de q & de $\frac{1}{4} p^2$ produira un nombre quarré, auquel cas la quantité soumise au radical sera commensurable ; ou cette substitution donnera un nombre qui ne sera point susceptible d'extraction de racine quarrée exacte ; & dans ce cas, la quantité radicale sera incommensurable ; on ne pourra l'avoir que par approximation, mais au moins sera-t-elle *réelle* dans les deux cas.

203. Et à cause de l'ambiguité du signe $\pm$, il est évident que cette quantité réelle peut se prendre également en $+$ ou en $-$. Il en résulte donc deux valeurs différentes pour x ; & comme en général les valeurs de l'inconnue s'appellent les *racines de l'équation*, on doit conclure que *toute équation du second degré a deux racines*.

L'une est . . . . $x = -\tfrac{1}{2} p + \sqrt{(q + \tfrac{1}{4} p^2)}.$
L'autre est . . . . $x = -\tfrac{1}{2} p - \sqrt{(q + \tfrac{1}{4} p^2)}.$

204. Mais ces racines ne sont pas toujours réelles ; souvent elles sont *imaginaires* : or voici ce que l'on entend par des quantités imaginaires.

Supposons que sous le signe radical qui affecte $q + \frac{1}{4} p^2$, la quantité q soit négative. Cette supposition ne peut avoir que trois résultats. Le premier, que la quantité q soit moindre que $\frac{1}{4} p^2$; alors le positif l'emportera sur le négatif, & le reste de la soustraction sera réel.

Le second résultat est celui où la quantité négative q seroit égale à la quantité positive $\frac{1}{4} p^2$. Alors le radical difparoîtroit, & la double valeur de x se réduiroit à $= -\frac{1}{2}p$; c'est-à-dire que les deux racines de l'équation . . . . . x^2 $+ px = q$ seroient égales. Nous retrouverons l'occasion de parler de ces sortes de racines.

Enfin le troisieme résultat est celui où q étant négatif, seroit en même-temps plus grand que $\frac{1}{4}p^2$. Alors la quantité négative surpassant la quantité positive, le reste seroit négatif. Le signe radical affecteroit donc une quantité négative.

205. Or *la racine quarrée d'une quantité négative est imaginaire*, c'est-à-dire, qu'il n'est pas possible de trouver une quantité qui multipliée par elle-même donne un produit négatif. En effet, ou cette quantité seroit positive, ou elle seroit négative; il n'y a pas de milieu. Or dans les deux cas son quarré doit être positif (122); donc la racine quarrée d'une quantité négative est impossible. Ainsi

$$\sqrt{-1} \ldots \sqrt{-2} \ldots \sqrt{-9} \ldots \sqrt{-a} \ldots$$
$$\sqrt{-b^2} \ldots \sqrt{-(p^2 + 2pq + q^2)}$$

font autant de quantités chimériques, ou comme l'on dit ordinairement, toutes ces quantités sont autant d'imaginaires. Au reste, l'usage des imaginaires est fort étendu dans les calculs algébriques.

206. Après avoir parcouru tous les cas de la résolution générale des équations du second degré, il nous reste à en donner quelques applications; c'est ce que nous allons faire dans les problêmes suivants.

I. PROBLEME. Trouver un nombre tel, qu'en ajoutant sept fois ce nombre à son quarré, la somme soit 144.

J'appelle x le nombre demandé . . . son quarré sera donc x^2, & la condition du problême sera exprimée par l'équation . . . $x^2 + 7x = 144$.

Complétant le quarré, j'aurai . . . $x^2 + 7x + \frac{49}{4} = 144 + \frac{49}{4}$; d'où en extrayant la racine quarrée, & transposant, je tirerai . . . $x = -\frac{7}{2} \pm \sqrt{(144 + \frac{49}{4})}$.

Après quoi, réduisant au même dénominateur la quantité qui est sous le signe radical, je trouverai . . . $x = = \frac{7}{2} \pm \sqrt{(\frac{625}{4})}$.

Or la racine quarrée de $\frac{625}{4}$ est $\frac{25}{2}$. Donc $x = -\frac{7}{2} \pm \frac{25}{2}$. Si on prend le figne fupérieur $+$, on aura $x = -\frac{7}{2} + \frac{25}{2} = 9$. Si on prend le figne inférieur, on aura $x = -16$. Ainfi le problême dont il s'agit peut être réfolu de deux manieres ; & en effet, fi au quarré de 9 qui eft 81, on ajoute fept fois 9 ou 63, la fomme fera 144 ; comme auffi en prenant le quarré de -16 qui eft 256, & ajoutant fept fois le nombre -16 (ou plutôt fouftrayant fept fois 16) on trouvera 144. Voilà un exemple de la double folution dont les équations du fecond degré font fufceptibles.

207. Au lieu de faire tout au long le calcul de ce problême, je n'avois qu'à comparer fon équation ... $x^2 + 7x = 144$ avec l'équation générale (200)... $x^2 + px = q$. J'aurois eu $p = 7$... $q = 144$; & fubftituant ces valeurs dans la formule ... $x = -\frac{1}{2}p \pm \sqrt{(q + \frac{1}{4}p^2)}$, j'aurois trouvé tout de fuite $x = 9$ & $x = -16$. Il eft bon de s'accoutumer à ces fortes de comparaifons.

II. Prob. Trouver un nombre tel qu'en fouftrayant 2 de fon quarré, le refte foit 1.

Si on ne s'appercevoit pas d'abord que cela eft impoffible, le calcul ne tarderoit pas à en faire fentir l'impoffibilité. Commençons par mettre le problême en équation.

Soit x le nombre cherché, & nous aurons ... $x^2 - 2 = 1$; d'où en tranfpofant nous conclurons... $x^2 = 3$, & en extrayant ... $x = \pm \sqrt{3}$.

C'eft donc la racine quarrée de 3 qui, prife foit en $+$, foit en $-$, fatisferoit à la condition du problême, & donneroit les deux folutions. Or on fait que cette racine eft inaffignable.

Pour rapporter cet exemple à la formule $x^2 + px = q$, il faudroit faire $p = 0$... $q = 3$, & alors l'équation... $x = -\frac{1}{2}p \pm \sqrt{(q + \frac{1}{4}p^2)}$ donneroit par les fubftitutions convenables ... $x = \pm \sqrt{3}$, comme ci-deffus.

III. Partager le nombre 10 en deux parties telles que leur produit foit 100.

Le fimple énoncé de ce problême fuffiroit pour en

faire fentir l'impoſſibilité : mais en tout cas le calcul la démontrera.

Soit $a = 10 \ldots b = 100 \ldots x =$ une des parties cherchées, l'autre fera donc $a - x$, & leur produit fera $ax - xx$. On aura donc pour équation du problême... $ax - xx = b$; & tranſpoſant les deux membres, afin de rendre le quarré $- xx$ poſitif, on aura... $x^2 - ax = -b$.

Comparant cette équation à la formule, on trouvera $p = -a \ldots q = -b$. Donc en ſubſtituant, on aura...... $x = \frac{1}{2}a \pm \sqrt{(-b + \frac{1}{4}a^2)}$, & mettant les valeurs de a & de b, il viendra....... $x = 5 \pm \sqrt{(-100 + 25)} = 5 \pm \sqrt{(-75)}$. Or la racine quarrée de toute quantité négative eſt imaginaire (205). Donc il eſt impoſſible de partager 10 en deux parties aſſez grandes, pour que leur produit donne 100.

Voilà comme l'Algèbre réſout toutes ces queſtions. On eſt ſûr d'en trouver la ſolution, quand il y en a une, & quand il n'y en a point, l'Algèbre le fait connoître ; que peut-on déſirer de plus ?

IV. Pluſieurs perſonnes voyageant enſemble prirent une voiture qui devoit les conduire à leur deſtination, moyennant le prix convenu de 342^{tt}. Le voyage fait, trois de ces Voyageurs s'échaperent ſans payer ; mais ceux qui reſterent, ſuppléant à ce qui manquoit par la fuite des autres, donnerent chacun 19^{tt} de plus qu'ils n'auroient dû donner. On demande combien il y avoit de Voyageurs dans cette voiture.

Avant de réſoudre ce problême, nous remarquerons que tout cet échaffaudage de paroles ne ſert ſouvent qu'à embrouiller la queſtion. Commençons donc par la réduire à ſes véritables termes.

Un nombre x de perſonnes doivent payer par égales portions la ſomme de 342^{tt}. Trois de ces perſonnes ne payant point leur quotepart, les autres payent pour elles, & il en coûte à celles-ci 19^{tt} de plus. Quel eſt ce nombre x ?

Il faut d'abord mettre le problême en équation, ce qui

ne fera pas difficile pour quiconque réfléchira un peu fur l'unique condition que l'énoncé renferme.

La fomme de 342^{tt}, dira-t-on, doit réfulter de tout ce que payent les Voyageurs qui reftent. Or le nombre de ces Voyageurs eft $x - 3$; la part de chacun n'eût été que de $\frac{342^{tt}}{x}$, fi tous euffent payé : mais comme trois d'entre eux ne payent point, la part des autres eft augmentée de 19^{tt} ; ainfi l'équation du problême eft,

$$\left(\frac{342}{x} + 19\right)(x - 3) = 342^{tt}.$$

Faifant fubir à cette équation les préparations néceffaires, on trouvera . . . $x^2 - 3x = 54$; & comparant ce réfultat avec la formule $x^2 + px = q$, on aura $p = -3 \ldots q = 54$; d'où on tirera . . . $x = -\frac{1}{2}p \pm \sqrt{(q + \frac{1}{4}p^2)} = \frac{1}{2} \pm \sqrt{(54 + \frac{9}{4})} = \frac{1}{2} \pm \frac{15}{2} = 9$ ou -6. La premiere de ces deux folutions eft évidemment celle que l'on cherche. La feconde indique feulement que le nombre -6 fatisfait auffi à l'équation . . . $x^2 + 3x = 54$. Il y avoit donc neuf Voyageurs, dont fix, payant 57^{tt} chacun, ont formé la fomme de 342^{tt}.

V. Un Général voudroit difpofer un corps de troupes en bataillon quarré : mais par fon premier arrangement, il fe trouve avoir 124 hommes de trop. Faifant une feconde difpofition, il effaye de mettre un homme de plus fur chaque ligne, & alors il lui manque 129 hommes, pour compléter fon bataillon quarré. Quel eft le nombre des troupes qu'il commande ?

Soit $a = 124 \ldots b = 129 \ldots x = $ le nombre des foldats placés d'abord fur le front du bataillon ; on aura $x + 1 = $ le nombre d'hommes qui par le fecond arrangement forment ce même front. En élevant au quarré ces deux expreffions, on aura le nombre d'hommes que ces deux bataillons quarrés contiendroient. Mais puifque c'eft avec le même nombre de troupes que cette double difpofition a été faite, il eft clair que l'on aura les deux

manieres suivantes d'exprimer ce nombre, & que de ces deux expressions résultera l'équation du problême ;
$$x^2 + a = x + 1)^2 - b = x^2 + 2x + 1 - b.$$
A la premiere inspection, on croiroit que c'est un problême du second degré : mais si on ôte de part & d'autre la quantité x^2 commune aux deux membres, on ne trouvera plus qu'une équation du premier degré à résoudre, & sa résolution donnera . . . $x = \dfrac{a+b-1}{2}$; formule qui par de simples substitutions fera connoître l'inconnue dans tous les cas semblables. Ici, par exemple, on trouvera que $x = 126$; d'où on conclura que $x^2 = 15876$, & par conséquent que $x^2 + a$, ou $15876 + 124 = 16000$. Ce Général avoit donc 16000 hommes sous ses ordres.

VI. On a divisé le nombre 230 en deux parties, telles que le produit de quatre fois la plus grande par six fois la plus petite donne 144000. Quelles sont ces parties ?

Soit $a = 230 \ldots b = 144000 \ldots m = 4 \ldots n = 6$. Si on appelle x l'une des deux parties, l'autre sera exprimée par $a - x$, & on aura pour équation générale des problêmes analogues à celui-là . . .
$$m \ a - x) (n x) = b ; \text{ d'où } mnax - mnx^2 = b.$$

Transposant les deux membres, & divisant par mn, on trouvera . . . $x^2 - ax = -\dfrac{b}{mn}$; & comparant cette derniere équation avec $x^2 + px = q$, on fera $p = -a \ldots q = -\dfrac{b}{mn}$; puis on substituera dans la veleur générale de $x = -\frac{1}{2} p \pm \mathcal{V} (q + \frac{1}{4} p^2)$, ce qui donnera . . . .
$$x = \tfrac{1}{2} a \pm \mathcal{V} \left(-\dfrac{b}{mn} + \tfrac{1}{4} a^2 \right) = 115 \pm \mathcal{V} (7225),$$
d'où $x = 200$, ou $= 30$.

VII. On demande s'il y a deux nombres tels que le double de leur somme soit égal au triple de leur produit, en supposant que le triple de leur produit est lui-même égal à la différence de leurs quarrés.

Soit x, le plus grand de ces deux nombres ; y, le plus petit. Par la premiere condition, $2(x+y) = 3 xy$; par la seconde, $2(x+y) = x^2 - y^2$.

De cette derniere équation on déduit $x = y + 2$, ce qui change la précédente en $4y + 4 = 3y^2 + 6y$; d'où (201) $y = -\frac{1}{3} \pm \frac{1}{3}\sqrt{13}$, & $x = \frac{5}{3} \pm \frac{1}{3}\sqrt{13}$. Effectivement le double de ces deux nombres, le triple de leur produit, & la différence de leurs quarrés sont trois quantités égales, dont chacune est $\frac{8}{3} \pm \frac{4}{3}\sqrt{13}$.

208. Les solutions précédentes suffiront pour trouver celles des problêmes suivants. On pourra s'y exercer, quand on n'aura rien de mieux à faire; car les méthodes une fois comprises, il ne faut pas trop insister sur les exemples, ni s'appefantir sur les détails.

On demande à un homme combien il a d'écus. Il répond: si vous ajoutez ensemble la moitié, le tiers, & le quart de ce que j'en ai, la somme surpassera d'un le nombre que vous demandez.

Un pere a 50 ans; son fils en a 12. Quand est-ce que l'âge du pere ne sera que le triple de celui du fils?

Une personne charitable voulut un jour faire l'aumône à plusieurs pauvres, & donner également à tous. D'abord elle avoit projetté de donner 3 sous à chacun, mais il lui auroit fallu 9 sous de plus; elle ne leur en donna donc que 2, & il lui en resta 2. Combien y avoit-il de pauvres? combien cette personne avoit-elle de sous?

Un ouvrier n'avoit plus que 6^{tt} lorsqu'on lui paya cinq semaines de travail. Quinze jours après il avoit déja dépensé les trois quarts de tout son argent: mais ayant reçu le prix de son travail pour ces quinze jours, il se trouva avoir 21^{tt}. Que gagnoit-il par semaine?

Le Testament d'un oncle porte que chacun de ses neveux aura 12000^{tt}, & chacune de ses niéces 9000 sur la somme de 120000^{tt} qu'il leur laisse après sa mort. Par cette disposition il ne reste rien de cette somme. Si au contraire chaque niéce eût eu 12000^{tt}, & chaque neveu 9000^{tt}, il seroit resté 9000^{tt}. Trouver le nombre des neveux & celui des niéces.

Un chasseur promet à un autre de lui donner une somme b, toutes les fois qu'il manquera une piece de gibier. Cet autre à son tour s'engage à payer une somme c, toutes les fois qu'il la tuera. Après un nombre n de coups de fuſil, il peut arriver, ou que les deux chaſſeurs ne ſe doivent rien, ou que le premier ſoit redevable au ſecond, ou le ſecond au premier d'une quantité d. On demande une formule qui faſſe connoître dans les trois cas combien il y a eu de coups manqués.

Trouver un nombre tel qu'en le diviſant en m parties égales, le produit de toutes ces parties ſoit égal à celui de $m + 1$ parties égales du même nombre; de maniere, par exemple, que le produit des deux moitiés de ce nombre ſoit égal au produit de ſes trois tiers.

Une perſonne ayant doublé au jeu l'argent qu'elle avoit avant que de jouer, donne un louis à ſes domeſtiques. Gagnant une ſeconde fois de quoi doubler l'argent qui lui reſte, elle met à la loterie un louis qui ne lui rapporte rien. Entrant au jeu pour la troiſieme fois, & doublant ſon argent, elle ne ſe trouve plus avoir qu'un louis dans ſa poche. Combien avoit-elle d'argent d'abord?

A, B & C ont chacun un certain nombre d'écus que l'on ne connoît pas. Tout ce que l'on en ſait ſe réduit à ceci. A diſtribuant de ſes écus à B & à C, a doublé les nombres reſpectifs qu'ils en avoient déja. B diſtribuant à ſon tour les ſiens, a doublé ceux qui reſtoient entre les mains de A, & ceux que C avoit alors. Enfin C a doublé de même ceux que A & B avoient au moment de ſa diſtribution; & tout cela fait, chacun s'eſt trouvé en avoir 16. Combien en avoient-ils en commençant?

Avec un nombre quelconque a de cartes, on fait un nombre quelconque b de tas, dont chacun contient un égal nombre quelconque c de points. On a compté ces points de maniere que la premiere carte de chaque tas vaut onze points, ſi c'eſt un as; dix points, ſi c'eſt une figure, & ainſi de ſuite: les autres cartes du même tas ne ſont comptées que pour un point chacune. Quand tous ces tas ſont faits, on vous remet le nombre d des cartes qui reſtent, & on vous propoſe de deviner la ſomme de points formée par les ſeules premieres cartes de tous les tas? Comment la devinerez-vous?

Etant donné le produit π de deux poids, & leur différence δ, chercher combien chacun de ces poids-là pese.

On suppose connues la somme de deux nombres & la somme de leurs cubes : trouver ces nombres.

Quel est le nombre dont p fois la puissance m est égale à g fois la puissance $m+2$?

Nous traiterons des Equations des degrés plus élevés, après avoir expliqué ce qui regarde les proportions.

DES RAPPORTS ET DES PROPORTIONS.

209. Étant données deux quantités quelconques, on peut soustraire l'une de l'autre, pour savoir quelle est leur différence : on peut aussi diviser l'une par l'autre, pour connoître leur quotient.

Le résultat de la premiere opération est de marquer la quantité dont une grandeur surpasse l'autre ; le résultat de la seconde est de marquer le nombre de fois qu'une grandeur en contient une autre. Le premier résultat s'appelle le *Rapport* ou la *Raison Arithmétique* de ces quantités. Le second s'appelle le *Rapport* ou la *Raison Géométrique* de ces mêmes quantités ; (dénominations assez mal imaginées, mais que l'usage a pourtant consacrées).

Comparant, par ex. 39 avec 13, pour savoir de combien 39 surpasse 13, j'écris $39 - 13 = 26$, & je dis que la raison arithmétique de 39 à 13 est 26.

En comparant ces deux mêmes nombres 39 & 13 pour savoir combien de fois 13, par exemple, est contenu dans 39, je divise 39 par 13, & le quotient 3 exprime la raison géométrique de 39 à 13.

Si on eût divisé 13 par 39, le quotient eût été $\frac{1}{3}$ (54). Or rien n'oblige à diviser plutôt la premiere quantité par la seconde, que la seconde par la premiere. Il suffira donc de prévenir une fois pour toutes, que dans les exemples suivants nous estimerons les rapports géométriques en divisant la seconde quantité par la premiere.

210. Comme toute comparaison suppose au moins deux termes, on est convenu de les appeller l'un l'*Antécédent*, l'autre le *Conséquent* de la raison, soit arithmétique, soit géométrique qui en résulte. Ainsi *tout rapport arithmétique consiste dans la différence qu'il y a entre l'antécédent & le conséquent ; & tout rapport géométrique s'exprime par le quotient d'un de ces deux termes divisé par l'autre.*

211. Lorsque deux quantités ont entr'elles une différence égale à celle qui regne entre deux autres quantités, on dit alors que ces quatre termes sont en *proportion arithmétique.* Les nombres 7 & 4, par exemple, different entr'eux de la même quantité 3, que les nombres 8 & 5 ; ainsi ces quatre nombres sont en proportion, & pour l'indiquer on est convenu d'écrire . . . . . .

$$7.4:8.5, \text{ ou } 7.4 = 8.5$$

ce qui signifie 7 est à 4 comme 8 est à 5 ; ou le rapport arithmétique de 7 à 4 est égal au rapport arithmétique de 8 à 5.

Il suit delà que *deux raisons arithmétiques égales forment toujours une proportion arithmétique.* Voici quelques exemples de ces sortes de proportions.

$$24.12:60.48 \ldots 1002.1000:2.0$$
$$18\tfrac{2}{3}.14\tfrac{1}{3} = 11.6\tfrac{2}{3} \ldots 19\tfrac{1}{5}.23 = 24\tfrac{1}{5}:28\tfrac{2}{5}.$$

212. Lorsqu'il regne entre deux quantités un même quotient qu'entre deux autres, ces quatre quantités sont en *proportion géométrique.* Si on divise, par exemple, 12 par 6, le quotient est 2 ; & si on divise 18 par 9, le quotient est encore 2. Ainsi les nombres 6, 12, 9 & 18 forment une proportion géométrique que l'on indique de la maniere suivante.

$$6:12::9:18 \ldots \text{ ou } 6:12 = 9:18, \text{ ou } \tfrac{12}{6} = \tfrac{18}{9}.$$

On prononce 6 est à 12 comme 9 est à 18, ou ce que 9 est à 18.

Concluons donc que *deux raisons géométriques égales forment toujours une proportion géométrique.*

Exemples . . . 2 : 6 :: 5 : 15 . . . 7 : 63 :: 1 : 9
$\frac{5}{17} : \frac{10}{17}$ :: 1 : 2 . . . $\frac{3}{8} : \frac{6}{16}$ :: 1 : 1.

213. Le premier & le dernier terme d'une proportion s'appellent les *extrêmes*. Le second & le troisieme s'appellent les *moyens*.

Quand on compare deux raisons géométriques ensemble, il arrive quelquefois que l'antécédent de la premiere est à son conséquent, comme le conséquent de la seconde est à son antécédent : on dit alors que ces deux derniers termes sont en *raison inverse* des deux premiers. Les quatre nombres suivants sont dans ce cas-là . . . 13 ; 26 . . . 14 ; 7. Dans les cas où le premier antécédent est à son conséquent comme le second antécédent est à son conséquent, on dit que les deux derniers termes sont en *raison directe* des deux premiers.

214. On appelle *proportions continues* toutes celles où le conséquent de la premiere raison sert d'antécédent à la seconde. On en distingue de deux sortes : les proportions continues arithmétiques, & les proportions continues géométriques.

Exemple des premieres . . . . 10 . 18 : 18 . 26.
On écrit pour abréger . . . . ÷ 10 . 18 . 26.
Exemple des dernieres . . . . . . 6 : 24 :: 24 : 96.
On écrit . . . . ÷ 6 : 24 : 96.

Dans les deux cas, le second terme s'appelle le *moyen proportionel*. Seulement on ajoute le mot arithmétique ou géométrique, suivant la nature des rapports dont ce terme fait partie.

215. Quand on écrit plusieurs raisons égales de suite, on a un certain nombre de quantités proportionnelles entre elles : mais quand le conséquent de la premiere de ces raisons sert d'antécédent à la seconde, & que le conséquent de la seconde sert d'antécédent à la troisieme, & ainsi des autres, la suite de ces raisons égales, forme une *progression*, dont l'espece se détermine par la nature des raisons qui la composent. Voici, par exemple, une progression arithmétique.

$1.3:3.5:5.7:7.9:$ &c. On écrit... $\div 1.3.5.7.9.$ &c.
La progression suivante est géométrique ;
$1:2::2:4::4:8::8:16::$ &c. On écrit $\because 1:2:4:8:16:$ &c.

216. En général, on appelle progression arithmétique toute suite de termes qui comparés deux à deux successivement ont entre eux une même différence : & on appelle progression géométrique toute suite de termes tels que la division successive de l'un par l'autre ramene toujours le même quotient.

Des Proportions Arithmétiques.

217. S'il étoit possible d'avoir une formule générale des progressions arithmétiques, tout ce que l'on auroit démontré relativement à cette formule, s'étendroit généralement à tous les cas particuliers.

Or une proportion arithmétique, avons-nous dit (211), ne peut être formée que par deux raisons arithmétiques égales : donc si nous parvenons à trouver deux de ces raisons exprimées généralement, il en résultera l'expression générale des proportions arithmétiques.

Pour trouver ces deux raisons, soit a l'antécédent de la premiere; soit b son conséquent; soit d la différence de ces deux termes. On aura $a - b = \pm d$, suivant que a sera plus grand ou plus petit que b; & par conséquent (192) $b = a \mp d$. Mais on peut représenter toute raison arithmétique par celle de $a \cdot b$; donc en substituant la valeur de b, on peut aussi représenter toute raison arithmétique par celle de $a \cdot a \mp d$.

Cela posé, toute autre raison arithmétique pouvant être représentée par celle de $c \cdot f$, il faut que $c - f = \pm d$, pour que cette raison soit égale à celle de $a \cdot b$ (210). De l'équation $c - f = \pm d$, on tirera donc $f = c \mp d$: ainsi toute raison arithmétique égale à celle de $a \cdot a \mp d$ peut être représentée par celle de $c \cdot c \mp d$. Nous avons donc l'expression de deux raisons arithmétiques égales, & par conséquent la formule cherchée pour toutes les proportions arithmétiques. Cette formule eft,

$$a \cdot a \mp d : c \cdot c \mp d.$$

218. Delà, nous conclurons 1°, que dans une raifon arithmétique quelconque l'antécédent diminué ou augmenté de la différence eft égal au conféquent.

219. Nous conclurons 2°, que *dans toute proportion arithmétique la fomme des extrêmes eft égale à la fomme des moyens.* Car fi on ajoute les extrêmes de la formule précédente, on trouvera $a + c \mp d$; & fi on ajoute les moyens, on retrouvera les mêmes termes. L'égalité des extrêmes & des moyens a donc lieu dans la formule; & par conféquent elle a lieu dans tous les cas des proportions arithmétiques. C'eft même la plus utile de leurs propriétés. Ainfi toutes les fois que l'on aura $\ldots a \cdot b : c \cdot d$, on en inférera $\ldots a + d = b + c$.

220. Nous conclurons 3°, que fi dans une proportion arithmétique, il y a un des deux extrêmes inconnu, fa valeur fe trouvera tout de fuite, en fouftrayant l'autre extrême, de la fomme des moyens.

Exemple . . . On demande le quatrieme terme de la proportion . . . $17 \cdot 29 : 13 \cdot x$ . . . . On a (219) $17 + x = 29 + 13$; donc $x = 42 - 17 = 25$.

Si le terme inconnu eft un des deux moyens, on voit bien ce qu'il faut faire pour avoir fa valeur.

221. 4°, Dans toute proportion arithmétique continue, la fomme des extrêmes eft double du terme moyen-proportionnel. Car alors la proportion $a \cdot b : c \cdot d$, fe change en celle-ci . . . $a \cdot b : b \cdot d$; d'où on tire $a + d = 2b$.

222. 5°, Pour trouver le moyen proportionnel arithmétique x entre deux termes a & b, on écrira $\ldots a \cdot x : x \cdot b$. Puis $\dfrac{a+b}{2} = x$; c'eft-à-dire, que *le moyen proportionel arithmétique entre deux quantités données eft égal à la moitié de la fomme de ces quantités.*

223. 6°, Puifqu'une progreffion arithmétique eft toujours une fuite de termes entre lefquels il regne une même

différence, on doit voir que la formule suivante convient à toutes ces progressions, parce que chaque terme y differe également de celui qui le précede.

$$\div a \cdot a \mp d \cdot a \mp 2d \cdot a \mp 3d \cdot a \mp 4d \cdot a \mp 5d. \&c.$$

Le signe supérieur est pour les *progressions décroissantes*; le signe inférieur est pour les *progressions croissantes*.

224. 7°, Ce qui est vrai dans cette nouvelle formule, doit donc trouver son application dans toutes les progressions arithmétiques. Or dans cette formule, la somme des termes également éloignés des extrêmes est toujours constante; c'est-à-dire qu'elle est égale à la somme de ces extrêmes, ou à la somme des moyens, ou au double du moyen, quand il y a un nombre impair de termes. Prenons pour exemple le second terme $a \mp d$, & l'avant-dernier $a \mp 4d$. Leur somme est $2a \mp 5d$. Les extrêmes sont a & $a \mp 5d$, dont la somme est évidemment la même. Les moyens sont $a \mp 2d$ & $a \mp 3d$ dont la somme est également $2a \mp 5d$.

On peut vérifier ces résultats sur les nombres suivants, par exemple,

$$\div 7 \cdot 12 \cdot 17 \cdot 22 \cdot 27 \cdot 32 \cdot 37 \cdot 42 \cdot 47.$$

225. 8°, On a remarqué dans la formule des progressions arithmétiques, qu'un terme quelconque étoit égal à la somme du premier terme a & du produit de la différence commune d par le nombre des termes précédents. Donc on peut avoir un terme quelconque dans une progression arithmétique dont on connoît le premier terme a, la différence d, & le nombre n des termes.

Le terme cherché étant appellé ω, on aura toujours $\omega = a \mp d \, (n - 1)$.

226. 9°, Dans cette même formule, on a remarqué que la différence du premier terme a au dernier $a \mp 5d$ est égale au produit de la différence commune d par 5, nombre des termes moins un : & on en a conclu que dans toutes les progressions arithmétiques croissantes on devoit avoir $\omega = a = d \, (n - 1) = dn - d$, en appellant ω le

dernier

dernier terme, a le premier, d la différence, & n le nombre des termes. C'est ainsi que dans la progression . . . . $\div$ 4.9.14.19.24.29.34.39. on trouve que $39 - 4 = 5(8 - 1) = 5.7 = 35$.

Le même résultat a lieu dans les progressions décroissantes, en appelant leur premier terme ω, & le dernier a. Exemple. La différence des deux extrêmes de la progression . . . $\div$ 42.35.28.21.14, est $28 = 42 - 14 = 7(5 - 1) = 7.4$.

227. 10°, En considérant de nouveau la formule générale des progressions, on a vu que la somme de tous ses termes étoit égale au produit des deux extrêmes par la moitié du nombre des termes. On a vu, par exemple, que la somme des extrêmes, $a + a \mp 5d$, ou $2a \mp 5d$ multipliée par 3, moitié du nombre des termes, donnoit pour produit $6a \mp 15d$. Or la somme de tous les termes $\div a . a \mp d . a \mp 2d . a \mp 3d . a \mp 4d . a \mp 5d$ donne aussi $6a \mp 15d$. Donc *la somme des termes d'une progression arithmétique quelconque est égale au produit de la somme des extrêmes par la moitié du nombre des termes.*

Appelant donc a & ω les deux extrêmes, s la somme des termes, n leur nombre, on aura généralement . . . . .

$$s = (a + \omega)\frac{n}{2} = \frac{an + \omega n}{2}.$$

On peut donc dire aussi que la somme des termes d'une progression arithmétique est toujours égale à la moitié du produit de la somme des extrêmes par le nombre des termes, ou au produit du terme moyen, (si le nombre des termes est impair) par le nombre des termes. Tous ces produits sont égaux.

Il est donc bien aisé de calculer la somme des coups frappés par une horloge, à chaque tour du cadran.

228. Après tous ces détails, on ne trouvera point de difficulté dans la résolution des deux problêmes suivants.

I. Prob. Etant donnés deux termes a & ω, comment insérer entr'eux un nombre m de moyens proportionels, de maniere qu'il en résulte une progression arithmétique?

K

Ce problême sera résolu aussi-tôt que l'on connoîtra la différence de la progression cherchée. Or on sait (226) que $\omega - a = d(n-1)$, & on voit que dans ce cas, $n-1 = m+1$; donc $\frac{\omega-a}{m+1} = d$. Divisant donc la différence des deux termes donnés par le nombre m des moyens proportionels, augmenté d'une unité, on aura toujours pour quotient la différence cherchée.

Exemples. On voudroit intercaler six termes proportionels-arithmétiques entre 4 & 32 . . . Faites $a = 4$ . . . $\omega = 32$ . . . $m = 6$, & vous aurez $\frac{\omega-a}{m+1} = \frac{28}{7} = 4 = d$. Ainsi la progression demandée sera . . . . $\div 4 . 8 . 12 . 16 . 20 . 24 . 28 . 32.$

Entre 13 & 7 on voudroit insérer quatre termes qui fissent une progression arithmétique.

Je fais $\omega = 13$ . . . $a = 7$ . . . $m = 4$, & j'ai $d = \frac{13-7}{5} = \frac{6}{5}$. Mais comme la progression est décroissante, il faut soustraire de chaque terme la différence commune. Ainsi la progression sera $\div 13 . 11\frac{4}{5} . 10\frac{3}{5} . 9\frac{2}{5} . 8\frac{1}{5} . 7.$

229. II. Prob. On suppose que le premier terme soit représenté par a, que le dernier soit représenté par ω, la différence par d, le nombre des termes par n, & leur somme par s: & on demande des formules qui fassent connoître immédiatement la valeur de deux quelconques de ces quantités, les trois autres étant supposées connues.

Solution. De l'équation $\omega - a = dn - d$, on tirera d'abord quatre formules différentes pour les valeurs respectives de a, ω, d & n. (Mais avant que d'entrer dans aucun détail, il est à propos de prévenir le Lecteur que ce problême est rarement utile. On peut donc en négliger la solution, & passer tout de suite aux proportions géométriques). Ces quatre formules sont,

$$\text{I. } a = \omega - dn + d \ldots . \text{ III. } d = \frac{\omega-a}{n-1}.$$

$$\text{II. } \omega = a + dn - d \ldots . . \text{ IV. } n = 1 + \frac{\omega-a}{d}.$$

De l'équation $2s = an + \omega n$ (227), on tirera ces quatre autres formules,

$$\text{V. } a = \frac{2s}{n} - \omega \quad \dots \quad \text{VII. } n = \frac{2s}{a+\omega}.$$

$$\text{VI. } \omega = \frac{2s}{n} - a \quad \dots \quad \text{VIII. } s = \frac{an+\omega n}{2}.$$

Et si dans l'équation $2s = an + \omega n$, vous substituez la valeur de ω prise dans l'équation $\omega - a = dn - d$, vous aurez ..... $2s = 2an + dnn - dn$, d'où vous tirerez les quatre formules suivantes,

$$\text{IX. } a = \frac{s}{n} - \frac{dn+d}{2} \quad \dots \quad \text{XI. } n = \tfrac{1}{2} - \frac{a}{d} + \sqrt{\left(\frac{2s}{d} + \tfrac{1}{4} - \frac{a}{d} + \frac{a^2}{d^2}\right)}$$

$$\text{X. } d = \frac{2s-2an}{nn-n} \quad \dots \quad \text{XII. } s = an + \frac{dnn-dn}{2}.$$

Substituant ensuite dans la même équation $2s = an + \omega n$, la valeur de a prise dans l'équation ... $\omega - a = dn - d$, vous trouverez ... $2s = 2\omega n - dnn + dn$, équation qui vous donnera quatre nouvelles formules.

$$\text{XIII. } \omega = \frac{s}{n} + \frac{dn-d}{2} \quad \dots \quad \text{XV. } n = \tfrac{1}{2} + \frac{\omega}{d} + \sqrt{\left(-\frac{2s}{d} + \tfrac{1}{4} + \frac{\omega}{d} + \frac{\omega^2}{d^2}\right)}$$

$$\text{XIV. } d = \frac{2\omega n-2s}{nn-n} \quad \dots \quad \text{XVI. } s = \omega n - \frac{dn^2}{2} + \frac{dn}{2}.$$

Substituant enfin dans $2s = an + \omega n$, la valeur de n prise dans la première équation, vous aurez .... $2s = a + \omega + \frac{\omega^2 - a^2}{d}$, d'où se tirent les quatre dernieres formules.

$$\text{XVII. } a = \tfrac{1}{2} d + \sqrt{(-2ds + \tfrac{1}{4} d^2 + \omega d + \omega^2)} \dots \text{XIX. } d = \frac{\omega^2 - a^2}{2s-a-\omega}.$$

$$\text{XVIII. } \omega = -\tfrac{1}{2} d + \sqrt{(2ds + \tfrac{1}{4} d^2 - ad + a^2)} \dots \text{XX. } s = \frac{a+\omega}{2} + \frac{\omega^2-a^2}{2d}.$$

Et si l'on veut disposer ces vingt formules de maniere à reconnoître dans l'instant celle qui doit donner la valeur demandée, on peut les arranger de la maniere suivante.

Étant donnés	Trouver	FORMULES.
ω, d, n		$a = \omega - dn + d.$
ω, n, s		$a = \dfrac{2s}{n} - \omega.$
ω, d, s	a	$a = \tfrac{1}{2}d + \sqrt{\left(-2ds + \tfrac{1}{4}d^2 + \omega d + \omega^2\right)}.$
d, n, s		$a = \dfrac{s}{n} - \dfrac{dn + d}{2}.$
a, d, n		$\omega = a + dn - d.$
a, n, s		$\omega = \dfrac{2s}{n} - a.$
a, d, s	ω	$\omega = -\tfrac{1}{2}d + \sqrt{\left(2ds + \tfrac{1}{4}d^2 - ad + a^2\right)}.$
d, n, s		$\omega = \dfrac{s}{n} + \dfrac{dn - d}{2}.$
a, ω, n		$d = \dfrac{\omega - a}{n - 1}.$
a, n, s		$d = \dfrac{2s - 2an}{nn - n}.$
a, ω, s	d	$d = \dfrac{\omega^2 - a^2}{2s - a - \omega}$
ω, n, s		$d = \dfrac{2\omega n - 2s}{nn - n}$
a, ω, d		$n = 1 + \dfrac{\omega - a}{d}.$
a, ω, s		$n = \dfrac{2s}{a + \omega}.$
a, d, s	n	$n = \tfrac{1}{2} - \dfrac{a}{d} + \sqrt{\left(\dfrac{2s}{d} + \tfrac{1}{4} - \dfrac{a}{d} + \dfrac{a^2}{d^2}\right)}.$
ω, d, s		$n = \tfrac{1}{2} + \dfrac{\omega}{d} + \sqrt{\left(-\dfrac{2s}{d} + \tfrac{1}{4} + \dfrac{\omega}{d} + \dfrac{\omega^2}{d^2}\right)}.$
a, ω, n		$s = \dfrac{an + \omega n}{2}.$
a, d, n		$s = an + \dfrac{dnn - dn}{2}.$
a, d, ω	s	$s = \dfrac{a + \omega}{2} + \dfrac{\omega^2 - a^2}{2d}.$
ω, d, n		$s = \omega n - \dfrac{dnn + dn}{2}.$

APPLICATIONS. I. On sait d'après les observations de Galilée que les espaces parcourus en vertu de la gravité par un corps qui descend du repos, croissent suivant la progression des nombres impairs 1, 3, 5, 7 &c; c'est-à-dire qu'un corps tombant par la seule impression de la gravité parcourt à peu-près 15 pieds dans la premiere seconde de sa chûte, 45 pieds dans la seconde suivante, & ainsi de suite. On demande combien il aura parcouru de pieds au bout de six secondes.

Ce problême se réduit à trouver la somme d'une progression arithmétique dont le premier terme $a = 15$ pieds, dont la différence $d = 30$, & dont le nombre des termes $n = 6$.

Je prends donc pour le résoudre la seconde formule des valeurs de s, & j'ai . . . . .

$$s = an + \frac{(dn - d)n}{2} = 90 + \frac{(180 - 30)6}{2} = 540.$$

Ainsi le corps dont il s'agit aura parcouru 540 pieds après $6''$ de chûte.

- II. Un voyageur voudroit bien arriver en 4 jours à sa destination, en accélérant chaque jour sa marche de 3 lieues. Pour exécuter son dessein il est obligé de faire 29 lieues $\frac{1}{2}$ le dernier jour. On demande combien il a dû faire le premier jour.

Ce problême se résout par la formule qui donne la valeur de a quand on connoît ω, d, n. On a donc,

$$a = \omega - dn + d = 20\tfrac{1}{2}.$$

Ce Voyageur doit donc faire 20 lieues $\frac{1}{2}$ le premier jour, & par la formule $s = \omega n - \dfrac{dnn + dn}{2}$, on trouveroit que la route qu'il a faite dans ces quatre jours est de 100 lieues.

III. Si on eût demandé en combien de jours ce Voyageur auroit parcouru les cent lieues, en faisant 20 lieues $\frac{1}{2}$ le premier jour, 3 de plus le jour suivant, & ainsi de suite, on se seroit servi de la formule qui donne la valeur de n, quand a, d, s sont connus. Cette formule est,

K iij

$$n = \tfrac{1}{2} - \tfrac{a}{d} + V\left(\tfrac{2s}{d} + \tfrac{1}{4} - \tfrac{a}{d} + \tfrac{a^2}{d^2}\right);$$

& l'on auroit trouvé $n = 4$, après avoir fait les opérations convenables.

IV. Une perfonne a été mife à l'amende pendant plu-fieurs mois de fuite. Elle a payé 6^{lt} pour le premier mois, & 102^{lt} pour le dernier. Chaque mois l'amende étoit plus forte de 12^{lt}; combien de mois l'a-t-elle payée?

Ici on connoît $a = 6^{lt} \ldots \omega = 102^{lt} \ldots d = 12$, & on cherche n. On prendra donc la formule fuivante,

$$n = 1 + \frac{\omega - a}{d} = 1 + \frac{102 - 6}{12} = 9;$$

& on trouvera que l'amende a dû être payée pendant neuf mois.

V. Dans un amas de boulets de canon difpofés en pro-greffion arithmétique croiffante, je fuppofe 1°, qu'il y ait 18 rangs dont chacun foit formé par un nombre de bou-lets plus grand de 2 que le rang qui le précéde. 2°, qu'il y ait en tout 360 boulets; & je demande combien il y en a dans le dernier rang.

Puifque l'on connoît d, n, s, on aura,

$$\omega = \frac{s}{n} + \frac{d(n-1)}{2} = 20 + 17 = 37.$$

VI. Les mêmes chofes étant pofées, combien y a-t-il de boulets dans la premiere rangée?

$$a = \frac{s}{n} - \frac{d(n-1)}{2} = 20 - 17 = 3.$$

DES PROPORTIONS GÉOMÉTRIQUES.

230. Soit appelé a l'antécédent d'une raifon géo-métrique quelconque; foit appelé b le conféquent de cette même raifon. On aura $\frac{b}{a}$ pour l'expreffion générale

du rapport qu'il y a entre ces deux termes (209). Soit q
ce rapport ; on aura $\frac{b}{a} = q$, d'où on tirera $b = aq$.
Ainsi par-tout où fera b, on pourra fubftituer aq ; ce
qui change la raifon de $a : b$ en celle de $a : aq$. On
peut donc repréfenter toute raifon géométrique quelconque par celle de $a : aq$; c'eft-à-dire, que *dans les rai-
fons géométriques le conféquent eft toujours égal à l'antécédent multiplié par le quotient qui exprime le rapport de ces
deux termes.*

231. Soit appellé c l'antécédent d'une autre raifon
quelconque : foit d le conféquent de cette raifon. On aura
$\frac{d}{c}$ pour l'expreffion du rapport qui fe trouvera entre ces deux
termes ; & fi ce rapport eft égal à celui de $\frac{b}{a}$, on aura $\frac{d}{c} =$
q ; d'où on tirera $d = cq$. On pourra donc fubftituer la
raifon de $c : cq$ à celle de $c : d$. Ainfi les deux rapports que
l'on fuppofe égaux entre a & b, & entre c & d, peuvent
être remplacés par ceux de $a : aq$, & de $c : cq$.

232. Donc *toute proportion géométrique eft généralement
repréfentée par la formule*....... $a : aq :: c : cq$. Par conféquent les propriétés de cette formule s'étendent à toutes
les proportions géométriques. Or dans cette formule le
produit acq des extrêmes eft égal au produit aqc des
moyens. Donc généralement, *dans toutes les proportions
géométriques le produit des extrêmes eft égal à celui des
moyens.* Propofition remarquable par l'ufage continuel que
l'on en fait dans toutes les parties des Mathématiques.

233. Et de là il fuit 1°, qu'étant donnés trois termes
d'une proportion dont on ne connoît pas le quatrieme, il
eft fort aifé de trouver ce quatrieme terme. Car s'il eft un
des extrêmes, comme dans la proportion .... $a : b :: c : x$,
on aura tout de fuite, $ax = bc$, & par conféquent $x =$
$\frac{bc}{a}$ .... S'il eft un des moyens, comme dans la propor-

tion . . . $a : y : : c : d$, on aura tout de même, $ad = cy$, & $y = \dfrac{ad}{c}$.

234. Donc *un terme quelconque d'une proportion géomé-trique est égal, si c'est un moyen, au produit des extrêmes, divisé par l'autre moyen ; & si c'est un extrême, il est égal au produit des moyens, divisé par l'autre extrême.*

EXEMPLES. On demande le quatrieme terme de la proportion . . . $3 : 18 : : 5 : x$.

Faites $3x = 18 . 5$, & concluez que $x = \dfrac{18 . 5}{3} = 6.5$ $= 30$.

On demande le troisieme terme de la proportion . . . $7 : 63 : : x : 18$.

Vous aurez . . . . $7 . 18 = 63 x$; donc $x = \dfrac{7 . 9 . 2}{7 . 9} = 2$.

235. De l'égalité du produit des extrêmes à celui des moyens il suit 2°, que de toute proportion géométrique représentée par celle de $a : b : : c : d$, on peut toujours tirer une équation, qui est $ad = bc$.

236. Réciproquement, *d'une équation quelconque on peut toujours déduire une proportion ;* & comme on a souvent besoin de ces sortes de transformations, nous en donnerons ici plusieurs exemples.

Si on a $mn = pq$, on conclura que $m : p : : q : n$; proportion bien juste, puisque le produit des extrêmes est égal au produit des moyens.

Si on avoit $a^2 - x^2 = b^2 - y^2$, on en déduiroit (126) . . . $a + x : b + y : : b - y : a - x$.

Etant donnée l'équation $1 - z^2 = \varphi$, on trouveroit $1 + z : \varphi : : 1 : 1 - z$.

Enfin de l'équation $xy = 1$, on tireroit la proportion suivante $x : 1 : : 1 : y$, ou $\dfrac{1}{x} : x : 1 : y$, que l'on sait (214) être une proportion géométrique-continue.

237. Or dans toutes les proportions de cette espece *le produit des extrêmes est égal au quarré du moyen propor-tionel.* Car si dans la proportion générale . . . $a : b : : c : d$,

on suppose $c = b$, on aura la proportion continue $\ldots a : b :: b : d$ qui donne $ad = b^2$.

Donc *pour insérer un moyen-proportionnel-géométrique* x *entre deux quantités connues* a & d, *il faut extraire la racine quarrée du produit de ces deux quantités.* C'est ainsi que pour trouver le moyen proportionel entre 3 & 12, on fait $\ldots 3 : x : 12$, & que l'on a $x^2 = 36$; ce qui donne $x = 6$.

238. De la propriété fondamentale des proportions géométriques il suit 3°, que l'on peut faire subir à quatre grandeurs proportionelles tous les changements qui n'alterent pas la proportion. On peut donc mettre les extrêmes à la place des moyens (inversion que l'on trouve annoncée dans plusieurs Ouvrages par le mot *invertendo*): on peut aussi mettre un moyen à la place de l'autre, ou un des extrêmes à la place de l'autre extrême (changement exprimé par le mot *alternando*) sans détruire la proportion qui subsistoit auparavant entre ces quatre termes. En un mot, tous les changements que l'on peut faire dans une proportion géométrique, sans détruire l'égalité du produit des moyens au produit des extrêmes, laissent subsister la proportion. Si on a, par exemple, $a : b :: c : d$, aucune des inversions ou permutations suivantes ne troublera l'égalité des deux rapports;

$$b : a :: d : c \quad b : d :: a : c \quad d : b :: c : a$$
$$a : c :: b : d \quad c : a :: d : b \quad c : d :: a : b.$$

Car on voit que toutes ces proportions donnent également $ad = bc$. Si l'on veut même en former une infinité d'autres par voie d'addition, de soustraction, de multiplication, de division, &c. on le pourra toujours, pourvu que l'on fasse les mêmes opérations sur deux raisons égales. On peut dire, par exemple, que si $a : b :: c : d$, on a

$$a \pm b : b :: c \pm d : d ; \text{ ou } a : a \pm b :: c : c \pm d.$$
$$a \pm b : a \mp b :: c \pm d : c \mp d \ldots na : b :: nc : d.$$

On a aussi $a^m : b^m :: c^m : d^m \ldots\ldots a^{\frac{1}{n}} : b^{\frac{1}{n}} :: c^{\frac{1}{n}} : d^{\frac{1}{n}}$.

Car puisque $ad = bc$, on a $a^m d^m = b^m c^m$, & $a^{\frac{1}{n}} d^{\frac{1}{n}} = b^{\frac{1}{n}} c^{\frac{1}{n}}$.

239. En général, *toutes les fois que l'on a des quantités proportionelles entr'elles, leurs puissances de même nom sont proportionelles aussi.* Les racines n'étant que des puissances fractionaires, celles de même nom forment toujours une proportion.

240. Il suit 4°, que si on a deux proportions géométriques représentées,

L'une par . . . . . $a : aq :: c : cq$,

L'autre par . . . . . $g : gp :: h : hp$.

Leurs produits, terme par terme, sont aussi proportionels; de sorte que l'on aura,

$$ag : agpq :: ch : chpq.$$

Il suffit, pour s'en convaincre, de comparer le produit des extrêmes avec celui des moyens. D'ailleurs pq est le quotient des deux conséquents divisés par leurs antécédents; donc les deux raisons sont égales. Pareillement si on divise les quatre termes d'une proportion par les quatre termes d'une autre, les quotients seront en proportion.

241. 5°, Soit une suite de termes proportionels représentée par . . . $a : aq :: c : cq :: e : eq :: g : gq$; on a remarqué qu'il régnoit un même quotient q entre la somme des antécédents $a + c + e + g$ de cette formule & la somme des conséquents $aq + cq + eq + gq$, qu'entre un antécédent quelconque a & son conséquent aq, ou même qu'entre un nombre quelconque de ces antécédents & le même nombre de conséquents. Et de cette remarque on a conclu que *dans une suite de raisons géométriques égales, quelles qu'elles soient, la somme des antécédents est à la somme des conséquents, comme un seul antécédent est à son conséquent; ou comme un nombre quelconque d'antécédents est au même nombre de conséquents.*

On pourroit dire aussi que cette proportion a lieu généralement dans tous les cas semblables, puisque le produit

des extrêmes eſt égal au produit des moyens dans la formule ſuivante qui peut repréſenter tous les cas pareils :

$$a+c+e+g : (a+c+e+g)q :: a : aq :: a+c+e : (a+c+e)q.$$

242. Ici nous remarquerons 1°, qu'étant donnée une
raiſon géométrique quelconque, on peut en former une
ſuite d'autres qui lui ſeront parfaitement égales, ſoit en
multipliant, ſoit en diviſant ſes deux termes par une même
quantité. Car ſoit $a : aq$ la raiſon donnée ; ſoit m le multiplicateur de ſes deux termes ; on aura pour produits am &
amq, qui ont viſiblement entr'eux le même rapport q qui
exiſtoit entre a & aq.

Si on eût diviſé par n ces deux termes, les quotients
$\frac{a}{n}$ & $\frac{aq}{n}$, auroient eu pareillement le même rapport q.
*Une raiſon géométrique ne change donc pas de valeur, ſoit
que l'on multiplie, ſoit que l'on diviſe ſes deux termes par
une même quantité.*

Or toute fraction peut être regardée comme une raiſon
géométrique. Il eſt donc démontré [ce que nous n'avions
pu qu'inſinuer (49)] que la multiplication ou la diviſion
des deux termes d'une fraction quelconque par une même
quantité n'altere jamais la valeur de cette fraction.

Et de là il ſuit évidemment que *deux quantités quelconques ont entr'elles le même rapport, que leurs moitiés, leurs
tiers, leurs quarts, & toutes leurs parties ſemblables.* Ainſi
on a toujours,

$$a : b :: \tfrac{1}{2} a : \tfrac{1}{2} b :: \tfrac{1}{10} a : \tfrac{1}{10} b :: \tfrac{1}{p} a : \tfrac{1}{p} b.$$

243. Nous remarquerons 2°, que l'on appelle en général *raiſon compoſée*, le rapport des produits de deux ou de
pluſieurs raiſons géométriques quelconques, multipliées
antécédent par antécédent, & conſéquent par conſéquent.
Or dit, par exemple, que la raiſon de $m\,n\,p : q\,r\,s$ eſt une
raiſon compoſée de trois *raiſons ſimples* … $m : q$ … $n : r$ …
$p : s$ qui peuvent être miſes auſſi ſous cette forme . . . .
$\frac{m}{q}$, $\frac{n}{r}$, $\frac{p}{s}$.

Mais quand une raison est composée de deux raisons égales, on dit alors que c'est une *raison doublée*. Ainsi la raison de $ab : abqq$ est la raison doublée des raisons simples & égales de $a : aq$ & de $b : bq$. Quand il y a trois raisons égales, le rapport des produits respectifs s'appelle une *raison triplée*, &c.

244. Or la raison doublée de deux autres est égale à celle des quarrés d'une quelconque de ces raisons. Et la raison triplée est la même que celle des cubes d'une des trois raisons qui lui servent de facteurs. Car soient les deux raisons égales.... $a : aq$ & $b : bq$; il est évident que la raison doublée $ab : abq^2$ est exprimée par le même quotient q^2, que la raison des quarrés $a^2 : a^2 q^2$ des deux premiers termes, ou celle de $b^2 : b^2 q^2$, quarrés des deux derniers.

Ce qui regarde l'égalité de la raison triplée à celle des cubes d'une des trois raisons simples, se démontre de la même maniere.

245. Cherchons maintenant les propriétés des progressions géométriques; & pour les trouver d'une maniere générale, tâchons de les déduire d'une formule qui représente toutes les progressions de cette espece.

On sait (215) qu'une progression géométrique est une suite de termes qui tous, à l'exception du premier & du dernier, sont alternativement antécédents & conséquents d'une suite de raisons égales. Or l'égalité de ces raisons se manifeste par l'identité du quotient qui les exprime. Donc la formule suivante peut représenter toute progression géométrique :

$$\div a : aq : aq^2 : aq^3 : aq^4 : aq^5 : aq^6 \ldots aq^n.$$

246. 6°, Dans cette formule on voit que les exposants de q sont en progression arithmétique, puisqu'à cause de $q^0 = 1$ (154), on peut y faire ce léger changement ;

$$\div aq^0 : aq^1 : aq^2 : aq^3 : aq^4 : aq^5 \ldots aq^n.$$

On voit aussi qu'en faisant $a = 1$, cette derniere formule devient..... $\div q^0 : q^1 : q^2 : q^3 : q^4 \ldots q^n$; & qu'alors elle exprime la suite des puissances entieres d'une quantité quelconque q. Ainsi les puissances successives & entieres d'une même quantité forment toujours une progreſſion géométrique. Il n'en eſt pas de même des puiſſances ſucceſſives & fractionaires, parce que leurs expoſants $\frac{1}{2}$, $\frac{1}{3}$, $\frac{1}{4}$ &c. ne ſont pas en progreſſion arithmétique.

En général, *toutes les fois que les expoſants de diverſes puiſſances d'une même quantité ſont en progreſſion arithmétique, les termes affectés de ces expoſants ſont en progreſſion géométrique.*

Exemples. $\div q^2 : q^5 : q^8 : q^{11} : q^{14}$ &c. ..... $\div b : b^3 : b^5 : b^7 : b^9$ &c. La même choſe ſe démontre généralement par la formule ..... $\div aq^m : aq^{m+1d} : aq^{m+2d} : aq^{m+3d}$, &c, dont les expoſants ſont en progreſſion arithmétique quelconque, & dont les termes ſont évidemment en progreſſion géométrique, puiſqu'il régne entr'eux un même quotient q^d.

247. 7°, Reprenant la formule générale ... $\div a : aq : aq^2 : aq^3 : aq^4$ &c, nous obſerverons que le produit de deux termes également éloignés des extrêmes y eſt égal au produit des extrêmes, lequel à ſon tour eſt égal au produit des moyens, ſi le nombre des termes eſt pair, ou au quarré du moyen, ſi le nombre des termes eſt impair. Car $aq \times aq^3 = a \times aq^4 = aq^2 \times aq^2$; donc toutes les progreſſions géométriques ont la même propriété.

248. Et puiſque les proportions continues ne ſont que des progreſſions de trois termes, nous conclurons généralement, comme nous l'avons déja fait (237), que *dans toute proportion géométrique-continue, le produit des extrêmes eſt égal au quarré du moyen-proportionel.*

249. 8°, Conſidérant la même formule, nous obſerverons auſſi que ſon premier terme eſt au troiſieme, comme le quarré du premier eſt au quarré du ſecond; puiſque l'on a .... $a : aq^2 :: a^2 : a^2 q^2$ .... Cette propriété a donc lieu dans toutes les progreſſions géométriques.

On a pareillement ..... $a : aq^3 :: a^3 : a^3 q^3$. Donc le premier terme d'une progreſſion géométrique quelconque eſt au quatrieme, comme le cube de ce premier terme eſt au cube du ſecond.

En général, deux termes quelconques de cette formule font entr'eux comme le premier & le second élevés à la puissance marquée par l'intervalle qui sépare les deux termes dont il s'agit.

250. 9°, Dans la formule des progreſſions, on voit qu'un terme quelconque eſt égal au produit du premier par le quotient élevé à une puiſſance marquée par le nombre des termes précédents. Le ſixieme terme, par exemple, aq^5, n'eſt autre choſe que le produit du premier terme a par le quotient q élevé à la cinquieme puiſſance. Appellant donc ω le terme que l'on cherche, & déſignant par n le nombre de tous les termes de la progreſſion, on aura généralement . . . . $\omega = aq^{n-1}$; formule qui va bientôt nous être utile.

251. De ce qui précéde, on déduit facilement la valeur de la ſomme s des termes d'une progreſſion géométrique quelconque, dont on connoît le premier terme a, le dernier ω, & le quotient q. Car tous les termes d'une progreſſion, hors le dernier, étant antécédents, on peut repréſenter la ſomme des antécédents par $s - \omega$; & tous les termes de cette même progreſſion, hors le premier, étant conſéquents, la ſomme des conſéquents peut être repréſentée par $s - a$. Mais nous ſavons (241) que dans une ſuite de raiſons géométriques égales, & par conſéquent dans toute progreſſion géométrique la ſomme des antécédents eſt à la ſomme des conſéquents, comme un antécédent quelconque eſt à ſon conſéquent. On a donc . . . $s - \omega : s - a :: a : aq$; d'où l'on tire d'abord . . . . . . $saq - a\omega q = sa - aa$; puis . . . . . $sq - \omega q = s - a$; enſuite $sq - s = \omega q - a$; enfin . . . . . $s = \dfrac{\omega q - a}{q - 1}$.

Cette formule, jointe avec la précédente, va nous ſervir à réſoudre un problême analogue à celui que nous avons déja réſolu (229) pour les progreſſions arithmétiques : mais pour en ſaiſir tous les réſultats, il faut avoir lu auparavant ce qui a rapport aux Logarithmes, & aux Équations des degrés ſupérieurs. On peut donc paſſer tout de suite au Chapitre suivant, quand on ne connoît pas ces deux théories.

252. I. PROBLEME. Etant données dans une progression géométrique trois des quantités suivantes, a le premier terme, ω le dernier, n le nombre des termes, s leur somme, q le quotient, trouver immédiatement l'une des deux autres.

La premiere formule, $\omega = aq^{n-1}$, en donne trois autres, de sorte que l'on a;

$$\text{I. } \omega = aq^{n-1} \quad \dots \quad \text{III. } n = 1 + \frac{L\omega - La}{Lq}.$$

$$\text{II. } a = \frac{\omega}{q^{n-1}} \quad \dots \quad \text{IV. } q = \sqrt[n-1]{\frac{\omega}{a}}.$$

La seconde formule, $s = \dfrac{\omega q - a}{q - 1}$ en donne trois nouvelles, & l'on a;

$$\text{V. } s = \frac{\omega q - a}{q - 1} \quad \dots \quad \text{VII. } \omega = s - \frac{s + a}{q}.$$

$$\text{VI. } a = \omega q - sq + s \quad \dots \quad \text{VIII. } q = \frac{s - a}{s - \omega}.$$

Substituant dans la seconde la valeur de ω prise dans la premiere équation, on trouvera,

$$\text{IX. } s = a\left(\frac{q^n - 1}{q - 1}\right) \quad \dots \quad \text{XI. } n = \frac{L(sq - s + a) - La}{Lq}.$$

$$\text{X. } a = s\left(\frac{q - 1}{q^n - 1}\right) \quad \dots \quad \text{XII. } q^n - \frac{s}{a}q + \frac{s}{a} - 1 = 0.$$

Si on substitue dans la même formule $s = \dfrac{\omega q - a}{q - 1}$, la valeur de $a = \dfrac{\omega}{q^{n-1}}$, on aura . . . .

$$\text{XIII. } s = \frac{\omega}{q^{n-1}}\left(\frac{q^n - 1}{q - 1}\right) \dots \text{XV. } n = 1 + \frac{L\omega - L(\omega q - sq + s)}{Lq}.$$

$$\text{XIV. } \omega = sq^{n-1}\left(\frac{q - 1}{q^n - 1}\right) \dots \text{XVI. } q^n - \frac{s}{s + \omega}q^{n-1} + \frac{\omega}{s - \omega} = 0.$$

Enfin substitution faite de la valeur de $q = \sqrt[n-1]{\frac{\omega}{a}}$ dans la même équation $s = \dfrac{\omega q - a}{q - 1}$, les quatre dernieres formules feront,

$$\text{XVII. } s = \frac{\overset{n}{\overline{\omega^{n-1}}} - \overset{n}{\overline{a^{n-1}}}}{\overset{1}{\overline{\omega^{n-1}}} - \overset{1}{\overline{a^{n-1}}}} \ldots \text{XIX. } (s - \omega)\omega^{\overline{\frac{1}{n-1}}} = (s - a)a^{\overline{\frac{1}{n-1}}}.$$

$$\text{XVIII.. } n = 1 + \frac{L\omega - La}{L(s-a) - L(s-\omega)} \ldots \text{XX. } (s-a)a^{\overline{\frac{1}{n-1}}} = (s-\omega)\omega^{\overline{\frac{1}{n-1}}}.$$

On peut maintenant diſpoſer ces vingt formules en table, comme nous l'avons déja fait pour les progreſſions arithmétiques. Cet arrangement ſera plus favorable à la réſolution des problêmes particuliers.

Étant donnés	Trouver	FORMULES.
ω, q, n		$a = \dfrac{\omega}{q^{n-1}}.$
ω, s, n	a	$(s - a)a^{\overline{\frac{1}{n-1}}} = (s - \omega)\omega^{\overline{\frac{1}{n-1}}}.$
ω, q, s		$a = \omega q - s q + s.$
q, n, s		$a = s\left(\dfrac{q-1}{q^n - 1}\right).$
a, q, n		$\omega = a q^{n-1}.$
a, s, n	ω	$(s - \omega)\omega^{\overline{\frac{1}{n-1}}} = (s - a)a^{\overline{\frac{1}{n-1}}}.$
a, q, s		$\omega = s - \dfrac{s+a}{q}.$
q, n, s		$\omega = s\, q^{n-1}\left(\dfrac{q-1}{q^n - 1}\right).$
a, ω, n		$q = \sqrt[n-1]{\dfrac{\omega}{a}}.$
a, n, s	q	$q^n - \dfrac{s}{a}q + \dfrac{s}{a} - 1 = 0.$
a, ω, s		$q = \dfrac{s-a}{s-\omega}.$
n, ω, s		$q^n - \dfrac{s}{s-\omega}q^{n-1} + \dfrac{\omega}{s-a} = 0.$

Étant donnés	Trouver	FORMULES.
a, ω, q		$n = 1 + \dfrac{L\omega - La}{Lq}.$
a, ω, s	n	$n = 1 + \dfrac{L\omega - La}{L(s - a) - L(s - \omega)}.$
a, q, s		$n = \dfrac{L(sq - s + a) - La}{Lq}.$
ω, q, s		$n = 1 + \dfrac{L\omega - L(\omega q - sq + s)}{Lq}.$
a, ω, n		$s = \dfrac{\omega^{\frac{n}{n-1}} - a^{\frac{n}{n-1}}}{\omega^{\frac{1}{n-1}} - a^{\frac{1}{n-1}}}.$
a, q, n	s	$s = a\left(\dfrac{q^n - 1}{q - 1}\right).$
a, ω, q		$s = \dfrac{\omega q - a}{q - 1}.$
ω, n, q		$s = \dfrac{\omega}{q^{n-1}}\left(\dfrac{q^n - 1}{q - 1}\right).$

253. APPLICATIONS. I. On a tiré, à cinq reprises différentes, du vin d'un tonneau, en suivant une progression géométrique croissante, dont le dernier terme est 243 pintes, & dont le quotient est 3. Combien de pintes a-t-on dû tirer la premiere fois?

Soit $\omega = 243 \ldots q = 3 \ldots n = 5$: & on aura par la premiere des vingt formules $\ldots\ldots\ldots a = \dfrac{\omega}{q^{n-1}} = \dfrac{243}{3^4} = \dfrac{243}{81} = 3.$ C'est-à-dire que l'on a tiré 3 pintes de vin la premiere fois.

II. Une personne ayant joué à quitte-ou-double contre une autre, a perdu dix fois de suite. Elle avoit joué 3^{tt} la premiere fois : que perd-elle après la dixieme?

Les données sont $\ldots a = 3^{tt} \ldots q = 2 \ldots n = 10$, & on cherche ω. Je trouve la valeur demandée, par la cinquieme formule ... $\omega = aq^{n-1} = 3$. $2^9 = 3 . 512 = 1536$.

III. On suppose que la population d'un pays où les mœurs & la liberté régnent avec l'abondance, s'est accrûe uniformément tous les ans d'une maniere si rapide que de dix mille ames qu'il y avoit d'abord, il s'en est trouvé 14641 au bout de quatre ans; suivant quelle progression a dû se faire cet accroissement?

$a = 10000 \ldots \omega = 14641 \ldots n = 5$; & on demande q. Jettant donc les yeux sur la troisieme case, où toutes les valeurs de q sont réunies, je prends la formule

$$q = \sqrt[n-1]{\frac{\omega}{a}},$$ & j'ai $q = \sqrt[4]{\frac{14641}{10000}} = \frac{11}{10}$. L'accroissement annuel a donc dû être de $\frac{1}{10}$.

IV. Pour s'être obstiné à plaider, il en a coûté 121000^{tt} à un plaideur forcené. Le premier procès ne lui coûte que cent pistoles, mais aussi le dernier lui a-t-il coûté 81000^{tt}. On sait d'ailleurs que les frais des autres ont été moyens-proportionels entre ces deux extrêmes: on voudroit savoir combien ce plaideur a perdu de procès.

Soit $a = 1000^{tt} \ldots \omega = 81000^{tt} \ldots s = 121000$; on trouvera la valeur de n par la formule $\ldots n = 1 +$

$$\frac{L\omega - La}{L(s-a) - L(s-\omega)},$$ qui donne $\ldots n = 1 + \frac{L\,81000 - L\,1000}{L\,120000 - L\,40000}$

$$= 1 + \frac{L\left(\frac{81000}{1000}\right)}{L\left(\frac{120000}{40000}\right)} = 1 + \frac{L\,81}{L\,3} = 1 + \frac{4\,L\,3}{L\,3} = 5.$$

V. Un Dissipateur a mangé tout son bien en cinq mois de temps; chaque mois il quadruploit sa dépense, & le premier mois il avoit dépensé cent louis. On demande quel étoit son bien.

$a = 2400^{tt} \ldots q = 4 \ldots n = 5$; ainsi la valeur de s se déduira de la formule $\ldots s = a \left(\frac{q^n - 1}{q - 1}\right) =$

$$2400 \left(\frac{4^5 - 1}{3}\right) = 800 . 1023 = 818400^{tt}.$$

Ces applications sont plus que suffisantes pour diriger dans tous les cas le choix que l'on doit faire des formules convenables.

254. II. Prob. Inférer un nombre m de moyens-pro-portionels-géométriques entre deux termes donnés a & ω.

Solution. Si $m = 1$, on a aussi-tôt $\div a : x : \omega$; donc $x = \sqrt{a\omega}$.

Si $m = 2$, on aura $\div a : x : y : \omega$; & pour déterminer x, on se rappellera (249) que $a : \omega :: a^3 : x^3$, & on en conclura que $ax^3 = a^3\omega$ . . . . . que $x^3 = a^2\omega$ . . . que $x = \sqrt[3]{a^2\omega}$.

La valeur de x étant une fois connue, on déterminera celle de y par la proportion suivante . . . $a : \sqrt[3]{a^2\omega} :: y : \omega$, dont tous les termes élevés au cube donnent $a^3 : a^2\omega :: y^3 : \omega^3$; & par conséquent $a^3\omega^3 = a^2\omega y^3$; donc $y = \sqrt[3]{a\omega^2}$.

Plus généralement: soit m un nombre quelconque; la question se réduira à déterminer le quotient q d'une pro-gression dont on connoît déja le premier terme a, le dernier ω, & le nombre des termes n, qui dans le cas présent peut être représenté par $m + 2$. Or la neuvieme formule donne, $q = \sqrt[n-1]{\dfrac{\omega}{a}}$; donc $q = \sqrt[m+1]{\dfrac{\omega}{a}}$. Ainsi la progression cherchée aura la forme suivante,

$$\div a : \sqrt[m+1]{a^m\omega} : \sqrt[m+1]{a^{m-1}\omega^2} : \sqrt[m+1]{a^{m-2}\omega^3} \ldots : \omega.$$

Et si l'on veut en faire une application, en insérant quatre moyens-proportionels, par exemple, entre a & ω, on n'aura qu'à substituer 4 au lieu de m, on trouvera . . . .

$$\div a : \sqrt[5]{a^4\omega} : \sqrt[5]{a^3\omega^2} : \sqrt[5]{a^2\omega^3} : \sqrt[5]{a\omega^4} : \omega.$$

255. III. Prob. Entre les termes consécutifs d'une progression géométrique, insérer un nombre p de moyens-proportionels.

Soit représentée par $\div aq^0 : aq^1 : aq^2 : aq^3 : aq^4 : $ &c. la progression dont il s'agit. Il est évident que si vous insérez entre les exposants consécutifs de ses termes un nombre p de moyens-proportionels-arithmétiques, les termes af-fectés de ces exposants seront les moyens-proportionels-géométriques que l'on demande (246). Ainsi pour insé-

L ij

rer cinq de ces termes dans la formule ; on éc rira ;

$$\therefore\, aq^{0} : aq^{\frac{1}{6}} : aq^{\frac{2}{6}} : aq^{\frac{3}{6}} : aq^{\frac{4}{6}} : aq^{\frac{5}{6}} : aq : aq^{\frac{7}{6}} : aq^{\frac{8}{6}} : \&c.$$

Dans le calcul des Logarithmes, on peut fe fervir de cette efpece d'interpolation.

On trouve dans les Ouvrages du P. Merfenne un exemple connu des Amateurs de la Mufique. Il s'agiffoit de partager l'octave en douze femi-tons égaux, pour former ce que les Muficiens appellent *l'accord égal* & pour cela il falloit inférer onze moyens proportionels-géométriques entre 1 & 2. Le P. Merfenne les a calculés en nombres par la formule fuivante que l'on trouve auffi dans la *Génération Harmonique* de M. Rameau , & dans plufieurs autres Ouvrages.

$$\div\, 1 : 2^{\frac{1}{12}} : 2^{\frac{2}{12}} : 2^{\frac{3}{12}} : 2^{\frac{4}{12}} : 2^{\frac{5}{12}} : 2^{\frac{6}{12}} \ldots 2.$$

DE LA REGLE DE TROIS,

Et de quelques autres Regles qui en dépendent.

256. ÉTANT donnés trois termes, on a fouvent befoin d'en connoître un quatrieme qui leur foit proportionel ; & ce quatrieme terme fe trouve, comme l'on fait (234), d'une maniere bien facile. La regle que l'on met alors en ufage, s'appelle la *Regle de Trois* : ce n'eft qu'une fimple application de la propriété fondamentale des proportions géométriques (232).

L'ufage eft de diftinguer deux fortes de regles de Trois ; l'une que l'on appelle *directe*, l'autre que l'on appelle *inverfe*.

Soit propofé , par exemple, de déterminer le prix de 25 marcs d'argent, en fuppofant que le marc coûte $52^{tt}\ldots$ Il eft évident que le prix inconnu doit être au prix donné, dans le même rapport que les 25 marcs font à un feul marc. Appellant donc x le prix que l'on cherche, on aura$\ldots$ $1^{M} : 25^{M} :: 52^{tt} : x$, d'où on tirera $x = \dfrac{52.25}{1}$ $= 1300^{tt},$

Si on eût proposé de trouver le prix de 70 marcs dans l'hypothese qu'il en eût coûté 714^{tt} pour 14 marcs, on eût dit ... $14^M : 70^M :: 714^{tt} : x^{tt}$, & on auroit conclu que $x = \dfrac{70 \cdot 714}{14} = 3570$. Ces deux exemples font du nombre des regles de trois directes.

Mais si on proposoit cette question ... 57 Ouvriers ont fait un certain ouvrage en 3 jours ; combien faudroit-il de jours à 19 Ouvriers pour faire le même ouvrage ? ... La regle de trois seroit inverse, parce que le temps nécessaire pour achever un même travail est en raison inverse du nombre des travailleurs. Aussi disposeroit-on les trois termes connus autrement que dans les regles de trois directes ; on écriroit par exemple, ... $57^{Ouv.} : 19^{Ouv.} :: x : 5^J$. Et on trouveroit $x = 15$; c'est-à-dire qu'il faudroit 15 jours pour que 19 Ouvriers fissent le même ouvrage que 57 Ouvriers auroient fait en 5 jours.

257. Remarquez 1°, que si l'un des deux premiers termes d'une regle de trois est multiple de l'autre, on peut simplifier le calcul, en réduisant à la plus simple expression l'espece de fraction qui en résulte. Au lieu d'écrire, ... $57 : 19 :: x : 5$, ou $\dfrac{57}{19} = \dfrac{x}{5}$, on peut écrire $3 : 1 :: x : 5$; & en général, toutes les fois qu'il y a moyen d'introduire l'unité dans une proportion, il ne faut jamais y manquer, parce qu'alors le terme que l'on cherche, est le produit ou le quotient des deux autres. Par exemple, une des proportions précédentes, $14 : 70 :: 714 : x$: eût pu se réduire à une beaucoup plus simple, $1 : 5 :: 714 : x$. Et quand bien même on ne raméneroit pas à l'unité un des termes connus, il suffit que l'on puisse le ramener du moins à un plus petit nombre, pour ne pas laisser échapper cette réduction.

258. Remarquez 2°, que pour discerner les regles de trois inverses on n'a qu'à comparer ensemble les termes qu'elles renferment, afin de voir si le rapport des deux premiers est l'inverse du rapport des deux autres. La moin-

dre réflexion suffit pour connoître l'ordre dans lequel ces termes doivent être placés. On en pourra juger par les deux exemples suivants.

Six Escadrons ont consommé un Magasin de fourage en 54 jours; en combien de jours l'eussent consommé neuf Escadrons?

Plus il y a de chevaux, & moins il faut de temps pour la même consommation. La regle est donc inverse. Ainsi

$$6^E : 9^E :: x^j : 54^j. \text{ Donc } x = \frac{54 \cdot 6}{9} = 36^j.$$

Autrement. $2 \times 3 : 3 \times 3 :: x : 54$. D'où $2 : 3 :: x : 54$; & $x = \frac{2}{3} \cdot 54 = 36$.

Si pour un meuble particulier il faut 6 aunes d'une étoffe large de $\frac{2}{3}$, combien en faut-il d'une étoffe large de $\frac{1}{4}$?

Il est clair que plus l'étoffe est large, moins il en faut. On a donc $\frac{2}{3} : \frac{3}{4} :: x : 6$, & réduisant au même dénominateur, $\frac{8}{12} : \frac{9}{12} :: x : 6$. D'où, $8 : 9 :: x : 6$, ou bien $8 : x :: 9 : 6$, ou encore $8 : x :: 3 : 2$, ce qui donne $x = \frac{16}{3} = 5^{Au} + \frac{1}{3}$.

259. Remarquez 3°, que dans une regle de trois inverse, on peut placer le terme inconnu au quatrieme rang; il ne faut que changer de place les deux premiers termes. Ainsi, au lieu d'écrire... $57 : 19 :: x : 5$, on peut écrire.... $19 : 57 :: 5 : x$. Cela revient au même. Au reste, les regles de trois directes sont presque les seules dont on fasse usage dans les différentes parties des Mathématiques.

260. Soit proposé maintenant de résoudre cette question. 20 hommes ont fait 160 toises en 15 jours; combien 30 hommes en feront-ils en 12 jours?

On appelle *regles de trois composées* ces sortes de problêmes où il entre plus de trois termes connus. Pour trouver alors le terme que l'on cherche, on réduit la question à des regles de trois simples. On peut dire, par exemple; si 20 hommes ont fait 160 toises, combien

30 hommes en feront-il dans le même temps ?......

$$20 : 30 :: 160 : x ; \text{ ou }, 2 : 3 :: 160 : x = 240.$$

Donc en 15 jours 30 hommes feront 240 toises. Mais on suppose qu'ils ne doivent travailler que pendant 12 jours. On aura donc $15 : 12 :: 240 : x$; ou, $5 : 4 :: 240 : x$, ou même, $1 : 4 :: 48 : x = 192^T$. C'est le nombre cherché.

Il eût été facile de le trouver en disposant ainsi les termes... & en multipliant 20 par 15 & 30 par 12. Car 20 hommes qui
$$\left\{ \begin{array}{l} 20^h.\ 30^h. \\ 15^j.\ 12^j. \end{array} \right. :: 160^T.\ x.$$
travaillent 15 jours, font 300 journées de travail, pendant que 30 hommes qui travailleront 12 jours en feront 360. Mais si 300 journées de travail ont produit 160 toises, il est clair que 360 journées en produiront 192 ; par ce que $300 : 360$, ou $30 : 36$, ou $5 : 6 :: 160 : 192$.

On peut même résoudre cette question sans employer la regle de trois, en disant ; 160 toises en 15 jours font $\frac{160}{15}$ par jour, dont la vingtieme partie, ou $\frac{160}{15 \times 20}$ est l'ouvrage que fait chaque homme par jour. 30 hommes feront donc $30 \times \frac{160}{15 \times 20}$, ou $\frac{30 \times 160}{15 \times 20}$ chaque jour ; & par conséquent en 12 jours ils feront $\frac{12 . 30 . 160}{15 . 20} = \frac{12 . 2 . 8}{1 . 1} = 192$.

Nous n'insisterons pas sur des choses aussi aisées. Quand on a un peu d'habitude du calcul, ces regles se présentent naturellement à l'esprit, ou on en imagine d'autres qui valent quelquefois mieux.

La regle de trois est du plus grand usage dans toutes les parties des Mathématiques. Elle sert beaucoup aussi dans quelques autres que nous allons parcourir.

261. *Regle de Compagnie.* Deux Négociants ont mis 12000^{tt} en société dans le commerce, & ils ont gagné 1350^{tt}. Ils veulent partager ce gain à raison de leurs

mifes, qui font 8000ᵗᵗ pour le premier Négociant, &
4000ᵗᵗ pour le fecond. Que doit il revenir à chacun?

La réponfe eft aifée; car la mife totale 12000ᵗᵗ, eft au
gain total 1350ᵗᵗ, comme la mife de chaque Négociant
eft au gain qu'il doit faire. On a donc,

$$12000 : 1350 :: 8000 : x; \text{ ou } 1200 : 135 :: 8000 : x;$$

ou encore; $400 : 45 :: 8000 : x$; ou bien $80 : 9 :: 8000 : x$;
ou enfin, $1 : 9 :: 100 : x = 900ᵗᵗ$;

c'eft le gain du premier. Ce qui refte de 1350ᵗᵗ eft le
gain du fecond. Rien n'eft plus facile.

Trois Amis ont fait une bourfe commune pour le jeu.
Le premier a donné 117ᵗᵗ; le fecond 72; le troifieme 54.
Ils ont perdu 93ᵗᵗ. Quelle eft la perte de chacun?

$$243 : 93 :: \begin{cases} 117 : x = \dfrac{117 \times 93}{243} = 44 + \dfrac{189}{243}. \\[2ex] 72 : x = \dfrac{72 \times 93}{243} = 27 + \dfrac{135}{243}. \\[2ex] 54 : x = \dfrac{54 \times 93}{243} = 20 + \dfrac{162}{243}. \end{cases}$$

$$\overline{\hphantom{\qquad\qquad}93}$$

On eût pu divifer d'abord les deux premiers termes par
3, & divifer enfuite par 9 le quotient du premier, & chacun des troifiemes termes, en difant:

$$81 : 31 :: \begin{cases} 117 : x. \\ 72 : x. \\ 54 : x. \end{cases}$$

$$\text{Puis....} 9 : 31 :: \begin{cases} 13 : x = 44 + \dfrac{7}{9} \\[1ex] 8 : x = 27 + \dfrac{5}{9} \\[1ex] 6 : x = 20 + \dfrac{2}{3} \end{cases}$$

On vérifie ces fortes de regles en ajoutant les pertes ou
les gains de tous les affociés. La fomme doit toujours être
la perte totale ou le gain total.

262. Lorfqu'outre les mifes particulieres, il y a encore

des temps différents, la regle de compagnie s'appelle *compofée*.

EXEMPLE. A, B & C ont gagné 1660^{tt} 12^f avec un fonds qu'ils avoient mis en fociété. Il s'agit de partager ce gain en raifon des mifes. Celle de A eft de 4500^{tt} pendant 6 mois ; celle de B eft de 3000^{tt} pendant 8 mois. C a mis 2250 pendant dix mois.

Multipliez d'abord chaque mife par le temps qu'elle a été employée, & dites enfuite: la fomme de tous ces produits eft au gain total, comme chaque produit en particulier eft à la partie proportionelle de gain que je cherche.

$$
\begin{array}{ccc}
4500 & 3000 & 2250 \\
A\ldots\ \underline{\quad 6\quad} & B\ldots\ \underline{\quad 8\quad} & C\ldots\ \underline{\quad 10\quad} \\
27000 & 24000 & 22500
\end{array}
$$

La fomme de ces produits eft 73500 ; d'ailleurs 12^f $= \frac{6}{10}$ de livre. J'ai donc

$$
73500 : 1660,6 :: \begin{cases} 27000 : x. \\ 24000 : x. \\ 22500 : x. \end{cases}
$$

Ou bien, divifant par 300 le premier terme & chacun des troifiemes.

$$
245 : 1660,6 :: \begin{cases} 90 : x = 610^{tt} + \frac{4}{245}. \\ 80 : x = 542 + \frac{58}{245}. \\ 75 : x = 508 + \frac{85}{245}. \end{cases}
$$
$$
\overline{\quad 1660^{tt} + \frac{147}{245}. \quad}
$$

La fraction $\frac{147}{245}$ feréduit à $\frac{3}{5} = 12^f$.

263. *La Regle d'Alliage* confifte, ou à trouver le prix moyen d'un mélange formé de plufieurs chofes différentes, dont les quantités & les prix font donnés ; ou à trouver dans quelle proportion il faut prendre de chacune de ces chofes, lorfque leurs prix & le prix moyen font connus.

PREMIER CAS. A quel prix faudroit-il vendre le marc d'un alliage formé avec 6 marcs d'argent à 48^{tt}, & 12 marcs d'argent à 36^{tt}, pour n'y rien perdre, ni gagner ?

Multipliez chaque partie de l'alliage par son prix respectif, & divisez la somme des produits par celle des quantités mêlées ; le quotient sera le prix moyen.

$$6 \times 48^{tt} = 288 \qquad \frac{720}{18} = 40^{tt}, \text{ prix cherché.}$$
$$\frac{12 \times 36 = 432}{18 \qquad \quad 720}$$

Cette méthode est fondée sur la régle de trois que voici. La somme des marcs est à celle de leurs prix, comme un seul marc de l'alliage est au prix moyen. Cette proportion qui est évidemment juste, donne $18 : 720 :: 1 : x = \frac{720}{18} = 40$.

On vérifie le premier cas de la regle d'alliage, en évaluant tout le mélange au prix moyen.

Il eût été facile de trouver une formule algébrique qui eût indiqué la méthode dont nous venons de nous servir.

Second cas. Le prix moyen & celui de chaque partie de l'alliage étant connus, il peut arriver 1°, qu'aucune des quantités dont le mélange doit être formé, ne soit fixée ; 2°, qu'il y en ait une qui le soit ; 3°, que l'on soit restreint à une certaine quantité d'alliage. Les exemples vont éclaircir tout cela.

1°, Un Marchand de vin voudroit mêler du vin à 15ᶠ la pinte avec du vin à 8ᶠ, pour en avoir qu'il pût vendre 12ᶠ la pinte. Combien doit-il prendre de chaque espece pour faire ce mélange ?

Après avoir ainsi disposé les trois prix ... 12 $\left\{ \begin{array}{l} 15 \cdot \cdot 4 \\ 8 \cdot \cdot 3 \end{array} \right.$ je prends la différence 3 de 12 à 15, & je la mets vis-à-vis 8. Je place réciproquement vis-à-vis 15 la différence 4 de 12 à 8, & je conclus que trois pintes de vin à 8ᶠ mêlées avec quatre pintes de vin à 15 feront du vin à 12ᶠ. Cela est évident par la compensation qui se fait des deux prix, l'un supérieur, l'autre inférieur au prix moyen.

264. Il ne faut pas cependant conclure de cette compensation, que les nombres 4 & 3 soient les seuls qui fa-

tisfaſſent aux conditions du problême. Car c'eſt ici une queſtion indéterminée qui a une infinité de ſolutions, même en nombres entiers. Il ſuffit, pour les trouver, de prendre deux nombres qui ſoient dans le même rapport que 4 & 3 ; & pour cela, il n'y a qu'à les doubler, tripler, &c.

Si le mélange devoit être fait avec du vin à 15ᶠ, à 10 & à 8, pour avoir encore du vin à 12, on s'y prendroit à peu-près de la même maniere. C'eſt-à-dire, qu'après avoir comparé 15 & 8 avec le prix moyen 12, & diſpoſé réciproquement les différences 3 & 4, on compareroit 15 & 10 avec le même prix moyen 12, & on diſpoſeroit réciproquement auſſi leurs différences 3 & 2. Voyez l'exemple.

Six pintes de vin à 15 ſous, 3 pintes de vin à 10ᶠ, & 3 pintes à 8, mêlées enſemble feroient donc 12 pintes de vin à 12ᶠ.

$$12 \left| \begin{array}{l} 15 \ldots 4 . 2 = 6. \\ 10 \ldots 3 \\ 8 \ldots 3 \\ \hline 12 \end{array} \right.$$

S'il devoit entrer dans le mélange quatre, cinq, ou ſix ſortes de vin à différents prix, on les compareroit ſucceſſivement deux à deux avec le prix moyen, en obſervant de ne comparer à la fois que deux prix, l'un plus fort, l'autre plus foible que le prix moyen.

2°, Dans un temps de diſette un Boulanger veut faire du pain avec de l'orge, du ſeigle & du froment, & le vendre 4 ſous la livre. Il a 8 boiſſeaux & demi de froment qui feroient du pain à 5ᶠ la livre. Le pain fait avec le ſeigle ſeul reviendroit à 3ᶠ, 8ᵈ. Celui qu'il feroit avec l'orge coûteroit 1ᶠ 6ᵈ. On demande combien il doit mêler de ſeigle & d'orge avec ces 8 boiſſeaux & demi de froment, pour faire du pain à 4ᶠ la livre?

Le prix moyen eſt ici 48ᵈ. J'en prends les différences avec les autres prix, comme dans l'exemple précédent, & je dis :

$$48 \left| \begin{array}{l} 60 \ldots 30 \ldots 4 \\ 44 \ldots 12 \\ 18 \ldots 12 \end{array} \right.$$

Pour faire du pain à 4ᶠ la livre avec les prix marqués,

on pourroit donc prendre 34 boiſſeaux de froment avec 12 boiſſeaux de ſeigle & 12 boiſſeaux d'orge. Mais puiſque la quantité de froment eſt fixée, il eſt clair que s'il faut 12 boiſſeaux de ſeigle & 12 d'orge ſur 34 de froment, il en faudra ſur 8 $\frac{1}{2}$ une quantité proportionelle que je déterminerai par cette regle de trois,

$$34 : 8\tfrac{1}{2} :: 12 : x = 3 \text{ boiſſeaux} \begin{cases} \text{de ſeigle} \\ \text{d'orge,} \end{cases}$$

Il en eſt de même pour un plus grand nombre de choſes à mêler, quand on connoît leurs prix & la quantité de l'une d'entre elles.

3°, On a trois ſortes de café. La livre du premier vaut 50ᶠ, celle du ſecond en vaut 38, celle du troiſieme 24. Trouver dans quelle proportion il faut les mêler pour en faire 64 livres que l'on puiſſe vendre 30ᶠ?

Prenez les différences comme ci-deſſus, & après les avoir ajoutées, dites : la ſomme des différences eſt à la quantité de mélange que l'on veut faire, comme chaque différence en particulier eſt à la quantité qu'il faut prendre de tel ou tel café.

$$30 \left| \begin{array}{l} 50..6 \\ 38..6 \\ 24..20.8 \\ \hline 40 \end{array} \right. \qquad 40 : 64 :: \begin{cases} 6 : x = 9\tfrac{3}{5}. \\ 6 : x = 9\tfrac{3}{5}. \\ 28 : x = 44\tfrac{4}{5}. \\ \hline 64 \end{cases}$$

265. *La regle de fauſſe poſition* ſert à trouver un nombre inconnu par le moyen d'un nombre ſuppoſé. Soit propoſé, par exemple, de trouver un nombre dont la moitié, le quart & le cinquieme faſſent 456.

Je ſuppoſe que ce nombre eſt 20. Mais il eſt clair que la moitié, le quart & le cinquieme de 20 ne font que 19. Ma ſuppoſition eſt donc fauſſe. Elle n'en ſervira pas moins cependant à me faire connoître le nombre demandé. Car puiſque deux quantités ſont toujours entre elles comme leurs parties femblables (242), on peut les regarder l'une comme la fomme des antécédens d'une fuite de termes proportionels, l'autre comme la fomme des conféquents. Or ces deux fommes font entre elles (241), comme un nombre quelconque d'antécédens eft au même nombre de conféquents, & réciproquement ; donc la moitié plus le quart, plus le cinquieme de 20, font à la moitié, plus au quart, plus au cinquieme du nombre que je cherche, comme le nombre 20 lui-même eft au nombre cherché. J'ai donc, $19 : 456 :: 20 : x = 480$.

Trois Négociants ont perdu 2400^{tt} en fociété. Cette perte devant être répartie à proportion des mifes, & la mife du premier Négociant étant égale à la fomme des deux autres, pendant que celle du fecond eft double de celle du troifieme, on demande quelle doit être la perte de chacun ?

Si je fuppofe que la mife du troifieme eft de 3^{tt}, celle du fecond doit être de 6, & celle du premier, de 9. D'où je conclus que

$$18 : 2400 \text{, ou } 3 : 400 :: \begin{cases} 3 : x = 400. \\ 6 : x = 800. \\ 9 : x = 1200. \end{cases}$$

Une infinité d'autres nombres formés fuivant les mêmes conditions que 18, auroient donné le même réfultat.

Combien faudroit-il de temps pour remplir un baffin, en ouvrant tout à la fois quatre robinets, dont le premier feul le rempliroit en 2 heures, le fecond en 3, le troifieme en 5, & le quatrieme en 6 ?

Suppofons qu'il fallût une heure, & voyons fi le baffin fe trouveroit rempli. Il eft clair que dans cet intervalle le premier robinet en rempliroit la moitié, que le fecond en rempliroit le tiers, &c ; & qu'ainfi les quatre à la fois fourniroient dans une heure de quoi remplir $\frac{36}{30}$ ou $\frac{6}{5}$ du baffin. Il ne faut donc pas une heure. Pour déterminer au jufte ce qu'il faut, on dira.......

$$\tfrac{6}{5} : \tfrac{5}{5} \text{, ou } 6 : 5 :: 1^{h} : x = \tfrac{5}{6}^{h} = 50'.$$

266. Il arrive souvent qu'une premiere suppofition ne fuffit pas pour réfoudre ces petits problêmes : on en fait alors une feconde. C'eft ce que l'on appelle *la regle de double fauffe pofition.*

Exemple. On demande deux nombres dont la différence foit 8 , & dont la fomme foit 16.

Suppofons que le plus petit de ces deux nombres foit 1 ; nous aurons 9 pour le plus grand, & 10 pour leur fomme. Mais nous devons avoir 16 pour leur fomme ; nous fommes donc en erreur de 6.

Suppofons maintenant que le plus petit des deux nombres cherchés foit 3 , ce qui donnera 11 pour le plus grand. On aura 14 pour leur fomme , & 2 pour erreur.

Mais nous favons d'ailleurs (196) que le plus petit nombre cherché doit être 4 , & nous voyons que *la premiere erreur eft à la feconde, comme la différence entre le premier nombre fuppofé & le nombre cherché , eft à la différence entre le fecond nombre fuppofé , & le même nombre cherché,* puifqu'on a . . . 6 : 2 :: 3 : 1. Refte donc à trouver une méthode qui faffe connoître le nombre cherché , dans tous les cas où il y a proportion entre les erreurs & les différences , dont nous venons de parler.

267. Soit donc x le nombre cherché ; foit a le premier nombre fuppofé, b le fecond , c la premiere erreur, d la feconde. Il eft clair que toutes les fois qu'il y aura proportion entre les erreurs & les différences indiquées, on aura . . . $c : d :: x - a : x - b$, & que par conféquent . . .

$$x = \frac{bc - ad}{c - d}.$$

Donc *pour trouver, par la regle de double fauffe pofition, le nombre cherché , il faut multiplier chaque nombre fuppofé par l'erreur qui répond à l'autre nombre fuppofé , & divifer la différence de ces deux produits , par la différence des deux erreurs.*

Nous avons fuppofé dans l'exemple qui précede, que les deux erreurs étoient de même figne. Si elles euffent été de fignes contraires, ils eut fallu alors divifer la *fomme* des mêmes produits, par la *somme* des erreurs; puifque d, par exemple, étant une quantité négative, la formule devient $x = \dfrac{bc \overset{+}{-} ad}{c \overset{+}{-} d}$. Donc la formule générale fera . . . . $x = \dfrac{\overset{-}{bc} + ad}{c + d}$.

268. Toutes les fois que les deux nombres fuppofés ne fatisferont point à l'énoncé du problême, on voit bien qu'il fuffiroit de ramener l'un des deux au nombre cherché, par une correction convenable. Soit donc y cette correction; foit d la plus petite erreur; foit b le nombre qui l'a produite, & le refte, comme ci-deffus.

Il eft clair que fi b eft plus petit que x, on aura . . .
$$b + y = x = \frac{bc - ad}{c - d}; \text{ ce qui donnera} \dots y = \frac{(b - a)d}{c - d}.$$

Mais fi b eft plus grand que x, alors $b - y = x = \dfrac{bc - ad}{c - d}$, d'où on tire . . . $y = \dfrac{(a - b)d}{c - d}$. C'eft-à-dire que dans les deux cas, il faut multiplier la différence des deux nombres fuppofés par la plus petite erreur, & divifer ce produit par la différence des erreurs, lorfqu'elles ont le même figne, ou par leur fomme, quand elles ont des fignes différents. Le quotient eft toujours la correction cherchée.

269. Rapprochons maintenant les diverfes opérations de la regle de double fauffe pofition. Elles confiftent à fuppofer un nombre que l'on affujétit aux conditions du problême. S'il y fatisfait, comme cela arrive quelquefois, le problême eft réfolu. S'il n'y fatisfait pas, on marque l'erreur foit pofitive, foit négative, & on fuppofe un autre nombre, que l'on applique de même aux conditions du problême. S'il en réfulte une nouvelle erreur, on la marque, comme la précédente. Enfuite, on multiplie la premiere erreur par le fecond nombre, & la feconde erreur par le premier. Cela fait, on divife la fomme des deux produits par celle des deux erreurs, lorfque les fignes de ces erreurs font différents. S'ils font les mêmes, c'eft la différence des pro-

duits qu'il faut diviſer par la différence des erreurs. Le quotient eſt le nombre cherché.

Exemple. Pour engager un ouvrier pareſſeux à travailler, on lui promet un écu par jour, à condition que les jours où il ne travaillera pas, il ne recevra rien, & qu'il perdra au contraire 24ᶠ chaque fois. Au bout de 15 jours l'ouvrier ne reçoit que 24ᵗᵗ. Combien de jours a-t-il travaillé?

Je ſuppoſe qu'il a travaillé pendant 6 ; mais je vois que dans cette ſuppoſition il n'auroit dû recevoir que 7ᵗᵗ 4ᶠ. Il en a cependant reçu 24. Je ſuis donc en erreur de 16ᵗᵗ 16ᶠ, ou de 16, 8ᵗᵗ en moins ; d'où je conclus que cet ouvrier a travaillé plus de 6 jours.

Suppoſons donc qu'il ait travaillé pendant 12 jours, & voyons quel en ſera le réſultat. L'ouvrier auroit dû recevoir 32ᵗᵗ 8ᶠ : il n'en a pourtant reçu que 24. L'erreur eſt donc de 8ᵗᵗ 8ᶠ, c'eſt-à-dire 8 , 4ᵗᵗ en plus.

Je diſpoſe ainſi les deux nombres ſuppoſés & les erreurs correſpondantes ;

$$6^{\text{J}} \qquad\qquad 12^{\text{J}}$$
$$- \; 16{,}8 \qquad + \; 8{,}4$$

Puis je multiplie le premier nombre par la ſeconde erreur, & le ſecond nombre par la premiere. Les produits ſont 50,4 & 201,6. Je les ajoute , & diviſant leur ſomme 252 par celle des erreurs (qui eſt 25,2) je trouve 10 pour quotient. C'eſt le nombre cherché.

Si les deux nombres ſuppoſés avoient donné deux erreurs de même ſigne, j'aurois diviſé ſeulement la différence des produits par celle des erreurs.

Ex. Après avoir trouvé, par la premiere ſuppoſition, que cet ouvrier a travaillé pendant plus de 6 jours, je ſuppoſe qu'il a travaillé pendant 9. L'erreur ſera encore en moins, de 4ᵗᵗ 4ᶠ = 4,2ᵗᵗ. J'ai donc . . . . .

$$6^{\text{J}} \qquad\qquad 9^{\text{J}}$$
$$- \; 16{,}8 \qquad - \; 4{,}2$$

Puis,

Puis, $6 \times 4,2 = 25,2 \dots 9 \times 16,8 = 151,2 \dots 151,2 - 25,2 = 126 \dots 16,8 - 4,2 = 12,6 \dots$ & $\frac{126}{12,6} = 10$, comme ci-dessus.

La formule de la correction s'applique aisément à ces petits problêmes. Ici, par exemple, on auroit $y = \frac{(9-6)4,2}{16,8-4,2}$ $= \frac{12,6}{12,6} = 1$; ce qui indique que le second nombre supposé, 9, doit être augmenté d'une unité, pour être égal au nombre que l'on cherche.

La plûpart des problêmes du premier degré, qui ont déja été résolus ou proposés (197 & 208) peuvent se résoudre facilement par la regle de double fausse position, qui ne paroît d'abord fondée que sur un simple tâtonnement, mais qui n'en est pas moins ingénieuse, ni moins utile, aux yeux des Géomètres, & surtout des Astronomes.

270. IV. *La regle d'intérêt* a pour but de fixer la somme dûe pour de l'argent prêté sous certaines conditions.

On peut les varier à l'infini, & c'est ce qui rend assez compliqué le calcul nécessaire en plusieurs cas. Nous nous bornerons à ceux qui sont le plus en usage; & laissant à chacun le soin de résoudre par la regle de trois, ceux qui en sont susceptibles, nous considérerons la chose un peu plus généralement.

1°, Si un Usurier a prêté 15600^{tt} à 8 pour cent par an, quelle somme faudra-t-il lui donner dans cinq ans pour le rembourser, & lui payer en même temps l'intérêt de son argent?

Soit $p = 15600^{tt}$, que l'on appelle le *Principal*, ou le *Fonds*, ou le *Capital*. Soit $t = 5$ ans, ou le temps pendant lequel l'intérêt court. Soit $r = $ ce que rapporte 1^{tt} dans un an, ou en général dans le temps que 100^{tt} en rapportent 8. (On trouve la valeur de r en disant... si 100^{tt} en rapportent 8, que rapportera 1^{tt} dans le même temps? ...... $100 : 8 :: 1 : r = 0,08$). Soit enfin $s = $ la somme dûe, tant pour le fonds que pour les intérêts.

M

Cela poſé, nous aurons $1^{tt} : r :: p^{tt} : x = pr =$ l'intérêt du principal pour un an. Mais ſi au bout d'un an l'intérêt eſt pr, il ſera prt au bout d'un temps t : car $1 : pr :: t : x = prt$. Réuniſſant donc le principal (p) & l'intérêt (prt), on aura généralement la ſomme demandée $(s) = p + prt$; d'où l'on tire; $p = \dfrac{s}{rt+1} \ldots r = \dfrac{s-p}{pt} \ldots t = \dfrac{s-p}{pr}$.

Subſtituons les valeurs, & nous trouverons $s = 15600 + 15600 \times 0,08 \times 5 = 21840^{tt}$.

Si la queſtion eût été énoncée de cette maniere. Au bout de cinq ans il a été payé tant pour le fonds que pour les intérêts à 8 pour cent, la ſomme de 21840^{tt}. Quel étoit le fonds? On eût ſubſtitué ces valeurs dans la formule $p = \dfrac{s}{rt+1}$, qui eût donné 15600^{tt}. On trouveroit de même le temps ou l'intérêt.

271. 2°. Un Commerçant doit payer cent piſtoles chaque année à un de ſes confreres; mais comme il a beſoin de ſon argent, il le prie de ne pas en exiger pendant 8 ans, promettant de payer à cette époque tous les arrérages avec les intérêts à 5 pour 100.

J'appelle a ce qui eſt dû chaque année, ſoit *Rente*, ou *Annuité*, ſoit *Penſion*, &c. J'appelle r l'intérêt de 1^{tt} pendant un an; t le temps après lequel ſeront payés les intérêts & arrérages, dont je déſigne la ſomme par s; & je dis... La rente ne doit être payée qu'à la fin de l'année. Le Commerçant ne devra donc aucun intérêt pour la premiere année. Mais à la fin de la ſeconde il devra ar d'intérêt; à la fin de la troiſieme, $2ar$; & ainſi de ſuite juſqu'à la fin de la derniere, où les intérêts dûs ſeront exprimés par $ar(t-1)$.

Or ces intérêts forment une progreſſion arithmétique, dont le premier terme eſt zéro, le dernier $= ar(t-1)$, & le nombre des termes $= t$. Leur ſomme eſt donc (227) $\dfrac{t(t-1)ar}{2}$; & cette ſomme réunie à ce qui eſt dû pour la rente, doit former la somme des arrérages & des intérêts.

Donc $s = a r t \frac{(t-1)}{2} + at = (r(t-1)+2)\frac{at}{2}$; ce

qui donne . . . . . . $a = \dfrac{2s}{(r(t-1)+2)t}$ . . . .

$r = \dfrac{2s-2at}{at(t-1)}$ . . . . . . $t = \sqrt{\left[\dfrac{2s}{ar} + \left(\dfrac{2-r}{2r}\right)^2\right]} + \dfrac{r-2}{2r}$.

Substituant les valeurs, on trouvera $s = \overline{0,05 \times 7 - 2} \times \frac{2000}{2} = 9400^{tt}$. Et si on connoissoit s, r, t, on trouveroit

a par la formule . . . $a = \dfrac{2s}{(r(t-1)+2)t}$; &c, &c.

272. Ces sortes de questions appartiennent à ce que l'on appelle regle d'intérêt *simple*. Les deux suivantes se résolvent par la regle d'intérêt *composé*. On appelle ainsi l'intérêt qui provient du fonds & des intérêts de ce fonds.

3°, Une partie des biens d'un Pupille consiste dans une somme de 20000^{tt} que son Tuteur a placée à 5 pour 100. Au bout d'un an la personne qui avoit emprunté cette somme, la rembourse & en paye l'intérêt convenu. Le Tuteur trouvant aussi-tôt une occasion de placer cet argent au même intérêt, forme un nouveau capital de la somme des 20000^{tt} & de l'intérêt qu'elle a produit pendant un an, & place ce capital. Il place de même à la fin de la troisieme année le fonds, & l'intérêt de la seconde, & ainsi de suite pendant six ans. Que doit-il à son Pupille pour cette partie de son administration ?

Soit $p = 20000^{tt}$ qui sont ici le principal ; soit $t = 6$ ans ; $s = $ la somme dûe par le Tuteur ; $r = $ l'intérêt simple d'une livre ; $q = 1^{tt} + r = $ une livre plus son intérêt. On trouve q par cette proportion. Si 100^{tt} en produisent 105 au bout d'un an, que produira 1^{tt} ? ou . . . $100 : 105 :: 1 : q = 1,05$.

Il est clair maintenant que si 1^{tt} produit q dans un an, q produira la seconde année q^2 ; car $1 : q :: q : q^2$. La somme dûe pour 1^{tt} & pour son intérêt pendant deux ans sera donc q^2. Elle sera q^3 pour trois ans, & q^t pour un nombre t d'années. Mais puisque 1^{tt} produit q^t dans un temps t,

p^{tt} produiront pq^t dans le même temps. On aura donc s
$= pq^t = 20000 \times 1,05^6 = 20000 \times 1,3401 =$
26802^{tt} dont le Tuteur est redevable à quatre ou cinq
sous de moins.

La formule $s = pq^t$ donne $\ldots\; p = \dfrac{s}{q^t} \ldots\; q = \sqrt[t]{\dfrac{s}{p}}$,

ou $L\,q = \dfrac{Ls - Lp}{t} \ldots\; t = \dfrac{Ls - Lp}{Lq}$. Les Loga-

rithmes abrègent beaucoup le calcul, dans les problêmes de ce genre.

273. 4°, Un Banquier perçoit en 1783 une rente de
2400^{tt}, & il place ce revenu à quatre pour 100, en 1784.
Il recevra donc à la fin de 1784, la somme de 2400^{tt}
pour sa rente & 96^{tt} pour l'intérêt de celle qu'il avoit
perçue en 1783. Son projet est de placer ainsi tous les
ans jusqu'en 1791 la rente de l'année précédente avec
les intérêts des autres années. On demande combien il
recevroit d'argent, si à la fin de 1790 les personnes
qui lui ont emprunté, le rembourfoient toutes à la fois?

Soit $a = 2400^{tt} \ldots t = 8$ ans $\ldots r = 0,04 =$
l'intérêt annuel d'une livre $\ldots q = 1^{tt} + r = 1,04 \;..$
$s =$ la somme demandée; & nous aurons $a =$ ce qui est
dû au Banquier en 1783; $2a + ar = a + aq =$ ce qui
lui est dû en 1784; $a + aq + aq^2 =$ ce qui lui est dû en
1785; & ainsi de suite jusqu'à ce qui lui sera dû à la fin
d'un nombre t d'années; l'expression de cette dette est $a +$
$aq + aq^2 \ldots\; + aq^{t-1}$.

Or la somme de cette progression est (252)
$\dfrac{q \times q^{t-1} - 1}{q - 1} \times a = \dfrac{q^t - 1}{r} \times a$. La somme dûe après un nombre t d'années est donc généralement exprimée par $s =$
$\dfrac{q^t - 1}{r} \times a$; formule qui donne ici $s = \dfrac{(1,04)^8 - 1}{0,04} \times 2400$
$= 22140^{tt}$, à très peu de chose près.

Elle donne aussi $a = \dfrac{rs}{q^t - 1} \ldots\; t = \dfrac{L\left(\dfrac{rs}{a} + 1\right)}{Lq} \ldots\; \dfrac{s}{a}q - q^t =$

$\dfrac{s-a}{a}$, en substituant $q - 1$ au lieu de r. Or cette derniere équation

donnera au moins une valeur approchée pour q, si elle n'a pas de diviseur commensurable. On pourra donc en déduire la valeur de r, qui
étant multipliée par o, fera connoître le taux de l'intérêt, toutes les
fois que t, s, & a seront connus.

Quelques notions sur les Séries.

274. On appelle *Série* ou *Suite* un assemblage de termes qui pris consécutivement croissent ou décroissent suivant une même loi : telles sont les progressions arithmétiques, géométriques, &c.

On appelle *suite finie* celle dont le nombre des termes est
limité & *suite infinie* celle que l'on suppose continuée jusqu'à
l'infini.

Les suites dont les termes vont en augmentant de grandeur, s'appellent *divergentes*, & celles dont les termes
décroissent de grandeur, s'appellent *convergentes*. Une suite
diverge, ou converge d'autant plus rapidement, que chaque terme croît ou décroît plus sensiblement, à l'égard de
celui qui le précéde.

Voyons d'abord de quel usage est pour le calcul des
séries, la Méthode des coëfficients indéterminés.

On appelle ainsi une méthode fort connue des Géomètres, par la grande utilité dont elle est, & par l'esprit
d'invention qui y régne. Cette méthode a pour but de
faire connoître la suite des termes que l'on peut déduire
de certaines quantités algébriques. Mais pour la rendre bien
intelligible, il faut l'appliquer à quelques exemples.

275. Supposons donc que l'on veuille réduire en série la
quantité $\dfrac{\varphi}{p+x}$. On le pourroit sans doute, soit par le seul
procédé de la division, soit par la formule du binome,
mais on le peut aussi par la méthode suivante.

Soient A, B, C, D, E, &c. des quantités telles que l'on
ait l'équation.

$$\frac{\varphi}{p+x} = A + Bx + Cx^2 + Dx^3 + Ex^4 + \&c.$$

Cette supposition est très-permise, puisque les quantités A, B, C, &c. sont susceptibles de toutes les va-

leurs que pourra exiger la fuite du calcul, & que la quantité x fe trouve fucceffivement élevée à toutes fes puiffances. L'effentiel eft de déterminer les valeurs de ces coëfficients : or pour cela, on a imaginé d'abord de multiplier le fecond membre de l'équation par le dénominateur $p + x$ de la premiere, & on en a tiré, en ordonnant . . . .

$$\varphi = \begin{cases} Ap + Bpx + Cpx^2 + Dpx^3 + Epx^4 + \&c. \\ + Ax + Bx^2 + Cx^3 + Dx^4 + \&c. \end{cases}$$

Puis en tranfpofant φ, on a eu . . . . .

$$0 = \begin{cases} Ap + Bpx + Cpx^2 + Dpx^3 + Epx^4 + \&c \\ -\varphi + Ax + Bx^2 + Cx^3 + Dx^4 + \&c. \end{cases}$$

Après quoi on a dit . . . Puifque le fecond membre fe réduit à zéro, il n'y a qu'à fuppofer que les quantités indéterminées A, B, C &c, opèrent cette réduction, de maniere que tout fe détruife, colonne par colonne : car alors on aura autant d'équations que d'inconnues, ce qui fera connoître les valeurs de ces quantités.

On a donc . . . . $Ap - \varphi = 0$ . . . . $Bpx + Ax = 0$ . . . . $Cpx^2 + Bx^2 = 0$ . . . $Dpx^3 + Cx^3 = 0$ . . . $Epx^4 + Dx^4 = 0$ . . . &c, &c.

La premiere équation donne $Ap = \varphi$; d'où l'on tire $A = \dfrac{\varphi}{p}$ . . . On fubftitue cette valeur dans la feconde équation, & on trouve $B = -\dfrac{\varphi}{p^2}$ . . . . . On fubftitue de même la valeur de B dans la troifieme équation, & on trouve que $C = \dfrac{\varphi}{p^3}$. Enfin tout calcul fait, on a $\dfrac{\varphi}{p + x} = \dfrac{\varphi}{p} - \dfrac{\varphi x}{p^2} + \dfrac{\varphi x^2}{p^3} - \dfrac{\varphi x^3}{p^4} + \dfrac{\varphi x^4}{p^5} - \&c$; & la loi de la férie eft fi manifefte, que l'on peut aifément pouffer le calcul auffi loin que l'on voudra.

Soit propofé maintenant de réduire en férie $\dfrac{a^2}{a^2 + 2ax - xx,}$

Je fuppofe que $\dfrac{a^2}{a^2 + 2ax - x^2} = $ A $+$ B$x+$Cx^2+Dx^3+
&c. J'ai donc $a^2 = (a^2+2ax-x^2)$ (A$+$B$x+$Cx^2+Dx^3+&c)

ou $a^2 = \left\{ \begin{array}{l} a^2\,\text{A} + a^2\,\text{B}x + a^2\,\text{C}x^2 + a^2\,\text{D}x^3 + \text{\&c} \\ \quad\ + 2a\text{A}x + 2a\,\text{B}x^2 + 2a\,\text{C}x^3 + \text{\&c} \\ \quad\ -\ \quad \text{A}x^2 - \quad \text{B}x^3 - \text{\&c}; \end{array} \right\}$

d'où je conclus $a^2 = a^2$ A , & par conféquent A $=$ 1 ; en-

fuite a^2 B $+$ $2a$A $=$ 0 , qui donne B $= - \dfrac{2}{a}$. Le même

procédé me fait trouver C $= \dfrac{5}{a^2} \ldots$ D $= - \dfrac{12}{a^3}$, &c ;

d'où $\dfrac{a^2}{a^2 + 2ax - x^2} = 1 - \dfrac{2x}{a} + \dfrac{5x^2}{a^2} - \dfrac{12x^3}{a^3}$, &c.

276. Quand il y a deux termes dans le numérateur, on les égale refpectivement aux deux termes homogènes de la férie déja multipliée par le dénominateur. Ainfi pour avoir la fuite que donne $\dfrac{1+2x}{1-x-x^2}$, on fuppoferoit d'abord $1+2x$ $=(1-x-x^2)$ (A$+$Bx $+$ Cx^2+&c) ; on effectueroit enfuite la multiplication , & après avoir trouvé A $=$ 1 , & B $=$ 3 , on détermineroit à l'ordinaire C , D , &c ; d'où réfulteroit $\dfrac{1+2x}{1-x-x^2} = 1 + 3x + 4x^2 + 7x^3 + 11x^4$ $+$ 18x^5, férie bien aifée à continuer, puifque chaque coefficient eft la fomme des deux coefficients qui précédent , & que x eft élevée fucceffivement à toutes fes puiffances. Cette férie eft du nombre de celles que l'on appelle *Récurrentes*, parce que pour former chaque terme , il faut avoir recours à ceux qui le précédent.

277. Soit propofé d'extraire la racine quarrée de a^2 $- x^2$, que nous connoiffons déja (180) $\ldots$ Suppofez $\sqrt{(a^2 - x^2)} = $ A $+$ B$x^2 +$ C$x^4 +$ D$x^6 +$ &c, qui donne d'abord ;

$a^2 - x^2 = \left\{ \begin{array}{l} \text{A}^2 + 2\text{AB}x^2 + \text{B}^2\,x^4 + 2\text{AD}x^6 + \text{\&c} \\ \qquad\qquad\ +2\text{AC}x^4 + 2\text{BC}x^6 + \text{\&c}; \end{array} \right.$

enfuite A$^2 = a^2 \ldots$ 2AB$x^2 = - x^2$; d'où A $= a \ldots$ B $= - \dfrac{1}{2a}$; ce qui donne C $= - \dfrac{1}{8a^3} \ldots$ D $= -$

$\frac{1}{16a^5}$; enforte que la férie . . . . $A + Bx^2 + Cx^4 + Dx^6$

$+ \&c$, devient $a - \frac{x^2}{2a} - \frac{x^4}{8a^3} - \frac{x^6}{16a^5}$, &c. On calculera de même E, F, &c. fi l'on veut un plus grand nombre
de termes.

278. Il y a trois principales fuites de nombres. Celles des nombres *figurés* ou de différents ordres, celles des nombres *polygones*,
& celles des puiffances.

I. Les fuites des nombres figurés commencent ainfi . . . . .

NOMBRES
{
Conftants ou du premier ordre . . . . . 1,1, 1, 1, 1, 1, &c.
Naturels ou du fecond ordre . . . . . 1,2, 3, 4, 5, 6, &c.
Triangulaires ou du 3e ordre . . . . . 1,3, 6,10,15,21, &c.
Pyramidaux ou du 4e ordre . . . . . 1,4,10,20,35,56, &c.
}

La loi des fuites des nombres figurés eft, que chacun de leurs
termes doit être la fomme des termes correfpondants de la fuite précédente. Ainfi la feconde fuite eft formée par l'addition continuelle
des unités ; les termes de la troifieme fuite font formés par l'addition continuelle de la feconde. Par exemple $1 + 2 = 3$ . . .
$1 + 2 + 3 = 6$ . . . $1 + 2 + 3 + 4 = 10$ . . . $1 + 2 + 3 +$
$4 + 5 = 15$, &c.

II. Les nombres polygones font des nombres formés par la fomme
des termes confécutifs d'une progreffion arithmétique qui commence
par 1. Et ces nombres s'appellent triangulaires, quarrés, pentagones,
hexagones, &c, felon que la différence qui regne dans la progreffion eft 1, 2, 3, 4, &c.

Progreffions Arithmétiques.   Nombres Polygones.

1,2,3, 4, 5, &c. Diff. . 1 . . . . . . 1,3, 6,10,15 &c. Triangulaires.
1,3,5, 7, 9, &c. Diff. . 2 . . . . . . 1,4, 9,16,25 &c. Quarrés.
1,4,7,10,13, &c. Diff. . 3 . . . . . . 1,5,12,22,35 &c. Pentagones.
1,5,9,13,17, &c. Diff. . 4 . . . . . . 1,6,15,28,45 &c. Hexagones.

On les appelle Polygones, parce qu'ils expriment les divers nombres dont on peut difpofer les unités en triangle, ou en quarré,
ou en quelque autre Polygone régulier. Par exemple, la fuite des
nombres triangulaires 1,3,6,10,15 &c, tire fa dénomination de ce
que 3 unités, ou 6, ou 10, ou 15 ou 21 &c, peuvent être arran-
gées en triangle, de la maniere fuivante.

&c.

La suite des nombres quarrés 1,4,9:16 &c. est ainsi appellée, parce que l'on peut donner une forme quarrée aux unités qu'il contiennent ; on peut les disposer, par exemple, de la maniere suivante

&c.

Il en est de même pour les nombres pentagonaux & ceux qui sont au-dessus. Plusieurs Auteurs des deux derniers siecles ont beaucoup travaillé sur ces nombres ; mais ce genre de travail est si ingrat, que l'on a jugé à propos de l'abandonner presque tout-à-fait.

279. III. La troisieme espece de suites comprend celles des diverses puissances des nombres naturels, 1, 2, 3, 4, 5 &c. Or l'opération principale qu'il y ait à faire sur les suites, consiste à trouver leur somme, & nous allons voir comment on peut la déterminer, dans quelques cas.

De la sommation des Séries.

280. On peut faire sur les suites toutes les opérations de l'Arithmétique ; mais la plus utile de toutes, & en même temps la plus difficile, consiste à les *sommer*, c'est-à-dire, à réduire en une seule expression finie tous les termes d'une suite donnée. C'est ordinairement en cette expression que consiste la solution des Problêmes dans lesquels les suites entrent, & ces problêmes sont nombreux.

Nous ne pouvons pas entrer dans un grand détail sur ce sujet, qui fait une des plus considérables parties de l'Analyse ; nous expliquerons seulement la maniere de sommer quelques suites principales.

L'art de sommer les suites, se borne, pour ainsi dire,
à trouver la méthode d'en sommer quelques-unes qui servent
de formules, auxquelles on ramene, s'il est possible, les
suites que l'on veut sommer. Par exemple, ayant trouvé
une formule pour former une progression géométrique décroissante à l'infini, on pourra toujours sommer les suites
que l'on décomposera en plusieurs autres dont les termes
seront en progression géométrique décroissante. (On dési-
gne *infini* par ce signe, ∞ ; d'où $\frac{1}{\infty}$, $\frac{a}{\infty}$, &c. sont des
infiniment petits.)

Soit $\therefore \frac{d}{b} : \frac{d}{bq} : \frac{d}{bq^2} : \frac{d}{bq^3} : \frac{d}{bq^4} \cdot \cdots \cdot : \frac{d}{bq^\infty}$, une progression infinie décroissante (en supposant q plus grand que
l'unité). Si on l'écrit dans un ordre renversé $\because \frac{d}{bq^\infty} \cdots :$
$\frac{d}{bq^4} : \frac{d}{bq^3} : \frac{d}{bq^2} : \frac{d}{bq} , \frac{d}{b}$, on la rendra croissante, & en y appliquant la formule $\ldots s = \frac{\omega q - a}{q - 1}$ (251), dans laquelle $\omega =$
$\frac{d}{b} \cdots a = \frac{d}{bq^\infty}$, on aura $s = \dfrac{\frac{dq}{b} - \frac{d}{bq^\infty}}{q-1}$; négligeant
ensuite le terme infiniment petit $\frac{d}{bq^\infty}$, & réduisant, on
trouvera $s = \frac{dq}{bq-b}$; formule propre à donner la somme de
toute progression géométrique décroissante à l'infini.

281. Exemple. On a vu (94) que la fraction $\frac{1}{3}$ pouvoit être
transformée par approximation en celle-ci $\ldots$ 0,3 3 3 &c ;
mais que pour rendre cette transformation rigoureuse, il
faudroit pousser l'approximation jusqu'à l'infini. La preuve
en est que la somme de la progression $\therefore \frac{3}{10} : \frac{3}{100} : \frac{3}{1000} \cdots$
$\frac{3}{10^\infty}$, qui en résulte, est véritablement $\frac{1}{3}$. Car si on écrit
d'abord cette progression, de maniere à la rendre croissante,
on aura $\frac{3}{10^\infty} \cdots \frac{3}{1000} : \frac{3}{100} : \frac{3}{10}$; & si on fait ensuite les sub-

ſtitutions convenables dans la formule $s = \dfrac{dq}{bq-b}$, on trou-

vera que $s = \dfrac{30}{100-10} = \frac{1}{3}$. Donc la ſomme de $0,99999$ &c eſt 1 ; comme la formule le donne.

Soit propoſé maintenant de trouver en fraction ordinaire la valeur de $0,181818$ à l'infini .... je fais $d = 18...b = 100...,q = 100$; & je trouve ... $s = \dfrac{1800}{10000-100} = \dfrac{1800}{9900} = \frac{2}{11}$.

Soit $0,142857\ 142857\ 142857$ &c, fraction périodique infinie dont on demande la valeur en fraction ordinaire ... je fais $d = 142857 ... b = 1000000 = q$; & je trouve que la formule $s = \dfrac{dq}{bq-b}$ ſe réduit à $\frac{1}{7}$, comme nous le ſavions déja (96).

282. Cherchons à préſent le moyen de ſommer une ſuite de fractions dont les numérateurs ſoient en progreſſion arithmétique, & les dénominateurs en progreſſion géométrique. Cette ſuite eſt $\dfrac{a}{b}$, $\dfrac{a+d}{bq}$, $\dfrac{a+2d}{bq^2}$, $\dfrac{a+3d}{bq^3}$, &c.

Mettez-la d'abord ſous cette forme .... $\dfrac{a}{b}$, $\dfrac{a}{bq} + \dfrac{d}{bq}$, $\dfrac{a}{bq^2} + \dfrac{d}{bq^2} + \dfrac{d}{bq^2}$, $\dfrac{a}{bq^3} + \dfrac{d}{bq^3} + \dfrac{d}{bq^3} + \dfrac{d}{bq^3}$, &c.

De-là, vous pourrez déduire les ſéries ſuivantes, qui ne ſont que des progreſſions géométriques.

$$\cdots \frac{a}{b} : \frac{a}{bq} : \frac{a}{bq^2} : \frac{a}{bq^3} : \&c. \quad \text{la ſomme eſt } \frac{aq}{bq-b}.$$

$$\cdots \frac{d}{bq} : \frac{d}{bq^2} : \frac{d}{bq^3} : \&c. \quad \text{la ſomme eſt } \frac{d}{bq-b}.$$

$$\cdots \frac{d}{bq^3} : \frac{d}{bq^3} : \&c. \quad \text{la ſomme eſt } \frac{d}{bq^2-bq}.$$

$$\cdots \frac{d}{bq^3} : \&c. \quad \text{la ſomme eſt } \frac{d}{bq^3-bq^2}.$$

Or ces ſommes (excepté la premiere) forment la progreſſion $\cdots \dfrac{d}{bq-b} : \dfrac{d}{bq^2-bq} : \dfrac{d}{bq^3-bq^2} : \&c$, dont la ſomme est $\dfrac{dq}{bq^2 - 2bq + b}$; si donc on y ajoute la premiere somme $\dfrac{aq}{bq - b}$, on aura $\dfrac{aqq - aq + dq}{bq^2 - 2bq + b}$ pour la somme des sommes, c'est-à-dire, pour la somme de toute la série proposée Et *c'est une formule générale pour sommer toutes les suites de fractions, dont les numérateurs sont en progression arithmétique, & les dénominateurs en progression géométrique.*

Remarque. Lorsqu'on ne peut sommer en termes finis une suite infinie, il faut tâcher de la mettre sous une forme rapidement convergente ; car , *lorsqu'une suite converge très-vîte , il suffit de sommer quelques-uns de ses premiers termes ; on peut ensuite négliger les autres sans erreur sensible.*

Par exemple, dans $\sqrt{(aa + xx}$ plus la valeur de x sera petite à l'égard de a, plus la suite $a + \dfrac{xx}{2a} - \dfrac{x^4}{8a^3} + \dfrac{x^6}{16a^5} -$ &c , convergera vîte, parce que les numérateurs deviennent très petits, à l'égard des dénominateurs. Soit $a = 10$, & $x = 1$, alors $\sqrt{101} = 10 + \frac{1}{20} - \frac{1}{2000} + \frac{1}{160000}$; où l'on voit que le quatrieme terme est déja comme infiniment petit , & que par conséquent les trois premiers termes suffisent , pour avoir, à tres-peu près, la racine de 101.

282. Soit proposé de trouver d'une maniere générale la somme d'un nombre quelconque de termes, dans une progression quelconque des puissances des nombres naturels . . . . . .

Je prends pour exemple d'une suite quelconque de ces nombres, la progression arithmétique — $a . b . c \ d . \omega$, dont je suppose que le premier terme a représente le premier terme de la suite donnée, pendant que ω représente le dernier, & que b, c, d, tiennent lieu des termes intermédiaires. Cela posé, j'aurai donc $\omega = d + 1$ . . . . . $d = c + 1$ . . . . . $c = b + 1$ . . . . . $b = a + 1$; & si j'éleve toutes ces équations à une puissance quelconque m, j'aurai (148).

$$1^\circ. \ \omega^m = d^m + m d^{m-1} + \frac{m . m - 1}{2} d^{m-2} + \frac{m . m - 1 . m - 2}{2 . 3} d^{m-3} + \&c.$$

$$2^\circ. \ d^m = c^m + m c^{m-1} + \frac{m . m - 1}{2} c^{m-2} + \frac{m . m - 1 \ m - 1}{2 . 3} c^{m-3} + \&c.$$

$$3^\circ.\ c^m = b^m + mb^{m-1} + \frac{m.m-1}{2} b^{m-2} + \frac{m.m-1.m-2}{2.3} b^{m-3} + \&c.$$

$$4^\circ.\ b^m = a^m + ma^{m-1} + \frac{m.m-1}{2} a^{m-2} + \frac{m.m-1.m-2}{2.3} a^{m-3} + \&c.$$

Mais si j'ajoute toutes ces puissances ensemble, je trouverai en réduisant, que

$$\omega^m = \left\{ \begin{aligned} &a^m + m(d^{m-1} + c^{m-1} + b^{m-1} + a^{m-1}) + \frac{m.m-1}{2}(d^{m-2} + c^{m-2} + \\ &b^{m-2} + a^{m-2}) + \frac{m.m-1.m-2}{2.3}(d^{m-3} + c^{m-3} + b^{m-3} + a^{m-3}) + \&c. \end{aligned} \right.$$

Et remarquant que $d^{m-1} + c^{m-1} + b^{m-1} + a^{m-1}$ est la somme des puissances $m-1$ de tous les termes excepté le dernier, je conclus que si j'appelle s^{m-1} la somme de toutes ces puissances, j'aurai

$$1^\circ\ldots d^{m-1} + c^{m-1} + b^{m-1} + a^{m-1} = s^{m-1} - \omega^{m-1}.$$

Par la même raison, il viendra

$$2^\circ\ldots d^{m-2} + c^{m-2} + b^{m-2} + a^{m-2} = s^{m-2} - \omega^{m-2}.$$

$$3^\circ\ldots d^{m-3} + c^{m-3} + b^{m-3} + a^{m-3} = s^{m-3} - \omega^{m-3}.$$

Ainsi la série précédente se changera en celle-ci,

$$\omega^m = a^m + m(s^{m-1} - \omega^{m-1}) + \frac{m.m-1}{2}(s^{m-2} - \omega^{m-2}) + \frac{m.m-1.m-2}{2}(s^{m-3} - \omega^{m-3}) + \&c$$

Et c'est-là l'expression générale de la somme cherchée, puisque de simples substitutions de la valeur de m donneront immédiatement la somme s de tant de nombres naturels que l'on voudra, la somme s^2 de leurs quarrés, la somme s^3 de leurs cubes, & ainsi de suite.

Car si on fait d'abord $m = 1$, la formule se réduira à... $\omega = a + s^0 - \omega^0$; d'où l'on tire $s^0 = \omega - a + 1$; c'est-à-dire, que la somme des puissances *zéro* d'une suite de nombres naturels est égale à la différence du premier au dernier terme, augmentée d'une unité.

EXEMPLE. Soit :- $3^\circ.\ 4^\circ.\ 5^\circ.\ 6^\circ$; la somme est visiblement 4, & c'est ce que donne l'équation $s^0 = \omega - a + 1 = 6 - 3 + 1$.

Si on fait $m = 2$, la formule deviendra $\omega^2 = a^2 + 2 s - \omega) + \frac{2.1}{2}(s^0 - \omega^0) = a^2 + 2s - 2\omega + s^0 - \omega^0$. Or $s^0 - \omega^0 = \omega - a$ dans tous les cas semblables; donc $\omega^2 = a^2 + 2s - \omega - a$; & par conséquent $s = \frac{\omega^2 - a^2 + \omega + a}{2} = \frac{1}{2}\omega(\omega + 1) + \frac{1}{2}a(1 - a)\ldots$

Exemple. Soit :- $8.9.10.11.12.13$, dont il faille trouver la somme.... on aura $s = 13.7 + 4(-7) = 63$.

Si on fait $m = 3$, on aura $\omega^3 = a^3 + 3(s^2 - \omega^2) + 3(s - \omega) + s^0 - \omega^0 = a^3 + 3s^2 - 3\omega^2 + 3s - 2\omega - a$; & si on substitue dans cette équation la valeur déja trouvée pour s, on aura en transposant... $s^2 = \frac{1}{3}\omega^3 + \frac{1}{2}\omega^2 + \frac{1}{6}\omega - \frac{1}{3}a^3 + \frac{1}{2}a^2 - \frac{1}{6}a$; expression que l'on peut réduire à celle-ci... $s^2 = \frac{1}{6}\omega(2\omega^2 + 3\omega + 1) -$

$\frac{1}{6}a(2a^2 - 3a + 1)$ . . . Exemple. Soit la suite des quarrés 2^2. 3^2. 4^2. 5^2. 6^2, dont on cherche la somme... On aura $s^2 = 90$.

En faisant $m = 4$, & en substituant les valeurs trouvées pour s & pour s^2, on aura $s^3 = \frac{1}{4}\omega^4 + \frac{1}{2}\omega^3 + \frac{1}{4}\omega^2 - \frac{1}{4}a^4 + \frac{1}{2}a^3 - \frac{1}{4}a^2 = \frac{1}{4}\omega^2(\omega^2 + 2\omega + 1) - \frac{1}{4}a^2(a^2 - 2a + 1)$.

On trouvera de même que $s^4 = \frac{1}{5}\omega^5 + \frac{1}{2}\omega^4 + \frac{1}{3}\omega^3 - \frac{1}{30}\omega - \frac{1}{5}a^5 + \frac{1}{2}a^4 - \frac{1}{3}a^3 + \frac{1}{30}a$, & ainsi des autres.

Si on vouloit chercher la somme des puissances m d'une infinité de termes de la suite des nombres naturels, alors le dernier terme ω seroit infini ; on auroit donc $\omega = \infty$, & par conséquent les puissances ∞^{m-1}, ∞^{m-2}, ∞^{m-3} &c seroient infiniment petites par rapport à ∞^m ; elles s'évanouiroient donc ; ce qui changeroit la formule générale en celle-ci.

$$\infty^m = ms^{m-1} + \frac{m \cdot m - 1}{2} s^{m-2} + \frac{m \cdot m - 1 \cdot m - 2}{2 \cdot 3} s^{m-3} + \&c.$$

Or s^{m-2}, s^{m-3}, s^{m-4}, &c. font autant de quantités infiniment petites par rapport à s^{m-1} ; car il est évident, par exemple, que la somme des quarrés qui est dans ce cas-là $\frac{1}{3}\infty^3$, est infiniment petite par rapport à la somme des cubes, qui est $\frac{1}{4}\infty^4$. Donc en négligeant tous ces termes, l'équation précédente deviendra ... $\infty^m = ms^{m-1}$; d'où l'on tire $s^{m-1} = \frac{\infty^m}{m}$; ainsi supposant $m - 1 = n$, on aura $s^n = \frac{\infty^{n+1}}{n+1}$; c'est-à-dire que la somme des puissances n d'une infinité de termes pris dans la suite des nombres naturels est égale au produit de la puissance ∞^n du dernier terme multipliée par le nombre de tous les termes, & divisée par $n+1$.

Au reste, on voit bien que cette formule s'étend à tous les cas des puissances fractionaires, comme à ceux des puissances entieres, puisque n peut également exprimer toutes sortes d'exposants. Le problême est donc résolu d'une maniere générale, & si on vouloit en imiter la solution pour trouver la somme des puissances d'un nombre quelconque de termes, soit fini, soit infini, pris dans une progression arithmétique quelconque, on n'auroit qu'à prendre δ pour la différence de ces termes, ce qui donneroit $\omega = d + \delta$ . . . $d = c + \delta$ &c ; après quoi on acheveroit le calcul, comme ci-dessus.

De la Méthode inverse des Séries.

284. ÉTANT donnée une équation de cette forme ..... $x = ay^m + by^{m+n} + cy^{m+2n} + dy^{m+3n} + \&c$, on demande la valeur de y .... La méthode qui apprend à la trouver, s'appelle *méthode inverse des séries*, ou *retour des suites* ; parce que l'on ne parvient à cette valeur que par une série inverse des puissances de x. Voici en quoi cette méthode consiste.

I. Soit pris d'abord le cas le plus simple, qui est celui où $m = n = 1$. L'équation proposée se changera en celle-ci . . . . . $x = ay + by^2 + cy^3 + dy^4$ &c. Il s'agit de trouver la valeur de y en x. Pour cela, je suppose $y = Ax + Bx^2 + Cx^3 + Dx^4 + $ &c.

Donc 1°,
$$\begin{cases} y^2 = A^2 x^2 + 2AB x^3 + B^2 x^4 \quad \&c. \\ \qquad\qquad\qquad\qquad + 2AC \\ y^3 = \qquad\qquad\qquad A^3 + 3A^2 B \quad \&c. \\ y^4 = \qquad\qquad\qquad\qquad A^4 \quad \&c. \end{cases}$$

Donc 2°, $x =$
$$\begin{cases} ay = aAx + aBx^2 + aCx^3 + aDx^4 \ \&c \\ by^2 = \qquad\quad A^2 b + 2ABb + B^2 b \quad \&c \\ \qquad\qquad\qquad\qquad\qquad + 2ACb \\ cy^3 = \qquad\qquad\qquad A^3 c + 3A^2 Bc \ \&c \\ dy^4 = \qquad\qquad\qquad\qquad A^4 d \ \&c. \\ \&c \qquad\qquad\qquad\qquad\qquad \&c. \end{cases}$$

Or cette derniere équation donne (276) $x = Aax$, d'où $1 = Aa$, & $A = \dfrac{1}{a}$. Elle donne aussi $aB + A^2 b = 0$; donc $B = -\dfrac{b}{a^3}$. Ensuite, $aC + 2ABb + A^3 c = 0$; d'où $C = \dfrac{2b^2 - ac}{a^5}$, & ainsi des autres. Cela posé nous aurons la formule suivante pour changer une série des puissances successives de y, en une autre série composée des mêmes puissances de x. Il n'y aura qu'à substituer les valeurs des coefficients a, b, c, d &c. que l'on suppose connus.

Je dis donc que si $x = ay + by^2 + cy^3$ &c, on a dans tous les cas semblables . . . $y = \dfrac{1}{a} x - \dfrac{b}{a^3} x^2 + \dfrac{2b^2 - ac}{a^5} x^3 + \dfrac{5abc - a^2 d - 5b^3}{a^7} x^4$

$+ \dfrac{14b^4 - 21ab^2 c + 6a^2 bd + 3a^2 c^2 - a^3 e}{a^9} x^5 + $ &c.

APPLICATIONS. $x = y - y^2 + y^3 - y^4 + y^5 - y^6 + $ &c. Quelle est la valeur de y exprimée en x ? . . . . . . On a ici $a = 1$, $b = -1$, $c = 1$, $d = -1$, $e = 1$, &c. Donc $y = x + x^2 + x^3 + x^4$ &c.

Si on avoit $x = y + \dfrac{y^2}{2} + \dfrac{y^3}{3} + \dfrac{y^4}{4} + \dfrac{y^5}{5}$ &c, alors a seroit $= 1$, $b = \frac{1}{2}$, $c = \frac{1}{3}$, $d = \frac{1}{4}$, & $y = x - \frac{1}{2} x^2 + \frac{1}{6} x^3 - \frac{1}{24} x^4 + \frac{1}{110} x^5$, $\&c = x - \dfrac{x^2}{2} + \dfrac{x^3}{2.3} - \dfrac{x^4}{2.3.4} + \dfrac{x^5}{2.3.4.5}$ &c.

Et si $\zeta = \dfrac{x}{a} - \dfrac{x^2}{2a^2} + \dfrac{x^3}{3a^3} - \dfrac{x^4}{4a^4} + \dfrac{x^5}{5a^5} - $ &c, on trouvera $\dfrac{x}{a} = \zeta + \dfrac{\zeta^2}{2} + \dfrac{\zeta^3}{2.3} + \dfrac{\zeta^4}{2.3.4}$ &c.

285. II. Si nous supposons $m = 1$, & $n = 2$, la série proposée n'aura

que des puissances impaires, & l'équation deviendra $x = ay + by^3 + cy^5 + dy^7$ &c. Pour avoir une formule dans ce cas-là,

$$\text{Soit } \quad y = Ax + Bx^3 + Cx^5 + Dx^7 \text{ \&c.}$$

$$\text{On aura } 1^\circ, \quad \begin{cases} y^3 = & A^3 + 3A^2B + 3A^2C \text{ \&c.} \\ & \qquad\quad + 3AB^2 \\ y^5 = & A^5 + 5A^4B \text{ \&c.} \\ y^7 = & \qquad A^7 \text{ \&c.} \end{cases}$$

$$2^\circ, \ x = \begin{cases} ay = aAx + aBx^3 + aCx^5 + aDx^7 \text{ \&c.} \\ by^3 = \qquad\quad A^3b + 3A^2Bb + 3A^2bC \\ \qquad\qquad\qquad\qquad\qquad\ + 3AB^2b \\ cy^5 = \qquad\quad A^5c + 5A^4Bc \\ dy^7 = \qquad\quad A^7d \\ \text{\&c.} \qquad\qquad\quad \text{\&c.} \end{cases}$$

De cette derniere équation je tire $x = Aax$, ou $A = \dfrac{1}{a}$ . . . . . . $aB + A^3b = 0$, ou $B = \dfrac{-b}{a^4}$; puis $C = \dfrac{3b^2 - ac}{a^7}$ . . . . . $D = \dfrac{8abc - a^2d - 12b^3}{a^{10}}$, &c; ensorte que la formule est $y = \dfrac{1}{a}x - \dfrac{b}{a^4}x^3 + \dfrac{3b^2 - ac}{a^7}x^5 + \dfrac{8abc - a^2d - 12b^3}{a^{10}}x^7 + \text{\&c.}$

APPLIC. Exprimer en r la valeur de t dans l'équation $r = t - \dfrac{t^3}{2 \cdot 3 \cdot p^2} + \dfrac{t^5}{2 \cdot 3 \cdot 4 \cdot 5 p^4} - \dfrac{t^7}{2 \cdot 3 \cdot 4 \cdot 5 \cdot 6 \cdot 7 p^6} + \text{\&c} ? \ldots$ On a ici $a = 1$, $b = -\dfrac{1}{2 \cdot 3 p^2}$, $c = \dfrac{1}{2 \cdot 3 \cdot 4 \cdot 5 p^4}$, $d = -$ &c, $t = y$, $r = x$; & substituant, on trouvera $t = r + \dfrac{1}{2 \cdot 3 p^2} r^3 + \left[\dfrac{1}{3 \cdot 4 p^4} - \dfrac{1}{2 \cdot 3 \cdot 4 \cdot 5 p^4} \right] r^5 + \text{\&c.} = r + \dfrac{1}{2 \cdot 3 p^2} r^3 + \dfrac{3}{2 \cdot 4 \cdot 5 p^4} r^5 + \dfrac{3 \cdot 5}{2 \cdot 4 \cdot 6 \cdot 7 p^6} r^7$ &c.

286. III. Supposons maintenant que m & n soient des nombres quelconques, entiers ou fractionaires; & cherchons une formule pour ce cas qui contient les deux autres. Je fais $u = \dfrac{x}{a}$ . . . . $y = u^{\frac{1}{m}} + Bu^{\frac{1+n}{m}} + Cu^{\frac{1+2n}{m}} + Du^{\frac{1+3n}{m}} + \text{\&c}$, & divisant par a la série

proposée $x = ay^m + by^{m+n} + cy^{m+2n} + \&c$, j'ai $\dfrac{x}{d} = u = y^m + \dfrac{b}{a} y^{m+n} + \dfrac{c}{a} y^{m+2n} + \&c.$

Or
$$\begin{cases}
y^m = u + m\,Bu^{\frac{m+n}{m}} + m\,Cu^{\frac{m+2n}{m}} \;\&c \\[1ex]
\qquad\qquad\qquad\quad + \dfrac{m\,.\,m-1}{2} B^2 u^{\frac{m+2n}{m}} \\[1.5ex]
\dfrac{b}{a} y^{m+n} = \dfrac{b}{a} \times u^{\frac{m+n}{m}} + (m+n)Bu^{\frac{m+2n}{m}} \;\&c \\[2ex]
\dfrac{c}{a} y^{m+2n} = \dfrac{c}{a} \times u^{\frac{m+2n}{m}} \;\&c.
\end{cases}$$

Donc $m\,B + \dfrac{b}{a} = 0$, ce qui donne $B = -\dfrac{b}{m\,a}$; donc aussi $m\,C + \dfrac{m\,.\,m-1}{2} B^2 + (m+n)\dfrac{bB}{a} + \dfrac{c}{a} = 0$, ce qui donne $C = \dfrac{(m+1+2n)\,b^2 - 2mac}{2m^2 a^2}$, & ainsi des autres ; ensorte que la formule générale est $y = u^{\frac{1}{m}} - \dfrac{b}{ma} u^{\frac{1+n}{m}} + \dfrac{(m+1+2n)\,b^2 - 2mac}{2m^2 a^2} u^{\frac{1+2n}{m}} - \left[\dfrac{(2m^2 + 9mn + 9n^2 + 3m + 6n + 1)\,b^3}{6m^3 a^3} - \dfrac{(m+3n+1)bc}{m^2 a^2} + \dfrac{d}{ma} \right] \times u^{\frac{1+3n}{m}}$; & ainsi de suite.

APPLIC. Soit $x = \frac{1}{2} y^2 + \frac{1}{3} y^3 + \frac{1}{4} y^4 + \&c.$ On demande la valeur de y en x. J'ai d'abord $a = \frac{1}{2}$, $b = \frac{1}{3}$, $c = \frac{1}{4}$, $m = 2$, $n = 1$, $u = 2x$. Puis, $y = u^{\frac{1}{2}} - \frac{1}{3} u + \frac{1}{36} u^{\frac{3}{2}} + \frac{1}{270} u^2 \&c.$

Soit encore $x = y^{-\frac{1}{2}} - \frac{1}{2} y^{\frac{1}{2}} - \frac{1}{8} y^{\frac{3}{2}} - \frac{1}{16} y^{\frac{5}{2}} - \frac{5}{128} y^{\frac{7}{2}} \&c.$ On aura 1°, $a = 1$, $b = -\frac{1}{2}$, $c = -\frac{1}{8}$, $\&c$ $u = x$, $m = -\frac{1}{2}$, $n = 1$. 2°, $y = \dfrac{1}{x^2} - \dfrac{1}{x^4} + \dfrac{1}{x^6} - \dfrac{1}{x^8} \&c.$ Voyez le savant Traité d'Algèbre de M. EMERSON.

DES LOGARITHMES.

287. Les Géomètres fe plaignoient depuis long-temps de la lenteur du calcul, dans la multiplication & dans la divifion des nombres confidérables, & fur-tout dans l'extraction des racines un peu élevées, lorfqu'enfin un Baron Ecoffois, (il s'appelloit Nepper) imagina un moyen de remédier à cet inconvénient.

Il vint à bout de réduire les multiplications à de fimples additions, les divifions à de fimples fouftractions, les formations des puiffances à des multiplications toujours fort courtes, & les extractions des racines aux divifions les plus faciles. Nous regrettons de ne pouvoir faire connoître à nos Lecteurs toute la beauté de cette découverte : pour la bien fentir, il faut être plus avancé dans l'étude des Mathématiques. Nous n'avons pour objet dans ce chapitre, que le développement des premiers principes d'une théorie auffi utile.

288. Soit donc une progreffion géométrique quelconque $\div$ $a^0 : a^1 : a^2 : a^3 : a^4 : a^5 : \&c$; on fait (125) que pour multiplier l'un par l'autre deux termes de cette formule, il fuffit d'écrire une feule fois la quantité a, en lui donnant pour expofant la fomme des deux expofants des termes que l'on multiplie. On fait par exemple, que $a^2 \times a^3 = a^{2+3} = a^5$, & que $a^7 \times a^9 = a^{7+9} = a^{16}$. Ainfi *le produit de deux termes quelconques d'une progreffion géométrique eft toujours égal au terme qui dans la même progreffion a pour expofant la fomme des expofants de ces deux termes.*

289. On fait auffi (129) que le quotient de deux termes quelconques d'une progreffion géométrique eft le terme qui a pour expofant la différence des expofants de ces deux termes : a^6, par exemple, divifé par a^2 eft égal à $a^{6-2} = a^4$. Donc *pour avoir le quotient de deux de ces termes, il faut prendre la différence de leurs expofants, & en faire l'expofant du quotient que l'on cherche.*

Or ces exposants sont ce que l'on appelle des *Logarithmes*. Ensorte que si $a = 10$, la formule devenant alors $10^0 : 10^1 : 10^2 : 10^3 : 10^4 :$ &c. ou, $1 : 10 : 100 : 1000 : 10000 :$ &c, l'exposant 0 est le logarithme de l'unité ; l'exposant 1 est le logarithme de 10 ; 2 est le logarithme de 100, &c.

Mais parce que ces exposants ne donnent que les logarithmes des nombres qui sont dans la progression décuple $1 : 10 : 100 : 1000 :$ &c, & que l'on a très-souvent besoin des logarithmes des nombres intermédiaires, 2, 3, 4, 5, 6, 7, 8, 9, 11, &c, ainsi que des logarithmes des fractions, voici comment on s'y est pris pour trouver tous ces logarithmes.

On a ajouté plusieurs zéros en forme de décimales à chacun des exposants de la formule, ce qui l'a changée en celle-ci, en n'y mettant que sept zéros.

$$10^{0,0000000} : 10^{1,0000000} : 10^{2,0000000} : 10^{3,0000000} : \&c.$$

Puis on a remarqué qu'en insérant dans cette formule des exposants qui fussent en progression arithmétique, les valeurs du nombre 10 élevées aux puissances qu'ils désignent, seroient des nombres en progression géométrique, & que ces mêmes exposants seroient les logarithmes de ces nombres. Donc en faisant croître ces décimales consécutivement de $\frac{1}{10000000}$, ou, ce qui revient au même, en insérant 9999999 moyens proportionnels-arithmétiques entre deux quelconques des exposants de la progression (228), on a dû avoir une nouvelle progression géométrique dont les premiers termes sont,

$$10^{0,0000000} : 10^{0,0000001} : 10^{0,0000002} : 10^{0,0000003} : \&c.$$

Et les valeurs correspondantes de chacun de ces termes sont des nombres qui vont en croissant fort lentement ; puisque le premier terme vaut 1, & que le dix-millionunieme ne vaut que 10.

Parmi ces termes insérés, il y en a donc un qui vaut 2, un autre qui vaut 3, un autre qui vaut 4, ou du moins qui en different très-peu, &c. On a trouvé, par

N ij

exemple, que 2 étoit à peu-près la valeur du terme $10^{0,3010300}$, que 3 étoit à peu-près $= 10^{0,4771213}$, que 4 $= 10^{0,6020600}$, &c; & on a regardé ces exposants comme les logarithmes de 2, de 3, de 4, &c.

290. Par des calculs fondés sur cette idée, mais dont les détails sont immenses, on a construit des Tables de Logarithmes pour tous les nombres depuis 1 jusqu'à 100000, & qui servent à trouver ceux des nombres plus grands. Il y a de ces Tables où pour une plus grande précision, les Logarithmes ont dix, quinze, vingt décimales : mais les cinq premieres suffisent ordinairement. Quant à la maniere de s'en servir, on peut la voir assez détaillée dans la derniere édition des Tables de logarithmes avec six décimales (chez Desaint 1781); car pour en bien comprendre l'usage, il faut avoir des Tables entre les mains.

291. On peut concevoir cependant, sans y avoir recours, 1°, que les logarithmes de tous les nombres compris entre 1 & 10 doivent commencer par 0; que ceux de tous les nombres qui sont entre 10 & 100 commencent par 1; que le premier chiffre des logarithmes des nombres compris entre 100 & 1000 est 2, &c. Ce premier chiffre s'appelle *la Caractéristique* du logarithme, parce qu'il sert à faire connoître de combien de caracteres est composé le nombre qui répond à un logarithme donné; car il est évident que ce nombre doit avoir un chiffre de plus que la caractéristique ne contient d'unités. Ainsi je vois tout d'un coup que ce logarithme 4,814560 appartient à un nombre de cinq chiffres, parce que sa caractéristique est 4.

292. 2°, Que le produit de deux nombres répond à la somme de leurs logarithmes, & que leur quotient répond à la différence de leurs logarithmes. Ainsi, pour multiplier 48 par 166, j'ajoute leurs logarithmes, qui sont 1,681241 & 2,220108; la somme est 3,901349 : c'est un logarithme qui répond dans les Tables au nombre 7968, lequel est le produit de 48 × 166. Pour diviser 7336 par

56, il faut retrancher le logarithme de 56 , qui eft 1,748188, du logarithme de 7336 , qui eft 3,865459, & la différence 2,117271 eft un logarithme, qui répond dans les Tables à 131. Donc 131 eft le quotient de 7336 divifé par 56.

293. 3°, *Que pour faire une regle de trois par les logarithmes, il faut ajouter enfemble les logarithmes des termes qu'il eût fallu multiplier, & de la fomme retrancher le logarithme du nombre par lequel il eût fallu divifer le produit ; le refte eft le logarithme du terme cherché.* Par exemple, foit la proportion $2843 : 8529 :: 3147 : x$. Il faudroit pour avoir la valeur de x, multiplier 3147 par 8529, & divifer leur produit 26840763 par 2843; mais par les logarithmes , il fuffit d'ajouter enfemble ceux de 8529 & de 3147, qui font 3,93090 & 3,49790, & d'ôter 3,45378 logarithme de 2843 , de la fomme 7,42880 ; le refte 3,97502 eft le logarithme de x, lequel répond dans les tables à 9441.

294. 4°, *Que pour élever une quantité à une puiffance quelconque*, il faut en ajouter le logarithme à lui-même autant de fois qu'on auroit multiplié cette quantité ; c'eft-à-dire, qu'*il faut multiplier fon logarithme par l'expofant de la puiffance*. Ainfi pour élever 8 à la quatrieme puiffance , il faut multiplier fon logarithme 0,90309 par 4 ; & le produit 3,61236 eft le logarithme de 4096, quatrieme puiffance de 8.

295. Qu'enfin, *fi on divife le logarithme d'une quantité donnée par l'expofant de la racine qu'on en veut extraire, le quotient fera le logarithme de cette racine ;* ainfi pour extraire la racine cubique de 6859 , divifez fon logarithme 3,83626 par 3 , & le quotient 1,27875 fera le logarithme de 19 , qui eft la racine cherchée. Mais on peut démontrer généralement toutes ces propriétés du calcul logarithmique : & c'eft ce que nous allons faire dans le Chapitre fuivant.

N iij

Des propriétés des Logarithmes en général.

296. SOIT a un nombre plus grand que l'unité ; soit m l'exposant de la puissance à laquelle il faut élever a pour avoir un nombre donné b, ensorte que l'on ait $a^m = b$. On est convenu d'appeller m le logarithme de b, & de l'écrire ainsi, $m = Lb$.

Supposant, par exemple $a = 10$, & $b = 100$, il faut que $m = 2$ pour que l'on ait $a^m = b$, & pour que 2 soit dans cette supposition, le logarithme de 100. Tel est, comme on l'a vu (289), le système des Tables ordinaires.

297. Il suit de-là que *les logarithmes ordinaires sont les exposants des puissances auxquelles il faudroit élever* 10, *pour avoir les nombres qui répondent à ces logarithmes.*

Et puisque d'un côté, tous les nombres peuvent être regardés comme étant différentes puissances de 10, & que de l'autre le produit ou le quotient des puissances se trouve en ajoutant ou en soustrayant leurs exposants, il est clair que la somme ou la différence des logarithmes de deux nombres doit répondre dans les Tables au nombre qui est le produit ou le quotient des deux autres. Nous avons déja déduit de ce principe les propriétés du calcul logarithmique, dans le discours qui est à la suite des Tables déja citées. Voici une autre maniere de les démontrer.

298. Si $a^m = b$, il est évident que $La^m = Lb$; & si $a^n = c$, on aura de même $La^n = Lc$; donc $bc = a^m \times a^n = a^{m+n}$, & $Lbc = La^{m+n} = m + n = Lb + Lc$. C'est-à-dire, que le logarithme d'un produit quelconque résulte de la somme des logarithmes de ses facteurs. Voilà donc toutes les multiplications réduites à de simples additions.

Soit p le produit ; F, f les facteurs, & nous aurons généralement $Lp = LF + Lf$; d'où $LF = Lp - Lf$; c'est-à-dire, qu'étant donnés le produit & un de ses facteurs, on trouvera le logarithme de l'autre facteur, en ôtant le logarithme du facteur connu de celui du produit ; ce qui ramene toutes les divisions à de simples soustractions.

De ce que $Lp = LF + Lf$, il suit que dans le cas où $F = f$, on a $Lp = LF^2 = 2LF$, & par conséquent $LF^3 = 3LF$, $LF^4 = 4LF$, ou en général, $LF^m = mLF$. Donc pour élever un nombre à une puissance quelconque, il suffit de multiplier le logarithme de ce nombre par l'exposant de la puissance proposée. Le logarithme qui en résulte est celui de la puissance que l'on cherche.

Et comme les racines ne sont que des puissances fractionnaires (159), il est clair qu'en multipliant le logarithme d'un nombre par la fraction indiquée, ou ce qui revient au même, en divisant ce logarithme par l'exposant de la racine, on aura toujours le logarithme de cette racine. Voici quelques exemples des cas les plus ordinaires.

$$L\,ab = La + Lb \ldots \ldots L\,\frac{a}{b} = La - Lb.$$

$$La^m = m\,La \ldots \ldots La^{-} = -\,m\,La.$$

$$La^{\frac{m}{n}} = \frac{m}{n}\,La \ldots La^{-\frac{m}{n}} = -\frac{m}{n}\,La.$$

$$Labcd\ \&c = La + Lb + Lc + Ld + \&c.$$

$$L\,\frac{abc}{de} = La + Lb + Lc - Ld - Le.$$

$$La^m\,b^p\,c^q = m\,La + p\,Lb + q\,Lc.$$

$$L\,\frac{ax^n}{r^z} = La + nLx - zLr.$$

$$L\,\frac{ab+bc}{m+n} = Lb + L(a+c) - L(m+n).$$

$$L\sqrt{(x^2 + y^2)} = \tfrac{1}{2}L(x^2 + y^2).$$

$$L\,\frac{a+x}{a-x} = L(a+x) - L(a-x).$$

$$L(a^2 - x^2) = L(a+x) + L(a-x).$$

$$L\sqrt{(a^2 - x^2)} = \tfrac{1}{2}L(a+x) + \tfrac{1}{2}L(a-x).$$

N iv

$$L\,\zeta^3 + \tfrac{1}{4} L\zeta = \tfrac{15}{4} L\zeta = L\,(\zeta^3 \sqrt[4]{}\; \zeta^3).$$

$$L\sqrt[n]{(a^3 - x^3)^m} = \frac{m}{n} L(a - x) + \frac{m}{n} L(a^2 + ax + x^2).$$

$$L\,\frac{\sqrt{(a^2 - x^2)}}{(a + x)^2} = \tfrac{1}{2} L(a - x) - \tfrac{3}{2} L(a + x).$$

$$L\,3a^2 + La^4 + 5L3 = 6L3a = L(3a)^6.$$

Du Calcul des Logarithmes par les Séries.

299. LES premiers Calculateurs des Tables avoient déja fini leurs calculs, lorsqu'on inventa des méthodes pour les simplifier. Mais si ces méthodes vinrent un peu tard, elles ne mériterent pas moins d'être accueillies pour la rapidité de leur marche. On en jugera mieux par les détails qui suivent.

Etant donné un nombre quelconque, trouver son logarithme.

SOLUTION. Soit $1 + x$ le nombre donné . . . . soit $(1 + x)^m = 1 + \zeta$ . . . . . Soit enfin $L(1 + x) = Ax + Bx^2 + Cx^3 + Dx^4 +$ &c; on aura donc aussi $L(1 + \zeta) = A\zeta + B\zeta^2 + C\zeta^3 + D\zeta^4 +$ &c. Mais comme on a d'un côté l'équation $(1 + x)^m = 1 + \zeta$, qui donne $\zeta = mx + \dfrac{m \cdot m - 1}{2} x^2 + \dfrac{m \cdot m - 1 \cdot m - 2}{2 \cdot 3} x^3 +$ &c, & que l'on a d'un autre côté, $m L(1 + x) = L(1 + \zeta)$, on trouvera que . . . .

$$mAx + mBx^2 + mCx^3 + \&c = A\zeta + B\zeta^2 + C\zeta^3 + \&c.$$

Substituant donc la valeur de ζ dans le second membre, l'équation deviendra . . . .

$$\begin{aligned} mAx + mBx^2 + {}& \\ mCx^3 + \&c = {}& \left\{ \begin{aligned} mAx &+ \frac{m \cdot m - 1}{2} Ax^2 + \frac{m \cdot m - 1 \cdot m - 2}{2 \cdot 3} Ax^3 + \&c. \\ &+ m^2 Bx^2 \quad\;\; + m^2 \cdot m - 1 \cdot Bx^3 + \&c. \\ &\qquad\qquad\quad\;\; + m^3 C x^3 \qquad\qquad + \&c. \end{aligned} \right. \end{aligned}$$

Réduisant & comparant les termes homogenes (176) vous aurez 1° . . . $B = -\tfrac{1}{2} A$ . . . 2° . . . $C = \tfrac{1}{3} A$ . . . 3° . . . $D = -\tfrac{1}{4} A$; & ainsi des autres, ensorte que toute réduction faite, vous trouverez que

$$L(1 + x) = A\left(x - \tfrac{1}{2} x^2 + \tfrac{1}{3} x^3 - \tfrac{1}{4} x^4 + \tfrac{1}{5} x^5 - \tfrac{1}{6} x^6 + \&c.\right).$$

300. Remarquez maintenant que la quantité A est indéterminée, & que par conséquent *le même nombre* $1 + x$ *peut avoir une infinité de logarithmes différents.* Mais comme le plus simple & le plus naturel de tous les systèmes logarithmiques, est celui où l'on suppose $A = 1$, on a donné le nom de *logarithmes naturels* à ceux qui ont été calculés d'après cette supposition. Ce fut sur cette espece de logarithmes que tomba d'abord le Géomètre Écossois, quoiqu'en suivant une route bien différente. On peut voir dans son Ouvrage (*Mirifici Logarithmorum Canonis Descriptio*) comment il y parvint. Ces Logarithmes s'appellent aussi *Logarithmes Hyperboliques*, à cause du rapport qu'ils ont avec l'*Hyperbole Equilatére*, comme nous le dirons en son lieu.

301. Cela posé, il est évident que tous les systêmes possibles de logarithmes peuvent être ramenés à celui des logarithmes naturels, puisque dans tout systême, le logarithme de $1 + x$ est égal au produit de son logarithme naturel par la quantité constante A que l'on appelle *le Module*, & que nous déterminerons bientôt. Ainsi toute la difficulté du calcul des logarithmes se réduit à calculer les logarithmes naturels ou hyperboliques. Or voici comment on peut faciliter le calcul de ces derniers.

302. Reprenons l'équation $L (1 + x) = A (x - \frac{1}{2} x^2 + \frac{1}{3} x^3 - \frac{1}{4} x^4 + \&c)$ qui en supposant A $= 1$, devient $L(1 + x) = x - \frac{1}{2} x^2 + \frac{1}{3} x^3 - \&c$; & ajoutons de part & d'autre $L a$, nous aurons $L (a + ax) = L a + x - \frac{1}{2} x^2 + \frac{1}{3} x^3 - \&c$. Soit $ax = y$, ou $x = \frac{y}{a}$; on aura $L (a + y) = L a + \frac{y}{a} - \frac{y^2}{2 a^2} + \frac{y^3}{3 a^3} - \&c$.

Faisant donc y négative, nous aurons $L (a - y) = L a - \frac{y}{a} - \frac{y^2}{2 a^2} - \frac{y^3}{3 a^3} - \&c$. Donc $L (a + y) - L (a - y)$ ou

$$L \left(\frac{a + y}{a - y} \right) = \frac{2y}{a} \left(1 + \frac{y^2}{3 a^2} + \frac{y^4}{5 a^4} + \frac{y^6}{7 a^6} + \&c \right),$$

série toujours convergente, parce qu'il faut que y soit plus petite que a pour que $\frac{a + y}{a - y}$ soit une quantité positive.

303. Appliquons maintenant cette série au calcul des logarithmes, & pour cela supposons que $\frac{a + y}{a - y} = \frac{m}{m-1}$. Nous aurons $\frac{y}{a} = \frac{1}{2m-1}$, & $L \left(\frac{m}{m-1} \right)$ ou $L m - L (m - 1) = \frac{2}{2m-1} \left(1 + \frac{1}{3 (2m-1)^2} + \frac{1}{5 (2m-1)^4} + \frac{1}{7 (2m-1)^6} + \&c \right)$. Donc $L m = L (m - 1) + \frac{2}{2m-1} \left(1 + \frac{1}{3 (2m-1)^2} + \frac{1}{5 (2 m-1)^4} + \&c \right)$. Mais lorsqu'on cherche le logarithme du nombre m, on est censé avoir celui de $m - 1$; on aura donc celui de m par une série très-convergente, dans les cas sur-tout où m sera un nombre un peu grand. On peut en juger par le cas le moins favorable, en calculant le logarithme hy-

perbolique de 2 ? On aura $m = 2$, & par conséquent $L\,2 = \frac{2}{3}$
$$\left(1 + \frac{1}{3 \cdot 3^2} + \frac{1}{5 \cdot 3^4} + \frac{1}{7 \cdot 3^6} + \&c \right) = 0,69314718\ \&c.$$ Pour
avoir ensuite le logarithme de 5, il n'y aura qu'à substituer 5 au lieu
de m dans l'équation $L\,m = L\,(m-1) + \&c$, & on aura $L\,5$
$$= 2\,L\,2 + \frac{2}{9} \left(1 + \frac{1}{2 \cdot 9^2} + \frac{1}{5 \cdot 9^4} + \&c \right) = 1,6094379 1.$$

Il est donc aisé de trouver par cette méthode les logarithmes des
nombres premiers. Or ceux-ci une fois calculés, il est très-facile de
trouver ceux de tous les autres nombres. Par exemple, étant donnés
les logarithmes de 2 & de 3, leur somme donnera le logarithme de
6, (298). Celui de 4 sera le double de celui de 2, comme celui
de 9 sera le double du logarithme de 3 ; & ainsi des autres.

304. Déterminons à présent le module A pour un autre système
logarithmique, pour celui des Tables, par exemple, dans lequel $a = $
10, & dans lequel par conséquent $L\,10 = 1$, car le logarithme
de la base logarithmique est toujours l'unité.

Il faudra d'abord prendre le logarithme hyperbolique de 10 en
ajoutant ceux de 5 & de 2 ; on aura 2,30258509. Ensuite (301), logarithme ordinaire de 10, ou $1 = A\,(2,30258509\ \&c)$; d'où l'on

tire aussi-tôt $A = \dfrac{1}{2,30258509\ \&c.} = 0,43429448\ \&c.$ *C'est la va-*
leur du module des Tables.

Il suit de-là, que *pour ramener les logarithmes hyperboliques aux*
logarithmes tabulaires, il faut multiplier les premiers par la frac-
tion 0,43429448 &c.

Et réciproquement, *pour changer les logarithmes des Tables en*
logarithmes hyperboliques, il faut multiplier les premiers par
2,30258509. Si on les multiplioit par 3,3219277, on auroit des logarithmes correspondants à la supposition $a = 2$.

305. On détermineroit de la même maniere le module A dans tout
autre système. Celui des Tables (autrement appellé celui de Briggs,
parce que Briggs en calcula le premier les logarithmes) sert pour
les calculs de *la Trigonométrie.* Celui des logarithmes hyperboliques
est d'un grand usage dans le *calcul intégral.*

Le nombre déterminé a est *la base logarithmique* de chaque système. Ainsi 10 est la base du système ordinaire. Celle du système
de Nepper est 2,7182818 3, comme nous le verrons bientôt.

En général, *la base d'un système quelconque de logarithmes est*
toujours le nombre dont le logarithme est 1.

306. *Étant donné un logarithme, trouver à quel nombre il répond.*

Solution. Si le logarithme donné est du nombre des logarithmes
ordinaires, on commence par le réduire aux hyperboliques, après
quoi la difficulté ne consiste plus qu'à trouver le nombre qui répond
à un logarithme hyperbolique donné.

Soit donc ζ ce logarithme, soit $1 + x$ le nombre cherché, & on aura par ce qui précede, $\zeta = x - \frac{1}{2}x^2 + \frac{1}{3}x^3 - \frac{1}{4}x^4 + \&c.$ Il s'agit de trouver (284) la valeur de x en ζ.

Pour cela je suppose . . . . . $x = A\zeta + B\zeta^2 + C\zeta^3 + D\zeta^4 + \&c$;

$$\text{Ce qui donne} \dots \zeta = \begin{cases} A\zeta + B\zeta^2 + C\zeta^3 + D\zeta^4 & \&c \\ \quad - \frac{1}{2}A^2 - A B - \frac{1}{2}B^2 & \&c \\ \qquad\qquad\qquad - AC \\ \qquad + \frac{1}{3}A^3 + A^2B & \&c \\ \qquad\qquad - \frac{1}{4}A^4 & \&c \end{cases}$$

Donc $A = 1 \dots, B = \frac{1}{2} \dots C = \frac{1}{6} \dots D = \frac{1}{24}$, &c; donc $x =$

$$\zeta + \frac{\zeta^2}{2} + \frac{\zeta^3}{2 \cdot 3} + \frac{\zeta^4}{2 \cdot 3 \cdot 4} + \frac{\zeta^5}{2 \cdot 3 \cdot 4 \cdot 5} + \&c;$$

Donc enfin $1 + x$, ou le nombre cherché $= 1 + \zeta + \frac{\zeta^2}{2} + \frac{\zeta^3}{2 \cdot 3}$ $+ \frac{\zeta^4}{2 \cdot 3 \cdot 4}$ &c. En général, un nombre quelconque $n = 1 + L n$ $+ \frac{L^2 n}{2} + \frac{L^3 n}{2 \cdot 3} + \frac{L^4 n}{2 \cdot 3 \cdot 4}$ &c, férie convergente dans tous les cas, & par conféquent propre à réfoudre généralement la queſtion propoſée.

307. Appliquons-la à la recherche de la baſe des logarithmes hyperboliques, c'eſt-à-dire, cherchons quel eſt le nombre dont le logarithme hyperbolique eſt 1. Ici $n = 1 + 1 + \frac{1}{2} + \frac{1}{2 \cdot 3} + \frac{1}{2 \cdot 3 \cdot 4}$ $+ \frac{1}{2 \cdot 3 \cdot 4 \cdot 5} + \&c$; donc $n = 2{,}71828183$. Ce nombre ſert très-fouvent dans le calcul intégral. Le voilà calculé d'avance.

De l'uſage des Logarithmes dans la réſolution de pluſieurs Equations.

308. Souvent il arrive qu'une équation échappe à toutes les regles de l'Algèbre ordinaire, & qu'elle ſe réſout avec la plus grande facilité par le moyen des logarithmes. En voici pluſieurs exemples avec quelques applications.

I. Soit propoſé de trouver la valeur de x dans l'équation $a^x = b$. On a (298) La^x ou $x La = Lb$, donc $x = \frac{Lb}{La}$.

Soit $\frac{a^{mx}}{b^{nx-1}} = c$. On aura $mx La + (1 - nx) Lb = Lc$, donc $mx La - nx Lb = Lc - Lb$; & $x = \frac{Lc - Lb}{mLa - nLb}$.

Soit encore $a^x = \frac{b^{mx-n}}{c^{px}}$. Ici, $x L a = m x L b - n L b -$

$$qx\,Lc\,;\ \text{d'où}\ x = \frac{n\,Lb}{m\,Lb - q\,Lc - La} = \frac{Lb^n}{Lb^m - Lc^q - La} = \frac{Lb^n}{L(b^m : ac^q)}\cdot$$

Enfin soit l'équation $\dfrac{b^{n} - \frac{a}{x}}{c^{m}\,x} = f^{x \cdot p}.$ Nous aurons d'abord, $n\,Lb -$

$$\frac{a}{x}\,Lb - m\,x\,Lc = x\,Lf - p\,Lf;\ \text{puis}\ \ldots\ldots\ (m\,Lc + Lf)\,x^2$$

$$-(n\,Lb + p\,Lf)\,x = -a\,Lb,\ \text{ou}\ x^2\,Lc^m f - x\,L\,b^n f^p = -$$

$L\,b^a$, qui se résout par la méthode du second degré (201).

309. II. Supposons qu'il y ait cent mille habitans dans une province, & que la population y augmente tous les ans de la trentieme partie ; on demande quel sera le nombre des habitans de cette province au bout d'un siecle ? Ce problême & les suivants sont tirés d'un des meilleurs Ouvrages que nous connoissions. Il a pour titre *Introductio in Analysin infinitorum*, & pour Auteur, M. Euler, ce Géomètre si savant & si modeste !

Soit $n = 100000$. C'est le nombre donné des habitants, lequel par la condition du problême sera $n + \frac{1}{30}n$, ou $n\left(1 + \frac{1}{30}\right)$ à la fin de la premiere année. Il deviendra $n\left(\frac{31}{30}\right)^2$ à la fin de la seconde; $n\left(\frac{31}{30}\right)^3$ à la fin de la troisieme, & ainsi de suite jusqu'au bout du siecle où son expression sera $n\left(\frac{31}{30}\right)^{100}$, ou $100000\left(\frac{31}{30}\right)^{100}$. On aura donc $100000\left(\frac{31}{30}\right)^{100} = x$, nombre que l'on cherche.

Mais s'il falloit élever $\frac{31}{30}$ à la centieme puissance par des multiplications successives, on sent bien que le calcul seroit d'une extrême longueur : au lieu qu'en se servant des logarithmes, on aura tout de suite $\ldots\ L\,100000 + 100\,L\frac{31}{30} = Lx\,;$ puis $\ldots\ L\frac{31}{30} = L\,31 - L\,30 = ($ par des tables qui ayent dix décimales, celles d'Ulacq, par exemple $)\ 0,0144240439\,;$ donc $100\,L\frac{31}{30} = 1,4240439.$ D'ailleurs $L\,100000 = 5\,;$ donc $Lx = 6,4240439,$ & $x = 2654874.$ Il y auroit donc, après 100 ans, deux millions six cents cinquante-quatre mille huit-cents soixante-quatorze habitants dans cette province.

La Terre n'ayant été repeuplée après le Déluge que par les trois enfants de Noé & par leurs trois femmes, on demande dans quel rapport la population auroit dû croître chaque année, pour qu'il y eût un million d'hommes au bout de 200 ans.

Soit $\dfrac{1}{x}$ l'accroissement annuel; & nous aurons l'équation $\ldots\ldots$

$$6\left(\frac{1+x}{x}\right)^{200} = 1000000,\ \text{qui donne}\ \frac{1+x}{x} = \left(\frac{1000000}{6}\right)^{\frac{1}{200}},\ \&$$

par conséquent $L\dfrac{1+x}{x} = \dfrac{1}{200}.\,L\dfrac{1000000}{6} = \dfrac{1}{200}.\ 5,2218487 =$

$0,0261092$; d'où $\dfrac{1+x}{x} = \dfrac{1061961}{1000000}$, puis … $1000000 = 61963\,x$.

Enfin $x = 16$ environ. Il eût donc fallu que le genre humain se fût accrû tous les ans de $\frac{1}{16}$, ce que la santé robuste, & les longs jours de nos premiers Peres rendent assez vraisemblable.

Cherchons maintenant la quantité dont il faudroit qu'un peuple s'accrût tous les ans, pour être deux fois plus nombreux à la fin de chaque siecle.

Soit n le nombre de ceux qui composent ce peuple ; soit $\frac{1}{x}$ la quantité que nous cherchons ; on aura pour chaque époque séculaire, l'équation $n \left(\dfrac{1+x}{x}\right)^{100} = 2\,n$, qui donne …… $L\,\dfrac{1+x}{x} = \frac{1}{100}$

$L\,2 = 0,0030103$; d'où $\dfrac{1+x}{x} = \dfrac{10069555}{10000000}$, & $x = $ à peu-près 144. *Ainsi,* ajoute ce respectable Auteur, *on doit regarder comme bien ridicules les objections de ces incrédules, qui nient que la Terre ait pû être peuplée en aussi peu de temps par un seul homme.*

Supposons enfin qu'un certain nombre d'hommes augmente tous les ans de la centieme partie, combien faudra-t-il d'années pour que ce nombre soit dix fois plus grand ?

Appellant n ce nombre d'hommes, x le nombre cherché d'années, on aura au bout de x années, $n\left(\frac{101}{100}\right)^{x} = 10\,n$, ou $\left(\frac{101}{100}\right)^{x} = 10$, qui donne $x = \dfrac{L\,10}{L\,101 - L\,100} = \dfrac{10000000}{43214} = 231$. Donc il y aura dix fois plus d'habitans à chaque époque de 231 années.

INTRODUCTION A LA RÉSOLUTION DES ÉQUATIONS DES DEGRÉS SUPÉRIEURS.

310. LES plus célebres Analistes se sont occupés successivement de la résolution des Équations, comme d'une théorie fort utile. Mais lorsqu'ils ont voulu la traiter dans toute son étendue, elle leur a paru si compliquée, qu'ils y ont presque tous renoncé pour se livrer à des détails. Au défaut des méthodes directes, ils ont eu recours aux méthodes d'approximation ; & lorsque les regles générales se sont refusées à leurs efforts, ils en ont accumulé tant de particulieres, que l'on peut désormais avoir, sinon des ra-

cines exactes, au moins des racines très-approchées de toutes les équations. Nous allons faire connoître quelques-unes de ces regles, après avoir fait fur la nature des équations en général les remarques fuivantes.

311. Il eſt clair qu'en tranſpofant tous les termes d'une équation dans un feul membre, ces termes fe détruiront mutuellement. Ainfi toute équation peut être réduite à n'avoir que zéro dans un de fes deux membres. Si on a, par exemple, $x^2 + a^2 = 2ax$, on peut en déduire $x^2 - 2ax + a^2 = 0$. Or dans cet état, le premier membre peut être regardé comme le produit de $x - a$ par $x - a$; & puifque ce premier membre fe réduit à zéro, il faut bien que $x = a$, ou, ce qui revient au même, que $x - a = 0$.

Mais parce que c'eſt ici un quarré parfait, un de fes facteurs ne peut être égal à zéro que l'autre ne le foit auſſi : au lieu que fi l'on eût eu $x^2 - ax - bx + ab = 0$, un feul des facteurs, $x - a$, $x - b$, égalé à zéro, eût fuffi pour réduire à zéro le premier membre. Suppofer tout à la fois les deux facteurs égaux à zéro, ce feroit regarder a & b comme néceſſairement égaux entre eux, ce qui n'eſt pas.

312. *Toute équation tranſpofée peut donc être confidérée comme le produit de pluſieurs facteurs égaux ou inégaux. Lorſqu'ils font tous égaux, ils fe réduifent tous à zéro, & quand ils font inégaux, un feul doit être égal à zéro.*

Cherchons d'après cela le produit des quatre facteurs $x - a$, $x - b$, $x - c$, $x - d$, en fuppofant que l'un d'eux, n'importe lequel, foit égal à zéro. Nous trouverons,

$$x^4 - ax^3 + abx^2 - abcx + abcd = 0.$$
$$ -b \quad +ac \quad -abd$$
$$ -c \quad +ad \quad -acd$$
$$ -d \quad +bc \quad -bcd$$
$$ +bd$$
$$ +cd$$

Or de cette équation & de toutes celles que l'on peut former de la même maniere, on doit conclure qu'une équation dont le degré est généralement exprimé par m, a pour premier terme x^m, c'est-à-dire, l'inconnue élevée à la puissance que désigne le nombre des facteurs de cette équation.

Le second terme est x^{m-1} avec un coefficient égal à la somme de toutes les racines a, b, c, d, &c.

Le troisieme est x^{m-2} avec un coefficient égal à la somme des produits ab, ac, ad, bc, &c, de ces racines prises deux à deux.

Le quatrieme est x^{m-3} avec un coefficient égal à la somme des produits abc, abd, &c, des mêmes racines prises trois à trois; & ainsi de suite jusqu'au dernier terme qui est toujours le produit de toutes les racines.

313. Il n'en faut pas davantage pour démontrer la formule qui sert à élever un binome quelconque $x + a$ à une puissance quelconque m (148). Car pour élever le binome $x + a$ à la puissance m, il faut le multiplier $m - 1$ fois par lui-même. Ainsi le développement de cette puissance doit être regardé comme le produit d'un nombre m de facteurs tous égaux ; & si $x + a = 0$, tout ce que nous venons de dire d'une équation du degré m, aura lieu pour la puissance m de $x + a$.

Ensorte donc que le premier terme sera x^m ; que le second sera x^{m-1} précédé d'un coefficient égal à la somme de toutes les racines. Or dans ce cas chaque racine est a, leur nombre est m. Donc leur somme est $m\,a$. Le second terme sera donc max^{m-1}.

Le troisieme doit être x^{m-2} précédé d'un coefficient égal à la somme des produits de toutes les racines prises deux à deux. Ce coefficient sera donc a^2 multiplié par le nombre des produits que peut donner un nombre m de lettres a, b, c, d, &c prises deux à deux. Pour le trouver, ce nombre, remarquez 1°, qu'il doit être la moitié de celui des lettres qui servent à former tous ces produits. 2°, Qu'il faut répéter chacune de ces lettres le même nombre de fois,

& que ce nombre de fois est exprimé par $m - 1$, puisqu'il faut les multiplier chacune séparément par toutes les autres. Le nombre des lettres qui forment ces produits est donc $m (m - 1)$, & par conséquent celui de leurs produits deux à deux est $\frac{m(m-1)}{2}$. Ainsi le troisieme terme sera

$$\frac{m(m-1)}{2} a^2 x^{m-2}.$$

Le quatrieme doit avoir pour coefficient la somme des produits que l'on peut faire avec les racines prises trois à trois ; & comme ici toutes les racines sont égales, ce coefficient doit être a^3 multiplié par le nombre des produits qui peuvent résulter d'un nombre m de lettres a, b, c, d, &c, prises trois à trois. Or 1°, le nombre de ces produits ne doit être que le tiers du nombre des lettres dont ils sont composés. 2°, Il faut répéter chaque lettre le même nombre de fois, & ce nombre est désigné par celui des produits des autres lettres prises deux à deux. Donc puisque le nombre de ces produits est $\frac{m(m-1)}{2}$; lorsque celui des lettres est m, il est clair qu'il sera $\frac{(m-1)(m-2)}{2}$ lorsque celui des lettres sera $m - 1$, comme dans le cas présent. Le nombre des lettres qui forment tous les produits abc, abd, &c, doit donc être $\frac{m(m-1)(m-2)}{2}$. Celui des produits sera donc $\frac{m(m-1)(m-2)}{2 \cdot 3}$; de sorte que le quatrieme terme sera $\frac{m \cdot m-1 \cdot m-2}{2 \cdot 3} a^3 x^{m-3}$.

Formant de même les termes suivants, on trouvera que

$$(x + a)^m = x^m + max^{m-1} + \frac{m \cdot m-1}{2} a^2 x^{m-2} + \frac{m \cdot m-1 \cdot m-2}{2 \cdot 3}$$

$$a^3 x^{m-3} + \frac{m \cdot m-1 \cdot m-2 \cdot m-3}{2 \cdot 3 \cdot 4} a^4 x^{m-4} + \&c ; \dots \dots$$

& qu'en général $(a \pm b)^m = a^m \pm m \, a^{m-1} b + \frac{m \cdot m-1}{2}$

$$a^{m-2} b^2 \pm \frac{m \cdot m-1 \cdot m-2}{2 \cdot 3} a^{m-3} b^3 + \&c$$

Pour

Pour faire quelque application de cette formule, cherchons d'abord la cinquieme puissance du binome $a + b$. Nous trouverons $a^5 + 5a^4b + 10a^3 b^2 + 10a^2 b^3 + 5ab^4 + b^5$. Car $m = 5$ dans ce cas; donc $a^m = a^5$; donc $ma^{m-1} b = 5 a^4 b$; donc $\frac{m \cdot m-1}{2} a^{m-2} b^2 = 10 a^3 b^2$; & ainsi de suite jusqu'au sixieme terme $\frac{m \cdot m-1 \cdot m-2 \cdot m-3 \cdot m-4}{2 \cdot 3 \cdot 4 \cdot 5} a^{m-5} b^5$, qui se réduit à b^5. Le calcul ne peut s'étendre plus loin dans cet exemple, parce que tous les termes qui suivent, ayant $m - 5$ parmi les facteurs de leurs coefficients, & $m - 5$ se réduisant à zéro dans le cas présent, tous ces termes ultérieurs s'y réduisent aussi.

Cette formule peut également servir à élever un polynome quelconque à une puissance quelconque. Soit proposé, par exemple, d'élever le trinome $n + p + q$ à son cube. Je fais $a = n$; $b = p + q$; $m = 3$. Donc $a^m = n^3$; $ma^{m-1} b = 3n^2 (p + q)$; $\frac{m \cdot m-1}{2} a^{m-2} b^2 = 3n (p + q)^2$; & $\frac{m \cdot m-1 \cdot m-2}{2 \cdot 3} a^{m-3} b^3 = (p + q)^3$; ensorte que $(n + p + q)^3 = n^3 + 3n^2 p + 3n^2 q + 3np^2 + 6npq + 3nq^2 + p^3 + 3p^2 q + 3pq^2 + q^3$.

Lorsqu'une expression n'est pas fort compliquée, & qu'elle est en même temps une puissance parfaite, on en cherche la racine par les regles ordinaires de l'extraction. On pourroit la trouver par la formule du binome, mais le calcul en seroit plus long; ce qui fait qu'on ne s'en sert communément que pour avoir des racines approchées.

314. Au reste, on peut exprimer cette formule d'une maniere encore plus simple. En effet, de ce que $(a + b)^m = a^m + ma^{m-1} b + \&c. \ldots$, il suit que $(P + PQ)^m = P^m + m P^m Q + \frac{m \cdot m-1}{2} P^m Q^2 + \frac{m \cdot m-1 \cdot m-2}{2 \cdot 3} P^m Q^3 + \&c.$

Donc si on représente par la lettre A le premier terme P^m, le second sera m A Q, & si le second est représenté à son tour par la lettre B, le troisieme sera $\dfrac{m-1}{2}$ BQ.

Celui-ci étant représenté par C, le quatrieme sera $\dfrac{m-2}{3}$ CQ, &c, &c. On aura donc,

$$(P+PQ)^m = P^m + m\overset{A}{A}Q + \frac{m-1}{2}\overset{B}{B}Q + \frac{m-2}{3}\overset{C}{C}Q + \frac{m-3}{4}\overset{D}{D}Q + \&c.$$

Or il est évident que cette formule est plus simple que la premiere, puisque le cinquieme terme, par exemple, se trouve tout de suite en multipliant D, terme déja calculé, par $\dfrac{m-3}{4}$ Q, & que la quantité Q n'est autre chose que le second terme PQ du binome, divisé par le premier terme P.

Application. Soit proposé de trouver la quatrieme puissance de $2a + 3z$.....Je fais $m = 4$....$P = 2a$....

$PQ = 3z$, d'où $Q = \dfrac{3z}{2a}$. J'ai donc $P^m = 16a^4$....

$mAQ = 4.\ 16a^4.\dfrac{3z}{2a} = 96a^3 z \dots \dfrac{m-1}{2} BQ = \dfrac{3}{2}.96a^3 z.$

$\dfrac{3z}{2a} = 216a^2 z^2 \dots \dfrac{m-2}{3} CQ = \dfrac{2}{3}.216a^2 z^2.\dfrac{3z}{2a} = 216az^3 \dots$

$\dfrac{m-3}{4} DQ = \dfrac{1}{4}.\ 216az^3.\dfrac{3z}{2a} = 81z^4.$ Donc $(2a+3z)^4 = 16a^4 + 96a^3 z + \&c.$

315. Enfin pour rendre cette derniere formule plus commode, supposons que l'exposant de la puissance à laquelle on veut élever le binome $P + PQ$ soit $\dfrac{m}{n}$; nous aurons généralement $(P+PQ)^{\frac{m}{n}} = P^{\frac{m}{n}} + \dfrac{m}{n}\overset{A}{A}Q + \overset{B}{}$

$$\frac{m-n}{2n}\overset{C}{B}Q + \frac{m-2n}{3n}\overset{D}{C}Q + \frac{m-3n}{4n}\overset{E}{D}Q + \&c.$$

Application. Il s'agit de trouver la racine cinquieme

de $u^2 - \zeta^2$, ou la valeur approchée de $(u^2 - \zeta^2)^{\frac{1}{5}}$. Pour cela, je suppose $P = u^2$, $Q = -\dfrac{\zeta^2}{u^2}$, $m = 1$, $n = 5$, $A = $ le premier terme, $B = $ le second, C le troisieme, &c. Et je trouve que $(u^2 - \zeta^2)^{\frac{1}{5}} = u^{\frac{2}{5}} - \dfrac{\zeta^2}{5u^2} A + \dfrac{2\zeta^2}{5u^2}$

$B + \dfrac{3\zeta^2}{5u^2} C + \dfrac{7\zeta^2}{10u^2} D + \&c = u^{\frac{2}{5}} \left(1 - \dfrac{\zeta^2}{5u^2} - \dfrac{2\zeta^4}{25u^4} - \right.$

$\left. \dfrac{6\zeta^6}{125u^6} - \dfrac{21\zeta^8}{625u^8} - \&c \right)$. Revenons maintenant aux équations.

316. Lorsque parmi les facteurs d'une équation transposée, il n'y en a point d'imaginaires, & que ses termes font précédés alternativement de signes différents, toutes les racines de cette équation font positives. S'ils font tous précédés du signe $+$, toutes les racines font négatives. *Et en général, il y a autant de racines positives que de changements de signe, & autant de racines négatives que de répétitions immédiates du même signe.* C'est une exception fâcheuse que celle des facteurs imaginaires. Elle met en défaut la regle précédente, lorsqu'il y a de ces facteurs ; & lors même qu'il n'y en a pas, cette regle devient presque inutile, si on ne le fait pas déja.

317. *Lorsqu'une équation manque de second terme, la somme des racines positives est égale à celle des négatives,* sans quoi le second terme qui a pour coefficient la somme des unes & des autres ne se feroit pas évanoui (307).

Et puisque le dernier terme est toujours le produit de toutes les racines, il faut en conclure *qu'il y en a au moins une égale à zéro, toutes les fois que le dernier terme manque.*

318. Cette propriété qu'a le dernier terme d'être le produit de toutes les racines, a donné lieu à une méthode pour trouver celles qui font commensurables. En effet, si après avoir cherché tous les diviseurs du dernier terme, on essaie de diviser l'équation par l'inconnue $x \pm$ quelqu'un de ces diviseurs, & que la division réussisse, on a dès-lors un facteur de l'équation, & par conséquent une de ses ra-

cines. Si on divise, par exemple, l'équation $x^4 - ax^3$ + &c (312) par $x - a$, on trouvera pour quotient $x^3 -$ &c, lequel divisé à son tour par $x - b$, donnera $x^2 -$ &c ; & ainsi de suite jusqu'à ce qu'on ait trouvé tous les facteurs de l'équation $x^4 - ax^3 +$ &c.

Si on proposoit donc de trouver ceux de l'équation $x^3 + 3x^2 - 25x + 21 = 0$, dans laquelle il doit y avoir deux racines positives & une négative, au cas toutefois qu'il n'y en ait pas d'imaginaires (316), on commenceroit par chercher tous les diviseurs de 21 ; & on trouveroit $\pm$ 1 , $\pm$ 3 , $\pm$ 7 , $\pm$ 21. On essayeroit ensuite la division par $x + 1$, qui ne réussissant pas, feroit exclure ce diviseur du nombre des facteurs cherchés. On essayeroit donc par $x - 1$, qui divisant sans reste l'équation proposée, seroit regardé comme un de ses facteurs. En tâtonant de même, on trouveroit que $x - 3$ & $x + 7$ sont les deux autres facteurs ; d'où l'on concluroit que les trois racines sont 1, 3 & $-$ 7, ensorte que l'une de ces trois valeurs indifféremment substituée dans l'équation au lieu de x, rendra son premier membre égal à zéro.

La pratique de cette méthode, (appellée communément la méthode des diviseurs) n'a pas été bien longue dans cet exemple, parce que 21 ayant un petit nombre de diviseurs il n'y a pas eu beaucoup de divisions à tenter. Mais lorsque le dernier terme a un grand nombre de diviseurs, cette méthode devient fatiguante. Rebutés de ses longueurs, les Analystes ont imaginé un expédient assez prompt pour écarter au moins la plûpart des divisions inutiles. Nous allons expliquer en quoi il consiste : mais il faut auparavant connoître la maniere de trouver tous les Diviseurs d'un nombre.

Soit donc proposé de trouver ceux du nombre 210. On voit d'abord que ce nombre peut être divisé exactement par 2, & que le quotient de cette premiere division est 105, qui étant un nombre impair n'est pas divisible par 2. Ainsi le nombre proposé 210 ne peut être divisé par 4 : mais comme 105 est divisible par 3 (155), on voit bien que 210, doit être divisible par 6, qui est le produit des diviseurs 2 & 6, dont on s'est servi.

Le quotient de la seconde division est 35 qui ne peut être divisé ni par 2, ni par 3, mais bien par 5. Ainsi 2.5, ou 10; 3.5, ou 15; 6.5, ou 30 sont autant de diviseurs exacts de 210.

Le quotient de la troisieme division est 7 qui n'est divisible que par lui-même. Donc 7 fois 2, 7 fois 3, 7 fois 5, 7 fois 6, 7 fois 10, 7 fois 15, & 7 fois 30, sont autant de nouveaux diviseurs de 210 : lesquels joints à ceux que les opérations précédentes ont fait connoître, composent la suite de tous les diviseurs demandés.

La regle pour trouver tous les diviseurs d'un nombre, se réduit donc à le diviser d'abord par 2, s'il est pair, ou par 3, ou par 5, ou par 7, ou par quelqu'un des autres *nombres premiers*, s'il est impair. Puis on divise ce premier quotient par 2 encore, s'il est pair, ou par 3, ou par 5, &c, s'il est impair. Ensuite on multiplie le premier diviseur par le second, & on écrit le produit au rang des diviseurs cherchés. Si le second quotient est encore pair, on le divise par 2, & s'il est impair on essaie de le diviser comme ci-dessus, par un des autres nombres premiers, en commençant toujours par les plus petits. Après quoi, on multiplie tous les diviseurs déja trouvés par celui dont on vient de faire usage, & on poursuit la division jusqu'à ce que l'on parvienne enfin à un dernier quotient qui soit l'unité.

Deux exemples suffiront pour rendre cette méthode familiere. Voici d'abord le détail de celui que nous venons d'expliquer.

Dividendes	210	1.	*Diviseurs.*
&	105	2.	
Quotients.	35	3.6.	
	7	5.10.15.30.	
	1	7.14.21.35.42.70.105.210.	

O iij

Ainsi tous les diviseurs de 210 sont . . . . 1 . . 2 . . 3 . .
5 . . 6 . . 7 . . 10 . . 14 . . 15 . . 21 . . 30 . . 35 . . 42 . .
70 . . 105 . . 210.

Soit proposé maintenant de trouver les diviseurs de
900 . . . . je dispose les parties du calcul, comme dans
l'exemple précédent, & je trouve

Dividendes 900|1.   Diviseurs.
     &   450|2.
Quotients, 225|2.4
             75|3.6.12
             25|3.9.18.36
              5|5.10.15.20.30.45.60.90.180.
              1|5.25.50.75.100.150.225.300.450.900.

Le nombre 900 a donc pour diviseurs . . . 1 . . 2 . .
3 . . 4 . . 5 . . 6 . . 9 . . 10 . . 12 . . 15 . . 18 . . 20 . . 25 . .
30 . . 36 . . 45 . . 50 . . 60 . . 75 . . 90 . . 100 . . 150 . .
180 . . 225 . . 300 . . 450 . . 900.

On peut trouver par la même méthode tous les diviseurs de 360, & leur grand nombre fera sentir la raison du
partage purement arbitraire que les anciens Géometres
ont fait de la circonférence du cercle en 360 degrés (97).

319. Cela posé, soit a l'un des diviseurs du dernier terme, qui étant
ajouté à x forme le facteur $x + a$ d'une équation quelconque. Il
est certain que si dans cette équation on suppose successivement $x = 1$,
$x = 0$, $x = -1$ &c, les résultats que donnera le premier membre par ces différentes suppositions, feront successivement divisibles
par $1 + a$, par a, par $-1 + a$, &c, provenus des mêmes suppositions faites dans le facteur $x + a$.

Or $1 + a$, a, $-1 + a$ font en progression arithmétique. Donc
aucun des diviseurs du dernier terme (auquel seul l'équation se réduit
par la supposition de $x = 0$) ne peut être le nombre cherché a, s'il
n'est moyen proportionel entre deux autres diviseurs des nombres provenus, l'un de la supposition $x = 1$, l'autre de la supposition $x = -1$.
Et comme la différence de cette progression est 1, il faut que le diviseur
qui répond à la supposition $x = 0$, surpasse d'une unité le diviseur correspondant à la supposition $x = -1$, & soit surpassé à son tour d'une
unité par le diviseur qui répond à la supposition $x = 1$.

Si on fait enfuite, $x = 2$, $x = 3$, &c, on doit trouver parmi les diviſeurs qui en proviendront, des termes qui ſoient en progreſſion arithmétique avec les précédents. Au moyen de cette condition, il eſt aiſé de connoître les facteurs qui diviſent exactement l'équation. On voit bien au reſte que chacun des diviſeurs du dernier terme doit être pris ſucceſſivement en $+$ & en $—$.

Pour faire quelque application de cette méthode, cherchons les racines commenſurables de l'équation $x^3 + 3x^2 — 8x + 10 = 0$. Je ſuppoſe d'abord $x = 1$; le premier membre ſe réduit à 6 : ſi $x = 0$, il ſe réduit à 10 : & ſi $x = — 1$, le réſultat eſt 20. Je cherche tous les diviſeurs de 6, de 10, & de 20. Enſuite, je regarde ſi parmi ceux de 10, il en eſt qui étant pris en $+$ ou en $—$, ſurpaſſent d'une unité quelqu'un de ceux du nombre 20, & ſoient ſurpaſſés à leur tour de la même quantité par quelqu'un de ceux du nombre 6. Je trouve que $+2$ & $+5$ ont ces conditions. Car 3 & 6, diviſeurs du nombre 6 ſurpaſſent d'une unité 2 & 5, diviſeurs de 10 ; & ceux-ci ſurpaſſent de la même quantité 1 & 4, diviſeurs de 20. Pour plus de clarté, on peut diſpoſer ainſi les ſuppoſitions, les réſultats, les diviſeurs, & les progreſſions.

Supp.	Réſul.	Div.		Prog.	
$x = 1$	6	1 . 2 . 3 . 6		3	6
$x = 0$	10	1 . 2 . 5 . 10		2	5
$x = -1$	20	1 . 2 . 4 . 5 . 10 . 20		1	4

Ces deux progreſſions me font déja connoître qu'il ſeroit inutile de tenter la diviſion de l'équation propoſée par d'autre facteur que $x + 2$, ou $x + 5$. Elles ne m'apprennent pas cependant ſi ces deux facteurs réuſſiront. Je ne puis m'en aſſurer qu'en eſſayant la diviſion, ou en faiſant une nouvelle ſuppoſition, par exemple $x = 2$, laquelle donne 14 pour réſultat ; d'où je conclus que la premiere progreſſion 1, 2, 3 exigeant pour être continuée, que 4 ſoit un des diviſeurs de 14, ce qui n'eſt pas, $x + 2$ ne peut être un des facteurs de mon équation. Mais la progreſſion 4, 5, 6 exigeant 7 pour être continuée, & 14 étant diviſible par 7, je ſuis ſûr que ſi l'équation a un facteur commenſurable, elle n'en a point d'autre que $x + 5$. Je la diviſe donc par $x + 5$, & la diviſion me réuſſit. Le quotient $x^2 — 2x + 2$ n'eſt plus que du ſecond degré, & ſes deux facteurs imaginaires $x — 1 \pm \sqrt{-1}$, ſe trouvent tout de ſuite en réſolvant l'équation $x^2 — 2x + 2 = 0$.

Soit pris pour ſecond exemple, $x^4 — x^3 — 16x^2 + 55x — 75 = 0$. Je ſuppoſe $x = 1$, $x = 0$, $x = — 1$ & j'écris comme ci-deſſus tous les diviſeurs des réſultats 36, 75, & 144, provenus de ces trois ſuppoſitions.

Supp.	Réful.	Div.	Prog.			
$x=1$	36	1.2.3.4.6.9.12.18.36 ·	4	-2	6	-4
$x=0$	75	1.3.5.15.25.75	3	-3	5	-5
$x=-1$	144	1.2.3.4.6.8.9.12.16.18.24.36.48.72.144	2	-4	4	-6

Je cherche enfuite parmi les diviſeurs de 75, ceux qui ſurpaſſent d'une unité quelqu'un des diviſeurs de 144, & qui ſont ſurpaſſés de la même quantité par quelqu'un de ceux de 36. Les nombres 3 & 5 pris tant en + qu'en — ont cette propriété, ce qui forme quatre progreſſions.

Pour connoître maintenant celles qu'il faut exclure, (car le dernier terme n'étant que — 75, il ne peut être le produit de ces quatre nombres), je ſuppoſe $x = 2$. Le réſultat eſt 21, qui n'eſt pas diviſible par 5, comme la premiere progreſſion l'exigeroit. Donc $x + 3$ n'eſt pas un des facteurs cherchés.

Pour vérifier les trois autres progreſſions, je ſuppoſe $x = -2$, ce qui donne pour réſultat 225. Or 225 n'eſt pas diviſible par 7, comme il le faudroit pour continuer la quatrieme progreſſion, — 4, — 5, & — 6; on doit donc rejetter $x - 5$. Mais 225 eſt diviſible par 5 & par 3, comme la ſeconde & la troiſieme progreſſion l'exigent. Les ſeuls facteurs à eſſayer ſont donc $x - 3$, & $x + 5$.

J'eſſaie le premier. Il réuſſit, & donne pour quotient $x^3 + 2x^2 — 10x + 15$, que j'eſſaye de diviſer par le ſecond. La diviſion réuſſit encore, & le quotient $x^2 — 3x + 5$ n'a plus de facteurs commenſurables.

On voit par ces exemples avec quelle facilité on trouve les facteurs ſimples d'une équation numérique, lorſqu'elle en a. La méthode en eſt aiſée, & quoiqu'elle ne ſoit pas exempte de tâtonement, elle n'en eſt pas moins précieuſe par tous ceux qu'elle fait éviter.

Si l'équation à réſoudre paſſoit le troiſieme degré, elle pourroit bien n'être décompoſable qu'en facteurs du ſecond. Voici en peu de mots la maniere de trouver ces facteurs. On peut la voir bien détaillée dans les éléments d'Algebre de M. Clairaut.

320. Si on repréſente par $xx + bx + c$ le diviſeur à deux dimenſions d'une quantité donnée, il eſt clair qu'en faiſant ſucceſſivement $x = 2, x = 1, x = 0, x = — 1, x = — 2$, les réſultats provenus de cette ſubſtitution dans la quantité donnée, ſeront diviſibles ſucceſſivement par $4 + 2b + c$, par $1 + b + c$, par c, par $1 — b + c$, & par $4 — 2b + c$ réſultats du diviſeur $x^2 + bx + c$. Il y aura donc parmi les diviſeurs du réſultat de $x = 2$, un nombre qui repréſentera $4 + 2b + c$; & ſi de chacun de ces diviſeurs pris en + & en —, on retranche 4, quelqu'un de leurs reſtes repréſentera $2b + c$.

Il y aura parmi les diviſeurs du réſultat de $x = 1$, un nombre qui repréſentera $1 + b + c$. Donc ſi on ôte l'unité de tous ces diviſeurs pris tant en + qu'en —, ce ſera parmi ces reſtes que ſe trouvera $b + c$.

Parmi les diviſeurs du dernier terme de l'équation auquel elle ſe réduit lorſque $x = 0$, on trouvera un nombre qui repréſentera c.

Parmi ceux du résultat de $x = -1$, on trouvera $-b+c$ en retranchant l'unité de chacun de ces diviseurs. Enfin on trouvera $4-2b+c$ dans la suite des diviseurs du résultat de $x = -2$, & si on ôte 4 de chacun de ces diviseurs pris en $+$ & en $-$, quelqu'un de leurs restes représentera $-2b+c$.

Remarquez maintenant que $2b+c$, $b+c$, c, $-b+c$, $-2b+c$ forment une progression arithmétique, & que par conséquent dans les suites des nombres qui représenteront $2b+c$, $b+c$, c, $-b+c$, $-2b+c$, il ne faudra prendre que des proportionels-arithmétiques. Celui qui répondra à la supposition de $x = 0$, représentera c; celui qui répondra à $x = 1$ sera $b+c$; donc si l'on ôte celui qui représente c de celui qui représente $b+c$, on aura la valeur de b, & par-là le facteur $xx+bx+c$ sera déterminé.

Dans l'application de cette méthode, il pourra arriver qu'il y ait des progressions à rejetter. On saura bientôt à quoi s'en tenir, par une nouvelle supposition $x = 3$ ou -3 : car si de tous les diviseurs positifs & négatifs du nouveau résultat on ôte 9, il doit y avoir parmi leurs restes des nombres propres à continuer les progressions qu'il faut admettre. Toutes celles qui ne pourront être continuées, sont dans le cas d'être exclues.

Remarquez seulement que la quantité à retrancher chaque fois des diviseurs est le quarré de la valeur correspondante de x. D'après cela, il est aisé de saisir l'esprit de la méthode, & d'en faire des applications. Deux suffiront.

On demande si l'équation $x^4-3x^2-12x+5=0$, a des facteurs commensurables du second degré ?

J'écris les suppositions dans une premiere colonne, les résultats dans la suivante ; la troisieme est pour les diviseurs ; la quatrieme pour les quarrés à soustraire ; les deux autres sont pour les restes & les progressions.

Sup.	Rés.	Div.	Q	Rest.			
$x = 2$	15	1.3. 5. 15	4	$-19,-9,-7,-5,-3,-1,+1,+11$	-3	1	-5	11
$x = 1$	9	1.3. 9.	1	$-10,-4,-2,0,+2,+8$	-4	0	-2	8
$x = 0$	5	1.5.	0	$-5,-1,+1,+5$	-5	-1	$+1$	5
$x = -1$	15	1.3. 5. 15	1	$-16,-6,-4,-2,0,+2,+4,+14$	-6	-2	4	2
$x = -2$	33	1.3.11. 33	4	$-37,-15,-7,-5,-3,-1,+7,+29$	-7	-3	7	-1

Celle des restes se forme, comme nous l'avons dit, en retranchant de tous les diviseurs correspondants pris en $+$ & en $-$, le quarré de la valeur correspondante de x. La premiere ligne, par exemple, se forme en disant, $-15-4=-19\ldots\ldots-5-4=-9\ldots-3-4=-7\ldots-1-4=-5$. Voilà tous les restes des diviseurs de 15 pris en $-$. Pour les trouver quand on prend ces diviseurs en $+$, il n'y a qu'à dire, $+1-4=-3\ldots\ldots+3-4=-1\ldots+5-4=+1\ldots+15-4=+11$. Les lignes suivantes se forment

de même. Il n'y a que la quantité à retrancher, qui varie dans chacune.

Comparons maintenant les restes de la troisieme ligne qui répond
à $x = 0$, avec ceux des lignes supérieures & inférieures, afin de trouver des progressions. Je vois d'abord que — 5 est moyen proportionel
entre — 4 & — 3 qui sont au-dessus, & — 6 & — 7 qui sont dans les
deux dernieres lignes. J'écris cette premiere progression, & je compare
successivement — 5 à tous les autres nombres supérieurs & inférieurs,
pour savoir s'il n'y a pas d'autre progression. Je n'en trouve point.

Je passe donc à — 1 qui n'en donne qu'une aussi dont la différence
est 1. Ensuite à + 1 qui en donne une autre dont la différence est 3.
Enfin à + 5 qui en donne une quatrieme. Mais il est bien évident que
ces quatre progressions ne peuvent être admises toutes à la fois, puisque le dernier terme de l'équation n'est que 5 (318).

Pour en exclure quelqu'une, je suppose $x = 3$, & j'ai pour résultat
23, dont les diviseurs sont 1 & 23. Soustrayant ensuite de ces diviseurs
pris en + & en — le quarré de 3, je trouve ces quatre restes, — 32,
— 10, — 8, + 14, parmi lesquels manquent — 2 & + 2 qui seroient
nécessaires pour continuer les deux premieres progressions. Il faut
donc les rejeter.

A l'égard des deux dernieres, on voit qu'elles peuvent être continuées par — 8 & par 14. Ainsi je prends dans l'avant-derniere le
terme + 1 qui répond à $x = 0$, pour représenter c; & le terme — 2
qui répond à $x = 1$, pour représenter $b + c$. J'en conclus que b
$= — 3$, & que parconséquent le premier facteur à essayer est $x^2 —$
$3x + 1$. Je l'essaie, & la division qui réussit me donne pour quotient $x^2 + 3x + 5$. Les deux facteurs de l'équation proposée sont
donc $x^2 — 3x + 1$, & $x^2 + 3x + 5$, qu'il est aisé de résoudre si l'on
veut par les méthodes du second degré.

Soit pris pour second exemple, $x^5 — 2x^4 + x^3 — 5x^2 — 8x —$
$2 = 0$. Ayant fait à l'ordinaire $x = 2$, $x = 1$, $x = 0$, $x = — 1$,
$x = — 2$, je cherche tous les diviseurs des résultats 30, 15, 2, 3, &
78; le reste s'entend assez par le détail suivant.

Supp.	Résul.	Div.	Q
$x = 2$	30	1.2.3. 5. 6.10.15.30	4
$x = 1$	15	1.3.5.15	1
$x = 0$	2	1.2	0
$x = -1$	3	1.3	1
$x = -2$	78	1.2.3.6.13.26.39.78	4

Restes.		Progr.	
-34,-19,-14,-10,-9,-7,-6,-5,-3,-2,-1,+1,+2,+6,+11,+26	— 6	+ 2	6
-16,- 6,- 4,- 2,-0,+2,+4,+14	— 4	0	4
- 2,- 1,+1,+2	— 2	— 2	2
- 4,- 2, 0,+2	0	— 4	0
-82,-43,-30,-17,-10,-7,-6,-5,-3,-2,-1,+2,+9,+22,+35,+74	+ 2	— 6	-2

Des trois progressions que m'offre cet exemple, je vois qu'il faut rejeter les deux dernieres, en supposant $x = 3$: car le résultat 37 n'ayant pour diviseur que 1 & 37, il est clair qu'en ôtant 9 de ces deux diviseurs pris positivement & négativement, les restes — 46, — 10, — 8, + 28 ne permettront de continuer que la premiere progression par — 8.

J'ai donc — 2 pour représenter c, & — 4 pour représenter $b + c$: d'où je tire $b = -2$. Ainsi, s'il y a un facteur commensurable à deux dimensions dans l'équation proposée, ce doit être $x^2 - 2x - 2$; je tente donc la division, & je trouve pour quotient exact $x^3 + 3x + 1$.

Ces principes suffisent pour trouver les diviseurs commensurables du premier & du second degré, dans les équations qui ne passent pas le cinquieme. Celles qui sont plus élevées ne sont quelquefois divisibles que par des facteurs du troisieme, quatrieme, &c. Mais nous ne nous arrêterons pas à expliquer la maniere de les trouver, tant à cause de la longueur des calculs, qu'à cause du peu d'utilité qui en résulte.

Nous ne nous arrêterons pas non plus à expliquer comment on décompose une équation purement algébrique en ses facteurs de deux ou de plusieurs lettres, du premier ou du second degré. Quoique fort ingénieuses, toutes ces méthodes se ressentent pourtant un peu du tâtonnement.

Maniere de transformer les Equations, & d'en faire évanouir le second terme.

321. Il est souvent utile de faire subir aux équations certains changements, de supposer, par exemple, l'inconnue égale à une autre inconnue + une quantité indéterminée. Cette supposition facilite en certains cas la résolution des équations.

Lorsque, par exemple, elles sont affectées de coefficients fractionaires, comme celle-ci . . . . $x^3 + \dfrac{b}{a} x^2 + \dfrac{c}{d} x + \dfrac{f}{g} = 0$, & que l'on veut ôter toutes ces fractions, il n'y a qu'à supposer $x = \dfrac{y}{m}$ (y étant une nouvelle inconnue, & m une quantité que l'on détermine toujours facilement) : en substituant cette valeur à x, l'équation proposée deviendra . . . $\dfrac{y^3}{m^3} + \dfrac{by^2}{a m^2} + \dfrac{c y}{dm} + \dfrac{f}{g} = 0$, ou $y^3 + \dfrac{bmy^2}{a} + \dfrac{cm^2 y}{d} + \dfrac{fm^3}{g} = 0$. Or cette derniere équation n'aura plus de coefficients fractionaires, si m est divisible tout à la fois par a, par d, & par g ; & il le sera, si on prend pour m leur produit adg, ou même un plus petit nombre que ce produit, quand les nombres

a, d, g, ne font pas premiers entre eux. Subſtituant donc $a\,d\,g$ au lieu de m dans $y^3 + \dfrac{b\,m\,y^2}{a} + \&c$, on aura l'équation $y^3 + bdgy^2$ $+ a^2cdg^2y + a^3 d^3 fg^2 = 0$, où il n'y a plus de fractions.

Les racines de cette équation une fois trouvées, celles de $x^3 + \dfrac{b}{a}$ $x^2 + \&c.$ ſe préſenteront d'elles-mêmes, en diviſant les premieres par m que nous venons de déterminer. Toute la difficulté conſiſte donc à trouver ces premieres racines. Pour en faciliter la recherche, on a imaginé de faire évanouir le ſecond terme des équations à réſoudre ; & voici comment on fait cette transformation.

322. Soit l'équation générale, $x^m + ax^{m-1} + bx^{m-2} + \&c \dots$ $+ \omega = 0$. Je ſuppoſe $x = y + f$ (y étant une autre inconnue, & f une indéterminée à laquelle on donnera telle valeur qu'il conviendra, pour faire évanouir le ſecond terme). J'ai donc la transformée,

$$\left. \begin{array}{l} y^m + my^{m-1} f + \dfrac{m \cdot m-1}{2} y^{m-2} f^2 + \&c. \dots + \omega \\[2mm] \pm ay^{m-1} \pm \overline{m-1} \cdot ay^{m-2} f \pm \&c \\[1mm] \pm by^{m-2} \pm \&c \\[1mm] \&c \end{array} \right\} = 0.$$

Maintenant, pour que le ſecond terme de cette équation s'évanouiſſe, il faut que $my^{m-1} f \pm ay^{m-1} = 0$. Il faut donc qu'après avoir diviſé par my^{m-1}, & tranſpoſé, on ait $f = \mp \dfrac{a}{m}$. Ce qui nous fait voir d'une maniere générale, que *pour faire évanouir le ſecond terme d'une équation, il n'y a qu'à ſuppoſer l'inconnue égale à une autre inconnue moins ou plus le coefficient du ſecond terme de cette équation, diviſé par le nombre qui en exprime le degré.* On met moins, lorſque le ſecond terme eſt poſitif ; & plus, quand il eſt négatif.

Toute équation du ſecond degré ſemblable à celle-ci $x^2 + ax = b$, ſe réſout promptement par cette transformation, en faiſant $x = y - \dfrac{a}{2}$, & en ſubſtituant. Nous ne nous y arrêterons pas. Soit donc $x^3 - 6x^2 + 4x - 7 = 0$, que l'on voudroit changer en une équation équivalente, dans laquelle il n'y eût plus de ſecond terme.

Pour cela, je ſuppoſe $x = y + \frac{6}{3} = y + 2$; & ſubſtituant, il vient $y^3 * - 8y - 15 = 0$, qui n'a pas de ſecond terme, c'eſt-à-dire, de y^2 dans cet exemple.

Pour transformer $x^4 + 2x^3 - 4 = 0$, je fais $x = y - \frac{2}{4} = y$

$-\frac{1}{2}$, & j'ai $y^4 * - \frac{3}{2} y^2 + y - \frac{67}{16} = 0$, dont le second terme est évanoui. On transformeroit $\chi^5 + a\chi^4 - b\chi^2 + c\chi + d = 0$, en suppo-
sant $\chi = x - \dfrac{a}{5}$; & ainsi des autres.

La même méthode serviroit à faire évanouir le troisieme terme
d'une équation; car en remontant à la transformée générale y^m
$+ my^{m-1} f +$ &c, il n'y auroit qu'à supposer $\dfrac{m \cdot m - 1}{2} y^{m-2} f^2 \pm$
$(m-1) ay^{m-2} f \pm by^{m-2} = 0$. On trouveroit $f = \mp \dfrac{a}{m-}$
$\sqrt{\left(\dfrac{a^2}{m^2} \mp \dfrac{2b}{m \cdot m - 1} \right)}$. Mais comme la substitution de cette valeur
de f introduiroit des radicaux dans la transformée, on aime mieux
ne faire évanouir que le second terme. Le calcul deviendroit encore plus compliqué, si on vouloit faire évanouir le quatrieme ou le
cinquieme, &c.

Du Calcul des Quantités radicales.

323. A commencer aux équations du second degré, les quantités
radicales sont inévitables dans la résolution de presque toutes les équations. Il est donc à propos d'apprendre à calculer ces quantités, avant
que d'aller plus avant dans cette théorie.

Quoique l'on appelle en général quantités radicales, toutes les quantités affectées du signe radical, il y en a pourtant beaucoup qui ne sont
radicales qu'en apparence; ce sont des quantités commensurables, qui
peuvent par-là même subir les extractions de racine indiquées par l'exposant du radical. Or toutes les fois que cette opération est possible, il
ne faut pas manquer de la faire. C'est ainsi que les quantités suivantes

$$\sqrt{225} \ldots \sqrt{a^2 b^4} \ldots \sqrt[3]{x^6 y^9} \ldots \sqrt[4]{(1 + 4\varphi + 6\varphi^2 + 4\varphi^3 + \varphi^4)}$$

se réduisent à celles-ci, (157).

$$\pm 15 \ldots \pm ab^2 \ldots x^2 y^3 \ldots 1 + \varphi, \text{ ou } - 1 - \varphi.$$

Le reste des quantités radicales se partage en deux classes, dont l'une
comprend toutes les quantités incommensurables; l'autre renferme toutes
les quantités imaginaires.

Les incommensurables que l'on appelle aussi quantités irrationelles,
ne peuvent jamais être débarrassées du radical qui les affecte, parce
qu'il n'est pas possible d'avoir leur valeur d'une maniere exacte. Tout
ce que l'on peut faire de mieux, c'est d'approcher de cette valeur, par
les méthodes les plus promptes, ou du moins de simplifier ces quantités, lorsqu'il y a lieu.

Par exemple, les quantités suivantes peuvent être simplifiées, en

appliquant les regles d'extraction aux parties qui en sont susceptibles ;
& on peut écrire ces quantités, comme on les voit ici.

$$\sqrt{8}=2\sqrt{2}\ldots\sqrt[3]{432}=2\sqrt[3]{54}=3\sqrt[3]{16}=6\sqrt[3]{2}\ldots\sqrt[4]{405}=3\sqrt[4]{5}.$$

$$\sqrt[3]{m^2 n}=m\sqrt{n}\ldots\sqrt[3]{\varphi^3\omega^5}=\varphi\omega\sqrt[3]{\omega^2}\ldots\sqrt[5]{\frac{c^6 d^8}{g}}=\frac{cd}{g}\sqrt[5]{cd^3}.$$

$$\sqrt{(3a^2-6ab+3b^2)}=(a-b)\sqrt{3}.$$

Outre ces premieres réductions praticables seulement en certains cas,
les incommensurables peuvent subir toutes les opérations de l'Arithmétique. Il faut donc savoir comment on les assujettit à ces opérations.

324. L'addition des radicaux se fait en les écrivant de suite, avec
les signes qui leur sont propres ; & s'il se trouve des radicaux semblables,
c'est-à-dire, qui aient le même exposant, & qui affectent la même
quantité, on les réduit suivant la méthode ordinaire (113).

Soit proposé, par exemple, d'ajouter... $\sqrt{a}$, $\sqrt[3]{b}$, $2\sqrt{a}$, $-3\sqrt[3]{b}$...
On écrira $3\sqrt{a}-2\sqrt[3]{b}$. Soit proposé ensuite d'ajouter, $\sqrt[4]{x^2 y}$, $-a\sqrt[4]{x^2 y}$
$+b\sqrt[4]{x^2 y}$...On écrira $(1-a+b)\sqrt[4]{x^2 y}$.

En général la somme de $\dfrac{a}{b}\sqrt[m]{\dfrac{c}{d}}+\dfrac{f}{g}\sqrt[m]{\dfrac{c}{d}}$ peut se réduire à

$\dfrac{ag+bf}{bg}\sqrt[m]{\dfrac{c}{d}}$. La soustraction des radicaux consiste à changer seulement le signe du coefficient du radical que l'on veut soustraire ; &
si par hazard les deux radicaux sont semblables, on les réduit comme
ci-dessus.

EXEMPLE. $3\sqrt{7}-\sqrt{7}=2\sqrt{7}\ldots\sqrt{75}-4\sqrt{3}=5\sqrt{3}-4\sqrt{3}=$
$\sqrt{3}\ldots\sqrt{27a^3 b}-\sqrt{3a^3 b^5}=3a\sqrt{3ab}-ab^2\sqrt{3ab}=(3a-ab^2)$
$\sqrt{3ab}$.

325. La multiplication des quantités radicales se fait à peu-près
comme celle des autres quantités. Il y a seulement deux regles particulieres à observer ; l'une dans le cas où le multiplicande & le multiplicateur sont soumis à des radicaux de même degré ; l'autre, dans
le cas, où leurs radicaux sont différents.

Dans le premier cas, on multiplie à l'ordinaire les quantités soumises à ces signes, & on écrit leur produit sous le radical commun ;
sauf à réduire ensuite, s'il y a lieu.

EXEMPLES. . . . . . $\sqrt{6}\times\sqrt{8}=\sqrt{48}=4\sqrt{3}$ . . . . $\sqrt[n]{a}\times\sqrt[n]{b}=$
$\sqrt[n]{ab}$ . . . . . $\sqrt[c]{5x^2 y^4}\times\sqrt[c]{20ux}=\sqrt[c]{(100ux^3 y^4)}$ . . . . $\sqrt[5]{p}\times\sqrt[5]{-q}$
$=\sqrt[5]{-pq}$.

Dans le second cas, on se contente souvent d'indiquer la multiplication ; où, si on veut l'effectuer, de maniere que le produit soit assu-

jetti à un seul radical, on commence par réduire les deux radicaux des facteurs au même exposant: après quoi on multiplie comme dans le premier cas.

Or pour opérer cette réduction, il faut multiplier l'un par l'autre les deux exposants des signes radicaux, & multiplier de même les exposants des quantités soumises à un radical, par l'exposant de l'autre radical. Cette double opération fait rentrer le second cas dans le premier.

EXEMPLES.... $\sqrt{a} \cdot \sqrt[3]{b} = \sqrt[6]{a^3} \cdot \sqrt[6]{b^2} = \sqrt[6]{a^3 b^2} \ldots \sqrt[n]{b} \cdot \sqrt[m]{c} = \sqrt[mn]{b^m c^n} \ldots \sqrt[p]{b^s} \cdot \sqrt[q]{c^t} = \sqrt[pq]{b^{sq} c^{tp}}$.

326. La division des radicaux peut quelquefois s'effectuer, quand ils ont le même exposant: mais lorsque la division est impraticable, on l'indique seulement, de la même maniere que pour les quantités rationelles.

EXEMPLES. $\dfrac{\sqrt{6}}{2\sqrt{6}} = \dfrac{1}{2} \ldots \dfrac{\sqrt{11}}{4\sqrt{33}} = \dfrac{1}{4}\sqrt{\dfrac{11}{33}} = \dfrac{1}{4}\sqrt{\dfrac{1}{3}} \ldots \dfrac{\sqrt[n]{ax}}{\sqrt[n]{bxy}} = \sqrt[n]{\dfrac{a}{by}}$.

Mais pour diviser $\sqrt[m]{a}$ par $\sqrt[p]{x}$, on écrira $\sqrt[m]{a} : \sqrt[p]{x}$; ou si l'on veut réduire ces deux radicaux au même exposant, on aura; $\sqrt[mp]{a^p} : \sqrt[mp]{x^m} = \sqrt[mp]{\dfrac{a^p}{x^m}}$.

En général $\dfrac{a}{b}\sqrt[m]{\dfrac{s}{t}} : \dfrac{c}{d}\sqrt[n]{\dfrac{y}{z}} = \dfrac{ad}{bc}\sqrt[mn]{\dfrac{s^n z^m}{t^n y^m}}$.

327. On éleve les quantités radicales à leurs différentes puissances, soit entieres, soit fractionaires, en multipliant leurs exposants par celui de la puissance à laquelle on veut les élever: après quoi, s'il y a quelque réduction à faire, on la fait.

Si on avoit, par exemple, $\sqrt{2}$ à élever au cube, on écriroit d'abord $\sqrt{2^3}$, ou $\sqrt{8}$; puis $2\sqrt{2}$. Pareillement pour élever au cube $\sqrt[m]{a}$, on écriroit $\sqrt[m]{a^{3}}$; & pour élever $\sqrt{a^2 b^x}$ au quarré, on ôteroit simplement le radical. Ainsi $(\sqrt{x} + \sqrt{y})^2 = x + 2\sqrt{xy} + y \ldots$ & $(x + \sqrt{y})^3 = x^3 + 3x^2\sqrt{y} + 3xy + y\sqrt{y}$.

328. En général, quand l'exposant du radical est le même que celui de la puissance proposée, il n'y a qu'à ôter le radical. Ainsi $(\sqrt[m]{a})^m = a$. C'est une suite évidente du calcul des puissances par leurs exposants (157); & toutes les fois que l'on éprouvera quelque difficulté dans le calcul des radicaux, rien ne sera plus facile que de la résoudre, en transformant les quantités radicales en puissances fractionaires (161).

329. Les quantités imaginaires se calculent de la même façon. On

les ajoute, on les fouftrait & on les réduit, comme toutes les autres quantités radicales : mais il y a dans leur multiplication un cas affez embarraffant, dont il eft bon d'être prévenu.

Soit donc propofé de multiplier $\sqrt{-a}$ par $\sqrt{-a}$. Il femble d'abord que le produit doit être $\sqrt{+a^2} = a$: mais en remontant à l'origine du figne radical, on ne tarde pas à fe convaincre que le produit de $\sqrt{-a}$ par $\sqrt{-a}$ doit être $-a$. Que défigne-t-on en effet par l'expreffion générale $\sqrt{m}$? N'eft-ce pas la quantité, qui multipliée par elle-même, donne m ? Soit donc $m = -a$; on aura $\sqrt{-a} \cdot \sqrt{-a} = \sqrt{m} \cdot \sqrt{m} = m = -a$.

Il eft vrai qui fi on multiplioit fous le figne radical, $-a$ par $-a$, on trouveroit $\sqrt{+a^2}$: mais fi on obferve que $\sqrt{+a^2}$ peut être également $-a$ & $-a$, & que l'ambiguité de figne (qui a lieu en général toutes les fois qu'on ignore fi a^2 provient de $+a \cdot +a$, ou de $-a \cdot -a$) ne fauroit exifter ici, puifque l'on fait que a^2 eft provenu de $-a \cdot -a$, il eft impoffible qu'on ne foit pas convaincu, que dans ce cas $\sqrt{a^2}$ eft $-a$, & non $+a$.

D'après cette obfervation, il n'eft pas difficile de voir que les puiffances fucceffives de $\sqrt{-a}$ font....

$\sqrt{-a}, -a, -a\sqrt{-a}, a^2, a^2\sqrt{-a}, -a^3$, &c. & que les mêmes puiffances de $-\sqrt{-a}$ font parcillement... $-\sqrt{-a}, -a, a\sqrt{-a}, a^2, -a^2\sqrt{-a}, a^3$ &c...

330. Cela pofé, la multiplication des polynomes qui ont des termes affectés d'imaginaires, ne doit plus être fujette à aucune difficulté, pourvu qu'on faffe attention aux fignes qui précedent ces termes. Ainfi le quarré de $1 + \sqrt{-1}$ eft $1 + 2\sqrt{-1} - 1$, ou $2\sqrt{-1}$.... Le cube de $-1 + \sqrt{-3}$ eft $-1 + 3\sqrt{-3} + 9 - 3\sqrt{-3} - 3$, ou 8.... Le produit de $x + a + \sqrt{-b}$ par $x + a - \sqrt{-b}$, eft $x^2 + 2ax + a^2 + b$.

331. Ces deux derniers exemples font voir qu'une quantité réelle eft quelquefois le produit de plufieurs facteurs imaginaires, & que par conféquent *une équation peut avoir un certain nombre de racines imaginaires, quoique tous fes coëfficients foient réels.*

Soit $x + a + \sqrt{-b}$ l'un des facteurs imaginaires d'une équation dont le premier membre eft A. On peut faire voir que cette même équation doit avoir auffi pour facteur $x + a - \sqrt{-b}$; car il n'y a qu'une quantité de la forme $B(x + a - \sqrt{-b})$ qui multipliée par $x + a + \sqrt{-b}$, puiffe donner un produit réel $B(x^2 + 2ax + a^2 + b)$ comme l'eft le premier membre A. L'exiftence du facteur imaginaire $x + a + \sqrt{-b}$ dans une équation entraîne donc celle d'un autre facteur pareil $x + a - \sqrt{-b}$, qui ne differe du premier que par le figne de $\sqrt{-b}$. Leur produit eft équivalent au facteur du fecond degré $x^2 + 2ax + a^2 + b$ entierement réel, & dont le dernier terme $a^2 + b$ eft toujours pofitif. On tire de-là diverfes conféquences utiles dans la théorie des équations.

1°, Les racines imaginaires qui fe trouvent dans une équation, y font toujours en nombre pair.

2°

2°, Les racines imaginaires que l'on rencontre dans la folution d'une équation, ont deux à deux la même quantité fous le figne radical, & ne different que par les fignes $+$ & $-$.

3°, Toute équation d'un degré impair, a au moins une racine réelle.

4°, Toute équation d'un degré pair dont le dernier terme eft négatif, a au moins deux racines réelles, puifque le produit réel des radicaux imaginaires qui font alors partie des deux polynomes multipliés l'un par l'autre, ne peut être qu'une quantité pofitive (325).

Méthode pour extraire les Racines des quantités en partie rationelles & en partie incommenfurables.

332. Les équations qui fe réfolvent par les méthodes du fecond degré offrent fouvent à extraire des racines de quantités en partie rationelles & en partie radicales. Ces équations font généralement repréfentées par $x^{2m} + p x^m = q$, & leur folution générale donne $x = \sqrt[m]{[-\frac{1}{2}p \pm \sqrt{(\frac{1}{4}p^2 + q)}]}$. Il importe donc à la réfolution complette de ces équations, que $\sqrt[m]{[-\frac{1}{2}p \pm \sqrt{(\frac{1}{4}p^2 + q)}]}$ foit réduite, lorfque cela eft poffible, à une expreffion plus fimple, dans laquelle il n'entre qu'une quantité rationelle, avec un radical du fecond degré. C'eft pourquoi nous allons donner la méthode de faire cette réduction.

Prenons d'abord le cas où $m = 2$, c'eft-à-dire, cherchons la racine quarrée des quantités en partie rationelles, en partie radicales. Nous repréfenterons généralement ces quantités par $p + \sqrt{q}$, & leur racine par $\sqrt{x} + \sqrt{y}$. S'il n'y a qu'un feul radical dans la racine que l'on cherche, l'une de ces deux quantités $\sqrt{x}$, $\sqrt{y}$ fera commenfurable.

On aura donc $\sqrt{x} + \sqrt{y} = \sqrt{(p + \sqrt{q})}$, d'où l'on tirera $x + y + 2\sqrt{xy} = p + \sqrt{q}$. Egalant enfuite la partie commenfurable du premier membre à celle du fecond, on aura $x + y = p$. Leurs parties incommenfurables donneront $xy = \frac{q}{4}$; d'où $y = \frac{q}{4x} = p - x$, & par conféquent $x^2 - px = -\frac{q}{4}$; d'où encore $x = \frac{1}{2}p \pm \sqrt{(\frac{1}{4}p^2 - \frac{1}{4}q)}$, & $y = \frac{1}{2}p \mp \sqrt{(\frac{1}{4}p^2 - \frac{q}{4})}$. Donc $\sqrt{x} + \sqrt{y}$, ou $\sqrt{(p + \sqrt{q})} = \dots$

$$\sqrt{[\frac{1}{2}p + \frac{1}{2}\sqrt{(p^2 - q)}]} + \sqrt{[\frac{1}{2}p - \frac{1}{2}\sqrt{(p^2 - q)}]}.$$

Or quoique cette dernière quantité paroiffe auffi compliquée que $\sqrt{(p + \sqrt{q})}]$, cependant lorfque celle-ci fera fufceptible d'une racine exacte, l'autre pourra fe réduire à une expreffion plus fimple. Il eft aifé de voir en effet, que fi $\sqrt{x} + \sqrt{y}$ eft la racine quarrée de $p + \sqrt{q}$, celle de $p - \sqrt{q}$ doit être $\sqrt{x} - \sqrt{y}$, & que par conféquent $(\sqrt{x} + \sqrt{y})(\sqrt{x} - \sqrt{y})$ ou $x - y = \sqrt{(p^2 - q)}$, quantité commenfurable toutes les fois que $p + \sqrt{q}$ a une racine quarrée exacte.

P

APPLICATIONS. I°. On demande si $4 + 2\,\sqrt{3}$ a une racine quarrée exacte ? Pour le savoir, je fais $4 = p$ . . $2\,\sqrt{3}$ ou $\sqrt{12} = q$. J'ai donc $q = 12$ . . . $\sqrt{[\frac{1}{2}p + \frac{1}{2}\sqrt{(p^2 - q)}]} = \sqrt{3}$, & . . . . $\sqrt{[\frac{1}{2}p - \frac{1}{2}\sqrt{(p^2 - q)}]} = 1$; d'où je tire $\sqrt{4 + 2\sqrt{3}} = 1 + \sqrt{3}$ ou $-1 - \sqrt{3}$. C'est la racine demandée.

II°. On demande encore la racine de $8 + 2\,\sqrt{15}$? . . . . Ici on a $p = 8$, $q = 60$. Donc $\sqrt{[\frac{1}{2}p + \frac{1}{2}\sqrt{(p^2 - q)}]} = \sqrt{5}$, & . . . . . $\sqrt{[\frac{1}{2}p - \frac{1}{2}\sqrt{(p^2 - q)}]} = \sqrt{3}$. Donc $\sqrt{(8 + 2\sqrt{15})} = \sqrt{3} + \sqrt{5}$ ou $-\sqrt{3} - \sqrt{5}$.

Il suit de là que $\sqrt{(4 - 2\sqrt{3})} = 1 - \sqrt{3}$ ou $\sqrt{3} - 1$, & que $\sqrt{(8 - 2\sqrt{15})} = \sqrt{3} - \sqrt{5}$, ou $\sqrt{5} - \sqrt{3}$. En général, $\sqrt{(p - \sqrt{q})} = \sqrt{(\frac{1}{2}p + \frac{1}{2}\sqrt{(p^2 - q)})} - \sqrt{[\frac{1}{2}p - \frac{1}{2}\sqrt{(p^2 - q)}]}$, ou $\sqrt{[\frac{1}{2}p - \frac{1}{2}\sqrt{(p^2 - q)}]} - \sqrt{[\frac{1}{2}p + \frac{1}{2}\sqrt{(p^2 - q)}]}$.

333. La même formule peut servir à extraire la racine quarrée d'une quantité en partie rationelle & en partie imaginaire. Soit, par exemple, $-1 + 2\sqrt{-2}$ qui étant comparée avec $p + \sqrt{q}$, donne $p = -1$, $q = -8$, $\sqrt{[\frac{1}{2}p + \frac{1}{2}\sqrt{(p^2 - q)}]} = \sqrt{(-\frac{1}{2} + \frac{3}{2})}$, & $\sqrt{[\frac{1}{2}p - \frac{1}{2}\sqrt{(p^2 - q)}]} = \sqrt{(-\frac{1}{2} - \frac{3}{2})}$, d'où $\sqrt{(-1 + 2\sqrt{-2})} = 1 + \sqrt{-2}$ ou bien $-1 - \sqrt{-2}$.

334. On trouve quelquefois des quantités imaginaires monomes qui ont des racines binomes. Telle est la quantité $2\sqrt{-1}$ dont la racine est $1 + \sqrt{-1}$. Pour extraire ces sortes de racines, on s'y prendra de la même maniere que dans les exemples précédents. Si on vouloit donc avoir celle de $m\sqrt{-1}$, (m étant une quantité réelle quelconque), on supposeroit $\sqrt{m\sqrt{-1}} = x + y\sqrt{-1}$, ce qui donneroit $m\sqrt{-1} = x^2 - y^2 + 2xy\sqrt{-1}$; d'où $x^2 - y^2 = 0$, ce qui donne $x = y$, & $2xy = m$, d'où l'on tire $x = \sqrt{\frac{1}{2}m}$. Donc, en général, $\sqrt{m\sqrt{-1}} = \sqrt{\frac{1}{2}m}(1 + \sqrt{-1})$.

335. Cherchons à présent la racine cubique de $p + \sqrt{q}$, & représentons-la par $(x + \sqrt{y})\sqrt[3]{\zeta}$. Nous prenons $x + \sqrt{y}$, au lieu de $\sqrt{x} + \sqrt{y}$, parce que le cube de ces deux dernieres quantités ne contiendroit aucun terme commensurable. Nous prenons aussi $(x + \sqrt{y})\sqrt[3]{\zeta}$, parce que dans le cube de cette expression il entre aussi bien une quantité commensurable, que dans celui de $x + \sqrt{y}$, & parce que cette indéterminée ζ nous sera utile.

Nous aurons donc $(x + \sqrt{y})\sqrt[3]{\zeta} = \sqrt[3]{(p + \sqrt{q})}$, & par conséquent $(x - \sqrt{y})\sqrt[3]{\zeta} = \sqrt[3]{(p - \sqrt{q})}$. Multiplions l'une par l'autre ces deux équations, il viendra $(x^2 - y)\sqrt[3]{\zeta^2} = \sqrt[3]{(p^2 - q)}$; d'où $x^2 - y = \dfrac{\sqrt[3]{(p^2 - q)}\,\zeta}{\zeta}$. Donc si $x^2 - y$ est commensurable, c'est-à-dire, si on peut avoir la racine cubique exacte de la quantité proposée

$p + \sqrt{q}$, l'expression $\dfrac{\sqrt[3]{(p^2 - q)\, \zeta}}{\zeta}$ doit être aussi commensurable. Mais il faut pour cela, que $(p^2 - q)\, \zeta$ soit un cube parfait ; il faut donc que $\zeta = 1$, toutes les fois que $p^2 - q$ sera un cube parfait ; ou s'il ne l'est pas, il faut que l'on prenne pour ζ un nombre propre à le rendre tel.

Soit pour abréger, $\dfrac{\sqrt[3]{(p^2 - q)\, \zeta}}{\zeta} = a$; nous aurons $x^2 - y = a$: & puisque d'un côté l'équation $(x + \sqrt{y})\sqrt[3]{\zeta} = \sqrt[3]{(p + \sqrt{q})}$ étant élevée à son cube, donne $x^3 \zeta + 3xy\zeta + 3x^2 \zeta \sqrt{y} + y\zeta \sqrt{y} = p + \sqrt{q}$, & que d'un autre côté, l'équation $x^2 - y = a$ donne $y = x^2 - a$, on trouvera 1°, que $x^3 \zeta + 3xy\zeta = p$, d'où $x^3 + 3xy = \dfrac{p}{\zeta}$; 2°, qu'en substituant ici la valeur de y, on a $4x^3 - 3ax = \dfrac{p}{\zeta}$; d'où $4x^3 - 3ax - \dfrac{p}{\zeta} = 0$.

Il ne s'agit plus maintenant que de trouver les diviseurs commensurables de cette derniere équation. Elle doit en avoir si $p + \sqrt{q}$ a une racine cubique exacte. On connoîtra donc x, ce qui déterminera aussitôt la valeur de y ; & comme ζ est déja connue, la racine que l'on cherche se trouvera toute connue.

APPLICATIONS. I°. Quelle est la racine cube de $10 + 6\sqrt{3}$? . . . On a $p = 10$, $q = 108$. Donc $p^2 - q = -8$, cube parfait ; donc $\zeta = 1$, $a = -2$, & l'équation $4x^3 - 3ax - \dfrac{p}{\zeta} = 0$, devient $4x^3 + 6x - 10 = 0$. Or $x - 1$ est un diviseur commensurable de cette derniere équation ; on a donc $x = 1$, d'où $y = x^2 - a = 3$, & $\sqrt[3]{(10 + 6\sqrt{3})} = 1 + \sqrt{3}$.

II°. Quelle est la racine cube de $8 + 4\sqrt{5}$? . . . Ici $p = 8$, $q = 80$, donc $p^2 - q = -16$ qui n'est pas un cube. Pour qu'il le devienne, on supposera $\zeta = 4$, ce qui donnera $\dfrac{\sqrt[3]{(p^2 - q)\, \zeta}}{\zeta} = -1 = a = x^2 - y$. Alors l'équation $4x^3 - 3ax - \dfrac{p}{\zeta} = 0$, se change en celle-ci, $4x^3 + 3x - 2 = 0$, dont le diviseur $2x - 1$; donne $x = \frac{1}{2}$, & par conséquent $y = \frac{5}{4}$. La racine cherchée est donc $\dfrac{1 + \sqrt{5}}{\sqrt[3]{2}}$.

336. Nous remarquerons ici qu'une quantité quelconque a toujours trois racines cubiques. Cela suit de ce que la valeur de x se tire d'une équation du troisieme degré, $4x^3 - 3ax - \dfrac{p}{\zeta} = 0$, & de ce que la valeur de y dépend de celle de x. Sur quoi il faut observer que si la quantité proposée est réelle, elle a une seule racine cube réelle, & que si elle est imaginaire, ses trois racines cubes le sont aussi.

Dans la premiere application, par exemple, que nous venons de faire, nous avons trouvé que $1 + \sqrt{3}$ étoit la racine cube exacte & réelle de $10 + 5\sqrt{3}$. S'il falloit maintenant trouver les deux racines imaginaires, je chercherois les trois racines de l'équation $4x^3 + 6x - 10 = 0$, qui font (318) $x = 1$, $x = -\frac{1}{2} \pm \frac{3}{2}\sqrt{-1}$. Ces trois valeurs de x donneroient $y = 3$, & $y = \mp \frac{1}{2}\sqrt{-1}$; d'où je conclurois que les trois racines cubes cherchées font $1 + \sqrt{3}$, $-\frac{1}{2} \pm \frac{3}{2}\sqrt{-1} + \sqrt{(\mp \frac{1}{2}\sqrt{-1})} =$

$$-\frac{1}{2} - \frac{1}{2}\sqrt{3} \pm (\sqrt{3} + 3)\frac{\sqrt{-1}}{2}.$$

337. Il ne feroit guere plus difficile d'extraire les trois racines cubes des quantités en partie commenfurables & en partie imaginaires. Soit, par exemple, la quantité $-10 + 9\sqrt{-3}$, qui donne $p = -10$, $q = -243$, & $p^2 - q = 343$, cube parfait ; donc $\zeta = 1$, & $a = \sqrt[3]{343} = 7 \ldots y = x^2 - 7$, & $4x^3 - 21x + 10 = 0$. Cette derniere équation donne $x = 2$, $x = \frac{1}{2}$, $x = -\frac{5}{2}$, & par conféquent $y = -3$, $y = -\frac{27}{4}$, $y = -\frac{3}{4}$. Les trois racines cubes de $-10 + 9\sqrt{-3}$ font donc $2 + \sqrt{-3}$, $\frac{1}{2} - \frac{1}{2}\sqrt{-3}$, $-\frac{5}{2} + \frac{1}{2}\sqrt{-3}$.

Soit encore $-11 - 2\sqrt{-1}$ qui donne $p = -11$, $q = -4$, $p^2 - q = 125$, $\zeta = 1$, $a = 5$, & $4x^3 - 15x + 11 = 0$. De la derniere équation on tirera $x = 1$, $x = -\frac{1}{2} \pm \sqrt{3}$. Donc $y = -4$, $y = -\frac{7}{4} \mp \sqrt{3}$ Donc $\sqrt[3]{(-11 - 2\sqrt{-1})} = 1 + 2\sqrt{-1}$, ou $-\frac{1}{2} \pm \sqrt{3} + \sqrt{(-\frac{7}{4} \mp \sqrt{3})}$.

Pour extraire des racines plus élevées, dans le même genre, on fuivroit à peu-près le même procédé.

Réfolution des Equations du troifieme degré.

338. Pour réfoudre une équation du troifieme degré, on commencera par en faire évanouir le fecond terme, ce qui la réduira à une équation de cette forme, $x^3 + px + q = 0$. On fuppofera enfuite $x = y + \zeta$, & on déterminera les valeurs de ces nouvelles inconnues, de la maniere fuivante.

Par la fubftitution de $y + \zeta$ à la place de x dans l'équation $x^3 + px + q = 0$, elle deviendra $y^3 + 3y^2\zeta + 3y\zeta^2 + \zeta^3 + py + p\zeta + q = 0$; & fi on fuppofe, comme on en eft bien le maître, que $y^3 + \zeta^3 + q = 0$, il ne reftera que $3y^2\zeta + 3y\zeta^2 + py + p\zeta = 0$, ou même que $3y\zeta + p = 0$ (en divifant par $y + \zeta$), ce qui donne

$$y = -\frac{p}{3\zeta} = -\frac{\frac{1}{3}p}{\zeta}.$$

Subftituons cette valeur de y dans $y^3 + \zeta^3 + q = 0$; nous aurons $\zeta^3 - \frac{\frac{1}{27}p^3}{\zeta^3} + q = 0$, ou $\zeta^6 + q\zeta^3 - \frac{1}{27}p^3 = 0$: équation du fixieme degré, mais qui fe réfout par les méthodes du fecond (332), & qui donne $\zeta^3 = -\frac{1}{2}q \pm \sqrt{(\frac{1}{4}q^2 + \frac{1}{27}p^3)}$. D'où $\zeta = \sqrt[3]{[-\frac{1}{2}q \pm \sqrt{(\frac{1}{4}q^2 + \frac{1}{27}p^3)}]}$.

Maintenant, de $y^3 + z^3 + q = 0$, on peut tirer $y^3 = -z^3 - q$ $= -\frac{1}{2}q \mp \sqrt{(\frac{1}{4}q^2 + \frac{1}{27}p^3)}$. Donc $y = \sqrt[3]{[-\frac{1}{2}q \mp \sqrt{(\frac{1}{4}q^2 + \frac{1}{27}p^3)}]}$.
Donc $y + z$, ou $x = \sqrt[3]{[-\frac{1}{2}q \mp \sqrt{(\frac{1}{4}q^2 + \frac{1}{27}p^3)}]} + \sqrt[3]{[-\frac{1}{2}q \pm \sqrt{(\frac{1}{4}q^2 + \frac{1}{27}p^3)}]} = \sqrt[3]{[-\frac{1}{2}q + \sqrt{(\frac{1}{4}q^2 + \frac{1}{27}p^3)}]} + \sqrt[3]{[-\frac{1}{2}q - \sqrt{(\frac{1}{4}q^2 + \frac{1}{27}p^3)}]}$. Car la premiere expreſſion ſe réduit à la ſeconde, dans les deux cas du ſigne $\pm$.

339. A la vue de cette valeur générale de x, on ne croiroit pas d'abord qu'il fût poſſible d'en tirer trois racines pour l'équation $x^3 + px + q = 0$. Maïs ſi l'on diviſe cette équation par le facteur ſuppoſé, $x - y - z$, on verra que le quotient eſt une équation du ſecond degré, laquelle à ſon tour ſe décompoſera facilement en ſes deux facteurs.

Soit en effet ſubſtitué dans l'équation $x^3 + px + q = 0$, $-3yz$ au lieu de p, (puiſqu'on a trouvé $y = \frac{-p}{3z}$); & $-y^3 - z^3$ au lieu de q, (puiſqu'on a ſuppoſé $y^3 + z^3 + q = 0$). Soit auſſi ſubſtitué dans la valeur générale de x, y au lieu de $\sqrt[3]{[-\frac{1}{2}q + \sqrt{(\frac{1}{4}q^2 + \frac{1}{27}p^3)}]}$, & z au lieu de $\sqrt[3]{[-\frac{1}{2}q - \sqrt{(\frac{1}{4}q^3 + \frac{1}{27}p^3)}]}$. L'équation deviendra $x^3 - 3yzx - y^3 - z^3 = 0$; & ſon premier facteur ſera $x - y - z$.

Diviſons à préſent l'équation par ce facteur. Nous trouverons pour quotient exact, $x^2 + xy + xz + y^2 - yz + z^2 = 0$, équation du ſecond degré, qui donnera pour les deux autres valeurs de l'inconnue,

$$x = \left(\frac{\pm\sqrt{-3}-1}{2}\right)y - \left(\frac{1\pm\sqrt{-3}}{2}\right)z;\ \&\ \text{par conſéquent } x = \left(\frac{\pm\sqrt{-3}-1}{2}\right)$$
$$\sqrt[3]{[-\frac{1}{2}q + \sqrt{(\frac{1}{4}q^2 + \frac{1}{27}p^3)}]} - \left(\frac{1\pm\sqrt{-3}}{2}\right)\sqrt[3]{[-\frac{1}{2}q - \sqrt{(\frac{1}{4}q^2 + \frac{1}{27}p^3)}]}.$$

Or cette derniere formule donne deux valeurs imaginaires de x, toutes les fois que $\sqrt{(\frac{1}{4}q^2 + \frac{1}{27}p^3)}$ eſt une quantité réelle. Reſte donc à ſavoir ce que deviennent ces valeurs, lorſque $\sqrt{(\frac{1}{4}q^2 + \frac{1}{27}p^3)}$ eſt imaginaire, ou, ce qui revient au même, lorſque $\frac{1}{27}p^3$ eſt négatif & plus grand que $\frac{1}{4}q^2$.

Je ſuppoſe, pour abréger, que $f = \frac{1}{2}q$, & que $g\sqrt{-1}$ repréſente $\sqrt{(\frac{1}{4}q^2 + \frac{1}{27}p^3)}$; on aura,

$$x = (-f + g\sqrt{-1})^{\frac{1}{3}} - (f + g\sqrt{-1})^{\frac{1}{3}};$$

& réduiſant en ſérie, on trouvera 1°, que $(-f + g\sqrt{-1})^{\frac{1}{3}} = -f^{\frac{1}{3}} + \frac{1}{3}f^{-\frac{2}{3}}g$ $\sqrt{-1} - \frac{1}{9}f^{-\frac{5}{3}}g^2 - \frac{5}{81}f^{-\frac{8}{3}}g^3\sqrt{-1} + \frac{10}{243}f^{-\frac{11}{3}}g^4 + \&c \ldots$ On trouvera 2°, que $(f + g\sqrt{-1})^{\frac{1}{3}} = \ldots f^{\frac{1}{3}} + \frac{1}{3}f^{-\frac{2}{3}}g\sqrt{-1} + \frac{1}{9}f^{-\frac{5}{3}}$ $g^2 - \frac{5}{81}f^{-\frac{8}{3}}g^3\sqrt{-1} - \frac{10}{243}f^{-\frac{11}{3}}g^4 + \&c.$ Donc $(-f + g\sqrt{-1})^{\frac{1}{3}} -$

$(f + g \sqrt{-1})^{\frac{1}{3}}$, ou $x = -2 f^{\frac{1}{3}} \left(1 + \dfrac{g^2}{9 f^2} - \dfrac{10 g^4}{243 f^4} + \dfrac{154 g^6}{6561 f^6} - \right.$

&c.$)$, expreſſion qui ne contient aucun terme imaginaire.

Et ſi nous reprenons les deux autres valeurs de $x = \left(\dfrac{\pm \sqrt{-3} - 1}{2} \right)$

$\sqrt[3]{[-\frac{1}{2} q + \sqrt{(\frac{1}{4} q^2 + \frac{1}{27} p^3)}]} - \dfrac{(1 \pm \sqrt{-3})}{2} \sqrt[3]{[-\frac{1}{2} q - \sqrt{(\frac{1}{4} q^2 + \frac{1}{27} p^3)}]}$,

ou $x = \left(\dfrac{\pm \sqrt{-3} - 1}{2} \right) \sqrt[3]{(-f + g \sqrt{-1})} + \left(\dfrac{1 \pm \sqrt{-3}}{2} \right) \sqrt[3]{(f + g \sqrt{-1})}$,

nous aurons $x = f^{\frac{1}{3}} \left(1 + \dfrac{g^2}{9 f^2} - \dfrac{10 g^4}{243 f^4} + \dfrac{154 g^6}{6561 f^6} - \&c \right) \mp$

$\dfrac{g}{f^{\frac{1}{3}} \sqrt{3}} \left(1 - \dfrac{5 g^2}{27 f^2} + \dfrac{22 g^4}{243 f^4} - \dfrac{374 g^6}{6561 f^6} + \&c \ldots \right)$, autre ex-

preſſion qui n'a point de terme imaginaire.

Donc *lorſque* $\frac{1}{27}$ p^3 *eſt négatif & plus grand que* $\frac{1}{4}$ q^2, *les trois valeurs de x ſont réelles.*

Il n'y a guere d'effort que l'on n'ait fait pour déterminer ces trois valeurs réelles, autrement que par des ſéries : mais on n'a pu en venir à bout. La difficulté attachée à ce cas, lui a fait donner le nom de *cas irréductible.*

340. Si p eſt poſitif, ou ſi étant négatif, il eſt tel que $\frac{1}{27}$ p^3 ſoit moindre que $\frac{1}{4}$ q^2, alors une des trois valeurs de x eſt réelle, & les deux autres ſont imaginaires. Ainſi *toute équation du troiſieme degré a au moins une racine réelle.*

Appliquons maintenant ces principes à un ou deux exemples, & d'abord propoſons-nous de trouver les trois racines de l'équation $y^3 - 3 y^2 + 12 y - 4 = 0$.

Je fais $y = x + 1$, & le ſecond terme diſparoît dans la transformée $x^3 + 9 x + 6 = 0$, qui étant comparée à $x^3 + p x + q = 0$, donne $p = 9$, $q = 6$. Et parce que p ſe trouve ici poſitif, j'en conclus que des trois racines que je cherche, une ſeule eſt réelle. Pour la trouver, je ſubſtitue les valeurs de p & de q dans la formule générale $x = \sqrt[3]{(-\frac{1}{2} q + \sqrt[3]{\&c})} \ldots + \sqrt{\&c} \ldots$ & j'ai $x = \sqrt[3]{3} - \sqrt[3]{9} = \sqrt[3]{3} \, (1 - \sqrt[3]{3})$. Donc $x + 1$ ou $y = 1 + \sqrt[3]{3} \, (1 - \sqrt[3]{3})$. C'eſt la valeur réelle de y. Il eſt aiſé de trouver ſes deux valeurs imaginaires.

Propoſons-nous enſuite l'équation $x^3 - 3 x - 18 = 0$, qui donne $p = -3$, & $q = -18$. Or quoique p ſoit négatif ici, il eſt tel cependant que $\frac{1}{27}$ p^3 eſt moindre que $\frac{1}{4}$ q^2. La propoſée a donc une racine réelle & deux imaginaires. La premiere eſt $x = \sqrt[3]{(9 + 4 \sqrt{5})} + \sqrt[3]{(9 - 4 \sqrt{5})} = \frac{1}{2} + \frac{1}{2} \sqrt{5} + \frac{1}{2} - \frac{1}{2} \sqrt{5} = 3$. Les deux autres ne ſont pas difficiles à trouver.

Dans ce dernier exemple, il eût été plus ſimple de chercher les di-viſeurs commenſurables de la propoſée $x^3 - 3 x - 18 = 0$. C'eſt même, en général, ce que l'on doit faire lorsqu'on a une équation du troisieme degré à résoudre, sur-tout lorsque cette équation est dans le cas irréductible. Au défaut de ces diviseurs, on peut avoir recours à une méthode d'approximation que nous expliquerons bientôt. On peut aussi se servir des séries trouvées ci-dessus: mais elles sont ordinairement si peu convergentes, que pour en tirer des valeurs suffisamment exactes, il faut en calculer un grand nombre de termes, ce qui devient fort long.

341. REMARQUE. Quoique dans le cas irréductible, la valeur de x ait une forme imaginaire, il n'est pas difficile cependant de trouver sa valeur réelle, lorsqu'elle est un nombre entier. Car l'expression géné‑ rale de cette valeur étant la formule $x = \sqrt[3]{[-\frac{1}{2}q + \sqrt{(\frac{1}{4}q^2 + \frac{1}{27}p^3)}]}$ $+ \sqrt[3]{(-\frac{1}{2}q - \sqrt{(\frac{1}{4}q^2 + \frac{1}{27}p^3)})}$, il est nécessaire qu'elle se réduise à un nombre entier, lorsqu'une des valeurs de x est un nombre entier. Or elle ne peut s'y réduire qu'autant que $-\frac{1}{2}q + \sqrt{(\frac{1}{4}q^2 + \frac{1}{27}p^3)}$ est un cube parfait, dont la racine est composée d'une partie réelle que j'appelle m, & d'une partie imaginaire n. C'est donc à dire que $\sqrt[3]{[-\frac{1}{2}q + \sqrt{(\frac{1}{4}q^2 + \frac{1}{27}p^3)}]} = m + n$, & que par conséquent $\sqrt[3]{[-\frac{1}{2}q - \sqrt{(\frac{1}{4}q^2 + \frac{1}{27}p^3)}]} = m - n$. Donc $x = 2m$.

Donc lorsque dans le cas irréductible une des valeurs de x est un nombre entier, on trouvera exactement cette valeur en doublant la partie réelle de la racine cube de $-\frac{1}{2}q + \sqrt{(\frac{1}{4}q^2 + \frac{1}{27}p^3)}$. Et parce que $-\frac{1}{2}q + \sqrt{(\frac{1}{4}q^2 + \frac{1}{27}p^3)}$ a trois racines cubes (337), il est clair que pour avoir les trois valeurs de x dans ce cas, il suffit de prendre le double des trois parties réelles de ces racines.

Soit pris pour exemple, $x^3 - 39x - 70 = 0$, qui étant comparée à $x^3 + px + q = 0$, donne $p = - 39$, $q = - 70$. Donc $-\frac{1}{2}q + \sqrt{\frac{1}{4}q^2 + \frac{1}{27}p^3} = 35 + 18\sqrt{-3}$. Mais $35 + 18\sqrt{-3}$ a pour ses trois racines cubes $-1 + 2\sqrt{-3} \ldots \frac{7}{2} + \frac{1}{2}\sqrt{-3} \ldots -\frac{5}{2} + \frac{3}{2}\sqrt{-3}$; dont les parties réelles sont $-1 \ldots +\frac{7}{2} \ldots -\frac{5}{2}$. Les trois valeurs de x sont donc $-2, +7, -5$.

Soit encore $x^3 - 17x - 4 = 0$; d'où $p = -17$, $q = -4$, & $-\frac{1}{2}q + \sqrt{(\frac{1}{4}q^2 + \frac{1}{27}p^3)} = 2 + \frac{31}{3}\sqrt{-\frac{5}{3}}$. Les trois racines cubes de cette derniere quantité sont $-2 + \sqrt{-\frac{5}{3}} \ldots 1 + \frac{1}{2}\sqrt{5} + \sqrt{(-\frac{41}{12} + \sqrt{5})} \ldots 1 - \frac{1}{2}\sqrt{5} + \sqrt{(-\frac{41}{12} - \sqrt{5})}$. Donc les trois racines cherchées sont $-4, 2 + \sqrt{5}, 2 - \sqrt{5}$. D'où l'on voit qu'il est inutile de chercher les parties imaginaires des trois racines cubes de $-\frac{1}{2}q + \sqrt{(\frac{1}{4}q^2 + \frac{1}{27}p^3)}$, quand on en connoît les parties réelles.

Résolution des Equations du quatrieme degré.

342. UNE équation du quatrieme degré étant proposée à résoudre, on commencera par en faire évanouir le second terme, ce qui la

changera en une autre de cette forme, $x^4 + px^2 + qx + r = 0$. Ensuite, on regardera la transformée comme le produit de deux équations du second degré chacune, telles que $x^2 + \zeta x + y = 0$, & $x^2 - \zeta x + \int = 0$. On suppose que ζ, y, & $\int$ sont des indéterminées, D'ailleurs le second terme de ces deux équations est le même aux signes près, afin que leur produit puisse donner une équation qui n'ait pas de second terme. Ce produit donne en effet . . . .

$$x^4 + \int x^2 + \int \zeta x + \int y = 0.$$
$$-\zeta^2 \quad -y\zeta$$
$$-y$$

Or de cette équation comparée terme à terme avec $x^4 + px^2 + qx + r = 0$, on tire $p = \int - \zeta^2 + y \ldots q = (\int - y)\zeta \ldots r = \int y$; ce qui donne 1°, $\int + y = p + \zeta^2 \ldots 2^{\circ}$, $\int - y = \dfrac{q}{\zeta}$, Donc $\int = \dfrac{p + \zeta^2}{2} + \dfrac{q}{2\zeta} \ldots y = \dfrac{p + \zeta\zeta}{2} - \dfrac{q}{2\zeta}$; & par conséquent $\int y$ ou $r = \dfrac{(p + \zeta^2)^2}{4} - \dfrac{q^2}{4\zeta^2}$; d'où l'on tire $\zeta^6 + 2p\zeta^4 + (p^2 - 4r)\zeta^2 - q^2 = 0$, équation du sixieme degré, mais qui n'a d'autre difficulté que celle du troisieme, en faisant $\zeta^2 = u$. On appelle cette équation *la Réduite*, & ses racines étant une fois trouvées, on ne tarde pas à connoître celles de la proposée $x^4 + px^2 + $ &c.

Effectivement, si dans les équations $x^2 + \zeta x + y = 0, \ldots$ & $x^2 - \zeta x + \int = 0$, on substitue pour $\int$ & y leurs valeurs en ζ, & qu'ensuite on résolve ces équations, on aura pour la premiere, $x = -\frac{1}{2}\zeta \pm \sqrt{\left(-\frac{1}{4}\zeta^2 - \frac{1}{2}p + \dfrac{q}{2\zeta}\right)}$, & pour la seconde, $x = \frac{1}{2}\zeta \pm \sqrt{\left(-\frac{1}{4}\zeta^2 - \frac{1}{2}p - \dfrac{q}{2\zeta}\right)}$. Réunissant donc ces deux formules, on

aura $x = \pm\frac{1}{2}\zeta \pm \sqrt{\left(-\frac{1}{4}\zeta^2 - \frac{1}{2}p \mp \dfrac{q}{2\zeta}\right)}$, d'où l'on tire les quatre valeurs cherchées de x, dans lesquelles il n'y a plus qu'à substituer la valeur de ζ que donne la Réduite. Ces quatre valeurs sont . . . . .

$$x = \tfrac{1}{2}\zeta + \sqrt{\left(-\tfrac{1}{4}\zeta^2 - \tfrac{1}{2}p - \dfrac{q}{2\zeta}\right)}$$

$$x = \tfrac{1}{2}\zeta - \sqrt{\left(-\tfrac{1}{4}\zeta^2 - \tfrac{1}{2}p - \dfrac{q}{2\zeta}\right)}$$

$$x = -\tfrac{1}{2}\zeta + \sqrt{\left(-\tfrac{1}{4}\zeta^2 - \tfrac{1}{2}p + \dfrac{q}{2\zeta}\right)}$$

$$x = -\tfrac{1}{2}\zeta - \sqrt{\left(-\tfrac{1}{4}\zeta^2 - \tfrac{1}{2}p + \dfrac{q}{2\zeta}\right)}$$

D'où il suit, en général, que les racines d'une équation du quatrieme degré sont toutes quatre réelles ou toutes quatre imaginaires, ou que deux étant réelles, les deux autres sont imaginaires. Il ne peut jamais y avoir un nombre impair des unes ni des autres (331).

343. Soit, pour abréger, $a = \frac{1}{2}z \ldots b = \sqrt{\left(-\frac{1}{4}z^2 - \frac{1}{2}p - \frac{q}{2z}\right)} \ldots$ $c = \sqrt{\left(-\frac{1}{4}z^2 - \frac{1}{2}p + \frac{q}{2z}\right)}$, & nous aurons $x = a + b \ldots x = a - b \ldots x = -a + c, \ x = -a - c \ldots$ ou bien en transposant, $x - a - b = 0, \ x - a + b = 0, \ x + a - c = 0, \ x + a + c = 0.$ Multipliant ces quatre facteurs les uns par les autres, nous trouverons…

$$
\begin{aligned}
x^4 &- 2a^2 x^2 &+ 2ac^2 x &+ a^4 &= 0 ; \\
&- b^2 &- 2ab^2 &- a^2 b^2 & \\
&- c^2 & &- a^2 c^2 & \\
& & &+ b^2 c^2 &
\end{aligned}
$$

équation qu'il est aisé de comparer avec $x^4 + px^2 + qx + r = 0$, & qui donne $p = -2a^2 - b^2 - c^2 \ldots q = 2ac^2 - 2ab^2 \ldots r = a^4 - a^2 b^2 - a^2 c^2 + b^2 c^2$. Substituant ces valeurs de p, q, r dans la Réduite $z^6 + $ &c, elle deviendra . . . . . .

$$
\begin{aligned}
z^6 &- 4a^2 z^4 &+ 8a^2 b^2 z^2 &+ 8a^2 b^2 c^2 &= 0. \\
&- 2b^2 &+ 8a^2 c^2 &- 4a^2 b^4 & \\
&- 2c^2 &+ b^4 &- 4a^2 c^4 & \\
& &- 2b^2 c^2 & & \\
& &+ c^4 & &
\end{aligned}
$$

Or les trois facteurs de cette derniere équation sont $z^2 - 4a^2 \ldots$ $z^2 - b^2 - 2bc - c^2 \ldots z^2 - b^2 + 2bc - c^2$. D'où il suit,

1°, Que la Réduite considérée comme une équation du troisieme degré n'a qu'une racine réelle, toutes les fois que l'une des deux quantités b & c est imaginaire, ou ce qui revient au même, toutes les fois que l'équation $x^4 + px^2 + qx + r = 0$ a deux racines réelles & deux imaginaires. On peut donc avoir dans ce cas la solution exacte de la Réduite, & par conséquent celle de la proposée.

344. 2°, Que si b & c sont toutes deux réelles ou toutes deux imaginaires, c'est-à-dire, si la proposée $x^4 + px^2 + $ &c, a ses racines ou toutes quatre réelles, ou toutes quatre imaginaires, alors la Réduite considérée encore comme du troisieme degré est dans le cas irréductible ; elle a ses trois racines réelles. Et si ces trois racines sont toutes positives, l'équation proposée a ses quatre racines réelles. Car alors, $2a, b + c, b - c$ sont des quantités réelles. Soit donc la premiere $= M$, la seconde N, & la troisieme P, on aura $2b = N + P$, & $2c = N - P$. Donc $2a + 2b = M + N + P \ldots 2a - 2b$

$= M - N - P \ldots - 2a + 2c = N - P - M \ldots - 2a - 2c = P -$ $N - M$, & puisque $2a + 2b$, $2a - 2b$, $- 2a + 2c$, $- 2a - 2c$ sont les quatre valeurs de $2x$, il est clair que les quatre valeurs de x sont toutes réelles dans ce cas.

Mais si la Réduite n'a qu'une de ces racines positives, toutes celles de la proposée sont imaginaires. Supposons en effet qne $\zeta^2 - 4a^2$ soit la seule racine positive de la Réduite, nous aurons $2a = M$ quantité positive, $b + c = N \sqrt{-1}$, & $b - c = P \sqrt{-1}$: d'où $b = \frac{1}{2} P \sqrt{-1} + \frac{1}{2} N \sqrt{-1}$, & $c = \frac{1}{2} N \sqrt{-1} - \frac{1}{2} P \sqrt{-1}$. Donc puisque b & c entrent dans les quatre valeurs de x, ces quatre valeurs doivent être imaginaires.

Si l'une des deux autres racines de la Réduite eût été supposée positive, $2a$ eût été imaginaire, & par conséquent les quatre valeurs de x qui renferment toutes la quantité a eussent encore été imaginaires. La résolution des équations du quatrieme degré a donc alors le même inconvénient que la résolution des équations du troisieme degré dans le cas irréductible.

Pour faire quelque application de ces principes, cherchons les racines de l'équation $x^4 - 3x^2 - 42x - 40 = 0$. On a $p = -3$, $q = -42$, $r = -40$, ce qui change la Réduite en $\zeta^6 - 6\zeta^4 + 169\zeta^2 - 1764 = 0$. Or cette équation traitée à la maniere de celles du troisieme degré, en faisant $\zeta^2 = u + 2$ devient $u^3 + 157u - 1442 = 0$, & comme celle-ci n'a qu'une racine réelle, j'en conclus que la proposée en a deux, & que les deux autres sont imaginaires. Pour les trouver, je résous d'abord l'équation $u^3 + 157u - 1442 = 0$, & j'ai $u = 7$. Donc $\pm \sqrt{(u + 2)}$, ou $\zeta = \pm 3$.

En substituant l'une de ces deux valeurs dans la formule géné-

rale $x = \pm \frac{1}{2} \zeta \pm \sqrt{\left(-\frac{1}{4} \zeta^2 - \frac{1}{2} p \mp \dfrac{q}{2\zeta} \right)}$, je trouve les quatre valeurs

suivantes, $x = 4$, $x = -1$, $x = -\frac{3}{2} \pm \frac{1}{2} \sqrt{-31}$. Ce sont les quatre racines cherchées. La méthode des diviseurs auroit donné le même résultat.

S'il falloit trouver les racines de $x^4 + 3x^2 + 2x - 5 = 0$, je ferois d'abord $p = 3$, $q = 2$, $r = -5$, & la Réduite $\zeta^6 + 2p\zeta^4 + \&c$ se changeroit en $\zeta^6 + 6\zeta^4 + 29\zeta^2 - 4 = 0$. Je ferois ensuite $\zeta^2 = u - 2$, ce qui transformeroit la Réduite en $u^3 + 17u - 46 = 0$, équation qui n'ayant qu'une racine réelle, m'apprendroit que la proposée en a deux, & que les deux autres sont imaginaires. Je les chercherois donc en résolvant cette équation $u^3 + 17u - 46 = 0$, par la formule générale

du troisieme degré. Cette formule donne $u = \sqrt[3]{\left(23 + \frac{2}{3} \sqrt{\frac{4799}{3}} \right)} +$ $\sqrt[3]{\left(23 - \frac{2}{3} \sqrt{\frac{1}{3}. 4799} \right)}$. Donc $\pm \sqrt{(u - 2)}$, ou $\zeta = \pm \ldots \ldots \ldots$

$\sqrt{\left[-2 + \sqrt[3]{\left(23 + \frac{2}{3} \sqrt{\frac{1}{3}. 4799} \right)} + \sqrt[3]{\left(23 - \frac{2}{3} \sqrt{\frac{1}{3}. 4799} \right)} \right]}$. Et substituant cette valeur de ζ dans la formule générale $x = \pm \frac{1}{2} \zeta \pm$

$$\sqrt{\left(-\tfrac{1}{4}\zeta^2 - \tfrac{1}{2}p \pm \frac{q}{2\zeta}\right)}$$ je trouve pour les quatre racines de la propo-

fée… $$x = \pm\tfrac{1}{2}\sqrt{\left\{-2+\sqrt[3]{\left(23+\tfrac{2}{3}\sqrt{\tfrac{1}{3}.4799}\right)}+\sqrt[3]{\left(23-\tfrac{2}{3}\sqrt{\tfrac{1}{3}.4799}\right)}\right\}}$$

$$\pm\sqrt{\left\{-1-\tfrac{1}{4}\sqrt{\left(23+\tfrac{2}{3}\sqrt{\tfrac{1}{3}.4799}\right)}-\tfrac{1}{4}\sqrt{\left(23-\tfrac{2}{3}\sqrt{\tfrac{1}{3}.4799}\right)}\right.}$$

$$\left. \mp\frac{1}{\sqrt{\left[-2+\sqrt[3]{\left(23+\tfrac{2}{3}\sqrt{\tfrac{1}{3}.4799}\right)}+\sqrt[3]{\left(23-\tfrac{2}{3}\sqrt{\tfrac{1}{3}.4799}\right)}\right]}}\right\}$$

expreſſion fort compliquée, dans laquelle pourtant les deux racines imaginaires ſe connoiſſent facilement. Il ne faut, pour les avoir, que

prendre le ſigne $-$ dans la quantité $\mp\dfrac{1}{\sqrt{\left[-2+\sqrt[3]{(23+\&c.)}\right.}}$

345. Remarquez que ſi les quatre racines d'une équation du quatrieme degré étoient réelles, on les trouveroit ſans peine toutes les fois que la Réduite auroit un nombre entier pour l'une de ſes racines. Il n'y auroit alors qu'à ſe ſervir de la méthode qui nous a fait trouver les trois racines réelles d'une équation du troiſieme degré dans le cas irréductible, lorſque l'une de ces racines étoit un nombre entier.

EXEMPLE. On demande les quatre racines réelles de l'équation $x^4 - 25x^2 + 60x - 36 = 0$. En comparant terme à terme les coefficients de cette équation à ceux de l'équation générale $x^4 + px^2$ &c, on a $p = -25$, $q = 60$, $r = -36$, ce qui change la Réduite en $\zeta^6 - 50\zeta^4 + 769\zeta^2 - 3600 = 0$. Je fais $\zeta^2 = \dfrac{u+50}{3}$, & non $\zeta^2 = u + \dfrac{50}{3}$ afin d'éviter les fractions. J'ai $u^3 - 579u - 1150 = 0$. Je réſous cette transformée (338). Ses racines ſont $u = 25$, $u = -2$, $u = -23$. Donc $\pm\sqrt{\left(\dfrac{u+50}{3}\right)}$ ou $\zeta = \pm 5$, ou bien ± 4, ou encore ± 3. Et ſi je ſubſtitue l'une quelconque de ces valeurs de ζ dans la formule $x = \pm\tfrac{1}{2}\zeta \pm \sqrt{\left(-\tfrac{1}{4}\zeta^2 - \tfrac{1}{2}p \mp \dfrac{q}{2\zeta}\right)}$, je trouverai également les quatre valeurs ſuivantes, $x = 3$, $x = 2$, $x = 1$, $x = -6$.

On a ſix différentes valeurs de ζ, & la raiſon en eſt bien ſimple. C'eſt qu'une équation du quatrieme degré pouvant être regardée comme le produit des quatre facteurs, $(x+a)(x+b)(x+c)(x+d)$, elle eſt diviſible par ſix facteurs du ſecond degré. Voici ces facteurs, $(x+a)(x+b)$, $(x+a)(x+c)$, $(x+a)(x+d)$, $(x+b)$ $(x+c)$, $(x+b)(x+d)$, $(x+c)(x+d)$. Et comme ils ont chacun un ſecond terme dont le coefficient eſt généralement repréſenté par ζ, il eſt clair que ζ doit avoir ſix différentes valeurs. Voilà pourquoi l'équation en ζ eſt du ſixieme degré.

Mais parce que la proposée manque de second terme ; il faut bien que si une des valeurs de ζ est exprimée par g, une autre le soit par $-g$. Donc ζ^2-g^2 doit être un des facteurs de la Réduite. Donc si les quatre autres valeurs de ζ sont exprimées par h, $-h$, i, $-i$, la Réduite doit avoir, $\zeta^2 - h^2$, & $\zeta^2 - i^2$ au nombre de ses facteurs. Non-seulement donc elle doit être du sixieme degré ; mais encore elle doit avoir toutes ses puissances paires, comme elle les a en effet.

Autre Ex. On voudroit avoir les quatre racines de l'équation $x^4 - 20x^2 - 12x + 13 = 0$ qui donne $p = -20$, $q = -12$, $r = 13$, & pour Réduite, $\zeta^6 - 40\zeta^4 + 348\,\zeta^2 - 144 = 0$. Soit donc $\zeta^2 = \dfrac{u+40}{3}$, la transformée sera $u^3 - 1668u - 6608 = 0$, dont les racines sont $u = -4$, $u = 2 \pm 6\sqrt{46}$. Substituant ces valeurs de u dans l'équation $\zeta = \pm\sqrt{\left(\dfrac{u+40}{3}\right)}$, on aura $\zeta = \pm 2\sqrt{3}$, $\zeta = (14 \pm 2\sqrt{46})$ & substituant celle des valeurs de ζ que l'on voudra, la premiere par exemple, dans la formule $x = \pm\frac{1}{2}\zeta \pm$ &c, on trouvera $x = \sqrt{3} + \sqrt{(7 + \sqrt{3})}$, $x = \sqrt{3} - \sqrt{(7 + \sqrt{3})}$, $x = -\sqrt{3} + \sqrt{(7 - \sqrt{3})}$, $x = -\sqrt{3} - \sqrt{(7 - \sqrt{3})}$.

Des Equations plus élevées que celles du quatrieme degré.

346. Après avoir résolu les équations du troisieme & du quatrieme degré, il nous resteroit à indiquer les moyens de résoudre celles des degrés plus élevés. Mais les méthodes générales ne s'étendent pas si loin ; ce qui joint aux exceptions nombreuses du cas irréductible fait presque désespérer de la perfection de cette théorie. Voici cependant deux méthodes qui peuvent être de quelque utilité.

La premiere sert à trouver les équations plus simples dont une équation composée est le produit. Si une équation du sixieme degré, par exemple, est le produit de deux équations du troisieme, cette méthode apprendra à trouver ces deux équations. On appelle *Réductibles* toutes les équations qui peuvent être ainsi décomposées en d'autres équations plus simples. Celles qui échappent à cette décomposition, s'appellent *Irréductibles*. Quand on en trouve, il faut avoir recours à la seconde méthode qui apprend à trouver des racines approchées. Les Analystes l'ont retournée de bien des façons, & il faut avouer que leurs travaux sur les approximations ont eu beaucoup de succès.

347. Premiere Methode. Pour savoir si une équation proposée $x^m + ax^{m-1} + bx^{m-2} + $ &c ...... $+ \omega = 0$ peut être divisée sans reste par une équation du degré n, on supposera que la proposée est le produit de ces deux équations, $x^n + Ax^{n-1} + Bx^{n-2} + $ &c ... $+ T = 0$, & $x^{m-n} + px^{m-n-1} + qx^{m-n-2} + $ &c ..... $+ t = 0$ dont tous les coefficients sont indéterminés. On prendra ensuite le produit de ces deux équations qui en donneront une du degré m dont on com-

parera les termes avec ceux de la proposée, afin d'avoir les équations nécessaires pour déterminer les coefficients A, B, C &c, p, q, r, &c. Enfin on réduira toutes ces équations à une seule qui ne renferme plus que l'une quelconque des indéterminées A, B, C &c, ou p, q, r, &c. Il ne s'agira plus alors que de chercher les diviseurs commensurables de cette équation, (elle doit en avoir puisque tous ces coefficients sont des nombres entiers); & on aura la valeur de ces coefficients; ce qui rendra déterminées les équations qui les renferment.

APPLICATIONS. On demande si l'équation $x^4 + x^3 + 2x^2 - x + 15 = 0$ ne pourroit pas se décomposer en deux autres, chacune du second degré?

Je suppose que cette équation est le produit des deux équations indéterminées $x^2 + px + q = 0$, $x^2 + mx + n = 0$, que je multiplie l'une par l'autre. Le produit est . . . .

$$x^4 + px^3 + qx^2 + mqx + nq = 0.$$
$$+ m \quad + mp \quad + np$$
$$+ n$$

Je le compare à la proposée, & j'ai $p + m = 1$, $q + mp + n = 2$, $mq + np = -1$, $nq = 15$. Or ces quatre équations réduites à une seule dont q soit l'inconnue, donnent $q^6 - 2q^5 - 16q^4 + 44q^3 - 240q^2 - 450q + 3375 = 0$. Les diviseurs commensurables de cette équation sont $q - 3$ & $q - 5$. Donc q peut être supposé égal à 3 ou à 5, & par conséquent $n = 5$ ou 3 . . . . $p = -2$ ou $+3$ . . . $m = 3$ ou -2. Les deux facteurs cherchés sont donc $x^2 - 2x + 3 = 0$, & $x^2 + 3x + 5 = 0$.

On demande aussi si l'équation $x^6 - 7x^4 + 8x^3 + 2x + 1 = 0$ peut se décomposer en deux facteurs du troisieme degré?

Supposons, pour le savoir, que cette équation est le produit de $x^3 + px^2 + qx + r = 0$ par $x^3 + fx^2 + mx + n = 0$. Il est clair que le second terme devant manquer dans ce produit, f doit être $= -p$. Il est clair aussi que le produit de n par r devant être $= 1$, on a $n = \pm 1$ & $r = \pm 1$. Servons-nous d'abord de leur valeur positive, & substituons-la dans les facteurs indéterminés $x^3 + px^2$ &c. Ils deviendront $x^3 + px^2 + qx + 1 = 0$, & $x^3 - px^2 + mx + 1 = 0$. Leur produit sera

$$x^6 + qx^4 + 2x^3 + mqx^2 + mx + 1 = 0;$$
$$- pp \quad - pq \qquad\qquad + q$$
$$+ m \quad + mp$$

lequel étant comparé à la proposée, donne $q + m = pp - 7$ . . . $2 - pq + mp = 8$ . . . $mq = 0$ . . . $m + q = 2$. Egalant les deux valeurs de $q + m$ tirées de la premiere & de la derniere équation, nous aurons $pp = 9$, d'où $p = \pm 3$; & par conséquent $m = 1 \pm 1$ . . . $q = 1 \mp 1$. C'est-à-dire, que si $p = +3$, on a $m = 2$ & $q = 0$: si $p = -3$, on aura $m = 0$ & $q = 2$. Les deux facteurs cherchés sont donc $x^3 + 3x^2 + 1$

$= 0$, & $x^3 - 3x^2 + 2x + 1 = 0$ dans les deux cas.

Prenons maintenant la valeur $- 1$ de n & de r, & substituons-la dans les facteurs indéterminés $x^3 + px^2 + $ &c. Leur produit alors sera .... $x^6 + (q - pp + m) x^4 + (pm - pq - 2) x^3 + mqx^2 - x (m + q) + 1 = 0$. D'où $q + m = pp - 7$, $p(m - q) = 10$, $mq = 0$, $m + q = -2$; & par conséquent $pp - 7 = -2$, ou $p = \pm \sqrt{5}$. D'ailleurs $mq = 0$ & $m + q = -2$; donc $q = 0$, ou $q = -2$ & $m = -2$ ou 0. Mais comme ces valeurs substituées dans la seconde équation $p(m - q) = 10$ donnent $2\sqrt{5} = 10$, ce qui est absurde, il faut en conclure que l'équation proposée n'est divisible par aucune équation du troisieme degré dont le dernier terme soit $- 1$.

348. SECONDE METHODE. Quand on a épuisé les moyens qui tendent directement à trouver les racines exactes, on a recours à ceux qui en donnent d'approchées. Celui qui suit nous a paru un des meilleurs. Pour le faire mieux comprendre, nous l'appliquerons à un exemple.

Soit $x^3 - 4x - 2 = 0$, équation qui est dans le cas irréductible, (339) & dont on demande les racines approchées.

Je commence par supposer successivement $x = 0$, $x = 1$, $x = 2$, &c. La premiere de ces suppositions réduit la proposée au dernier terme $- 2$ qui ne peut être égal à zero. x doit donc être une quantité réelle. La seconde supposition donne pour résultat $- 5$; celui de la troisieme est encore $- 2$: ces valeurs de x ne sont donc pas assez grandes. Je suppose $x = 3$; l'équation devient $+ 13 = 0$; d'où je conclus que la valeur de x est entre 2 & 3. Cela posé,

J'appelle d la fraction qu'il faut ajouter à 2 pour avoir une valeur approchée de x, j'ai donc $x = 2 + d$, & faisant $a = 2$ ... $x = a + d$. Je substitue cette derniere valeur dans l'équation $x^3 - 4x - 2 = 0$. Elle devient en transposant $d^3 + 3ad^2 + (3a^2 - 4) d = 4a + 2 - a^3$, & en négligeant d^3 qui est une fort petite quantité, il reste $3ad^2 + (3a^2 - 4) d = 4a + 2 - a^3$. Cette équation résolue donne $d = $ ....
$$\frac{4 - 3a^2 + \sqrt{(16 + 24a + 24a^2 - 3a^4)}}{6a}.$$ Donc $a + d$ ou $x = $ ....
$$\frac{3a^2 + 4 + \sqrt{(16 + 24a + 24a^2 - 3a^4)}}{6a},$$ & puisqu'ici $a = 2$, j'ai
$$x = \frac{4 + \sqrt{7}}{3} = 2,21.$$

S'il falloit une valeur plus approchée, je prendrois $2,21$ pour a, & pour les nouvelles décimales la quantité d, ensorte que $x = a + d$ seroit l'expression algébrique de $x = 2,21 + $ les décimales que je cherche. Cette expression, je la substituerois dans la proposée, & je retrouverois la même équation que ci-dessus, en négligeant d^3 que l'on peut négliger avec moins d'inconvénient qu'auparavant. J'aurois donc la même formule pour la valeur de x, dans laquelle substituant $2,21$ au lieu de a, le résultat seroit $x = 2,21432$, valeur plus exacte que la premiere.

S'il falloit encore une plus grande exactitude, on se la procureroit en prenant pour a la valeur $2,21432$, & pour d les nouvelles décimales cherchées; après quoi on détermineroit d par la formule, ce qui donneroit pour x une valeur beaucoup plus approchée que les deux autres.

349. Quand on a une des racines de l'équation proposée, il faut diviser l'équation par la racine déja trouvée. Cette division faite avec d'autant plus d'exactitude que la valeur de x sera plus approchée, abaissera l'équation d'un degré; & si on a le temps & la patience de traiter l'équation abaissée comme la proposée, & ainsi de suite, on parviendra enfin à connoître par approximation toutes les valeurs de x.

Prenons pour second exemple l'équation $x^4 + 2x^3 - 36x^2 + 5x - 116 = 0$, qui échappe à la résolution de celles du quatrieme degré, & cherchons-en une racine approchée.

En donnant successivement à x les valeurs que l'on voit ici, l'équation se réduit aux quantités qui sont vis-à-vis. Les six premieres font voir clairement que x doit être au-dessus de 5. La derniere indique que x est moins

$$x \begin{cases} \textit{Suppos.} & \textit{Résult.} \\ = 0 \ldots\ldots - 116 \\ = 1 \ldots\ldots - 144 \\ = 2 \ldots\ldots - 218 \\ = 3 \ldots\ldots - 290 \\ = 4 \ldots\ldots - 288 \\ = 5 \ldots\ldots - 116 \\ = 6 \ldots\ldots - 346 \end{cases} = x^4 + \&c$$

que 6. Sa vraie valeur est donc entre 5 & 6. Pour la trouver, je suppose $x = 5 + d = a + d$ & je substitue cette valeur dans la proposée. Cette substitution donne, en rejettant les termes affectés de d^3 & de d^4, $(6a^2 + 6a - 36)d^2 + (4a^3 + 6a^2 - 72a + 5)d = 36a^2 - 5a - 2a^3 - a^4 + 116$. Je résous cette équation, & j'ai $d = \ldots\ldots\ldots\ldots$

$$\frac{36a - 3a^2 - 2a^3 - \frac{5}{2} + \sqrt{(-2a^6 - 6a^5 + 105a^4 + 52a^3 + 681a^2 + 696a - \frac{16679}{4})}}{6a^2 + 6a - 36}$$

Il ne reste plus qu'à mettre 5 au lieu de a dans cette valeur de d, pour avoir $x = 5,337$. Si l'on veut une racine plus approchée, il n'y a qu'à substituer $5,337$ à la place de a dans la même formule de d. Le résultat du calcul sera $x = 5,335438$, valeur beaucoup plus exacte que la premiere. Elle le deviendroit encore davantage en répétant le même procédé.

On trouveroit les racines négatives en substituant $0, -1, -2$, &c au lieu de x. Les résultats feroient connoître par le changement de signe entre quels nombres négatifs est la valeur cherchée, & on en approcheroit ensuite, autant qu'on le jugeroit à propos.

Mais lorsqu'après les substitutions des nombres positifs & négatifs compris entre zéro & le dernier terme de l'équation, on ne trouve aucun changement de signe, il faut en conclure que les racines sont égales deux à deux, ou quatre à quatre, &c, ou bien qu'elles sont

toutes imaginaires, ou enfin qu'elles font en partie égales deux à deux
& en partie imaginaires.

On voit bien en effet que fi les racines font égales deux à deux, quatre
à quatre, &c, comme dans ces équations, $(x-a)^2 (x-b)^2 = 0$,
$(x-a)^2 (x-b)^2 (x-c)^4 = 0$, &c, les réfultats doivent toujours être
pofitifs, quelque valeur que l'on prenne pour x. On voit bien auffi que,
fi toutes les racines font imaginaires, les fignes ne doivent jamais
changer; puifque s'ils changeoient, la valeur de x fe trouvant alors
entre deux nombres réels, ne feroit plus imaginaire. On voit enfin que
fi les racines font en partie égales & en partie imaginaires, on ne peut
s'attendre à aucun changement de figne. Refte donc à faire voir comment on trouve les racines égales.

Pour avoir les racines égales d'une équation, on multipliera chacun
de fes termes par l'expofant qu'a l'inconnue dans ce terme, & on diminuera cet expofant d'une unité. Cela donnera une autre équation
dont le plus grand commun divifeur avec la propofée, contiendra les
racines égales que l'on cherche, élevées feulement à une puiffance
moindre d'une unité. En voici la démonftration dans un cas.

Lorfque toutes les racines d'une équation font égales, on peut repréfenter cette équation par $x^m + max^{m-1} + \dfrac{m \cdot m - 1}{2} a^2 x^{m-2} \ldots$
$+ a^m = 0$; & fi on multiplie chaque terme de la formule par l'expo-
fant de x dans ce terme, on a (en remarquant que dans le dernier
l'expofant de x eft o) cette nouvelle équation, $mx^m + (m \cdot m - 1)$
$ax^{m-1} + \left(\dfrac{m \cdot m - 1 \cdot m - 2}{2}\right) a^2 x^{m-2} + \&c \ldots = 0$; laquelle étant
divifée par mx, donne $x^{m-1} + (m-1) ax^{m-2} + \left(\dfrac{m-1 \cdot m-2}{2}\right)$
$a^2 x^{m-3} + \&c = 0$. Or cette expreffion eft le développement du binome $(x+a)^{m-1} = 0$, & le plus grand divifeur commun de ce binome
& de l'équation propofée, $(x+a)^m = 0$ eft évidemment $(x+a)^{m-1}$.
La méthode eft donc démontrée pour le cas où toutes les racines
font égales entr'elles.

Si elles ne l'étoient que deux à deux, comme dans l'équation
$(x+a)^m (x+b)^n = 0$, on multiplieroit l'un par l'autre les deux
binomes développés; ce qui donneroit une nouvelle équation dont
les termes étant multipliés chacun par l'expofant refpectif de x pro-
duiroient $m (x+a)^{m-1} (x+b)^n + n (x+b)^{n-1} (x+a)^m = 0$. Or
le plus grand commun divifeur de cette derniere équation & de la propofée eft $(x+a)^{m-1} (x+b)^{n-1}$.

APPLICATIONS. I°. Trouver les racines égales de l'équation $x^4 -$
$4x^3 - 2x^2 + 12x + 9 = 0$.

Je multiplie chaque terme par l'expofant de x, j'ai $4x^4 - 12x^3$
$- 4x^2 + 12x = 0$. Divifant par $4x$, il vient $x^3 - 3x^2 - x + 3$
$= 0$. Je cherche (134) le plus grand commun divifeur de cette der-
niere

hiere équation & de la proposée. Je trouve que c'est $x^2 - 2x - 3$, produit de $x - 3$ par $x + 1$. Les racines égales de la proposée sont donc $(x - 3)^2$ & $(x + 1)^2$.

II°. Trouver les racines égales de $x^6 - 6x^4 - 4x^3 + 9x^2 + 12x + 4 = 0$. Multipliez par les exposants respectifs & divisez ensuite par $6x$, vous aurez $x^5 - 4x^3 - 2x^2 + 3x + 2 = 0$, dont le plus grand commun diviseur avec la proposée sera $x^4 + x^3 - 3x^2 - 5x - 2$, ou $(x + 1)^3 (x - 2)$. Vous conclurez de-là que $(x + 1)^4$ & $(x - 2)^2$ sont les racines cherchées.

Des Problêmes indéterminés du premier degré.

350. Lorsque dans un Problême, le nombre des inconnues surpasse d'une unité celui des conditions, on l'appelle *indéterminé*. Si le nombre des inconnues surpasse de plusieurs unités celui des conditions, le Problême est *plus qu'indéterminé*.

Or dans les Problêmes indéterminés, on ne peut jamais avoir pour résultat qu'une équation à deux inconnues : ensorte que pour fixer la valeur d'une de ces inconnues, il faut supposer une valeur arbitraire pour l'autre inconnue, & voir ensuite si ces deux valeurs satisfont au problême.

Soit proposé, par exemple, de trouver trois nombres x, y, z, dont la somme soit 105, & qui ayent entre eux une même différence.

Les conditions de ce problême s'expriment par ces deux équations... $x + y + z = 105$ .... & $x - y = y - z$. Prenant dans la seconde, la valeur de x qui est $2y - z$, & substituant dans la première équation, on trouvera $y = 35$, & par conséquent $x + 35 + z = 105$, ce qui donne $x + z = 70$, équation d'où on ne peut faire évanouir ni x ni z.

Il faut donc supposer une valeur à l'une de ces deux inconnues, à x par exemple, pour avoir la valeur de l'autre. Soit $x = 10$, on aura $z = 60$, & les trois nombres 10, 35, 60 pourront satisfaire à la question. Et si on fait $x = 12$, on aura $z = 58$, & les trois nombres, 12, 35, & 58 y satisferont aussi:

On voit même que ce problême peut avoir 69 solutions en nombres entiers & positifs, parce qu'on peut supposer x égal successivement à tous les nombres depuis 1 jusqu'à 69, mais non au-delà, parce que la somme des deux inconnues $x + z$ est 70. Il peut cependant avoir une infinité d'autres solutions, en prenant pour x des valeurs fractionaires.

351. Quoique la solution de ces sortes de problêmes soit plus curieuse qu'utile, il est bon cependant de connoître un peu plus en détail la maniere de les résoudre en nombres entiers & positifs.

Soit l'équation $ax = by + c$, à laquelle tout problême indéterminé du premier degré peut être réduit, & dans laquelle a, b, c expriment des nombres entiers & connus. On mettra d'abord cette équation sous

cette forme . . . . $x = \dfrac{by + c}{a}$; & puisque x doit être un nombre

entier, $\dfrac{by + c}{a}$ doit l'être aussi. Mais au lieu d'écrire tout au long ces

mots, *nombre entier*, nous les désignerons par la lettre E. On aura

donc $\dfrac{by + c}{a} = E$.

Si l'on pouvoit maintenant transformer cette expression en une autre
où y n'eut que l'unité pour coefficient, & qui étant, par exemple, de

cette forme, $\dfrac{y + d}{a}$, fût encore un nombre entier, différent à la vérité

de celui que l'on avoit d'abord, mais également désigné par E, on

auroit $\dfrac{y + d}{a} = E$, d'où on tireroit $y = aE - d$.

Prenant alors pour E telle quantité numérique que l'on voudroit,
pourvu qu'elle fût entiere & positive, à commencer même par zéro
lorsque $- d$ est un nombre positif, on auroit différentes valeurs de y,
que l'on substitueroit dans l'équation du problême, & chaque substitution donneroit une valeur correspondante pour x. Quelques exemples
vont rendre cette méthode fort intelligible.

Je suppose donc que l'on cherche toutes les valeurs entieres & positives de x & de y dans l'équation $3 x = 4y + 5$. Je fais d'abord $x =$
$\dfrac{4y + 5}{3} = y + 1 + \dfrac{y + 2}{3}$ (en divisant par 3). Mais cette valeur de x

doit être un nombre entier. Donc $y + 1 + \dfrac{y + 2}{3} = E$; & puisque

y doit être aussi un nombre entier, il faut bien que $\dfrac{y + 2}{3}$ le soit de

même. J'aurai donc $\dfrac{y + 2}{3} = E$; d'où $y = 3 E - 2$.

Cela posé, je fais E $= 1$ (& non pas 0, afin d'éviter la valeur négative $- 2$ pour y). J'ai donc $y = 1$. Donc $x = 3$. Je fais ensuite E $= 2$,
donc $y = 4$, ce qui donne $x = 7$. Faisant E $= 3$, je trouve $y = 7$, d'où
la valeur correspondante de x est 11.

Je dispose ainsi ces valeurs . . . $\left\{ \begin{array}{l} y = 1 . . . 4 . . . 7 . . . \&c \\ x = 3 . . . 7 . . . 11 . . . \&c \end{array} \right.$
& je remarque qu'elles sont en pro-
gression arithmétique.

La différence de la premiere progression est 3, coefficient de x. Celle
de la seconde est 4, coefficient de y. Rien donc n'est plus aisé que de
trouver la suite de ces valeurs, & de voir que ce problême a une infinité de solutions.

352. Au reste, ce n'est point par hazard que l'on trouve ces pro-

greſſions arithmétiques. En y réfléchiſſant un peu, on verra bien que c'eſt une ſuite néceſſaire de la méthode. Mais ces progreſſions ne ſont pas toujours infinies, au contraire elles ſont limitées toutes les fois que chaque membre de l'équation ayant une inconnue, ces inconnues ſont affectées d'un ſigne contraire.

EXEMPLE. On demande, en nombres entiers, toutes les valeurs poſitives de x & de y dans l'équation $9x = 1000 - 13y$.

On a d'abord $x = \dfrac{1000 - 13y}{9} = E$, enſuite, $\dfrac{2 - 4y}{9} = E$, en diviſant par 9, ou ce qui eſt plus ſimple, en ſupprimant tous les 9. (30). Mais ſi $\dfrac{2 - 4y}{9}$ eſt un nombre entier, le double de cette quantité doit être auſſi un nombre entier. Ce double eſt $\dfrac{4 - 8y}{9}$; donc en ajoutant un autre nombre entier, tel que $\dfrac{9y}{9}$, & en réduiſant, on aura $\dfrac{y + 4}{9} = E$; d'où l'on tire $y = 9 E - 4$. Pour avoir maintenant toutes les valeurs de y, à commencer par la plus petite, je ſuppoſe $E = 1$; donc $y = 5$: ſi $E = 2$, $y = 14$; ſi $E = 3$, $y = 23$ &c, &c.

Subſtituant ces valeurs dans l'équation $x = \dfrac{1000 - 13y}{9}$, je trouve 1°, $x = 215$; 2°, $x = 202$; 3°, $x = 189$. &c. &c. : & diſpoſant ainſi toutes ces quantités,

$$y = 5 \ldots 14 \ldots 23 \ldots 32 \ldots \&c . 149$$
$$x = 215 \ldots 202 \ldots 189 \ldots 176 \ldots \&c . 7$$

Je ne tarde pas à reconnoître que les différences de ces deux progreſſions ſont les coefficients réciproques des deux inconnues, & que par conſéquent celui de y étant négatif, toutes les valeurs de x ſe trouveront en ſouſtrayant 13 de la valeur précédente. Or ces ſouſtractions réitérées doivent enfin épuiſer le nombre des valeurs poſitives, & on voit bien dans cet exemple, qu'il n'eſt pas poſſible d'en trouver au-deſſous de 7.

Bien loin donc que les deux progreſſions ſoient infinies, on trouvera tout de ſuite le nombre de leurs termes, en diviſant la plus grande valeur de x par le coefficient de y, & en ajoutant une unité au quotient. Ainſi $\dfrac{215}{13} = 16$ (avec un reſte 7 qui eſt la plus petite valeur de x). Il y a donc 17 valeurs de ces inconnues qui ſatisfont au problême.

Cela eſt général pour toutes les équations ſemblables, dont les coefficiens ſont des nombres *premiers entre eux*.

(On appelle ainſi les nombres qui n'ont d'autre diviſeur commun que l'unité). Et comme toutes les autres équations peuvent être ramenées à cette forme, en les diviſant par le plus grand commun diviſeur de ces coefficients, il eſt clair que la méthode eſt générale.

Q ij

Ces détails fuffifent pour l'intelligence des deux exemples fuivants.

I. Un marchand doit 1200^{tt}, & au défaut d'argent, il offre deux fortes de marchandifes en payement. La premiere vaut 7^{tt} l'aune, la feconde 5^{tt}. Trouver de combien de manieres il peut acquiter fa dette.

Soit x le nombre d'aunes de la premiere marchandife, & y celui des aunes de la feconde. On aura $7x + 5y = 1200^{tt}$; d'où $x = \dfrac{1200 - 5y}{7}$;

d'où encore, $\dfrac{3 - 5y}{7} = E$; & par conféquent $\dfrac{12 - 20y}{7} = E$; donc

$\dfrac{5 - 6y}{7} = E$; donc $\dfrac{7y}{7} + \dfrac{5 - 6y}{7}$, ou $\dfrac{y + 5}{7} = E$; donc enfin $y = 7E - 5$. Soit $E = 1$, on aura $y = 2$, d'où l'on tirera $x = 170$. Soit $E = 2$ on aura $y = 9$, & $x = 165$. Le refte va de fuite. Les deux progreffions ont 35 termes chacune; il y a donc 35 manieres différentes de faire la fomme de 1200^{tt} avec des effets dont les uns valent 7^{tt} & les autres 5.

II. Un Laboureur a donné des agneaux en échange pour des brebis. Il eftimoit 4^{tt} chaque agneau, 9^{tt}, chaque brebis, & il a donné 15^{tt} en fus. Trouver de combien de façons il a pu varier fon marché.

x, nombre des agneaux; y, celui des brebis. Donc $4x + 15^{tt} = 9y$. Donc $x = \dfrac{9y - 15}{4}$; donc $\dfrac{y - 3}{4} = E$; donc $y = 4E + 3$; & fi $E = 0$, $y = 3$. C'eft le moins qu'il ait pu prendre de brebis, auquel cas il a dû livrer trois agneaux. Si $E = 1$, $y = 7$, & $x = 12$. La marche des deux progreffions eft manifefte, & puifqu'elles vont toutes deux en croiffant, on peut varier à l'infini les folutions de ce petit problême.

353. Quand ces fortes de queftions renferment quelque abfurdité, on la découvre bientôt par le réfultat du calcul. L'équation $6x = 6y + 7$ peut fervir d'exemple.

354. La méthode prefcrite pour la folution des problêmes indéterminés du premier degré, eft fondée fur cet unique principe, que des nombres entiers, ajoutés ou fouftraits, ou multipliés par d'autres nombres entiers, doivent toujours donner des entiers pour réfultat. Or ce principe eft évident.

Appliquons cette méthode à la réfolution de quelques autres problêmes. . . . . . Trouver un nombre x qui étant divifé par des nombres connus a, b, c, &c. donne pour reftes d'autres nombres connus auffi m, n, p, &c.

Il eft clair, d'après cet expofé, que $\dfrac{x - m}{a}$ eft un entier, ainfi que $\dfrac{x - n}{b}$, &c. On a donc $x = aE + m$ (191), & fubftituant cette valeur dans la feconde quantité, on aura $\dfrac{aE + m - n}{b} = E'$. (On prononce E prime, & par cette lettre on entend ici un nombre entier en général, comme par la lettre E). Cherchant ensuite la valeur de E par la méthode qui a fait trouver ci-dessus la valeur de y, on la substituera dans l'équation $x = a\,E + m$; & cette nouvelle expression de la valeur de x, étant une fois mise dans la troisieme quantité $\dfrac{x - p}{c}$, on trouvera encore un nombre entier, que nous désignerons par E'' (E seconde). Le premier membre de cette équation contiendra E', qu'il faudra déterminer comme ci-dessus, & l'on aura enfin la valeur de x en nombres connus & en E'', ou en E''' (E Tierce), ou &c, selon le nombre des diviseurs. On prendra alors pour le dernier E telle quantité entiere que l'on voudra, & bientôt on aura déterminé les valeurs qui peuvent satisfaire aux conditions du problême.

EXEMPLES. Quels font les nombres qui étant divisés par 5 & par 7 donnent 4 & 2 pour restes ?

On a $\dfrac{x-4}{5} = E$, & $\dfrac{x-2}{7} = E'$. Donc $x = 5\,E + 4$; donc $\dfrac{5E+2}{7} = E'$; donc $\dfrac{15E+6}{7} = E'$; & soustrayant $\dfrac{14E}{7}$, on aura $E = 7\,E' - 6$. Si on suppose $E' = 1$, on aura aussi $E = 1$ donc $x = 9$; & c'est le plus petit des nombres cherchés.

Pour avoir les autres, on supposera $E' = 2$, ce qui donnera $x = 44$. Si $E' = 3$, $x = 79$; & ainsi de suite, ajoutant à chaque valeur précédente le produit 35 des deux diviseurs 5 & 7: car puisque 35 est divisible sans reste par 5 & par 7, il est clair que $35 + 9$ ou 44, que $70 + 9$ ou 79, &c, donneront les mêmes restes que le plus petit nombre 9.

Un avare a dans son coffre-fort plusieurs sacs de 1200^{tt} chacun. En les comptant un jour trois à trois, il n'en trouva aucun de reste. Il les compta un autre jour sept à sept, & il n'en resta qu'un. Les comptant un autre fois dix par dix, il en trouva six de reste. Ne pourroit-on pas deviner combien il en avoit, sachant d'ailleurs qu'il en avoit plus de cent, mais moins de trois cent ?

Soit x le nombre de ces sacs. E, E', E'' désigneront à l'ordinaire des entiers; & l'on aura $\dfrac{x}{3} = E \ldots \dfrac{x-1}{7} = E'. . \dfrac{x-6}{10} = E''$. La premiere expression donne $x = 3\,E$. La seconde, $\dfrac{3E-1}{7} = E'$: donc $\dfrac{15E-}{7}$ sera un entier, & soustrayant $\dfrac{14E}{7}$ de ce dernier nombre, le reste en sera un aussi. On aura donc $E = 7\,E' + 5$. D'où $x = 21\,E' + 15$.

Substituant cette valeur dans la troisieme expression, il viendra $\dfrac{21E'+9}{10} = E''$. D'où $E' = 10\,E'' - 9$. Si on fait $E'' = 1$, on aura

$x = 36$; & ce fera le plus petit des nombres qui divifés par 3, par 7, & par 10, auront pour reftes, 0, 1, & 6. Pour trouver le fecond nombre, on fuppofera $E'' = 2$, d'où $x = 246$. Si $E'' = 3$, $x = 456$. Donc le nombre de facs eft 246.

355. Remarquez que la fuite des nombres 36, 246, 456, &c fe forme en ajoutant au nombre qui précede, le produit 210 des trois divifeurs 3, 7, 10, & cela aura lieu toutes les fois que les divifeurs feront des nombres premiers entre eux. S'ils ne l'étoient pas, la progreffion formée par l'addition de leur produit, ne contiendroit à la vérité que des nombres propres à fatisfaire au problême; mais elle ne les contiendroit pas tous.

356. C'eft par une application de cette méthode que l'on peut réfoudre plufieurs problêmes relatifs au Calendrier. Soit propofé, par exemple, de trouver dans quelle année de l'Ere Chrétienne, on a eu 27 de Cycle folaire, 6 de Cycle Lunaire, & 5 d'indiction.

On fait que le Cycle folaire, autrement dit, le Cycle des Lettres Dominicales, eft une révolution périodique de 28 ans; que le cycle Lunaire, plus connu fous le nom du Nombre d'Or, eft une révolution de 19 ans, & que l'indiction Romaine recommence tous les 15 ans.

Cela pofé, appellant x l'année que l'on demande, on aura . . . . 1°, $\dfrac{x - 17}{28} = E$ . . . 2°, $\dfrac{x - 6}{19} = E'$ . . . 3°, $\dfrac{x - 5}{15} = E''$. La premiere équation donne $x = 28 E + 17$, & fubftituant cette valeur de x dans la feconde équation, on a $\dfrac{28 E + 11}{19} = E'$; d'où on tire, après les opérations convenables . . . $E = 19 E' + 22$, & par conféquent $x = 532 E' + 633$.

Subftituant cette nouvelle valeur de x dans la troifieme équation, on trouve $\dfrac{532 E' + 628}{15} = E''$; ce qui donne $E' = 15 E'' + 11$, & par conféquent $x = 7980 E'' + 6485$.

Soit maintenant $E' = 0$, on aura $x = 6485$. Si on fuppofe $E'' = 1$, on aura $x = 14465$, & ainfi de fuite. Mais comme ces années appartiennent à la Période Julienne, dont le commencement précede de 4713 ans celui de l'Ere Chrétienne, il faut fouftraire 4713 de ces différentes époques, pour les réduire aux années de notre Ere qui fatisfont aux trois conditions du problême.

Souftraction faite fur la premiere époque, qui eft 6485, on trouve 1772 pour refte. Ainfi depuis le commencement de l'Ere Chrétienne, & même depuis le commencement du monde, tel que la Chronologie ordinaire le fixe, il n'y a eu que l'année 1772 de notre Ere qui ait réuni tout à la fois, 17 de Cycle Solaire, 6 de Nombre d'Or, & 5 d'Indiction.

En fouftrayant pareillement 4713 de la feconde époque, 14465, on trouve que l'année 9752 de notre Ere fera la feule qui dans l'intervalle de 1772 à 9752, fatisfera aux mêmes conditions. Les autres années qui y fatisferoient de même, ne fe fuivroient que tous les 7980 ans, dont eft formée la Période Julienne, ainfi appellée de Jofeph-Jule Scaliger qui l'imagina le premier. Cette Période réfulte du produit des trois Cycles, 28, 19 & 15. Elle eft préférable à la Période Dyonifienne, qui n'eft que de 532 ans, (produit de 28 par 19), en ce qu'elle embraffe un bien plus grand nombre d'événements dans fa durée.

357. Ceux qui défireront connoître plus en détail la Théorie des problêmes indéterminés, trouveront dequoi fe fatisfaire, dans le fecond Volume des Eléments d'Algebre de M. Euler. Nous terminerons ceux-ci par les énoncés de quelques problêmes, dont on trouvera les réfultats à la fin du Livre, fous la lettre H″.

I. Deux Courriers font partis au même inftant, l'un de Paris pour Fontainebleau, l'autre de Fontainebleau pour Paris. Leurs vîteffes font dans le rapport de 3 à 4; on demande où il fe rencontreront, la diftance des deux points de départ étant fuppofée de 14 lieues. Généralifer le problême.

II. Un lievre a déja fait un nombre n de pas, lorfqu'un Lévrier fe met.à fa pourfuite. Les pas du Lévrier font plus grands que ceux du Lievre dans le rapport de $p : q$: mais auffi le Lievre fait $m + a$ de pas, pendant que le Lévrier n'en fait qu'un nombre m. Trouver une formule qui faffe connoître fi le Lévrier atteindra le Lievre, & au cas qu'il l'atteigne, à quelle diftance il l'atteindra.

III. B a dépenfé le tiers de fon argent, & fa dépenfe eft telle que la cinquieme puiffance de l'argent dépenfé eft au cube de l'argent qui lui refte :: 9 : 8. C au contraire a gagné une fomme dont le cube eft au quarré de celle qu'il avoit d'abord :: 3 : 16. Trouver ce qu'ils avoient, & ce qui leur refte.

IV. Une perfonne à qui on avoit demandé quelle heure il étoit, répondit qu'il étoit entre 5 & 6 heures, & que l'aiguille des minutes fe trouvoit exactement fur celle des heures. Quelle heure étoit-il donc?

V. Trois caufes C, C′, C″ agiffant féparément, ont produit les trois effets E, E′, E″ dans des tems T, T′, T″. Quel temps leur faudroit-il, agiffant toutes trois enfemble, pour produire l'effet E‴?

VI. Etant donnés les prix a & b de deux quantités, pour en former un mélange c dont le prix moyen foit m, quelles parties x & y doit-on prendre de ces quantités?

VII. Démontrer la Regle de double fauffe pofition, autrement que dans le n° 268.

VIII. La fomme de 6000ᵗᵗ placée à intérêt pendant 15 ans 4 mois a produit 18000ᵗᵗ, y compris les intérêts des intérêts. A quel denier cette fomme a-t-elle été placée?

IX. Calculer par la méthode des coefficients indéterminés les premiers termes de la férie qui provient de $\dfrac{a^2 - x^2}{a + bx - x^2}$.

X. Trouver par la méthode inverse des séries la valeur de y, en supposant que l'on a $x = \dfrac{1 \cdot 3}{2 \cdot 4} y + \dfrac{5 \cdot 7}{6 \cdot 8} y^2 + \dfrac{9 \cdot 11}{10 \cdot 12} y^3 + \&c.$

XI. Résoudre généralement les problêmes sur la population, n° 309.

XII. On a divisé le nombre 37 en deux parties, dont la plus grande multipliée par le quarré de la plus petite, donne 800. Quelles sont ces parties ?

XIII. Connoissant la somme a de deux nombres, & le quotient q du moindre de ces nombres divisé par la racine cube du plus grand, déterminer ces nombres.

XIV. Soit un nombre composé de trois chiffres, tels 1°, qu'en les multipliant les uns par les autres, leur produit soit 54 ; 2°, que le chiffre du milieu ne soit que la sixieme partie de la somme des deux autres ; 3° qu'en soustrayant 594 de ce nombre, le reste soit composé des mêmes chiffres que ce nombre, mais dans un ordre inverse. On demande quels sont ces trois chiffres.

XV. Etant donnée l'équation $x^4 + x^3 + 2x^2 - x + 3 = 0$, déterminer ses racines par la méthode des diviseurs.

XVI. Le Gouverneur d'une Place assiégée voulant obtenir au plutôt du secours de son Général, lui écrit que la Garnison est réduite à autant de centaines d'hommes qu'il y a d'unités dans la racine positive de l'équation $x^4 - x^3 - 44x^2 + 49x = 245$. L'homme chargé de ce billet est arrêté par les ennemis ; on le fouille, on voit l'avis donné au Général, & on n'y comprend rien. Si vous eussiez été dans le camp des assiégeants, quel parti auriez-vous tiré de ce billet ?

XVII. Un Voiturier, chargé du transport d'un barril plein de vin, en a d'abord tiré 12 bouteilles, qu'il a remplacées par 12 bouteilles d'eau. Puis il a tiré 12 autres bouteilles de ce barril, qu'il a remplacées par 12 bouteilles d'eau ; & il a fait deux autres fois la même manœuvre. Arrivé à sa destination, il est soupçonné d'avoir mis de l'eau dans le barril : on décompose ce mélange, & il n'en résulte que 54 bouteilles de vin pur. Le Voiturier offre de payer ce qu'il a soustrait : mais on ne sait comment l'évaluer, le barril n'existant plus. Si on s'étoit adressé à vous pour cette évaluation, comment en seriez-vous venu à bout ?

XVIII. Extraire la racine quarrée des quantités suivantes . . . .
1°. $14 + 6\sqrt{5}$ . . . . 2°. $28 + \sqrt{187}$ . . . . 3°. $39 + 2\sqrt{5}$ . . . .
4°. $10\sqrt{} - 1$.

XIX. Extraire la racine-cube de $22 + 10\sqrt{7}$, & de $-24 - 40\sqrt{} - 2$.

XX. Trouver par approximation les racines de l'équation $x^3 - 17x^2 + 54x - 350 = 0$.

XXI. Etant donnée l'équation $x^4 - 8x^3 + 20x^2 - 15x + \frac{1}{2} = 0$, trouver la valeur de x approchée jusqu'au cinquieme rang des décimales.

XXII. Par la Regle de double fauſſe poſition calculer la valeur de l'inconnue *y* dans l'équation *exponentielle*, $y^y = 2000$.

XXIII. Avec des écus de ſix francs & des écus de 3ᵗᵗ, de combien de manieres pourroit-on faire la ſomme de 264ᵗᵗ?

XXIV. On déſireroit avoir un nombre qui pût être exactement diviſé par 7, & qui étant diviſé par 2, 3, 4, 5 & 6 donnât 1 pour reſte.

XXV. Réſoudre par la méthode des problêmes indéterminés, le troiſieme cas de la Regle d'Alliage (page 173).

XXVI. Un Aubergiſte a fait payer 20ᵗᵗ pour la dépenſe de quelques Voyageurs, à raiſon de 4 francs par Maître, de 40ſ par Domeſtique, & de 30ſ par Cheval. Combien y avoit-il de Maîtres, de Domeſtiques & de Chevaux?

XXVII. Avec des Pieces de 24ſ, de 12ſ, & de 6ſ, eſt-il poſſible de faire un paiement de 19ᵗᵗ? Et au cas que cela ſoit poſſible, de combien de manieres cela l'eſt-il?

XXVIII. On a acheté une Bibliotheque compoſée de mille volumes, dont les *infolio* ont été évalués à 6ᵗᵗ chacun; les *in-quarto* à 3ᵗᵗ, & les *in-12* à 30ſ. Elle a coûté 2190ᵗᵗ. Combien y avoit-il de volumes de chaque format?

XXIX. En quelle année le Pape Grégoire XIII réforma-t-il le Calendrier? Pour vous aider à en rappeller la date, on vous dit ſeulement que cette année-là avoit 6 pour Nombre d'Or, & 23 pour Cycle Solaire.

XXX. Il parut une Comète ſingulierement remarquable dans une certaine année, qui avoit pour Nombre d'Or 9, pour Cycle Solaire 9, & 3 pour Indiction. Quelle étoit cette année-là?

ÉLÉMENTS

DE

GÉOMÉTRIE.

358. La Géométrie tire son nom du principal usage ; auquel il semble qu'elle fut employée dans l'origine. Le partage des biens exigeoit une science qui apprît à connoître avec précision leur étendue ; cette science fut appellée *Géométrie*, c'est-à-dire, mesure de la terre.

Elle resta bornée à ce premier usage, jusqu'à la brillante époque, où Archimede & plusieurs autres Géomètres Grecs lui donnerent tant d'éclat. Mais elle ne mérita vraiment le nom de science, qu'après avoir été réduite en corps de doctrine, par Euclide, qui rassembla les principales découvertes géométriques faites avant lui.

Il joignit les siennes à celles des Géomètres qui l'avoient précédé, & toujours aussi rigoureux dans ses démonstrations, que méthodique dans sa marche, il vint à bout de fixer & de répandre les notions jusques-là fort vagues de la Géométrie. Son Ouvrage, consacré depuis deux mille ans, par l'estime générale des siecles éclairés, est un des plus précieux monuments échappés aux injures du temps.

Euclide y considere l'étendue dans son berceau, pour ainsi dire, & procédant toujours du plus simple au plus composé, il s'éleve par une gradation bien soutenue, depuis le Point jusqu'aux Solides. Nous suivrons à peu-près la même gradation ; mais en nous rapprochant de la méthode que les Géomètres modernes ont adoptée. Si elle n'eft pas auffi rigoureufe, elle a d'autres avantages qui nous la font préférer.

Au refte, quoiqu'il n'y ait point d'étendue fans longueur, largeur & profondeur, on peut cependant confidérer ces trois dimenfions, les unes fans les autres. C'eft ainfi, par exemple, que l'on parle de la longueur d'une Toife, fans fonger à fa largeur ; & que l'on parle de la grandeur d'un étang, fans faire mention de la profondeur de fes eaux.

Cette abftraction fimplifiant les recherches de la Géométrie Elémentaire, prefque tous les Auteurs qui ont écrit depuis un fiecle fur cette matiere, s'en font fervis pour divifer leurs Ouvrages en trois Parties. Dans la premiere, ils enfeignent ce qui a rapport à la feule dimenfion de longueur, favoir les propriétés des *Lignes*, la mefure des *Angles* qu'elles forment, & la defcription des *Figures* qui en réfultent. Dans la feconde, ils confidèrent tout-à-la fois la longueur & la largeur, & ils enfeignent à mefurer les *Surfaces*. Dans la derniere Partie ils fuppofent les trois dimenfions réunies, & ils cherchent à déterminer la *furface* & la *folidité* des corps. Nous fuivrons le même plan.

PREMIERE PARTIE.

Des Éléments de Géométrie.

FIG. 359.
1.
D'un point A quelconque on peut aller à un autre point B, par une infinité de chemins différents : mais on voit bien qu'il doit y en avoir un plus court que tous les autres ; & celui-là, quel qu'il soit, s'appelle la *Ligne droite.*

360. Donc 1°, *La vraie mesure de la distance d'un point à un autre point, est toujours la ligne droite qui les joint.* Telle est la ligne A B.

Donc 2°, on ne peut mener qu'une seule ligne droite d'un point à un autre ; & par conséquent *deux points suffisent pour déterminer la position d'une ligne droite quelconque.* Toutes les autres que l'on voudroit mener par les mêmes points, se confondroient avec la premiere.

Donc 3°, *deux lignes droites ne peuvent se couper qu'en un seul point* : elles ne peuvent jamais avoir deux points communs.

361. Lorsqu'une ligne droite en rencontre une autre, il en résulte une *Ligne brisée.* Telles sont les lignes ADB & AFB, qui aboutissent aux mêmes points A & B, que la droite A B. Or cette droite est plus courte que toute autre ligne qui se termine aux mêmes points : Donc *une ligne droite quelconque menée entre deux points donnés, est plus courte que toutes les lignes brisées, menées entre les mêmes points.*

Donc aussi celles-là sont les plus longues parmi les lignes brisées, qui s'éloignent le plus de la ligne droite ; & on sent bien qu'il peut y en avoir une infinité.

On peut en décrire de même une infinité d'autres qui changeant, pour ainsi dire, de direction à chaque point, comme les lignes A C B, A M B, aboutissent pourtant

aux mêmes points A & B. On les appelle des *Lignes*
courbes, & elles font diversifiées à l'infini. Mais il en est
une plus connue & plus facile à décrire que les autres:
c'est la *Courbe circulaire.*

362. Soit la droite A C mobile autour du point A.
Il est clair que si elle fait une révolution entiere, son
extrémité C décrira une courbe fermée CEBDC. L'espace
terminé par cette courbe se nomme *Cercle.* La courbe qui
le termine s'appelle la *Circonférence.* (Il ne faut pas confondre ces deux choses).

Le point A est le *centre* du cercle. Toute ligne droite
menée du centre à un des points de la circonférence ,
se nomme *Rayon* ; & tout rayon prolongé en ligne droite
au-delà du centre jusqu'à la circonférence, se nomme
Diamètre. Ainsi A B est un rayon ; B D est un diamètre.

363. Il suit de la description du cercle, 1°, que tous
ses rayons sont égaux ; 2°, que tous ses diamètres le sont
aussi ; 3°, que chaque diamètre divise le cercle & la circonférence en deux parties égales.

Une portion quelconque CEB de circonférence se
nomme *Arc de cercle.* L'espace A C E B A renfermé entre
l'arc CEB & les deux rayons C A, AB, se nomme
Secteur. L'espace C E B C compris entre le même arc CEB
& la droite CB se nomme *Segment* ; enfin la droite CB
se nomme *la Corde de l'arc* C E B.

364. Concluons, 1°, que dans un même cercle le
diamètre est toujours plus grand qu'une corde quelconque. Car si on mene A C , par exemple , on aura la ligne
brisée C A B plus grande que C B : or C A B = D B ;
donc D B $>$ C B.

Concluons 2°, que dans un même cercle, les arcs égaux
ont des cordes égales , & réciproquement.

3°, Que les plus grands arcs font soutendus par les plus
grandes cordes , & que les plus petits arcs font soutendus
par les plus petites cordes ; ce qui est réciproque.

Vous observerez seulement que lorsqu'on parle de l'arc
soutendu par une corde, on entend toujours le plus petit

FIG. arc qui eſt terminé par cette corde. Ainſi la corde CB ſou-

2. tend l'arc C E B & non l'arc CDB.

Si les Géomètres diviſent la circonférence du cercle en 360 parties égales qu'ils nomment degrés, & s'ils ſou-diviſent enſuite chaque degré en 60 minutes, chaque mi-nute en 60 ſecondes, &c, c'eſt que ces diviſions leur ont paru plus commodes à cauſe du grand nombre de diviſeurs exacts de 360 & de 60.

365. Il ſuit de-là que les degrés & les minutes d'un cercle ne ſont pas des quantités abſolues comme un pied, une toiſe, &c. Leur grandeur varie dans le même rap-port que celle des circonférences auxquelles ils appartien-nent, puiſqu'ils en ſont des parties ſemblables.

Des Angles.

3.   366. Si deux lignes droites A C, & C D ſe rencontrent; elles forment l'*Angle* A C D, qui a ſon *Sommet* au point de rencontre C, & dont les lignes A C, C D ſont les *Côtés*. (Quand on déſigne un angle par trois lettres, on place au ſecond rang celle qui eſt à ſon ſommet. Si on ne le déſigne que par une ſeule lettre, c'eſt toujours par celle qui eſt au ſommet).

Décrivons du centre C & d'un rayon quelconque C K l'arc K L, nous aurons une meſure bien naturelle de l'angle A C D; puiſque ſi l'on conçoit que cet angle augmente en devenant A C *d*, ou diminue en devenant A C *I*, l'arc K L augmentera ou diminuera dans le même rapport. On peut donc dire que *la meſure d'un angle qui a ſon ſommet au centre d'un cercle quelconque eſt l'arc compris entre ſes côtés.*

Au reſte, quoique l'on puiſſe décrire du centre C avec des rayons inégaux, une infinité d'arcs de cercle compris entre les mêmes côtés C A, D C, tous ces arcs n'en ont pas moins le même nombre de degrés, parce qu'ils ſont tous des parties ſemblables de leurs circonférences. C'eſt pourquoi, en diſant que l'angle A C D a pour meſure

l'arc K L, on entend toujours le nombre de degrés de
l'arc K L, & non la longueur abfolue de cet arc.

367. Donc *la grandeur d'un angle eft tout-à-fait indépendante de la longueur de fes côtés.*

On diftingue trois fortes d'angles, l'angle *aigu*, l'angle
droit, & l'angle *obtus*. Tout angle qui a pour mefure moins
de 90°, eft un angle aigu. Tel eft entre autres l'angle
B C *d*. Tout angle qui a pour mefure 90°, ou le quart
de la circonférence, eft un angle droit. Tel eft l'angle
A C I. Enfin tout angle qui eft mefuré par un arc de plus
de 90°, eft un angle obtus. Ainfi l'angle A C D eft un
angle obtus.

368. On nomme *Complément* d'un angle ou d'un arc,
ce qui manque à cet angle ou à cet arc pour qu'il foit
de 90°. Ainfi le complément d'un arc de 57° 31' eft
de 32° 29'.

On nomme *Supplément* d'un angle ou d'un arc ce qu'il
faut ajouter à cet angle ou à cet arc pour avoir 180°.
Un angle aigu de 35° par exemple, a pour fupplément
un angle obtus de 145°, & réciproquement.

369. Il fuit de-là que *deux angles font égaux, quand
ils ont un même fupplément.*

Donc *les angles* A C D, B C F *oppofés au fommet font
égaux*: car ils ont un même fupplément D C B.

370. Il fuit auffi qu'une droite D C qui tombe fur
une autre A B, forme avec elle deux angles A C D &
D C B, dont la fomme eft toujours de 180°. On peut
donc dire que les *deux angles formés par la rencontre de
deux lignes, équivalent toujours à deux angles droits.*

Et par conféquent la fomme des quatre angles A C D,
D C B, B C F, & F C A équivaut à quatre angles droits;
ou ce qui revient au même, les angles formés par l'interfection de deux lignes, ont pour mefure 360°.

En général, fi tant de droites A C B, D C I, E C H,
que l'on voudra, viennent fe couper en nombre quelconque au point C, la fomme des angles A C D + D C E +

FIG &c, qu'elles feront toutes enſemble d'un ſeul côté de A B ſera de 180°, & la ſomme des angles qu'elles feront tant en deſſus qu'en deſſous de A B, ſera de 360°.

Des Lignes perpendiculaires.

371. On appelle *Lignes perpendiculaires* celles qui par leur rencontre forment des angles droits. Ainſi A B eſt perpendiculaire à D F, ſi l'angle A G D, par ex. eſt de 90°.

Si on décrit du centre C & du rayon C D la circonférence D E F G D, l'arc D E ſera de 90°, ainſi que l'arc E F. Donc leurs cordes E D, E F ſeront égales (364). Donc le point E ſera à égale diſtance de D & de F, comme le point C. Ainſi la ligne A B aura deux de ſes points également éloignés chacun de D & de F. Tous ſes autres points ſeront donc autant éloignés du point D que du point F (360).

Réciproquement, ſi les deux points A, E de la ligne droite A B ſont chacun également éloignés de D & de F, cette ligne A B ſera perpendiculaire à D F. Car deux des points de la ligne A B étant chacun à égale diſtance de D & de F, tous les autres points de A B ont cette même propriété. Donc D C = C F ; par conſéquent la ligne A B diviſe en deux également la ligne D F. De plus E D = E F. Donc les arcs E D, E F ſont égaux ; ils ſont donc chacun de 90° ; donc A B eſt perpendiculaire à D F.

Enfin ſi A B eſt perpendiculaire à D F, & ſi d'ailleurs ſon point A eſt également éloigné des points D & F, tous les autres points de la ligne A B auront la même propriété que le point A ; ſans quoi cette ligne ne ſeroit plus perpendiculaire à la ligne D F. *Un ſeul point ſuffit donc pour déterminer la poſition d'une perpendiculaire, quand on a déja la ligne ſur laquelle on veut la mener.*

372. Il eſt évident que la ligne droite D F eſt plus courte que la ligne briſée D E F, & que par conſéquent D C, moitié de D F, eſt plus courte que D E, moitié

de

de DEF, & à plus forte raison que toute autre obli-
que DA.

On doit donc regarder la perpendiculaire menée d'un point donné fur une ligne droite comme la vraie mefure de la diftance de ce point à la ligne dont il s'agit.

373. D'après ce que nous venons de dire, il eft facile de réfoudre les problêmes fuivants.

I. Divifer la ligne donnée DC en deux parties égales.

Je décris des points D & C pris pour centres, & du même rayon DG deux arcs de cercle qui fe coupent aux points G & H, & par ces deux points d'interfection, je mene GFH, qui divifera la ligne DC en deux également au point F. Ce problême eft d'un grand ufage.

II. Mener d'un point donné G hors d'une droite AB une perpendiculaire GF fur cette ligne.

Je décris du centre G un arc DC qui coupe la ligne AB aux points D & C. Je divife enfuite DC en deux parties égales DF & FC, & par les points F & G je mene FG qui fera la perpendiculaire demandée. Car deux de fes points, favoir F & G font chacun à égale diftance des deux points D & C de la ligne AB. Donc (371) FG eft perpendiculaire à AB.

374. Comme il n'y a qu'un feul point F qui foit le milieu de la ligne DC, & qu'on ne peut mener d'un point à un autre qu'une feule ligne droite, on en doit conclure que d'un point pris hors d'une droite, on ne peut mener qu'une feule perpendiculaire à cette droite.

III. Mener par un point donné F de la ligne AB une perpendiculaire à cette ligne.

Je prends d'abord DF = FC, enfuite des centres D & C, & du même intervalle DG, je décris deux arcs qui fe coupent en G, & ayant mené FG, je dis qu'elle fera la perpendiculaire cherchée. Car deux de fes points font chacun à égale diftance de D & de C.

Il eft donc évident que d'un point pris fur une ligne, on ne peut élever qu'une feule perpendiculaire à cette ligne.

Si le point donné F étoit à l'extrémité de la ligne AB,

R

FIG. on prolongeroit cette ligne, & on éleveroit la perpendiculaire, comme il vient d'être dit. Mais si on ne pouvoit pas
prolonger la ligne donnée, on se serviroit d'une méthode
que nous indiquerons bientôt.

Des Lignes perpendiculaires considérées dans le Cercle.

7.   375. SOIT le rayon CM perpendiculaire à la corde FG;
il est clair que le point C est également éloigné de F & de
G, & par conséquent que tout autre point du rayon CM est
également éloigné de F & de G; on a donc FD = DG, &
FM = MG. L'arc FIM est donc égal à l'arc MLG,
ou l'angle FCM = l'angle MCG; c'est-à-dire que *tout
rayon ou diamètre perpendiculaire à une corde, coupe en
deux parties égales cette corde & l'arc qu'elle soutend.*

Réciproquement, si la corde FG est divisée en deux également par le rayon CM, ce rayon sera perpendiculaire à
la corde FG, & divisera en deux également l'arc FMG
ou l'angle FCG : en effet ce rayon a deux points C & D
également éloignés de F & de G; donc il est perpendiculaire à FG, & par conséquent MF = MG.

Si la corde FG est divisée en deux également & perpendiculairement par la ligne DM, il n'est pas difficile
de démontrer que cette ligne passe nécessairement par
le centre C, puisque le point D de la perpendiculaire
DM étant à égale distance de F & de G, tous ses autres
points doivent avoir la même propriété. Le centre C est
dans ce cas; donc la perpendiculaire DM doit passer
par le centre.

376. De-là il suit que de ces trois choses, *être perpendiculaire à une corde, la diviser en deux également, passer par
le centre, deux étant posées, la troisieme suit nécessairement.*

Pour faire quelque application de ces principes, propo-
6.   sons-nous de diviser l'arc DMC en deux également.

On menera la corde DC, & on divisera cette corde en
deux également & perpendiculairement par la ligne GM
qui coupera l'arc DMC en deux parties égales au point M.

Donc s'il falloit divifer l'angle DGC en deux parties égales, on décriroit du fommet G comme centre, & d'un intervalle quelconque GD l'arc DMC. On diviferoit enfuite cet arc en deux également au point M, & ayant mené MG, il eft évident que cette ligne diviferoit en deux également l'angle DGC.

Si on divife de la même maniere l'angle DGM en deux parties égales, on aura le quart de l'angle DGC, enfuite le huitieme, le feizieme, &c. Il eft donc facile de divifer par la Géométrie élémentaire un angle quelconque en 2, 4, 8, 16, 32, &c, parties égales. Mais lorfqu'il s'agit de divifer un angle en 3, 5, 7, 9, &c parties égales, c'eft un problême dont la difficulté ne peut être appréciée que par ceux qui font déja avancés dans l'étude de la Géométrie.

377. Soit propofé maintenant de faire paffer une circonférence par trois points A, B, D qui ne foient pas en ligne droite.

Ayant mené AB & BD, on divifera ces deux lignes en deux également & perpendiculairement par FL & GI, dont le point de concours C fera le centre du cercle cherché. Car on aura, *par la conftruction*, AC = CB, & CB = CD; donc AC = CD : & par conféquent fi du rayon CA on décrit la circonférence ABDA, elle paffera par les trois points A, B, D.

378. De-là il fuit que *trois points* A, B, D *qui ne font pas en ligne droite déterminent la pofition d'un certle*. Il eft donc impoffible que deux circonférences de cercle fe coupent en plus de deux points. Car fi elles fe coupoient en trois, elles ne feroient plus qu'une feule & même circonférence.

Les trois points A, B, D ne peuvént jamais être fuppofés en ligne droite, parce que fi l'on pouvoit faire paffer une circonférence par trois points en ligne droite, il feroit poffible de mener plufieurs perpendiculaires d'un même point fur une droite; ce qui eft impoffible (374).

Si l'on vouloit trouver le centre d'une circonférence, ou d'un arc de cercle donné, on prendroit à volonté dans cette

FIG. circonférence ou dans cet arc, trois points que l'on join-
droit par deux cordes ; & l'on diviseroit ces cordes comme
ci-dessus. Le centre cherché se trouvera toujours au point
de concours des deux lignes de division.

Des Tangentes.

7.   379. Une droite M T qui n'a qu'un seul point
M de commun avec la circonférence F M G se nomme
Tangente , & le point commun M se nomme *point de
Contact*.

Menons du centre C au point de contact M le rayon
C M ; ce rayon sera plus court que toute autre ligne
COK menée du centre C à quelque point de la ligne MT.
Donc il mesurera la distance du centre C à la ligne MT.
Donc (372) il sera perpendiculaire à cette ligne ; donc
*tout rayon ou diamètre qui aboutit au point de contact,
est perpendiculaire à la tangente qui se termine au même
point*.

Réciproquement, une droite quelconque MT perpendiculaire à l'extrémité M du rayon CM est tangente en ce
point M : car MT étant perpendiculaire au rayon CM ,
tous les autres points de la droite MT sont plus éloignés du
centre C que le point M. Donc ils sont tous hors du cercle, à
l'exception du point M, qui seul est commun à cette ligne
& à la circonférence.

380. Il est donc facile de mener une tangente à un
point quelconque M pris sur une circonférence donnée : car
ayant mené le rayon CM, on est sûr que *la perpendiculaire
à l'extrémité du rayon est tangente au cercle*.

D'ailleurs il est évident qu'une droite MT ne peut toucher
qu'en un seul point M la circonférence donnée. Car si elle
touchoit cette circonférence en plusieurs points, on pourroit
mener autant de perpendiculaires différentes du centre C
sur la ligne MT , ce qui est impossible.

9.   381. Si deux, ou un plus grand nombre de cercles se
touchent en un point, soit en dehors soit en dedans,

la ligne qui paſſe par leurs centres paſſe auſſi par leur point FIG.
de contact.

Car la même tangente TM eſt perpendiculaire aux rayons 9.
CM, AM. Donc ces rayons ne font qu'une ſeule ligne
droite qui aboutit aux deux centres, & qui paſſe néceſſairement par le point de contact. On a donc CA = CM ±
AM.

Des Lignes paralleles.

382. Deux lignes AB, CD ſont *paralleles* lorſque leur 10.
diſtance eſt par-tout la même. Par exemple, ſi toutes les perpendiculaires EG, FH, &c menées des points E, F &c de
la ligne AB ſur CD ſont égales, les lignes AB, CD ſont
paralleles. Mais puiſque deux points ſuffiſent pour déterminer la poſition d'une droite, il ſuffit que deux de ces
perpendiculaires ſoient égales, EG par exemple & FH,
pour que la droite CD qui paſſe par les deux points G & H
ſoit parallele à AB.

De-là il ſuit que *deux lignes paralleles ne peuvent jamais
ſe rencontrer à quelque diſtance qu'on les ſuppoſe prolongées.*

383. Si une ligne quelconque NQ coupe deux paralleles
AB, CD, les angles AFG, FGD formés par l'interſection de cette ligne & des paralleles, ſont *alternes-internes.*
(On les appelle alternes, parce qu'ils ſont de différents
côtés de la ſécante : on les appelle internes, parce qu'ils
ſont en dedans des paralleles). Or prenons les deux arcs in-
définis FLM, GKI décrits des centres G & F, & du même
intervalle GF ; & prolongeons les perpendiculaires EG,
FH juſqu'à ce qu'elles rencontrent les arcs GKI, FLM;
nous aurons EG = FH; donc 2EG = 2FH, ou (376)
GI = FM : mais les arcs FLM, GKI ſont décrits du même
rayon ; donc, puiſque leurs cordes ſont égales, ils ſont
égaux, ainſi que leurs moitiés GK, FL. Donc l'angle AFG
qui a pour meſure GK eſt égal à l'angle FGD, dont la
meſure eſt FL ; donc *toutes les fois qu'une droite quelconque coupe deux paralleles, les angles alternes-internes formés
par cette interſection ſont égaux.*

FIG.
10.

384. D'où on peut conclure, 1°, que *les angles correspondants* N F B, N G D *font égaux*, ainfi que N F A, N G C.

2°, Que les angles *alternes-externes* C G Q, N F B *font égaux*.

Réciproquement, fi les angles alternes-internes A F G, F G D font égaux, les lignes A B, C D font paralleles. On en trouvera aifément la démonftration.

Si les angles correfpondants, ou les angles alternes-externes étoient égaux, les angles alternes-internes le feroient. Donc les lignes feroient encore paralleles.

385. Cela pofé, il eft facile de mener d'un point donné G la parallele G D à la ligne A B.

On décrira du centre G & d'un intervalle quelconque G F un arc indéfini F L M, enfuite du point d'interfeétion F pris pour centre & du même intervalle F G, on décrira l'arc G K. On prendra F L = G K, & la ligne G L menée par les points G & L fera la parallele demandée, puifque les angles alternes-internes A F G & F G D feront égaux.

11.

De l'égalité des angles correfpondants, il fuit 1°, que fi deux angles B A C, N L M ont leurs côtés A B, L N, & A C, L M paralleles, ces deux angles font égaux. Car fi l'on prolonge N L jufqu'à la rencontre D de la ligne A C, on aura N L M = N D C = B A C.

12.

2°, Que pour mener une perpendiculaire A F à l'extrémité A de la ligne A B (374), on peut mener d'abord la perpendiculaire C D fur la ligne A B, & mener enfuite par le point A la ligne A F parallele à D C. Elle fera la perpendiculaire demandée. Car F A B = D C B.

7.

386. 3°, Que deux paralleles F G, I L qui traverfent un cercle coupent fur fa circonférence deux arcs égaux F I, L G. Car fi on mene le rayon C M perpendiculaire fur F G, il fera auffi perpendiculaire fur I L, à caufe des angles correfpondants C D F, C H I. Or (375) F I M = M L G, & I M = M L, donc F I M — I M = M L G — M L, ou F I = G L.

Il en feroit de même fi une de ces paralleles étoit tan-

gente ; ou fi elles l'étoient toutes deux. Jufqu'ici nous **FIG.**
n'avons confidéré que deux paralleles ; s'il y en avoit un plus
grand nombre, elles auroient les mêmes propriétés.

De la mesure des Angles.

387. Si tous les angles avoient leur fommet au centre
d'un cercle, leur mefure feroit toujours l'arc entier compris entre leurs côtés : mais on en rencontre fouvent dont
le fommet eft à la circonférence, & dont on a befoin de
connoître la grandeur. Quelquefois auffi on en trouve qui ont
leur fommet au dehors du cercle, ou au-dedans, mais non
au centre ; il s'agit de déterminer leur mefure dans tous les
cas.

388. Propofons-nous d'abord de mefurer l'angle BAD **13.**
formé par la tangente AB & par la corde AD. (On le nomme *angle du fegment*).

Par le centre C je mene le diamètre HCG parallele à
AD, & le rayon CF perpendiculaire fur AD, enfin le
rayon CA au point A de contact. Cela pofé, BAC fera
un angle droit ainfi que FCG. On aura donc $FCG =$
BAC, dont la mefure eft l'arc FAG : or l'angle $ACG =$
l'angle DAC (383) dont la mefure eft l'arc AG ; donc
$BAC — DAC$, ou BAD a pour mefure $FAG —$
$AG = FA = \frac{1}{2} AFD$; donc *l'angle du fegment* BAD *a*
pour mefure la moitié de l'arc foutendu par la corde AD.

389. Il fuit de-là que *l'angle infcrit* DAK compris entre
deux cordes DA, AK, *a pour mefure la moitié de l'arc* DK
compris entre fes côtés. Car BAK a pour mefure $\frac{1}{2} AK$,
& BAD a pour mefure $\frac{1}{2} AD$. Donc $BAK — BAD$,
ou DAK a pour mefure $\frac{1}{2} AK — \frac{1}{2} AD = \frac{1}{2} DK$.

Donc 1°, l'angle central DCK *eft double de l'angle infcrit*
DAK appuyé *fur le même arc* DK.

2°, *Tout angle infcrit appuyé fur le diamètre eft un angle* **14.**
droit, & tous les angles infcrits appuyés fur le même arc **&**
dans le même cercle, font égaux.

Il eft aifé, d'après cela, de mener d'un point donné A **15.**

hors d'un cercle une tangente à la circonférence de ce cercle. En effet si on mene du point A au centre C la droite
CA, & si après avoir divisé cette droite en deux parties
égales au point B, on décrit du rayon BC & du point B
comme centre une circonférence, elle coupera le cercle
donné aux points M & M', de sorte que si par ces points
& par le point A on mene les lignes MA, AM', elles
feront tangentes aux points M & M'.

Car si on mene CM, l'angle CAM sera droit. Donc la
ligne MA est perpendiculaire à CM & par conséquent
tangente en M (380). On voit donc que ce problème a
deux solutions, puisqu'il est toujours possible de mener du
même point A hors d'une circonférence deux tangentes
AM, AM' à cette circonférence.

390. Proposons-nous maintenant de mesurer l'angle *excentrique*
BAD dont le sommet A est au-dedans du cercle.

Je suppose d'abord que l'angle BAD est aigu, & ayant prolongé BA
& AD jusqu'en G & en F, je mene GE parallele à AD. Cela posé ; on
aura BAD $=$ BGE $= \frac{1}{2}$ BD $+ \frac{1}{2}$ DE $= \frac{1}{2}$ BD $+ \frac{1}{2}$ FG. Si l'angle excentrique est obtus comme BAF, on aura BAF $=$ 180°. $—$ BAD $=$
$\frac{1}{2}$ BFGDC $— \frac{1}{2}$ BD $— \frac{1}{2}$ FG $= \frac{1}{2}$ BF $+ \frac{1}{2}$ GD. Donc *l'angle excentri-*
que a pour mesure la moitié de l'arc compris entre ses côtés, plus la
moitié de l'arc compris entre ces mêmes côtés prolongés.

391. Soit l'angle *circonscrit* BAD dont le sommet A est hors du cercle, & dont les côtés AB, AD aboutissent à deux points de la
circonférence, on aura pour sa mesure la moitié de la différence des
arcs convexe & concave interceptés par ses côtés ; c'est-à-dire que
l'angle BAD aura pour mesure l'arc $\frac{1}{2}$ (BD $—$ GI).

Car si on mene GE parallele à AD, on aura BAD $=$ BGE $= \frac{1}{2}$ BE
$= \frac{1}{2}$ BD $— \frac{1}{2}$ ED $= \frac{1}{2}$ BD $— \frac{1}{2}$ GI. Car ED $=$ GI (386).

Si la sécante AB devient la tangente AF, on aura FAB $= \frac{1}{2}$ FB $—$
$\frac{1}{2}$ FG ; donc si AM est l'autre tangente menée du point A, on aura de
même FAM $= \frac{1}{2}$ (FBM $—$ FGM).

DES FIGURES.

392. On appelle *Figure* tout espace terminé de tout côté
par des lignes.

Si ces lignes sont droites, la figure qu'elles forment est
rectiligne ; si elles sont courbes, la figure se nomme *curvi-*

ligne. Elles font dans les deux cas les *côtés* de la figure, & leur fomme en eft *le contour* ou *le perimetre*. L'enfemble forme ce que l'on appelle un *polygone*.

Nous ne parlerons ici que des figures rectilignes. Or il eft aifé de voir qu'il faut au moins trois lignes droites pour renfermer un efpace. Ainfi le premier & le plus fimple de tous les polygones eft *le triangle*, ou une figure de trois angles & de trois côtés.

Après le triangle vient le *quadrilatere*, ou une figure de quatre côtés; enfuite le *pentagone*, de cinq, l'*hexagone* de 6, l'*heptagone* de 7, l'*octogone* de 8... le *décagone* de 10.. le *dodécagone* de 12... le *pentédécagone* de 15, &c. Nous infifterons principalement fur le triangle, parce que les autres polygones s'y rapportent facilement.

Du Triangle.

393. Un triangle dont les trois côtés font égaux, fe nomme *équilatéral*. S'il n'a que deux côtés égaux, il fe nomme *ifofcele*. Enfin fi tous fes côtés font inégaux, il fe nomme *fcalene*.

Un triangle qui a un angle droit fe nomme *rectangle*, & le côté oppofé à l'angle droit fe nomme *hypoténufe*.

Le côté oppofé à un angle quelconque d'un triangle fe nomme la *Bafe* de cet angle.

Deux côtés quelconques d'un triangle font une ligne brifée. Leur fomme eft donc plus grande que le troifieme côté.

Si on fait paffer une circonférence par les fommets A, B, C des trois angles d'un triangle ABC, ce triangle fe trouvera *infcrit* dans la circonférence ABC. Or (377) on peut faire paffer une circonférence par trois points de cette efpece; il eft donc toujours poffible d'infcrire un triangle donné dans un cercle.

394. Cela pofé, l'angle $ABC = \frac{1}{2} AC$ (389), l'angle ACB a pour mefure $\frac{1}{2} AB$, & l'angle BAC a pour mefure $\frac{1}{2} BC$; donc $ABC + ACB + BAC = \frac{1}{2} ABC =$

FIG.
19.

180°. Donc *la somme des trois angles d'un triangle quel-conque est égale à* 180°.

395. Delà on peut conclure 1°, que si on prolonge un côté quelconqué AC, *l'angle extérieur* BAF *est égal à la somme des deux angles intérieurs opposés* ABC, ACB. Car la somme de ces deux angles ╋ l'angle BAC = 180°; de même l'angle FAB ╋ BAC = 180°; donc &c.

396. 2°, Que l'un quelconque des angles d'un triangle est le supplément de la somme des deux autres, & que par conséquent *si on connoît deux angles d'un triangle, ou seulement leur somme, on aura le troisieme, en ôtant cette somme de* 180°.

3°, Qu'un triangle quelconque ne peut avoir qu'un seul angle droit ou qu'un seul angle obtus; auxquels cas les deux autres sont nécessairement aigus.

4°, Que dans un triangle rectangle, l'un des angles aigus est complément de l'autre; d'où il est facile de conclure la valeur de l'un, quand on connoît celle de l'autre.

5°, Que dans un triangle quelconque les côtés opposés aux angles égaux sont égaux, & réciproquement. Car les cordes égales AC, BC soutendent des arcs égaux, & réciproquement.

6°, Que dans un triangle quelconque le plus grand angle est opposé au plus grand côté, le plus petit angle au plus petit côté; & réciproquement. Il ne faut pas croire cependant que les cordes croissent dans le même rapport que les angles, ensorte qu'un angle double par exemple soit opposé à une corde double. Nous verrons dans la Trigonométrie le rapport de leurs accroissemens.

20.

7°, Que dans un triangle isoscele un seul des angles étant connu, les deux autres le sont immédiatement. Car si on connoît l'angle A ou son égal C, on aura l'angle B = 180° — 2 A. Si on donne au contraire l'angle B, on aura A = C = 90° — $\frac{1}{2}$ B.

8°. Que les angles opposés aux côtés égaux dans les triangles isosceles sont toujours aigus.

9°, Que chaque angle d'un triangle équilatéral = 60°.

Car ſes angles ſont tous égaux ; leur ſomme = 180°. FIG.
Donc chacun = 60°. 20.

397. Si du ſommet B d'un triangle iſoſcele ABC on abaiſſe la perpendiculaire B F ſur la baſe A C, tous les points de cette perpendiculaire feront chacun à égale diſtance de A & de C, & par conſéquent la baſe AC ſera diviſée en deux également au point F. Car AB = BC, à cauſe du triangle iſoſcele ABC. Donc &c. (376).

REMARQUE. Toutes les fois que les deux angles de la baſe d'un triangle ſont aigus, la perpendiculaire abaiſſée de ſon ſommet tombe en dedans du triangle ; mais ſi l'un des deux eſt obtus, cette perpendiculaire tombe en dehors. *Voyez* les triangles A C B, F C B. La démonſtration eſt 21. aiſée.

De la ſimilitude & de l'égalité des Triangles.

398. DEUX triangles ſont *ſemblables* lorſque les angles 22. de l'un ſont reſpectivement égaux aux angles de l'autre. Si l'angle A B C, par exemple, eſt égal à l'angle dbf, & & ſi en même temps B A C = bdf, & A C B = dfb, 23. les triangles A B C, dbf ſont ſemblables. La ſimilitude des triangles n'entraîne donc pas leur égalité. Car pour que deux triangles ſoient égaux, il faut non-ſeulement que les angles de l'un ſoient reſpectivement égaux aux angles de l'autre ; mais il faut de plus que chaque côté de l'un ſoit égal au côté correſpondant de l'autre.

Si deux triangles ſont ſemblables, les côtés oppoſés aux angles égaux ſe nomment *côtés homologues*. En général, on appelle *dimenſions homologues* de deux figures, les lignes de même dénomination dans l'une & dans l'autre, ou même des lignes tirées de la même maniere dans l'une & dans l'autre. Par exemple, dans deux cercles, les rayons, les diamètres, les circonférences, les arcs d'un égal nombre de degrés, ainſi que leurs cordes, ſont des dimenſions homologues.

Cela poſé, nous allons faire connoître les cas dans leſ-

FIG.
quels on peut conclure la similitude ou l'égalité de deux triangles.

399. I. *Deux triangles qui ont deux angles respectivement égaux sont semblables.* Car le troisieme est égal de part & d'autre (396).

Donc *si deux triangles rectangles ont chacun un angle aigu égal de part & d'autre, ces deux triangles seront semblables.*

22.
400. II. Deux triangles sont semblables lorsque tous leurs côtés homologues sont paralleles. Car alors tous leurs angles sont respectivement égaux.

401. III. *Deux triangles sont semblables, lorsque tous les côtés de l'un sont perpendiculaires aux côtés homologues de l'autre,* ou lorsqu'étant prolongés, ils se rencontrent à angles droits. Il suffit pour s'en convaincre de faire faire un quart de révolution autour d'un point fixe à l'un de ces triangles ; car alors ses côtés homologues seront tous paralleles à ceux de l'autre triangle.

402. IV. Si un nombre quelconque de paralleles DF, IL, AC, coupent les côtés d'un angle ABC, tous les triangles BDF, BIL, BAC seront semblables. Car outre qu'ils ont l'angle B commun, tous les angles BDF, BIL, BAC sont égaux (384) ; il en est de même des angles BFD, BLI, BCA.

Si les deux triangles ABC, *b d f* sont semblables, & que l'on imagine le triangle *b d f* posé sur le triangle ABC de maniere que l'angle *b* tombe sur son égal B, & le côté *d b* sur son homologue AB, le côté *d f* représenté alors par DF sera parallele à la base AC. Car le triangle BDF égal à *b d f* sera semblable au triangle ABC. Donc l'angle BDF = BAC. Donc les lignes DF & AC sont paralleles.

403. V. Si deux triangles ont un angle égal & les côtés qui comprennent cet angle égaux de part & d'autre, ils sont égaux & semblables.

En effet, si le triangle BDF qui a déja l'angle B commun avec le triangle ABC, avoit aussi les deux côtés BD,

BF, égaux respectivement à AB, BC, il est évident que
ces deux triangles se confondroient.

404. VI. Deux triangles ABC, abc, qui ont tous leurs
côtés homologues égaux, sont égaux & semblables.

Pour le prouver, imaginons le triangle abc posé sur
ABC, de maniere que le côté ac tombe sur AC; il est
clair que puisque AB $=ab$, & que BC $=bc$, le point b
doit se trouver sur les deux arcs décrits, l'un du centre A
& du rayon AB, l'autre du centre C & du rayon CB. Donc
il se trouvera sur leur intersection B. Le triangle abc se
confondra donc avec ABC, & lui sera par conséquent égal
& semblable.

405. VII. Si deux triangles abc, ABC ont deux côtés homologues égaux ab, AB, & BC, bc avec les angles A & a opposés à l'un
de ces côtés égaux de part & d'autre, je dis que ces triangles seront
égaux & semblables, pourvu que les angles C, c opposés aux autres
côtés égaux AB, ab soient de même espece, c'est-à-dire, ou tous
deux aigus ou tous deux obtus.

Posons l'angle bac, sur l'angle BAC, le point b tombera sur le
point B, à cause de AB $=ab$, & le point c sur quelque point de AC,
à cause de l'angle BAC$=bac$. Mais $bc=$BC ; donc le point c doit
tomber aussi sur quelque point de l'arc CE décrit du centre B & du
rayon BC. Donc il est ou en E, ou en C. Or le triangle BEC étant isoscele,
les angles égaux C, E sont aigus (396), & par conséquent l'angle
AEB est obtus. Donc si les angles C & c sont tous deux aigus,
le point c tombera sur le point C ; le triangle abc sera donc confondu avec ABC & lui sera égal & semblable. Mais si les angles
c, C, ou plutôt e, E sont obtus, le point e tombera en E & par
conséquent le triangle abe sera confondu avec AEB & lui sera
égal & semblable.

406. De ce que nous venons de dire sur l'égalité des
triangles, il suit 1°, que deux obliques paralleles AB,
CD comprises entre deux autres paralleles AD, BC sont
égales.

Car si l'on mene AF & DE perpendiculaires sur BC,
le triangle ABF sera semblable au triangle CDE. Or
par la nature des paralleles AF $=$DE. Donc le triangle ABF est égal au triangle CDE ; donc AB $=$CD :
on prouveroit de même que AD $=$BC.

407. 2°. Que tout triangle ABD peut être *circons-*

crit à un cercle, c'est-à-dire, que l'on peut décrire au dedans de ce triangle une circonférence qui touche tous ses côtés.

Il suffit pour cela de diviser deux de ses angles en deux parties égales, & de mener du point de concours des deux lignes de division une perpendiculaire sur l'un des trois côtés, n'importe lequel. Cette perpendiculaire sera le rayon de la circonférence cherchée. Car les triangles A C E, A C G sont égaux. Donc $CE = CG$; & $CG = CH$, à cause de l'égalité des triangles B C G, B C H. Donc les trois perpendiculaires CE, CG, CH peuvent être rayons d'un même cercle inscrit dans le triangle proposé.

408. On a aussi $BG = BH$, $HD = ED$, $AE = AG$. Et appellant p le périmetre du triangle A B D, on aura $p = 2AE + 2ED + 2BH = 2AD + 2BH = 2BD + 2AE = 2AB + 2ED$. Donc $AE = \dfrac{AD + AB - BD}{2}$; le point E est donc déterminé. Les points G & H peuvent l'être de même. Il n'y aura donc qu'à faire passer une circonférence par ces trois points.

409. Si le triangle étoit rectangle en B, l'angle C B H moitié de A B D seroit de 45°; son complément B C H seroit donc aussi de 45°; & le triangle B C H seroit isoscele. Donc $CH = BH = \frac{1}{2}p -$ AD. Donc le rayon du cercle inscrit dans un triangle rectangle est égal à la moitié de son périmetre moins l'hypoténuse.

Des autres Polygones & de leurs principales propriétés.

410. On distingue trois sortes de Polygones, *les irréguliers*, *les symmetriques*, & *les réguliers*.

Les polygones irréguliers sont ceux qui ont des angles & des côtés inégaux. On appelle polygones symmétriques ceux dont tous les côtés opposés sont parallelles & égaux. Les polygones réguliers ont tous leurs côtés & tous leurs angles égaux.

Un quadrilatere symmétrique se nomme *Parallélogramme*. Un quadrilatere régulier s'appelle *Quarré*. Un quadrilatere qui a deux côtés parallelles se nomme *Trapeze*. Un parallélogramme dont tous les côtés sont égaux, mais qui n'a d'angles égaux que les angles opposés, se nomme

Rhombe ou *Lozange*. Enfin un parallélogramme dont les FIG.
côtés opposés font égaux, & dont tous les angles font
droits, fe nomme *Parallélogramme rectangle*, ou fimplement *Rectangle*.

Une ligne quelconque A D qui traverfe un polygone
en paffant d'un angle à un autre, fe nomme *Diagonale*. 32.

On appelle *Angle faillant* celui dont le fommet fort
de la figure, comme A B C, & on nomme *Angle ren-*
trant celui dont le fommet eft au dedans de la figure. 33.
Tel eft l'angle C D E.

411. Suppofons maintenant qu'un polygone n'ait pas
d'angle rentrant, & cherchons quelle eft la fomme de
fes angles *intérieurs*, A B C, B C D, C D E, &c. 32.

De l'un quelconque A des angles de ce polygone,
on peut mener les diagonales A C, A D, A E qui divifent le polygone en autant de triangles qu'il a de côtés
moins deux. Or il eft évident que la fomme de tous
les angles de ces triangles eft égale à celle des angles
intérieurs du polygone ; donc la fomme des angles d'un
polygone eft égale à 180° multipliés par le nombre de
fes côtés, moins deux ; enforte que fi on appelle *s* la
fomme des angles du polygone, & *n* le nombre de fes
côtés, on aura $s = 180° (n - 2)$.

Donc 1° la fomme des angles d'un quadrilatere quelconque $= 360°$; la fomme des angles d'un pentagone $=$
$540°$; &c.

2°, L'un quelconque des angles d'un polygone régu-
lier $= 180 (1 - \frac{2}{n})$. Car alors tous les angles intérieurs
font égaux. Donc leur fomme eft égale au produit de l'un
quelconque de ces angles par leur nombre, par confé-
quent l'un de ces angles, ou $\frac{s}{n} = 180 (1 - \frac{2}{n})$. On voit
donc que les angles d'un polygone régulier font d'autant
plus obtus, ou approchent d'autant plus de 180°, que
ce polygone a de côtés.

De-là il fuit que chaque angle du triangle équilatéral

FIG.

$= 60°$; que chaque angle du quarré $= 90°$; que celui du pentagone régulier $= 108°$; que celui de l'hexagone régulier $= 120°$; que celui de l'heptagone régulier $= 128° + \frac{4}{7} = 128° \; 34' \; 17'' + \frac{1''}{7}$, &c, &c.

412. Quant à la fomme des fuppléments des angles intérieurs d'un polygone quelconque qui n'a pas d'angle rentrant, elle eft encore plus facile à déterminer. Car chaque fupplément $= 180°$ moins l'angle intérieur auquel il appartient; donc la fomme de tous les fuppléments $= 180° \times n —$ la fomme des angles intérieurs $= 180° \times n — 180° \, (n — 2) = 360°$.

413. Si un polygone a des angles rentrants, la fomme de tous les fuppléments des angles faillants plus tous les angles rentrants $= 360° + 180°$ pris autant de fois que le polygone a d'angles rentrants.

33.

Car la fomme de tous les fuppléments des angles faillants du polygone ABCEFI $= 360°$. Or fi on fait un angle rentrant CDE, la fomme des fuppléments augmente de ECD $+$ DEC ou de $180° —$ l'angle rentrant CDE. De même fi on faifoit un autre angle rentrant FHI, la fomme des fuppléments feroit $360° + 180° \times 2 —$ CDE $—$ FHI. Donc en général la fomme des fuppléments des angles faillants plus la fomme des angles rentrants $= 360° +$ autant de fois $180°$ que le polygone a d'angles rentrants.

Des Polygones fymmétriques.

414. Puifque les côtés oppofés d'un polygone fymmétrique doivent être parallèles & égaux, il eft clair 1°, que le nombre de ces côtés eft toujours pair; 2°, que tout polygone régulier d'un nombre pair de côtés eft en même temps fymmétrique.

34.
&
35.

Cela pofé, fi de chaque angle d'un polygone fymmétrique, on mene des diagonales aux angles oppofés, les triangles oppofés au fommet, comme AFB, DFC feront égaux.

Car le côté AB eft égal & parallèle au côté homologue DC; donc l'angle FDC $=$ FBA, & l'angle FCD $=$ FAB. Les triangles AFB, DFC font donc femblables. D'ailleurs ils ont un côté homologue égal de part & d'autre, favoir AB, DC. Donc ils font égaux.

De-là

Dé-là il fuit que $AF = FC$, que $BF = FD$, &c. Donc toutes les diagonales AC, DB, &c, fe coupent en deux parties égales au même point F qu'on peut appeller à caufe de cela le centre du polygone fymmétrique. Une diagonale quelconque AC divife donc le polygone fymmétrique en deux parties égales & femblables, puifqu'il y a de part & d'autre de cette diagonale autant de triangles égaux & femblables.

415. En général toute droite IL paffant par le centre F d'un polygone fymmétrique eft divifée en deux également au point F, & partage le polygone en deux parties égales & femblables. Cela fe prouve par l'égalité & la fimilitude des triangles FIB, DFL & AIF, LCF.

416. De ces propriétés on peut déduire une maniere facile de décrire un polygone fymmétrique d'un nombre de côtés donné. Veut-on, par exemple, décrire un polygone fymmétrique de fix côtés? on menera par le point F, trois droites EFG, DFB, AFC qui faffent entre elles des angles quelconques. On prendra enfuite $FB = DF$, & d'une grandeur arbitraire; de même $AF = FC$, $EF = GF$, & par les points A, B, G, C, D, E, ainfi trouvés, on menera AB, BG, &c qui feront les fix côtés du polygone demandé. Cela eft évident, puifque les triangles AFB, DFC ayant deux côtés égaux autour d'angles égaux, doivent être égaux & femblables. Donc AB eft égal & paralléle à DC, &c.

Des Polygones réguliers.

417. Tout polygone régulier peut être infcrit & circonfcrit à un cercle.

Cela fe réduit à prouver qu'il y a au-dedans de ce polygone un point C également éloigné des fommets de tous les angles, & tel en même tems que les perpendiculaires menées de ce point fur chaque côté du polygone foient égales entre elles & divifent chaque côté en deux parties égales.

Or fi on divife en deux également tous les angles A B D, B D F, &c, par les lignes C B, C D, &c, je dis que toutes ces lignes fe rencontreront au point cherché C. En effet les angles A B D, B D F, &c, étant égaux, leurs moitiés A B C, C B D, C D F, C F D, font égales. Donc tous les triangles A B C, B C D, D C F, &c,, font ifofceles & femblables. Mais les bafes A B, B D, D F, font toutes égales. Donc ces triangles font ifofceles, égaux & femblables. Donc A C $=$ B C $=$ C D $=$ C F, &c. Donc le cercle décrit du rayon C B paffe par tous les fommets des angles du polygone donné.

Pour prouver maintenant que l'on peut circonfcrire tout polygone régulier à un cercle, il faut faire voir que les perpendiculaires C K, C L, C M, &c font égales. Or les triangles A C B, B C D, &c étant ifofceles, les perpendiculaires C K, C L, C M, &c divifent en deux également les côtés fur lefquels elles tombent (376). De plus, l'angle C B L $=$ C B K. Donc les triangles rectangles C B K, C B L font égaux & femblables. Donc C K $=$ C L; on prouvera de même que C L $=$ C M $=$ C N &c. Donc toutes ces perpendiculaires font égales.

418. De-là il fuit que le côté d'un polygone quelconque régulier infcrit dans un cercle eft la corde d'un arc de $\frac{360°}{n}$, n étant le nombre des côtés du polygone. Ainfi le côté d'un triangle équilatéral infcrit, eft la corde d'un arc de 120°.

On voit par ce qui précéde, qu'il eft facile d'infcrire dans un cercle un polygone régulier donné. Mais lorfqu'il s'agit d'infcrire dans un cercle donné un polygone régulier d'un nombre de côtés donné, c'eft un problême que la Géométrie élémentaire ne peut réfoudre que dans très-peu de cas. Nous allons les expofer briévement.

419. I. Infcrire dans un cercle donné un triangle équilatéral. D'un point quelconque B pris fur la circonfé-

rence donnée, comme centre, & du rayon B C, je décris FIG.
l'arc A C D qui coupe en A & en D la circonférence; 36.
par ces points A & D, je mene A D, & prenant A G,
D G égaux chacun à A D, j'aurai le triangle A D G qui
fera équilatéral.

Car ayant mené les deux cordes A B, B D, les
triangles A C B, B C D feront équilatéraux. Donc les angles A C B, B C D, ou les arcs A B, B D feront chacun de 60°; & par conféquent l'arc total A B D fera
de 120°. Or la corde de 120° eft égale au côté du
triangle équilatéral. Donc, &c.

420. Puifque l'arc A B eft de 60°, fa corde A B eft
le côté de l'hexagone régulier infcrit. Or $AB = CB$.
Donc *le côté de l'hexagone régulier infcrit eft égal au rayon.*

Si on divife l'arc A B en deux parties égales, la corde
de la moitié de cet arc fera le côté du dodécagone régulier;
on peut donc par la Géométrie élémentaire infcrire dans
un cercle les polygones réguliers de 3, 6, 12, 24, 48,
&c côtés.

421. Soit propofé maintenant de trouver l'expreffion analytique
du côté du triangle équilatéral.

A caufe du triangle ifofcele B A C la perpendiculaire A Q menée
du fommet A fur la bafe C B divifera cette bafe en deux parties
égales au point Q. Donc C Q eft la moitié de C B. Soit le rayon
$CB = a$. On aura $CQ = \frac{1}{2}a$, & $\sqrt{(AC^2 - CQ^2)}$, ou $AQ = \frac{1}{2}a\sqrt{3}$.
Donc 2 A Q ou le côté A D du triangle équilatéral a pour expref-
fion analytique $a\sqrt{3}$.

422. II. Infcrire un quarré dans un cercle donné. 37.

Si on mene les diametres A D, B F perpendiculaires
l'un à l'autre, je dis qu'ils couperont la circonférence donnée
aux points A, B, D, F, par lefquels fi on mene les
cordes A B, B D, D F, A F, on aura les quatre côtés du
quarré demandé, puifque les arcs A B, B D, D F, A F
font chacun de 90°.

423. De-là il fuit que fi on nomme le rayon A C, *a*, on aura le
côté du quarré $= a\sqrt{2}$. Car $AC^2 + CF^2 = AF^2$, ou $AF^2 = 2a^2$.

424. III. Infcrire dans un cercle donné un décagone régulier. 38.

Suppofons que A B foit le côté cherché, & menons les rayons
A C, B C avec la ligne B E, de maniere qu'elle divife en deux
également l'angle A B C. Cela pofé, l'angle A C B eft de 36°. Donc

les angles A B C, B A C font chacun de 72°. Or par la fuppofitioñ B E divife en deux également l'angle A B C. Donc l'angle A B E = 36° = A C B. Le triangle A B E eſt donc iſoſcele & femblable au triangle A C B. Donc A E : A B : : A B : A C; mais l'angle E B C = $\frac{1}{2}$ A B C = 36° = A C B. Donc le triangle E C B eſt iſoſcele. Donc E B ou A B = E C, & A E : E C : : E C : A C. Donc ſi on divife le rayon A C *en moyenne & extrême raifon* au point E, le plus grand fegment E C fera égal au côté A B du décagone régulier.

425. IV. Inſcrire dans un cercle un *Pentédécagone* régulier, ou un polygone régulier de quinze côtés.

On prendra d'abord A B égal au rayon A C, c'eſt-à-dire l'arc A D B de 60°; enſuite on fera A D égal au côté du décagone, & la corde D B menée par les extrémités des deux arcs A B, A D fera le côté du pentédécagone cherché. Car l'arc A D B = $\frac{1}{6}$ de la circonférence, & l'arc A D = $\frac{1}{10}$ de cette même circonférence. Or $\frac{1}{6} - \frac{1}{10} = \frac{1}{15}$; d'où il eſt aifé d'inſcrire dans un cercle les polygones de 30, 60, 120, &c côtés.

426. Lorſqu'on voudra circonſcrire à un cercle donné un polygone régulier, on commencera par inſcrire dans ce cercle un polygone d'un égal nombre de côtés. Cela fait, du centre C on abaiſſera fur chaque côté, comme A D, une perpendiculaire C B. Enſuite par le point B, on fera paſſer la tangente E B F qui rencontrera en E, & F les rayons C A, C D prolongés, & on aura E F pour l'un des côtés du polygone cherché. On fera la même chofe pour les autres côtés F G, G H, &c, & par-là le polygone cherché ſe trouvera décrit.

On voit en effet, que les triangles E C B, F C B, F C M, M C G, &c, ſont tous égaux entre eux. Donc E F = F G = G H, &c, & E B = B F = $\frac{1}{2}$ E F = F M &c. Donc le cercle donné touche chaque côté du polygone E F G H &c par le milieu. Ce polygone eſt donc cir-conſcrit au cercle donné.

427. Si on veut avoir l'expreſſion du côté d'un polygone circonſ-crit, on nommera C A, *a*, le côté A D d'un polygone d'un même nombre de côtés inſcrit = *b*, & on aura A Q = $\frac{1}{2}b$, Q C = $\sqrt{(aa - \frac{1}{4}bb)}$, & à cauſe des triangles femblables C A Q, C E B, Q C $(\sqrt{aa - \frac{1}{4}bb})$:

A Q $(\frac{1}{2}b)$: : C B (a) : E B. Donc 2 E B ou le côté cherché $= \dfrac{2ab}{\sqrt{(4aa - bb)}} =$ E F.

428. On peut déduire de la formule précédente, 1°. Que le côté du

quarré circonfcrit $= 2a$, ce qui d'ailleurs eſt évident. 2°. Que le côté FIG.
du triangle équilatéral circonfcrit $= 2a\sqrt{3} =$ le double du côté
du triangle équilatéral inſcrit.

40.

Des Lignes proportionelles.

429. LORSQU'UNE premiere ligne eſt à une feconde,
comme une troifieme eſt à une quatrieme, ces lignes font
proportionelles entre elles.

Si la premiere eſt à la feconde, comme la quatrieme à
la troifieme, les deux premieres font *réciproquement* proportionelles aux deux autres.

Dans l'un & dans l'autre cas, celles-là font *réciproques*
aux deux autres, qui font les extrêmes d'une proportion
dont les deux autres font les moyens.

Si la premiere eſt à la feconde, comme la feconde à la
troifieme, on a une proportion continue dont la feconde
ligne eſt *moyenne proportionelle.*

Cette proportion continue devient une progreſſion, lorſque la premiere ligne eſt à la feconde, comme la feconde
à la troifieme, comme celle-ci à la quatrieme, & ainſi
de fuite.

En général toutes les propriétés que nous avons dé-
montrées fur les quantités proportionelles, conviennent
aux lignes qui ont entre elles ce rapport. Au reſte, il
ne s'agit ici que de proportions & progreſſions géométriques ; & c'eſt la partie la plus eſſentielle des Eléments
de Géométrie.

430. Suppofons d'abord que fur la droite AB on prenne
des parties égales AD, DG, GI &c, & que l'on mene
les parralléles DF, GH, IK, &c. fur la droite AC;
il eſt clair que les parties AF, FH, HK, de cette
droite feront égales entre elles : car fi on mene parallélement à AC les lignes DE, GR, IS, les triangles
ADF, DGE, GIR feront égaux. Donc AF $=$ DE
$=$ GR $=$ FH $=$ HK $=$ &c.

41.

On aura donc AD : AF :: DG : FH :: GI : HK ; &

S iij

par conféquent A P, fomme de tous les antécédents, eſt à A Q, fomme de tous les conféquents (241), comme un ſeul antécédent A D eſt à ſon conféquent A F; & comme un nombre quelconque de parties de A B eſt au même nombre de parties de A C; par exemple : : A G : A H : : A I : A K : : D I : F K, &c.

431. Donc 1°, *Si deux droites* A E, A D *ſont coupées par deux ou par un plus grand nombre de paralléles* E D, C B, *leurs parties* C E, B D *feront proportionelles aux lignes entieres* A E, A D.

432. 2°, Si deux triangles A B C, *a b c* ſont ſemblables, tous leurs côtés homologues ſont proportionels.

Car ſi l'angle B = *b*, & ſi on prend ſur A B la partie D B égale au côté homologue *a b*, en menant D F paralléle à A C, le triangle B D F ſera égal au triangle *a b c*.

Or A B : B C : : B D : B F. Donc A B : B C : : *a b* : *b c*. On prouvera de même que A B : A C : : *a b* : *a c*; & que A C : C B : : *a c* : *c b*. Donc *les triangles ſemblables ont tous leurs côtés homologues proportionels.*

433. Réciproquement, ſi les deux triangles A B C, *a b c* ont tous leurs côtés homologues proportionels, je dis qu'ils feront ſemblables.

Pour le prouver, prenons ſur A B la partie D B égale au côté homologue *a b*, & menons D F paralléle à A C. Le triangle B D F ſera ſemblable au triangle A B C. Donc A B : B D : : A C : D F : : C B : B F. Mais par la ſuppoſition A B : *a b* ou D B : : A C : *a c* : : B C : *b c*; Donc D F = *a c*, & B F = *b c*. Le triangle B D F eſt donc égal & ſemblable au triangle *a b c*; & puiſque le premier eſt ſemblable à A B C, le ſecond l'eſt auſſi.

434. Si deux triangles A B C, *a b c*, ont un angle égal B, *b* & les côtés autour de cet angle proportionels, je dis qu'ils feront ſemblables.

Soit encore pris B D = *a b*, & on aura A B : B C : : *a b* : *b c* : : B D ou *a b* : B F. Donc B F = *b c*; de même D F = *a c*. Le triangle *a b c* eſt donc égal & ſemblable au triangle B D F, & par conféquent ſemblable au triangle A B C. On prouvera de même que ſi les triangles A B C, *a b c* ont un angle égal, B = *b*, & deux autres côtés homologues A B, A C, & *a b*, *a c* proportionels, ils feront ſemblables.

La propriété des triangles femblables que nous venons
d'expofer, eft un principe fondamental de la Géométrie.
En voici deux applications.

435. Le point B étant fuppofé inacceffible, on demande la diftance de ce point au point D.

Du point D ayant vifé le point B, on marquera fur
le rayon vifuel BD un point quelconque G, & on conf-
truira fur le terrein le triangle AGD dont on mefurera
exactement les trois côtés; cela fait, d'un point quelconque C de la bafe AD, on vifera de nouveau l'objet B,
& on obfervera le point E où le rayon vifuel BC coupe
le côté AG; la diftance EG étant mefurée, voici comment on trouvera la diftance inconnue BD que j'appelle x.

Soit EF paralléle à AD, foit AD $= a$...AG $= b$...
GD $= c$..CD $= d$...EG $= f$. A caufe des triangles
femblables AGD, GEF, on aura AG : EG :: AD :
EF $= \frac{af}{b}$ :: GD : GF $= \frac{cf}{b}$. Donc BF $=$ BD $-$ FD $=$

$$BD - (GD - GF) = BD + GF - GD = x + \frac{cf}{b} - c.$$

Or à caufe des triangles femblables BEF, BCD, on
a BD : CD :: BF : EF, ou $x : d :: x + \frac{cf}{b} - c : \frac{af}{b}$; donc

$$\frac{afx}{b} = dx + \frac{cdf}{b} - cd; \text{ & par conféquent } x = cd. \frac{b-f}{bd-fa}.$$

Il n'y a donc qu'à fubftituer les valeurs dans cette formule.

436. La Regle de double fauffe pofition peut fe démontrer auffi par les triangles femblables: car foit repréfenté par AC $= a$ le premier nombre fuppofé : foit AB
$= b$ le fecond nombre. Si le nombre cherché eft entre ces
deux-là, on pourra le repréfenter par AP $= x$, & fuppofant une droite indéfinie EG qui paffe par le point
P & qui faffe avec AC un angle aigu quelconque, on
aura CD $= c$ pour marquer l'écart de ces deux lignes
dans la premiere fuppofition : ainfi CD exprimera la

premiere erreur, & $BE = d$ exprimera la feconde.

Or les triangles BPE & CPD font femblables; donc BP : BE :: CP : CD, ou $x - b : d :: a - x : c$; ce qui donne $cx - bc = ad - dx$, & $x = \dfrac{ad + bc}{c + d}$, formule exactement la même que celle que nous avons trouvée (238), pour le cas où les erreurs ont des fignes contraires.

Si les deux quantités fuppofées euffent été moindres que AP, telles, par exemple, que AI & AB, on eût trouvé deux erreurs de même figne, & la formule qui convient à ce cas-là. On trouve avec la même facilité la correction indiquée (269).

437. De la propriété des triangles femblables il fuit, que fi on divife un angle quelconque A d'un triangle ABC en deux parties égales par la droite AD, les côtés AB & AC feront proportionels aux *fegments* BD & DC.

Car foit BF paralléle à AD & qui rencontre en F le côté AC prolongé, on aura BD : DC :: FA : AC. Or l'angle DAC = DAB = ABF = BFC. Donc le triangle FAB eft ifofcele, & par conféquent FA = AB. Donc BD : DC :: BA : AC.

438. Il fuit auffi que les parties de deux droites qui fe coupent entre paralléles, font proportionelles. *Voyez* les Fig. 34 & 35.

439. Si du fommet de l'angle droit A d'un triangle rectangle BAC on abaiffe fur l'hypoténufe BC la perpendiculaire AD, il en réfultera que les triangles BAD, ADC feront femblables entre eux & au triangle total BAC.

Il en réfultera auffi que *la perpendiculaire* AD *fera moyene proportionelle entre les fegments* BD, DC.

Il en réfultera enfin que chaque côté AB, ou AC du triangle rectangle BAC fera moyen proportionel entre l'hypoténufe entiere BC & le fegment *adjacent* à ce côté, c'eft-à-dire qu'on aura BC : AB :: AB : BD, & BC : AC :: AC : DC.

1°. Le triangle rectangle BAD a un angle aigu B commun avec le triangle rectangle BAC. Donc il lui est semblable. Le triangle rectangle ADC a aussi un angle aigu C commun avec le triangle BAC; il lui est donc semblable aussi. Or deux triangles semblables à un même triangle, sont semblables entre eux. Donc, &c.

II°. De la similitude des triangles BAD, ADC, on déduit $BD : AD :: AD : DC$. Donc $AD^2 = BD \times DC$.

III°. A cause des triangles semblables BAD, BAC, on a $BD : BA :: BA : BC$, & par la même raison les triangles BAC, ADC donnent $DC : AC :: AC : BC$.

Or de ces deux dernieres proportions, on tire $AC^2 = DC \times BC$, & $BA^2 = BD \times BC$. Donc $BA^2 + AC^2 = (DC + BD) \times BC = BC \times BC = BC^2$.

440. Et par conséquent *dans tout triangle rectangle le quarré de l'hypoténuse est égal à la somme des quarrés des deux autres côtés*: proposition célebre par sa grande utilité. Elle est la quarante-septieme du premier Livre d'Euclide.

441. Soit le côté $AB = a$, $AC = b$, $BC = c$, on aura $c^2 = a^2 + b^2$, d'où il suit que deux quelconques des côtés d'un triangle rectangle étant connus, le troisieme l'est immédiatement. Ainsi $c = \sqrt{(a^2 + b^2)} \ldots$ $b = \sqrt{(c^2 - a^2)} \ldots a = \sqrt{(c^2 - b^2)}$. Si $a = b$, on a $c = a\sqrt{2}$. Or dans ce cas BC est la diagonale du quarré $ABCD$ dont le côté $AB = a$. Donc *la diagonale est incommensurable avec le côté du quarré.*

442. De ce qui précede, on peut conclure que si du sommet A d'un triangle quelconque ABC on abaisse sur la base BC la perpendiculaire AD, on aura cette proportion : la base BC est à la somme $AC + AB$ des deux autres côtés, comme leur différence $AC - AB$ est à la somme ou à la différence $DC \pm DB$ des segments DC, BD. (On doit prendre la somme des segments lorsque cette perpendiculaire tombe en dehors du triangle).

FIG.
49.

Car $AB^2 - DB^2 = AD^2 = AC^2 - DC^2$. Donc $AC^2 - AB^2 = DC^2 - DB^2$; d'où l'on tire $BC : AC + AB :: AC - AB : DC \pm DB$.

Des Lignes proportionelles confidérées dans le Cercle.

50.

443. *Si d'un point quelconque* M *pris fur la demi-circonférence* AMB, *on mene la perpendiculaire* MP *fur le diamétre* AB, *cette perpendiculaire fera toujours moyene proportionelle entre les deux fegments ou abfciffes* AP, PB; *enforte que l'on aura toujours* $PM^2 = AP \times PB$.

Car fi on mene **AM** & **MB**, le triangle **AMB** fera rectangle. Donc $MP^2 = AP \times PB$. On a auffi le quarré AM^2 de la corde AM, $= AP \times AB$.

444. Soit le diametre $AB = 2a$, l'abfciffe $AP = x$; ce qui donne $2a - x$ pour l'autre abfciffe BP. Soit la perpendiculaire ou l'*ordonnée* $PM = y$, & nous aurons généralement $yy = (2a - x)x = 2ax - xx$; équation fondamentale que nous retrouverons fouvent, & qui exprime la propriété fi connue du cercle, d'avoir toujouts le quarré de chacune de fes ordonnées égal au produit des abfciffes correfpondantes. On l'appelle à caufe de cela l'*équation du cercle.*

Si on eût fait $PC = x$, c'eft-à-dire, fi on eût mis l'*origine* des abfciffes au centre du cercle, alors on eût trouvé par le triangle rectangle CPM, l'équation $yy = aa - xx$, laquelle exprime la même propriété du cercle.

Et fi au lieu d'appeller $2a$ le diametre, on l'appelloit a, les deux équations précédentes deviendroient $yy = ax - xx$, & $yy = \frac{1}{4}aa - xx$; ce qui reviendroit toujours au même.

445. Imaginons maintenant la tangente MT, & prolongeons l'axe AB jufqu'à ce qu'il rencontre cette tangente au point T, la ligne PT eft ce qu'on appelle la *foutangente.*

Pour en trouver l'expreffion, rappellons-nous que le triangle CMT eft rectangle en M. On a donc $TP \times PC = PM^2$. Donc $PT = \frac{PM^2}{CP}$. Soit $CP = x$, & on aura $PT = \frac{aa - xx}{x}$. Donc $PT + CP = CT = \frac{aa}{x}$. Ce qui donne cette proportion, $CP : CA :: CA : CT$. D'où il eft facile de connoître le point T, & par conféquent de mener la tengente TM, le point M étant donné.

Veut-on maintenant avoir l'expreſſion de la tangente T M ? Le trian- FIG.
gle TMC rectangle en M donnera $TM = \sqrt{(CT^2 - CM^2)} = \ldots$ 50.
$\sqrt{(\frac{a^4}{x^2} - aa)} = \frac{a}{x}\sqrt{(a^2 - x^2)}$.

446. *Si deux cordes ſe coupent dans un cercle, leurs*
parties ſeront réciproquement proportionelles, c'eſt-à-dire qu'on 51.
aura $CF : AF :: FB : FD$, ou $CF \times FD = AF \times FB$.

Car ſi on mene AC, BD, les triangles ACF,
FBD ſeront ſemblables, puiſque l'angle $CFA = DFB$,
& que l'angle $CDB = CAB$. Donc $CF : AF :: FB :$
FD.

447. Par-là on peut réſoudre les deux problêmes ſuivants.

I. Mener par le point donné A la corde BAD de maniere que
AD ſoit à $AB :: m : n$. 52.

Par le point A & par le point C je mene d'abord le diametre FG;
puis je remarque que le point A étant donné, on connoît ſa diſtance AC au centre C. Soit donc $AC = b$, $CF = a$, $AD = x$,
& on aura $AB = \frac{nx}{m}$, $BA \times AD = \frac{nx^2}{m} = FA \times AG = aa - bb$.

Donc x, ou $AD = \sqrt{[\frac{m}{n}(aa - bb)]}$, & $AB = \sqrt{[\frac{n}{m}(aa - bb)]}$.

Donc ſi du point A comme centre & d'un rayon $\sqrt{[\frac{m}{n}(aa - bb)]}$

on décrit un arc de cercle, cet arc coupera la circonférence en un
point D par lequel & par le point A ſi on mene DAB, elle ſera
la corde demandée.

II. Par le point A mener la corde BAD égale à une droite donnée
c. En gardant les mêmes dénominations, on aura $AB = c - x$, &
$AB \times AD = cx - xx = aa - bb$. D'où l'on tire AD ou $x = \frac{1}{2}c + \sqrt{}$
$(\frac{1}{4}cc + bb - aa)$, & $AB = \frac{1}{2}c - \sqrt{(\frac{1}{4}cc + bb - aa)}$.

448. Si du même point B pris hors la circonférence
d'un cercle on mene les deux ſécantes AB, AC, *leurs*
parties extérieures AD, AE ſeront réciproquement pro- 53.
portionelles aux ſécantes entieres; en ſorte que l'on aura
$AD : AE :: AC : AB$. Car ſi on mene BE, DC, les
triangles ABE, ADC ſeront ſemblables, ayant, outre
l'angle commun A, les angles DBE, DCE égaux. Donc
$AD : AE :: AC : AB$. Donc $AD \times AB = AE \times AC$.

449. Si l'une des ſécantes devient la tangente AM,
cette tangente ſera moyene proportionelle entre la ſé- 54.

cante entiere A B & fa partie extérieure A D.

54. Car fi on mene M D, M B, les triangles A M D, A M B feront femblables, puifqu'outre l'angle commun A, les angles A M D, A B M font égaux, ayant chacun pour mefure la moitié de l'arc M D. Donc $AD : AM :: AM : AB$, & $AM^2 = AD \times AB$. Donc les deux tangentes A M, A N menées du même point A font égales.

450. Si quatre cordes forment un quadrilatere infcrit, le produit des deux diagonales B D, A C fera égal à la fomme des deux produits **55.** de chaque côté par le côté oppofé, c'eft-à-dire qu'on aura $AC \times BD = BC \times AD + AB \times CD$.

Menons D E de maniere que l'angle A D E = B D C, les triangles A E D, B C D feront femblables, puifque par la fuppofition A D E = B D C, & que l'angle D A E = D B C. Donc $BD : BC :: AD : AE = \dfrac{BC \times AD}{BD}$. Or les triangles B A D, E D C font auffi femblables, puifque A B D = A C D, & que A D B = C D E (car A D B = A D E - B D E = B D C - B D E = C D E). Donc $BD : AB :: CD : CE = \dfrac{AB \times CD}{BD}$.

Donc $AE + CE = AC = \dfrac{AB \times CD + BC \times AD}{BD}$. D'où l'on tire $AC \times BD = AB \times CD + BC \times AD$.

451. Pour faire quelque application de cette propriété, foient les **56.** deux arcs A C, C B, & ayant mené A B, propofons-nous de trouver une équation générale qui exprime le rapport qu'il y a entre A C, C B, A B & le rayon du cercle.

Je mene par le point C le diametre C D & les cordes A D, D B; je nomme enfuite C D $(2a)$, A C (b), C B (c), A B (d); cela pofé, le quadrilatere infcrit A C B D donne $2ad = CB \times AD + AC \times BD$: or $AD = \sqrt{(CD^2 - AC^2)}$, & $BD = \sqrt{(CD^2 - CB^2)}$. Donc $2ad = c\sqrt{(4a^2 - b^2)} + b\sqrt{(4a^2 - c^2)}$, équation générale par le moyen de laquelle on peut réfoudre les problêmes fuivants.

I. Étant donnée la corde A C d'un arc, trouver la corde A B du double de cet arc.

On a dans ce cas $b = c$. Donc $d = AB = \dfrac{b}{a} \sqrt{(4a^2 - b^2)}$.

II. Étant donnée la corde A B d'un arc, trouver la corde A C de la moitié de cet arc.

Soit x la corde cherchée A C, & on aura $ad = x\sqrt{(4a^2 - x^2)}$. Donc $x = \sqrt{2a^2 - \sqrt{4a^4 - a^2 d^2}} = \sqrt{(a^2 + \tfrac{1}{2}ad)} - \sqrt{(a^2 - \tfrac{1}{2}ad)}$.

III. Étant données les cordes A C, C B de deux arcs, trouver la corde A B d'un arc A C B égal à leur fomme.

On a $AB = d = \dfrac{c}{2a} \sqrt{(4a^2 - b^2)} + \dfrac{b}{2a} \sqrt{(4a^2 - c^2)}$.

IV. Etant données les cordes AB, AC de deux arcs, trouver la corde CB d'un arc égal à leur différence.

Soit $CB = c = x$, on aura $2\,a\,d = x \sqrt{(4a^2 - b^2)} + b \sqrt{(4a^2 - x^2)}$.

D'où l'on tire $x = \dfrac{d}{2a} \sqrt{(4a^2 - b^2)} - \dfrac{b}{2a} \sqrt{(4a^2 - d^2)}$.

V. Etant donnés trois points A, C, B, trouver le rayon du cercle qui passeroit par ces trois points.

En regardant a comme l'inconnue dans l'équation $2ad = c \sqrt{(4a^2 - b^2)} + b \sqrt{(4a^2 - c^2)}$, on trouve $a = \dfrac{b\,c\,d}{\sqrt{4\,c^2\,d^2 - (d^2 + c^2 - b^2)^2}}$.

Si le triangle ABC est rectangle, on a $a = \frac{1}{2}\,b$. Donc le centre du cercle tombe alors au milieu de AB ; ce qui d'ailleurs est évident.

Solutions de quelques problêmes sur les lignes proportionelles.

452. I. Etant données trois droites a, b, c, trouver une quatrieme proportionelle $\dfrac{bc}{a}$.

Ayant mené deux droites AD, AE qui fassent entre elles un angle quelconque, je prends sur AD la partie $AB = a$, & $AD = c$, je prends ensuite sur AE la ligne $AC = b$, & ayant mené CB, je tire DE parallele à CB. Cela posé, je dis que AE est la quatrieme proportionelle demandée.

Car les triangles ACB, AED sont semblables. Donc $AB : AC :: AD : AE = \dfrac{bc}{a}$. On eût trouvé la même chose par l'interfection de deux droites entre paralleles.

S'il falloit trouver une troisieme proportionelle à deux droites données a & b, il est évident que la construction seroit toujours la même. Il faudroit seulement prendre $AD = AC$.

453. II. Trouver entre deux droites a & b une moyenne proportionelle $\sqrt{ab}$.

Ayant mené la ligne indéfinie APB, je prends sur cette ligne la partie $AP = a$, $BP = b$ & je décris une demi-circonférence sur le diamètre AB. Cela posé ;

FIG.

58.

59.

60.

61.

il eft clair que la perpendiculaire **P M** menée par le point de divifion P fera la moyene proportionelle demandée. Car $PM^2 = AP \times PB$.

454. III. Divifer une droite donnée a de la même maniere qu'une autre droite **A B** eft divifée.

Par l'une des extrémités **A** de la droite **A B** je mene **A C** égale à la droite donnée a & qui faffe avec **A B** un angle quelconque. Enfuite, je tire **C B**, & des points de divifion **I**, **F**, **D** de la ligne **A B**, je mene parallelement à **C B** les lignes **D E**, **F G**, **I H** qui diviferont **A C** de la même maniere que la droite **A B** eft divifée. Car les lignes **B C**, **D E**, **F G**, **I H** étant paralleles, on a
$$AB : AC :: AI : AH :: IF : HG :: FD : GE :: DB : EC.$$

455. IV. Divifer une droite **A B** en un nombre quelconque n de parties égales.

Par le point **A** on menera la ligne indéfinie **A C** fur laquelle ayant pris un nombre n de parties égales de telle grandeur que l'on voudra **A E**, **E G**, &c.... **L C**, on menera par l'extrémité **C** & par le point **B** la ligne **C B**. Cela pofé, les lignes **L K**, **I H**, &c, paralleles à **C B** diviferont la ligne **A B** en un nombre n de portions égales. Car $AB : AC :: AD : AE :: DF : EG ::$
$$FH : GI, \&c. \; Or \; AE = EG = GI = IL = \frac{1}{n} AC.$$

$$Donc \; AD = DF = FH = \frac{1}{n} AB.$$

456. V. Divifer une droite donnée **A B** en *moyene* & *extrême raifon*; c'eft-à-dire, de maniere que le plus grand fegment **F B** foit moyen proportionel entre la ligne entiere **A B** & le plus petit fegment **A F**.

Par l'extrémité **A** de la ligne **A B** élevez la perpendiculaire $AC = \frac{1}{2} AB$, & ayant mené **C B**, prenez $FB = CB - AC$; la ligne **A B** fera divifée en moyene & extrême raifon au point **F**.

Car CB^2 ou $FB^2 + 2AC \times FB + AC^2 = AC^2 + AB^2$. Donc $FB^2 = AB^2 - 2AC \times FB = AB^2 - AB \times FB = AB \times AF$. Donc $AB : FB :: FB : AF$.

Construction géométrique des Equations déterminées du premier & du second degré.

Parmi les découvertes qui ont rendu Defcartes fi célèbre, il n'en eft point qui ait plus contribué aux progrès des Mathématiques, que celle de l'application de l'Algebre à la Géométrie. Les conftructions géométriques font partie de cette application; mais nous nous bornerons ici à celles des équations du premier & du fecond degré.

457. Conftruire géométriquement une équation, c'eft trouver en lignes les valeurs de l'inconnue.

Si l'équation n'eft que *linéaire*, ou du premier degré, on déterminera toujours la valeur de l'inconnue par la feule interfection des lignes droites.

Si l'équation eft *quadratique*, ou du fecond degré, auquel cas l'inconnue doit avoir deux valeurs, on les trouvera par l'interfection de la circonférence du cercle avec une ligne droite.

Mais fi l'équation à conftruire eft plus élevée, il faut alors fe fervir de différentes courbes dont le choix & l'ufage entraînent beaucoup de difficultés. Celle de les décrire exactement, eft fi grande que les réfultats donnent des racines bien moins approchées, que ceux des méthodes purement algébriques.

458. Si on a $\dfrac{ac}{b} = x$, on prendra *(452)* une quatrieme proportionelle à b, a, c, & on aura la valeur de x. Si on a $x = \dfrac{abc}{de}$, on prendra $m = \dfrac{ab}{d}$, enfuite $n = \dfrac{cm}{e}$, & on aura $n = x$. De même $\dfrac{abcd}{efg}$ fe conftruit en prenant une ligne $m = \dfrac{ab}{e}$, enfuite une ligne $n = \dfrac{cmd}{fg}$; & on a $n = \dfrac{abcd}{efg}$, & ainfi des autres. Ce feroit la même chofe, fi on avoit à conftruire $\dfrac{aa}{b}$, $\dfrac{a^3}{b^2}$, $\dfrac{a^4}{b^3}$, &c.

459. Mais fi on a une fraction à conftruire dont le numérateur foit complexe, comme $\dfrac{abc + ccd + mnp}{rq}$, on prendra, par ce qui précede, une ligne $k = \dfrac{abc}{rq}$, une ligne $i = \dfrac{ccd}{rq}$, enfin une ligne $l = \dfrac{mnp}{rq}$, & en ajoutant k, i, l, on aura une ligne égale à la fraction propofée.

460. Si le numérateur & le dénominateur étoient complexes, comme

dans $\dfrac{abc + cfg}{mk + nh}$, on prendroit une ligne $l = k + \dfrac{nh}{m}$, & la frac-

tion propofée deviendroit $\dfrac{abc}{ml} + \dfrac{cfg}{ml}$ que l'on conftruiroit, comme

ci-deffus. De même fi on avoit $x = \dfrac{abcc + q^3 h + noqk - m^3 p}{q^2 i - klq + cmd}$, on

prendroit une ligne $f = i - \dfrac{kl}{q} + \dfrac{cmd}{qq}$, & on auroit $x = \dfrac{abcc}{fqq} +$

$\dfrac{qh}{f} + \dfrac{okn}{fq} - \dfrac{m^3 p}{fqq}$, que l'on conftruiroit comme ci-deffus.

461. Au refte, il y a plufieurs cas où la conftruction eft plus facile que par les méthodes précédentes ; nous en allons donner quelques exemples.

Soit $x = \dfrac{ab + bc}{c + d}$. Au lieu de décompofer cette fraction en deux

autres $\dfrac{ab}{c+d}$, $\dfrac{bc}{c+d}$, on prendra une quatrieme proportionelle à

$c + d, a + c, b$, & on aura la valeur de x.

Soit $x = \dfrac{aa - bb}{c}$, on prendra une quatrieme proportionelle à c,

$a + b, a - b$. & on aura x.

Soit encore $\dfrac{abcc - aabb}{abc + c^3}$; on prendra une ligne $m = \dfrac{ab}{c}$; & on

aura $x = \dfrac{cm - mm}{m + c}$; d'où en prenant une quatrieme proportionelle

à $m + c, c - m, m$ on aura la valeur de x.

Nous ne nous arrêtons pas à éclaircir ces exemples par des figures ; cela ne peut avoir aucune difficulté.

462. Voyons donc comment on peut conftruire les radicaux du fecond degré.

Si on avoit d'abord $xx = am$, ou $x = \sqrt{am}$, il faudroit prendre une moyene proportionelle entre a & m, & ce feroit la valeur de x. Si on avoit $x = \sqrt{(ab + bc)}$, on prendroit entre b & $a + c$ une moyene proportionelle qui feroit égale à $\sqrt{(ab + bc)}$.

De même fi on avoit $x = \sqrt{(a^2 + bc)}$, on prendroit $m = \dfrac{bc}{a}$, & on auroit $x = \sqrt{a(a + m)}$ qui fe conftruiroit comme dans le cas précédent.

463. Soit maintenant $x = \sqrt{(ac + bd)}$, on prendra $m = \dfrac{bd}{a}$ &

on aura $x = \sqrt{a(c + m)}$.

Si on avoit $x = \sqrt{(a^2 - b^2)}$, on prendroit une moyene proportionelle

tionelle entre $a+b$ & $a-b$, & on auroit la valeur de x. On peut FIG. aussi construire $\sqrt{(a^2-b^2)}$ de cette autre manière. Soit décrite du diamètre $AB=a$ une demi-circonférence ACB, je dis que si on y inscrit la corde $AC=b$, en menant CB, cette ligne sera $=\sqrt{(a^2-b^2)}$. Car le triangle ACB est rectangle.

Si on avoit à construire $\sqrt{(a^2+b^2)}$, on prendroit $m=\dfrac{b^2}{a}$, ensuite une moyene proportionelle entre a & $a+m$; mais il est plus simple de construire un triangle rectangle ACB, dont les côtés AC, CB soient a, & b; l'hypoténuse AB sera égale à $\sqrt{(a^2+b^2)}$.

S'il y avoit sous le radical proposé plus de deux termes, comme dans $\sqrt{(ab+bc+df)}$, on prendroit (460) $m=\dfrac{ab}{d}+\dfrac{bc}{d}+f$, & le radical deviendroit $\sqrt{am}$, quantité facile à construire. Si on avoit $x=\sqrt{(ac-fg+mq+rd)}$, on prendroit $n=c-\dfrac{fg}{a}+\dfrac{mq}{a}+\dfrac{rd}{a}$, & on auroit $x=\sqrt{an}$.

464. Soit l'expression à construire, $\sqrt{(a^2+b^2+c^2+f^2+\&c)}$; au lieu de faire comme dans la méthode précédente $m=\dfrac{b^2}{a}+\dfrac{c^2}{a}$ &c, on prendra $AB=a$; ensuite on menera $BC=b$ perpendiculaire à AB; & on aura $CA^2=a^2+b^2$. Si on mene $CD=c$ perpendiculaire à CA, on aura $AD^2=a^2+b^2+c^2$. En menant $DE=d$ perpendiculaire à DA, on aura $AE^2=a^2+b^2+c^2+d^2$, &c. &c, d'où il est évident que la derniere hypoténuse AF sera $\sqrt{(a^2+b^2+c^2\&c)}$.

S'il y avoit dans cette expression quelques quarrés négatifs, on prendroit, par ce qui précède, un seul quarré m^2 égal à la somme des quarrés positifs, un autre quarré n^2 égal à la somme des quarrés négatifs, on auroit ensuite à construire $\sqrt{(m^2-n^2)}$, ce qui est facile.

465. On peut réduire à la construction que nous venons de donner toutes les autres quantités radicales. Si on a, par exemple, $\sqrt{(bc+am+dn-cq)}$, on prendra $bc=i^2$, $am=k^2$, $dn=l^2$, $cq=p^2$, & on aura à construire $\sqrt{(i^2+k^2+l^2-p^2)}$.

S'il y a des fractions sous le radical proposé, il sera aisé de s'en débarrasser. Qu'on ait, par exemple, $x=\sqrt{\left(\dfrac{ab^2+cd^2}{b+c}\right)}$, on prendra $\dfrac{ab}{b+c}=m$, $\dfrac{cd}{b+c}=n$, & on aura $x=\sqrt{(bm+dn)}$, quantité facile à construire.

Supposons maintenant qu'on ait $x=\sqrt{\left(aa-\dfrac{ccff-ddff}{ab+cd}\right)}$, je prends $cc+dd=mm$, $\sqrt{(ab+cd)}=n$, & j'ai $x=\sqrt{\left(aa-\dfrac{ffmm}{nn}\right)}$, je prends $p=\dfrac{fm}{n}$, & j'ai $x=\sqrt{(aa-pp)}$.

T

FIG.

63.

466. Nous avons suppofé jufqu'ici 1°, que la quantité donnée étoit homogène : fi elle ne l'étoit pas comme $\dfrac{a^3 + b}{a^2 + c}$, on la rendroit telle, en multipliant fes termes par différentes puiffances d'une ligne l qu'on regarderoit comme l'unité, ce qui ne changeroit pas la valeur de la quantité. On auroit donc dans cet exemple $\dfrac{a^3 + l^2 b}{a^2 + l c}$, quantité homogène & égale à la propofée. Si on avoit $\dfrac{a^4 c + a b^3 - d}{b^4 + a^3 - c}$, on rendroit cette expreffion homogène en l'écrivant ainfi $\dfrac{a^4 c + a l b^3 - l^4 d}{b^4 + a^3 l - l^3 c}$, &c.

467. Nous avons suppofé 2°, que la quantité donnée n'étoit que d'une dimenfion ; fi elle en avoit plufieurs, il ne feroit pas difficile de la réduire à une feule quantité monome de la même dimenfion.

Qu'on ait, par exemple, $\dfrac{a b c + c f g}{m + n}$. Je prendrois $(460)\ p = \dfrac{a b + f g}{m + n}$, & j'aurois $p c = \dfrac{a b c + c f g}{m + n}$.

468. S'il entroit deux radicaux dans la quantité propofée, comme dans $\sqrt{[f f + g \sqrt{(k k - b b)}]}$, on prendroit $\sqrt{(k k - b b)} = c$, enfuite $\sqrt{(f f + g c)} = n = \sqrt{[f f + g \sqrt{(k k - b b)}]}$. Si on avoit à conftruire $\sqrt[4]{a^3 c}$, on feroit $a c = m^2$, & on auroit $\sqrt{(a^2 m^2)} = \sqrt{a m} = \sqrt[4]{(a^3 c)}$. De même $\sqrt[4]{a b c d}$ fe conftruit en prenant $a b = m^2$, $c d = n^2$, ce qui donne $\sqrt[4]{a b c d} = \sqrt{m n}$. Enfin, fi on avoit $\sqrt{(a^2 f g + b c f k - a^3 f)}$, on prendroit $m = \dfrac{f g}{a} + \dfrac{b c f k}{a^3} - f$, & le radical propofé deviendroit $\sqrt[4]{a^3 m}$, quantité facile à conftruire.

En général, on voit que toute quantité dans laquelle il n'entre que des radicaux du fecond degré, ou même du quatrieme, ou du huitieme, &c. peut toujours être conftruite par le moyen du cercle.

469. De-là il fuit que toute équation du fecond degré peut être réfolue par le moyen du cercle. En effet l'équation $x x - p x = q q$, qui peut repréfenter toutes celles du fecond degré, donne $x = \frac{1}{2} p \pm \sqrt{(\frac{1}{4} p p + q q)}$, quantité facile à conftruire par ce qui précede.

64.

470. Pour donner quelques exemples, propofons-nous de mener du point donné A hors des paralleles E B, C D la droite A K de maniere que la partie K I interceptée par ces paralleles foit égale à une droite donnée c.

Soit menée A F perpendiculaire fur les paralleles A B, C D, & foit A F $= a$, F G $= b$, F K $= x$. On aura A K $\sqrt{(a^2 + x^2)}$: A F (a) : : I K (c) : F G (b). D'où l'on tire $\dfrac{a c}{b} = \sqrt{(a^2 + x^2)}$, & par conféquent $x = \frac{a}{b} \sqrt{(c^2 - b^2)}$, ce qui donne cette conftruction.

Du point G comme centre & d'un rayon égal à la droite donné c, foit décrit un arc de cercle, qui coupe en H la ligne F B ; je dis que A K parallele à G H fera la ligne demandée.

Car F G (b) : A F (a) : : F H ($\sqrt{cc - bb}$) : F K (x) $= \frac{a}{b}$ $\sqrt{(cc - bb)}$. Il eft pourtant à remarquer que l'équation $\frac{ac}{b} = \sqrt{(a^2 + x^2)}$, donne $x = -\frac{a}{b} \sqrt{(cc - bb)}$ auffi-bien que $x = \frac{a}{b} \sqrt{(cc - bb)}$.

Mais pour favoir ce que fignifie cette valeur négative $-\frac{a}{b} \sqrt{(cc - bb)}$, il faut obferver que l'arc de cercle décrit du centre G & du rayon G H $= c$, coupe la ligne F B en deux points M & H. D'où il fuit que A K′ parallele à M G n'eft pas moins propre à réfoudre le problême propofé que A K ; c'eft donc F K′ égale & directement oppofée à F K, qu'exprime la valeur négative $-\frac{a}{b} \sqrt{(c^2 - b^2)}$.

D'où l'on peut conclure en général, que *lorfque le réfultat d'un calcul donne une valeur négative de l'inconnue, cela fignifie qu'on doit prendre cette inconnue dans un fens oppofé à celui où on l'avoit prife d'abord.*

471. Soit propofé maintenant de décrire un cercle qui paffe par les deux points donnés A & B , & qui touche la droite C F donnée de pofition.

Le problême fe réduit à trouver le point M où le cercle touche la droite C F ; car ce point étant trouvé, fi on fait paffer une circonférence de cercle par A , B , M, elle fera la circonférence cherchée.

Soit menée par les points A & B la droite A B F qui rencontre en F la droite C F, & foit divifée A B en deux également au point D; en nommant F M (x), F D (a), A D = D B = b, on aura $xx = $ B F $\times$ A F $= a^2 - b^2$. D'où $x = \sqrt{(a^2 - b^2)}$, ce qui donne cette conftruction.

Sur le diametre D F foit décrit la demi-circonférence D G F dans laquelle fi on infcrit la corde D G $=$ D B, je dis que G F fera égale à F M, car F G $= \sqrt{(a^2 - b^2)} = $ F M. Or le point M étant déterminé, le problême eft réfolu.

FIG.

Des Figures femblables.

472. Deux figures font femblables, lorfqu'ayant un égal nombre de côtés, tous les côtés de l'une font proportionels aux côtés homologues de l'autre, & que de plus tous les angles de l'une font refpectivement égaux à ceux de l'autre.

D'où il faut conclure que tous les polygones réguliers d'un égal nombre de côtés font des figures femblables, & que par conféquent les cercles font tous femblables entre eux, puifqu'on peut les regarder comme des polygones réguliers d'une infinité de côtés.

66. 473. Si deux figures $ABCDE$, $abcde$ font femblables, le contour ou le périmetre de la premiere figure fera au contour de la feconde, comme un côté quelconque AB pris dans la premiere figure eft au côté homologue ab pris dans la feconde, ou comme un nombre quelconque de côtés $AB + AE + DE$ pris dans la premiere, eft au même nombre $ab + ae + de$ de côtés homologues pris dans l'autre.

Car $AB : ab : : BC : bc : : DC : dc : : DE : de$ &c ; donc la fomme des antécédents, ou le périmetre de la premiere figure eft à la fomme des conféquents, ou au périmetre de la feconde, comme $AB : ab$, ou comme $AB + AE + DE$, &c $: ab + ae + de$. &c.

67. De-là il fuit que les contours de deux polygones réguliers $ABDEFG$, $abdefg$ font entre-eux : : le côté AG : au côté homologue ag : : la portion $BAGF$ du périmetre du premier polygone eft à la portion homologue $bagf$ du fecond. Or fi C eft le centre de ces polygones, à caufe des triangles ifofceles & femblables aCg, ACG, on aura $AG : ag : : CG : Cg$. Donc $ABDEFG : abdefg : : BAGF : bagf : : CG : Cg$.

68. 474. *Les circonférences de deux cercles font donc entre elles comme leurs rayons* & comme deux arcs quelconques AM, BN compris entre deux rayons CA, CM.

Et puisqu'on a d'ailleurs CM : CN :: AM : BN , on
aura aussi AMF : BND :: l'arc AM : l'arc BN :: la corde
AM : la corde BN :: CM : CN.

Ainsi les circonférences AMF, BND contenant chacune 360 degrés, leurs arcs correspondants AM, BN,
contiennent autant de degrés l'un que l'autre. On voit
donc bien que la mesure d'un angle en degrés est toujours la même, de quelque rayon que l'on décrive l'arc
qui doit mesurer cet angle. ,

475. Si dans deux figures semblables ABCDE , $abcde$
on mene les diagonales AD & AC, ad & ac, elles
seront proportionelles entre-elles & aux côtés homologues
AE, ae. Car les triangles ADE, ade sont semblables,
ayant 1°, un angle égal E, e ; 2°, les côtés autour de cet
angle proportionels. On a donc AD : ad :: AE : ae. On
prouvera de même que AC : ac :: BC : bc :: AE : ae ::
AD : ad. En général , *la propriété des figures semblables
est d'avoir toutes leurs dimensions homologues proportionelles.*

Cela posé , s'il s'agissoit de décrire un polygone semblable au polygone donné ABCDEF , & dont le côté
homologue à AB fût donné , on prendroit sur AB prolongé, s'il étoit nécessaire, la ligne Ab égale au côté homologue à AB donné par la supposition. On meneroit ensuite du point A les diagonales AC, AD, AE, & les
paralleles bc à BC, cd à CD, de à DE, ef à EF for-
meroient le polygone demandé.

Car, par la construction, les angles des figures ABCDEF,
$abcdef$ sont respectivement égaux. D'ailleurs leurs côtés
sont proportionels à cause des triangles semblables ABC,
abc, & ACD, Acd &c. Donc les figures $abcdef$,
ABCDEF sont semblables.

SECONDE PARTIE

Des Éléments de Géométrie.

476. On appelle *Surface*, *Aire*, ou *Superficie* tout ce que l'on conçoit n'avoir que deux dimensions de l'étendue, la longueur & la largeur.

Supposons, par exemple, que ce Livre soit partagé en deux moitiés, & que chacune de ces moitiés soit partagée en deux autres, & ainsi de suite. Il est clair que chaque feuillet peut se diviser de même ; & qu'après avoir épuisé tous les procédés des Arts pour diviser & soudiviser un seul de ces feuillets, on conçoit encore possibles des divisions sans fin, d'où résulteroient à chaque fois des feuillets de plus en plus minces, quoique toujours égaux en longueur & en largeur au premier.

Mais comme à l'image distincte des premieres divisions succédent des idées confuses du nombre de ces feuillets lequel va toujours croissant, & de leur épaisseur qui diminue de plus en plus, tout ce que l'on retire de cette considération, est une idée bien imparfaite de ce que l'on appelle infiniment grand & infiniment petit. Il en résulte cependant d'une maniere fort claire, 1°, qu'à force de diviser & de soudiviser, on approche de plus en plus du terme où le feuillet n'auroit aucune épaisseur : 2°, que pour atteindre ce terme, il faudroit un nombre vraiment infini de divisions : 3°, que ce nombre est impossible, & que par conséquent on n'arrivera jamais à ce terme, quoique l'on en approche de plus en plus.

477. On appelle *des Limites* ces sortes de quantités vers lesquelles d'autres tendent sans pouvoir jamais y atteindre. Ainsi on peut dire que *la surface est la limite du corps*, que la ligne est la limite de la surface, & que le point est la limite de la ligne.

On peut dire auffi que la furface d'un corps eft cette FIG.
enveloppe extérieure dont il eft revêtu, & fur laquelle
tombent nos regards. Pour en déterminer la grandeur,
cherchons d'abord quelle eft en général la mefure naturelle des furfaces, & nous verrons enfuite comment on
évalue en particulier celles des différents polygones qui
peuvent fervir de faces aux corps.

478. Il faut 1°, que la mefure des furfaces foit elle-
même une furface à laquelle on puiffe rapporter celles
que l'on veut évaluer. Cette furface primitive eft en quelque forte la bafe de toutes ces évaluations, comme l'unité
eft la bafe de tous les calculs des nombres. Il faut 2°,
que cette mefure foit la plus fimple de toutes ; il faut
donc que fa longueur & fa largeur foient égales, & que
chacune de ces dimenfions foit repréfentée par l'unité.
Or la largeur fe mefure en prenant la diftance des extrémités paralleles, & la mefure de cette diftance eft la perpendiculaire qui les joint (372) ; donc *la mefure la plus
naturelle des furfaces eft un quarré plus ou moins grand,
que l'on prend toujours pour l'unité de furface.*

Une furface d'un pouce de long fur un pouce de large,
par exemple, eft la mefure commune des furfaces eftimées
en pouces quarrés. Ainfi on dit qu'il y a 144 pouces
quarrés dans une furface d'un pied de long fur un pied
de large, & qu'il y en a 5184 dans une toife quarrée.

479. C'eft parce que la mefure commune des furfaces
doit toujours être un quarré, que l'on nomme *Quadrature*
l'évaluation d'une furface. Ainfi le problême fi connu de
la quadrature du cercle, confifte à trouver un quarré égal
en furface à un cercle donné, c'eft-à-dire qui renferme
précifément autant d'efpace que ce cercle.

En général, lorfqu'on fe propofe de mefurer une
furface, il faut chercher combien de fois elle contient
le quarré que l'on prend alors pour l'unité. Or cette recherche eft aifée dans toutes les figures rectilignes, comme
on va le voir.

Commençons par le quarré ABCD, autre que celui 70.

qui lui doit fervir de mefure & que nous repréfente-
tons par *abcd*. Il eft certain que fur la bafe AB on
peut mettre autant de quarrés égaux au quarré *abcd*,
que cette bafe contient de fois le côté *ab*, ou l'unité
de longueur. Donc AB étant la fomme de ces unités,
fi on exprime par *s* la furface du petit quarré, on aura
AB × *s* pour celle de tous les petits quarrés qui peuvent
être mis fur AB, & qui forment le rectangle ABFE.
Mais n'eft-il pas évident que la furface du quarré total
ABCD contient autant de fois celle de ce rectangle,
que la ligne AD ou AB contient AE ou *ad*, unité
de largeur ? Donc ABCD, ou AC (car on défigne
fouvent les quarrés & les rectangles par deux lettres dia-
gonalement oppofées $= AB^2 \times s$, & comme $s = 1$;
on a $AC = AB^2$: c'eft-à-dire que *pour avoir la furface
d'un quarré, il faut multiplier l'unité de furface par le quarré,
du nombre des unités fimples contenues dans un de fes côtés,*
& non par le quarré d'un de fes côtés.

Remarquez en effet que cette derniere expreffion n'eft
pas exacte, puifqu'on ne multiplie jamais une ligne par
une autre. Mais comme elle eft ufitée, nous nous en
fervirons dans le fens que nous venons d'indiquer.

71. 480. Cela pofé, cherchons la mefure de la furface
d'un rectangle quelconque ABCD.

Si on décrit fur fon plus grand côté AB le quarré
ABEF, ce quarré contiendra autant de rectangles égaux
à ABCD, que AF contient de fois AD. Il en con-
tiendra donc un nombre exprimé par $\frac{AF}{AD}$, ou $\frac{AB}{AD}$; & fi
on appelle *x* la furface du rectangle, on aura $AB = \frac{AB}{AD} x$; d'où $x = AB \times AD$; c'eft-à-dire que *la furface
d'un rectangle quelconque eft égale au produit de fa bafe
par fa hauteur.*

Par exemple, fi un rectangle a 7 pouces de long, fur 3
pouces de large, fa furface contient 21 pouces quarrés,

Ce que nous difons des pouces quarrés peut s'appliquer à toute autre mefure femblable.

481. Il fuit de ce que nous venons de prouver, 1°, que la furface du triangle rectangle ACB eft égale au produit de fa hauteur par la moitié de la bafe. Car ce triangle eft la moitié du rectangle ABCD.

2°, Que *la furface d'un triangle quelconque* ABC *eft égale au produit de l'un quelconque* AC *de fes côtés par la moitié de la perpendiculaire menée de l'angle oppofé* B *fur cette bafe prolongée, s'il eft néceffaire.*

Car le triangle $ABD = \frac{1}{2} BD \times AD$, & le triangle $CDB = \frac{1}{2} BD \times DC$. Donc $CDB \pm ABD$, ou la furface du triangle $ABC = \frac{1}{2} BD (DC \pm AD) = \frac{1}{2} BD \times AC$.

482. Donc *la furface d'un parallélogramme quelconque* ABDE *eft égale au produit de la bafe* AE *par la diftance des côtés parallèles* AE, BD, $= AE \times BC$. Car fi on mene la diagonale BE, le triangle ABE fera égal au triangle BED. Donc la furface du parallélogramme ABDE eft double de celle du triangle AEB.

483. Pour mefurer la furface d'un trapeze quelconque ABCD, foit menée la diagonale AC; on aura $ABC = \frac{AE \times BC}{2} = \frac{BC \times CF}{2}$, & $ACD = AD \times \frac{1}{2} CF$. Donc $ABC + ACD = ABCD = \frac{1}{2} CF \times (BC + AD)$; c'eft-à-dire que *la furface d'un trapeze quelconque eft égale au produit de la demi-fomme de fes bafes par la perpendiculaire qui en mefure la diftance.*

484. Il eft également facile de mefurer la furface d'un polygone quelconque régulier; car fi du centre de ce polygone on imagine des rayons menés à tous fes angles, ces rayons diviferont le polygone en autant de triangles égaux & femblables qu'il a de côtés. Or la furface de l'un quelconque de ces triangles eft égale au produit de la moitié du côté du polygone par le rayon du cercle infcrit. Donc *la furface d'un polygone régulier quelconque eft égale à la moitié du périmetre, multipliée par le rayon du cercle infcrit.*

Donc la furface d'une portion B C G de polygone régulier, comprife entre deux rayons CB, C G & les côtés
B A & A G, eft égale à la portion $\dfrac{BA+AG}{2}$ du périmetre,
multipliée par le rayon du cercle infcrit.

Donc *la furface d'un cercle quelconque eft égale au produit de fa circonférence par la moitié de fon rayon*, &
par conféquent la furface d'un fecteur quelconque, eft
égale au produit de fon rayon, par la moitié de l'arc
qui le termine.

Pour avoir la furface ou la quadrature d'un cercle,
il faudroit donc connoître le rapport du rayon à la circonférence. Mais on n'a pu le déterminer que par approximation ; & on a trouvé que le diametre d'un cercle eft
à fa circonférence, à peu-près comme 7 à 22, ou comme
113 à 355 , ou plus exactement , comme 1 à 3 ,
1415926535897932 avec cent onze autres décimales,
ce qui fait une approximation prefque infinie. *Voyez* l'Hiftoire des Recherches fur la Quadrature du Cercle, &
l'Hiftoire des Mathématiques; Ouvrages de M. Montucla,
généralement eftimés.

485. Soit π le nombre 3 , 14159 &c ; on aura 1 :
π pour le rapport du diametre à la circonférence. Soit
r le rayon d'un cercle quelconque, on aura 1 : π : : 2r :
$2r\pi$ pour la circonférence de ce cercle. Sa furface fera
donc πr^2.

486. Soit propofé maintenant de mefurer la furface
d'un polygone quelconque irrégulier.

On le divifera d'abord en triangles ; on prendra enfuite
la furface de chacun de ces triangles, & la fomme de
ces furfaces fera évidemment celle du polygone propofé.
Mais s'il s'agiffoit de trouver un feul triangle égal en
 furface à un polygone donné, (au pentagone A B C D E,
par exemple), on meneroit la diagonale C E pour retrancher l'angle D ; enfuite par le point D on meneroit
D G parallele à cette diagonale, & qui rencontre en G le
côté A E prolongé. Cela pofé, fi on mene C G , le

quadrilatere A B C G fera égal en furface au pentagone
A B C D E, puifque le triangle CKD = le triangle EKG;
ce qui fe prouve par l'égalité des triangles C G E , C D E ,
dont les bafes & les hauteurs font refpectivement égales,
de maniere qu'en retranchant le triangle commun CK E ,
il refte C K D = E K G.

Si on mene à préfent la diagonale C A , & B F parallele
à cette diagonale , on prouvera de même que le triangle
F C G eft égal en furface au quadrilatere B C G A , &
par conféquent au pentagone propofé qui fe trouvera par
ce moyen réduit en un triangle de même furface.

Par cette méthode, on peut réduire un polygone quelconque en un triangle de même furface, d'où il fuit qu'*on
peut trouver la quadrature exaEte de toutes les figures rectilignes.*

De la comparaifon des Surfaces.

487. Si B repréfente la bafe & H la hauteur d'un triangle
quelconque , fa furface fera $S = \frac{1}{2} B H$: de même, fi on
nomme b & h la bafe & la hauteur d'un autre triangle
dont la furface eft s, on aura $s = \frac{1}{2} b h$. Donc $S : s :: B H :
b h$, d'où il fuit . . . .

I°. Que les furfaces de deux triangles quelconques
font entre-elles en raifon compofée de leurs bafes & de
leurs hauteurs.

II°. Que deux triangles qui ont la même bafe ou des
bafes égales font entre-eux comme leurs hauteurs. Car
alors $B = b$. Donc $S : s :: H : h$.

III. Que deux triangles qui ont des hauteurs égales
font comme leurs bafes, puifque H étant égal à h, on
a $S : s :: B : b$.

IV°. Que deux triangles font égaux en furface , lorfque leurs bafes & leurs hauteurs font en raifon inverfe.
Car fi $B : b :: h : H$, on a $b h = B H$, & par conféquent
$S = s$.

V°. Que *les furfaces de deux triangles femblables font
comme les quarrés de leurs dimenfions homologues.* Car dans

FIG·

ce cas $B : b :: H : h$; d'ailleurs $S : s :: BH : bh$. Donc $S : s :: B^2 : b^2 :: H^2 : h^2$, comme le quarré d'une dimenſion priſe dans l'un eſt au quarré de la dimenſion homologue de l'autre.

488. De-là il ſuit 1°, que la ſurface du triangle équilatéral circonſcrit eſt quadruple de celle du triangle équilatéral inſcrit. Car le côté de l'un eſt double du côté de l'autre (427).

2°, Que le quarré circonſcrit eſt double du quarré inſcrit. Car en appellant a le rayon du cercle, leurs côtés ſont $2a$, $a\sqrt{2}$. Or le quarré de $2a$ eſt double de celui de $a\sqrt{2}$.

76.

489. Si deux triangles BAC, bac ont chacun un angle égal A, a; je dis que leurs ſurfaces ſeront comme les produits des côtés qui entourent l'angle égal dans chacun. Ainſi on aura $BAC : bac :: AB \times AC : ab \times ac$.

Car ſi on mene les perpendiculaires BD, bd ſur les côtés AC, ac, on aura $BAC : bac :: BD \times AC : bd \times ac :: AC : ac \times \dfrac{bd}{BD}$.

Or à cauſe des triangles ſemblables ABD, abd, on a $\dfrac{bd}{BD} = \dfrac{ab}{AD}$. Donc $BAC : bac :: AC : \dfrac{ac \times ab}{AB} : AC \times AB : ac \times ab$.

77·

Pour faire quelque application de cette propriété, propoſons-nous de mener du point donné B la droite BF ſur le triangle ACD, de maniere qu'il ſoit diviſé en deux parties AEF, $EFDC$ dont les ſurfaces ſoient dans le rapport de m à n.

Puiſque $AEF : EFDC :: m : n$, donc $AEF + EFDC$, ou $ACD : AEF : m + n : m$. Or $ACD : AEF :: AC \times AD : AE \times AF$. Donc $m + n : m :: AC \times AD : AE \times AF$. Cela poſé, ſoit mené BI parallele à AC, & ſoient nommées les connues BI (a), AI (c), AC (b), AD (d), & l'inconnue AF (x); à cauſe des triangles ſemblables AEF, BIF, on aura FI $(x + c) : BI$ $(a) :: AF$ $(x) : AE = \dfrac{ax}{x+c}$. Donc $m + n : m :: bd : \dfrac{ax^2}{x+c}$. D'où l'on tire $xx - \dfrac{bdmx}{a(m+n)} = \dfrac{bcdm}{a(m+n)}$. Donc $x = \dfrac{bdm + \sqrt{(b^2 d^2 m^2 + 4abdmc\,(m+n)})}{2a(m+n)}$. De ces deux valeurs, l'une poſitive, l'autre négative, il n'y a que la poſitive $x = \dfrac{bdm + \sqrt{\ \&c}}{2a(m+n)}$ qui ſoit propre à réſoudre la queſtion propoſée.

Pour ſavoir ce que l'autre ſignifie, il faut obſerver que ſi AC, AD (b, d) étoient toutes deux négatives, c'eſt-à-dire devenoient AC', AD', cela ne changeroit rien du tout à l'équation trouvée ci-deſſus; d'où il ſuit que cette équation doit donner auſſi la ſolution du cas

où il s'agiroit de mener du point B la droite B E' F' qui divise le
triangle A D'C' en deux parties dont le rapport soit $\frac{m}{n}$. C'est donc
A F' que signifie la valeur négative trouvée ci-dessus. Or A F' est
directement opposée à A F. On voit donc se confirmer ce que nous
avons déja dit des quantités négatives (470).

Si le point donné B étoit sur le côté AC comme en E, on auroit
alors A I $(c) = 0$, & $AF = \dfrac{b\,d\,m}{a\,(m+n)}$; & si ce point étoit en dedans du triangle ACD, on auroit, en faisant a négatif dans la formule trouvée ci-dessus, la solution de ce cas.

490. *Lorsque deux figures sont semblables, leurs surfaces
sont toujours proportionelles aux quarrés de leurs dimensions homologues.*

Car soient **A** & **B** les deux dimensions dont le produit donne la surface S de la premiere figure, & $a, b,$
les deux dimensions homologues dont le produit donne
la surface s de la seconde. On aura $S : s : : A B : a b$. Mais
par la nature des figures semblables on a, $A : a : : B : b$;
donc $S : s : : A^2 : a^2 : : B^2 : b^2$. Donc les surfaces des figures
semblables sont comme les quarrés de leurs dimensions
homologues.

491. *De-là il suit* 1°, *que les surfaces des cercles sont
comme les quarrés de leurs rayons, comme les quarrés de leurs
diametres, comme les quarrés de leurs circonférences, & en
général comme les quarrés de leurs dimensions homologues.*

2°, Qu'une figure quelconque ALMNC construite sur
l'hypoténuse AC d'un triangle rectangle est égale à la somme des deux figures semblables ADFGB , BHIKC cons-
truites sur les deux autres cotés.

Car ALMNC : ADFGB : BHIKC : : AC^2 : AB^2 : BC^2.
Donc ALMNC : ADFGB $+$ BHIKC : : AC^2 : AB^2 $+$
BC^2. Or $AC^2 = AB^2 + BC^2$. Donc ALMNC $=$ ADFGB
$+$ BHIKC.

Donc si sur l'hypoténuse AB on décrit un demi-cercle
ACB , il sera égal en surface à la somme des demi-cercles
ACD , CFB construits sur les deux autres côtés AC , CB.
On aura donc AECGB $=$ ADC $+$ CFB, & en retran-
chant les parties communes AECA $+$ CGBC, resteront

les efpaces curvilignes ADCEA ┼ CFBGC égaux en furface au triangle ABC. Si AC étoit ═ CB, chaque efpace feroit égal au triangle ACK, ou KCB. On nomme ces efpaces *les Lunules d'Hyppocrate*, parce qu'un ancien Géomètre de ce nom, en trouva la quadrature.

492. Nous allons terminer cette matiere par la réfolution de quelques problêmes.

I. *Etant données les deux figures femblables* ADFGB,

BHIKC, *trouver une troifieme figure* ALMNC *égale à leur fomme, & qui leur foit en même temps femblable.*

On difpofera à angles droits les deux côtés homologues AB, BC, & AC fera le côté homologue du polygone demandé. Il fera donc facile de le décrire.

Donc pour trouver un cercle égal à la fomme de deux autres cercles, il faut difpofer les diametres ou les rayons de ceux-ci à angles droits, l'hypoténufe AC fera le diametre ou le rayon du cercle demandé.

II. *Trouver une figure* ADFGB *femblable à deux autres figures* ALMNC, BHIKC, *& qui foit égale à leur différence.*

De l'un quelconque AC des côtés de la plus grande figure comme diametre, on décrira un demi-cercle dans lequel on infcrira la corde BC égale au côté homologue à AC dans la feconde figure. Cela pofé, je dis que AB fera le côté homologue du polygone demandé. Car AB^2 ═ AC^2 — BC^2. Il eft donc facile de décrire un cercle égal à la différence de deux autres cercles donnés.

III. *Trouver une feule figure égale à la fomme ou à la différence de tant de figures femblables qu'on voudra, & qui leur foit en même temps femblable.*

Soient A, B, D, &c les côtés homologues des figures qu'il faut ajouter; foient *a*, *b*, *d*, &c les côtés homologues des figures à foustraire; foit enfin *x* le côté homologue du polygone demandé, on aura x^2 ═ A^2 ┼ B^2 ┼ D^2 ┼ &c . . . . . — a^2 — b^2 — d^2 . . . &c. quantité facile à conftruire *(464)*. On peut donc trouver un feul cercle égal à la fomme ou à la différence de tant de cercles qu'on voudra.

IV. *Trouver une figure femblable à une autre figure donnée & qui foit avec elle dans le rapport de* m *à* n.

Je nomme *a* un côté quelconque de la figure donnée, & *x* le côté homologue dans la figure cherchée. J'ai donc $a^2 : x^2 :: m : n$. D'où *x*

$$= \sqrt{\left(\frac{n}{m} a^2\right)} = a\sqrt{\frac{n}{m}} = \frac{a}{m}\sqrt{mn},$$ quantité facile à construire.   71.

On peut donc trouver deux cercles qui soient entre eux $:: m : n$, quel que soit ce rapport, fût-il même incommensurable.

V. *Trouver la surface & les côtés d'un rectangle* ABCD *dont on ne connoît que le périmetre* (p), *& la diagonale* AC (a).

Soit $AB = x$, $AD = y$, on aura $x + y = \frac{1}{2}p$, & $x^2 + y^2 = a^2$. La premiere équation donne $xx + 2xy + yy = \frac{1}{4}pp$. D'où xy, ou la surface cherchée $= \frac{1}{8}pp - \frac{1}{2}a^2$, & $x = AB = \frac{1}{4}p + \sqrt{\left(\frac{1}{2}a^2 - \frac{1}{16}p^2\right)}$, $y = AD = \frac{1}{4}p - \sqrt{\left(\frac{1}{2}a^2 - \frac{1}{16}pp\right)}$.

VI. *Trouver la surface d'un triangle dont on ne connoît que les trois côtés.*   80.

Soit $AC = a$, $AB = b$, $BC = c$, la perpendiculaire $BD = x$, on aura $AD = \sqrt{(bb-xx)}\ldots.DC = \sqrt{(cc-xx)}$. Donc $AD + DC = a = \sqrt{(bb-xx)} + \sqrt{(cc-xx)}$. D'où l'on tire $x = \frac{1}{2a}\sqrt{[4a^2b^2-(a^2+b^2-c^2)^2]}$ Donc $\frac{ax}{2}$, ou la surface demandée $(s) = \frac{1}{4}\sqrt{[4a^2b^2-(a^2+b^2-c^2)^2]} = \frac{1}{4}\sqrt{[(b^2-a^2)a^2 + (2c^2-b^2)b^2 + (2a^2-c^2)c^2]} = \ldots \frac{1}{4}\sqrt{[(2ab-(a^2+b^2-c^2))(2ab+(a^2+b^2-c^2))]} = \ldots \frac{1}{4}\sqrt{(c^2-(a-b)^2)((a+b)^2-c^2)} = \ldots\ldots\ldots \frac{1}{4}\sqrt{[(b+c-a)(a+c-b)(a+b-c)(a+b+c)]}$. Soit q la demi-somme des trois côtés, ou $q = \frac{a+b+c}{2}$, on aura $2q - 2a = b+c-a$, $2q - 2b = a+c-b$, $2q - 2c = a+b-c$. Donc la surface $s = \sqrt{(q\,.\,q-a\,.\,q-b\,.\,q-c)}$.

Si CN est le rayon du cercle inscrit dans le triangle ABC, en menant C'B, C'A, C'C & les perpendiculaires C'M, C'P, on aura le triangle $ABC' = C'N \times \frac{1}{2}AB$, $BC'C = \frac{1}{2}C'P \times BC = \frac{1}{2}C'N \times BC$, $AC'C = \frac{1}{2}CN \times AC$; donc la surface s du triangle $ABC = C'N \times \frac{1}{2}(a+b+c)$. Donc le rayon $C'N = \frac{\frac{1}{2}\sqrt{[4a^2b^2-(a^2+b^2-c^2)^2]}}{a+b+c}$

$$\sqrt{\left(\frac{q-a\,.\,q-b\,.\,q-c}{q}\right)}.$$

Si le triangle ABC est rectangle en A ; on a $cc = a^2 + b^2$, & $C'N = \frac{ab}{a+b+c} = \frac{ab\left(\frac{1}{2}a+\frac{1}{2}b-\frac{1}{2}c\right)}{(a+b+c)\left(\frac{1}{2}a+\frac{1}{2}b-\frac{1}{2}c\right)} = \frac{1}{2}a+\frac{1}{2}b-\frac{1}{2}c = q-c$.   81.

VII. *Etant donnés l'hypoténuse d'un triangle rectangle, & le rapport de ses deux autres côtés, trouver sa surface.*

Soit $AC = a$; $BC : AB :: m : n$; $AB = x$, BC sera $\frac{mx}{n}$, & on aura $x^2 + \frac{mm}{n^2}x^2 = a^2$. D'où $x = \frac{a^2n^2}{m^2+n^2}$, & $\frac{mx^2}{n}$, ou la sur-

FIG.

face cherchée $= \dfrac{a^2\, n\, m}{m^2 + n^2}$. On a aussi $A\,B = \sqrt{\dfrac{a\, n}{(m^2 + n^2)}}$, & $B\,C =$

$\sqrt{\dfrac{a\, m}{(m^2 + n^2)}}$.

VIII. *Étant donnés le rapport des trois côtés d'un triangle quelconque, & leur somme, trouver la surface de ce triangle.*

80.   Soit $A\,C = x$, $A\,B = y$, $B\,C = \zeta$, le périmetre $= p = x + y + \zeta$, le rapport des trois côtés $x : y : \zeta :: a : b : c$. Donc $x + y + \zeta$ ou $p :$

$a + b + c :: x : a :: y : b :: \zeta : c$; d'où l'on tire … $x = \dfrac{a\, p}{a + b + c}$ … $y =$

$\dfrac{b\, p}{a + b + c}$ … $y = \dfrac{c\, p}{a + b + c}$. Or les trois côtés étant connus, on a la surface.

IX. *Le périmetre d'un triangle rectangle étant donné, avec le rapport de l'hypoténuse à la somme des deux autres côtés, déterminer la surface de ce triangle.*

81.   Soit p le périmetre donné ; $A\,C : A\,B + B\,C :: m : n$; $A\,C = x$, $A\,B = y$, $B\,C = \zeta$; on aura $x : y + \zeta :: m : n$. Donc $x + y + \zeta$, ou $p :$

$x :: m + n : m$. Donc $x = \dfrac{m\, p}{m + n}$ … $y + \zeta = \dfrac{n\, p}{m + n}$ … $y^2 + 2y\zeta$

$+ \zeta^2 = \dfrac{n^2\, p^2}{(m + n)^2}$; or $y^2 + \zeta^2 = x^2 = \dfrac{m^2\, p^2}{(m + n)^2}$. Donc la surface

cherchée $\tfrac{1}{2} y\zeta = \tfrac{1}{4} p p\left(\dfrac{n - m}{m + n} \right)$. Si on veut avoir les côtés du triangle,

on trouvera que le plus petit $= \dfrac{\tfrac{1}{2} p}{m + n}\, (n - \sqrt{2m^2 - n^2})$, & le

plus grand $= \dfrac{\tfrac{1}{2} p}{m + n}\, (n + \sqrt{2m^2 - n^2})$.

Des Surfaces planes.

ON appelle Surface plane celle dont tous les points sont exactement de niveau. Telle seroit la surface d'un miroir parfaitement poli, s'il existoit un miroir de cette espece.

493. Le plan est donc parmi les surfaces ce que la droite est parmi les lignes. Mais pour nous en former une idée plus distincte, concevons un triangle rectangle $A\,B\,F$, qui tourne autour de la perpendiculaire immobile $A\,B$: il

82.   est clair que si dans sa révolution la ligne $B\,F$ laisse des

traces

traces de son passage, elles seront toutes dans un plan circulaire, pendant que les traces de l'oblique A F couvriront une surface convexe.

494. Il résulte de là, 1°; que si une droite quelconque a deux points communs avec un plan, tous les autres points de cette droite doivent être dans le même plan; & que par conséquent si on prolonge tout à la fois ce plan & cette droite, ils resteront toujours confondus.

495. 2°, Qu'une droite A B perpendiculaire à un plan est nécessairement perpendiculaire à toutes les droites F B, G B, D B, N B, H B, L B qui étant dans le même plan passent par l'extrémité B de cette droite.

On ne peut donc mener d'un point donné A hors d'un plan, qu'une seule perpendiculaire A B sur ce plan. Car si on en pouvoit mener une autre comme A F, l'angle A F B seroit droit ainsi que l'angle F B A; on pourroit donc mener du même point A deux perpendiculaires sur la même ligne F B, ce qui est impossible. On prouveroit de même que d'un point donné B dans un plan on ne peut élever qu'une seule perpendiculaire à ce plan.

3°, Que la distance d'un point à un plan se mesure par la perpendiculaire menée de ce point sur le plan.

4°, Que deux droites A B, M N perpendiculaires à un même plan sont paralleles entre elles. Car alors les angles A B C, M N C sont tous deux droits. On voit même que si ces droites étoient également inclinées & dans le même sens sur le plan P Q, elles seroient encore paralleles, puisque les angles A B C, M N C seroient égaux.

496. Lorsque deux plans se coupent, il est clair que leur intersection n'a qu'une seule dimension qui est la longueur, puisque les plans sont censés n'avoir aucune épaisseur. Il est clair aussi que leur intersection est toujours une ligne droite.

497. Il est donc évident que *trois points, non en ligne droite, déterminent la position d'un plan.*

On voit bien, en effet, qu'une infinité de plans dif-

V

férents, comme H D, C G, peuvent avoir les deux points A & B communs entre eux; mais on voit en même temps qu'il n'y a qu'un seul de ces plans qui passant par les points A & B, puisse passer par le point déterminé C. Donc les trois points A, B, C déterminent la position du plan C G.

Donc 1°, trois points ne peuvent être communs à deux plans différents, si ces points ne sont pas en ligne droite.

498. 2°, Deux droites C A & A D qui se coupent, sont dans un même plan P Q. Car les trois points C, A, D déterminent la position des deux droites C A, A D. D'où il suit qu'un angle quelconque C A D détermine la position d'un plan.

82.

499. 3°, Si une droite A B est perpendiculaire à deux droites F B, G B dans leur point d'interfection B, elle sera perpendiculaire à leur plan P Q.

Car si on conçoit que F B tourne autour de la ligne immobile A B, elle décrira dans ce mouvement un plan perpendiculaire à A B. Or il est clair que ce plan est celui des deux droites F B, G B, puisque G B est perpendiculaire à A B.

83.

500. Supposons maintenant que deux plans D H & C G se coupent dans la ligne A B, & menons A C dans le plan C G, perpendiculaire à A B, & A D perpendiculaire à A B dans le plan D H; alors l'angle C A D sera la mesure de l'inclinaison des deux plans D H, C G. D'où l'on voit que les inclinaisons des plans les uns à l'égard des autres se mesurent comme celles des lignes droites; ensorte que . . . .

1°, Un plan qui rencontre un autre plan fait avec lui deux angles dont la somme est de 180°.

2°, Dans l'interfection de deux plans les angles opposés au sommet sont égaux.

3°, Si un nombre quelconque de plans se coupent sur une même ligne, la somme de tous les angles qu'ils feront deux à deux, tant en-dessus qu'en-dessous de leur commune interfection, sera de 360°.

4°, Un plan qui coupe deux ou plusieurs plans paral- FIG.
leles fait avec eux des angles correspondants égaux , &c. &c.

501. Si un plan coupe deux ou plusieurs plans paralleles , les lignes droites qui naîtront de leurs intersections feront toutes paralleles. Car si elles ne l'étoient pas,
elles se rencontreroient en les prolongeant. Les plans dans
lesquels elles font , se rencontreroient donc aussi. Ils ne
feroient donc pas paralleles.

502. Si le plan C G est perpendiculaire au plan P Q,   83.
& si l'on mene d'un point quelconque B du plan C G
la perpendiculaire B A sur la commune intersection C F,
je dis que B A sera perpendiculaire au plan P Q.

Car si dans le plan P Q on mene D A perpendiculaire à C A, l'angle B A D sera droit à cause des plans
perpendiculaires. Donc B A sera perpendiculaire aux deux
droites C A & A D, & par conséquent (499) à leur plan P Q.

503. *Si deux plans D H , C G font perpendiculaires à
un troisieme plan P Q , leur intersection B A sera aussi
perpendiculaire à ce troisieme plan.* Car B A est alors perpendiculaire aux deux droites C A , A D. Donc elle est
perpendiculaire à leur plan P Q.

Des Lignes droites coupées par des Plans paralleles.

504. Si d'un même point A on mene à travers deux   84.
plans paralleles P Q, *pq* tant de droites que l'on voudra,
A *d* D, A *f* F, &c, 1°, toutes ces droites feront coupées proportionellement; 2°, les figures DFGEH, *dfg e h*
feront semblables.

Car si on fait passer un plan par les trois points A, D,
F, ses intersections avec les plans paralleles P Q , *p q* feront
(501) les droites paralleles D F, *d f*. Donc les triangles
A D F, A *df* feront semblables. On prouvera la même
chose des triangles AFG & A *fg* , AEG & A *e g*, &c ; d'où
il suit que A D : A *d* : : D F : *df* : : A F : A *f* : : F G : *fg* : :
A G : A *g*, &c : : les perpendiculaires A B & A *b* menées du

même point A fur les deux plans q. Donc 1°, toutes les droites AD, AF, AG, &c font coupées proportionellement par les plans PQ, pq.

2°, Puifque DF : df :: AF : Af :: FG : fg, &c, on a DF : df :: FG : fg :: EG : eg, &c : or fi on mene DG, dg, on prouvera comme ci-deffus que les triangles ADG, Adg font femblables. Donc AD : Ad :: DG : dg :: DF : df :: FG : fg ; les triangles DFG, dfg ont donc tous leurs côtés homologues proportionels, & font par confé-quent femblables. D'où il fuit que les angles F, f font égaux. On prouvera la même chofe des angles G & g, E & e, &c. Donc tous les angles de la figure DFGEH font refpectivement égaux à ceux de la figure $dfgeh$. D'ailleurs tous leurs côtés homologues font proportionels. Donc elles font femblables.

505. De ce que l'angle F eft égal à l'angle f, il fuit que fi deux angles DFG, dfg ont leurs côtés refpective-ment paralleles, ils feront égaux quoique fitués dans dif-férents plans, ce que nous avons déja démontré pour le cas où ces angles font dans le même plan.

Si les lignes AdD, AfF, &c au lieu de partir d'un même point A étoient paralleles, il eft clair que toutes les lignes dD, fF, gG, &c feroient égales entre elles, & les figures DFGEH, $dfgeh$ feroient égales & fem-blables.

De ce que les figures DFGEH, $dfgeh$ font fem-blables, il fuit que leurs furfaces font entre elles : : DF^2 : df^2 :: AD^2 : Ad^2 :: le quarré BA^2 de la diftance du point A au plan PQ eft au quarré bA^2 de la diftance du même point A au plan pq. Or le rapport de AB^2 à Ab^2 eft conftant pour un même point A. Donc quel que foit le nombre des droites AD, AF, &c, les furfaces des figures DFGEH, $dfgeh$ feront entre elles dans le rap-port conftant de AB^2 à Ab^2, & leurs périmetres feront aufi dans la raifon conftante de AB à Ab.

S'il y avoit un plus grand nombre de plans paralleles, ils auroient tous les mêmes propriétés.

TROISIEME PARTIE

DES ÉLÉMENTS DE GÉOMÉTRIE.

506. O n appelle *Solide* tout ce qui réunit les trois dimensions de l'étendue. Or pour former un solide, on peut supposer que plusieurs plans soient tellement unis par leurs angles, qu'ils enferment de tout côté un certain espace ; alors on aura un *Polyedre* dont les *faces* seront les plans qui concourent à le former, & dont les *angles solides* résulteront du concours des angles plans.

Si le polyedre n'a que quatre faces planes, on le nomme *Tetraedre.* S'il en a six, c'est un *Hexaedre*, &c, &c. Lorsque tous les angles d'un polyedre sont égaux, & que toutes ses faces sont des plans égaux & semblables, ce polyedre est régulier.

507. On mesure les angles solides en prenant la somme des angles plans qui les forment. L'angle solide B, par exemple, a pour mesure la somme des degrés des angles plans A B C, C B D, D B E, E B A.   85.

Or il est aisé de voir qu'il faut au moins trois angles plans pour former un angle solide, & que la somme de deux quelconques de ces angles est toujours plus grande que le troisieme.

508. D'où il suit qu'*un angle solide est moindre que* 360°. Car soit la *pyramide quadrangulaire* B A C D E, dont les faces sont les quatre triangles A B E, E B D, &c, & dont la base est le quadrilatere A C D E. Il est clair que les deux angles A E B + D E B sont plus grands que l'angle A E D avec lequel ils forment l'angle solide E ; donc leur supplément est moindre que celui de l'angle A E D. Par la même raison, le supplément des deux angles E A B + C A B est moindre que celui de l'angle C A E, & ainsi de suite. Donc la somme des suppléments des

V iij

huit angles inférieurs des faces de la pyramide, laquelle somme est l'angle solide B, est moindre que la somme des suppléments des quatre angles de la base, qui est de 360°. L'angle solide est donc moindre que 360°.

509. Et par conséquent, *il ne peut y avoir que cinq Polyedres réguliers, savoir, trois dont les faces soient des triangles équilatéraux; un dont les faces soient des quarrés, & un dont les faces soient des Pentagones réguliers.*

Car puisqu'il faut au moins trois angles pour former un angle solide, & qu'un angle solide ne peut être de 360 degrés, il est clair qu'il n'y a que cinq cas où on puisse faire un angle solide avec des plans de Polygones réguliers. 1°, L'angle d'un triangle équilatéral étant de 60 degrés, trois de ces angles font un angle solide de 180 degrés; & par conséquent quatre triangles de cette espece peuvent faire un *Tétraedre.* 2°, Quatre triangles équilatéraux joints ensemble, peuvent faire un angle solide de 240 degrés, & former un corps régulier à huit faces, appellé *Octaedre.* 3°, Cinq de ces triangles joints ensemble peuvent former un angle de 300°, & par conséquent on en peut compofer un corps régulier à 20 faces, appellé *Icofaedre*; mais six triangles équilatéraux joints ensemble feroient 360°. 4°, Chaque angle d'un quarré valant 90°, trois de ces angles feront un angle solide de 270, & par conféquent on en pourra compofer un corps régulier à fix faces, appellé *Hexaedre*; mais quatre de ces angles feroient 360°, ce qui ne peut faire un angle folide. 5°. Chaque angle du Pentagone régulier valant 108°, trois de ces angles joints enfemble pourront faire un angle folide de 324°; & on en pourra faire un corps régulier à douze faces, appellé *Dodécaedre*; mais fi on joignoit quatre de ces angles, on auroit 432°, angle folide impofsible. Enfin l'angle de l'hexagone régulier étant de 120°, fi on en ajoute trois enfemble, la fomme 360° montre qu'on ne peut faire d'angles folides, ni par conféquent de corps régulier avec des hexagones, & à plus forte raifon n'en pourra-t-on pas faire avec des *Heptagones*, des *Octogones*, &c; donc il ne peut y avoir que cinq corps réguliers.

510. Comme il faut au moins trois angles plans pour former un angle folide, & qu'alors même ces angles laiffent un vuide à la bafe, il faut un autre plan pour le fermer C'eft pourquoi de tous les polyedres, le plus fimple eft la pyramide triangulaire, ou le tétraedre.

Si au lieu d'un triangle ou d'un quadrilatere, on fuppofe que la bafe d'une pyramide eft un polygone d'un plus grand nombre de côtés, les faces de cette pyramide fe multiplieront dans le même rapport, jufqu'à ce que la

baſe étant devenue un cercle, la pyramide alors devienne FIG.
un *Cône*.

Si la perpendiculaire abaiſſée du ſommet de la pyramide ſur ſa baſe paſſe par le centre de cette baſe, la
pyramide eſt *droite*. Il en eſt de même pour le cône:
on l'appelle *droit* ou *oblique*, ſelon que la perpendicu- 86.
laire, menée de ſon ſommet paſſe ou ne paſſe point
par le centre de ſa baſe.

511. Autre maniere de concevoir la formation des
ſolides. Si la baſe A D H C monte parallelement à elle- 87.
même le long de G D ou A B, la ſomme de tous les
éléments égaux à cette baſe forme un ſolide que l'on appelle *Priſme*. Il eſt droit ou oblique, ſuivant que D G
eſt perpendiculaire ou incliné ſur la baſe.

*Le priſme eſt donc un ſolide terminé par des baſes égales
& paralleles, & par des faces qui ſont des parallélogrammes.*
Sa groſſeur eſt donc uniforme. On l'appelle priſme triangulaire, lorſque le polygone générateur eſt un triangle; priſme
quadrangulaire, lorſqu'il a pour baſe un quadrilatere: & 91.
ſi ce quadrilatere eſt un parallélogramme, le priſme alors
ſe nomme *Parallelepipede*.

Ce ſera un parallelepipede rectangle, toutes les fois
que la baſe ſera un rectangle, & que de plus la ligne 87.
le long de laquelle ſe fait le mouvement ſera perpendiculaire à cette baſe.

Si la baſe étoit un quarré, dont le côté fût égal à la
ligne de hauteur, le priſme engendré par ſon mouvement ſeroit un hexaedre régulier, que l'on appelle auſſi
cube. Le cube eſt donc un priſme à ſix faces toutes égales 96.
& toutes quarrées. Un dez à jouer, par exemple, eſt un
cube.

Lorſque le polygone générateur eſt un cercle, le priſme
devient rond, & on l'appelle *cylindre*. Il eſt droit ou
oblique ſelon la poſition de la ligne de mouvement ou
de ſes côtés par rapport à la baſe.

512. Troiſieme maniere de former des ſolides. Si autour d'une ligne immobile C A, on fait tourner une figure 90.

V iv

FIG. quelconque AFBC, elle engendrera un solide, appellé *solide de révolution.* Son *axe* est la ligne immobile CA.

Il suit de cette description qu'un point quelconque B de cette figure trace dans son mouvement la circonférence d'un cercle dont le rayon BP est perpendiculaire à l'axe, & dont le centre est P : ce qui fait voir que *toutes les sections faites dans un solide de révolution par des plans perpendiculaires à son axe sont des cercles.*

88.
86.
Si le polygone générateur est un rectangle, il engendrera un cylindre droit. Si ce n'est qu'un triangle rectangle, le solide de révolution sera un cône droit. Si c'est la moitié d'un polygone d'un grand nombre de côtés, elle produira un *sphéroïde.* Enfin le solide de révolution sera une *sphere,* si le demi-polygone qui l'engendre est un demi cercle.

513. *La Sphere est donc un solide tel que tous les points de sa surface sont également éloignés d'un point en dedans que l'on nomme centre.* D'où il suit que toute ligne droite qui passe par son centre, & qui est terminée de part & d'autre à sa surface, est égale à son axe.

On peut donc prendre pour axe de la sphere toute droite qui passe par son centre, & qui aboutit des deux côtés à sa surface. Donc toutes les sections faites dans une sphere par des plans qui passent par son centre, sont des cercles égaux.

514. En général, si on coupe une sphere par un plan quelconque, la section sera toujours un cercle. Car si du centre de la sphere on mene un diametre perpendiculaire au plan coupant, on pourra regarder ce diametre comme l'axe, autour duquel la sphere a été engendrée. Or dans ce cas la section est un cercle (512).

On appelle *grands cercles* d'une sphere tous ceux dont les plans passent par son centre. On appelle *petits cercles* ceux dont les plans passent au-dessus ou au-dessous du centre, & il est évident que plus ces cercles en sont éloignés, plus ils sont petits.

De la mesure des Surfaces des Solides.

515. N o u s appellerons *surface latérale*, ou fimplement furface d'un folide celle de fes faces, fans y comprendre celle des bafes, & nous appellerons *surface totale* d'un folide celle de fes bafes & de fes faces.

Un polyedre étant terminé par des faces planes, il eft aifé d'en avoir la furface. C'eft pourquoi nous ne nous y arrêterons pas.

516. La furface d'un prifme quelconque eft égale à la longueur BC multipliée par le contour GIH de la fection faite dans ce prifme par un plan perpendiculaire à BC.

Car la furface du parallélogramme $BCED = DE \times GI = BC \times GI \ldots$ La furface du parallélogramme $ABCF = BC \times IH$; enfin celle du parallélogramme $AFDE = AF \times GH = BC \times GH$. Donc la fomme de tous ces parallélogrammes, ou la furface du prifme $= BC \times GIH$.

517. De-là il fuit que *la furface d'un prifme droit, & par conféquent celle d'un cylindre droit, eft égale au produit du contour de fa bafe par fa hauteur, ou par la diftance de fes bafes paralleles.*

La furface du cylindre oblique ABCD eft donc auffi égale à fa longueur AB multipliée par le contour GMIMG de la fection faite par un plan perpendiculaire à AB.

Or il eft aifé de s'affurer que cette fection eft une ellipfe; en effet par un point quelconque P de l'axe GI, faifons paffer un plan parallele à la bafe du cylindre, fon interfection avec la furface courbe fera un cercle, & fon interfection avec le plan GMI fera la droite MPM perpendiculaire à l'axe GI. Cela pofé, foit $GP = x$, $PM = y$, $LP = z$, $GI = a$, $LK = BC = AD = b$. On aura par la propriété du cercle, $yy = bz - zz$, & à caufe des triangles femblables LPG, PKI, $z = \dfrac{bx}{a}$. Donc $yy = \dfrac{bb}{aa}(ax - xx)$ équation à l'ellipfe, dont le grand axe eft b & dont le petit axe eft a. *Voyez* les Sections coniques.

518. La furface d'une pyramide réguliere eft égale à la moitié du périmetre du polygone qui lui fert de bafe, multipliée par la perpendiculaire menée de fon fommet fur

l'un quelconque des côtés de la bafe, & que l'on nomme *Apothême*. Cela eft trop évident pour avoir befoin de démonftration.

Il fuit de là que la furface du cône droit eft égale au produit de la demi-circonférence de fa bafe par fon apothême ou par la diftance de fon fommet à l'un quelconque des points de fa bafe.

92.   519. Suppofons le cône droit ABC coupé par un plan DE parallele à fa bafe AC, & propofons-nous de mefurer la furface du *cône tronqué* $ACED$.

Soit $AC = a$, $DE = b$, EC refte de l'apothême $BC = d$; $BE = x$, on aura $x + d : a :: x : b$; d'où $x = \frac{bd}{a-b}$. Soit exprimé par $1 : \pi$ le rapport du diamètre à la circonférence, on aura $b\pi$ & $a\pi$, pour les circonférences des bafes DE & AC. Donc $BC \times \frac{a\pi}{2}$ & $BE \times \frac{b\pi}{2}$ feront les furfaces des cônes droits ABC, BDE; & par conféquent leur différence, ou la furface du cône tronqué $= (x + d)\frac{a\pi}{2} - x \times \frac{b\pi}{2} = d \times \frac{\pi}{2}(a + b)$. Or $\frac{\pi}{2}(a + b)$ eft la circonférence du cercle qui tient le milieu entre les bafes DE & AC. Donc *la furface du cône tronqué eft égale au produit de ce qui refte de l'apothême, par la circonférence moyenne proportionelle arithmétique entre celles des bafes fupérieure & inférieure.*

93.   520. Imaginons maintenant que le demi-polygone régulier SAN tourne autour de l'axe SN qui paffe par fon centre C, & cherchons la furface du fphéroïde que ce demi-polygone engendre par fa révolution.

Il faut d'abord obferver qu'il y a deux côtés dans ce polygone qui décrivent des cônes : ce font les côtés BS & IN. Le feul côté AE décrit un cylindre : tous les autres, comme BA & IE décrivent des cônes tronqués. Or il fuit de ce qui précede que la furface de l'un quelconque de ces cônes tronqués eft égale au produit du côté générateur

(AB, par exemple), par la circonférence du cercle que FIG.
décrit le milieu M de ce côté. 93.

Cela posé, soit CM le rayon du cercle inscrit dans
le polygone donné, & soient menées les perpendiculaires
BQ, MP, AR, sur l'axe SN, & soit mené BD parallelement à QR; les triangles rectangles ABD, CPM
sont semblables, puisqu'ils ont leurs côtés homologues
perpendiculaires. Donc AB : BD ou QR :: CM : PM ::
la circonférence qui a pour rayon CM : est à la circonférence qui a pour rayon PM :: *circ* CM : *circ* PM. Donc
AB × *circ* PM, ou la surface du cône tronqué décrit
par AB = QR × *circ* CM.

Par un raisonnement semblable, appliqué aux solides
décrits par les autres côtés du polygone, on prouve que
la surface du sphéroïde est égale à (SQ + QR + RK +
KL + LN) ou SN × *circ* CM. Donc *la surface d'un
sphéroïde quelconque est égale au produit de son axe par la
circonférence du cercle auquel il est circonscrit.*

Or la sphere peut être regardée comme un sphéroïde
d'une infinité de côtés. Donc *la surface de la sphere est
égale au produit de son axe par la circonférence de l'un
quelconque de ses grands cercles.*

Et la surface d'une calotte sphérique *produite par la ré-* 90.
volution du demi-segment BCP *est égale à l'épaisseur* CP
*de cette calotte, multipliée par la circonférence de l'un des
grands cercles de la sphere.*

521. Donc 1°, la surface de la sphere est quadruple
de celle de l'un quelconque de ses grands cercles, puisqu'un grand cercle n'a pour surface que la moitié de l'axe
multipliée par la demi-circonférence.

2°, La surface de la sphere est égale à la surface convexe du cylindre circonscrit, puisqu'elles ont toutes deux
pour mesure le produit de l'axe EK ou FA, par la
circonférence d'un des grands cercles de la sphere, ou par 94.
la circonférence qui a pour diamètre AB.

3°, La surface de la sphere est à la surface totale du
cylindre circonscrit :: 2 : 3. Car les deux bases du cylin-

dre font chacune égales à un grand cercle de la fphere.
Donc la furface de la fphere eft à la furface totale du
cylindre circonfcrit : : $1 : \frac{3}{2}$: : $2 : 3$.

522. Si on conçoit un *cône équilatéral* D I L circonfcrit à la fphere,
fa furface totale fera à celle de la fphere : : $9 : 4$.

Car foit S la furface d'un des grands cercles de la fphere, & a fon
diamètre, on aura I L $= a \sqrt{3}$, & A B² $(a^2) :$ I L² $(3a^2) :$: S : la
furface de la bafe du cône $= 3$ S. Or la furface du cône équilatéral

eft triple de celle de fa bafe, puifqu'elle eft égale à $\dfrac{I D}{2} \times$ *circ* I L $+$

$\dfrac{I L}{4} \times$ *circ* I L $= 3 \times \frac{1}{4}$ I L *circ* I L. Cette furface eft donc égale à

9 S. D'ailleurs la furface de la fphere eft 4 S. Donc &c.

Les furfaces totales de la fphere, du cylindre circonfcrit & du cône
équilatéral circonfcrit, font donc : : $4 : 6 : 9$. D'où il fuit que la
furface du cylindre circonfcrit eft moyenne proportionelle entre celle
de la fphere & celle du cône équilatéral circonfcrit ; on trouveroit de
la même maniere que la furface de la fphere eft à celle du cylindre
infcrit, eft à celle du cône équilatéral infcrit : : $16 : 12 : 9$. Donc la
furface totale du cylindre infcrit eft auffi moyenne proportionelle entre
celle de la fphere & celle du cône équilatéral infcrit.

523. La comparaifon des furfaces de deux folides quelconques eft fort aifée. Car appellant S & s ces furfaces,
A & B les facteurs de la premiere, a & b les facteurs
de la feconde, on aura toujours S : s : : A B : $a b$.

D'où il fuit 1°, que fi A $= a$, on aura S : s : : B : b. 2°,
que fi A : a : : b : B, on aura S $= s$. 3°, que fi A : a : : B :
b, on aura S : s : : A² : $a²$: : B² : $b²$. Ce dernier cas a lieu
dans les folides *femblables*. On appelle ainfi ceux dont
les dimenfions homologues font proportionelles. Les fphe-
res, par exemple, font des folides femblables. Ainfi leurs
furfaces font entre elles, comme les quarrés de leurs rayons,
ou de leurs diamètres, ou des circonférences de leurs grands
cercles, & en général, comme les quarrés de leurs dimenfions homologues.

De la mefure des Solides.

524. La folidité d'un corps eft la portion d'étendue
comprife entre fes faces. Ainfi deux cylindres de même

groffeur & de même hauteur ont une même folidité, de
quelque matiere qu'on les fuppofe, l'un de plomb maffif,
par exemple, l'autre de liége. Il ne faut donc pas confondre le *poids* d'un corps avec fa folidité.

525. On fait 1°, que pour mefurer la longueur des
lignes, on fe fert d'une mefure que l'on regarde comme
l'unité, & que cette mefure eft elle-même une ligne droite.
2°, Que pour mefurer les furfaces, on a recours auffi à
la plus fimple d'entre elles, qui eft le quarré, auquel
on rapporte toutes les autres comme à leur unité. Donc
pour mefurer les folidités, il n'y a qu'à voir quel eft le
folide le plus fimple, afin de le prendre pour l'unité commune à tous.

Or le plus fimple des folides eft celui dont les trois
dimenfions font égales, & dont chacune eft égale à l'unité.
C'eft donc le cube qui eft la mefure la plus naturelle des
folidités. Auffi dit-on indifféremment la *cubature* ou la
folidité d'un corps.

La recherche de la folidité d'un corps fe réduit donc
à trouver le nombre de fois qu'un cube d'une grandeur
déterminée, que l'on prend alors pour l'unité de folidité,
eft contenu dans ce corps. Si l'on veut, par exemple, ef-
timer un folide en pieds cubes, on imaginera un autre
folide plus petit, dont la longueur, la largeur, & l'épaif-
feur foient chacune d'un pied ; ce fera un pied cube, ou
l'unité à laquelle il n'y aura plus qu'à rapporter le folide
propofé, pour favoir combien de fois il la contient.

526. Cela pofé, cherchons la folidité d'un cube autre
que celui que l'on prend pour l'unité.

Je fuppofe que le cube à mefurer foit A B C D F,
& que celui que l'on veut prendre pour fa mefure foit
$a\,b\,c\,d\,f$; il eft clair 1°, que l'on pourra mettre fur la
bafe A B C D un nombre de ces petits cubes exprimé
par $\dfrac{ABCD}{abcd} = \dfrac{AB^2}{ab^2}$; 2°, qu'il y aura dans le grand cube

autant de tranches compofées d'un nombre $\dfrac{AB^2}{ab^2}$ de petits cubes, qu'on pourra en mettre fur la hauteur A E ; 3°, que le nombre de ces tranches fera $\frac{AE}{ae}$. Il y aura donc dans le cube A B C D F un nombre de petits cubes $abcdf$, repréfenté par $\frac{AB^2}{ab^2} \times \frac{AE}{ae} = \frac{AB^3}{ab^3}$; & puifque $ab = 1$, l'expreffion de la folidité du grand cube fera fimplement A B³.

Donc la mefure de la folidité d'un cube eft le produit de l'unité de folidité par la troifieme puiffance d'une quelconque de fes dimenfions. *Un pied cube*, par exemple, *contient* 1728 *pouces cubes*; une *toife cube* = 216 *pieds cubes* = 216 × 1728 *pouces cubes*; &c.

Propofons-nous maintenant de mefurer la folidité d'un parallelepipede rectangle H D M P I.

96.   Pour cet effet, je fuppofe que fur le plus grand côté D I de ce parallelepipede, on ait conftruit le cube ABCDF; il eft clair 1°, que ce cube doit contenir le parallelepipede propofé, autant de fois que fa bafe contient celle du parallelepipede; 2°, que ce nombre de fois eft exprimé par $\frac{ABCD}{HDMP} = \frac{DI^2}{HDMP}$; 3°, que la folidité du cube doit être égale à celle du parallelepipede, prife ce nombre de fois. Appellant donc x la folidité du parallelepipede, on aura $x . \frac{DI^2}{HDMP} = DI^3$; d'où $x = DI \times HDMP = DI \times DH \times DM =$ le produit de la furface de fa bafe par fa hauteur.

527. Il fuit de-là que *la folidité d'un prifme quelconque, droit ou oblique, eft égale au produit de fa bafe, par la perpendiculaire abaiffée d'un des points de la bafe fupérieure fur la bafe inférieure, prolongée s'il eft néceffaire.*

97.   Car foit le prifme A B C D E F, droit ou oblique, il n'importe. On peut réduire fa bafe à celle d'un rectangle $abcd$, fur lequel on peut former un parallelepipede rectangle $abcdf$ dont la hauteur foit égale à la hauteur G O du prifme. On peut auffi divifer ces deux folides

par des plans paralleles à leurs bafes, & former ainfi des
fections I K L M N, *i k l m* qui feront toutes égales aux
bafes & par conféquent égales entre elles. Or ces fections
auront toujours la même propriété, à quelque point de
hauteur qu'on les faffe, & leur fomme eft égale dans
les deux folides. Donc la folidité du prifme eft égale à
celle du parallelepipede; elle s'eftime donc en multipliant
la furface de fa bafe par fa hauteur.

Le cercle pouvant être regardé comme un polygone
d'une infinité de côtés, le cylindre peut être regardé auffi
comme un prifme dont la bafe eft un cercle; ainfi la
mefure de la folidité d'un cylindre eft toujours le produit de fa bafe par fa hauteur.

528. Soient à préfent deux pyramides S A B C D E,
s a b c, dont les hauteurs S F, *sf* foient égales; fi l'on
coupe ces pyramides par un plan parallele à celui de leurs
bafes, les fections feront deux polygones I K L M N, *i k l*
également éloignés des fommets S, *s*. On aura donc (505)
$SF^2 : SP^2 :: ABCDE : IKLMN :: sf^2 : sp^2 :: abc :
ikl$; d'où l'on tire $ABCDE : abc :: IKLMN : ikl$;
& par conféquent la fomme de tous les élémens IKLMN,
ou la folidité de la premiere pyramide, eft à la fomme
de tous les *i k l*, ou à la folidité de la feconde, comme
la bafe ABCDE eft à la bafe *a b c*.

Cela pofé, foient deux pyramides d'une même hauteur
a, & appellons X la folidité de la premiere, B fa bafe;
x la folidité de la feconde, *b* fa bafe: nous aurons $X : x$
$:: B : b$, & par conféquent $X = \dfrac{B}{b} x$; ce qui fait voir
que la folidité d'une feule pyramide une fois connue, on
aura immédiatement celle de toutes les autres pyramides
qui auront la même hauteur. Cherchons donc à connoître
la folidité d'une pyramide de hauteur donnée.

529. Je me repréfente un cube comme formé par l'af-
femblage de fix pyramides égales, qui toutes vont fe
réunir par leur fommet au centre du cube, & qui ont
chacune pour bafe une de fes faces. La hauteur de ces

pyramides fera donc égale à la moitié de la hauteur du cube ; de maniere que fi la hauteur du cube eft $2a$, j'aurai $8a^3$ pour l'expreffion de fa folidité, & par conféquent $\frac{8a^3}{6}$, ou $\frac{4a^3}{3}$, pour l'expreffion de la folidité x de chacune de ces pyramides. D'ailleurs leur bafe $b = 4a^2$; donc la formule $X = \frac{B}{b}x$, devient $X = \frac{1}{3}aB$; c'eft-à-dire que *la folidité d'une pyramide quelconque eft égale au tiers du produit de fa bafe par fa hauteur.*

Donc $1°$, la pyramide eft le tiers du prifme de même bafe & de même hauteur ; $2°$, la folidité du cône eft auffi le tiers de celle du cylindre qui lui eft circonfcrit.

530. Pour trouver celle du cône tronqué $ADEC$, menons la perpendiculaire BF fur fes bafes, & fuppofons $AC = a$, $DE = b$, $GF = d$, le rapport du diamètre à la circonférence $= 1 : \pi$, & la partie $BG = x$. Nous aurons donc, $x : x + d :: b : a$. D'où $x = \frac{db}{a-b}$. Or les furfaces des cercles qui ont DE & AC pour diamètres, font exprimées par $\frac{b^2\pi}{4}$ & $\frac{a^2\pi}{4}$. Donc les folidités des cônes ABC & BDE font $(x+d)\frac{a^2\pi}{3.4}$ & $\frac{b^2\pi x}{3.4}$; & par conféquent leur différence ou la folidité du cône tronqué $ACDE = \frac{\pi}{3.4}((a^2-b^2)x + a^2d) = \frac{\pi d}{3.4}(a^2 + b^2 + ab)$, en mettant pour x fa valeur $\frac{bd}{a-b}$.

531. Pour mefurer la folidité d'un polyedre, on le divifera en pyramides dont on calculera féparément la folidité. Leur fomme fera celle du polyedre propofé. Si ce polyedre eft régulier, on multipliera le rayon de la fphere à laquelle on peut le concevoir circonfcrit, par le tiers de fa furface, & on aura fa folidité. Car on peut concevoir que du centre de la fphere infcrite on ait mené à tous les angles du polyedre des droites qui le divifent en autant de pyramides égales qu'il a de faces. Or la
folidité

solidité de l'une quelconque de ces pyramides est égale
au tiers de sa base qui est une des faces du polyedre,
multipliée par la perpendiculaire menée de son centre
sur cette face, c'est à-dire, par le rayon de la sphere
inscrite.

532. A l'égard de la sphere même, sa solidité est égale
au tiers de sa surface multipliée par son rayon.

Car on peut concevoir la sphere divisée en un nombre infini de petites pyramides, qui ont toutes pour sommet le centre même de cette sphere, & pour base une
portion infiniment petite de sa surface. Or la solidité de
l'une de ces pyramides est égale au produit du rayon par
le tiers de la portion infiniment petite de la surface de
la sphere, qui lui sert de base. Donc la somme de toutes
ces petites pyramides, ou *la solidité de la sphere est égale au
produit de son rayon par le tiers de sa surface.*

533. Soit s la surface d'un des grands cercles de la
sphere & a son rayon, sa solidité sera $\frac{4}{3} a s$. Or le cylindre circonscrit à la sphere a pour solidité $2 a s$. Donc
la solidité de la sphere est à celle du cylindre circonscrit
$: : \frac{4}{3} a s : 2 a s : : 2 : 3$. Archimede qui le premier dé-
couvrit ce rapport, fut frappé de son identité avec celui
des surfaces des mêmes solides.

La surface de la base du cône équilatéral étant $3 s$, & sa hauteur $3 a$,
sa solidité est $3 a s$. Donc la sphere est au cône équilatéral $: : 4 : 9$,
rapport qui est encore le même que celui de leurs surfaces.

Si l'on conçoit un cône A E B qui ait même hauteur
que le cylindre circonscrit à la sphere, la soildité de ce
cône sera le tiers de celle du cylindre. D'où il suit que
le cylindre, la sphere & le cône sont alors $: : 3 : 2 : 1$.

534. Supposons maintenant qu'un secteur circulaire BCD
tourne autour du rayon DC; il décrira un secteur sphérique
BCDM: or pour mesurer la solidité de ce secteur, soit BD
$= a$, $x = $ CP, qui est l'épaisseur de la *Calotte* BCM, soit
$1 : \pi$ le rapport du diamètre à la circonférence. On aura
$2 a \pi$ pour la circonférence d'un des grands cercles de
la sphere, & $2 a \pi x$ sera la surface décrite par B C. Donc

X

FIG. la solidité du secteur sphérique $BCDM = \dfrac{2\,a^2\,\pi\,x}{3}$. D'où
l'on voit que dans la même sphere, les secteurs sphéri-
ques sont entre eux, comme les épaisseurs des calottes
sur lesquelles ils sont appuyés.

535. A l'égard de la calotte décrite par le demi-segment BCP, sa solidité est égale à celle du secteur sphérique BCMP moins celle du cône droit décrit par le
triangle BPD. Or il est aisé de trouver que ce cône a
pour solidité $\dfrac{\pi}{3}\,(2\,ax - xx)\,(a - x)$; donc une calotte sphérique dont l'épaisseur est x, a pour expression
de sa solidité $\dfrac{\pi}{3}\,[\,2\,a^2\,x - (2\,ax - xx)\,(a - x)\,] = \pi x^2$
$(a - \tfrac{1}{3}\,x)$.

536. De cette derniere expression on déduit facilement celle de la
solidité de la portion sphérique engendrée par la révolution du trapeze
circulaire DPBF; car en nommant ζ son épaisseur DP, on a tout
de suite $\pi\,(aa\,\zeta - \tfrac{1}{3}\,\zeta^3)$ pour sa solidité. On trouve de même qu'en
nommant u l'épaisseur DQ, la portion sphérique décrite par le tra-
peze DQNF a pour expression $\pi\,(aau - \tfrac{1}{3}\,u^3)$.

Il n'est donc pas difficile de connoître la solidité de la *Zone* engen-
drée par le trapeze QPBN. Son expression est $\pi\,(aa \times \overline{\zeta - u} + \dfrac{u^3 - \zeta^3}{3})$.

Or appellant g son épaisseur PQ, y son plus grand rayon, ou la plus
grande ordonnée NQ, y' la plus petite BP, on a $\zeta = u + g$; ce
qui donne d'abord pour sa solidité, $\pi g\,(aa - uu - gu - \tfrac{1}{3}\,gg)$;
on a ensuite $yy = aa - uu$; d'où $yy + uu = aa = y'y' + uu + 2gu$
$+ gg$. Donc $gu = \dfrac{yy - y'y' - gg}{2}$; & par conséquent la solidité

d'une zone quelconque $= \pi g\,(\dfrac{yy + y'y' + gg}{2} - \dfrac{gg}{3}) = \dfrac{\pi g}{6}$
$(3yy + 3y'y' + gg)$. Ainsi quand même on ne connoîtroit pas le
rayon de la sphere dont cette zone fait partie, on n'en détermineroit
pas moins sa solidité.

537. Maintenant pour comparer deux solides ensemble, appellons S la solidité du premier, & A, B, C, ses
trois facteurs; s la solidité du second, a, b, c ses facteurs. Nous aurons donc $S : s :: ABC : abc$. D'où il suit
1°, que si $A = a$, $S : s :: BC : bc$. 2°, Que lorsque A :

$a :: bc : BC$, on a $S = s$. 3°, Que dans les solides semblables, $S : s :: A^3 : a^3 :: B^3 : b^3 :: C^3 : c^3$; ensor , par
exemple, que *les solidités des spheres sont entre elles comme
les cubes de leurs rayons, ou de leurs diamètres, ou de leurs
dimensions homologues quelconques.*

Il suit de là que les solidités des spheres sont proportionelles aux cubes de leurs rayons, tandis que les surfaces
des cercles sont proportionelles aux quarrés des rayons,
& que les circonférences suivent le rapport simple des
rayons.

APPLICATION DES PRINCIPES

DE GÉOMÉTRIE ET D'ALGEBRE

Au Calcul des Sinus et a la Trigonométrie.

Il étoit naturel de chercher à réduire toutes les figures rectilignes au triangle, parce que le triangle est la plus simple de toutes ces figures. Aussi voyons-nous que les anciens Géomètres avoient déja ramené l'arpentage à ce point de simplicité : ils partageoient en triangles les terreins qu'ils avoient à mesurer. De là vient le nom de *Trigonométrie* à la science qui apprend à *résoudre* les Triangles.

Quand ils sont formés par des lignes droites, on l'appelle *Trigonométrie rectiligne*. Quand ces triangles sont formés par des arcs de cercle, on l'appelle *Trigonométrie sphérique*. L'une & l'autre *Trigonométrie* sont d'une grande utilité : mais pour être en état d'en juger, il faut commencer par se rendre familière la théorie des *Sinus*.

Du Calcul des Sinus.

538. On appelle *Sinus* d'un arc ou d'un angle, toute ligne qui partant d'une des deux extrémités de cet arc ou de cet angle, tombe perpendiculairement sur le rayon ou le diamètre qui passe par l'autre extrémité. Ainsi la perpendiculaire B D, menée de l'extrémité B de l'arc B A, sur le rayon C A, qui passe par l'autre extrémité A, se nomme le *sinus* de l'arc A B, ou de l'angle A C B que cet arc mesure.

99

539. Si EB est le complément de l'arc BA, son sinus GB est le sinus de complément, ou le *cosinus* de l'arc AB. Or il est clair que CD = BG, & que BD = GC.

540. La perpendiculaire AT menée par le point A sur le rayon CA jusqu'à la rencontre du rayon CB prolongé, se nomme la *tangente* de l'arc AB, & CT en est la *sécante*. De même la tangente EM de l'arc EB est la tangente de complément, ou la *cotangente* de l'arc AB, & CM en est la *cosécante*.

On nomme encore *sinus verse* & *cosinus verse* les lignes AD, EG; mais on s'en sert rarement.

Pour abréger, nous écrirons *sin*, *cos*, *tang*, *cot*, *sec*, *cosec*, *sin v*, *cos v*, au lieu de sinus, cosinus, tangente, cotangente, sécante, cosécante, sinus verse & cosinus verse.

541. Il suit de la définition des sinus, que *le sinus d'un arc quelconque est la moitié de la corde d'un arc double*. Car si on prolonge BD jusqu'en F, BD sera la moitié de BF, corde du double de l'arc BA.

Et c'est de là, pour le dire en passant, que vient probablement la dénomination des sinus : car autrefois les cordes d'un cercle s'appelloient *inscriptæ*, & leurs moitiés, ou *semisses inscriptæ*, se désignoient par S. *ins*. On finit donc par prononcer *sinus* dans un temps, où la plupart des mots se terminoient en *us*.

De ce que le sinus d'un arc est la moitié de la corde qui soûtend un arc double, il suit évidemment que *le sinus d'un arc de 30° est la moitié du rayon* (420).

542. La définition des sinus fait voir avec la même clarté, que le sinus d'un angle aigu quelconque, BCA est le même que celui de l'angle obtus *a* CB, qui lui sert de supplément.

543. Quant au cosinus d'un angle obtus, il est toujours négatif. Il en est de même de sa tangente, cotangente, sécante, &c.

544. On voit bien que les sinus croissent depuis 0°, auquel cas leur cosinus est égal au rayon, jusqu'à 90°.

FIG. Alors le finus devient égal au rayon, & le cofinus s'évanouit.
Les finus croiffent enfuite depuis 90° jufqu'à 180°, où
ils deviennent nuls, pendant que leur cofinus devient
égal au rayon pris négativement.

545. On voit également que les tangentes & les fécantes
croiffent depuis 0, où la tangente eft nulle, pendant que
la fécante eft égale au rayon, jufqu'à 90° où la tangente
& la fécante deviennent égales, paralleles & par conféquent infinies. La cotangente eft alors nulle, & la cofécante égale au rayon.

Depuis 90° jufqu'à 180°, elles décroiffent de plus en plus; mais
elles font négatives. Lorfqu'elles ont atteint 180°, la tangente s'évanouit, & la fécante devient égale au rayon pris négativement. Dans
ce même point la cotangente & la cofécante deviennent égales &
infinies négatives.

546. *La tangente de* 45° *eft égale au rayon*, ainfi que
99. la cotangente. Car alors les triangles rectangles C E M,
C T A deviennent égaux & ifofceles.

547. Cela pofé, foit l'arc B A $=$ A, le rayon C B $=$
C A $=$ 1 (fuppofition que nous ferons déformais, afin de
rendre le calcul plus facile), on aura, à caufe des triangles rectangles & femblables C B D, C G B, C T A, C E M,
les proportions & les équations fuivantes.

I. $CD^2 + BD^2 = CB^2$; ou $fin^2\,A + cof^2\,A = 1 =$
$fin^2\,B + cof^2\,B$ (B étant un autre arc quelconque). Donc
$fin\,A + fin\,B : cof\,B + cof\,A :: cof\,B - cof\,A : fin\,A -$
$fin\,B$.

II. $CT^2 - AT^2 = AC^2 \ldots fec^2\,A - tang^2\,A = 1$.

III. $CE^2 = CM^2 - EM^2 \ldots 1 = cofec^2\,A -$
$cot^2\,A = fec^2\,A - tang^2\,A$.

IV. $CD : BD :: CA : AT \ldots cof\,A : fin\,A :: 1 :$
$tang\,A$. Donc $fin\,A = cof\,A \times tang\,A \ldots cof\,A =$
$\dfrac{fin\,A}{tang\,A} \ldots tang\,A = \dfrac{fin\,A}{cof\,A}$.

V. $CB : BD :: CT : AT \ldots 1 : fin\,A :: fec\,A :$
$tang\,A$. Donc $fec\,A = \dfrac{tang\,A}{fin\,A} = \dfrac{1}{cof\,A}$.

VI. $CG : GB :: CE : EM \ldots fin\,A : cof\,A :: 1$

: $\cot A = \dfrac{\cos A}{\sin A} = \dfrac{1}{\tang A}$. Donc $\cot A \times \tang A = 1$.

548. Soit proposé maintenant de déterminer le sinus & le cosinus de la somme de deux arcs donnés AB & BE.

Je nomme s le sinus BD de l'arc $AB\ldots c$ son cosinus $CD\ldots s'$ le sinus EG de l'arc $CEB\ldots c'$ son cosinus $CG\ldots$ enfin x le cosinus cherché $CF = \cos (AB + BE)$, & y le sinus $EF = \sin (AB + BE)$.

Cela posé, à cause des triangles semblables CBD, CFH, EGH, on aura $CD\,(c) : CF\,(x) :: CB\,(1) :$ $CH = \dfrac{x}{c} :: BD\,(s) : FH = \dfrac{sx}{c}$.

Ensuite $CD\,(c) : EG\,(s') :: BD\,(s) : GH\,(c' - \dfrac{x}{c}) ::$ $CB\,(1) : EH\,(y - \dfrac{sx}{c})$. Donc $s's = cc' - x$, & $s' = cy - sx$.

La premiere équation donne $x = cc' - ss'$, & substituant cette valeur dans la seconde, on a, (en faisant attention que $1 - s^2 = c^2$), $y = sc' + s'c$. Donc en général a & b étant deux arcs quelconques, on a

$\Sin (a + b) = \sin a \cos b + \sin b \cos a$.
$\Cos (a + b) = \cos a \cos b - \sin a \sin b$.

549. Soit $a + b = c$, on aura
$\Sin c = \sin a \cos (c - a) + \cos a \sin (c - a)$.
$\Cos c = \cos a \cos (c - a) - \sin a \sin (c - a)$.

Or en traitant $\sin (c - a)$ & $\cos (c - a)$ comme des inconnues, on trouve $\sin (c - a) = \sin c \cos a - \sin a \cos c \ldots$ & $\cos (c - a) = \cos c \cos a + \sin a \sin c$. Donc en général.....

$\Sin (a - b) = \sin a \cos b - \sin b \cos a$.
$\Cos (a - b) = \cos a \cos b + \sin a \sin b$.

En faisant $a = b$, on a $\sin 2a = 2 \sin a \cos a$, & $\cos 2a = \cos^2 a - \sin^2 a = 2 \cos^2 a - 1$ (en mettant pour $\sin^2 a$, sa valeur $1 - \cos^2 a$). Il est donc bien facile d'avoir le sinus & le cosinus du double d'un arc dont on connoît déja le sinus & le cosinus.

X iv

On trouve avec la même facilité le finus & le cofinus de la moitié de cet arc. Car fi on fait $2a = c$, on aura $fin\ c = 2\ fin\ \frac{1}{2}\ c\ cof\ \frac{1}{2}\ c$, & $cof\ c + 1 = 2\ cof^2\ \frac{1}{2}\ c$. Donc $cof\ \frac{1}{2}\ c = V\ (\frac{1 + cof\ c}{2})$, & $\frac{fin\ c}{2\ cof\ \frac{1}{2}\ c}$, ou $fin\ \frac{1}{2}\ c = \frac{fin\ c}{V\ 2(1 + cof\ c)} = V\ (\frac{1 - cof^2\ c}{2(1 + cof\ c)}) = V\ (\frac{1 - cof\ c}{2})$.

Mais comme ces formules fuppofent que les finus & cofinus font déja connus, il faut, avant d'aller plus loin, apprendre à les connoître.

550. Et d'abord, il eft clair que fi on calcule les finus de tous les arcs compris dans un quart de cercle, depuis l'arc de $1''$ jufqu'à l'arc de $90°$, on connoîtra tous les finus, depuis celui de $1''$, jufqu'à celui de $180°$ (542). Or depuis $180°$ jufqu'à $360°$, les finus font les mêmes que depuis $0°$ jufqu'à 180, au figne près qui eft négatif. Donc *le calcul des finus fe réduit à celui des finus d'un quart de cercle.*

Il eft clair enfuite que les cofinus peuvent aifément fe déterminer par la formule .... , $cof\ a = V\ (1 - fin^2\ a)$. Occupons-nous donc feulement du calcul des finus.

On fait (485) que le rayon étant 1, l'arc de $90°$ eft repréfenté par $1,5707963267948 96$, &c ; donc l'arc de $1''$ eft de $0,000004848$ &c parties du rayon ; & comme un arc auffi petit ne differe pas fenfiblement de fon finus, on a pris $0,000004848$ &c, pour finus de l'arc de $1''$. On a doublé, triplé cette fraction, & on a eu les finus de $2''$, de $3''$, &c.

On auroit pu calculer le finus de $2''$, puis celui de $3''$ &c, par les formules $fin\ 2a = 2\ fin\ a\ cof\ a$, & $fin\ (a + b) = fin\ a\ cof\ b + fin\ b\ cof\ a$: mais on a trouvé que la différence entre des arcs auffi petits & leurs finus étoit trop infenfible, pour ne pas prendre chacun de ces arcs au lieu de fon finus refpectif.

En s'élevant ainfi des fecondes jufqu'aux minutes, & en continuant le calcul depuis les minutes jufqu'aux degrés, par le moyen des deux formules précédentes, on parvient au finus de $30°$. Ce finus devant être égal à la moitié du rayon, on peut vérifier par là les calculs antérieurs; & on fe trouve avoir tous les finus depuis celui d'une feconde jufqu'à celui de $30°$. Mais pour ne pas trop groffir le volume des Tables, on n'y fait entrer que les finus des minutes & des degrés.

551. Suppofons maintenant que $a = 30°$, on aura $fin\,(30° + b) = fin\,30°\,cof\,b + cof\,30°\,fin\,b$. Or $fin\,30° = \frac{1}{2}\ldots$ & $cof\,30° = V\,(1 - \frac{1}{4}) = \frac{1}{2}V\,3$. Donc $fin\,(30° + b) = \frac{1}{2}\,fin\,b\,V\,3 + \frac{1}{2}\,cof\,b \ldots$ & $fin\,(30° - b) = \frac{1}{2}\,cof\,b - \frac{1}{2}\,fin\,b\,V\,3$. Donc $fin\,(30° + b) = fin\,(30° - b) + fin\,b\,V\,3$. Il fuit de là que connoiffant tous les finus depuis $0°$ jufqu'à $30°$, on a facilement tous ceux qui font depuis $30°$ jufqu'à $60°$.

552. Cela pofé, foit $a = 60°$, on aura $fin\,(60° + b) = \frac{1}{2}\,cof\,b\,V\,3 + \frac{1}{2}\,fin\,b \ldots$ & $fin\,(60° - b) = \frac{1}{2}\,cof\,b\,V\,3 - \frac{1}{2}\,fin\,b$. Donc $fin\,(60° + b) = fin\,(60° - b) + fin\,b$. Par exemple, $fin\,66° = fin\,54° + fin\,6°$.

Connoiffant donc les finus des arcs qui font entre $30°$ & $60°$, on aura tout de fuite ceux qui font depuis $60°$ jufqu'à $90°$; ce qui complétera ce genre de calcul.

553. Reprenons les deux formules $\ldots fin\,(a + b) = fin\,a\,cof\,b + fin\,b\,cof\,a \ldots fin\,(a - b) = fin\,a\,cof\,b - fin\,b\,cof\,a$, & ajoutons-les enfemble; nous aurons

$$Sin\,a\,cof\,b = \tfrac{1}{2}\,fin\,(a + b) + \tfrac{1}{2}\,fin\,(a - b).$$

En fouftrayant la feconde de la premiere, nous trouverons $\ldots$

$$Sin\,b\,cof\,a = \tfrac{1}{2}\,fin\,(a + b) - \tfrac{1}{2}\,fin\,(a - b)$$

Faifant les mêmes opérations fur les deux autres formules $\ldots cof\,(a + b) = cof\,a\,cof\,b - fin\,a\,fin\,b \ldots cof\,(a - b) = cof\,a\,cof\,b + fin\,a\,fin\,b$,

on en déduira $\ldots$
$$Cof\,a\,cof\,b = \tfrac{1}{2}\,cof\,(a + b) + \tfrac{1}{2}\,cof\,(a + b)$$
$$Sin\,a\,fin\,b = \tfrac{1}{2}\,cof\,(a - b) - \tfrac{1}{2}\,cof\,(a + b)$$

Ces quatre dernieres formules font utiles quand on veut transformer des produits de finus en finus fimples. Les quatre fuivantes fervent à fubftituer à des fommes ou à des différences de sinus, des produits d'autres sinus ; afin que le calcul par logarithmes puisse s'y appliquer.

554. Soit $a + b = p \ldots a - b = q$, on aura $a = \dfrac{p+q}{2} \ldots b = \dfrac{p-q}{2}$. Donc . . . .

$$Sin\ p + \sin q = 2\sin \frac{p+q}{2}\ \cos \frac{p-q}{2}.$$

$$Sin\ p - \sin q = 2\sin \frac{p-q}{2}\ \cos \frac{p+q}{2}.$$

$$Cos\ p + \cos q = 2\cos \frac{p+q}{2}\ \cos \frac{p-q}{2}.$$

$$Cos\ q - \cos p = 2\sin \frac{p+q}{2}\ \sin \frac{p-q}{2}.$$

555. Supposons dans les deux premieres formules $p = 90°$, & dans les deux dernieres $q = 0$, nous aurons . . . .

$$1 + \sin q = 2\sin(45° + \tfrac{1}{2}q)\cos(45° - \tfrac{1}{2}q) = 2\sin^2(45° + \tfrac{1}{2}q).$$
$$1 - \sin q = 2\sin(45° - \tfrac{1}{2}q)\cos(45° + \tfrac{1}{2}q) = 2\sin^2(45° - \tfrac{1}{2}q).$$
$$= 2\cos^2(45° + \tfrac{1}{2}q) = \cos v.\ q.$$
$$1 + \cos p = 2\cos^2 \tfrac{1}{2}p.$$
$$1 - \cos p = 2\sin^2 \tfrac{1}{2}p = \sin v.\ p.$$

556. Divisons maintenant les formules du n° 554, les unes par les autres, nous aurons . . . . . .

$$\frac{\sin p + \sin q}{\sin p - \sin q} = \frac{\sin \frac{p+q}{2}}{\cos \frac{p+q}{2}} \times \frac{\cos \frac{p-q}{2}}{\sin \frac{p-q}{2}} = \tan g \frac{p+q}{2}\ \cot \frac{p-q}{2} =$$

$$\frac{\tan g \frac{p+q}{2}}{\tan g \frac{p-q}{2}}.$$

$$\frac{\sin p + \sin q}{\cos p + \cos q} = \tan g \frac{p+q}{2}. \qquad \frac{\sin p - \sin q}{\cos p + \cos q} = \tan g \frac{p-q}{2}.$$

$$\frac{\sin p + \sin q}{\cos q - \cos p} = \cot \frac{p-q}{2}. \qquad \frac{\sin p - \sin q}{\cos q - \cos p} = \cot \frac{p+q}{2}.$$

$$\frac{\cos p + \cos q}{\cos q - \cos p} = \cot \frac{p+q}{2} \; \cot \frac{p-q}{2} \, .$$

557. En divisant de même les unes par les autres, quelques-unes, des formules du n° 555, on trouve . . . . .

$$\frac{1 + \sin q}{1 - \sin q} = \frac{\sin^2 (45° + \tfrac{1}{2} q)}{\sin^2 (45° - \tfrac{1}{2} q)} = \frac{\sin^2 (45° + \tfrac{1}{2} q)}{\cos^2 (45° + \tfrac{1}{2} q)} = \tan g^2 (45° + \tfrac{1}{2} q).$$

$$\frac{1 + \cos p}{1 - \cos p} = \frac{\cos^2 \tfrac{1}{2} p}{\sin^2 \tfrac{1}{2} p} = \cot^2 \tfrac{1}{2} p.$$

$$\frac{1 + \sin q}{1 + \cos p} = \frac{\sin^2 (45° + \tfrac{1}{2} q)}{\cos^2 \tfrac{1}{2} p}.$$

$$\frac{1 - \sin q}{1 - \cos q} = \frac{\cos v. \, q}{\sin v. \, q} = \frac{\sin^0 (45° - \tfrac{1}{2} q)}{\sin^2 \tfrac{1}{2} q}.$$

558. Reprenons encore une fois les valeurs de $\sin (a + b)$ $\sin (a - b)$, $\cos (a + b)$, $\cos (a - b)$, nous en déduirons . . . . .

$$\frac{\sin (a+b)}{\sin (a-b)} = \frac{\sin a \cos b + \sin b \cos a}{\sin a \cos b - \sin b \cos a} = \frac{\dfrac{\sin a \cos b}{\sin a \sin b} + \dfrac{\sin b \cos a}{\sin a \sin b}}{\dfrac{\sin a \cos b}{\sin a \sin b} - \dfrac{\sin b \cos a}{\sin a \sin b}} =$$

$$\frac{\dfrac{\cos b}{\sin b} + \dfrac{\cos a}{\sin a}}{\dfrac{\cos b}{\sin b} - \dfrac{\cos a}{\sin a}} = \frac{\cot b + \cot a}{\cot b - \cot a} = \frac{\dfrac{1}{\tan g \, b} + \dfrac{1}{\tan g \, a}}{\dfrac{1}{\tan g \, b} - \dfrac{1}{\tan g \, a}} = \frac{\tan g \, a + \tan g \, b}{\tan g \, a - \tan g \, b}.$$

$$\frac{\sin (a+b)}{\cos (a-b)} = \frac{\sin a \cos b + \sin b \cos a}{\cos a \cos b + \sin a \sin b} = \frac{\dfrac{\cos b}{\sin b} + \dfrac{\cos a}{\sin a}}{\dfrac{\cos a \cos b}{\sin a \sin b} + 1} = \frac{\cot b + \cot a}{1 + \cot b \cot a} =$$

$$\frac{\tan g \, a + \tan g \, b}{1 + \tan g \, a \tan g \, b}.$$

$$\frac{\sin (a-b)}{\cos (a+b)} = \frac{\sin a \cos b - \sin b \cos a}{\cos a \cos b - \sin a \sin b} = \frac{\cot b - \cot a}{\cot b \cot a - 1} = \frac{\tan g \, a - \tan g \, b}{1 - \tan g \, a \tan g \, b}.$$

$$\frac{cof(a+b)}{cof(a-b)} = \frac{cofa\,cofb - fin\,a\,fin\,b}{cofa\,cofb + fin\,a\,fin\,b} = \frac{cot\,b - tang\,a}{cot\,b + tang\,a} = \frac{1 - tang\,a\,tang\,b}{1 + tang\,a\,tang\,b} =$$

$$\frac{cot\,a - tang\,b}{cot\,a + tang\,b}.$$

$$\frac{fin\,(a+b)}{cof(a+b)} = tang\,(a+b) = \frac{ang\,a + tang\,b}{1 - tang\,a\,tang\,b} = \frac{cot\,a + cot\,b}{cot\,a\,cot\,b - 1}.$$

Donc $cot\,(a+b) = \dfrac{1}{tang\,(a+b)} = \dfrac{1 - tang\,a\,tang\,b}{tang\,a + tang\,b} =$

$$\frac{cot\,a\,cot\,b - 1}{cot\,a + cot\,b}.$$

$$\frac{fin\,(a-b)}{cof(a-b)} = tang\,(a-b) = \frac{tang\,a - tang\,b}{1 + tang\,a\,tang\,b} = \frac{cot\,b - cot\,a}{cot\,b\,cot\,a + 1}.$$

Donc $cot\,(a-b) = \dfrac{1 + tang\,a\,tang\,b}{tang\,a - tang\,b} = \dfrac{cot\,b\,cot\,a + 1}{cot\,b - cot\,a}.$

559. Soit $a = 45°$; on aura $tang\,(45° + b) =$

$$\frac{1 + tang\,b}{1 - tang\,b} = \frac{cot\,b + 1}{cot\,b - 1}, \quad \& \; tang\,(45° - b) = \frac{1 - tang\,b}{1 + tang\,b} =$$

$$cot\,(45° + b) = \frac{cot\,b - 1}{cot\,b + 1}.$$

Si l'on fait $a = b = \frac{1}{2}c$, on aura $tang\,2a = \dfrac{2\,tang\,a}{1 - tang^2\,a}$,

ou $tang\,c = \dfrac{2\,tang\frac{1}{2}c}{1 - tang^2\frac{1}{2}c}$, $\& \; cot\,2a = \dfrac{1 - tang^2\,a}{2\,tang\,a} =$

$\frac{1}{2}cot\,a - \frac{1}{2}tang\,a$. Donc $cot\,c = \frac{1}{2}cot\,\frac{1}{2}c - \frac{1}{2}tang\,\frac{1}{2}c$, $\&$

$cot\,\frac{1}{2}c = 2\,cot\,c + tang\,\frac{1}{2}c$. Or (549) $tang\,\frac{1}{2}c =$

$$V.\left(\frac{1 - cof\,c}{1 + cof\,c}\right) = \frac{1 - cof\,c}{fin\,c}.$$

560. Puisque $fec\,a = \dfrac{1}{cof\,a}$, $\&$ $cofec\,a = \dfrac{1}{fin\,a}$, on a . . . .

$$Sec\,(a+b) = \frac{1}{cof\,a\,cof\,b - fin\,a\,fin\,b} = \frac{\frac{1}{cof\,a\,cof\,b}}{1 - \frac{fin\,a\,fin\,b}{cof\,a\,cof\,b}} = \frac{fec\,a\,fec\,b}{1 - tang\,a\,tang\,b} =$$

$$\frac{cofec\,a\,cofec\,b}{cot\,a\,cot\,b - 1}.$$

$$\operatorname{Sec}\,(a - b) = \frac{\operatorname{sec} a \operatorname{sec} b}{1 + \operatorname{tang} a \operatorname{tang} b}.$$

$$\operatorname{Cosec}\,(a + b) = \frac{\operatorname{cosec} a \operatorname{cosec} b}{\operatorname{cot} b + \operatorname{cot} a}.$$

$$\operatorname{Cosec}\,(a - b) = \frac{\operatorname{cosec} a \operatorname{cosec} b}{\operatorname{cot} b - \operatorname{cot} a}.$$

561. Soit $a = b$, on aura $\operatorname{cosec} 2 a = \dfrac{\operatorname{cosec}^2 a}{2 . \operatorname{cot} a} = \dfrac{1 + \operatorname{cot}^2 a}{2 \operatorname{cot} a} = \dfrac{\operatorname{cot} a + \operatorname{tang} a}{2}$. Dodc $\operatorname{cosec} a = \dfrac{\operatorname{cot} \frac{1}{2} a + \operatorname{tang} \frac{1}{2} a}{2}$. Or $\operatorname{cot} \frac{1}{2} a = 2 \operatorname{cot} a + \operatorname{tang} \frac{1}{2} a$ (559). Donc $\operatorname{cosec} a = \operatorname{cot} a + \operatorname{tang} \frac{1}{2} a = \dfrac{\operatorname{cot} \frac{1}{2} a + \operatorname{tang} \frac{1}{2} a}{2} = \operatorname{cot} \frac{1}{2} a - \operatorname{cot} a$, en mettant pour $\operatorname{tang} \frac{1}{2} a$ fa valeur $\operatorname{cot} \frac{1}{2} a - 2 \operatorname{cot} a$)

On a aussi $\operatorname{sec} 2 a = \dfrac{\operatorname{sec}^2 a}{1 - \operatorname{tang}^2 a} = \dfrac{1 + \operatorname{tang}^2 a}{1 - \operatorname{tang}^2 a} = \dfrac{(1 + \operatorname{tang} a)^2}{1 - \operatorname{tang}^2 a} - \dfrac{2 \operatorname{tang} a}{1 - \operatorname{tang}^2 a} = \dfrac{1 + \operatorname{tang} a}{1 - \operatorname{tang} a} - \dfrac{2 \operatorname{tang} a}{1 - \operatorname{tang}^2 a}$. Mais $\dfrac{1 + \operatorname{tang} a}{1 - \operatorname{tang} a} = \operatorname{tang} (45° + a)$, & $\dfrac{2 \operatorname{tang} a}{1 - \operatorname{tang}^2 a} = \operatorname{tang} 2 a$.

Donc $\operatorname{sec} 2 a = \operatorname{tang} (45° + a) - \operatorname{tang} 2 a$, & $\operatorname{sec} a = \operatorname{tang} (45° + \frac{1}{2} a) - \operatorname{tang} a = \operatorname{cot} (45° - \frac{1}{2} a) - \operatorname{tang} a$.

De ce que $\operatorname{sec} a = \dfrac{1}{\operatorname{cos} a}$, & que $\operatorname{cosec} a = \dfrac{1}{\operatorname{sin} a}$, on a $\operatorname{sec} a = \operatorname{tang} a \operatorname{cosec} a$; & en substituant toutes les valeurs de $\operatorname{cosec} a$ trouvées ci-dessus, on aura $\operatorname{sec} a = \dfrac{\operatorname{tang} a}{2} (\operatorname{cot} \frac{1}{2} a + \operatorname{tang} \frac{1}{2} a) = \operatorname{tang} a (\operatorname{cot} a + \operatorname{tang} \frac{1}{2} a) = 1 + \operatorname{tang} a \operatorname{tang} \frac{1}{2} a = \operatorname{tang} a (\operatorname{cot} \frac{1}{2} a - \operatorname{cot} a) = \operatorname{tang} a \operatorname{cot} \frac{1}{2} a - 1 = \dfrac{\operatorname{tang} a}{\operatorname{tang} \frac{1}{2} a} - 1$.

Au reste toutes ces formules peuvent être variées d'une infinité de manieres, en les ajoutant, souftrayant, divifant, &c. Mais il est inutile d'infifter sur une matiere aussi facile; voyez l'Introduction à l'analyse des Infinis par M. Euler.

Du Calcul des Tables de Sinus par les Séries.

Il eſt arrivé pour les Tables des Sinus, ce qui étoit déja arrivé pour les Tables des Logarithmes. Les premiers Calculateurs avoient fini depuis long temps leur travail, lorſqu'on imagina des moyens de le ſimplifier. Ces moyens cependant n'en ſont pas moins ingénieux, comme on peut en juger par celui que Jean Bernoulli propoſe dans le IIᵉ Volume de ſes Ouvrages. En voici à peu-près l'analyſe.

562. Si l'on remonte à la valeur de $tang\,(a+b)$, on en déduira facilement $tang\,(A+B+C) = \dfrac{tang\,(A+B)+tang\,C}{1-tang\,C\,tang\,(A+B)}$. Soient donc a, b, c les tangentes reſpectives des arcs A, B, C ; on aura $tang\,(A+B+C) = \dfrac{a+b+c-abc}{1-ab-ac-bc}$.

Pareillement ſi a, b, c, d ſont les tangentes reſpectives de quatre arcs A, B, C, D, on aura

$$tang\,(A+B+C+D) = \frac{a+b+c+d-abc-abd-acd-bcd}{1-ab-ac-ad-bc-bd-cd+abcd}.$$

D'où il ſuit, en général, que ſi l'on a un nombre quelconque d'arcs A, B, C, D, &c, on aura en nommant s la ſomme de leurs tangentes, s^{ii} leurs produits deux à deux, s^{iii} leurs produits trois à trois, &c) . . . . . .

$$Tang\,(A+B+C+D+\&c) = \frac{s-s^{\mathrm{iii}}+s^{\mathrm{v}}-s^{\mathrm{vii}}+\&c}{1-s^{\mathrm{ii}}+s^{\mathrm{iv}}-s^{\mathrm{vi}}+\&c}.$$

Suppoſons pour un moment que tous les arcs A, B, C, &c ſoient égaux ; ſi l'on nomme n leur nombre, $tang\,A$ la tangente de l'un quelconque de ces arcs, on aura (313)

$$s^{\mathrm{ii}} = \frac{n\,.\,n-1}{2}\,tang^2\,A \dots s^{\mathrm{iii}} = \frac{n\,.\,n-1\,.\,n-2}{2\,.\,3}\,tang^3\,A \dots$$

$$s^{\mathrm{iv}} = \frac{n\,.\,n-1\,.\,n-2\,.\,n-3}{2\,.\,3\,.\,4}\,tang^4\,A, \&c.$$

On a donc généralement . . . .

$$Tang\, n\, A = \cfrac{n\, tang\, A - \dfrac{n.n-1.n-2}{2.3}\, tang^3 A + \dfrac{n.n-1.n-2.n-3.n-4}{2.3.4.5}\, tang^5 A - \&c}{1 - \dfrac{n.n-1}{2}\, tang^2 A + \dfrac{n.n-1.n-2.n-3}{2.3.4}\, tang^4 A - \&c.} =$$

$$\cfrac{n\dfrac{sin\, A}{cos\, A} - \dfrac{n.n-1.n-2.sin^3 A}{2.3}\dfrac{}{cos^3 A} + \&c}{1 - \dfrac{n.n-1.sin^2 A}{2}\dfrac{}{cos^2 A} + \&c} =$$

$$\cfrac{n\, cos^{n-1} A\, sin\, A - \dfrac{n.n-1.n-2}{2.3}\, cos^{n-3} A\, sin^3 A + \&c}{cos^n A - \dfrac{n.n-1}{2}\, cos^{n-2} A\, sin^2 A + \dfrac{n.n-1.n-2.n-3}{2.3.4}\, cos^{n-4} A\, sin^4 A - \&c.}$$

Soit N le numérateur de cette derniere quantité, soit D le dénominateur ; on aura, en faisant le calcul . . . . .

$$N^2 + D^2 = cos^{2n} A + n\, cos^{2n-2} A\, sin^2 A + \frac{n.n-1}{2} cos^{2n-4} A\, sin^4 A + \ldots sin^{2n} A = (cos^2 A + sin^2 A)^n = 1.$$

Mais puisque d'un côté on a $N^2 + D^2 = 1$, & que de l'autre on a $\dfrac{N^2}{D^2} = tang^2 n\, A = \dfrac{sin^2 n\, A}{cos^2 n\, A}$, il est clair que $N = sin\, n\, A$, & que $D = cos\, n\, A$; on a donc en général . . . .

$$Sin\, n\, A = n\, cos^{n-1} A\, sin\, A - \frac{n.n-1.n-2}{2.3} cos^{n-3} A\, sin^3 A + \ldots$$

$$\frac{n.n-1.n-2.n-3.n-4}{2.3.4.5} cos^{n-5} A\, sin^5 A - \&c.$$

$$Cos\, n\, A = cos^n A - \frac{n.n-1}{2} cos^{n-2} A\, sin^2 A + \frac{n.n-1.n-2.n-3}{2.3.4}$$

$$cos^{n-4} A\, sin^4 A - \&c.$$

Supposons maintenant que l'arc A soit infiniment petit, ensorte qu'il faille que n soit infini pour que l'arc $n\, A$ soit d'une grandeur finie a, on aura, 1°. . . $sin\, A = A$, parce que l'arc infiniment petit ne diffère pas de son sinus.

On aura, 2°. . . . $c\, f\, A = 1$, parce que le cosinus d'un arc infiniment petit est égal au rayon. On aura, 3°. . . . $n - 1 = n = n - 2 = n - 3$ &c, parce que n est infini ; on aura enfin . . . $A = \dfrac{a}{n}$. Ces valeurs étant substituées dans les formules précédentes donnent . . . . . .

$$\mathrm{Sin}\, a = a - \frac{a^3}{2.3} + \frac{a^5}{2.3.4.5} - \frac{a^7}{2.3.4.5.6.7} + \frac{a^9}{2.3.4.5.6.7.8.9} - \&c.$$

$$\mathrm{Cof}\, a = 1 - \frac{a^2}{2} + \frac{a^4}{2.3.4} - \frac{a^6}{2.3.4.5.6} + \frac{a^8}{2.3.4.5.6.7.8} - \&c.$$

$$\frac{\mathrm{fin}\, a}{\mathrm{cof}\, a} = \mathrm{tang}\, a = \frac{a - \dfrac{a^3}{2.3} + \dfrac{a^5}{2.3.4.5} - \dfrac{a^7}{2.3.4.5.6.7} + \dfrac{a^9}{2.3.4.5.6.7.8.9} - \&c.}{1 - \dfrac{a^2}{2} + \dfrac{a^4}{2.3.4} - \dfrac{a^6}{2.3.4.5.6} + \dfrac{a^8}{2.3.4.5.6.7.8} - \&c.}$$

$$\frac{\mathrm{cof}\, a}{\mathrm{fin}\, a} = \mathrm{cot}\, a = \frac{1 - \dfrac{a^2}{2} + \dfrac{a^4}{2.3.4} - \dfrac{a^6}{2.3.4.5.6} + \&c.}{a - \dfrac{a^3}{2.3} + \dfrac{a^5}{2.3.4.5} - \dfrac{a^7}{2.3.4.5.6.7} + \&c.}$$

563. Soit maintenant l'arc a une partie quelconque $\frac{1}{m}$ de 90°; comme l'arc de 90° $= 1,570796326794896$, &c. . . . . on aura, en appellant c ce nombre . . . . . .

$$\mathrm{Sin}\, \frac{90°}{m} = \frac{c}{m} - \frac{c^3}{2.3.m^3} + \frac{c^5}{2.3.4.5.m^5} - \frac{c^7}{2.3.4.5.6.7.m^7} + \frac{c^9}{2.3\ldots 9.m^9} - \&c. =$$

Termes positifs.	Termes négatifs.
$\frac{1}{m}.\ 1,570796326794896$	$\frac{1}{m^3}.\ 0,645964097506246$
$\frac{1}{m^5}.\ 0,079692626246167$	$\frac{1}{m^7}.\ 0,004681754135318$
$\frac{1}{m^9}.\ 0,000160441184787$	$\frac{1}{m^{11}}.\ 0,000003598843235$
$\frac{1}{m^{13}}.\ 0,000000056921729$	$\frac{1}{m^{15}}.\ 0,000000000668803$
$\frac{1}{m^{17}}.\ 0,000000000006066$	$\frac{1}{m^{19}}.\ 0,000000000000043$
&c.	&c.

On aura de même la valeur d'un cofinus quelconque par la formule fuivante . . . .

$$\mathrm{cof}\, \frac{90°}{m} = 1 - \frac{c^2}{2m^2} + \frac{c^4}{2.3.4m^4} - \frac{c^6}{2.3.4.5.6m^6} + \&c.$$

qui en fubftituant les valeurs des puiffances de c, donne

TERMES POSITIFS.	TERMES NÉGATIFS.
$1 + \dfrac{1}{m^4}$. $\quad$ 0,253669507901048	$\dfrac{1}{m^2}$. $\quad$ 1,233700550136169
$\dfrac{1}{m^8}$. $\quad$ 0,000919260274839	$\dfrac{1}{m^6}$. $\quad$ 0,020863480763352
$\dfrac{1}{m^{12}}$. $\quad$ 0,000000471087477	$\dfrac{1}{m^{10}}$. $\quad$ 0,000025202042373
$\dfrac{1}{m^{16}}$. $\quad$ 0,000000000065659	$\dfrac{1}{m^{14}}$. $\quad$ 0,000000006386603
$\dfrac{1}{m^{20}}$. $\quad$ 0,000000000000003	$\dfrac{1}{m^{18}}$. $\quad$ 0,000000000000529
$\dfrac{1}{m^{24}}$. $\quad$ 0,000000000000000	$\dfrac{1}{m^{22}}$. $\quad$ 0,000000000000000
&c.	&c.

564. Il en est de même pour $tang\ \dfrac{90^\circ}{m}$, & pour $cot\ \dfrac{90^\circ}{m}$. On peut donc par le moyen de ces séries calculer les sinus & les tangentes de tous les arcs ; il n'y a qu'à substituer les valeurs convenables de m. Par exemple, pour calculer le sinus de l'arc de 30°, on fera $m = 3$, & on aura...

$$
\begin{aligned}
Sin\ 30^\circ = \ &0,523\ 598\ 775\ 598\ 299 \\
+\ &0,000\ 327\ 953\ 194\ 428 \\
+\ &0,000\ 000\ 008\ 151\ 256 \\
+\ &0,000\ 000\ 000\ 000\ 036 \\
\hline
+\ &0,523\ 926\ 736\ 944\ 019 \\
-\ &0,023\ 924\ 596\ 203\ 935 \\
-\ &0,000\ 002\ 140\ 719\ 769 \\
-\ &0,000\ 000\ 000\ 020\ 315 \\
\hline
-\ &0,023\ 926\ 736\ 944\ 019
\end{aligned}
$$

Donc $sin\ 30^\circ = 0 , 5$; comme on le sait d'ailleurs (541).

Au reste, comme il suffit de calculer les sinus jusqu'à 30° pour avoir tous les autres, la fraction $\dfrac{1}{m}$ sera toujours plus petite que $\frac{1}{3}$: ensorte que la série égale à sin

$\dfrac{90°}{m}$ fera très-convergente. Veut-on, par exemple, avoir le finus de 9°? On fera $m = 10$, & on trouvera aussi-tôt . . . . fin 9° = 0,156434465040231.

Si on propofoit de trouver le finus d'un arc d'un certain nombre de degrés, avec des minutes, des fecondes, &c; il eft clair qu'on pourroit le trouver par la même méthode.

565. Les finus que l'on a par ce calcul conviennent à un cercle dont le rayon = 1, & par conféquent pour avoir ceux qui conviendroient à un cercle dont le rayon feroit a, il faudroit multiplier les premieres par a.

Dans les Tables ordinaires, on fuppofe que le rayon = 10 000 000 000, & pour faciliter le calcul, on y a mis les logarithmes des finus, cofinus, tangentes, co-tangentes, depuis 1′ jufqu'à 90°, en exceptant ceux des arcs où il entre des fecondes, parce qu'il eft facile d'en trouver les finus, cofinus, &c, comme on peut le voir dans les Tables déja citées (290).

566. Quant aux fécantes & cofécantes, on n'en a point fait de Tables particulieres, parce que leur ufage eft peu fréquent, & qu'il eft aifé d'ailleurs de les calculer par le moyen des formules $fec\ a = \dfrac{1}{cof\ a}$, & $cofec\ a = \dfrac{1}{fin\ a}$, qui deviennent pour le rayon R des Tables, $fec\ a = \dfrac{R^2}{cof\ a}$, & $cofec\ a = \dfrac{R^2}{fin\ a}$; d'où l'on tire $Log.\ fec\ a = 2\ L\ R - L\ cof\ a = 20.0000000 - L\ cof\ a$, & $L\ cofec\ a = 20.0000000 - L\ fin\ a$.

567. Après avoir réfolu généralement ce problême : *étant donné un arc, trouver fon finus, fon cofinus, fa tangente, &c*, il nous refte à donner la folution du problême inverfe : *étant donné le finus, ou le cofinus, la tangente ou la cotangente d'un arc, trouver la longueur de cet arc.*

Si l'on donne le cofinus ou la cotangente, on a immédiate-ment le finus & la tangente. Ainfi le problême fe réduit à trou-ver la longueur d'un arc dont on donne le finus ou la tangente.

Or 1°, fi l'on remonte à la valeur de *fin a*, on en déduira par la méthode inverse des séries (284), $a = \sin a + \dfrac{\sin^3 a}{2.3} + \dfrac{3 \sin^5 a}{2.4.5}$

$+ \dfrac{3.5 . \sin^7 a}{2.4.6.7} + \dfrac{3.5.7 . \sin^9 a}{2.4.6.8.9} + \&c.$

$2°$, Si l'on nomme t la tangente de l'arc a, on aura (562) $t =$

$$\dfrac{a - \dfrac{a^3}{2.3} + \dfrac{a^5}{2.3.4.5} - \&c}{1 - \dfrac{a^2}{2} + \dfrac{a^4}{2.3.4} + \&c}, \ \text{ou } t = a + \dfrac{a^2 t}{2} - \dfrac{a^3}{2.3}$$

$\dfrac{a^4 t}{2.3.4} + \&c.$ Soit $a = A\, t + B\, t^3 + C\, t^5 + \&c$; on aura en substituant & déterminant les inconnues A , B , C , &c, $A = t$, $B =$

$- \frac{1}{3}$, $C = \frac{1}{5}$, &c. D'où $a = \tang a - \dfrac{\tang^3 a}{3} + \dfrac{\tang^5 a}{5} -$

$\dfrac{\tang^7 a}{7} + \&c.$

568. Ces deux séries donnent donc la solution du problême proposé. Appliquons-les maintenant à la recherche du rapport du diametre à la circonférence.

Si on fait $\sin a = \frac{1}{2}$, on aura la longueur de l'arc de $30° = \frac{1}{2} +$

$\dfrac{1}{2.3.2^3} + \dfrac{3}{2.4.5.2^5} + \dfrac{3.5}{2.4.6.7.2^7} + \&c.$ Cette quantité

multipliée par 6 donneroit la demi-circonférence, & par conséquent le rapport cherché ; mais comme cette série, toute convergente qu'elle est , est assez longue à calculer , il vaut mieux se servir de la seconde qui donne, en supposant l'arc a de $45°$ . . . . $a = 1 - \frac{1}{3}$ $+ \frac{1}{5} - \frac{1}{7} + \frac{1}{9} - \frac{1}{11} + \&c.$ Et parce que la marche de celle-ci est encore trop lente, on a imaginé un moyen plus expéditif pour avoir la longueur de ce même arc de $45°$.

569. Ce moyen consiste à décomposer l'arc de $45°$ en deux autres arcs que nous appellerons a & b, & à chercher séparément leur lon-

gueur. Or dans cette supposition, $\tang (a + b) = 1 = \dfrac{\tang a + \tang b}{1 - \tang a . \tang b}$.

Donc $\tang a = \dfrac{1 - \tang b}{1 + \tang b}$. Soit $\tang b = \frac{1}{3}$, on aura $\tang a =$

$\frac{1}{2}$. La somme des arcs a & b, ou le quart de la demi-circonférence fera donc . . . . .

$$\dfrac{\pi}{4} = \left\{ \begin{array}{l} \dfrac{1}{2} - \dfrac{1}{3.2^3} + \dfrac{1}{5.2^5} - \dfrac{1}{7.2^7} + \dfrac{1}{9.2^9} - \&c \\[2mm] + \dfrac{1}{3} - \dfrac{1}{3.3^3} + \dfrac{1}{5.3^5} - \dfrac{1}{7.3^7} + \dfrac{1}{9.3^9} - \&c \end{array} \right\} = 0,78539816339744483 \&c.$$

d'où l'on tire $\pi = 3,14159265358979312$ &c; & le rapport du diametre à la circonférence, comme on l'a donné (484).

570. Avant de terminer cette matiere, nous remarquerons que les formules déja trouvées pour les valeurs de *tang n* A, *ſin n* A, &c. peuvent ſervir à trouver les ſinus, coſinus, tangentes, cotangentes des arcs multiples. Car faiſant *ſin a* $= s$, *coſ a* $= c$, *tang a* $= t$, on aura la Table ſuivante.......

$$
\begin{array}{l|l}
\ſin a = s & \coſ a = c. \\
\ſin 2a = 2sc. & \coſ 2a = c^2 - s^2. \\
\ſin 3a = 3sc^2 - s^3. & \coſ 3a = c^3 - 3cs^3. \\
\ſin 4a = 4sc^3 - 4cs^3. & \coſ 4a = c^4 - 6c^2 s^2 + s^4. \\
\ſin 5a = 5sc^4 - 10s^3 c^2 + s^5. & \coſ 5a = c^5 - 10c^3 s^2 + 5cs^4. \\
\&c. & \&c.
\end{array}
$$

$$
\begin{array}{l|l}
\tang a = t. & \cot a = \dfrac{1}{t}. \\[2ex]
\tang 2a = \dfrac{2t}{1-tt}. & \cot 2a = \dfrac{1-tt}{2t}. \\[2ex]
\tang 3a = \dfrac{3t - t^3}{1-3t^2}. & \cot 3a = \dfrac{1-3tt}{3t - t^3}. \\[2ex]
\tang 4a = \dfrac{4t - 4t^3}{1-6tt + t^4}. & \cot 4a = \dfrac{1-6tt + t^4}{4t - 4t^3}. \\[2ex]
\tang 5a = \dfrac{5t - 10t^3 + t^5}{1-10t^2 + 5t^4}. & \cot 5a = \dfrac{1-10t^2 + 5t^4}{5t - 10t^3 + t^5}. \\[2ex]
\&c. & \&c.
\end{array}
$$

571. On peut auſſi par le moyen des mêmes formules trouver les équations qui ſervent à diviſer un arc ou un angle quelconque en un nombre donné de parties égales, Car alors *ſin* (*n* A) eſt connu, & on cherche *ſin* A. Soit donc *ſin* (*n* A) $= b$, *ſin* A $= x$, & *coſ* A $= \chi$; ou aura cette équation à réſoudre .... $b = n\chi^{n-1} x - \dfrac{n.\,n-1.\,n-2}{2.3}$

$\chi^{n-3} x^3 + \dfrac{n.\,n-1.\,n-2.\,n-3.\,n-4}{2.3.4.5}\chi^{n-5} x^5 -$ &c. Ainſi en donnant à *n* les valeurs ſucceſſives 2, 3, 4, 5, &c, les équations ſuivantes ſerviront à diviſer un arc en autant de parties égales.

$$b = 2\zeta x = 2 x \sqrt{(1 - xx)} \dots\dots\dots\dots \text{ pour 2 parties.}$$
$$b = 3\zeta^2 x - x^3 = 3x - 4x^3 \dots\dots\dots\dots\dots\dots 3$$
$$b = 4\zeta^3 x - 4\zeta x^3 = (4x - 8x^3)\sqrt{(1-xx)}\dots\dots\dots 4$$
$$b = 5\zeta^4 x - 10\zeta^2 x^3 + x^5 = 5x - 20x^3 + 16x^5 \dots\dots\dots 5.$$
&c.

572. Pour faire quelque application de ces principes, nous allons donner la méthode de résoudre par approximation toute équation du troisieme degré dans le cas irréductible.

Selon ce que nous venons de voir, si a est un arc dont le sinus $= b$, on aura $\sin \frac{1}{3} a$, ou x, en résolvant cette équation $x^3 - \frac{3}{4} x + \frac{1}{4} b = 0$, & lorsque le rayon du cercle, au lieu d'être $= 1$, sera $= r$, on aura $x^3 - \frac{3}{4} r^2 x + \frac{1}{4} b r^2 = 0$.

Observons maintenant que les arcs $180° - a$, $-(180° + a)$ ont le même sinus que l'arc a, ensorte que pour les diviser en trois parties égales, on a la même équation, $x^3 - \frac{3}{4} r^2 x + \frac{1}{4} b r^2 = 0$, à résoudre ; d'où il suit que les trois racines de cette équation, sont

$$\sin \frac{1}{3} a , \sin \frac{180° - a}{3} , -\sin \frac{180° + a}{3} , \text{ ou } \sin \frac{1}{3} a, \sin (60° - \tfrac{1}{3} a),$$
$$- \sin (60° + \tfrac{1}{3} a).$$

Cela posé, soit l'équation à résoudre $x^3 - px + q = 0$, (si elle étoit $x^3 - px - q = 0$, il seroit facile de la ramener à la forme précédente, en faisant $x = -y$); en comparant cette équation à $x^3 - \frac{3}{4} r^2 x + \frac{1}{4} b r^2 = 0$, on a $\frac{3}{4} r^2 = p$, $\frac{1}{4} b r^2 = q$, d'où l'on tire

$$r = 2 \sqrt{\tfrac{1}{3} p} , \quad b = \frac{3q}{p}.$$ Donc si l'on décrit un cercle dont le rayon

soit $2 \sqrt{\tfrac{1}{3} p}$, l'arc de ce cercle qui aura pour sinus $\dfrac{3q}{p}$, étant nommé a, on aura $\sin \frac{1}{3} a$, $\sin (60° - \tfrac{1}{3} a)$, $- \sin (60° + \tfrac{1}{3} a)$, pour les trois valeurs de x. Mais tout sinus doit être plus petit que le rayon ; il faut donc que $2 \sqrt{\tfrac{1}{3} p}$ surpasse $\dfrac{3q}{p}$, ou que $\frac{1}{27} p^3$ soit plus grand que $\frac{1}{4} q^2$. D'où il suit que *toutes les équations du troisieme degré dans le cas irréductible sont résolubles par cette méthode.*

573. Représentons par R le rayon des Tables, & nous aurons $\dfrac{R \times 3 q \sqrt{3}}{2 p \sqrt{p}}$ pour le sinus tabulaire de l'arc a, ou $\sin a = \dfrac{R \times 3 q \sqrt{3}}{2 p \sqrt{p}}$. Or a étant connu, $\sin \frac{1}{3} a$, $\sin (60° + \tfrac{1}{3} a)$, $- \sin (60° + \tfrac{1}{3} a)$ le seront aussi, & par conséquent les trois racines de la proposée, seront (en ramenant ces sinus à ceux qui conviennent au rayon $2 \sqrt{\tfrac{1}{3} p}$),

$$x = \frac{2 \sqrt{\tfrac{1}{3} p}}{R} \sin \tfrac{1}{3} a , \quad x = \frac{2 \sqrt{\tfrac{1}{3} p}}{R} \sin (60° - \tfrac{1}{3} a) , \quad x = - \frac{2 \sqrt{\tfrac{1}{3} p}}{R}$$
$$\sin (60° + \tfrac{1}{3} a).$$

Ex. I. Soit l'équation $x^3 - 3x + 1 = 0$ qui donne $p = 3$, $q = 1$; d'où

$\sin a = \frac{1}{2}R$, & $a = 30°$. Les trois valeurs de x ſont donc $x = \frac{2\sin 10°}{R} = 0,3472964$, $x = \frac{2\sin 50°}{R} = 1,5320888$, $x = -\frac{2\sin 70°}{R} = -1.8793852$.

Ex. II. Soit $x^3 - x + \frac{1}{3} = 0$, on aura $p = 1$, $q = \frac{1}{3}$, $\sin a = \frac{R}{2}\sqrt{3}$. Donc $a = 60°$, & les trois valeurs de x ſont $x = \frac{2\sin 20°}{R\sqrt{3}} = 0.324931$; $x = \frac{2\sin 40°}{R\sqrt{3}} = 0.742217$; $x = -\frac{2\sin 80°}{R\sqrt{3}} = -1.137158$.

Ex. III. Soit encore l'équation $x^3 - 5x + 3 = 0$, qui donne $p = 5$, $q = 3$, $\sin a = \frac{R}{2}\sqrt{\frac{3^3}{5^3}}$, & $L\sin a = LR + \frac{5}{2}L3 - L2 - \frac{3}{2}L5 = 9.843318 = L\sin 44°11'52''$, donc $a = 44°11'52''$, & les trois valeurs de l'inconnue ſont, $x = \frac{2\sqrt{5}\sin(14°43'57'')}{R\sqrt{3}}$, $x = \frac{2\sqrt{5}\sin(45°16'3'')}{R\sqrt{3}}$, $x = \frac{-2\sqrt{5}\sin(74°43'57'')}{R\sqrt{3}}$. En faiſant le calcul on trouvera . . . $x = 0.656625$, $x = 1.834238$, $x = -2.490863$.

REM. Quoiqu'il y ait une infinité d'autres arcs dont les ſinus ſont les mêmes que celui de l'arc a, ils ſont tels cependant, que les ſinus de leurs tiers peuvent ſe ramener à l'une de ces trois formes, $\sin\frac{1}{3}a$, $\sin(60° - \frac{1}{3}a)$, $-\sin(60° + \frac{1}{3}a)$. Ainſi l'équation du troiſieme degré, réſolue par cette méthode, n'aura jamais que trois racines, comme cela doit être.

Résolution des Triangles Rectilignes.

574. **T**out triangle rectiligne peut être inscrit 'dans un cercle, & dans ce cas chaque côté de ce triangle sera la corde d'un arc double de celui qui mesure l'angle opposé, c'est-à-dire, le double du sinus de cet angle mesuré dans ce cercle : donc les côtés du triangle seront entre eux comme les sinus des angles opposés, mesurés dans ce même cercle, & par conséquent comme les sinus des mêmes angles mesurés dans le cercle qui a pour rayon celui des Tables. On a donc cette proposition dont l'usage est si fréquent dans la pratique de la Trigonométrie...

Dans tout triangle les sinus des angles sont proportionels aux côtés opposés à ces mêmes angles.

101.

575. Donc 1°, dans tout triangle rectangle BAC, le sinus de l'angle droit A, ou le rayon, est à l'hypoténuse BC : : *sin* C : AB : : *sin* B : AC.

2°, Puisque dans tous les triangles rectangles, le sinus d'un angle aigu C, est le cosinus de l'autre angle aigu B, on a donc *sin* C $=$ *cos* B, & réciproquement. Donc au lieu de la proposition *sin* B : *sin* C : : AC : AB, on pourra toujours substituer celle-ci.

sin B : *cos* B : : AC : AB.

Mais on a d'ailleurs (546) *sin* B : *cos* B : : *tang* B : R ; donc AC : AB : : *tang* B : R : : *cot* C : R.

Il n'en faut pas davantage pour résoudre le triangle rectangle ABC, quand outre l'angle droit A on connoît deux de ces cinq choses, B, C, AB, AC, BC ; pourvu cependant que ce ne soient pas les deux angles. Car alors on ne pourroit connoître que le rapport des trois côtés. Voyez la Table suivante.

Y iv

FIG.

TABLE pour la Résolution des Triangles Rectangles.

100.

Etant donnés	Trouver	FORMULES.
AB, AC	BC B C	$BC = \sqrt{(AB^2 + AC^2)}$. AB : AC :: R : *tang* B. AC : AB :: R : *tang* C.
AB, BC	AC B C	$AC = \sqrt{(BC^2 - AB^2)}$. BC : AB :: R : *cos* B. BC : AB :: R : *sin* C.
AC, BC	AB B C	$AB = \sqrt{(BC^2 - AC^2)}$. BC : AC :: R : *sin* B. BC : AC :: R : *cos* C.
AB, B	AC BC	R : *tang* B :: AB : AC. *cos* B : R :: AB : BC.
AC, B	AB BC	R : *cot* B :: AC : AB. *sin* B : R :: AC : BC.
AB, C	AC BC	R : *cot* C :: AB : AC. *sin* C : R :: AB : BC.
AC, C	AB BC	R : *tang* C :: AC : AB. *cos* C : R :: AC : BC.
BC, B	AB AC	R : *cos* B :: BC : AB. R : *sin* B :: BC : AC.
BC, C	AB AC	R : *sin* C :: BC : AB. R : *cos* C :: BC : AC.

Quant aux triangles *obliquangles*, ou qui n'ont pas d'angle droit, leur solution se réduit à celle des problêmes suivants.

576. I. Etant donnés deux angles quelconques B, A, FIG. & un côté BC, trouver les deux autres côtés BA, AC. 102.

Faites la proportion $\sin$ A : BC :: $\sin$ B : AC $=$ $\dfrac{BC \times \sin B}{\sin A}$ :: $\sin$ C : AB :: $\sin$ (A + B) : AB $= \dfrac{BC . \sin (A + B)}{\sin A}$,

Si BA eût été le côté donné, on auroit eu $\sin$ (A + B): BA :: $\sin$ B : AC :: $\sin$ A : BC.

Supposons par exemple A $=$ 88°, B $=$ 36°, & BC de 56 toises, on trouvera Log. AB $=$ L 56 $+$ L $\sin$ 56° — L $\sin$ 88° $=$ 1,667027; d'où AB $=$ 46^t, 454, on trouvera de même AC $=$ 32^t, 936.

577. II. Etant donnés deux côtés & un angle, trouver l'autre côté & les deux autres angles, sachant d'ailleurs de quelle espece ils sont . . .

Ou l'angle donné est opposé à l'un des côtés connus, ou il est compris entre ces mêmes côtés, ce qui fait deux cas différents.

I. Cas. Soient donnés les côtés AB & AC avec l'angle B, on aura d'abord l'angle C par cette proportion . . . . AC : $\sin$ B :: AB : $\sin$ C; ce qui fera connoître le troisieme angle A. On aura donc ensuite le côté BC par la proportion . . . $\sin$ B : AC :: $\sin$ A : BC.

Mais pour trouver immédiatement le côté BC, soit menée la perpendiculaire AD sur le côté BC, & soit nommé AB (a), AC (b), $\sin$ B (s), $\cos$ B (c) on aura R : AB (a) :: $\sin$ B (s) : AD $= \dfrac{a s}{R}$

:: $\cos$ B (c) : BD $= \dfrac{a c}{R}$. Donc D C $= \sqrt{(AC^2 - AD^2)} =$

$\sqrt{\left(b b - \dfrac{a^2 s^2}{R^2}\right)}$, & D C + B D $=$ BC $= \dfrac{a c}{R} + \sqrt{\left(b b - \dfrac{a^2 c^2}{R^2}\right)}$.

578. II. Cas. On donne l'angle A & les deux côtés AB, AC qui comprennent cet angle; il s'agit de trouver les deux autres angles B & C, & le troisieme côté BC.

Donc A C + A B : A C — A B :: $\sin$ B + $\sin$ C : $\sin$ B — $\sin$ C . . . . Or (556) $\dfrac{\sin B + \sin C}{\sin B - \sin C} = \dfrac{\tan \frac{1}{2} (B + C)}{\tan \frac{1}{2} (B - C)}$.

Donc AC + AB : AC — AB :: $\tan \frac{1}{2} (B + C)$: $\tan \frac{1}{2}$

$(B - C)$. Mais puisque $B + C = 180° - A$, on a donc $tang\ \frac{1}{2}(B + C) = tang\ (90° - \frac{1}{2}A) = cot\ \frac{1}{2}$ A; $AC + AB : AC - AB :: cot\ \frac{1}{2}A : tang\ \frac{1}{2}(B - C)$.

Et par conséquent connoissant $B - C$ & $B + C$, il fera facile d'avoir les angles B & C, & on aura $\mathit{fin}\ B :$ $AC :: \mathit{fin}\ A : BC$, ce qui fera connoître le troisieme côté BC.

502. On peut encore résoudre ce problême de la maniere suivante. Soit menée la perpendiculaire BF sur le côté AC, & soit $AB = a$, $AC = b$, $\mathit{fin}\ A = s$, $\mathit{cof}\ A = c$, on aura $R : a :: s : BF = \frac{as}{R} :: c : AF = \frac{ac}{R}$. Donc $FC = b - \frac{ac}{R}$. Or dans le triangle rectangle BFC, on a $FC\ (b -$ $\frac{ac}{R}) : BF\ (\frac{as}{R}) :: R : tang\ C = \frac{aRs}{bR - ac}$. De même $tang\ B = \frac{bRs}{aR - bc}$. Si l'angle A est obtus, c devient négatif, & on a $tang\ C = \frac{aRs}{bR + ac}$, & $tang\ B = \frac{bRs}{aR + bc}$.

Le triangle rectangle BFC donne $BC = \sqrt{[\frac{a^2 s^2}{R^2} + (b - \frac{ac}{R})^2]}$ $= \sqrt{(a^2 + b^2 - \frac{2abc}{R})}$, ou $\sqrt{(a^2 + b^2 + \frac{2abc}{R})}$, si l'angle A est obtus.

579. De la proportion .... $AC + AB : AC - AB ::$ $tang\ \frac{1}{2}(B + C) : tang\ \frac{1}{2}(B - C)$, il suit que *dans tout triangle la somme de deux côtés quelconques est à leur différence, comme la tangente de la demi-somme des angles opposés à ces côtés est à la tangente de la demi-différence de ces mêmes angles.*

Soit donc $AC = a$, $AB = d$, l'angle $B = b$, l'angle $C = c$; on aura $tang\ \frac{1}{2}(b + c) : tang\ \frac{1}{2}(b - c) :: a + d : a - d :: R : \frac{a - d}{a + d}R :: R :$ $$\frac{\frac{a}{d}R - R}{\frac{a}{d} + 1}.$$

Donc si $\frac{aR}{d}$ repréfente la tangente d'un arc quelconque u, on

FIG.

aura R : $\dfrac{R\ tang\ u - RR}{tang\ u + R}$, ou R : $tang\ (u - 45°)$: : $tang\ \frac{1}{2}(b+c)$: $tang\ \frac{1}{2}(b-c)$. D'où il suit que si on fait cette proportion . . . . le plus petit côté AB est au plus grand AC : : R : la tangente d'un arc quelconque u, & si on ôte 45° de cet angle, le rayon sera à la tangente du reste : : $tang\ \frac{1}{2}(b+c)$: $tang\ \frac{1}{2}(b-c)$.

580. III. Etant donnés les trois côtés d'un triangle, trouver ses trois angles.

Soit BC $= a$ . . . AB $= b$ . . . AC $= d$ . . . R $= 1$; on aura $cof\ B = \dfrac{a^2 + b^2 - d^2}{2ab}$. Donc $1 - cof\ B = \dfrac{d^2 - a^2 + 2ab - b^2}{2ab} = \dfrac{d^2 - (a-b)^2}{2\,ab} = 2\,fin^2\ \frac{1}{2}\ B$; d'où on peut tirer cette proportion . . .

$$a\,b : \dfrac{d-a+b}{2} \times \dfrac{d+a-b}{2} : : R^2 : fin^2\ \frac{1}{2}\ B,$$

laquelle, en appellant q le demi-périmetre, devient . . . .

$$a\,b : (q-a)\,(q-b) : : R^2 : fin^2\ \frac{1}{2}\ B.$$

Et c'est par-là que l'on calcule ordinairement la valeur d'un angle par les trois côtés.

On peut la calculer aussi par la formule $cof\ B = \dfrac{R}{2\,a\,b}\,(a^2 + b^2 - d^2)$, qui donne . . . .

$$2\,ab : a^2 + b^2 - d^2 : : R : cof\ B.$$

C'est-à-dire que pour trouver un angle quelconque dans un triangle dont on connoît les trois côtés, il faut d'abord faire la somme des quarrés des deux côtés qui comprennent l'angle que l'on cherche, & retrancher de cette somme le quarré du troisième côté : cela vous donnera un reste. Il faut ensuite faire cette proportion . . . Le double du rectangle des côtés qui comprennent l'angle cherché est à ce reste, comme le rayon est au cosinus de l'angle cherché.

Si l'angle B est obtus, on aura $cof\ B = \dfrac{R}{2\,a\,b}\,(d^2 - a^2 - b^2)$. Suppo-sons, par exemple, $a = 25$ Toises . . . $b = 36$ . . . $d = 40$, nous aurons $a^2 + b^2 - d^2 = 321$ . . . . $2\,a\,b = 50 \times 36$. Donc $50 \times 36 : 321$, ou $6 : 1,07 : : R : cof\ B$ & $L\ cof\ B = 10.0000000 + L\,1,07 - L6 = 9.251233$. Donc l'angle B est de $79°\ 43'\ 38''$.

581. On auroit pu trouver la même formule d'une autre maniere. Soit F le centre du cercle inscrit dans le triangle ABC, &FG son rayon, en gardant les mêmes dénominations que ci-dessus, faisant de plus $q =$ la moitié du périmetre $a + b + d$, on aura (492) BG $= q - d$, & le rayon $FG = \sqrt{\left(\dfrac{q-a\ .\ q-b\ .\ q-d}{q}\right)}$. Or dans le triangle rectangle BFG,

103.

on a BG : FG : : R *tang* FBG = *tang* $\frac{1}{2}$ B , ou BG^2 : FG^2 : : R^2 : *tang^2* $\frac{1}{2}$ B : : $(q-d)^2$, q : $q-a$. $q-b$. $q-d$ ou q . $q-d$: $q-a$. $q-b$: : R^2 : *tang^2* $\frac{1}{2}$ B ; formule qui donneroit l'angle B. Mais comme elle est moins simple que la suivante , nous ne nous y arrêterons pas.

Si l'on substitue à la place de q , sa valeur $\dfrac{a+b+d}{2}$, on aura $(a+b)^2 - d^2 : d^2 - (a-b)^2 : : $ R^2 : *tang^2* $\frac{1}{2}$ B. Donc $(a+b)^2 - (a-b)^2$, ou $4ab$: $a^2 + 2ab + bb - dd$: : R^2 + *tang^2* $\frac{1}{2}$ B : R^2 : : *sec^2* $\frac{1}{2}$ B : R^2 : : R^2 : *cos^2* $\frac{1}{2}$ B : : R^2 : $\dfrac{\text{R} \times (\text{R} + cos \, \text{B})}{2}$: : 2R : R + *cos* B, ou $2 ab$: $a^2 + 2 ab + bb - dd$: : R : R + *cos* B. Donc $2 ab$: $a^2 + b^2 - d^2$: : R : *cos* B = $\dfrac{\text{R}}{2ab} (a^2 + b^2 - d^2)$, comme ci-dessus.

582. Tels sont les principes de la Trigonométrie. On peut les appliquer à plusieurs autres problêmes sur les triangles : mais pour ne pas multiplier les exemples , nous n'en ferons qu'une seule application.

Etant donné l'un des angles aigus d'un triangle rectangle avec sa surface , trouver ses trois côtés.

Soit a l'angle donné , x le côté opposé , y l'autre côté, s la surface du triangle; on aura $x y = 2 s$, & $x : y : :$ *sin* a : *cos* a. Donc $x y = \dfrac{y^2 \, sin \, a}{cos \, a} = 2 s$, & $y = \sqrt{\left(\dfrac{2 s \, cos a}{sin \, a} \right)} = \sqrt{\left(\dfrac{2 s \, cot \, a}{\text{R}} \right)} \dots x = \sqrt{\left(\dfrac{2 s \, sin \, a}{cos \, a} \right)} = \sqrt{\left(\dfrac{2 s \, tang \, a}{\text{R}} \right)}$; donc l'hypoténuse $= \sqrt{(x^2 + y^2)} = \sqrt{\left(\dfrac{2 s \, \text{R}^2}{cos a \, sin \, a} \right)} = 2 \sqrt{\left(\dfrac{\text{R} \, s}{sin \, 2 \, a} \right)}$.

RÉSOLUTION DES TRIANGLES SPHÉRIQUES.

583. IMAGINEZ que le demi-cercle PA*p* fasse une révolution autour de son diamètre P*p*; & engendre en tournant, la sphère APA*p*; il est clair que le rayon AC décrira un grand cercle, pendant que les lignes *bd*, *ef* en décriront de plus ou moins petits, suivant qu'elles seront plus ou moins éloignées du rayon AC.

584. Tout autre demi-grand cercle égal au premier, le demi-cercle APA, par exemple, eût engendré la même sphère, dans sa révolution autour du diamètre AA. Donc puisqu'il y a une infinité de diamètres égaux, autour desquels la révolution peut également se faire, il est clair qu'il y a une infinité de grands cercles dans chaque sphère, & qu'ils sont tous égaux.

Il y en a aussi une infinité de petits : mais leur inégalité est cause que l'on ne s'en sert point dans la Trigonométrie sphérique.

585. On appelle ainsi la science qui apprend à résoudre les triangles formés sur la surface d'une sphère par trois de ses grands cercles.

Prenez une boule quelconque, tracez-y trois arcs de cercles dont les plans passent par son centre *(513)*; ces arcs, par leur rencontre, formeront un triangle sphérique. Ils en seront les côtés.

Chacun de ces arcs appartient donc à un cercle qui a pour centre le centre même de la boule, & à travers duquel on peut supposer que passe perpendiculairement un des diamètres de cette boule.

586. Un diamètre ainsi perpendiculaire au plan d'un grand cercle, s'appelle l'*Axe* de ce cercle. Les deux extrémités de l'axe s'appellent les *Pôles* de ce même cercle. D'où il suit que les points P, *p* sont les pôles du cercle ACA.

Chaque grand cercle de la sphere a donc ses deux pôles particuliers, puisque deux grands cercles ne sauroient avoir le même axe.

587. Et puisque l'axe d'un cercle doit toujours être perpendiculaire à son plan, & passer par son centre, il est évident 1°. qu'il y forme autant d'angles droits qu'il y a de rayons dans le plan de ce cercle.

2°. Que les arcs qui mesurent ces angles sont tous de 90°, & par conséquent égaux, puisqu'ils appartiennent à des cercles égaux. Leurs cordes sont donc égales.

Or ces cordes mesurent les distances du pôle de ce cercle aux divers points de sa circonférence. Donc le pôle d'un cercle quelconque est également éloigné de tous les points de sa circonférence.

588. Ainsi on peut dire que le pôle d'un cercle est un point de la surface de la sphere, éloigné de 90° de chaque point de la circonférence de ce cercle : ou, ce qui revient au même, *l'arc compris entre*

 le pôle d'un cercle & chaque point de sa circonférence est toûjours de 90°.

Il est donc bien facile de tracer sur la surface d'une sphere le cercle dont un des deux pôles est connu, & réciproquement de trouver les pôles d'un cercle donné. On a des compas sphériques avec lesquels on résout très-facilement ce double problême.

589. Puisque tous les grands cercles de la sphere ont un centre commun, la ligne de leur intersection est nécessairement un diametre de la sphere, lequel est en même-temps diamètre de tous ces cercles. Or tout diamètre coupe son cercle en deux parties égales ; donc deux ou plusieurs grands cercles se coupent en parties égales.

Et par conséquent, 1° si deux arcs de grands cercles se sont déja coupés une fois, ils ne se couperont plus qu'à 180° de distance du premier point de leur intersection.

Il n'est donc pas possible d'enfermer entre deux arcs seulement la moindre portion d'une surface sphérique, à moins qu'ils ne soient chacun de 180°.

Au reste quel que soit le nombre de leurs degrés ; ils formeront sur la surface de la sphere un angle dont il importe de connoître la mesure. Nous allons la chercher.

 590. Soient les deux arcs A B & A D que je suppose de 90° chacun, & qui par leur rencontre en A forment l'angle sphérique BAD.

Il est clair 1°, que les rayons BC & DC sont l'un & l'autre perpendiculaires sur AC.

2°, Que ces deux rayons ont entre eux la même inclinaison que les plans circulaires ACB & ACD auxquels ils appartiennent.

3°. Que la mesure de cette inclinaison est l'arc ABD, puisque l'angle BCD a son sommet au centre.

591. Donc *la mesure d'un angle sphérique quelconque est l'arc de grand cercle compris entre ses côtés, à 90° de distance du sommet de cet angle.*

En général, si du sommet d'un angle sphérique, pris pour pôle, on décrit un arc de grand cercle, la portion de cet arc, comprise entre les côtés de l'angle, sera toujours sa mesure.

Ce n'est pas qu'il ne fût également possible de le mesurer par des arcs de petits cercles : car on voit bien que l'angle *b c d*, par exemple, formé par les sinus des arcs A*b* & A*d* est égal à l'angle BCD, & que par conséquent l'arc *b d* qui lui sert de mesure est du même nombre de degrés que l'arc BD. Mais pour l'uniformité, on a mieux aimé prendre les valeurs des angles sphériques, sur les grands cercles décrits de leurs sommets comme pôles.

592. Les angles sphériques sont donc toujours égaux à ceux que forment, à 90° de distance de leur sommet, les sinus des arcs qu'ils ont pour côtés. Or tout angle formé par deux sinus doit avoir moins de 180° ; dont *tout angle sphérique a moins de 180°.*

593. De ce que les angles sphériques sont égaux à ceux que forment

les sinus de leurs côtés, il suit évidemment 1°, que lorsqu'un arc de grand cercle tombe sur un autre, les deux angles qui en résultent sont égaux à deux angles droits.

2°, Que si on prolonge ces deux arcs au-delà de leur point d'intersection, les angles opposés au sommet sont égaux, comme ceux de leurs sinus prolongés de même.

3°, Que la somme des angles formés autour du point d'intersection est de 360°.

594. Supposons maintenant que les trois cercles dont les côtés d'un triangle sphérique font partie, soient décrits en entier, il est clair qu'ils formeront sur l'autre hémisphere un triangle parfaitement égal au premier. Il est clair aussi qu'en menant les cordes respectives de tous les arcs qui forment ces deux triangles sphériques, il en résultera deux triangles rectilignes parfaitement égaux en tout, l'un au-dessus, l'autre au-dessous du centre de la sphere.

Mais on sait que dans un triangle rectiligne quelconque abc, la somme de deux côtés est plus grande que le troisieme côté. Donc la somme de deux arcs, dans tout triangle sphérique ABC, est plus grande que le troisieme arc.

On sait aussi que la ligne droite est la plus courte de celles que l'on peut mener d'un point à un autre point. Donc l'arc de grand cercle qui passe par deux points de la surface de la sphere, est le plus court que l'on puisse mener entre ces deux points. Il en mesure donc la distance sphérique.

595. Nous avons dit (589) qu'il n'étoit pas possible d'enfermer de tout côté aucune portion de surface sphérique entre deux arcs seulement, à moins qu'ils ne fussent chacun de 180°. Donc tout triangle sphérique CAB résulte de l'intersection de deux arcs coupés par un troisieme, avant que ces deux arcs se réunissent. Or ils ne peuvent se réunir qu'à 180° de distance de leur premier point de rencontre, donc *chaque côté d'un triangle sphérique quelconque doit avoir moins de* 180°.

596. Si on prolonge les deux arcs CA & CB du triangle CAB jusqu'à leur réunion en D, il est évident que AB sera plus petit que la somme des prolongements AD & DB. Or cette somme ajoutée aux deux arcs prolongés CA & CB, n'est que de 360°. Donc *la somme des côtés d'un triangle sphérique est toujours moindre que* 360°.

597. Quant à la somme de ses angles, il évident qu'elle ne peut jamais être de six angles droits, puisque chaque angle doit avoir moins de 180°. Elle a donc une *limite en plus*, qui est 540° : mais n'auroit-elle pas aussi une *limite en moins* ? C'est ce que nous allons chercher.

598. Des trois angles A, B, C pris successivement pour pôles, soient décrits les arcs EF, DF, & DE qui par leur rencontre forment le triangle extérieur FDE.

Cette construction nous fait voir 1°, que le point A est éloigné de 90° de tous les points de l'arc EF; 2°, que le point B est pareillement à 90° de tous les points de l'arc DF : donc F est pôle de l'arc AB.

On prouve de même que les points E & D font respectivement les pôles des arcs CA & CB.

Cela posé, soient prolongés ces deux arcs CA & CB jusqu'à la rencontre de l'arc DE : on aura EG = 90°, ainsi que DH ; donc EG + DH, ou ce qui revient au même, EG + DG + GH, ou bien encore, ED + GH = 180°. L'arc ED est donc le supplément de l'arc GH, & par conséquent, de l'angle C dont GH est la mesure (591).

On prouveroit de la même maniere que les arcs EF & DF font les suppléments respectifs des angles A & B.

Prolongeons maintenant l'arc GC jusqu'à la rencontre de l'arc EF ; nous verrons que GI fera la mesure de l'angle E, & que la partie AC en fera le supplément ; puisque GC + AI ou GI + AC = 180°. L'arc AB fera de même le supplément de l'angle F, & l'arc BC fera le supplément de l'angle D ; d'où nous pouvons généralement conclure que *si des trois angles d'un triangle sphérique quelconque, pris pour pôles, on décrit trois arcs dont la rencontre forme un nouveau triangle sphérique, les angles & les côtés de ce dernier triangle seront réciproquement les suppléments des côtés & des angles qui leur sont opposés dans le premier.*

Ainsi l'angle E du triangle extérieur + l'arc AC qui lui est opposé dans le triangle intérieur, ont 180° pour mesure : & réciproquement l'arc DE du triangle extérieur + l'angle C qui lui est opposé dans le triangle intérieur, ont-aussi pour mesure 180°, &c.

599. Ce triangle extérieur DEF s'appelle *le Triangle supplémentaire* du triangle ABC. On en fait un grand usage dans la Trigonométrie sphérique ; & nous allons nous-mêmes l'appliquer à la recherche de la limite en moins, pour la valeur des trois angles A, B, C.

Ces trois angles ont pour suppléments respectifs les trois côtés du triangle supplémentaire Ils forment donc avec eux la valeur de six angles droits. Or la somme de ces trois côtés est toujours moindre que quatre angles droits (596). Donc la somme des trois angles A, B, C est nécessairement plus grande que 180°.

600. Il résulte de là 1°, que *la somme des angles d'un triangle sphérique peut varier depuis 180° jusqu'à 540, exclusivement.* Et que par conséquent il n'est pas possible de déduire la valeur du troisieme angle, de celles des deux autres, comme cela se pratique pour les triangles rectilignes.

Il résulte 2°, que les trois angles d'un triangle sphérique peuvent être droits, ou même obtus, & à plus forte raison aigus, pourvu que dans ce dernier cas, leur somme surpasse au moins 180°.

601. S'il falloit juger du rapport de deux triangles sphériques dont les trois angles seroient respectivement égaux, on auroit recours à leurs triangles supplémentaires, & on diroit. Les côtés de ces derniers triangles ne peuvent qu'être égaux, chacun à chacun, puisqu'ils sont les suppléments respectifs d'angles égaux. Or cette égalité des trois côtés entraîne celle des trois angles (404). Les deux triangles supplémen-

taires

taires font donc parfaitement égaux : leurs angles ont donc des fuppléments égaux. Mais ces fuppléments font les côtés mêmes des triangles
propofés. Donc *deux triangles fphériques font égaux, toutes les fois
que leurs trois angles font refpectivement égaux.*

C'eft une propriété remarquable des triangles fphériques ; elle n'a pas
lieu, comme on le fait, dans les triangles rectilignes, dont on ne peut
jamais, en pareil cas, conclure autre chofe que la fimilitude.

D'ailleurs l'égalité entre deux triangles fphériques a lieu encore, foit
lorfque deux côtés refpectivement égaux forment un angle égal dans
chaque triangle, foit lorfque deux angles de l'un, égaux à deux angles
de l'autre, font formés fur un côté égal. Il eft aifé de le démontrer de
la même maniere que pour les triangles rectilignes.

602. Soit maintenant le triangle fphérique C A B, dont je fuppofe
que les côtés C A & C B font égaux. Je voudrois favoir fi les angles oppofés à ces côtés font égaux ?

Je prends C D = C E, & je mene les arcs B D & A E ; ce qui me
donne d'abord deux triangles C A E, C B D parfaitement égaux. L'arc
A E eft donc égal à l'arc B D ; d'où je conclus l'égalité de deux autres
triangles, favoir A B E & A B D. L'angle A & l'angle B font donc
égaux ; & par conféquent, *dans tout triangle fphérique, les côtés égaux
font oppofés à des angles égaux.*

La propofition inverfe fe démontre par le triangle fupplémentaire.

603. Si on vouloit prouver que dans un triangle fphérique A B C, un
plus grand angle eft toujours oppofé à un plus grand côté, on pourroit
dire.... Soit A plus grand que B ; je puis mener un arc D A qui faffe
l'angle D A B égal à l'angle B : j'aurai donc un triangle ifofcele A B D.
L'arc B C D fera donc égal à A D + D C : mais A D + D C eft vifiblement plus grand que A C ; donc l'arc B C oppofé à l'angle A, eft
plus grand que l'arc A C oppofé à l'angle B.

Au moyen du triangle fupplémentaire, la propofition inverfe n'a
aucune difficulté.

604. Soit maintenant le triangle fphérique A B C que l'on fuppofe
rectangle en A : il peut arriver que l'angle B foit oppofé à un arc qui ait
moins de 90°, tel que l'arc A C, ou qui foit de 90°, tel que A D, ou
qui ait plus de 90°, comme l'arc A E. On demande de quelle efpece
fera l'angle B dans ces trois cas ? Sera-t-il aigu, droit, ou obtus ?

Puifque l'arc A D eft de 90°, & que de plus il eft perpendiculaire fur
l'arc A B, on ne peut douter que le point D ne foit le pôle de A B ; donc
en abaiffant de ce point l'arc D B, on aura un angle droit D B A.
L'angle C B A fera donc aigu, & l'angle E B A fera obtus. L'angle B
eft donc de même efpece que le côté qui lui eft oppofé. Il en eft de même
de l'angle C.

605. Pour diftinguer ces angles de celui que l'on a fuppofé droit, on
les appelle *les angles obliques.* On peut donc dire que *dans tout triangle
fphérique rectangle, chacun des angles obliques eft de même efpece que le
côté qui lui eft oppofé.*

Cette dénomination d'angles obliques n'empêche pourtant pas qu'ils ne puissent être droits aussi-bien que l'angle A. Ils peuvent même être

obtus; mais on est convenu de les désigner ainsi, pour abréger le discours; & on appelle hypothénuse, le côté opposé à celui des angles droits que l'on considere comme tel. Ainsi BC est l'hypothénuse du triangle B A C.

606. Comme les deux côtés de l'angle droit peuvent être de même espece, ou d'espece différente, il est bon de savoir d'avance de quelle espece doit être l'hypothénuse dans chacun de ces deux cas.

Supposons donc d'abord que A C & A B aient chacun moins de 90°; l'angle A C B sera donc aigu, & par conséquent son supplément B C D sera obtus. Le côté B D opposé à ce supplément, dans le triangle D B C, sera donc plus grand que le côté B C opposé à l'angle C D B (603), lequel doit être aigu par la même raison que l'angle A C B.. Or le côté B D n'est que de 90°; donc l'hypothénuse B C doit alors avoir moins de 90°.

Supposons ensuite que A C & A B aient plus de 90° chacun, & menons un arc B D qui coupe l'arc A C de maniere que A D soit de 90°. Cet arc B D sera aussi de 90°. Mais l'angle C est obtus; l'angle A D B l'est de même; son supplément B D C est donc aigu; & comme tel, il doit être opposé, dans le triangle B C D, à un côté moindre que celui qui est opposé à l'angle C... L'hypothénuse B C est donc alors moindre que B D; c'est-à-dire, qu'elle a, dans ce second cas comme dans le premier, moins de 90°.

Reste à savoir, ce qu'elle aura dans la supposition que les deux côtés de l'angle droit aient l'un plus de 90°, & l'autre moins.

Soit, par exemple, A B plus grand que le quart de cercle A D; soit A C plus petit que A D : on aura l'arc C D de 90°, & l'angle C D A sera aigu; C D B sera donc obtus; & par conséquent l'arc B C qui lui est opposé, sera plus grand que C D. Il aura donc plus de 90°.

607. Il suit de là que *si les deux côtés de l'angle droit d'un triangle sphérique rectangle sont de même espece, l'hypothénuse a moins de 90°, & que toutes les fois qu'ils sont de différente espece, l'hypothénuse a plus de 90°.*

Et comme les angles obliques sont toujours de même espece que les côtés qui leur sont opposés, on voit bien qu'ils peuvent également servir à faire connoître de quelle espece est l'hypothénuse.

608. Comme aussi l'hypothénuse peut servir, à son tour, à déterminer de quelle espece sont les côtés de l'angle droit & les angles obliques. Car, par exemple, si l'hypothénuse & un des côtés sont de même espece, l'autre côté a moins de 90°; & toutes les fois que l'hypothénuse & un des côtés sont de différente espece, l'autre côté a plus de 90°.

Observez cependant que dans le cas où un des côtés de l'angle droit seroit de 90°, l'hypothénuse auroit aussi 90°; & qu'il peut arriver alors que l'autre côté soit de 90° comme le premier. Dans ce cas-là, les trois angles sont droits, cela est évident. Il peut arriver aussi que cet autre

côté ait plus ou moins de 90°. Nous allons expliquer la maniere de résoudre les triangles sphériques dans ces différents cas.

609. On sait par la Trigonométrie rectiligne que les sinus des angles
sont proportionels aux côtés opposés à ces mêmes angles. Mais comme
dans les triangles sphériques, les côtés sont des arcs de cercle, cette
proportion ne peut avoir lieu. Il faut donc tâcher d'en substituer une autre qui convienne à ces sortes de triangles.

Principes & Proportions pour la résolution des Triangles sphériques.

610. Je suppose que le triangle A B C soit rectangle en A, & que 114.
les côtés B A & B C soient prolongés, jusqu'à ce qu'ils aient 90°, l'un
en H, l'autre en F.

L'arc F H sera la mesure de l'angle B; F G en sera le sinus; F E, ou
H E, ou B E sera le rayon de la sphere; C D le sinus de l'hypothénuse
B C, & C I le sinus de l'arc perpendiculaire C A.

Or en menant la ligne D I, on voit que le triangle C D I, rectangle
en I, est semblable au triangle F G E, rectangle en G : on a donc . . .

$$FE : CD :: FG : CI.$$

c'est-à-dire, que le rayon est au sinus de l'hypothénuse, comme le
sinus de l'angle B est au sinus de l'arc opposé C A. On prouveroit de
même que le rayon est au sinus de l'hypothénuse, comme le sinus de
l'angle C est au sinus de l'arc opposé A B. On a donc généralement ce
premier principe de solution . . .

611. *Dans tout triangle sphérique rectangle, le rayon est au sinus
de l'hypothénuse, comme le sinus d'un des angles obliques est au sinus du
côté qui lui est opposé.*

612. Si le triangle A B C est obliquangle, on aura, en abaissant un
arc perpendiculaire C D, les deux proportions suivantes :

$$R : sin\ A C :: sin\ A : sin\ C D.$$

$$R : sin\ B C :: sin\ B : sin\ C D.$$

115.

&

116.

Donc *sin* A : *sin* B :: *sin* B C : *sin* A C ; & par conséquent, *dans un triangle sphérique quelconque, les sinus des angles sont proportionels aux sinus
des côtés opposés.*

613. Soit maintenant le triangle A B C, rectangle en A, dont les
côtés B C & A C soient prolongés jusqu'à 90°, l'un en D, l'autre en
F : si on mene l'arc D E, on aura le triangle C D E, rectangle en E,
dont les quatre parties C E, C D, D E & D, seront les complémens respectifs des quatre B C, A C, B & A B du triangle A B C : (la démonstration
en est facile.) De-là vient le nom de *triangles complémentaires*
pour les triangles ainsi formés. Or dans le triangle complémentaire
C D E, on a

$$R : ſin\,CD : : ſin\,D : ſin\,CE ;$$

ou bien . . . . . $R : coſ\,AC : : coſ\,AB : coſ\,BC.$

Donc, *dans tout triangle ſphérique rectangle, le rayon eſt au coſinus d'un des côtés de l'angle droit, comme le coſinus de l'autre côté eſt au coſinus de l'hypothénuſe.*

Et par conſéquent, *ſi un triangle ſphérique obliquangle eſt partagé en deux triangles rectangles par un arc perpendiculaire ſur la baſe, on aura toujours les coſinus des ſegments de la baſe, proportionels aux coſinus des deux côtés adjacents.*

115. En ſorte que dans le triangle A B C, par exemple, après avoir décrit l'arc perpendiculaire C D, on auroit

$$coſ\,A C : coſ\,B C : : coſ\,A D : coſ\,B D ;$$

Or cette proportion en donne une autre, que voici :
$$coſ\,AC + coſ\,BC : coſ\,BC\text{-}coſ\,AC : : coſ\,AD + coſ\,BD : coſ\,BD\text{-}coſ\,AD.$$
De celle-là on peut en tirer une troiſieme qui eſt *(556)*.

$$cot\,\frac{AC+BC}{2} : tang\,\frac{BC-AC}{2} : : cot\,\frac{AD+BD}{2} : tang\,\frac{BD-AD}{2}.$$

Mais A D + D B = A B, toutes les fois que l'arc perpendiculaire tombe en dedans du triangle ; on a donc alors, par la ſubſtitution des tangentes aux cotangentes, une derniere proportion qui eſt d'un fréquent uſage, & que l'on peut énoncer de la maniere ſuivante.

614. *Dans tout triangle ſphérique obliquangle, ſur la baſe duquel on a abaiſſé un arc perpendiculaire qui tombe en dedans du triangle, la tangente de la demi-baſe eſt à la tangente de la demi-ſomme des deux autres côtés, comme la tangente de la demi-différence de ces côtés eſt à la tangente de la demi-différence des ſegments de la baſe.*

116. Remarquez que ſi l'arc tomboit en dehors, on auroit A D — B D = A B ; & qu'il faudroit ſimplement ſubſtituer alors la tangente de la demi-ſomme des ſegments à la tangente de leur demi-différence.

117. 615. Revenons maintenant au triangle complémentaire C D E, qui donne

$$R : ſin\,CD : : ſin\,C : ſin\,DE.$$

Donc . . . $R : coſ\,AC : : ſin\,C : coſ\,B ;$

C'eſt-à-dire, que *dans tout triangle ſphérique rectangle, le rayon eſt au coſinus d'un des côtés de l'angle droit, comme le ſinus de l'angle oblique oppoſé à l'autre côté, eſt au coſinus de l'autre angle oblique.*

115. & 116. 616. Et par conſéquent, *ſi on abaiſſe un arc perpendiculaire ſur la baſe d'un triangle obliquangle, les ſinus des angles du ſommet ſeront proportionels aux coſinus des angles de la baſe.*

Dans le triangle obliquangle A C B, on a donc

$$ſin\,ACD : ſin\,BCD : : coſ\,A : coſ\,B.$$

118. 617. Soit à préſent le triangle ABC rectangle en A, & ſoient me-

nées les tangentes B P & B Q ; celle-ci pour l'hypothénuse B C , la premiere pour le côté B A. Si nous menons les sécantes E P & E Q , dont
les extrémités soient jointes par la ligne P Q , nous aurons les triangles
P E Q & B P Q dont les plans seront perpendiculaires à celui de la base
B A E. Leur intersection P Q sera donc perpendiculaire au même plan
(503) , & le triangle B P Q , rectangle en P , sera semblable au triangle G F E. Ainsi nous aurons

$$FE : GE :: BQ : BP.$$

$$\text{ou} \ldots R : cof B :: tang\, BC : tang\, AB.$$

On prouveroit de même que

$$R : cof C :: tang\, BC : tang\, AC.$$

*Donc , dans tout triangle sphérique rectangle le rayon est au cosinus d'un
des angles obliques , comme la tangente de l'hypothénuse est à la tangente du côté opposé à l'autre angle.*

618. Si le triangle A B C est obliquangle, on pourra abaisser sur sa
base l'arc perpendiculaire C D ; ce qui donnera ,

$$R : cof ACD :: tang\, AC : tang\, CD.$$

$$R : cof BCD :: tang\, BC : tang\, CD.$$

D'où l'on tirera ,

$$cof ACD : cof BCD :: tang\, BC : tang\, AC.$$

*C'est-à-dire qu'en abaissant un arc perpendiculaire sur la base d'un trian-
gle sphérique obliquangle , on a toujours les cosinus des angles au sommet
réciproquement proportionels aux tangentes des côtés adjacents.*

619. Et comme dans le triangle complémentaire C D E , on a

$$R : cof D :: tang\, CD : tang\, DE ,$$

il est évident que l'on a aussi ,

$$R : sin\, AB :: cot\, AC : cot\, B :: tang\, B : tang\, AC.$$

*Donc , dans tout triangle rectangle, le rayon est au sinus d'un des côtés
de l'angle droit , comme la tangente de l'angle oblique opposé à l'autre
côté , est à la tangente de ce dernier côté.*

620. Le même triangle C D E donne

$$R : sin\, CE :: tang\, C : tang\, DE ;$$

$$\text{donc} \ldots R : cof BC :: tang\, C : cot\, B.$$

*D'où il suit que dans tout triangle sphérique rectangle, le rayon est au
cosinus de l'hypothénuse , comme la tangente d'un des angles obliques ,
est à la cotangente de l'autre angle.*

FIG.

Application des Principes & des Proportions qui précédent.

621. Au moyen des propofitions que nous venons de démontrer, il n'y a point de triangle fphérique que l'on ne puiffe réfoudre très-facilement, pourvu que l'on connoiffe trois de fes parties. Commençons par les triangles rectangles.

Et d'abord, remarquons que l'angle droit étant toujours donné, il fuffit de connoître deux des autres cinq parties qui concourent à former ces triangles.

Remarquons enfuite que toutes les combinaifons différentes d'un nombre m de quantités prifes deux-à-deux, font généralement exprimées par $\frac{m \cdot m - 1}{2}$ (313). Il eft donc évident 1°, qu'à cet égard, la réfolution des triangles fphériques rectangles offre dix de ces combinaifons. Mais comme pour chaque combinaifon, on a trois quantités à déterminer, il eft évident 2°, que toutes les variétés poffibles de la réfolution des triangles fphériques rectangles, font au nombre de trente.

119.

On les a renfermées toutes dans la Table fuivante, où l'on fuppofe que l'angle droit eft en A, & que les deux autres angles font indifféremment défignés par B & par C.

622. La conftruction de cette Table eft uniquement fondée fur deux proportions déja connues. Nous allons les remettre ici fous les yeux du Lecteur.

I. Dans tout triangle fphérique rectangle, le rayon eft au finus de l'hypothénufe, comme le finus d'un des angles obliques, eft au finus du côté qui lui eft oppofé (611).

II. Dans tout triangle fphérique rectangle, le rayon eft au finus d'un des côtés de l'angle droit, comme la tangente de l'angle oblique oppofé à l'autre côté, eft à la tangente de ce dernier côté (619).

Tantôt on applique immédiatement ces proportions au triangle ABC, tantôt il faut avoir recours à l'un des deux triangles complémentaires CDE, BFG, pour tranfporter enfuite les réfultats au triangle ABC, comme on le verra dans quelques exemples.

TABLE pour la résolution de tous les cas possibles dans un Triangle sphérique **ABC**, rectangle en **A**.

FIG.
119.

Etant donnés	Trouver	PROPORTIONS.
BC & B	A C A B C	R : sin BC : : sin B : sin AC. R : cos B : : tang BC : tang AB. R : cos BC : : tang B : cot C.
BC & C	A B A C B	R : sin BC : : sin C : sin AB. R : cos C : : tang BC : tang AC. R : cos BC : : tang C : cot B.
AC & C	A B B C B	R : sin AC : : tang C : tang AB. R : cos C : : cot AC : cot BC. R : cos AC : : sin C : cos B.
AC & B	A B B C C	tang B : tang AC : : R : sin AB. sin B : sin AC : : R : sin BC. cos AC : cos B : : R : sin C.
AC & BC	A B B C	cos AC : cos BC : : R : cos AB. sin BC : sin AC : : R : sin B. tang BC : tang AC : : R : cos C.
AB & C	A C B C B	tang C : tang AB : : R : sin AC. sin C : sin AB : : R : sin BC. cos AB : cos C : : R : sin B.
AB & B	A C B C C	R : sin AB : : tang B : tang AC. R : cos B : : cot AB : cot BC. R : sin B : : cos AB : cos C.
AB & AC	B C B C	R : cos AB : : cos AC : cos BC. R : sin AB : : cot AC : cot B. R : sin AC : : cot AB : cot C.
AB & BC	A C B C	cos AB : cos BC : : R : cos AC. R : tang AB : : cot BC : cos B. sin BC : sin AB : : R : sin C.
B & C	A B A C B C	sin B : cos C : : R : cos AB. sin C : cos B : : R : cos AC. R : cot B : : cot C : cos BC.

Suite de la Table pour la résolution de tous les cas possibles dans un Triangle sphérique A B C, rectangle en A.

Ce que l'on cherche, doit avoir moins de 90°.
Si B a moins de 90°. Si B C & B sont de même espece. Si B C & B sont de même espece.
Si C a moins de 90°. Si B C & C sont de même espece. Si B C & C sont de même espece.
Si C a moins de 90°. Si A C & C sont de même espece. Si A C a moins de 90°.
Ce cas est douteux. Ce cas est douteux. Ce cas est douteux.
Si B C & A C sont de même espece. Si A C a moins de 90°. Si A C & B C sont de même espece.
Ce cas est douteux. Ce cas est douteux. Ce cas est douteux.
Si B a moins de 90°. Si A B & B sont de même espece. Si A B a moins de 90°.
Si A B & A C sont de même espece. Si A C a moins de 90°. Si A B a moins de 90°.
Si B C & A B sont de même espece. Si B C & A B sont de même espece. Si A B a moins de 90°.
Si C a moins de 90°. Si B a moins de 90°. Si B & C sont de même espece.

Pour en faciliter l'intelligence, foit l'hypothénufe B C de 81° 13', **FIG.**
& l'angle B de 37° 19'; on demande le côté A C oppofé à cet angle B.
   Vous voyez que pour réfoudre ce cas-là, il faut faire la premiere **119.**
proportion de la Table, & dire . . . . . puifque R : *fin* B C : : *fin* B :
fin A C, on a donc

$$Log\ fin\ B\,C\ de\ 81°\ 13' \ldots\ldots\ 9,994877.$$
$$Log\ fin\ B\quad de\ 37°\ 19' \ldots\ldots\ 9,782630.$$
$$Somme \ldots\ldots\ldots\ 19,777507.$$
$$Log\ du\ Rayon \ldots\ldots\ 10.$$
$$Refte \ldots\ldots\ldots\ 9,777507.$$

Donc A C eft de 36° 48', ou de 143° 12' qui en eft le fupplément :
mais pour fe décider fur le choix de la valeur convenable, il faut
fe rappeller que le côté A C doit être de la même efpece que l'angle B qui lui eft oppofé (604). Au refte, pour rappeller au Calculateur les conditions d'où dépend le réfultat qu'il cherche, on les a
inférées dans la derniere colonne de la Table.

   623. Si en fuppofant la même hypothénufe B C, & le même angle
B, on eût demandé le côté adjacent A B, il eut été facile de chercher
d'abord le côté A C comme ci-deffus, & d'appliquer enfuite la proportion . . . .

$$tang\ B : tang\ A\,C : : R : fin\ A\,B.$$

Mais ce procédé eût introduit deux analogies dans un calcul qui peut
être terminé par une feule. Car dans le triangle complémentaire C D E,
on a . . R : *fin* D E : : *tang* D : *tang* C E ; donc en tranfportant cette proportion dans le triangle A B C, elle deviendra . . . R : *cof* B : : *cot*
A B : *cot* B C, ou fi l'on aime mieux,

$$R : cof\ B : tang\ B\,C : tang\ A\,B.$$

On aura donc la valeur de A B par Logarithmes, en difant . . .

$$Log\ cof\ B \ldots\ 37°\ 19' = 9,900529$$
$$Log\ tang\ B\,C \ldots\ 81\ \ 13 = 10,811042$$
$$Log\ tang\ A\,B \ldots\ldots = 10,711571$$

Ce dernier Logarithme répond à 79°, ou à 101° : mais comme B C
& B font de même efpece, il faut s'arrêter à la premiere valeur. Le
côté A B eft donc de 79°, ou plutôt en calculant jufqu'aux fecondes, il
eft de 79° 0' 20''.

   Enfin pour trouver l'angle C, on fe fût fervi du triangle C D E,
dans lequel on a . . . . . *fin* C E : R : : *tang* D E : *tang* C ; d'où on tire
par la fubftitution,

$$cof\ B\,C : R : : cot\ B : tang\ C.$$
$$ou \ldots R : cof\ B\,C : : tang\ B : cot\ C.$$

On a donc la valeur de l'angle C par logarithmes, en faifant

$$\text{Log } \cos BC \dots \ 81° \ 13' = 9.183834$$
$$\text{Log } \tang B \dots \ 37 \quad 19 = 9.882101$$
$$\text{Log } \cot \ C \dots\dots\dots = 9.065935$$

Ce qui donne 83° 22', & non 96° 38', puifque BC & B font de même efpece.

624. Si au lieu de connoître l'hypothénufe, on eût connu le côté adjacent A B, avec le même angle B, & que l'on eût cherché le côté oppofé A C, il eût fallu alors employer la proportion fuivante :

$$R : \fin AB :: \tang B : \tang A C.$$

qui donne . . . . Log $\fin$ AB . . 79° $= 9.991947$
     Log $\tang$ B . . . 37.19' $= 9.882101$
     Log $\tang$ A C . . . . . $= 9.874048$

D'où on eût conclu que la valeur de A eft de 36° 48', comme nous l'avons déja trouvé.

625. Cherchons maintenant l'hypothénufe B C, en fuppofant connues les deux mêmes quantités AB & B.

Ni la premiere, ni la feconde des proportions énoncées ci-deffus (622) ne peut être appliquée immédiatement au triangle ABC : mais dans le triangle complémentaire CDE, on connoît D & DE ; on a donc... R : $\fin$ DE :: $\tang$ D : $\tang$ CE ; & en fubftituant, on trouve.

$$R : \cos B :: \cot A B : \cot B C.$$

  Log $\cos$ B . . . 37° 19' $= 9.900529.$
  Log $\cot$ AB . . . 79° $= 9.288652.$
  Log $\cot$ BC . . . . $= 9.189181.$

Donc B C eft de 81° 13', puifque B & A B font de même efpece.

Pour avoir la valeur de l'angle C, dans la même fuppofition, on aura recours à l'autre triangle complémentaire B F G, dans lequel R : $\fin$ B F :: $\fin$ B : F G, ce qui donne, en fubftituant,

$$R : \cos A B :: \fin B : \cos C$$

  Log $\cos$ A B . . . 79° $= 9.280599.$
  Log $\fin$ B . . . . 37° 19' $= 9.782630.$
  Log $\cos$ C . . . . $= 9.063229.$

L'angle C eft donc de 83° 22', ou fi on veut pouffer l'exactitude jufqu'aux fecondes, de 83° 21' 33". Cette petite différence vient de ce que le côté A B eft fuppofé ici de 79°, au lieu que nous avons déja trouvé 79° 0' 20" pour fa valeur.

626. Après avoir déterminé, dans deux cas différents, les trois parties inconnues du triangle rectangle A B C, il nous refte à examiner les cas où cette détermination eft impoffible.

Et d'abord, fi on fuppofe connus le côté A B & l'angle oppofé C, il est clair que l'on ne peut connoître de quelle espece est l'hypothénuse : car alors la premiere proportion donne

$$sin\ C : sin\ AB :: R : sin\ BC.$$

Mais ce dernier sinus appartenant indifféremment à une hypothénuse moindre que 90°, ou à son supplément, il faudroit savoir de quelle espece sont les deux angles obliques, pour se déterminer dans le choix. Faute de cette connoissance, le cas est douteux : aussi est-il marqué comme tel, dans la quatrieme colonne de la Table.

On éprouve le même embarras, quand il s'agit de trouver la valeur du côté A C, les mêmes choses étant données. En effet, par la seconde proportion (622) on a

$$tang\ AC : tang\ AB :: R : sin\ AC;$$

mais rien n'indique, dans ce cas-là, de quelle espece est le côté A C.

Même difficulté pour l'angle B, dont la valeur se déduit de la premiere proportion (622), appliquée d'abord au triangle B F G, & transportée ensuite au triangle A B C.

Car on a, dans le triangle B F G,

$$sin\ BF : R :: sin\ FG : sin\ B;$$

ce qui donne, dans le triangle A B C,

$$cos\ AB : R :: cos\ C : sin\ B,$$

sans que l'on puisse savoir de quelle espece est l'angle B.

Voilà donc un premier cas dont les variétés offrent trois solutions ambiguës. Un autre cas parfaitement semblable, celui où l'on suppose connus le côté A C & l'angle opposé B, en offre trois autres. En général, toutes les fois que dans un triangle sphérique rectangle on ne connoîtra qu'un des angles obliques, & le côté qui lui est opposé, la valeur des trois autres parties ne pourra être déterminée.

627. Il y a donc six solutions imparfaites, parmi les trente Problêmes qu'offre à résoudre tout triangle sphérique rectangle. Au reste, on pourroit réduire à seize ces trente questions, en supprimant celles qui sont absolument semblables : mais on est bien aise de trouver dans une Table, la proportion dont on a besoin, sans qu'il y ait aucun changement à faire. Passons maintenant à la résolution des triangles obliquangles.

Résolution des Triangles sphériques obliquangles.

628. Elle est susceptible d'autant de variétés qu'il y a de combinaisons différentes entre les six parties d'un triangle, prises quatre à quatre. Or il y a quinze de ces combinaisons (313), & chacune a trois cas différents. Il y a donc 45 problêmes à résoudre, pour les triangles obliquangles. Mais comme la résolution des uns entraîne souvent celle des autres, on les a réduits aux douze suivants.

FIG.
120.

PROBLEME I.

629. Dans un triangle ſphérique obliquangle A B C , étant donnés deux angles, B & A , & le côté oppoſé à l'angle A , trouver le côté A C oppoſé à l'autre angle.

$$\text{Soit} \begin{cases} A = 61^o\ 25'. \\ B = 82\ \ 36. \\ BC = 59.\ 40.\ \text{Faites là propor.} \end{cases}$$

co. Log ſin A = 0.056445.
Log ſin B = 9.996368.
Log ſin BC = 9.936062.

$$\text{ſin A : ſin B : : ſin BC : ſin A C.}$$

Log ſin AC = 9.988875.

Le calcul donnera 77° 5′, ou 102° 55′, ſans que l'on puiſſe ſe décider entre ces deux réſultats , à moins que l'on ne ſache d'ailleurs de quelle eſpece doit être le côté cherché.

I I.

630. Etant donnés deux angles A & B , avec le côté BC oppoſé à l'angle A , trouver le troiſieme angle.

115.

&

116.

Abaiſſez un arc perpendiculaire C D , & vous aurez dans le triangle BCD (620)

$$\text{R : coſ BC : : tang B : cot BCD.}$$

Puis (616) coſ B : coſ A : : ſin BCD : ſin ACD.

Ajoutant donc ces deux angles , ou fouſtrayant l'un de l'autre , ſuivant que les angles donnés A & B ſont de même ou de différente eſpece, vous aurez l'angle cherché C.

Soit A = 61° 25′ . . . B = 82° 36′ . . . BC = 59° 40′, & vous aurez

I°	II°
Log coſ B C = 9.703317.	co Log coſ B = 0.890099.
Log tang B = 10.886467.	Log coſ A = 9.679814.
Log cot BCD = 10.589784.	Log ſin BCD = 9.396150.
L'angle B C D eſt donc de	Log ſin ACD = 9.966073.
14° 25′ (608)	

L'angle A C D eſt donc de 67° 39′, ou de 112° 21′ ; ce qui donne 82° 4′, où 126° 46′, pour l'angle cherché A B C , ſans qu'il y ait moyen de déterminer par les quantités connues la valeur qui doit être préférée.

I I I.

631. Etant donnés deux angles A & B avec le côté oppoſé B C, comme dans le problême précédent, trouver le côté A B compris entre ces deux angles.

L'arc perpendiculaire C D forme deux triangles rectangles A C D & D C B, dont le dernier donne (617)

R : cof B : : tang BC : tang BD.

D'ailleurs on a (615) tang A : tang B : : fin BD : fin AD.

On aura donc AB = AD ± DB, felon que les angles donnés feront de même ou de différente efpece.

Iº		IIº	
Log cof B	= 9.109901.	co Log tang A	= − 1.736269.
Log tang BC	= 10.232745.	Log tang B	= 10.886467.
Log tang BD	= 9.342646.	Log fin BD	= 9.332478.
BD eft donc de 12° 25′		Log fin AD	= 9.955214.

Le côté AD eft donc de 64° 25′, ou de 115° 35′; & comme dans cet exemple, les angles A & B font de même efpece, il faut ajouter les deux fegments BD & AD; par conféquent le côté AB doit être de 76° 50′, ou de 128°.

I V.

632. Etant donnés deux angles A & C, avec le côté fur lequel ces angles font formés, trouver le troifieme angle B.

On a d'abord (620) . . . R : cof AC : : tang A : cot ACD.

On a enfuite (616) . . . fin ACD : fin BCD : : cof A : cof B.

L'angle BCD fe trouve en fouftrayant ACD de ACB, lorfque l'arc perpendiculaire tombe en dedans du triangle : mais toutes les fois que cet arc tombe en dehors, il faut fouftraire l'angle ACB de l'angle ACD, pour avoir BCD.

V.

633. Etant donnés, comme ci-deffus, les deux angles A & C, avec le côté compris AC, trouver l'un des deux autres côtés, BC par exemple.

R : cof AC : : tang A : cot ACD.

(618) cof BCD : cof ACD : : tang AC : tang BC.

V I.

634. On fuppofe connus deux côtés quelconques, AC & BC par exemple, avec un des angles oppofés à ces côtés, tel que l'angle A, trouver l'angle B oppofé à l'autre côté.

Ce problême fe réfout par la proportion fi connue . . . .

fin BC : fin AC : : fin A : fin B.

Et fi on donne aux côtés connus & à l'angle A, les mêmes valeurs que ci-deffus, on trouvera celle de l'angle B, par le calcul fuivant,

$$co\ Log\ \int in\ BC \ldots 59° \ 40' = 0.063938.$$
$$Log\ \int in\ AC \ldots 77 \qquad 5 = 9.988869.$$
$$Log\ \int in\ A \ldots 61 \qquad 25 = 9.943555.$$
$$Log\ \int in\ B \ldots\ldots\ldots = 9.996362.$$

L'angle B eſt donc de 82° 36', comme nous l'avons ſuppoſé, ou de 97° 24'. comme nous aurions pû le ſuppoſer auſſi.

Ce problême rentre évidemment dans le premier, ils ne différent entre eux que par une inverſion de termes, dans la proportion qui les réſout l'un & l'autre.

V I I.

635. Les mêmes choſes étant données, on demande le troiſieme côté A B

$$R : co\int A :: tang\ AC : tang\ AD.$$
$$co\int AC : co\int BC :: co\int AD : co\int BD.$$

Par la premiere de ces deux proportions on connoît AD, par la ſeconde on connoît B D : ainſi on aura $AB = AD \pm BD$, ſuivant la poſition de l'arc perpendiculaire.

Si on eût rapporté au triangle ſupplémentaire les quantités connues dans le triangle ABC, on eût eu ſimplement à réſoudre ce problême (629)... Connoître le troiſieme angle, quand on connoît les deux autres & un des côtés qui leur ſont oppoſés. Car ce problême une fois réſolu, on eût trouvé la valeur du côté cherché A B, en prenant le ſupplément de ce troiſieme angle.

V I I I.

636. Dans la même hypothèſe, trouver l'angle C, compris entre les deux côtés connus A C & B C.

$$R : co\int AC :: tang\ A : cot\ ACD.$$
$$tang\ BC : tang\ AC :: co\int ACD : co\int BCD;$$

d'où l'on tire $ACB = ACD \pm BCD$, ſuivant que les côtés A C & B C ſont de même ou de différente eſpece.

Le triangle ſupplémentaire eſt également propre à réſoudre ce problême; en le rappellant au troiſieme.

I X.

637. Etant donnés deux côtés A C & A B, avec l'angle A compris entre ces côtés, trouver l'autre côté B C.

$$R : co\int A :: tang\ AC : tang\ AD.$$
$$co\int AD : co\int BD :: co\int AC : co\int BC.$$

X.

638. Les mêmes chofes étant connues, trouver l'un des deux autres angles, l'angle B, par exemple.

$$R : \cos A :: \tan AC : \tan AD.$$
$$\sin BD : \sin AD :: \tan A : \tan B.$$

X I.

639. Si les trois côtés font connus, comment trouver un des trois angles, A, par exemple? . . . . On fait (613) que

115

$$\tan \frac{AB}{2} : \tan \frac{AC + BC}{2} :: \tan \frac{AC - BC}{2} : \tan \frac{AD - DB}{2}.$$

Cette première proportion fera connoître le fegment AD, & la proportion qui fuit, donnera l'angle A;

$$\tan AC : \tan AD :: R : \cos A.$$

Reprenant donc les mêmes valeurs que ci-devant, on aura 1°;

$$
\begin{aligned}
co\ \text{Log } \tan \tfrac{1}{2}\ (AB) \dots \dots 38° 25' &= 0.100692. \\
\text{Log } \tan \tfrac{1}{2}\ (AC + BC) \dots 68\ 22\tfrac{1}{2} &= 10.401838. \\
\text{Log } \tan \tfrac{1}{2}\ (AC - BC) \dots 8\ 42\tfrac{1}{2} &= 9.185174. \\
\hline
\text{Log } \tan \tfrac{1}{2}\ (AD - DB) \dots \dots &= 9.687704.
\end{aligned}
$$

La demi-différence des deux fegments eft donc de 25° 59' qui étant ajoutés à la demi-bafe, 38° 25' donnent 64° 24' pour le plus grand fegment AD. Cela pofé, on aura 2°.

$$
\begin{aligned}
co.\ \text{Log } \tan AC \dots 77°\ \ 5' &= -1.360474. \\
\text{Log } \tan AD \dots 64\ \ 24 &= 10.319556. \\
\text{Log } R \dots \dots &= 10. \\
\hline
\text{Log } \cos A \dots \dots &= 9.680030.
\end{aligned}
$$

Ce Logarithme répond à 61° 24'. L'angle A eft donc de 61° 24'. Nous avons pourtant fuppofé ailleurs (629) qu'il étoit de 61° 25'. D'où peut donc provenir cette petite différence?

. Elle provient des quantités négligées dans l'évaluation des logarithmes: car fi on eût calculé jufqu'aux fecondes, on eût trouvé pour la demi-différence des fegments, 25° 58' 30'', qui étant ajoutés à 38° 25', euffent donné pour la valeur de AD, 64° 23' 30''. Or le logarithme de $\tan$ 64° 23' 30'' eft 10.319394, lequel fubftitué à 10.319556, donne pour réfultat 9.679868, qui répond à 61° 25'.

640. Ce dernier problême peut fe réfoudre par une feule proportion, que l'on trouve démontrée dans plufieurs Traités de Trigonométrie, & dont il eft facile de calculer les termes par logarithmes. Nous ne ferons que l'énoncer.

FIG.   Le produit des finus des côtés A B & A C qui comprennent l'angle
cherché A, eft au produit des finus de ce qui refte de la demi-fomme
des trois côtés, quand on en a fouftrait féparément ces mêmes côtés
A B & A C, comme le quarré du rayon, eft au quarré du finus de la
moitié de l'angle cherché.

X I I.

121.   641. Etant donnés les trois angles, trouver un côté, A C, par exemple.
Ce problême, réfolu par le triangle fupplémentaire, ne différeroit pas
du problême précédent : mais on peut auffi le réfoudre par les deux proportions fuivantes, en fuppofant que l'arc C F coupe en deux parties
égales l'angle A C B.

$$cot\ \tfrac{1}{2}\,(A+B) : tang\ \tfrac{1}{2}\,(B-A) :: tang\ \tfrac{1}{2}\,C : tang\ D C E.$$
$$tang\ A : cot\ A C D :: R : cof\ A C.$$

La premiere donne la valeur de l'angle D C E, qui étant ajouté à
l'angle A C E fera connoître l'angle A C D : or celui-ci une fois connu,
on trouve bien vîte le côté cherché A C par la feconde proportion.
Soit donc A $=$ 61° 25′ . . . . B $=$ 82° 36′ . . . C $=$ 82° 4′,
nous aurons.

$$
\begin{aligned}
&co\ \mathrm{Log}\ cot\ \tfrac{1}{2}\,(A+B) \ .\ .\ &72°\quad &0′\ &30″\ &= 0.488439. \\
&\mathrm{Log}\ tang\ \tfrac{1}{2}\,(B-A) \ .\ .\ &10\quad &35\ &30\ &= 9.271829. \\
&\mathrm{Log}\ tang\ \tfrac{1}{2}\,C \ .\ .\ .\ .\ .\ &41\quad &2\ & &= 9.939673. \\
\hline
&\mathrm{Log}\ tang\ D C E \ .\ .\ .\ .\ .\ .\ .\ .\ .\ & & & &= 9.699941.
\end{aligned}
$$

Ainfi l'angle formé par l'arc perpendiculaire & par celui qui coupe
l'angle C en deux parties égales, doit être dans ce cas, de 26° 36′ 59″.
Ajoutant donc cette valeur à la moitié de l'angle C, on aura 67° 38′
59″ pour la valeur de l'angle A C D; & la feconde proportion donnera

$$
\begin{aligned}
&co\ \mathrm{Log}\ tang\ A \ .\ .\ .\ &61° 25′. \quad &= -1.736269. \\
&\mathrm{Log}\ cot\ A C D. &67° 38′ 59″ \quad &= 9.614006. \\
&\mathrm{Log}\ R \ .\ .\ .\ .\ .\ .\ .\ .\ .\ .\ .\ & &= 10. \\
\hline
&\mathrm{Log}\ cof\ A C \ .\ .\ .\ .\ .\ .\ .\ .\ & &= 9.350275.
\end{aligned}
$$

Le côté A C fera donc de 77° 3′ 18″.
Nous l'avions déja trouvé de 77° 5′ dans la réfolution du premier
problême, mais cette différence ne provient que des quantités négligées
dans l'évaluation des logarithmes.
642. A cette double folution on pourroit en ajouter une troifieme,
déduite de la proportion fuivante.
Le produit des finus des angles A & C eft au produit des cofinus
des deux reftes que l'on trouve après avoir fouftrait féparément chacun de ces deux angles, de la demi-fomme des trois angles, comme le
quarré du rayon eft au quarré du cofinus du demi-côté A C.

643.

643. Et cette proportion peut également s'appliquer aux triangles rec- FIG.
tilignes, parce qu'en supposant les triangles sphériques bien petits, leurs
côtés sont des arcs insensibles que l'on peut regarder comme des sinus
ou des tangentes des angles opposés. Telle est donc l'analogie de la Trigonométrie sphérique avec la Trigonométrie rectiligne; que la plûpart
des formules de la premiere peuvent être appliquées à la seconde, par
une simple substitution des côtés, aux sinus ou aux tangentes de ces
mêmes côtés.

Vous observerez cependant que les formules où il entre des cosinus & des cotangentes, ne sont pas susceptibles de cette application;
& vous savez bien pourquoi.

644. La théorie que nous venons d'exposer, embrasse généralement tous les cas des triangles sphériques. Mais le nombre des proportions à retenir, & celui des précautions qu'il faut prendre suivant les
divers cas, n'étant pas réduits au degré de simplicité que l'on pourroit désirer, plusieurs Géomètres ont travaillé successivement à cette
réduction.

Nepper, que l'invention des logarithmes a rendu si célèbre, n'a
pas été le moins heureux dans cette recherche. Deux seules proportions
lui suffisoient pour résoudre presque tous les problêmes de trigonométrie sphérique. On peut voir l'énoncé de ces propositions dans son Ouvrage : il y a cependant une multiplicité de *parties adjacentes*, & de
parties séparées, qui jointes à ce qu'il appelle *la partie moyenne*, entraînent quelque confusion.

D'autres Géomètres ont réduit toute cette théorie à des formules
purement analytiques; mais quand même on donneroit la préférence
à ces méthodes, on auroit bien de la peine à se passer entiérement de
celle des anciens Géomètres, à cause de la clarté qu'y répandent les
figures dont on se sert.

Quelques applications de la Trigonométrie sphérique.

645. Etant donnée la déclinaison d'un astre, trouver son amplitude
& son arc diurne pour un lieu dont la latitude est connue.

La solution de ce problême suppose quelques notions d'Astronomie :
ainsi tout Lecteur qui n'aura pas déja ces notions, peut passer au Chapitre suivant.

Soit HZO la moitié du Méridien du lieu proposé . . . HAO la moitié   122.
de son Horizon . . . . EAQ la moitié de l'Équateur . . . . Z le
Zénith . . . P le Pôle Boréal . . . A le vrai point d'Est . . . M N ou
EC la déclinaison de l'astre dont il s'agit . . . C M c une partie du
parallele que cet astre doit parcourir . . . P M N un quart de cercle
horaire.

Cela posé, on aura l'arc A M pour l'amplitude ortive, l'arc M C ou
N E pour l'arc semi-diurne, & on connoîtra dans le triangle rectan-

FIG. gle A M N, le côté M N, l'angle N & l'angle oblique M A N, qui
eſt le complément de la latitude donnée.

Ainſi pour connoître AM on fera la proportion ſuivante.

$$\textit{ſin} \ MAN : \textit{ſin} \ MN :: R : \textit{ſin} \ AM ;$$

& pour avoir A N, on fera cette autre proportion.

$$\textit{tang} \ MAN : \textit{tang} \ MN :: R : \textit{ſin} \ AN.$$

Appellant donc la latitude L & la déclinaiſon D, on aura,

$$\textit{ſin} \ AM = \frac{\textit{ſin} \ D}{\textit{cof} \ L} \dots \textit{ſin} \ AN = \frac{\textit{tang} \ D}{\textit{tang} \ (90° - L)} = \textit{tang} \ D \ \textit{tang} \ L.$$

Ce qui donnera pour l'amplitude cherchée deux ſolutions, dont la plus
petite ſera la ſeule convenable. On aura auſſi la valeur de A N, qui
étant convertie en temps, à raiſon de 15° par heure, fera connoître
ce qu'il faut ajouter au quart A E de l'équateur, c'eſt-à-dire, à ſix
heures, pour avoir la moitié du temps que cet aſtre doit paſſer ſur
l'horizon.

122. Si par hazard on demandoit l'arc ſemi-diurne d'un aſtre dont la
déclinaiſon fût auſtrale, il faudroit alors ſouſtraire A N de A E, après
les avoir réduits en temps.

E X E M P L E I.

La latitude de Paris eſt de 48° 50', & on demande quel doit être,
par rapport à cette ville, l'arc ſemi-diurne d'une étoile placée à 15°
de déclinaiſon auſtrale ?

$$
\begin{aligned}
&\text{Log } \textit{tang} \ D \ \dots \dots \ 25° = 9.668673. \\
&\text{Log } \textit{tang} \ L. \ \dots \dots \ 48 \ 50 = 10.058287. \\
&\text{Log } \textit{ſin} \ AN \ \dots \dots \dots = 9.726960.
\end{aligned}
$$

Ce qui donne 32° 13' 40" pour l'arc A N. Cet arc réduit en temps
vaut 2 h 8' 55", qu'il faut ſouſtraire de ſix heures, pour avoir l'arc
ſemi-diurne de 3 h 51' 5"; d'où on conclud qu'une étoile placée à 15°
de déclinaiſon auſtrale, reſte ſur l'horizon de Paris pendant 7 h 42'
10". On trouveroit que ſon amplitude eſt de 39° 56' 36", vers le pôle
antarctique.

E X E M P L E I I.

Quel eſt le plus long jour de l'année pour l'horiſon de Paris, & combien ce jour dure-t-il ? Le plus long jour eſt évidemment celui où le
Soleil parcourt le Tropique du Cancer, & comme alors ſa déclinaiſon
eſt de 23° 28' 20", on a

$$\text{Log } tang\ D \quad . \quad . \quad . \quad 23°\ 28'\ 20'' = 9.637726.$$
$$\text{Log } tang\ L \quad . \quad . \quad . \quad 48 \quad 50 \quad = 10.058287.$$
$$\text{Log } fin\ AN \quad . \quad . \quad . \quad . \quad . \quad . \quad = 9.696013.$$

Ce dernier logarithme répond dans les Tables à 29° 46' 33''; ce qui fait 1 h 59' 6''. Donc l'arc femi-diurne du Solftice d'Été eft de 7 h 59' 6''; & par conféquent le plus long jour de l'année pour l'horizon de Paris feroit de 15 h 58' 12'', fi la réfraction n'influoit pas dans fa durée. De quelle quantité y influe-t-elle? c'eft ce que nous allons examiner dans l'exemple fuivant.

EXEMPLE III.

On fait que la réfraction fait paroître à l'horizon tous les aftres qui font réellement 32' 20'' au-deffous, en comptant ces 32' 20'' fur un vertical. Le Soleil paroît donc fe lever, avant qu'il ait atteint l'horizon, & le foir on le voit encore, quoique déja au-deffous de ce cercle. Il en réfulte par conféquent une augmentation quelconque dans la durée du jour. De combien eft-elle?

Soit D m d un demi-cercle tracé parallélement à l'horizon, à 32' 20'' d'intervalle: il eft clair qu'auffitôt que le Soleil eft parvenu à ce parallele en m, la réfraction l'élévera de 32' 20'' = m r, & le fera paroître fur l'horizon au point r. Alors fon amplitude apparente fera A r c'eft-à-dire, que fon amplitude vraie fera augmentée de la quantité M r, en vertu de la réfraction.

D'ailleurs, puifque le Soleil paroît être à l'horizon, dès qu'il eft en m, l'arc femi-diurne eft repréfenté par E n; ainfi le prolongement du jour eft exprimé par N n, qu'il s'agit de calculer.

Comme le triangle M r m eft très-petit, on peut le réfoudre par la Trigonométrie rectiligne, qui donne $M m = \dfrac{m\,r}{cof\,PMO}$. Or $cof\,PMO =$

$cof\,PO.\ Sin\,MPO = cof\,L.\ Sin\ ang.\ hor$; donc $M m = \dfrac{m\,r}{cof\,L.\ fin\ ang.\ hor.}$

On a d'ailleurs la proportion fuivante;

$$M m : N n :: fin\,PM : 1 :: cof\,D : 1.$$

Donc $N n = \dfrac{M m}{cof\,D} = \dfrac{m\,r}{cof\,D.\ Cof\,L.\ Sin\ ang.\ hor.}$; formule qui fait connoître immédiatement l'effet de la réfraction fur l'heure du lever & du coucher d'un aftre quelconque, vu d'une latitude quelconque.

Si nous prenons, par exemple, le Soleil dans le Tropique du Cancer à 23° 28' 20'' de déclinaifon, vu à la latitude de Paris, & fi nous faifons m r = 32' 20'' = 1940'', nous aurons N n = 3702''.

A a ij

FIG.

REMARQUE.

Si on imagine le petit arc vertical *m r* prolongé jusqu'au Zénith Z, & si on mene le quart P *m n* d'un cercle horaire, on aura un triangle sphérique Z P *m*, dans lequel on connoîtra le côté Z P, complément de la latitude, le côté P *m*, complément de la déclinaison, & le côté Z *m* qui est de 90° 32′ 10″.

D'où il suit qu'en résolvant ce triangle par le Problême XI, on pourra connoître immédiatement l'angle Z P *m*, dont la mesure est l'arc semi-diurne E *n*. On pourra connoître aussi l'angle P Z *m* dont la mesure est l'arc *r* O, complément de l'amplitude apparente A *r*, ce qui menera à une solution plus directe du problême proposé.

EXEMPLE IV.

Etant données la longitude & la latitude de deux Villes, trouver leur plus courte distance.

Pour la connoître, il faut mesurer l'arc de grand cercle qui passe par les deux lieux proposés; car on sait que sur la surface d'une sphére le plus court chemin d'un point à un autre, est l'arc de grand cercle qui passe par ces deux points.

123. Cela posé, soit P le pôle .... E Q une portion de l'équateur .... P C Q & P B E deux quarts de cercle qui passent l'un par le point C & l'autre par le point B, que je suppose être les points donnés. Soit enfin B C l'arc de grand cercle qui mesure leur distance. On connoîtra dans le triangle sphérique P B C, les deux côtés P B & P C, compléments respectifs des latitudes données; & l'angle P dont la mesure est l'arc E Q, différence des longitudes. Ainsi on connoîtra B C par le problême IX.

Soit, par exemple, la latitude C Q de 48° 50′ 10″, comme elle l'est pour Paris, & soit B E = 43° 7′ 14″, comme elle l'est pour Toulon. Ces deux Villes différent en longitude de 3° 36′ 35″ : ainsi l'angle C P B, ou ce qui est la même chose, l'angle E P Q est de 3° 36′ 35″.

Si on fait le calcul, on trouvera B C = 6° 14′ 15″, ce qui donne pour la distance de Paris à Toulon, sans avoir égard à la sinuosité des chemins, 178 lieues de 2000 toises chacune, en supposant que le degré moyen du Méridien en France est de 57060 toises.

EXEMPLE V.

Etant données l'ascension droite & la déclinaison d'un astre, déterminer sa latitude & sa longitude.

124. Soit P le pôle de l'équateur A B C; soit N le pôle de l'écliptique E B D; soit P M Q le cercle de déclinaison, & N M R le cercle de latitude qui passent l'un & l'autre par l'astre que je suppose en M.

Le problême se réduit à trouver B R & M R, étant donnés B Q &

QM : or dans le triangle P M N, on connoît P M complément de
M Q, l'angle M P N complément de B Q, & le côté P N qui eſt égal
à l'obliquité de l'écliptique. Il eſt donc bien facile de connoître le
troiſieme côté M N qui a pour complément la latitude de l'aſtre, &
l'angle P N M qui après avoir ſouſtrait 90°, donne la longitude cherchée.

E X E M P L E V I.

Connoiſſant la latitude d'un lieu donné & la déclinaiſon d'un aſtre,
avec une hauteur de cet aſtre, obſervée à un inſtant quelconque, trouver ſon Azimut, ſa diſtance au Méridien, & l'heure qu'il étoit au moment de l'obſervation.

Soit K le lieu de l'aſtre, quand on obſerve dans ſon parallele 122.
C M c; ſoit Z K F un vertical, P K un cercle horaire. On aura K F
pour la hauteur obſervée, & Z K pour complément. P K ſera le complément de la déclinaiſon, Z P ſera le complément de la hauteur du
pôle. Ainſi on connoîtra les trois côtés du triangle Z P K ; & par conſéquent on pourra déterminer l'angle K Z P, dont le ſupplément H F
ſera l'Azimut de l'aſtre, & l'angle Z P K qui meſure la diſtance de
l'aſtre au Méridien, ou le temps qu'il emploiera à y parvenir, s'il n'y
eſt pas déja paſſé. On aura donc par ce calcul & par celui de l'aſcenſion
droite du Soleil, le temps du paſſage de l'aſtre par le Méridien, & par
conſéquent l'heure vraie de l'obſervation.

TRAITÉ ANALYTIQUE

DES SECTIONS CONIQUES.

646. On appelle en général *Sections coniques* les sections faites dans un cône par un plan.

Le cercle, par exemple, est une section conique, parce qu'en coupant un cône droit par un plan parallele à sa base, la section est un cercle.

Le triangle est aussi une Section conique, puisqu'en coupant un cône par le sommet, la section est triangulaire.

Mais on a donné spécialement le nom de Sections coniques à trois autres Sections du cône, dont nous allons faire connoître l'origine & les propriétés, après avoir indiqué la maniere de les traiter analytiquement.

Notions préliminaires sur l'usage de l'Algebre dans la description des Courbes.

Descartes ayant imaginé d'appliquer l'Algebre à la Géométrie, on ne tarda pas à sentir l'utilité dont ces sortes d'applications pouvoient être. Les Géometres qui sont venus après lui, ont tellement profité de cette découverte, qu'elle est devenue à jamais célebre par sa grande fécondité. Ses principaux usages consistent dans des recherches sur la théorie des courbes, dont l'étude est indispensable quand on veut approfondir les sciences Physico-Mathématiques.

647. L'objet de cette théorie est d'exprimer par des équations les loix suivant lesquelles on suppose que des courbes données ont été décrites ; & réciproquement, de diriger l'Analyste, soit dans la description des courbes dont il a les équations, soit dans la recherche des propriétés de ces mêmes courbes.

Pour cela, on rapporte chaque point de la courbe que l'on veut tracer, à deux droites, dont l'une s'appelle *la Ligne* ou *l'Axe des abscisses*, l'autre *la Ligne* ou *l'Axe des ordonnées*. On cherche ensuite

le rapport qui se trouve entre les abscisses & les ordonnées, & l'ex-
pression analytique de ce rapport donne l'équation de la courbe.

C'est ainsi, par exemple, que $yy = 2ax - xx$ exprimant le rapport
constant d'égalité entre le quarré de chaque ordonnée du cercle, & le
rectangle de ses abscisses, on a dit (444) que cette équation apparte-
noit au cercle.

648. Afin d'abréger, on est convenu d'appeller *fonction d'une quantité* toute expression algébrique où cette quantité entre. Ainsi on dit,
par exemple, que l'équation au cercle exprime l'égalité constante d'une
fonction de chaque ordonnée (c'est son quarré) avec une fonction
de chaque abscisse correspondante (c'est son produit par le reste du
diametre).

On appelle en général *Coordonnées* les abscisses, & les ordonnées
correspondantes d'une courbe ; & comme la longueur de ces lignes
varie à chaque instant, on les nomme *variables* ou *indéterminées*,
par opposition aux quantités *constantes* ou *déterminées*.

Le point d'où l'on commence à compter les abscisses, s'appelle *l'origine des abscisses*. On est le maître de la supposer où l'on veut, avant
de chercher l'équation des coordonnées : mais sa position une fois déterminée, il faut la supposer toujours la même dans les détails du même
calcul. Ordinairement on met l'origine des abscisses au sommet, ou
au centre de la courbe.

Et comme en partant de leur origine, on peut les prendre de deux
côtés opposés, on est convenu de désigner les unes par le signe $+$, &
les autres par le signe $-$; de maniere qu'une abscisse est censée *positive*, lorsqu'elle est sur la partie de l'axe que l'on regarde comme positive. Le choix de cette partie est absolument arbitraire : mais quand
il est une fois fait, on doit s'y tenir.

649. Les ordonnées peuvent être perpendiculaires ou obliques sur la
ligne des abscisses, pourvu qu'elles soient paralleles entre elles. Communément on les suppose perpendiculaires, & on en distingue de positives & de négatives, suivant qu'elles sont d'un côté ou de l'autre de
l'axe des abscisses. Quelquefois cependant elles partent d'un point fixe :
on en verra des exemples dans la suite.

Cela posé, décrivons la courbe qui a pour équation $y^2 = 2ax -
xx$. On sait déja que c'est la circonférence d'un cercle dont le diame-
tre est $2a$; mais quand même on ne le sauroit pas, la construction
de cette équation le feroit bientôt connoître.

Soit donc désignée par a une quantité constante que je suppose
$= 5$, & soit menée une droite indéfinie BD, sur laquelle je prends
AD $= 10 = 2a$, que je divise en dix parties égales A P, P P &c. Soit
A l'origine des abscisses, BD leur axe, AD la direction des positives ;
AB sera donc celle des négatives, si la courbe cherchée en a. Soit me-
née ensuite au point A la perpendiculaire indéfinie EF, que je prends
pour l'axe des ordonnées, & dont je suppose que la partie positive est
AE. Soit enfin AP $= x$, & PM $= y$.

A a iv

FIG.

Il est clair par l'équation même, $y = \pm \sqrt{(2ax - xx)}$, que lorsque $x = 0$, on a $y = 0$; donc la courbe a le point A de commun avec la ligne des abscisses. Si on fait $x = 1$, y devient ± 3; si $x = 2$, y devient ± 4; ensorte que les valeurs correspondantes de x & de y sont . . . . ,

$$x = 0, 1, \quad 2, \quad 3, \quad 4, \quad 5, \quad 6, \quad 7, \quad 8, \quad 9, \quad 10$$
$$y = 0, \pm 3, \pm 4, \pm\sqrt{21}, \pm\sqrt{24}, \pm 5, \pm\sqrt{24}, \pm\sqrt{21}, \pm 4, \pm 3, 0$$

125.

Or ces valeurs de y déterminent la longueur d'autant d'ordonnées, dont les extrémités M sont des points de la courbe que l'on cherche ; & parce que ces valeurs sont tout-à-la fois positives & négatives, il est clair qu'en menant du point A deux *branches* égales, dont l'une passe par les points M qui sont au-dessus de l'axe des abscisses, & l'autre par les points correspondants qui sont au-dessous, on aura la courbe demandée.

Quant à sa description, elle sera d'autant plus exacte, que l'on multipliera davantage les divisions de la ligne A D. C'est ainsi que l'on peut décrire une courbe en rapportant chacun de ses points M à deux lignes B D, E F données de position : car si l'on achève le parallélogramme A P M N, dont on connoît les deux côtés A P ou N M, & P M, l'interfection de ces deux dernieres lignes donnera le point M de la courbe. On appelle ce parallélogramme, *le parallélogramme des coordonnées*.

Les valeurs de y croissant ici de plus en plus jusqu'à un certain terme qui est 5, & décroissant ensuite dans le même rapport jusqu'à zéro, on doit conclure 1°, qu'il y a une ordonnée P M plus grande que toutes les autres; c'est ce que l'on appelle le *Maximum* de l'ordonnée. (La recherche des *Maximum* & des *Minimum* est une des plus curieuses de l'analyse ; nous en donnerons quelques exemples dans la suite).

On doit conclure 2°, que la courbe qui a pour équation $yy = 2ax - xx$, est une courbe *rentrante & fermée*. Elle ne s'étend pas au-delà du point A ; car alors ses abscisses étant négatives, les valeurs de y seroient *imaginaires*, ce qui indique qu'il ne peut y avoir aucune de ses branches au-delà de l'origine des abscisses. Cherchons maintenant quelques-unes de ses propriétés.

650. Du milieu C de la ligne A D, je mene des droites C M, & j'ai autant de triangles rectangles C P M, dans lesquels $C M^2 = P M^2 + C P^2 = y^2 + a^2 - 2ax + x^2$; donc puisque $y^2 = 2ax - x^2$, on aura toujours $C M = a$; c'est-à-dire que tous les points M sont à égale distance du centre C, propriété distinctive de la circonférence du cercle.

D'ailleurs l'équation $y^2 = 2ax - xx$, donne $x : y :: y : 2a - x$, ou ∴ A P : P M : P D; donc chaque perpendiculaire P M est moyenne proportionnelle entre les deux segments du diametre A D, autre propriété du cercle.

Menant ensuite une corde A M, on aura $A M^2 = 2ax$; donc $x :$

A M : : A M : 2 *a*; ce qui fait voir que dans la courbe demandée toutes
les cordes menées du point A à un des points M font moyennes proportionelles entre le diametre A D & le fegment correfpondant A P, ce
qui convient encore au cercle.

Si l'on mene la corde M D, on aura $A M^2 + M D^2 = 4 a^2 = A D^2$,
propriété du triangle rectangle. Donc tous les angles A M D font droits,
comme ils doivent l'être dans le cercle.

Infcrivant le quadrilatere A M D M', on trouvera de même que A M
$\times$ M' D + A M' $\times$ M D = A D $\times$ M M' (450). Et ainfi des autres
propriétés.

651. Soit propofé maintenant de décrire la courbe dont l'équation
aux coordonnées eft $y^2 = a x$.

On voit d'abord que cette courbe doit couper la ligne des abfciffes
à leur origine, puifqu'en fuppofant $x = 0$, on a auffi $y = 0$; on
voit enfuite qu'elle doit avoir deux branches égales, l'une pofitive,
l'autre négative. Ces branches s'étendront à l'infini en s'écartant de
leur axe, à mefure que l'on fuppofera des valeurs plus grandes pour
x. Mais ces valeurs doivent toutes être pofitives, autrement les ordonnées deviendroient imaginaires. La courbe aura donc la forme
M A M'.

652. Soit auffi $y y = x x - a a$. Il eft clair que fi la courbe à laquelle appartient cette équation, coupe la ligne des abfciffes, ou ne
fait même que la toucher en quelques points, on les déterminera en
fuppofant $y = 0$. Or dans cette fuppofition on a $x = \pm a$. Ainfi en
prenant fur une droite indéfinie B D un point A pour l'origine des abfciffes, & deux parties A S, A *s* égales à la quantité donnée *a*, la
courbe doit paffer par les points S, *s* que l'on appelle fes *fommets*.

Pour connoître la direction de fes branches, foit A D le côté des
abfciffes pofitives; on aura $y = \pm v (x^2 - a^2) = \pm \sqrt{(x + a)}$
$(x - a)$, ce qui donne deux branches, l'une S M, l'autre S M',
dont le cours s'étendra à l'infini, tant que *x* fera plus grande que *a*. Si
elle étoit plus petite, *y* feroit imaginaire; la courbe ne paffe donc pas
au-delà du point S, tant que l'on ne prend que des abfciffes pofitives.

Suppofons qu'on les prenne négatives, l'équation deviendra...
$y = \pm \sqrt{(-x + a)(-x - a)}$. Or tant que les *x* feront plus petites
que *a*, les valeurs de *y* feront imaginaires. Il n'y aura donc aucune
partie de la courbe entre les points A & *s*.

Si $x = a$, on trouve comme ci-deffus, $y = 0$: fi $x > a$, alors *y* a
deux valeurs réelles, l'une pofitive, l'autre négative; & ces valeurs
croiffant de plus en plus, la courbe aura deux nouvelles branches
oppofées, mais égales aux deux premieres. L'axe des abfciffes eft B D,
celui des ordonnées eft E F; fuppofant donc des valeurs à *x*, on
déterminera les *y* ou les P M, & les parallélogrammes des coordonnées donneront les points M, *m* &c, par lefquels doit paffer la courbe
demandée. Nous aurons bientôt occafion d'examiner fes propriétés.

653. Cherchons la figure de la courbe dont l'équation eft $y^2 = \dfrac{b x^2 + x^3}{a - x}$.

Je prends B D pour la ligne des abfciffes, A D $= a$ pour la direction des pofitives, A B $= b$ pour la direction des négatives, le point A pour leur origine, E F pour l'axe des ordonnées, & j'ai $y = \pm x \sqrt{}$ $(\dfrac{b+x}{a-x})$, ce qui donne 1°, $y=0$, lorfque $x=0$; la courbe doit donc paffer au point A. 2°, Pour chaque valeur de x, je trouve deux valeurs de y. Il y a donc des ordonnées pofitives & des ordonnées négatives. Refte à déterminer les points où elles cefferont d'être réelles.

3°, Je prends donc x pofitive, mais moindre que a ou A D, & j'ai pour y deux valeurs P M, P M' qui croiffent de plus en plus, jufqu'à ce qu'ayant pris $x = a$, elles deviennent infinies; car alors j'ai $y = \pm x \sqrt{}(\dfrac{b+x}{0})$, fuppofant donc à l'ordinaire, que zéro exprime

une quantité infiniment petite, ou que $0 = \dfrac{1}{\infty}$, y eft infinie.

C'eft-à-dire, qu'il faudroit prolonger à l'infini la ligne G H pour qu'elle rencontrât les deux branches de la courbe.

654. On appelle *Afymptotes* ces lignes qui s'approchant de plus en plus des branches d'une courbe, ne peuvent cependant les rencontrer jamais.

4°, Si $x > a$, y devient imaginaire. La courbe ne peut donc paffer au-delà de G H.

5°, Si x eft négative, y a deux valeurs, pourvu que x foit moindre que b. La courbe a donc auffi deux branches dans le fens négatif.

6°, Si $x = b$, on a $y = 0$; la courbe doit donc paffer au point B. Mais elle ne peut defcendre plus bas, puifque $x > b$ rend les y imaginaires.

7°, Faifant $y = 0$, dans la fuppofition de x négative & $= b$, on a $y^2 = x x (\dfrac{b-x}{a+x}) = 0$; d'où l'on tire $x^2 (b-x) = 0$, qui donne $x = 0$, $x = 0$, $x = b$. La courbe paffera donc une fois au point B, & deux fois au point A, ou elle formera un *nœud*.

655. Lorfque plufieurs branches de la même courbe paffent par le même point, ce point s'appelle en général *point multiple*, & en particulier, *point double*, *triple*, &c, lorfque deux ou trois branches viennent s'y réunir. L'Algebre apprend auffi à difcerner ces points, & à connoître leur multiplicité.

8°, Si $b = 0$, le nœud s'évanouit, & l'équation $y^2 = x^2 (\dfrac{b+x}{a-x})$,

devient $y^2 = \dfrac{x^3}{a-x}$, qui appartient à une courbe ancienne, nommée *Ciffoïde*, dont nous parlerons bien-tôt.

656. Outre les points multiples, il y a encore des *points d'inflexion* & des *points de rebrouffement*. Les premiers font ceux où la courbe,

après avoir tourné fa convexité dans un fens, commence à la tourner
dans le fens oppofé. Par exemple, la courbe MAM', dont l'équation
eft $y^3 = a^2x$, a un point d'inflexion en A.

Les points de rebrouffement font ceux où deux branches de la même
courbe fe touchent, fans paffer au-delà du point de contact. Voyez la
courbe m A m'; fon équation eft $y^3 = ax^2$.

657. Si l'équation des coordonnées eft du premier degré, elle appartient toujours à une ligne droite; & c'eft pour cela qu'on défigne les
droites par le nom de lignes du *premier genre* ou du *premier ordre*.

Si dans l'équation des coordonnées, il n'entre que des yy ou des xx,
ou des xy, les lignes qu'elle repréfente, s'appellent lignes du *fecond
genre*.

Lorfque cette équation eft du troifieme degré, les lignes qui en réfultent font du *troifieme genre*, &c. Et comme les lignes du fecond font
les courbes les plus fimples, on les appelle auffi *courbes du premier
genre*, enforte que des lignes du troifieme font des courbes du fecond;
& ainfi de fuite. Il n'y a que la ligne droite qui foit du premier genre.
Il y en a quatre du fecond; foixante-douze du troifieme, comme on
peut le voir dans les Opufcules de Newton, (*Enumeratio linearum
tertii ordinis*), & dans les Ouvrages des Géomètres plus récents,
Euler, Cramer, &c. Il y en a un bien plus grand nombre du quatrieme genre, &c.

658. Mais il faut remarquer que dans cette divifion des lignes en
différents ordres, on ne comprend que les courbes *géométriques*. On
nomme ainfi celles qui ont pour abfciffes & pour ordonnées des lignes
droites dont le rapport peut être déterminé géométriquement. Ainfi
une courbe qui auroit pour abfciffes des arcs de cercle, ou des lignes
droites égales à des finus, ne feroit pas une courbe géométrique. Ce
feroit une des courbes appellées *mécaniques* ou *tranfcendantes*. Les premieres fe nomment auffi des *courbes algébriques*.

Or ce qui fait le principal objet de l'Analyfe dans l'examen d'une
courbe, c'eft 1°, d'en trouver l'équation, lorfque la courbe eft donnée, ou de décrire la courbe, fi on a déja fon équation; 2°, d'en
déterminer la tangente; 3°, d'en connoître la *courbure* dans un point
donné; 4°, de chercher fes plus grandes ou fes plus petites ordonnées;
5°, de trouver fa quadrature exacte, fi elle en eft fufceptible, ou
au moins fa quadrature approchée; 6°, de trouver fa *rectification*, c'eft-
à-dire, de déterminer la longueur d'une ligne droite égale à l'un quelconque de fes arcs, &c.

Le calcul algébrique ordinaire peut abfolument fuffire pour toutes
ces recherches; mais *le calcul différentiel & le calcul intégral* font bien
plus expéditifs.

Origine des Sections Coniques, & leur Équation générale.

131. 659. $\mathbf{S}$OIT coupé un cône droit B C D par un plan quelconque A M P ; on demande l'équation de la courbe M A m qui résulte de cette Section.

Si par le sommet B on fait passer un plan B C D perpendiculaire sur la base du cône & sur le plan coupant A M P, l'intersection de ces deux plans sera une droite A a ; & si on coupe le cône parallélement à la base par un plan F M G, on aura un cercle dont le plan sera perpendiculaire au triangle B C D, & dont l'intersection avec le plan A M P sera une droite P M perpendiculaire aux droites A a, F G (*502*). La ligne P M sera donc une ordonnée commune au cercle & à la section M A m.

Cela posé, soit A P $= x$, P M $= y$, A B $= c$, l'angle A B $a = $ B ; l'angle B A $a =$ A ; la propriété du cercle donne .... $yy = $ F P $\times$ P G. Pour trouver l'expression analytique des lignes F P & P G, je mene A E parallele à C D, & P K parallele à B D, l'une & l'autre dans le plan B C D, ce qui donne . . . A B : fin A E B : : A E : fin B.

Or A E B $= \dfrac{180° - B}{2} = 90° - \frac{1}{2}$ B ; donc fin A E B $= \mathit{fin}\,(90° - \frac{1}{2}$ B $)$

$= \mathit{cof}\,\frac{1}{2}$ B, & par conséquent A E $= \dfrac{c \times \mathit{fin}\,\text{B}}{\mathit{cof}\,\frac{1}{2}\,\text{B}}$. D'ailleurs le triangle

A P K donne . . . fin A K P : fin A P K, ou fin A E B : fin A a E, ou

encore $\mathit{cof}\,\frac{1}{2}$ B : $\mathit{fin}\,($ A $+$ B $)$: : x : A K $= \dfrac{x\,\mathit{fin}\,(\text{A}+\text{B})}{\mathit{cof}\,\frac{1}{2}\,\text{B}}$; donc K E

ou P G $= \dfrac{c\,\mathit{fin}\,\text{B} - x\,\mathit{fin}\,(\text{A}+\text{B})}{\mathit{cof}\,\frac{1}{2}\,\text{B}}$.

Quant à l'expression de la partie F P, on a dans le triangle A P F . . . fin A F P, ou fin B F G, ou fin B G F, ou $\mathit{cof}\,\frac{1}{2}$ B : x : : fin A : F P $=$

$\dfrac{x\,\mathit{fin}\,\text{A}}{\mathit{cof}\,\frac{1}{2}\,\text{B}}$; donc $yy = \dfrac{\mathit{fin}\,\text{A}}{\mathit{cof}^2\,\frac{1}{2}\,\text{B}}\,[\,c\,x\,\mathit{fin}\,\text{B} - x\,x\,\mathit{fin}\,(\text{A}+\text{B})\,]$; équation demandée.

660. Maintenant, il ne peut arriver que trois cas. 1°, Que A $+$ B $= 180°$, c'est-à-dire, que le plan coupant A M P, soit parallele au côté B D ; alors la section conique se nomme *Parabole*, & son équation

132. est $yy = \dfrac{\mathit{fin}\,\text{A} \times \mathit{fin}\,\text{B}}{\mathit{cof}^2\,\frac{1}{2}\,\text{B}}\,c\,x = \dfrac{\mathit{fin}^2\,\text{B}}{\mathit{cof}^2\,\frac{1}{2}\,\text{B}}\,c\,x = 4\,c\,x\,\mathit{fin}^2\,\frac{1}{2}$ B

(*549*), ou $y = \pm\,2\,\mathit{fin}\,\frac{1}{2}$ B $\sqrt{c\,x}$. La parabole est donc une courbe formée par deux branches égales & semblables qui s'étendent à l'infini, en s'écartant de plus en plus l'une de l'autre.

661. II°, Si A ╼ B eſt moindre que 180°, il eſt aiſé de voir que **FIG.**
le plan A M P prolongé doit rencontrer l'autre côté B D ; ainſi la ſection conique qui en réſulte, & qui s'appelle *Ellipſe*, eſt une courbe
rentrante formée par deux branches égales, ſemblables, & finies A M *a*, **131.**
A *m a*. Son équation eſt $yy = \dfrac{\mathit{ſin}\,A}{\mathit{coſ}^2\,\frac{1}{2}\,B}\,[\,c\,x\,\mathit{ſin}\,B - x\,x\,\mathit{ſin}\,(\,A + B\,)\,]$.

662. III°, Si A ╼ B ſurpaſſe 180°, la ſection s'appelle *Hyperbole*,
& ſon équation eſt $yy = \dfrac{\mathit{ſin}\,A}{\mathit{coſ}^2\,\frac{1}{2}\,B}\,(\,c\,x\,\mathit{ſin}\,B + x\,x\,\mathit{ſin}\,\overline{A + B - 180°}\,)$.

Or ſi on imagine un cône B *c d* égal & oppoſé par le ſommet au **133.**
cône droit B C D, il eſt clair que le plan coupant A M P prolongé le
rencontrera, & que de leur interſection réſultera une courbe M′ *a m*′
égale, ſemblable, & oppoſée à la courbe inférieure M′ A *m*′ ; ou plutôt ces deux courbes que l'on appelle *Hyperboles oppoſées*, ne feront
qu'une ſeule & même courbe généralement repréſentée par la même
équation.

663. Au lieu de ſuppoſer les mêmes ſections faites dans un cône **131.**
droit, on eut pû les ſuppoſer faites dans un cône oblique, tel que
ſeroit par exemple le cône B C D, ſi l'angle C n'étoit pas égal à l'angle
D. On eût alors trouvé pour leur équation générale . . . . .

$$yy = \frac{\mathit{ſin}\,A}{\mathit{ſin}\,C\,\mathit{ſin}\,D}\,[\,c\,x\,\mathit{ſin}\,B - x\,x\,\mathit{ſin}\,(\,A + B\,)\,].$$

Or cette équation a cela de commun avec la précédente, qu'elle
appartient à une ellipſe, ou à une parabole, ou à une hyperbole,
ſelon que la ſomme des angles A & B eſt moindre ou égale, ou plus
grande que 180°.

Dans le premier cas, elle exprime un cercle, toutes les fois que
l'angle A eſt égal à l'angle C, ou à l'angle D : car alors on a une des
deux équations ſuivantes,

$$y^2 = \frac{c\,x\,\mathit{ſin}\,B}{\mathit{ſin}\,C} - x^2 \ . \ . \ . \ . \ y^2 = \frac{c\,x\,\mathit{ſin}\,B}{\mathit{ſin}\,D} - x^2,$$

qui ſont évidemment deux équations au cercle, & qui font voir que
dans un cône oblique, on peut faire des ſections circulaires de deux
manieres : l'une en coupant le cône parallélement à ſa baſe, l'autre
en le coupant par un plan qui faſſe avec un des côtés du triangle par
l'axe, un angle égal à celui que l'autre côté du même triangle fait
avec ſa baſe.

Dans le troiſieme cas, où l'équation exprime une hyperbole, on
peut ſuppoſer $c = 0$, & alors on a . . $y^2 = \dfrac{\mathit{ſin}\,A\,\mathit{ſin}\,(\,A + B - 180°\,)}{\mathit{ſin}\,C\,\mathit{ſin}\,D}\,x^2$.
Faiſant, pour abréger, le coefficient de x^2 égal à une quantité conſ-
tante $\dfrac{a^2}{b^2}$, on trouve . . . . $y = \dfrac{a\,x}{b}$, qui eſt l'équation à la ligne

FIG. droite; d'où on peut conclure, ce qui d'ailleurs est évident, que l'hyperbole dégénere en triangle, lorsque $c = 0$, c'est-à-dire, lorsque le plan coupant passe par le sommet du cône.

Pour ramener l'équation des sections du cône oblique à celle des sections du cône droit, il suffit de remarquer que dans celui-ci on a $\sin C \times \sin D = \cos^2 \frac{1}{2} B$.

On a vu l'origine des trois sections coniques, voici maintenant leurs principales propriétés; pour en simplifier la recherche, nous supposerons ces courbes décrites sur un plan.

De la Parabole.

664. L'ÉQUATION à cette courbe est $yy = 4 c x \sin^2 \frac{1}{2} B$; donc si on fait la quantité constante $4 c \sin^2 \frac{1}{2} B = p$, on aura $yy = p x$. D'où il suit que les *quarrés des ordonnées à la parabole sont entre eux comme leurs abscisses.*

En prenant donc une abscisse double d'une autre, les quarrés construits sur les deux ordonnées correspondantes, seront dans le rapport de 2 à 1.

134. La ligne indéfinie A L se nomme l'axe de la parabole, le point A en est le sommet, A Q est une abscisse, M Q est l'ordonnée correspondante à cette abscisse, & la quantité constante p se nomme le *parametre* de l'axe.

On peut toujours déterminer cette quantité p par l'équation $yy = p x$, qui donne $x : y :: y : p$. Il suffit pour cela, de prendre une abscisse & une ordonnée quelconque; la troisieme proportionnelle à ces deux lignes sera le parametre d'une parabole qui passera par leurs extrémités.

665. Si on prend l'abscisse A F $= \frac{1}{4} p$, le point F sera ce qu'on appelle le *foyer*, & l'ordonnée D F passant par ce point aura pour expression $\sqrt{\frac{1}{4} p^2} = \frac{1}{2} p$. Donc *la double ordonnée* D d *passant par le foyer est égale au parametre.*

Si sur L A prolongée, on prend A G = A F $= \frac{1}{4} p$, & si par le point G on mene la ligne indéfinie E G e parallele à l'ordonnée M Q, cette ligne E G e se nomme *directrice*.

666. Or F M $= \sqrt{[yy + (x - \frac{1}{4}p)^2]} = \sqrt{[p x + (x - \frac{1}{4}p)^2]} = x + \frac{1}{4}p = $ A Q + A G = M H: donc F M = M H; donc *la distance d'un point quelconque* M *de la parabole à la directrice, est égale à la distance de ce même point au foyer* F : propriété qui donne une maniere facile de décrire la parabole par un mouvement continu.

667. Soit en effet l'équerre E H O dont le côté E H puisse se mouvoir librement le long de la directrice A G, & soit un fil O M F égal en longueur à l'autre côté H O; si ayant fixé l'une des extrémités de ce fil au point O, & l'autre au foyer F, on approche l'équerre de l'axe, pour l'en éloigner ensuite en tenant toujours le fil tendu par le moyen d'un stile M qui descende le long de H O; je dis que la courbe décrite

dans ce mouvement par le ſtile M ſera une parabole , & que la diſtance
M H à la directrice ſera par-tout égale à la diſtance M F au foyer.
Rien n'eſt plus clair, puiſque la partie M O étant commune , & les
tous étant égaux , les reſtes M F & M H ſont néceſſairement égaux.

668. Propoſons-nous maintenant de mener par le point donné M
ſur la parabole A M la tangente M T.

Ayant imaginé l'arc M m infiniment petit, ſon prolongement M m T
ſera la tangente demandée. Or ſi on mene les perpendiculaires M Q,
m q ſur la directrice, & les droites M F, m F au foyer F, enfin m g parallele à Q q, & ſi on ſuppoſe décrit du point F comme centre, & du
rayon F m l'arc infiniment petit m r que l'on peut regarder comme un
ſinus, on aura M Q $=$ M F, m q $=$ m F : donc M Q $- m$ q, ou M g
$=$ M F - m F, ou M r. Les triangles rectangles M m g, M m r ſont donc
égaux & ſemblables, & par conſéquent l'angle m M r ou T M F $= g$ M m
$=$ Q M T $=$ M T F. Donc le triangle M T F eſt iſoſcele, & par
conſéquent, ſi on prend F T $=$ F M , la ligne M T menée par les points
T & M ſera la tangente demandée.

L'angle M T F $=$ L M O $=$ F M T. Donc *tous les rayons lumineux
ou ſonores* O M *paralleles à l'axe* A P, *doivent à la rencontre de la parabole* A M, *ſe réfléchir à ſon foyer* F ; car on ſait que l'angle de réflexion
eſt égal à l'angle d'incidence.

669. Puiſque F M $= x + \frac{1}{4} p$, on a F T $- \frac{1}{4} p =$ A T $= x$. Donc
la ſoutangente P T $= 2 x$. Donc *la ſoutangente dans la parabole , eſt
toujours double de l'abſciſſe.*

La tangente M T $= \sqrt{(p x + 4 x x)} = \sqrt{(4\ \mathrm{MF} \times x)}$. Si on
mene la ligne M N perpendiculaire à la parabole , ou ce qui revient au

même , à ſa tangente M T au point M, on aura P N $= \dfrac{\mathrm{P M}^2}{\mathrm{P T}} = \dfrac{p\ x}{2\ x}$

$= \frac{1}{2} p$. Donc *dans la parabole la ſounormale eſt toujours égale à la
moitié du paramètre.* Quant à la normale M N , ſon expreſſion eſt $\sqrt{(p x + \frac{1}{4} p^2)} = \sqrt{(\mathrm{M F} \times p)}$. Elle eſt donc moyenne proportionelle entre la diſtance du point M au foyer, & le parametre.

670. Une ligne quelconque M O parallele à l'axe d'une parabole ſe
nomme en général un *diametre*. Le point M en eſt l'origine ; le quadruple de la diſtance de ce point au foyer F en eſt le parametre q ; ſes
ordonnées ſont des droites N P paralleles à la tangente en M , & les
abſciſſes de ces ordonnées ſont les lignes M P.

Pour trouver l'équation aux coordonnées du diametre M O, nommons M P (x), P N (y), A Q $=$ A T $= a$, on aura M Q $= \sqrt{a p}$,
$q = p + 4 a$, M T $= \sqrt{a q}$; & ſi on mene N L perpendiculaire à l'axe,
les triangles ſemblables N R L, M T Q donneront $\sqrt{a q} : y + \sqrt{a q} ::$

$\sqrt{a p} : \mathrm{N L} = \dfrac{y \sqrt{a p}}{\sqrt{a q}} + \sqrt{a p} :: 2 a : \mathrm{R L} = \dfrac{2 a y}{\sqrt{a q}} + 2 a.$ Or A R $=$

R T $-$ A T $= x - a$; donc A L $= x + a + \dfrac{2 a y}{\sqrt{a q}}$, & par la propriété de la parabole, $NL^2 = p \times AL$, ou $\left(\sqrt{ap} + \dfrac{y\sqrt{ap}}{\sqrt{aq}} \right)^2 = ap + px$

$+ \dfrac{2apy}{\sqrt{aq}}$; d'où l'on tire en réduisant, $yy = qx$, équation semblable à celle que nous avons trouvée pour les axes : d'où il faut conclure qu'un diametre quelconque M O divise en deux également toutes les ordonnées N n. Par le moyen de ces principes, il est facile de résoudre les problêmes suivants.

[134.   671. I. L'axe A L d'une parabole étant donné avec son parametre p, trouver un diametre M O qui fasse avec ses ordonnées un angle donné M P $n = a$.

Le problême se réduit à trouver le point Q où la perpendiculaire M Q rencontre l'axe. Soit donc $AQ = x$, le triangle M T Q donnera $2x : \sqrt{px} :: 1 : tang\, a$. D'où $x = \dfrac{p}{4} cot^2\, a$, & le parametre du diametre M O, ou $q = p + 4x = \dfrac{p}{sin^2\, a}$. Il est aisé de voir que ce problême a deux solutions.

II. Le parametre q du diametre M O étant donné avec l'origine M de ce diametre & l'angle a qu'il fait avec ses ordonnées, trouver l'axe A L, son origine A & son parametre p.

Le problême se réduit à trouver la distance M Q de l'axe au diametre, ensuite la distance A Q afin d'avoir le sommet A & le parametre p. Or en gardant les mêmes dénominations que dans le problême précédent, on a $MQ = \sqrt{px}$, $q = p + 4x = \dfrac{p}{sin^2\, a}$. D'où l'on tire $p = q\, sin^2\, a$, $x = \tfrac{1}{4} q\, cos^2\, a$, $MQ = \pm \tfrac{1}{2} q\, sin\, a\, cos\, a = \pm \tfrac{1}{4} q\, sin\, 2a$.

Les propriétés de la parabole trouvent souvent leur application dans les Arts & dans les Sciences.

De l'Ellipse.

  L'ÉQUATION à l'ellipse est $yy = \dfrac{sin\, A}{cos^2 \frac{1}{2} B} [c\, x\, sin\, B - x\, x\, sin\, (A + B)]$, d'où il suit qu'à chaque abscisse A P répondent deux ordonnées P M, P M' égales & opposées. Si l'on fait $y = 0$, on aura les deux points où la courbe rencontre la ligne des abscisses, c'est-à-dire, le *grand axe* Aa. Le premier de ces points est en A, où $x = 0$; le second est en a, où $x = \dfrac{c\, sin\, B}{sin\, (A + B)}$, expression constante que je suppose égale au grand axe A a. Soit donc le grand axe $= 2a$, & on aura $yy = \dfrac{sin\, A\, sin\, (A + B)}{cos^2 \frac{1}{2} B} (2ax - xx)$.

FIG.

672. La double ordonnée B C b paſſant par le milieu C de l'axe A a, ou par le centre de l'ellipſe, ſe nomme *le petit axe*. Pour faire entrer ſon expreſſion dans l'équation à l'ellipſe, nommons-le 2 b, & nous aurons $bb = \dfrac{\sin A \sin(A + B)}{\cos^2 \frac{1}{2} B} aa$. D'où l'on tire $yy = \dfrac{bb}{aa}(2ax - xx)$.

Ce qui donne cette proportion $yy : 2ax - xx :: bb : aa$; ou PM^2 : **136.** $AP \times Pa :: CB^2 : CA^2$; c'eſt-à-dire que *dans l'ellipſe les quarrés des ordonnées au grand axe ſont aux produits de leurs abſciſſes, comme le quarré du petit axe eſt au quarré du grand.*

Si on décrit un cercle dont le centre ſoit C & le rayon C A, on aura $PN^2 = AP \times Pa$. Donc $PN : PM :: a : b :: CB' : CB$.

Les ordonnées de l'ellipſe ſont donc proportionelles aux ordonnées d'un cercle décrit ſur le grand axe; ce qui donne une méthode facile de décrire une ellipſe. Il ſuffit pour cela de faire paſſer une courbe par une ſuite de points pris ſur les ordonnées d'un cercle, coupées en parties ſemblables.

673. Si on eût compté les abſciſſes du centre C, en faiſant $CP = x$, on auroit eu $yy = \dfrac{bb}{aa}(aa - xx) = b^2 - \dfrac{b^2 x^2}{a^2}$; équation dont nous nous ſervirons ſouvent.

Si b étoit égal à a, on auroit $yy = aa - xx$ équation au cercle, on peut donc regarder un cercle comme une ellipſe dont les deux axes ſont égaux.

L'équation $yy = \dfrac{bb}{aa}(aa - xx)$ donne $xx : bb - yy :: aa : bb$, ou $MQ^2 : BQ \times Q\beta$ $CA^2 : CB^2$. Donc *les quarrés des ordonnées au petit axe de l'ellipſe ſont aux rectangles de leurs abſ- ciſſes, comme le quarré du grand axe eſt au quarré du petit.*

674. Si de l'une des extrémités B du petit axe & d'un rayon BF égal au demi-grand axe C A, on décrit un arc de cercle, il coupera le grand axe en deux points F, f que l'on appelle *Foyers*. La diſtance C F eſt donc égale à $\sqrt{(aa - bb)}$, d'où il ſuit que $AF \times Fa = (a - \sqrt{aa - bb}) (a + \sqrt{aa - bb}) = bb = CB^2$. Donc *le petit demi-axe eſt moyen propor- tionel entre les diſtances de l'un des foyers aux deux ſommets de l'ellipſe.*

675. L'ordonnée D F paſſant par le foyer a pour expreſſion $\dfrac{b^2}{a}$, &

D d que l'on appelle le *parametre* p *du grand axe* $= \dfrac{2bb}{a} = \dfrac{4bb}{2a}$.

Donc $2a : 2b :: 2b : p$; *le parametre eſt donc une troiſieme propor- tionelle au grand & au petit axe.* Par analogie à cette propriété, on appelle parametre du petit axe de l'ellipſe une ligne $q = \dfrac{2aa}{b}$, troiſieme proportionelle au petit & au grand axe.

B b

Puifque $\dfrac{2\,bb}{a}=p$, on a $bb=\frac{1}{2}\,ap$; mettant donc cette valeur dans les équations à l'ellipfe trouvées ci-deffus , on a $yy=px-\dfrac{pxx}{2a}$, & $yy=\dfrac{p}{2a}\,(aa-xx)$, felon que l'origine des abfciffes eft à l'un des fommets , ou au centre.

676 . Les lignes F M , fM menées des foyers à un point quelconque de l'ellipfe , fe nomment *Rayons vecteurs* , & fuppofant $FC=c$, on a F M

$$=\sqrt{(yy+c^2-2cx+xx)}=\sqrt{\left(b^2-\dfrac{b^2x^2}{a^2}+a^2-b^2-2cx+xx\right)}$$

$$=\sqrt{\left(a^2-2cx+\dfrac{c^2x^2}{a^2}\right)}=a-\dfrac{cx}{a},\ \&\ f\mathrm{M}=a+\dfrac{cx}{a}.\ \text{Donc}$$

fM $+$ F M $=2a=Aa$; *la fomme des rayons vecteurs dans l'ellipfe eft donc toujours égale au grand axe* , propriété remarquable d'où l'on peut déduire une autre maniere de décrire l'ellipfe.

Ayant attaché à deux points fixes F , f un fil F M f plus grand que F f, on tendra ce fil par le moyen d'un ftyle M , avec lequel on décrira autour des foyers F , f une courbe qui fera une ellipfe , puifque la fomme des rayons vecteurs fera par-tout la même.

Or de cette defcription il fuit évidemment que fur le même grand axe on peut décrire un nombre infini d'ellipfes, dont les unes s'approcheront de plus en plus de la figure du cercle circonfcrit; & ce feront celles qui auront leurs deux foyers plus proches; pendant que les autres s'applatiront de plus en plus dans le fens du petit axe , à mefure que leurs foyers feront plus éloignés : enforte que le cercle & la ligne droite font les deux limites de toutes ces ellipfes.

677. Soit propofé maintenant de mener par le point donné M la tangente M T.

Ayant imaginé l'arc M m infiniment petit , on menera des foyers F , f les rayons vecteurs fm, fM , F m, F M , & on décrira des centres F & f & des rayons F M , fm les petits arcs M g, mr, & on aura $fm+m$F $=$ F M $+$ M f, ou fM $-fm=$ M $r=$ F $m-$ F M $=mg$: donc les triangles rectangles m M g, m M r, font égaux & femblables , & par conféquent l'angle $g\,m$ M ou F m T , ou F M T $=m$ M $r=$ L M T. Donc fi on prolonge le rayon vecteur fM , la ligne M T qui divifera l'angle L M F en deux également , fera la tangente demandée.

L'angle L M T $=$ O M $f=$ F M T. Donc tous les rayons partis d'un foyer lumineux F , doivent à la rencontre de l'ellipfe A M fe réfléchir à l'autre foyer f.

678. Si on mene la normale M N , l'angle fM N fera égal à l'angle N M F. On aura donc fM : F M :: fN : F N , ou fM $+$ F M $(2\,a)$: FM $\left(a-\dfrac{cx}{a}\right)$ :: fN $+$ F N $(2c)$: F N $=c-\dfrac{c^2x}{aa}=c-x+$

FIG.

$\dfrac{b^2 x}{a^2}$. Donc $FN + x - c = PN = \dfrac{bbx}{aa} = \dfrac{px}{2a}$. C'eſt l'expreſſion de la ſounormale dans l'ellipſe, lorſque l'origine des abſciſſes eſt
au centre. Si elle étoit au ſommet, en nommant AP (χ), on auroit

$$PN = \dfrac{bb}{a} - \dfrac{bb\chi}{a^2} = \tfrac{1}{2}p - \dfrac{p\chi}{2a}.$$

La Normale $NM = \surd\,(yy + \dfrac{b^4 x^2}{a^4}) = \nu\,[\,b^2 - \dfrac{b^2 x^2}{a^4}\,(a^2 - b^2)\,]$

$$= b\,\surd\,(1 - \dfrac{c^2 x^2}{a^4}).$$

La Soutangente $PT = \dfrac{PM^2}{PN} = \dfrac{\dfrac{bb}{aa}(aa - xx)}{\dfrac{bb}{aa}x} = \dfrac{aa - xx}{x} = \dfrac{2a\chi - \chi\chi}{a - \chi}.$

Donc $CT = \dfrac{aa}{x}$, ce qui donne cette proportion; $CP : CA :: CA :$
CT, au moyen de laquelle il eſt facile de déterminer le point T par où
paſſe la tangente MT.

L'expreſſion de la tangente MT ſe trouve par le moyen du triangle
rectangle PMT.

679. Une droite quelconque $n\,CN$ qui paſſant par le centre de l'el- **138.**
lipſe aboutit aux deux points oppoſés de cette courbe, ſe nomme
diametre, & ſi l'on mene DCd parallele à la tangente en N, les diametres DCd, $n\,CN$ ſont nommés *Conjugués*; les lignes comme MP
paralleles à la tangente en N ſont les ordonnées du diametre CN, & les
parties CP en ſont les abſciſſes. Enfin le parametre d'un diametre quelconque eſt une ligne troiſieme proportionelle à ce diametre & à ſon
conjugué.

680. Soient menées des extrémités D & N les deux ordonnées NQ,
DI au grand axe Aa, & ſoit $CQ = x$, $DI = u$; à cauſe des triangles
ſemblables DIC, NQT, on aura $NQ^2 : QT^2 :: DI^2 : IC^2$, ou
$\dfrac{bb}{aa}(aa - xx) : \dfrac{(aa - xx)^2}{xx} :: u^2 : aa - \dfrac{a^2 u^2}{b^2}$. D'où l'on tire $u =$
$\dfrac{bx}{a}$, ce qui donne $CQ : DI :: a : b$; on trouveroit de même $CI :$
$NQ :: a : b$. Donc $CQ : DI :: CI : NQ$; d'où il ſuit que les triangles DIC, CNQ ſont égaux en ſurface.

Donc 1°, $DI^2 = \dfrac{b^2 CQ^2}{a^2} = bb - NQ^2$, ou $DI^2 + NQ^2 = bb.$
2°, $CI^2 = \dfrac{a^2}{b^2} NQ^2 = aa - CQ^2$, ou $CI^2 + CQ^2 = a^2$. 3°, $a^2 +$
$b^2 = CI^2 + CQ^2 + NQ^2 + DI^2 = CD^2 + CN^2$; c'eſt-à-dire
que dans l'ellipſe, la ſomme des quarrés de deux diametres conjugué

quelconques est toujours égale à la somme des quarrés des deux axes.

4°, Si l'on mene ND, la surface du triangle NCD aura pour expression $\frac{1}{2}(DI + NQ)(CI + CQ) - \frac{1}{2}CI \times ID - \frac{1}{2}CQ \times NQ = \frac{1}{2}CI \times NQ + \frac{1}{2}CQ \times DI = \frac{1}{2}\left(\frac{a}{b}NQ^2 + \frac{b}{a}CQ^2\right) = \frac{1}{2}\left(\frac{a}{b} \times \frac{b^2}{a^2}(a^2 - CQ^2) + \frac{b}{a}CQ^2\right) = \frac{1}{2}ab$. Donc la surface du parallélogramme $CDEN$ sera ab, & celle du parallélogramme entier $FEHG$ sera $4ab = 2a \times 2b$. D'où il suit que *tous les parallélogrammes circonscrits à l'ellipse sont égaux entre eux & au rectangle des deux axes.*

681. Soit maintenant le demi-diametre $CN = m$, $CD = n$, l'angle $CPM = DCn = p$; on aura 1°, $m^2 + n^2 = a^2 + b^2$; 2°, $ab = mn \sin p$ qui est l'expression de la surface du parallélogramme $CDNE$. Or ces deux équations donnent immédiatement les diametres conjugués & égaux de l'ellipse : car alors on a $2m^2 = a^2 + b^2$, ou $m = \pm \sqrt{\frac{1}{2}(a^2 + b^2)}$, & $\sin p = \frac{2ab}{a^2 + b^2}$. Donc puisque ces quantités sont toujours réelles, chaque ellipse doit avoir deux diametres conjugués égaux.

Quant à leur position, elle dépend de la valeur de CQ; or $CQ^2 + NQ^2$, ou $b^2 + \frac{a^2 - b^2}{a^2}CQ^2 = \frac{1}{2}(a^2 + b^2)$; donc $CQ = \frac{a}{\sqrt{2}}$, valeur indépendante de b, & qui fait voir que l'ordonnée NQ prolongée, déterminera les diametres conjugués égaux dans toutes les ellipses qui auront l'axe Aa commun.

682. Cherchons à présent l'équation aux coordonnés CP, PM, & faisons $CP = x$, $PM = y$, $NT = q$, $NQ = r$, $QT = s$, $CQ = t$. Si l'on mene PK, MO perpendiculaires à l'axe, & LP perpendiculaire à MO, on aura par les triangles semblables NQT, MLP, $ML = \frac{ry}{q}$, $PL = \frac{sy}{q}$; & les deux autres triangles CPK, CNQ donneront $PK = \frac{rx}{m}$, $CK = \frac{tx}{m}$; d'où $CO = \frac{tx}{m} - \frac{sy}{q}$, & $MO = \frac{ry}{q} + \frac{rx}{m}$.

Or par la propriété de l'ellipse, on a $\frac{a^2}{b^2}MO^2 = a^2 - CO^2$. Substituant donc & ordonnant, ou aura $\left(\frac{a^2 r^2}{b^2 q^2} + \frac{s^2}{q^2}\right)y^2 + \left(\frac{a^2 r^2}{b^2} - ts\right)\frac{2xy}{mq} + \left(\frac{a^2 r^2}{b^2 m^2} + \frac{t^2}{m^2}\right)x^2 = a^2$; & puisque $\frac{a^2 r^2}{b^2} = a^2 - CQ^2 = ts$, on aura $\left(\frac{a^2 r^2}{b^2 q^2} + \frac{s^2}{q^2}\right)y^2 + \left(\frac{a^2 r^2}{b^2 m^2} + \frac{t^2}{m^2}\right)x^2 = a^2$.

Observons maintenant que lorsque $x = 0$, $y = n$, ainsi le coefficient de y^2 est $\frac{a^2}{n^2}$; lorsqu'au contraire $y = 0$, alors $x = m$, d'où le

coefficient de x^2 est $\frac{a^2}{m^2}$. L'équation devient donc $\frac{a^2}{n^2} y^2 + \frac{a^2}{m^2} x^2 = a^2$,

qui donne $y^2 = \frac{n^2}{m^2} (m^2 - x^2)$, résultat parfaitement conforme à celui

de l'équation aux axes.

Il suit de-là 1°, que tout diametre NCn divise en deux parties égales les ordonnées MPm, & par conséquent l'ellipse entiere. 2°, Qu'un diametre quelconque Nn est divisé en deux également au centre C; car aux points N & n on a $x^2 = m^2$; d'où $x = \pm m$.

683. PROBL. I. Étant donnés les deux demi-axes a & b, trouver deux diametres qui fassent entre eux un angle donné $p = DCn$.

On a $m^2 + n^2 = a^2 + b^2$, $mn = \frac{ab}{\sin p}$; donc $m^2 + n^2 + 2mn =$

$aa + bb + \frac{2ab}{\sin p}$, & $m^2 + n^2 - 2mn = a^2 + b^2 - \frac{2ab}{\sin p}$; donc

$m + n = \sqrt{(a^2 + b^2 + \frac{2ab}{\sin p})}$, & $m - n = \sqrt{(a^2 + b^2 - \frac{2ab}{\sin p})}$

donc $m = \frac{1}{2} \sqrt{(a^2 + b^2 + \frac{2ab}{\sin p})} + \frac{1}{2} \sqrt{(a^2 + b^2 - \frac{2ab}{\sin p})}$, & $n =$

$\frac{1}{2} \sqrt{}$ &c.

Il ne reste maintenant qu'à déterminer la direction de l'un des diametres, ou l'angle ACN que j'appelle c. Or le triangle CNT donne

$\sin (p - c) : m :: \sin p : CT = \frac{aa}{CQ} = \frac{m \sin p}{\sin (p - c)}$; d'où l'on tire

$CQ = \frac{a^2 \sin (p - c)}{m \sin p}$; on a donc dans le triangle rectangle CNQ,

$1 : m :: \cos c : \frac{a^2 \sin (p - c)}{m \sin p}$, qui donne $m^2 \cos c \sin p = a^2 \sin (p - c)$

$= a^2 \sin p \cos c - a^2 \sin c \cos p$, ou $\frac{a^2 - m^2}{a^2} \sin p \cos c = \sin c \cos p$;

donc $\tan g\, c = \frac{a^2 - m^2}{a^2} \tan g\, p$.

684. PROBL. II. Les deux diametres m & n, & l'angle p qu'ils font entre eux étant donnés, trouver les deux axes, & leur direction.

Des équations $mn \sin p = ab$, & $a^2 + b^2 = m^2 + n^2$, on déduit en faisant un calcul semblable à celui du problême précédent, $a = \frac{1}{2} \sqrt{(m^2 + n^2 + 2mn \sin p)} + \frac{1}{2} \sqrt{(m^2 + n^2 - 2mn \sin p)}$, & $b = \frac{1}{2} \sqrt{(m^2 + n^2 + 2mn \sin p)} - \frac{1}{2} \sqrt{(m^2 + n^2 - 2mn \sin p)}$. L'angle C qui donne la direction des axes se trouve comme dans le problême précédent.

De l'Hyperbole.

685. L'ÉQUATION $yy = \dfrac{fin\ A}{cof^2\ \frac{1}{2}\ B}\ [c\,x\,fin\,B + x\,x\,fin\,(A+B-180°)]$, fait voir que l'hyperbole rencontre fon axe A P en deux points, dont l'un eft en A, où $x = 0$; l'autre eft en a où $x = -\dfrac{c\,fin\,B}{fin\,(A+B-180°)}$; ainfi en fuppofant que A a foit égal à $\dfrac{c\,fin\,B}{fin\,(A+B-180°)}$, le point a fera

'139. à l'hyperbole oppofée M′ $a\,m′$. Or les points A, a fe nomment les fommets de l'hyperbole, la ligne A a $(2\,a)$ en eft l'axe, fon milieu C en eft le centre; enfin une droite B$b = 2\,$CB$ = 2\,b$, telle que $\dfrac{bb}{aa} = \dfrac{fin\,A\,fin\,(A+B-180°)}{cof^2\,\frac{1}{2}\,B}$; menée perpendiculairement à l'axe, & paffant par le centre C, fe nomme le fecond axe.

686. Les valeurs de b & de a étant fubftituées dans l'équation de l'hyperbole, donnent $yy = \dfrac{bb}{aa}\,(2\,a\,x + x\,x)$. Or cette équation fait voir que la courbe a deux branches A M & A m égales & infinies, dans le fens pofitif. Mais fi x eft négative, il n'y aura point de courbe, tant que x fera $< 2\,a$; fi $x > 2\,a$, les ordonnées feront réelles, & la courbe aura deux autres branches qui s'étendront à l'infini.

Or il eft aifé de prouver que ces deux branches font égales à celles de l'hyperbole *pofitive*, M A m. Car puifqu'en appellant A P′ $(-x)$, P′ $m′ =$ P′ M′ (y), on a $\dfrac{a^2}{b^2}\,yy = -2\,a\,x + x\,x$, fi l'on fait a P′ $= x′$, on aura $x = 2\,a + x′$, & par conféquent $\dfrac{a^2\,y^2}{b^2} = 2\,a\,x′ + x′\,x′$; équation abfolument femblable à celle de l'hyperbole M A m.

687. Puifque $yy = \dfrac{bb}{aa}\,(2\,a\,x + x\,x)$, on a P M^2 : A P $\times$ P a : : CB^2 : C A^2. Donc *dans l'hyperbole les quarrés des ordonnées au premier axe font aux rectangles de leurs abfciffes, (c'eft-à-dire des diftances aux deux fommets), comme le quarré du fecond axe eft au quarré du premier.*

Si on met l'origine des x au centre C, on aura C P $= x$, ce qui donnera $yy = \dfrac{bb}{aa}\,(x\,x - a\,a)$, équation un peu plus fimple que la précédente. Elle donne $x\,x = \dfrac{aa}{bb}\,(bb + yy)$; donc fi on mene M Q

perpendiculaire fur le petit axe C B, prolongé s'il eſt néceſſaire, &
ſi on nomme les coordonnées C Q , M Q , x & y, on aura M Q^2 =
$\frac{a^2}{b^2}$ (b^2 + CQ^2), ou $yy = \frac{aa}{bb}$ ($b^2 + x^2$), pour l'équation aux coordonnées du ſecond axe.

688. Si $a = b$, alors l'hyperbole ſe nomme équilatere, & on a
pour ſes équations, $yy = 2ax + xx$, $yy = xx - aa$, ſelon
que l'origine des abſciſſes eſt au ſommet ou au centre, & l'équation
au ſecond axe devient alors . . . $yy = aa + xx$.

689. Si, ayant mené B A, on prend de part & d'autre du centre C,
C F = C f = B A, les points F, f ſeront les *Foyers* de l'hyperbole.
La double ordonnée D d paſſant par l'un des foyers, ſe nomme le parametre, & les lignes F M, f M menées de ces points à ceux de la
courbe, ſe nomment *Rayons vecteurs*.

Cela poſé, la diſtance C F = $\sqrt{(aa + bb)}$. Donc F A × F a = . . .
$(\sqrt{(aa + bb)} - a) (\sqrt{(aa + bb)} + a) = bb$. Le ſecond demi-axe
de l'hyperbole eſt donc moyen proportionel entre les deux diſtances de
l'un des foyers aux deux ſommets.

L'ordonnée D F = $\frac{b}{a} \sqrt{(a^2 + b^2 - a^2)} = \frac{bb}{a}$; donc le para-

metre $p = D d = \frac{2bb}{a} = \frac{4bb}{2a}$. Il eſt donc troiſieme proportionel au

premier & au ſecond axe. On appelle parametre du ſecond axe une
ligne q troiſieme proportionelle au ſecond & au premier axe.

690. Si l'on fait entrer l'expreſſion du parametre dans les équa-

tions à l'hyperbole, $yy = \frac{bb}{aa} (2ax + xx) \ldots yy = \frac{bb}{aa} (xx - aa)$,

on aura $yy = \frac{p}{2a} (2ax + xx) \ldots yy = \frac{p}{2a} (xx - aa)$. De même

l'équation $yy = \frac{aa}{bb} (bb + xx)$ qui convient au ſecond axe, ſe change

en celle-ci . . . $yy = \frac{4b^2}{p^2} (bb + xx) = \frac{2a}{p} (\frac{1}{2} ap + xx)$.

691. Soit C F = C f = c, on aura F M = $\sqrt{(yy + xx - 2cx + cc)}$
$= \frac{cx}{a} - a$, & f M = $\frac{cx}{a} + a$. Donc f M - F M = 2a. Ainſi *dans
l'hyperbole la différence des rayons vecteurs eſt partout égale au
premier axe.*

On tire de-là une maniere facile de décrire une hyperbole dont les
axes ſoient 2a & 2b. Il faudra prendre un intervalle Ff = 2$\sqrt{(aa + bb)}$,

FIG. & fo fervir d'une regle fM O d'autant plus longue que l'on voudra avoir
une plus grande portion d'hyperbole; on en fixera une extrémité à l'un
des foyers, au point f, par exemple, de maniere qu'elle puiſſe tourner
librement autour de ce point. On prendra enſuite un fil F M O égal
en longueur à fM O — 2 a. On fixera l'une des extrémités de ce fil
au point O de la regle, & l'autre au foyer F. Cela fait, on écartera la
regle de l'axe autant que le fil F M O pourra le permettre, & on l'en
approchera enſuite, ayant ſoin de tenir toujours ce fil tendu par le
moyen d'un ſtyle M qui coule le long de la regle fM O. La courbe décrite dans ce mouvement par le ſtyle M, ſera une branche hyperbolique A M, puiſque la différence des rayons vecteurs ſera par-tout
égale au premier axe.

140. · 692. Cette même propriété peut ſervir à mener la tangente MT en
un point quelconque M de l'hyperbole. En effet, ſi l'on imagine l'arc
M m infiniment petit, en menant les rayons vecteurs fM, $f m$, F M,
F m, on prouvera, à peu-près comme dans l'ellipſe, que les angles
$f m$ M, M m F ſont égaux, & que par conſéquent ſi l'on diviſe l'angle fM F en deux également par la ligne M T, cette ligne ſera la tangente demandée.

Cela poſé, dans le triangle fM F, on a... fM : M F :: fT : F T,
ou fM + FM $\left(\dfrac{2cx}{a}\right)$: fM $\left(\dfrac{aa+cx}{a}\right)$ :: fT + F T $(2c)$:

fT $= \dfrac{aa+cx}{x} = \dfrac{aa}{x} + c$. Donc fT $— c$, ou C T $= \dfrac{aa}{x}$, ce qui
donne cette proportion . . . CP : CA :: CA : CT, avec laquelle
il eſt facile de trouver le point T, & par conſéquent de mener la tangente M T.

693. On peut remarquer que CT étant égal à $\dfrac{aa}{x}$, il eſt toujours
poſitif tant que x l'eſt. Ainſi toutes les tangentes à l'hyperbole coupent l'axe en des points T ſitués entre A & C. Mais plus l'abſciſſe eſt
grande, plus la ligne C T diminue, enſorte qu'elle eſt infinim nt
petite ou nulle lorſque l'abſciſſe eſt infiniment grande. D'où l'on voit
qu'on peut mener par le centre C deux droites C X, C x qui ſeront
les limites des tangentes de l'hyperbole. Ces droites, dont nous allons
bientôt déterminer la poſition, s'appellent les *Aſymptotes* de l'hyperbole.

694. La ſoutangente P T $= x — \dfrac{aa}{x} = \dfrac{xx — aa}{x}$, & la tangente

$$MT = \sqrt{\left[\dfrac{bb}{aa}(xx — aa) + xx — 2a^2 + \dfrac{a^4}{x^2}\right]} = \ldots \ldots$$

$$\sqrt{\left[\dfrac{aa+bb}{aa}x^2 — bb — 2a^2 + \dfrac{a^4}{x^2}\right]}.$$ Si l'on mene la normale M N,

on aura la founormale $PN = \dfrac{\frac{bb}{aa}(xx - aa)}{\frac{xx - aa}{x}} = \dfrac{bbx}{aa}$, & la nor-

male $MN = \sqrt{[\dfrac{b^1 x^2}{a^4} + \dfrac{b^2}{a^2}(x^2 - a^2)]}$.

695. La ligne $AT = a - CT = a - \dfrac{aa}{x}$; & fi l'on mene AS

parallele à MP, on aura $\dfrac{xx - aa}{x} : y :: a - \dfrac{aa}{x} : AS =$

$\dfrac{ay}{x + a} = b\sqrt{(\dfrac{x - a}{x + a})}$, Or fi on fuppofe x infinie, la quantité

$\dfrac{x - a}{x + a}$ ne différera pas de l'unité. On aura donc alors $AS = b$. D'où

il fuit que fi on mene AD & Ad perpendiculaires à CA & égales chacune au demi-petit axe b, les lignes CD, Cd qui pafferont par les
points D, d & par le centre C, feront les afymptotes de l'hyperbole
MAM', & en les prolongeant en fens contraire, elles feront celles
de l'hyperbole oppofée.

Si l'hyperbole eft équilatere, l'angle DCd fait par les afymptotes
eft droit. Car alors $DA = Ad = CA$.

L'hyperbole rapportée à fes afymptotes a beaucoup de propriétés;
voici les principales.

696. Si par un point quelconque N de l'afymptote, on mene la
droite Nn parallele à fa ligne Dd, ou aura $CA(a) : DA(b) ::$

$CP(x) : NP = \dfrac{bx}{a}$. Donc $NM = \dfrac{bx}{a} - y$, & $Mn = \dfrac{bx}{a} + y$. Par

conféquent $NM \times Mn = \dfrac{b^2 x^2}{a^2} - y^2 = bb = DA^2$.

Puifque $NP^2 = \dfrac{b^2 x^2}{a^2}$, & que $MP^2 = \dfrac{b^2 x^2}{a^2} - bb$, on a donc

toujours $NP > MP$. La branche hyperbolique ne peut donc jamais fe confondre avec fon afymptote.

Elle s'en approche cependant de plus en plus: car à mefure que

l'abfciffe croît, la différence de $\dfrac{b^2 x^2}{a^2}$ à $\dfrac{b^2 x^2}{a^2} - bb$ devient moins

fenfible: enforte qu'elle s'évanouit, fi on fuppofe x infinie.

697. Menons MQ & AL paralleles à l'afymptote Cd. Il eft facile de
voir que les triangles DLA, LCA font ifofceles. Soit donc AL
$= DL = m \ldots CQ = x \ldots QM = y$. Si on mene MK, parallele &
égale à CQ, on aura, par les triangles femblables DLA, NQM,
MKn; les proportions $MN : DA :: QM : LA$, $Mn : DA ::$

MK : DL. Donc M n × MN : DA^2 : : QM × MK : AL^2. Or Mn × MN = DA^2. Donc $xy = mm$, *équation à l'hyperbole entre ses asymptotes*, dans laquelle $mm = \frac{1}{4}(aa + bb)$ est ce qu'on appelle *la puissance de l'hyperbole*.

698. Si deux parallèles Ff, Gg terminées aux asymptotes coupent une hyperbole aux points m, h, p, K, on aura Gp × pg = Fm × mf. Car si l'on mene MmN, PpQ perpendiculaires à l'axe, on aura Fm : Mm : : Gp : Pp, mf : mN : : pg : pQ. Donc Fm × mf : Mm × mN : : Gp × pg : Pp × pQ. Or (696) Pp × pQ = bb = Mm × mN. Donc Fm × mf = Gp × pg. On a donc aussi Kg × KG = fh × hF.

699. Si l'on suppose que les points p, K coincident en un seul point D, la ligne T Dt sera tangente au point D, & on aura Fm × mf = Dt × DT & fh × hF = Dt × DT = Fm × mf; donc fh (hm + mF) = Fm (mh + hf; donc fh = Fm, & par conséquent T D = Dt. Or si l'on mene DE parallele à Ct, ou ordonnée à l'asymptote CT, les triangles semblables TDE, TtC, donneront TE = EC. Donc pour mener sur l'hyperbole une tangente en un point D, correspondant à l'ordonnée DE, il faut prendre ET = EC, & mener par le point T, la tangente T Dt.

700. Puisqu'on a toujours fh = Fm, de quelque maniere que l'on mene la droite Ff, les deux parties Fm, fh interceptées entre la courbe & les asymptotes, seront toujours égales.

On tire de là une maniere facile de décrire une hyperbole entre deux asymptotes données C T, Ct & qui passe par un point donné m.

On menera par ce point les droites Ff, MN, &c. on prendra fh = Fm, nN = Mm, &c; & les points n, h, &c. seront à l'hyperbole.

701. Selon ce que nous avons vu (699), une tangente TMt terminée aux asymptotes est divisée en deux également au point de contact M. Or si l'on mene MCM', cette ligne se nomme un diametre ; la tangente TMt en est le diametre conjugué. Ses ordonnées sont des droites mQm' parallèles au diametre conjugué TMt ou DCd, & le parametre d'un diametre quelconque est une ligne troisieme proportionelle à ce diametre & à son conjugué. On nomme encore premier diametre la ligne M C M' = 2 C M, & second diametre la ligne T Mt = 2 T M = DCd = 2 DC.

702. Cela posé, il est facile de voir qu'un diametre divise toutes ses ordonnées en deux parties égales. Car NQ : Qn : : TM : Mt, & Nm = mn. Soit donc CM = m...CD = MT = n...CQ = x, Qm = y, on aura $m : n : : x : $ NQ = $\dfrac{nx}{m}$. Or Nm × mn = TM^2.

Donc $n^2 = \dfrac{n^2 x^2}{m^2} - yy$, & $yy = \dfrac{n^2}{m^2}(x^2 - m^2)$, équation semblable à celle des coordonnées au premier axe.

Cette équation donne $x^2 = \dfrac{m^2}{n^2}(y^2 + n^2)$. Donc fi on fait $Cp = x$,

$pm = y$, on aura $yy = \dfrac{m^2}{n^2}(x^2 + n^2)$, pour l'équation aux coordonnées du fecond diametre CD; & on voit bien l'analogie que cette
équation a avec celle des coordonnées au fecond axe.

703. Soit maintenant a CA le premier axe de l'hyperbole, & fuppofons que BA repréfente la moitié du fecond; fi on mene DE, TG,
MPK perpendiculaires à cet axe, & ML, tK qui lui foient paralleles, les triangles MTL, MtK, CDE feront égaux & femblables. Or
fi l'on nomme CP (u)... PM (χ)... CE $= t$K $=$ ML $= r$...
MK $=$ DE $=$ TL $= s$, & comme auparavant CM (m).... TM
(u).... CA (a).... AB (b), on aura TG $= \chi + s$, CG $= u$
$+ r$, & $\chi + s : u + r :: b : a$, & par conféquent $a\chi + as = bu$
$+ br$; d'ailleurs TL (s) : ML (r) :: MP (χ) : PS $= \dfrac{r\chi}{s}$; & PS

$= \dfrac{u^2 - a^2}{u} = \dfrac{aa\chi\chi}{b^2 u} = \dfrac{r\chi}{s}$. Donc $r = \dfrac{aas\chi}{b^2 u}$; fubftituant cette va-

leur dans l'équation $a\chi + as = bu + br$ on a $(bu - as)(bu - a\chi)$
$= 0$. Or $bu - a\chi$ ne peut fe réduire à zéro; il faut donc que $bu - as$
$= 0$. Donc $bu = as$, & par conféquent $a\chi = br$. On a donc CP :
DE :: $a : b ::$ CE : MP.

704. Donc $1°$; les triangles CED, CMP font égaux en furface.
$2°$, Si l'on mene DM, on aura DMC, ou $\frac{1}{2}$ CDTM $=$ le trapeze

DEMP $= (s + \chi)\left(\dfrac{u - r}{2}\right) = \dfrac{su + u\chi - sr - r\chi}{2} =$

$\dfrac{su - r\chi}{2} = \dfrac{b}{2a}uu - \dfrac{a}{2b}\chi\chi = \dfrac{bbuu - aa\chi\chi}{2ab} = \dfrac{a^2 b^2}{2ab} = \frac{1}{2}ab$;

donc *le parallélogramme* TT' *conftruit fur les diametres conjugués eft
égal au rectangle des axes.*

$3°$. DE $= \dfrac{b}{a}$ CP. Donc DE$^2 = \dfrac{b^2}{a^2}$ CP$^2 = b^2 + $ PM^2, &

DE$^2 - $ PM$^2 = b^2$. $4°$. CE $= \dfrac{a}{b}$ MP, & CE$^2 = \dfrac{a^2}{b}$ MP$^2 =$
CP$^2 - a^2$. Donc CP$^2 - $ CE$^2 = a^2$. $5°$. $a^2 - b^2 = $ CP$^2 + $ PM$^2 -$
DE$^2 - $ CE$^2 = $ CM$^2 - $ CD^2. *La différence des quarrés de deux dia-
metres conjugués eft donc égale à la différence des quarrés des deux axes.*
D'où il fuit que dans l'hyperbole équilatere un diametre quelconque
eft égal au diametre conjugué.

705. Soit p l'angle DCM compris par les deux diametres conjugués
on aura les deux équations $mn \fin p = ab$, $m^2 - n^2 = a^2 - b^2$,
par le moyen defquelles on peut réfoudre les deux problêmes fuivants.

PROBL. I. Etant donnés les deux axes a & b d'une hyperbole, trou-

 ver deux diametres conjugués qui faffent entre eux un angle donné p.
Les équations précédentes donnent . . . . .

$$m = \sqrt{\left[\tfrac{1}{2}\, (a^2 - b^2) + \sqrt{\left(\frac{(a^2 - b^2)^2}{4} + \frac{a^2 b^2}{\sin^2 p} \right)} \right]}$$

$$n = \sqrt{\left[\tfrac{1}{2}\, (b^2 - a^2) + \sqrt{\left(\frac{(a^2 - b^2)^2}{4} + \frac{a^2 b^2}{\sin^2 p} \right)} \right]}$$

Il ne refte donc plus qu'à trouver la direction de l'un de ces diametres, ou l'angle M C P que j'appellerai c. Or dans le triangle C M P, on a . . .

$1 : m :: \sin c : \mathrm{P\,M} = m \sin c$. Donc $\mathrm{C\,E} = \dfrac{a\, m \sin c}{b}$, & dans le

triangle D C E, on a . . . $1 : n :: \cos(p + c) : \dfrac{a m \sin c}{b}$. D'où l'on

tire $\dfrac{a m}{b n} \sin c = \cos p \cos c - \sin p \sin c$, & $\tan c = \dfrac{b n \cos p}{a m + b n \sin p}$

$= \dfrac{b^2}{b^2 + m^2}\, \cot p$, parce que $a = \dfrac{m n \sin p}{b}$.

PROBL. II. Étant donnés les diametres conjugués m & n d'une hyperbole, & l'angle p qu'ils font entre eux, trouver les deux axes & leur direction.

On a d'abord,

$$a \begin{cases} = \sqrt{\left[\tfrac{1}{2}(m^2 - n^2) + \tfrac{1}{2}\sqrt{(m^4 + 2\, m\, n^2 + n^4 - 4\, m^2\, n^2 \cos^2 p)} \right]} \\ = \sqrt{\left[\tfrac{1}{2}(m^2 - n^2) + \tfrac{1}{2}\sqrt{((m^2 + n^2)^2 - 4\, m^2\, n^2 \cos^2 p)} \right]}. \end{cases}$$

On a enfuite,

$$b \begin{cases} = \sqrt{\left[\tfrac{1}{2}(n^2 - m^2) + \tfrac{1}{2}\sqrt{((m^2 + n^2)^2 - 4\, m^2\, n^2 \cos^2 p)} \right]} \\ = \sqrt{\left[\tfrac{1}{2}(n^2 - m^2) + \tfrac{1}{2}\sqrt{((m^2 - n^2)^2 + 4\, m^2\, n^2 \sin^2 p)} \right]}. \end{cases}$$

On a enfin la direction des axes, ou l'angle c comme dans le problême précédent.

Mais il eft plus fimple de fe fervir des afymptotes. Par l'extrémité M du premier diametre C M on menera T M t qui faffe avec M Q l'angle
 T M Q $= p$, & ayant pris T M $=$ M $t = n$, on menera C T, C t. Alors fi on divife l'angle T C t en deux également par la ligne C A, on aura la direction du premier axe.

De la Quadrature des Sections Coniques.

706. LA Quadrature exacte de la plupart des espaces curvilignes étant fort difficile à trouver, (si même elle n'est pas quelquefois impossible, comme quelques Auteurs l'ont pensé), on a cherché leur quadrature approchée. Les séries ont été d'un grand usage dans cette recherche ; & c'est pour pouvoir nous en servir, que nous ajouterons quelque chose à ce qui en a été dit dans les Éléments d'Algébre.

707. On appelle *Terme général* d'une série, l'expression algébrique qui donne chaque terme de cette série, par la simple substitution de la lettre n, par laquelle on représente tel nombre de termes que l'on veut. Par exemple, le terme général de la série $1 . 6 . 21 . 52 . 105$. &c. est $n^3 - n^2 + n$, parce qu'en faisant $n = 1$, ou $= 2$, ou $= 3$, &c, on a immédiatement les termes $1, 6, 21$, &c.

708. On appelle *Somme générale*, ou *Terme sommatoire d'une série*, l'expression qui donne généralement la somme d'un nombre quelconque de ses termes. Par exemple, $\dfrac{a\,q^n - a}{q - 1}$ est le terme sommatoire de toute progression géométrique dont on connoît le premier terme a, le quotient q, & le nombre n des termes (252).

709. Or la somme générale S d'une série étant donnée, il est aisé d'en trouver le terme général T. Car si dans cette somme on substitue $n - 1$ à n, on aura celle de tous les termes de la série jusqu'à celui dont le rang est $n - 1$, inclusivement. Donc si on soustrait cette somme que j'appelle s de la somme générale S, on aura le terme général $T = S - s$. Par exemple, si $S = \dfrac{n^2 + n}{2}$, on aura $T = n$; & si on suppose $S = \dfrac{aq^n - a}{q - 1}$, on trouvera $T = a\,q^{n-1}$.

710. Mais il n'est pas à beaucoup près aussi facile de trouver la somme générale, quand on connoît le terme général. Voici comment on peut résoudre ce problême dans un cas assez étendu dont nous aurons besoin.

Soit T une fonction quelconque rationelle du nombre n des termes ou $T = a\,n^m + b\,n^{m-1} + $ &c $\ldots\ldots + \mu$; il s'agit de trouver la somme S de cette série,

Pour cela je suppose que $\ldots\ldots$

$$S = A\,n^{m+1} + B\,n^m + C\,n^{m-1} + D\,n^{m-2} \ldots\ldots + R;$$

& substituant $n - 1$ au lieu de n, je trouve que

FIG.

$$s = \begin{cases} An^{m+1} - A.m+1.n^m + \tfrac{1}{2}A.m.m+1.n^{m-1} - \dfrac{A.m+1.m.m-1.}{2\cdot 3}n^{m-2} + \text{\&c} \\[4pt] \quad + Bn^m \qquad\qquad - Bm\,n^{m-1} \qquad\qquad + \tfrac{1}{2}B.m.m-1.n^{m-2} - \text{\&c} \\[4pt] \qquad\qquad\quad + Cn^{m-1} \qquad\qquad\quad - C.m-1.n^{m-2} + \text{\&c} \\[4pt] \qquad\qquad\qquad\qquad\qquad\qquad\qquad\quad + D.n^{m-2} \qquad\qquad - \text{\&c} \end{cases}$$

Donc $S - s$, ou $an^m + bn^{m-1} + cn^{m-2} + \text{\&c} \ldots\ldots\ldots =$

$$\begin{cases} A.m+1.n^m - \tfrac{1}{2}A.m.m+1.n^{m-1} + \tfrac{1}{2}A.\dfrac{m+1.m.m-1}{3}.n^{m-2} - \text{\&c} \\[4pt] \quad + Bm \qquad\qquad\quad - \tfrac{1}{2}B.m.m-1 \qquad\qquad\qquad + \text{\&c} \\[4pt] \qquad\qquad\qquad\quad + C.m-1 \qquad\qquad\qquad\qquad\quad + \text{\&c} \end{cases}$$

Et comparant les termes correspondants, on aura $A = \dfrac{a}{m+1}\ldots$

$B = \tfrac{1}{2}a + \dfrac{b}{m} \ldots C = \dfrac{c}{m-1} + \tfrac{1}{2}b + \tfrac{1}{12}am$, &c, ce qui donne

$$S = \dfrac{a}{m+1}n^{m+1} + \left(\dfrac{b}{m} + \tfrac{1}{2}a\right)n^m + \left(\dfrac{c}{m-1} + \tfrac{1}{2}b + \tfrac{1}{12}am\right)n^{m-1} + \text{\&c}.$$

Ex. I. On demande la somme de la série $1 . 3 . 4 \ldots\ldots n$, dont le terme général est n.

Cette application de la formule donne $\ldots a = 1 \ldots m = 1 \ldots b = 0 \ldots c = 0$. Donc $S = \tfrac{1}{2}n^2 + \tfrac{1}{2}n = \tfrac{1}{2}n(n+1)$ (n°. 227).

Ex. II. On demande la somme de la série $1 . 4 . 9 . 16 . 25 \ldots$ dont le terme général n^2 donne $m = 2$.

Puisque $a = 1$, $b = 0$, $c = 0$, &c, on a $S = \tfrac{1}{3}n^3 + \tfrac{1}{2}n^2 + \tfrac{1}{6}n$.

711. En général, soit la série $1^m . 2^m . 3^m . 4^m . 5^m . \text{\&c}$, dont le terme général est n^m, on aura la somme $S = \dfrac{1}{m+1}n^{m+1} + \tfrac{1}{2}n^m + \tfrac{1}{12}mn^{m-1} + \text{\&c}$. Or si on suppose n infini, alors n^m, n^{m-1} &c. seront infiniment petits par rapport à n^{m+1}, & par conséquent si on néglige tous ces termes, on aura $1^m + 2^m + 3^m + 4^m + 5^m + \ldots + n^m = \dfrac{n^{m+1}}{m+1}$. Mais pour que cette formule ait lieu, il faut observer 1°, que n doit être supposé infini. 2° Que m doit être positif. Car s'il étoit négatif, la somme seroit finie, excepté le cas où $m = -1$.

144.

712. Il n'est pas difficile maintenant de trouver par approximation la quadrature de l'espace circulaire C B M P compris entre le rayon C B, l'ordonnée M P parallele à ce rayon, l'arc B M , & l'abscisse $CP = x$ si on le décompose en rectangles C $h, q f$, &c. qui aient des bases égales & infiniment petites Cq, qg, &c, & si on fait le rayon $= a \ldots Cq$, ou

qg, ou &c. $= e$, on aura $e \sqrt{(aa - ee)}$ pour l'expression du petit rectangle FIG.
Ch; $e \sqrt{(aa - 4ee)}$ sera celle du suivant, $e \sqrt{(aa - 9ee)}$ celle du troisieme, & ainsi de suite. Donc la somme de tous ces rectangles, ou l'espace $CBMP = e \sqrt{(aa - ee)} + e \sqrt{(aa - 4ee)} + e \sqrt{(aa - 9ee)} + e \sqrt{(aa - 16ee)} + $ &c.

Et si on développe toutes ces expressions, on aura $CBMP =$

$$a e (1 + 1 + 1 + 1 + 1 + \&c.) - \frac{e^3}{2a} (1^2 + 2^2 + 3^2 + 4^2 + 5^2 + \&c.)$$

$$- \frac{e^5}{8a^3} (1^4 + 2^4 + 3^4 + 4^4 + 5^4 + \&c.) - \frac{e^7}{16a^5} (1^6 + 2^6 + 3^6 + 4^6 + \&c.)$$

$$- \frac{5e^9}{128a^7} (1^8 + 2^8 + 3^8 + 4^8 + 5^8 + \&c.) - \&c.$$

Or le nombre des rectangles qui composent l'espace cherché, ou le nombre n des termes de ces suites de nombres, est la quantité infiniment grande $\frac{x}{e}$. Donc puisque n étant infini, on a généralement $\frac{n^{m+1}}{m+1}$ pour la somme de la série $1^m + 2^m + 3^m + 4^m \ldots + n^m$, on aura d'abord . . . . . .

$$1 + 1 + 1 + 1 + \&c. \ldots + (\frac{x}{e})^0 = \frac{x}{e}.$$

On aura ensuite . . . .

$$1^2 + 2^2 + 3^2 + 4^2 + 5^2 \ldots + (\frac{x}{e})^2 = \frac{(\frac{x}{e})^3}{3} = \frac{x^3}{3e^3} \ldots$$

$$1^4 + 2^4 + 3^4 + \&c. \ldots + (\frac{x}{e})^4 = \frac{x^5}{5e^5}, \&c. \text{ Donc}$$

l'espace cherché $CBMP = ax - \frac{x^3}{6a} - \frac{x^5}{40a^3} - \frac{x^7}{112a^5} - \frac{5x^9}{1152a^7}$
$-$ &c, série convergente, & qui ne renferme que des quantités finies.

713. Si on fait dans cette suite $x = a$, on aura le quart de cercle $AMBC$: mais si de l'espace $CBMP$ on retranche le triangle $CMP = \frac{x}{2} \sqrt{(a^2 - x^2)}$, on aura le secteur BMC; enfin si on divise l'expression de ce secteur par $\frac{1}{2} a$, le quotient sera l'arc BM, exprimé par la série . . . $x + \frac{x^3}{2 \cdot 3 a^2} + \frac{3 x^5}{2 \cdot 4 \cdot 5 a^4} + $ &c, qu'il est aisé de rapporter à celle que nous avions déja trouvée (567).

714. Soit maintenant l'espace elliptique $CBMP$ compris entre le petit demi-axe $CB = b$, l'ordonnée $MP = y$, l'abscisse $CP = x$, 145.

FIG.

& l'arc elliptique M B; puisqu'on a $y = \dfrac{b}{a} \sqrt{(aa - xx)}$, en rai-

sonnant comme pour le cercle, on trouvera que cet espace $= \dfrac{b}{a}$

$\left(a x - \dfrac{x^3}{6a} - \dfrac{x^5}{40a^3} - \&c \right)$. Or si on décrit une demi‑circonférence

A N B' a dont le rayon soit a, on aura l'espace $C B' N P = a x -$

$\dfrac{x^5}{6a} - \dfrac{x^3}{40a^3} - \&c$. Donc $C\,B\,M\,P : C\,B'\,N\,P :: b : a :: A\,M\,P : A\,N\,P$;

d'où il suit que la surface de l'ellipse est à celle du cercle construit sur
son grand axe $:: b : a$. Or la surface de ce cercle $= a^2 \pi$, en supposant
le rapport du diametre à la circonférence $:: 1 : \pi$. Donc la surface
de l'ellipse entiere $= a\,b\,\pi$, c'est-à-dire, est égale à la surface d'un
cercle dont le diametre seroit moyen proportionel entre les axes de
l'ellipse.

    On voit aussi qu'un secteur quelconque $S\,A\,M$ est au secteur circu-
laire correspondant $S\,A\,N :: b : a$, puisque les triangles $S\,P\,M$, $S\,N\,P$
sont entre eux $:: P\,M : P\,N :: b : a$.

146.

    715. Proposons-nous maintenant de quarrer l'espace parabolique
A M P.

    Si on nomme $A P\ (x)$, $P M\ (y)$, le parametre (p), e une
portion infiniment petite de l'abscisse $A P$, on trouvera par le même
raisonnement que ci-dessus, l'espace $A P M = e \sqrt{pe} + e \sqrt{2pe} +$

$e \sqrt{3pe} + e \sqrt{4pe} \ldots + e \sqrt{px} = e \sqrt{pe} \left[1^{\frac{1}{2}} + 2^{\frac{1}{2}} + 3^{\frac{1}{2}} + \right.$

$\left. 4^{\frac{1}{2}} + 5^{\frac{1}{2}} + \ldots + \left(\dfrac{x}{e} \right)^{\frac{1}{2}} \right] = \left(\dfrac{x}{e} \right)^{\frac{3}{2}} \times e \sqrt{pe} = \tfrac{2}{3} e^{\frac{1}{2}} p^{\frac{1}{2}} x^{\frac{3}{2}} e^{\frac{1}{2}}$

$= \tfrac{2}{3} x \sqrt{px} = \tfrac{2}{3} xy$. Donc l'espace parabolique $A M P$ est les deux
tiers du rectangle circonscrit $A P M N$, & par conséquent l'espace
A M N en est le tiers.

147.

    716. Il nous reste à trouver la quadrature de l'hyperbole. Or si on
rapporte les coordonnées $C P$, $P M$ (x, y) au second axe $C B$, on aura

$y = \dfrac{a}{b} \sqrt{(bb + xx)}$, & en faisant le même calcul que dans le cer-

cle, on trouvera que l'espace $A C P M = \dfrac{a}{b} \left(b x + \dfrac{x^3}{6b} - \dfrac{x^5}{40b^3} + \right.$

$\dfrac{x^7}{112b^5} - \&c \Big)$. Il est donc facile d'avoir l'espace A M Q.

    717. Si l'hyperbole est équilatere, alors $b = a$, & la série que

l'on vient de calculer se réduit à $b x + \dfrac{x^3}{5b} - \dfrac{x^5}{40b^3} + \&c$. Il y a donc

la même analogie entre l'hyperbole équilatere & une hyperbole quelconque.

conique, qu'entre le cercle & l'ellipse. Enforte que fi on avoit la qua- G FI.
drature d'une feule hyperbole, on auroit auffi-tôt celle de toutes les
autres.

718. Soit à préfent CQ l'afymptote de l'hyperbole AM, $CD^2 =$ 148.
$AD^2 = m^2$ fa puiffance, MP une ordonnée y à l'afymptote CQ, ou
une parallele à l'autre afymptote CO, il s'agit de trouver la quadrature de l'efpace afymptotique $ADMP$, en fuppofant d'abord que
l'angle fait par les afymptotes eft droit.

Je fais $DP = x$, & j'imagine l'efpace $ADMP$ décompofé en une
infinité de petits rectangles dont les bafes foient des portions infiniment
petites & égales de l'abfciffe x. En nommant e l'une de ces petites portions, l'ordonnée correfpondante à la premiere au point D fera
$\dfrac{m^2}{m+e}$, & le premier rectangle aura pour expreffion $\dfrac{e\,m^2}{m+e}$, le fecond $\dfrac{e\,m^2}{m+2e}$, &c. Donc l'efpace $ADMP = e\,m^2\left[\dfrac{1}{m+e}+\right.$
$\dfrac{1}{m+2e}+\dfrac{1}{m+3e}+\left.\&c\right]$. Et fi on réduit en féries toutes ces
fractions, on aura $ADMP = e\,m\left(1+1+1+1+1+\&c.\right)$.
$- e^2\left(1+2+3+4+\&c. \ldots +\dfrac{x}{e}\right)+\dfrac{e^3}{m}\left(1^2+2^2+3^2+\right.$
$4^2+5^2+6^2 \ldots +\dfrac{x^2}{e^2}\right) - \&c. = e\,m\times\dfrac{x}{e} - e^2\times\dfrac{x^2}{2e^2}$
$+\dfrac{e^3}{m}\times\dfrac{x^3}{3e^3} - \dfrac{e^4}{m^2}\times\dfrac{x^4}{4e^4}+\&c. = m\,x - \dfrac{x^2}{2}+\dfrac{x^3}{3m} - \dfrac{x^4}{4m^2}$
$+\dfrac{x^5}{5m^3}+\&c. = m^2\left(\dfrac{x}{m} - \dfrac{x^2}{2m^2}+\dfrac{x^3}{3m^3} - \dfrac{x^4}{4m^4}+\&c.\right) =$
$m^2\,log.\left(1+\dfrac{x}{m}\right) = m^2\,log.\dfrac{m+x}{m}$. Donc fi on fait $CP = \zeta$,
l'efpace $ADMP$ fera égal à $m^2\,log.\dfrac{\zeta}{m}$; & fi l'angle fait par les
afymptotes, au lieu d'être droit, étoit en général a, on auroit $ADMP$
$= m^2\,fin\,a\,log.\dfrac{\zeta}{m}$.

719. Si l'hyperbole eft équilatere, & fi la puiffance $= 1$, alors
l'efpace $ADPM = log.\,\zeta$; c'eft-à-dire qu'il eft le logarithme naturel
de l'abfciffe CP; & voilà pourquoi on appelle logarithmes hyperboliques
ceux dont le module eft 1.

Ce même efpace feroit le logarithme tabulaire de l'abfciffe CP, fi
l'angle des afymptotes étoit de $25° 44' 25''$; car appellant A le mo-
dule $0,4342944 8$ &c, il faut que l'on ait $m^2\,fin\,a\,log.\dfrac{\zeta}{m} = A\,log.\,\zeta$;

or cette équation ne peut avoir lieu que lorsque $m = 1$; & alors on a $\sin a = A = 0,4342i9448$ &c, qui dans les Tables des sinus naturels répond à $25° 44' 25''$. Les logarithmes ordinaires représentent donc les aires asymptotiques d'une hyperbole dont la puissance est 1, & dont l'angle des asymptotes est de $25° 44' 25''$.

720. Si on prend sur l'asymptote d'une hyperbole quelconque une suite d'abscisses en progression géométrique $\div z : q z : q^2 z : q^3 z$, &c, les aires correspondantes formeront la progression arithmétique $\div m^2$

$$\sin a \; log \frac{z}{m} \cdot m^2 \sin a \; log \frac{z}{m} + m^2 \sin a \; log \, q \cdot m^2 \sin a \; log \frac{z}{m} +$$

$$2 m^2 \sin a \; log \, q \cdot m^2 \sin a \; log \frac{z}{m} + 3 \, m^2 \sin a \; log \, q, \text{ &c.}$$

Ainsi quand les abscisses sont en progression géométrique, les différences des aires asymptotiques sont égales; & puisque la progression des abscisses peut être continuée à l'infini, il suit que l'espace compris entre l'hyperbole & son asymptote est infiniment grand.

S'il falloit déterminer un trapeze hyperbolique $A D N Q$ qui fût au trapeze $A D P M$ dans le rapport de p à q, on nommeroit $C P \, (z)$, $C Q \, (x)$; & on auroit $m^2 \sin a \; log \frac{z}{m} : m^2 \sin a \; log \frac{x}{m} :: p : q ::$

$$log \frac{z}{m} : log \frac{x}{m}; \text{ donc } q \; log \frac{z}{m} = p \; log \frac{x}{m}, \text{ ou } log \left(\frac{z}{m}\right)^q =$$

$$log \left(\frac{x}{m}\right)^p; \text{ équation qui donne}$$

$$x = \frac{z^{\frac{q}{p}}}{m^{\frac{q}{p}-1}} = z^{\frac{q}{p}} m^{\frac{p-q}{p}} = \sqrt[p]{\left(z^q \, m^{p-q}\right)}.$$

FIG.

DE QUELQUES AUTRES COURBES.

Parmi les Courbes qui font le plus en ufage dans la Géométrie, les Sections coniques tiennent fans doute le premier rang : mais il y en a plufieurs autres dont il eft à propos de faire mention.

721. I°. La Conchoïde de Nicomede. Si par un point B pris à volonté hors d'une droite G H on mene des lignes BQ M, BA D, &c. telles que leurs parties Q M, A D, &c foient égales, la courbe M D M qui paffe par les points M, D &c, fe nomme *Conchoïde*.
149.

Le point B en eft le *Pôle*, la ligne G H en eft la *Directrice* ; & fi on prend au-deffous de G H des parties égales Q *m*, A *d*, &c, la courbe qui paffera par les points *m*, *d* &c, a'nfi déterminés, fera la conchoïde *inférieure m d m'*, ou plutôt la partie inférieure de la même conchoïde.

722. Il fuit de fa conftruction 1°, que G H en eft l'afymptote ; 2°, que *d* D en mefure la plus grande largeur, lorfque B A eft perpendiculaire fur G H. Mais comme B A peut être plus grande, ou plus petite, ou égale à *d* A, voyons quelle fera la figure de la courbe dans ces trois cas.

Dans le premier, elle fera telle que la repréfente la Figure 149 ; dans le fecond, elle aura un nœud B*ndn'* comme dans la Figure 150, & alors on l'appelle conchoïde *nouée*. Dans le troifieme, le nœud s'évanouit, & il ne refte qu'un point de rebrouffement en B, *fig.* 151,
149.
150.
&
151.

723. Pour favoir fi la conchoïde eft du nombre des courbes algébriques, foit mené P M perpendiculairement fur A P, & foit A D ou Q M $= a$, A B $= b$, P M $= y$, A P $= x$: on aura P Q : P M : : A Q : A B, ou $\sqrt{(aa - yy)} : y : : x - \sqrt{(aa - yy)} : b$: donc $xy = (b + y)\sqrt{(aa - yy)}$; & c'eft-là l'équation aux coordonnées de la conchoïde fupérieure. Le même calcul donne $xy = (b - y)\sqrt{(aa - yy)}$ pour l'inférieure. L'équation eft encore la même pour la conchoïde à nœud. Cette courbe eft donc algébrique, & en débarraffant fon équation du radical, on trouvera que c'eft une ligne du quatrieme ordre, ou une courbe du troifieme, laquelle a pour équation . . . $y^4 \pm 2by^3 + (b^2 - a^2 + x^2)y^2 \mp 2a^2by = a^2b^2$.

On peut la décrire par l'interfection continuelle d'une regle BCM mobile autour du point B, & d'un cercle décrit du rayon C M $= a$, que l'on fera mouvoir le long de G H, de maniere que le centre C foit toujours fur cette ligne. Il fuffit pour cela que la regle paffe conftamment par le centre du cercle.
152.

724. On peut même former ainfi une infinité de conchoïdes différentes Car fi au lieu du cercle on fait mouvoir une courbe quelconque C M le long de G H, fon interfection avec une regle B M mobile autour du point B, & affujettie à paffer par un point fixe Q de
153.

C c ij

FIG.
153.

l'axe de la courbe C M, décrira une conchoïde dont il est aisé de trouver l'équation. En effet, si on mene M P & A B perpendiculaires fur la directrice, & si on fuppofe $AP = x$, $PM = y$, $CP = z$, $CQ = a$, $AB = b$, on aura $PQ\ (z - a)$: $PM\ (y)$: : AQ $(x + a - z)$: $AB\ (b)$; d'où $z = a + \dfrac{xy}{b+y}$. Subftituant donc cette valeur dans l'équation à la courbe C M, on aura celle de la conchoïde M D.

Par exemple, si la courbe C M eft un cercle, dont Q foit le centre, on a $yy = 2az - zz$, qui donne $xy = (b+y) \sqrt{(aa - yy)}$ pour l'équation à la conchoïde ordinaire.

725. Mais si la courbe mobile eft une parabole dont l'équation foit $y^2 = pz$, alors $y^3 + bv^2 - apy - apb = pxy$ devient l'équation de la conchoïde parabolique dont Defcartes s'eft fervi pour réfoudre une équation générale du fixieme degré. Voyez fa Géométrie, & les Sections coniques du Marquis de l'Hôpital.

154.

726. II°. La CISSOÏDE DE DIOCLÈS. Soit le cercle A N B n dont le diametre eft A B, & dont Q B q eft tangente au point B. Si après avoir mené du point A des droites A Q à différents points de la tangente, on prend $QM = AN$, la courbe M A m qui paffe par les points M, m ainfi déterminés, fe nomme *Ciſſoïde*.

Elle eft compofée, comme l'on voit, de deux parties femblables & égales A M, A m qui forment en A un point de rebrouffement, & qui après avoir coupé la circonférence aux points C, c également éloignés de A & de B, s'écartent toutes les deux à l'infini, fans pouvoir jamais atteindre la tangente Q B q, qui eft par conféquent leur afymptote.

727. Pour trouver l'équation de la Ciffoïde, je mene O M parallele à A P, & M P, N G perpendiculaires. Je fais $AP = x$, $PM = y$, & A B ou le diametre du cercle *générateur* $= a$. Puifque $AN = MQ$, j'ai $AG = PB$, & $AG\ (a - x)$: GN ou $\sqrt{(ax - xx)}$: : $AP\ (x)$: $PM\ (y) = \dfrac{x\sqrt{x}}{\sqrt{(a-x)}}$; d'où $y^2 = \dfrac{x^3}{a - x}$, équation cherchée.

728. Or cette équation fait voir 1°, que la ciffoïde eft une courbe algébrique du fecond ordre. 2°, Qu'à chaque abfciffe A P, répondent deux ordonnées égales P M, P m, l'une pofitive, l'autre négative, & qu'ainfi la courbe a deux branches parfaitement égales & femblables. 3°, Que lorfque $x = 0$, y eft auffi $= 0$; la courbe paffe donc à l'origine des abfciffes. 4°, Que si $x = \frac{1}{2} a$, alors $y = \pm \frac{1}{2} a$; c'eft-à-dire, que les deux branches de la ciffoïde coupent la circonférence en des points C, également éloignés de A & de B. 5°, Que si $x = a$, y eft infinie, & que par conféquent la tangente B Q eft l'afymptote de cette courbe, comme nous l'avions déja conclu de fa defcription.

La conchoïde & la ciffoïde furent employées par leurs inventeurs Nicomede & Dioclès à trouver la *Duplication* du cube, Problême célebre parmi les anciens Géometres, mais qui n'a plus de célébrité parmi les nouveaux.

729. III°. LA LOGARITHMIQUE. Si après avoir pris un point A sur FIG.
la droite indéfinie G H, on éleve des ordonnées P M qui ayent pour
logarithmes leurs abscisses A P, la courbe B M m qui passe par les ex- 155.
trémités de ces ordonnées, s'appelle *Logarithmique*.

Soit donc A P $= x$, P M $= y$, $m =$ le module, $e =$ le nombre
2.7182818, dont le logarithme hyperbolique est 1, on aura $x =$

$m l y = x l e$, ou $y^m = e^x$, qui donne $y = e^{\frac{x}{m}}$, équation de la logarithmique.

Elle fait voir 1°, que cette courbe est du nombre des transcendantes;
2°, que lorsque $x = 0$, y ou A B $= 1$; 3°, que si $x =$ A E $=$

$=$ A B $= 1$, y ou E F $= e^{\frac{1}{m}}$, & qu'ainsi en faisant E F $= a$, on

aura toujours $y = a^x$; d'où il suit que si les abscisses forment la pro-

gression arithmétique $\div$ 1 . 2 . 3 . 4 . &c, les ordonnées formeront la
progression géométrique $\div a^1 : a^2 : a^3 : a^4$ &c. La logarithmique
s'étend donc à l'infini au-dessus de A P

Mais si on prend sur A Q des abscisses négatives, $x = - 1$, $x =$
$- 2$, $x = - 3$, &c, les ordonnées deviendront successivement $\frac{1}{a}$,

$\frac{1}{a^2}$, $\frac{1}{a^3}$, &c, c'est-à-dire, que la courbe a une branche infinie B O

qui s'approche de plus en plus de la directrice ou de l'axe G H, sans
pouvoir jamais l'atteindre.

730. La propriété la plus remarquable de la logarithmique est que
sa soutangente est toujours de la même grandeur. On le prouve avec
la plus grande facilité par le calcul différentiel : voici, en attendant,
une démonstration à peu-près semblable.

Soit menée l'ordonnée mp infiniment proche de M P, & soit prolongé le petit côté Mm pour avoir la tangente M T. Cela posé, si on
mene Mr parallele à l'axe, & si on nomme Pp (c), $m r$ (i), on aura

$$x + e = \text{A} . l (y + i) = \text{A} . l y \left(1 + \frac{i}{y}\right) = \text{A} l y + \text{A}$$

$$\left(\frac{i}{y} - \frac{i^2}{2y^2} + \frac{i^3}{3y^3} - \&c\right); \text{ donc puisque } x = \text{A} l y, \text{ il faut que}$$

$$e = \frac{\text{A} i}{y} \left(1 - \frac{i}{2y} + \frac{i^2}{3y^2} - \&c.\right) \text{ Mais la quantité } i \text{ étant infini-}$$

ment petite, ses puissances i^2, i^3, &c, doivent être rejettées; on a

donc $\frac{e y}{i}$ ou P T $=$ A. *La soutangente est donc toujours égale au*

module; & puisqu'en général $x = \text{A} l y$, il est clair que dans deux
logarithmiques différentes, les abscisses des mêmes ordonnées sont com-

C iij

me les foutangentes, ou ce qui revient au même, les logarithmes des mêmes nombres dans différents fyftêmes font entre eux comme les modules. On peut voir dans un petit Traité de Keil fur la logarithmique, comment il en a déduit les regles du calcul des logarithmes.

156. 731. IV°. La Cycloïde. Si un cercle A G roule fur une droite A a, jufqu'à ce que le point qui touchoit d'abord cette droite en A, la touche encore en a, ce point décrira une courbe, appellée *Cycloïde* ou *Roulette*, ou *Trochoïde*. Les travaux de Pafchal, d'Huyghens, des Bernoulli, &c, ont rendu cette courbe fort célebre.

Ce fera une cycloïde *ordinaire*, lorfque ce cercle générateur n'aura d'autre mouvement que celui de fa révolution. Mais s'il a de plus un mouvement de tranflation dans le même fens, le point A décrira une

157. cycloïde *accourcie*. Si ce mouvement eft en fens contraire, la cycloïde fera *allongée*.

158. Or il eft clair que dans la cycloïde ordinaire la *Bafe* A a eft égale à la circonférence du cercle générateur; qu'elle eft plus courte dans la cycloïde accourcie, & qu'elle eft plus grande dans la cycloïde allongée.

Le diametre B C du cercle générateur fe nomme l'*Axe* de la cycloïde, lorfqu'il eft perpendiculaire au milieu de fa bafe. Le point B en eft le *Sommet* : ainfi B C eft fa plus grande hauteur.

156. 732. Cela pofé, menons M P perpendiculaire fur B C, & tirons les cordes égales M F & O C; nous aurons F C $=$ M O; donc puifque F C $=$ A C $-$ A F $=$ B O C $-$ F K M $=$ B O C $-$ O L C $=$ B I O, il eft clair que la partie M O de l'ordonnée M P eft toujours égale à l'arc correfpondant B I O du cercle générateur. D'ailleurs l'autre partie O P eft le finus du même arc; donc appellant M P (y), B I O (u), on aura pour l'équation à la cycloïde ordinaire, $y = u + \fin u$.

Et pour la rendre plus générale, on fera $M O = \dfrac{b}{a} B I O$ ce qui convient à la cycloïde ordinaire, ou accourcie, ou allongée, fuivant que b eft égal, ou plus petit, ou plus grand que a; enforte que l'on aura $y = \dfrac{b}{a} u + \fin u$. La cycloïde eft donc une courbe tranfcendante.

159. 733. Pour mener au point M la tangente M T, on imaginera l'arc infiniment petit M m, l'ordonnée $m p$, & la petite ligne M r parallele à la tangente O T au point O de la circonférence du cercle générateur.

On aura donc $M O = \dfrac{b}{a} B I O$, & $m o = \dfrac{b}{a} B I o$, ce qui donne

$m r = \dfrac{b}{a} O o$. D'ailleurs par les triangles femblables on a $m r : M r ::$

$$MO : OT = \frac{MO \times Mr}{\frac{b}{a} Oo} = \frac{a}{b} MO = BIO.$$ Il faut donc prendre fur la tangente au cercle générateur la partie O T $=$ B I O, &

mener par les points M & T la ligne M T qui fera la tangente de la
cycloïde, foit ordinaire, foit accourcie, foit allongée. Dans la premiere cependant, la conftruction peut être fimplifiée ; car puifque M O
= B I O = O T , on a l'angle T O P , ou 2 B O P = 2 T M O ;
c'eft-à-dire, qu'*une droite M T parallele à la corde O B eft néceffai-
rement tangente au point M de la cycloïde ordinaire.*

734. Maintenant foient menées la ligne indéfinie B Q Q' perpendiculaire à l'axe B C, & Q q, Q' m paralleles au même axe ; on aura par les
triangles femblables, m q : M q , ou Q' Q : P p : : O P : B P ;
donc Q' Q × B P = P p × O P , ou M m Q' Q = P p o O ; & par conféquent l'efpace circulaire B I O P = B Q M , & le demi-cercle
B O C B = B D A B. Or le rectangle A B dans la cycloïde ordinaire
eft quadruple de ce demi-cercle ; donc *l'efpace cycloïdal eft triple
du cercle générateur.*

735. Si au lieu de prendre un point de la circonférence du cercle
pour décrire la cycloïde , on l'eût pris au-dedans ou au-dehors du cercle, alors la courbe décrite eût été une autre efpece de cycloïde ; & fi
au lieu de faire rouler un cercle fur une droite, on l'eût fait rouler
fur la circonférence d'un autre cercle, alors la courbe décrite par un
de fes points eût été du genre de celles que l'on appelle *Epicycloïdes.*
Nous ne pouvons qu'indiquer ces objets.

736. Vº. LA QUADRATRICE DE DINOSTRATE. Suppofons qu'une
droite A G tangente en A fe meuve uniformément, parallélement à
elle-même le long du diamètre A a, & qu'au même inftant qu'elle
part du point A , le rayon A C tourne uniformément autour du centre
C vers le point E, de maniere qu'il fe confonde avec C E au moment où la droite A G s'y confondra auffi, nous aurons par l'interfection continuelle de ces deux lignes une courbe A M D , appellée
Quadratrice.

Il fuit de cette defcription qu'un efpace quelconque A P parcouru
par la droite A G eft à l'arc circulaire A B décrit dans le même temps
par l'extrémité du rayon, comme un autre efpace A C parcouru par
cette droite eft à l'arc correfpondant A B E décrit par le rayon. Faifant donc A P = x, P M = y, A B = u, A C = a, A B E = 90° = c, on
aura 1º, $x : a : : u : c : :$ l'angle A C B : l'angle A C E ; donc
$$u = \frac{cx}{a}.$$

On aura 2º, C P : P M : : C A : A T , ou $a - x : y : : a :$ *tang u* ;
donc $y = \frac{a-x}{a}$ *tang* $\frac{cx}{a}$; & ce fera l'équation aux coordonnées de
la quadratrice , lorfque le point A fera l'origine des abfciffes.

737. Mais fi on met leur origine au centre C ; en faifant C P = x,
on aura.... $y = \frac{x}{a}$ *tang* $\left(c - \frac{cx}{a}\right) = \frac{x}{a}$ *cot* $\frac{cx}{a}$ = ...

FIG.

$$\frac{x\left(a - \dfrac{c^2\,x^2}{2\,a^3} + \dfrac{c^4\,x^4}{2.3.4.\,a^7} - \&c.\right)}{\dfrac{cx}{a} - \dfrac{c^5\,x^3}{2.3.\,a^5} + \dfrac{c^5\,x^5}{2.3.4.5\,a^9} - \&c.} = \frac{a - \dfrac{c^2\,x^2}{2\,a^3} + \dfrac{c^4\,x^4}{2.3.4.\,a^7} - \&c.}{\dfrac{c}{a} - \dfrac{c^3\,x^2}{2.3.\,a^5} + \dfrac{c^5\,x^4}{2.3.4.5\,a^9}} . \&c.$$

160.

Donc lorfque x fera zéro, y qui deviendra la *bafe* CD, aura pour expreffion $\frac{a^2}{c}$; d'où il fuit que fi la bafe de la quadratrice étoit une fois connue, on auroit auffi-tôt la quadrature du cercle. C'eft ce qui a fait donner à cette courbe le nom de quadratrice.

738. Si on décrit du centre C & du rayon C D le quart de cercle D L K, fa longueur fera égale au rayon C A; car $\frac{aa}{c} : DLK :: a : c$; donc $DLK = a$. On aura auffi $PC = $ l'arc L D; car $\frac{aa}{c} : KL :: a : u$; d'où $KL = x = AP$, & $PC = LD$.

739. Prenons maintenant des abfciffes négatives A P', & fubftituons leur valeur dans la premiere équation. Elle deviendra $y = -\frac{(a+x)}{a}$ $tang\,\frac{ex}{a}$, ce qui donne des ordonnées négatives P' M'. Ainfi la courbe a une branche A M', dont on trouvera que la droite Q N menée à la diftance $AQ = a$ eft l'afymptote, en fuppofant y infinie; car alors on trouvera que $tang\,\frac{cx}{a} = \infty$, & que par conféquent $x = a$.

Si après s'être confondus avec C E, la droite AG & le rayon C A continuent de fe mouvoir l'une en defcendant vers a, l'autre en tournant dans le même fens, il eft vifible que leur interfection décrira la partie D a de la quadratrice.

Il eft vifible auffi que fi on pouvoit décrire géométriquement cette courbe, on auroit immédiatement tous les angles d'un nombre donné de degrés, par exemple, de $\frac{1}{m}$ 90°. Il n'y auroit pour cela, qu'à divifer A C au point P, de forte que AP fût à A C $:: 1 : m$; car alors menant l'ordonnée P M, & le rayon C B, l'angle A C B feroit $= \frac{1}{m}$ 90°; puifque $x : a :: u : c :: 1 : m$.

161.

740. VI°. La Spirale d'Archimede. On appelle ainfi la courbe C K M A décrite par un point C qui fe meut uniformément le long du rayon C A, pendant la révolution uniforme de ce rayon autour du centre C, de maniere que lorfque le rayon a parcouru la circonférence entiere, ce point fe trouve confondu avec le point A.

Si après avoir prolongé le rayon CA, on lui fait faire une feconde révolution, le point C continuant de s'éloigner de l'origine de son mou-vement décrira une *seconde Spirale*, puis une *troisieme*, & ainsi de suite, ou plutôt toutes ces spirales ne feront qu'une seule & même courbe, dont les révolutions peuvent se multiplier à l'infini.

741. Cela posé, l'ordonnée C M (y) est au rayon C A (a) : : l'arc A B N qui est l'abscisse correspondante, & que j'appelle x, est à la cir-conférence entiere A B N A , que j'appelle π. On a donc $y = \frac{ax}{\pi}$ pour l'équation à la spirale d'*Archimede*. D'où il suit 1°, que c'est une courbe transcendante ; 2°, qu'elle passe par le centre du cercle générateur ; 3°, qu'elle passe aussi par le point A ; 4°., que si on fait $x = \pi + x'$, l'équation deviendra $y = a + \frac{ax'}{\pi}$, & qu'ainsi en donnant à x' les valeurs qui sont entre o & π, la spirale sera une seconde révolution qu'elle terminera à l'extrémité d'un rayon double du premier. Elle en fera une troisieme, une quatrieme, &c, si on fait $x = 2\pi + x''$, $x = 3\pi + x'''$, &c.

742. Pour mener à son point M la tangente M T , on imaginera le rayon C$m$$n$ infiniment proche du rayon C M N , & après avoir décrit un cercle du rayon C M on menera C T perpendiculaire à C M : puis on aura par les triangles semblables M$m$$r$, M T C, $mr : Mr : : CM :$
$$CT = \frac{CM . Mr}{mr}. \quad Or \; CM = \frac{a}{\pi} ABN \, , \; \& \; Cm = \frac{a}{\pi} ABn ;$$

Donc $Cm - CM$, ou $mr = \frac{a}{\pi} Nn$; & puisque $a : y : : Nn : Mr$,

on aura $\frac{Mr}{mr} = \frac{y . Nn}{a . \frac{a}{\pi} Nn} = \frac{\pi y}{ad} = \frac{x}{a}$, & la soutangente C T =

$$\frac{\pi y^2}{a^2} = \frac{xy}{a};$$ mais $a : y : : x :$ l'arc O Q M $= \frac{xy}{a}$; donc la sou-tangente C T doit être prise égale à l'arc circulaire O Q M.

743. VII°. LA SPIRALE PARABOLIQUE. Si on prend sur un rayon quelconque C N une partie N M moyenne proportionelle entre l'arc A N & une ligne donnée p, la courbe qui passera par tous les points M ainsi déterminés, sera la *Spirale parabolique*.

Soit donc A N $= x$, C M $= y$, A C $= a$, & on aura $y = a - \sqrt{px}$; équation qui en substituant $\pi + x$, $2\pi + x$, &c, au lieu de x, fait voir que cette courbe peut faire une infinité de révolutions autour du centre C , & que par conséquent elle est du nombre des spirales.

744. VIII°. LA SPIRALE HYPERBOLIQUE. Je suppose que du point C pris pour centre sur l'indéfinie C P , on décrive des arcs A G , Q M , P O , &c, égaux en longueur, & que par leurs extrémités G , M , O

FIG. &c, on faſſe paſſer une courbe C K G M O. Ce ſera une *Spirale hyper-bolique.*

Il eſt aiſé de voir que ſi on éleve une droite A R parallele à l'axe C P, & qui en ſoit éloignée d'une quantité C B = A G = Q M = P O, &c, cette droite ſera l'aſymptote de la ſpirale hyperbolique, parce qu'elle ne peut la rencontrer que lorſque le rayon C M eſt infini.

745. Soit le rayon C A = a, A N = x, C M = y, A G = Q M, &c = b; on aura $x : b :: a : y$, qui donne $xy = ab$, équation ſemblable à celle de l'hyperbole entre les aſymptotes. Or ſi on appelle π la circonférence dont le rayon = a, & ſi on ſubſtitue à x les valeurs $\pi + x, 2\pi + x \ldots \ldots m\pi + x$, on aura ſucceſſivement

$$y = \frac{ab}{\pi + x}, y = \frac{ab}{2\pi + x} \ldots y = \frac{ab}{m\pi + x}.$$ D'où on voit que plus l'abſciſſe eſt grande, plus l'ordonnée eſt petite, & que celle-ci ne devient nulle, que lorſque m eſt infini. *La ſpirale hyperbolique fait donc une infinité de révolutions autour de ſon centre, avant que d'y arriver.*

746. Cherchons maintenant la valeur de la ſoutangente C T, & pour cela imaginons la ligne C rm infiniment proche de C M, & l'arc mq; menons enſuite C T perpendiculaire à C M, qui rencontre en T la tangente T M, & nommons Q $q = rm = i$; nous aurons $y + i$:

$$b :: y : Qr = \frac{by}{y + i}.$$ Donc $rM = b - \frac{by}{y + i} = \frac{bi}{y + i}$; or

$$rm : rM :: Cm : CT; \text{ donc } i : \frac{bi}{y + i} :: y + i : CT = b.$$ Ainſi dans la Spirale hyperbolique la ſoutangente eſt conſtante, comme dans la logarithmique (730).

747. IX°. LA SPIRALE LOGARITHMIQUE. On nomme *Spirale loga-rithmique* la courbe qui coupe ſous un même angle tous les rayons C M tirés de ſon centre C ; enſorte que la tangente M T fait toujours un angle égal avec le rayon C M, de quelque côté qu'on le ſuppoſe. Cette courbe a pluſieurs belles propriétés que l'on ne peut bien-détailler que par les méthodes du calcul différentiel & intégral dont nous allons bientôt faire connoître les principes.

DES LIEUX GÉOMÉTRIQUES.

EN conftruifant l'équation . . . . $y^2 = 2 a x - x x$, noûs avons FIG.
trouvé (649) qu'il en réfultoit un cercle dont le diametre étoit $2 a$:
ce cercle eft ce qu'on appelle *le Lieu géométrique* de l'équation . . .
$$y^2 = 2 a x - x x.$$

748. En général, *le Lieu d'une équation eft la ligne décrite d'après
le rapport des* x *& des* y *que cette équation renferme.*

Ce rapport entre les coordonnées fert de bafe aux conftructions géométriques, & la théorie qui enfeigne à réfoudre ce genre de problêmes
eft également ingénieufe & utile.

On a vu (N° 457 & fuivants) la maniere de conftruire les équations déterminées : nous allons nous occuper maintenant de la conftruction des équations indéterminées. On appelle ainfi toutes les
équations à deux variables, & on en diftingue les degrés par ceux
des plus hautes puiffances auxquelles ces mêmes variables font élevées.
Commençons par les équations indéterminées du premier degré.

749. Toute équation de ce genre, peut être repréfentée par celle-
ci . . . . $a y = b x + c$; d'où on tire $y = \dfrac{b x}{a} + \dfrac{c}{a}$. Il s'agit donc
de trouver le lieu géométrique de cette derniere équation.

Soit A P la ligne des abfciffes x, dont je fuppofe l'origine au point
A ; foit P M une ordonnée y qui faffe avec A P un angle donné quel- 165.
conque A P M.

Cela pofé, fi je prends fur A P une partie déterminée A B que j'appellerai a, & fi je mene parallélement à P M une ligne B D que j'appellerai b, il eft évident qu'une droite indéfinie A D N menée par les
points A & D, formera deux triangles femblables A B D & A P N, qui
donneront . . . $a : b :: x : \mathrm{P} \mathrm{N} = \dfrac{b x}{a}$. Donc la ligne A N feroit le lieu cherché, fi l'équation propofée étoit fimplement . . . .
$$y = \frac{b x}{a}.$$

Mais à caufe de $\dfrac{c}{a}$ qu'il faut ajouter au fecond membre, les y
doivent être augmentées de cette quantité : il faut donc trouver une
ligne qui ait pour expreffion $\dfrac{b x}{a} + \dfrac{c}{a}$. Or en élevant au-deffus de

A P une droite A E parallele à P M & qui foit égale à $\frac{c}{a}$, & en tirant par le point E une ligne indéfinie M M' parallele à la ligne A N , il eft clair que l'on aura P M ou $y = $ P N $+$ N M $= \frac{bx}{a} + \frac{c}{a}$: auquel cas la droite M M' eft le lieu géométrique de l'équation donnée.

Si la quantité $\frac{c}{a}$ eft négative, il faut alors diminuer les P M de cette quantité ; ce qui eft aifé à faire , en menant A E' au-deffous de A P ; & en tirant par le point E' une parallele à la ligne A N. Cette parallele M M'' fera le lieu de l'équation . . . $y = \frac{bx}{a} - \frac{c}{a}$.

Sa partie O M répondra à la valeur pofitive de y, & fon prolongement O M'' répondra à $-y$. On peut donc conclure généralement, que *la ligne droite eft le lieu géométrique de toutes les équations indéterminées du premier degré.*

Voyons maintenant quel eft le lieu des équations indéterminées du fecond degré.

750. Toutes ces équations peuvent être ramenées à la formule générale . . . .

$$y^2 + axy + bx^2 + cx + dy + f = 0.$$

D'où il fuit que la conftruction de cette formule fera connoître généralement la nature des courbes exprimées par des équations du fecond dégré, quel que foit d'ailleurs l'angle des coordonnées.

Or pour conftruire plus facilement cette formule, commençons par la fimplifier, en faifant . . . $y + \frac{ax}{2} + \frac{d}{2} = u$. Nous aurons . . . . $u^2 = y^2 + axy + dy + \frac{1}{2} adx + \frac{1}{4} a^2 x^2 + \frac{1}{4} d^2$; ce qui donnera . . . . . .

$$u^2 + (b - \tfrac{1}{4} a^2) x^2 + (c - \tfrac{1}{2} ad) x + f - \tfrac{1}{4} d^2 = 0.$$

66   Conftruifons maintenant l'équation . . . $y + \frac{1}{2} ax + \frac{1}{2} d = u$; & pour cela, menons A B $= \frac{1}{2} d$ parallele à P M, & au-deffous de A P , lorfque d eft pofitif : menons enfuite B O parallele à A P ; nous aurons déja M O $= y + \frac{1}{2} d$: il faut donc augmenter M O de la quantité $\frac{1}{2} ax$ pour avoir une ligne que nous puiffions appeller u.

Or fi on prend fur B O une ligne B E de telle grandeur que l'on voudra, en faifant B E $= m$, & en menant E F $= \frac{1}{2} a m$ parallele à P M, de maniere que par le point B & par le point F , on tire une droite indéfinie B F N , on aura deux triangles femblables , B E F & B O N qui donneront O N $= \frac{ax}{2}$; donc la ligne M N $= u$.

Soit à préfent B N $= \mathfrak{z}$, & la ligne connue B F $= n$, on aura . . . .

$m : n : : x : \zeta$; donc $x = \dfrac{m}{n} \zeta$, d'où on déduira

$$u^2 + (b - \tfrac{1}{4} a^2) \frac{m^2}{n^2} \zeta^2 + (c - \tfrac{1}{2} a d) \frac{m}{n} \zeta + f - \tfrac{1}{4} d^2 = 0.$$

Cela posé, il peut arriver 1°, que $b = \tfrac{1}{4} a^2$, auquel cas $y^2 + a x y + b x^2$ est un quarré parfait ; 2°, que b soit plus grand que $\tfrac{1}{4} a^2$; 3°, que b soit plus petit que $\tfrac{1}{4} a^2$. Ainsi la derniere équation est susceptible des trois formes suivantes . . . .
$u^2 - A \zeta + B = 0 \ldots u^2 + A \zeta^2 - B \zeta - C = 0 \ldots u^2 - A z^2 - B \zeta - C = 0.$
Reste donc à la construire sous ces trois formes.

La premiere fait voir que la courbe cherchée rencontre la ligne B N à un point C tel que BC est égal à $\dfrac{B}{A}$; car alors $u = 0$, & par conséquent ζ devient $\dfrac{B}{A}$.

Soit donc $C N = t$; on aura $B N = B C + C N$, ou $\zeta = \dfrac{B}{A} + t$; & substituant cette valeur de ζ, on trouvera . . . $u^2 = A t$, équation au diametre C N d'une parabole M C m, qu'il sera très-aisé de décrire, puisque l'on connoît le parametre A de son diametre, l'origine C de ce diametre, & l'angle M N C qu'il fait avec ses ordonnées.

751. Concluons donc généralement que *toutes les fois que les trois premiers termes* y² + a x y + b x² *de l'équation générale du second degré forment un quarré parfait, cette équation appartient à la parabole.*

La seconde forme sous laquelle nous devons considérer l'équation préparée, est $u^2 + A \zeta^2 - B \zeta - C = 0$; & si nous faisons $\zeta - \dfrac{B}{2 A} = t$, nous aurons l'équation

$$u^2 = A \left(\frac{B B + 4 A C}{4 A A} - t^2 \right)$$

qui appartient évidemment à l'ellipse, & qui étant comparée à l'équation (682) . . . $y^2 = \dfrac{n^2}{m^2} (m^2 - x^2)$, donne pour les valeurs des demi-diametres conjugués . . . . .

$$m = \frac{1}{2 A} \sqrt{(B B + 4 A C)} \ldots n = \tfrac{1}{2} \sqrt{\left(4 C + \frac{B B}{A} \right)}.$$

D'où il suit qu'en prenant $B C = \dfrac{B}{2 A}$, & en décrivant une ellipse 167. dont le centre soit C, & dont les demi-diametres conjugués soient C D = m, & C G = n, cette ellipse sera le lieu cherché.

FIG.

752. En général, *toutes les fois que* b *est plus grand que* $\frac{1}{4}$ a^2, *l'équation générale du second degré appartient à l'ellipse.*

Sous la troisieme forme, cette même équation appartient à l'hyperbole ; car si on fait $z + \dfrac{B}{2A} = t$, on aura, en substituant cette valeur dans $u^2 - A z^2 - B z - C = 0$, l'équation

$$u^2 = A\left(t^2 + \frac{4AC - BB}{4AA}\right)$$

qui exprime le rapport des coordonnées d'une hyperbole dont le centre

168.   C est éloigné du point B de la quantité $CB = \dfrac{B}{2A}$.

Mais suivant que $4AC$ est plus grand ou plus petit que BB, il faut comparer cette équation avec l'une des deux équations suivantes

$$y^2 = \frac{m^2}{n^2}(x^2 + n^2) \ldots y^2 = \frac{n^2}{m^2}(x^2 - m^2),$$

dont la premiere exprime le rapport des coordonnées au second diametre (702). Celle-là donne

$$n = \frac{1}{2A}\sqrt{(4AC - BB)} \ldots m = \frac{1}{2}\sqrt{\left(4C - \frac{BB}{A}\right)}.$$

Ainsi en décrivant une hyperbole MGm dont le premier diametre $CG = m$, & le second $CD = n$, on aura le lieu cherché pour l'équation proposée, dans le cas de $4AC > BB$.

Si BB au contraire est plus grand que $4AC$; on comparera l'équation ci-dessus avec la seconde . . . . . $y^2 = \dfrac{m^2}{n^2}(x^2 - m^2)$;

& on aura

$$m = \frac{1}{2A}\sqrt{(BB - 4AC)} \ldots n = \frac{1}{2}\sqrt{\left(\frac{BB}{A} - 4C\right)};$$

169.   ce qui donne toute espece de facilité pour décrire l'hyperbole MDm, qui dans le cas de $4AC < BB$, est le lieu géométrique de l'équation générale.

753. Il suit de-là que *toutes les fois que* b *est plus petit que* $\frac{1}{4}$ a^2, *la formule des équations du second degré appartient à l'hyperbole.*

754. Mais si par hasard le terme y^2 manquoit dans une équation du second degré, comment venir à bout de la construire ?

On supposeroit d'abord le reste de l'équation divisé par b, coefficient de x^2, & on auroit un résultat de cette forme . . . .

$$x^2 + mxy + nx + py + q = 0.$$

Puis on supposeroit $x + \dfrac{my}{2} + \dfrac{n}{2} = u$, & on auroit, en substituant . . . . . .

FIG.

$$u^2 - \tfrac{1}{4} m^2 y^2 + (p - \tfrac{m n}{2}) y + q - \tfrac{1}{4} n^2 = 0;$$

équation à l'hyperbole, qui se construiroit comme la formule . . .

$$u^2 - A z^2 - B z - C = 0.$$

Et si on supposoit $b = 0$, alors les deux quarrés des coordonnées manquant dans l'équation à construire, on n'auroit plus qu'une quantité de cette forme . . . .

$$x y + m x + n y - p = 0$$

qui appartient à l'hyperbole rapportée à ses asymptotes, comme il est aisé de s'en convaincre par la construction qui suit.

Soit $x + n = u$; on aura . . $u y + m u = m n + p$. Soit $y + m = z$; on aura $u z = m n + p$ . . . Soit prolongé A P vers D jusqu'à ce que A D soit égal à n, & soit mené D C $= m$, parallélement à P M, de maniere que par le point C on puisse mener une droite indéfinie C Q parallele à A P.

Cette construction une fois faite, il est clair que l'on aura

$$M Q = y + m \ . \ . \ . \ C Q = x + n.$$

Donc $(y + m)(x + n) = m n + p$; équation à l'hyperbole décrite entre les asymptotes C K & C Q, en supposant qu'elle ait $m n + p$ pour puissance (697).

Or cette derniere équation est précisément la même que $x y + m x + n y - p = 0$, dont nous cherchions le lieu géométrique.

755. De tout ce qui précede, on doit conclure que *toute équation indéterminée du second degré appartient à une section conique*; & que pour en connoître l'espece, il suffit d'avoir égard aux trois premiers termes $y^2 + a x y + b x^2$ de la formule générale de ces équations.

Résumant donc les diverses suppositions que nous avons faites, nous dirons;

Iº, Que si ces trois termes forment un quarré parfait, ou, ce qui revient au même, si $b = \tfrac{1}{4} a^2$, l'équation appartient toujours à la parabole. Donc si $b = 0$, ou s'il ne reste des trois premiers termes que y^2, l'équation appartient encore à la parabole. On voit que la même chose auroit lieu, s'il n'y avoit simplement que x^2.

IIº, Si b coefficient de x^2 surpasse $\tfrac{1}{4} a^2$, quarré de la moitié du coefficient de $x y$, l'équation est alors à l'ellipse. Il faut dans ce cas-là que le terme qui renferme x^2 soit positif.

Remarquez que l'ellipse peut devenir au cercle dans deux cas. 1º, Lorsque C D $=$ C G, ou A $= 1$, & que l'angle C N M $=$ B C G est droit. Alors B E$^2 =$ B F$^2 +$ F E^2, ou $m^2 = n^2 + \dfrac{a^2 m^2}{4}$;

170.

167.

& puisque $A = 1 = (b - \frac{1}{4} a^2) \frac{m^2}{n^2}$, on a . . . . . . $\bullet$

$b = \frac{n^2}{m^2} + \frac{1}{4} a^2 = 1$. Ainsi l'équation à construire auroit cette forme . . . . . . $y^2 + a x y + x^2 + c x + d y + f = 0$, & elle appartiendroit au cercle, tant que l'angle B N M feroit droit.

2°. L'ellipse devient encore un cercle, si $a = 0$, si $b = 1$, & si l'angle A P M est droit : car alors l'équation devenant . . . $y^2 + x^2 + c x + d y + f = 0$, on voit bien qu'elle doit appartenir au cercle, & que ce cas-là suit immédiatement du précédent.

III°. L'équation générale des équations du second degré appartient à l'hyperbole, lorsque dans ses trois premiers termes, $y^2 + a x y + b x^2$, le coefficient b est plus petit que $\frac{1}{4} a^2$, quarré de la moitié du coefficient du terme $x y$. Si b est négatif, l'équation est donc encore à l'hyperbole, & si $b = 1$, l'hyperbole est équilatere.

Si l'un des deux quarrés, y^2 ou x^2 manque, le rectangle $x y$ restant toujours, la courbe est encore à l'hyperbole ; & si les deux quarrés manquent à la fois, alors l'équation doit se rapporter aux asymptotes.

756. Il peut arriver que l'équation proposée ne soit pas réellement du second degré, & qu'elle appartienne à la ligne droite. Telle est l'équation . . . $y^2 - x y + \frac{1}{4} x^2 = a^2$; mais alors la section conique qu'elle représente, dégénere en ligne droite, comme on sent bien que cela doit avoir lieu pour une parabole dont le parametre seroit nul, & qui par conséquent se confondroit avec son axe.

757. Si par hasard l'équation proposée impliquoit quelque contradiction, le calcul le feroit bientôt connoître, par les opérations qu'il indiqueroit ; comme, par exemple, en conduisant le calculateur à décrire un cercle d'un rayon imaginaire, &c, &c. Ces détails suffiront pour l'intelligence des problêmes suivants.

Résolution des Problêmes indéterminés du second degré.

PROBLEME I.

171

758. LES deux points A & B étant donnés, trouver la courbe A M B, telle qu'en menant de l'un quelconque M de ses points, les droites M A & M B, l'angle A M B soit toujours le même.

Soit mené M P perpendiculaire sur A B, & soit A P $= x$ . . . . P M $= y$ . . . . A B $= a$ . . . . $tang$ A M B $= t$, on aura $tang$ A M P $= \frac{x}{y}$, & $tang$ B M P $= \frac{a-x}{y}$. Donc $t = (\frac{x}{y} + \frac{a-x}{y})$:

$(1 - \dfrac{x(a-x)}{y^2})$; ce qui donne . . . $y^2 + x^2 - ax - \dfrac{a}{t} y$

$= 0$; équation au cercle que l'on peut conftruire ainfi.

Soit d'abord cette équation écrite fous cette forme . . . .

$$(y - \frac{a}{2t})^2 + (\tfrac{1}{2} a - x)^2 = \tfrac{1}{4} a^2 + \tfrac{1}{4} \frac{a^2}{t^2}.$$

Soit divifé enfuite A B par la moitié au point F, par lequel on

menera E F $= \dfrac{a}{2\,t}$ perpendiculaire fur A B ; puis du centre E & du

rayon E A $= \sqrt{(\tfrac{1}{4} a^2 + \dfrac{a^2}{4\,t^2})}$; foit décrit le cercle A M B. Il eft

clair que ce fera le lieu de l'équation trouvée ; car en menant E Q parallele à A B, on aura . . . E Q $= \tfrac{1}{2} a - x$ . . . M Q $= y -$

$\dfrac{a}{2\,t}$. Donc &c.

Puifque E F $= \dfrac{a}{2\,t}$, l'angle A E F doit être égal à l'angle A M B ;

donc fi on mene A T, de maniere que l'angle T A B foit égal à l'angle
A M B, la ligne A E perpendiculaire fur A T rencontrera E F au centre du cercle cherché.

PROBLÊME II.

·759. Imaginons que la ligne droite A B, d'une longueur donnée, 172
fe meuve dans l'angle B C A, de maniere que fes extrémités A &
B reftent toujours fur les côtés de cet angle ; il s'agit de trouver la
courbe décrite par un point déterminé M, pris fur cette ligne A B.

Soit mené M P parallele à A C, & foit C P $= x$ . . . P M $= y$ . . .
A M $= m$ . . . B M $= n$ . . . cof A C B $= cof$ M P B $= c$; on aura

B P $= \dfrac{nx}{m}$, & le triangle M P B donnera (580) . . . .

$$cy. \frac{2nx}{m} = y^2 - n^2 + \frac{n^2 x^2}{m^2} ; \text{ ou} . . . y^2 - \frac{2nc}{m} xy + \frac{n^2}{m^2} x^2 - n^2 = 0$$

équation qui appartient évidemment à l'ellipfe.

Pour la conftruire, foit $y - \dfrac{cnx}{m} = u$; on aura, en faifant

fin M P B $= s$ . . . $u^2 + \dfrac{n^2 s^2}{m^2} x^2 - n^2 = 0$. Ayant donc pris arbi-

trairement C E $= g$, & mené E F $= \dfrac{cgn}{m}$, parallélement à A C, fi

on tire C F Q, ou aura Q M $= u$.

D d

Soit donc $CF = f$, & $CQ = \zeta$, on aura $x = \frac{g\zeta}{f}$; donc $u^2 =$
$\frac{n^2 s^2 g^2}{m^2 f^2} \left(\frac{f^2 m^2}{g^2 s^2} - \zeta^2 \right)$. Ainsi les diametres conjugués CO & CG
feront refpectivement exprimés par $\frac{f m}{g s}$ & par n; & puifque l'on
connoît l'angle G C O, il eft facile de décrire l'ellipfe (684).

Si l'angle A C B étoit droit, l'équation primitive deviendroit . . .
$y^2 = \frac{n^2}{m^2} (m^2 - x^2)$; auquel cas elle appartiendroit à une ellipfe qui
auroit m & n pour demi-axes. On peut donc décrire par ce procédé toute
ellipfe dont les axes feront donnés; le premier étant défigné par $2a$,
& le fecond par $2b$, ou prendra $A M = a$ . . . $M B = b$, & on fera
mouvoir la droite A B entre les côtés d'un équerre. Le point M décrira
le quart de l'ellipfe demandée.

PROBLÊME III.

173.　760. La parabole N A K étant donnée, trouver le lieu de tous les
points M tels qu'en menant les deux tangentes N M & K M, l'angle
qu'elles formeront foit toujours égal à un angle donné.

Menons M P, K L & N Q perpendiculairement fur l'axe A Q, &
fuppofons $AP = x$ . . . $PM = y$ . . . $NQ = \zeta$ . . $KL = u$ . . .
le parametre de la parabole $= p$ . . . $tang\ NMK = t$; & nous
aurons, à caufe des triangles femblables T P M, T N Q, & S P M,
S L K, les proportions fuivantes.

$$\frac{2\zeta^2}{p} : \zeta : : \frac{\zeta^2}{p} - x : y \ . \ . \ . \ \frac{2 u^2}{p} : u : : x - \frac{u^2}{p} : y.$$

Donc $2 y \zeta = \zeta^2 - p x$, & $2 u y = p x - u^2$. Ajoutant & fouftrayant ces deux équations, on trouve pour réfultat . . . $2 y = \zeta$
$- u$ . . . $\zeta^2 + u^2 - 2 p x = 4 y^2$. Or la premiere donne . . .
$\zeta^2 + u^2 - 2 u \zeta = 4 y^2$; donc $u \zeta = p x$. Cette équation jointe à
celle-ci . . . $\zeta - u = 2 y$, exprime que les lignes M K & M N touchent la parabole. Il ne refte donc plus qu'à faire enforte que l'angle
N M K foit conftant.

Or $NMK = NTQ + KSL$; & puifque $tang\ NTQ = \frac{NQ}{TQ}$
$= \frac{p\zeta}{2\zeta\zeta} = \frac{p}{2\zeta}$, & que $tang\ KSL = \frac{p}{2u}$, on a

$$\text{tang } NMK = t = \frac{\frac{p}{2\zeta} + \frac{p}{2u}}{1 - \frac{pp}{4\zeta u}} = \frac{\frac{1}{2}p(u+\zeta)}{\zeta u - \frac{1}{4}pp} = \frac{2p(u+\zeta)}{4px - p^2},$$

d'où l'on tire . . . $\frac{1}{2}t(4x - p) = u + \zeta$. D'ailleurs puisque $\zeta - u$
$= 2y$, on en déduit

$$\zeta = y + \frac{1}{4}t(4x - p) \ldots u = -y + \frac{1}{4}t(4x - p);$$

donc $u\zeta$, ou $px = -y^2 + t^2(x - \frac{1}{4}p)^2$; & ordonnant, on obtient
enfin

$$y^2 - t^2 x^2 + x(\tfrac{1}{2}pt^2 + p) - \tfrac{1}{16}p^2 t^2 = 0,$$

équation à l'hyperbole que l'on peut construire ainsi.

Soit $x - \frac{1}{4}p - \frac{p}{2t^2} = \zeta$, on aura . . . . $y^2 = t^2 [\zeta^2 - \frac{p^2}{4t^4}$
$(t^2 + 1)]$; & comparant cette équation à . . . $y^2 = \frac{n^2}{m^2}(x^2 - m^2)$,
on trouvera en appelant s le sinus de l'angle NMK,

$$m = \frac{p}{2t^2} \sqrt{(t^2 + 1)} = \frac{p}{2ts} \ldots n = \frac{p}{2s}.$$

Diminuant donc les x de la quantité $AC = \frac{1}{4}p + \frac{p}{2t^2}$, & décrivant une hyperbole dont le premier axe $Dd = 2m$, & le second
$= 2n$, cette courbe sera le lieu géométrique de l'équation trouvée.

On peut remarquer 1°, que si l'angle NMK étoit obtus, la tangente t seroit négative: mais cela ne changeroit rien à l'équation,
parce qu'elle ne renferme que des puissances paires de t; d'où il suit
que des deux branches hyperboliques MDm & $M'dm'$, l'une satisfait au problême dans le cas où l'angle donné est aigu, & l'autre dans
le cas où cet angle seroit obtus; & il est clair que c'est la plus éloignée,
MDm, qui convient au premier cas.

On peut remarquer 2°, que si l'angle donné étoit droit, la ligne
cherchée seroit la directrice même de la parabole; en sorte que si de
chaque point de cette directrice on mene deux tangentes à la parabole,
l'angle qu'elles formeront sera toujours droit.

PROBLÊME IV.

761. Faire passer une section conique par cinq points donnés **174.**
A, C, D, B, E.

Par deux de ces points, menons la ligne AB, & tirons des autres
points, les perpendiculaires CF, DH, GE sur cette ligne. Supposons
ensuite que l'équation de la section conique cherchée est

$$ay^2 + bxy + cx^2 + dx + fy + g = o,$$

& faisons $AF = p \ldots FC = q \ldots AG = p' \ldots GE = q' \ldots$ $AH = p'' \ldots DH = q'' \ldots AB = p'''$. Il faudra que lorsque $x = o$, on ait $y = o$: ainsi $g = o$; ce qui réduit l'équation à

$$ay^2 + bxy + cx^2 + dx + fy = o$$

Ensuite, selon que $x = p$, ou p', ou p'', ou p''', on a $y = q$, ou $- q'$, ou q'', ou zéro : ainsi on a les quatre équations suivantes

$$aq^2 + bpq + cp^2 + dp + fq = o \ldots aq'q' - bp'q' + cp'p' + dp' - fq' = o.$$
$$aq''q'' + bp''q'' + cp''p'' + dp'' + fq'' = o \ldots cp'''p''' + dp''' = o ;$$

d'où l'on tirera les valeurs des quatre inconnues b, c, d, f, qui étant substituées dans l'équation $\ldots ay^2 + bxy + cx^2 + dx + fy = o$, donneront l'équation de la courbe cherchée, après avoir divisé par a.

Il n'y aura donc plus qu'à construire cette équation par les principes déja connus.

On peut appliquer la même méthode à la résolution d'un problême semblable pour les lignes du troisieme, du quatrieme degré, & ainsi de suite.

762. Cette même méthode peut servir à trouver par approximation la loi qu'observent entre elles plusieurs quantités liées ensemble par de certains rapports ; & on l'appelle alors la *Méthode des interpolations*.

 Supposons, par exemple, les trois quantités BC, DE, FG dépendantes de trois autres quantités AB, AD, AF : il s'agit de trouver en général une loi qui unisse ces six quantités.

Pour cela, imaginons la ligne indéfinie $ABDF$, dont nous regarderons les parties AB, AD & AF comme les abscisses d'une courbe $CEMG$, & supposons que chaque ordonnée y est une fonction indéterminée $A + Bx + Cx^2 + $ &c de l'abscisse correspondante. (On prendroit quatre termes pour exprimer cette fonction, s'il y avoit quatre quantités données, BC, DE, PM & FG, & ainsi de suite).

Cela posé, puisque l'on a dans cet exemple $y = A + Bx + Cx^2$, on fera $AB = a \ldots BC = b \ldots AD = a' \ldots DE = b' \ldots AF = a'' \ldots FG = b''$, ce qui donnera les trois équations suivantes.

$$b = A + Ba + Ca^2 \ldots b' = A + Ba' + Ca'a' \ldots b'' = A + Ba'' + Ca''a'',$$

par lesquelles on déterminera les coefficients A, B, C ; ce qui donnera une équation approchée de la courbe CM : ainsi on pourra trouver une quantité AP qui dépende d'une autre quantité PM, de la même maniere que AB dépend de BC, & que AD dépend de DE ; ce qui est réciproque.

763. On peut trouver aussi par la même méthode l'équation approchée d'une courbe que l'on auroit tracée au hazard sur le papier.

Il suffit pour cela 1°, d'abaisser des perpendiculaires de différents

points de cette courbe, & sur-tout de ceux où elle change le plus de
concavité, sur une droite quelconque, que l'on prendra pour ligne
des abscisses. 2°, De supposer que l'équation de la courbe tracée est de
cette forme . . . $y = A + B x + C x^2 + D x^3 +$ &c, dans laquelle
on fera entrer autant de coefficients indéterminés que l'on aura abaissé
de perpendiculaires sur la ligne des abscisses: après quoi on déterminera, comme ci-dessus, les coefficients A, B, C, D, afin d'obtenir
une équation approchée de la courbe en question.

Résolution des Problêmes déterminés qui ne passent pas le quatrieme degré.

764. Etant données deux équations indéterminées du second degré,
on peut construire separément leurs lieux géométriques, en leur donnant la même ligne des abscisses, la même origine, & le même angle
des coordonnées. Dans cette supposition, il est clair que les deux courbes se couperont en des points tels que les ordonnées correspondantes
à ces points seront les racines de l'équation déterminée que l'on auroit
en réduisant les deux équations données à une seule qui ne renfermât
plus que x ou y.

Réciproquement, étant proposée une équation déterminée du troisieme
ou du quatrieme degré à résoudre, si on prend deux équations affectées
l'une & l'autre de deux inconnues x & y, telles qu'en éliminant
une de ces deux inconnues, on trouve l'équation proposée, il est
évident qu'en construisant separément les lieux de chacune de ces
deux équations indéterminées, les points d'intersection des courbes qui
en résulteront, auront chacun pour l'une de ses coordonnées une
valeur de l'inconnue.

Soit, par exemple, l'équation générale

$$x^4 + a x^3 + b x^2 + c x + d = 0 ;$$

si on fait $x^2 = p y$, on aura l'équation

$$p^2 y^2 + a p x y + b p y + c x + d = 0 ;$$

qui appartient à une section conique, & qui étant construite avec la
parabole exprimée par l'équation $x^2 = p y$, coupera cette courbe en
des points dont les abscisses correspondantes seront les valeurs de x.

Si l'équation proposée a quatre racines réelles, les deux sections qu'il
faudra construire, se couperont en quatre points. S'il n'y a que deux
racines réelles, il n'y aura que deux intersections entre les lieux trouvés;
& si toutes les racines sont imaginaires, il n'y aura aucun point d'intersection. Au cas enfin qu'il y eût quelques racines égales, les deux
courbes se toucheroient en un ou deux endroits.

D d iij

REMARQUE.

765. Il peut arriver cependant que l'équation ait des racines réelles, & que les courbes ne fe rencontrent pas, ou qu'elles fe rencontrent en moins de points que l'équation n'a de racines. C'eft une exception qui donne lieu à une difficulté dont on peut voir les détails & la réfolution dans les *Inftitutions analytiques* du P. Riccati. Nous n'infifterons pas fur cet objet, ne devant propofer dans les problêmes fuivants aucun cas qui foit fujet à une pareille exception.

PROBLÊME I.

766. Etant données deux droites a & b, trouver deux moyenes proportionelles x & y entre ces deux lignes.

Puifque l'on a par la fuppofition $\div a : x : y : b$, on en conclura d'abord que $x^2 = ay$, & que $y^2 = bx$. Ainfi en conftruifant les paraboles qui feroient les lieux géométriques de ces équations, & en leur donnant la même ligne des abfciffes, le même fommet, & le même angle des coordonnées, (angle que l'on fuppofe ordinairement droit) ces paraboles donneroient par leur interfection les valeurs cherchées de x & de y.

Mais pour un problême auffi facile, une pareille folution feroit trop compliquée : car, en général, on ne doit point conftruire une équation du troifieme ou du quatrieme degré, par le moyen de deux fections coniques, fans y employer le cercle dont la defcription eft beaucoup plus aifée que celle des autres courbes.

Il eft vrai que pour introduire le cercle dans ce genre de folution, on a quelquefois befoin d'une certaine adreffe que l'habitude feule peut faire acquérir : mais auffi il eft des cas où cette maniere de conftruire les équations fe préfente tout de fuite.

Par exemple, fi on ajoute les deux équations précédentes.

$$x^2 - ay = 0 \ldots\ldots\ldots y^2 - bx = 0;$$

on trouvera qu'en fuppofant les coordonnées perpendiculaires, il réfulte une équation au cercle, qui eft

$$x^2 + y^2 - ay - bx = 0;$$

laquelle étant conftruite avec une des deux équations à la parabole, $x^2 = ay \ldots y^2 = bx$, fera connoître les valeurs de x & de y.

176. Soit donc décrire une parabole A M dont le parametre foit b, & qui ait pour axe la droite indéfinie A P; cette courbe fera le lieu géométrique de l'équation $y^2 = bx$.

Pour trouver celui de l'équation $\ldots x^2 + y^2 - ay - bx = 0$, faifons $x - \frac{1}{2}b = u$, & $y - \frac{1}{2}a = z$: nous aurons $\ldots u^2 + z^2 = \frac{1}{4}a^2 + \frac{1}{4}b^2$. Menons enfuite par le point A perpendiculairement fur A P

une droite A B qui foit $= \frac{1}{2} a$, & par le point B la droite B C Q , parallele indéfinie à A P.

Cela pofé , fi on prend B C $= \frac{1}{2} b$, & fi du rayon C A on décrit un
cercle , on aura le lieu de l'équation . . . $x^2 + y^2 - ay - bx = 0$:
ce cercle coupera donc la parabole en un point M, tel qu'en abaiffant
la perpendiculaire M P, les coordonnées A P & P M feront les deux
moyenes proportionelles cherchées.

Si on fuppofoit $b = 2 a$, le cube conftruit fur A P feroit double du
cube a^3 ; ce qui réfoudroit à peu de frais le problême de la duplication
du cube , dont quelques anciens Géomètres firent grand bruit.

On peut même généralifer la folution de ce problême, en prenant
$b = \dfrac{m}{n} a$, pour trouver un cube A P$^3 = \dfrac{m}{n} a^3$, qui feroit à un cube
donné a^3 , dans le rapport de m à n.

PROBLÊME II.

767. Divifer un arc de cercle B F en trois parties égales.

Je fuppofe que M F foit le tiers de l'arc B F , & après avoir mené les
perpendiculaires B O G , & M P m fur le rayon A F, je tire m R perpendiculaire fur B G.

Puis, faifant A P $= x$ . . . . P M $= y$ . . . . A M $= a$ . . .
A O $= b$ . . . B O $= c$, j'aurai par les triangles femblables A M P
& B m R.
$$x : y :: c + y : x - b, \text{ ou } y^2 - x^2 + cy + bx = 0;$$
équation à l'hyperbole équilatere (755), qui étant conftruite déterminera le point M où le cercle & l'hyperbole fe couperont.

Or l'équation . . . $y^2 - x^2 + bx + cy = 0$, peut être mife fous
cette forme
$$(y + \tfrac{1}{2} c)^2 - (x - \tfrac{1}{2} b)^2 = \tfrac{1}{4} c^2 - \tfrac{1}{4} b^2.$$
Donc fi c eft plus grand que b , l'équation appartiendra au fecond axe ,
& fi b eft plus grand que c , elle appartiendra au premier. Dans cette
derniere hypothèfe , on pourra décrire l'hyperbole , de la maniere
fuivante.

Par le centre A foit mené A D $= \frac{1}{2}$ B O , perpendiçulairement fur
A F : foit tiré enfuite D C parallélement à la ligne A O , de manieré que
D C foit égal à $\frac{1}{2}$ A O : le point C ainfi déterminé , fera le centre de
l'hyperbole ; de forte que fi on prend C L $=$ C K $= \sqrt{(\tfrac{1}{4} b^2 - \tfrac{1}{4} c^2)}$,
& fi on décrit fur l'axe L K une hyperbole équilatere K M , elle coupera
le cercle au point cherché M.

L'hyperbole oppofée M'L M'' coupe le cercle en deux points M' &
M'' , dont le premier donne (572) l'arc F'M'' $= \frac{1}{3}$ F'M'B , pendant que le fecond détermine l'arc F'M'' $= \frac{1}{3}$ F'M''G F B.

Quant au point d'interfection G , il eft aifé de voir que l'hyperbole est assujettie à passer par ce point, & qu'il ne donne par conséquent aucune solution.

768. Si on eût voulu résoudre le même problême par le moyen d'une parabole, cela eût été facile en ajoutant les deux équations

$$x^2 + y^2 = a^2 , \quad \& \quad y^2 - x^2 + bx + cy = 0$$

Car alors on eût trouvé . . . $y^2 + \tfrac{1}{2} bx + \tfrac{1}{2} cy = \tfrac{1}{2} a^2$; équation à la parabole qui se construit ainsi.

178. Du point A ayant mené parallélement à BG la ligne $AD = \tfrac{1}{4} BO$, on tirera $DC = \dfrac{\tfrac{1}{8} c^2 + a^2}{b}$, parallele à AF, & on décrira du sommet C & de l'axe CD une parabole dont le parametre soit $= \tfrac{1}{2} AO$.

Cette parabole coupera le cercle aux points cherchés M, M', & M''. On peut varier ces solutions de bien des manieres, en multipliant les deux équations du problême, par des quantités indéterminées, & en ajoutant ou soustrayant ensuite les produits, ce qui mene à des sections coniques différentes, toutes également propres à résoudre le problême.

769. Si on vouloit, par exemple, le résoudre par le moyen d'une ellipse, il n'y auroit qu'à multiplier l'équation du cercle . . . . . $y^2 + x^2 - a^2 = 0$, par l'indéterminée m, & qu'à joindre le produit à la seconde équation. Il en résulteroit

$$y^2 + \frac{(m - 1) x^2 + bx + cy - a^2 m}{m + 1} = 0,$$

qui appartient à l'ellipse tant que m est positive & plus grande que l'unité : si m étoit négative & < 1, l'équation appartiendroit à l'hyperbole. On peut ensuite déterminer m par une condition arbitraire ; par exemple, si on demandoit que les axes de l'ellipse fussent entre eux dans le rapport de $p : q$, il faudroit que $\dfrac{m - 1}{m + 1}$ fût égal à $\dfrac{p^2}{q^2}$, ce qui donne $m = \dfrac{q^2 + p^2}{q^2 - p^2}$.

PROBLÊME III.

179. 770. L'espace parabolique A C B étant donné, mener une droite C M qui le divise en deux secteurs égaux A C M & B C M.

Soit mené M P perpendiculaire sur A C, & soit $AP = x$ . . . $PM = y$ . . . $AC = a$ . . . $BC = b$ . . . le parametre de la parabole $= p$, on aura $\tfrac{1}{3} xy + \tfrac{1}{2} y(a - x) = ACM = \tfrac{1}{3} ab = \tfrac{1}{2} ACB$, ou $xy + 3 ay = 2 ab$; équation à l'hyperbole entre les asymptotes, que l'on peut construire ainsi.

Soit prolongé A P au-delà de l'origine A, jusqu'à ce que A F soit égal à 3 A C, & soit mené F K perpendiculaire sur FA ; si on décrit entre les afymptotes F A & F K une hyperbole équilatere dont la puiffance foit $2 a b$, elle fera le lieu de l'équation . . . $x y + 3 a y = 2 a b$, & coupera par conféquent la parabole au point cherché M.

Mais fi on vouloit fe fervir d'un cercle pour la réfolution de ce problème, on le pourroit de la maniere fuivante.

1°, Soit fubftitué $\frac{y^2}{p}$ à la place de x dans l'équation $x y + 3 a y = 2 a b$, elle fe changera en une autre équation de cette forme . . . $y^3 + 3 b^2 y - 2 b^3 = 0$.

2°, Soit multiplié cette équation par y; elle deviendra . . . . . $y^4 + 3 b^2 y^2 - 2 b^3 y = 0$; de laquelle on tirera, après avoir fubftitué $p x$ à y^2, cette nouvelle équation . . . . . $x^2 + 3 a x - \frac{2 a^2}{b} y = 0$.

3°, A celle-ci foit ajouté $y^2 - p x = 0$; on aura $y^2 + x^2 + (3 a - p) x - \frac{2 a^2}{b} y = 0$, équation au cercle, dont la conftruction peut s'effectuer ainfi.

Soit menée perpendiculairement fur A P une ligne $A D = \frac{a^2}{b}$; fur cette ligne A D foit menée de l'autre côté du point M une perpendiculaire $D C' = \frac{3 a - p}{2}$, (on fuppofe dans cette figure que $3 a$ furpaffe p). Cela pofé, fi du rayon C'A & du centre C' on décrit un arc de cercle, on trouvera facilement que cet arc coupera la parabole au point cherché M, puifqu'il eft par la conftruction même le lieu de l'équation . . . $y^2 + x^2 + (3 a - p) x - \frac{2 a^2}{b} y = 0$,

On a donc $P M = b [\sqrt[3]{(1 + \sqrt 2)} - \sqrt[3]{(-1 + \sqrt 2)}]$.

PROBLÊME IV.

771. Réfoudre par une conftruction géométrique l'équation générale du troifieme degré . . . $x^3 \pm p^2 x - p^2 q = 0$.

Multipliant cette équation par x, on aura $x^4 \pm p^2 x^2 - p^2 q x = 0$; & faifant $x^2 = a y$, on trouvera . . . $y^2 \pm \frac{p^2}{a} y - \frac{p^2 q}{a^2} x = 0$; équation qui, ajoutée avec $x^2 - a y = 0$, devient une équation au cercle de cette forme . . . . . .

$$y^2 + x^2 - y \left(\frac{a^2 \mp p^2}{a} \right) - \frac{p^2 q}{a^2} x = 0.$$

Or la conftruction de celle-ci avec celle de la parabole, $x^2 = a y$, donnera les racines de l'équation proposée. Mais il faut diſtinguer deux cas ; celui où l'on a $x^3 + p^2 x — p^2 q = 0$, & celui où $x^3 — p^2 x — p^2 q = 0$.

Dans le premier, l'équation au cercle eſt

$$y^2 + x^2 - y\left(\frac{a^2 - p^2}{a}\right) - \frac{p^2 q x}{a^2} = 0 \,;$$

& comme la quantité a eſt indéterminée, on peut ſimplifier cette équation, en faiſant $a = p$; ce qui donnera . . . $y^2 + x^2 — q x = 0$, que l'on pourra conſtruire ainſi.

Soit décrit un cercle ſur le diametre $AB = q$, & ayant élevé ſur AB la perpendiculaire AL, décrivons une parabole dont le ſommet ſoit A, l'axe AL, & le parametre p; cette courbe coupera le cercle en un point M qui déterminera l'abſciſſe AP, ſeule racine réelle (340) de l'équation proposée.

Dans le ſecond cas on a

$$y^2 + x^2 - y\left(\frac{a^2 + p^2}{a}\right) - \frac{p^2 q x}{a^2} = 0.$$

181. Ainſi en faiſant $a = p$, on aura . . . $x^2 = p y$ . . . $y^2 + x^2 — 2 p y — q x = 0$. Décrivons donc une parabole $M A M'$, comme dans le cas précédent, & prenons $AD = p$: menant enſuite la ligne $DC = \frac{1}{2} q$, perpendiculairement ſur AD, décrivons du centre C & du rayon CA un cercle ; ce cercle coupera la parabole aux points M, M' & M'', qui donneront MQ, $M'Q'$ & $M''Q''$ pour les racines cherchées.

Quant au point A où le cercle & la parabole ſe rencontrent, il donne la racine introduite . . . $x = 0$.

De ces trois valeurs, il n'y a que la premiere qui ſoit poſitive ; les deux autres ſont négatives, & leur ſomme eſt égale à la ſeule racine poſitive MQ (317).

Il pourroit arriver que le cercle ne coupât la parabole qu'en un point M; & cela arrive toutes les fois que $\frac{1}{4} q^2$ ſurpaſſe $\frac{1}{27} p^3$ (340).

PROBLÊME V.

77:. Trouver les racines de l'équation générale du quatrieme degré . . . $x^4 — p^2 x^2 + p^2 q x + p^3 r = 0$, par le moyen d'un cercle & d'une parabole.

Je fais à l'ordinaire . . . . $x^2 = p y$, & j'ai . . . $y^2 + q x — p y + p r = 0$; j'ajoute $x^2 — p y = 0$; il en réſulte l'équation au cercle.

$$x^2 + y^2 - 2 p y + q x + p r = 0.$$

Soit donc décrite une parabole $M' A M'''$ qui ait pour axe la droite 182. AQ perpendiculaire ſur AP, & p pour parametre. Cela poſé, ſi on prend $AD = p$, & $DC = \frac{1}{2} q$, perpendiculaire ſur AD, du côté

que l'on voit dans la figure (ou de l'autre côté si D C devoit être négatif) on trouvera qu'un cercle décrit du centre C & du rayon
$\sqrt{}(C A^2 - pr)$, coupera la parabole aux points M, M', M'' & M''', qui
détermineront les quatre racines de l'équation proposée. Il y en aura
deux positives, savoir MQ & M' Q'; les deux autres seront négatives;
& leur somme sera égale à celle des deux premieres (317).

R E M A R Q U E.

773. Il peut arriver 1°, que le cercle coupe la parabole en quatre
points, comme on le voit dans la Figure 182. 2°, Qu'il n'y ait que
deux points d'intersection. 3°, Qu'il n'y en ait aucun. Or on sait
(764) que dans le premier cas l'équation a ses quatre racines réelles;
que dans le second cas, elle en a deux réelles & deux imaginaires; &
que dans le troisieme cas, toutes ses racines sont imaginaires.

Vous remarquerez cependant que la construction précédente n'auroit
pas lieu, si l'équation à construire étoit $x^4 + p^2 x^2 - p^2 q x + p^3 r = 0$.
Mais en supposant à l'ordinaire $x^2 = p y$, on auroit... $y^2 + x^2 - q x +
pr = 0$; équation au cercle, comme dans le cas précédent, & qui est en-
core plus facile à construire, c'est pourquoi nous ne nous y arrêterons pas.

P R O B L Ê M E VI.

774. Trouver les racines de l'équation . . . $x^4 - p q x^2 + p^2 r x
+ p^2 m^2 = 0$, par le moyen d'un cercle & d'une hyperbole entre les
asymptotes.

Je fais $x y = p m$, & j'en déduis . . . $x^4 - p q x^2 + p^2 r x + x^2 y^2
= 0 = x^2 + y^2 - p q + \dfrac{p^2 r}{x} = x^2 + y^2 - p q + \dfrac{p r y}{m}$; équation
au cercle, qui donne la construction suivante.

Entre les asymptotes perpendiculaires Q A Q', & P''' A P', soient
décrites deux hyperboles équilateres opposées, dont la puissance soit
$p m$. Si on prend au-dessous de A P la ligne A C $= \dfrac{p r}{2 m}$, & si on
décrit un cercle du centre C & du rayon $\sqrt{}(A C^2 + p q)$, ce cercle coupera les hyperboles opposées aux quatre points M , M', M'' & M''', qui
détermineront les quatre valeurs de x, par les abscisses A P , A P',
A P'' & A P'''.

183.

Les deux premieres sont positives, les deux dernieres sont négatives;
d'où l'on voit que cette solution ne peut avoir lieu que lorsque le dernier terme de l'équation proposée est positif.

Les principes que nous avons exposés dans le premier Chapitre des
lieux géométriques, & les applications que nous venons d'en faire dans
la résolution de divers problêmes, suffisent pour donner au moins une
idée des constructions géométriques. Nous allons maintenant passer au
Calcul Différentiel.

ÉLÉMENTS DU CALCUL DIFFÉRENTIEL.

IL en est du Calcul Différentiel comme de l'Algebre : on ne sauroit le définir d'une maniere intelligible pour ceux qui n'en connoissent pas les premiers éléments.

Newton fut le premier Inventeur de ce calcul, & personne n'en eût partagé la gloire avec lui, s'il eût été plus empressé de mettre au jour ses découvertes.

Mais l'espece de mystère dont il les enveloppa dans l'origine, donna le tems à Leibnitz de marcher à grands pas dans la même carriere. Bientôt après Jacques & Jean Bernoulli y firent des progrès rapides ; de-là cette vive contestation que les Géometres Allemands eurent avec les Géometres Anglois, sur la part que Leibnitz avoit eue à cette nouvelle théorie. Sans entrer dans cette discussion, nous observerons que d'autres Géometres avoient préludé depuis long-tems à la découverte du calcul différentiel.

Il ne seroit même pas difficile de faire voir l'analogie qui regne entre ce calcul d'une part, & de l'autre *la Méthode d'Exhaustion*, si connue des Anciens, *la Méthode des Indivisibles*, donnée par Cavalieri, & les procédés dont Fermat, Descartes, Barrow & tant d'autres faisoient usage avant Newton. Les travaux de ces derniers Géometres semblent avoir servi d'échelons à ce grand homme.

775. Quoi qu'il en soit, supposons qu'une *variable* quelconque x reçoive un accroissement fini e ; de maniere qu'après l'avoir reçu, son état soit exprimé par $x + e$. On demande quels doivent être les accroissements correspondants des autres fonctions de x?

D'abord il est clair que si x devient $x + e$, son quarré x^2 deviendra $x^2 + 2ex + ee$; ainsi le rapport de ces deux accroissements sera $\dfrac{1}{2x + e}$. Mais si e diminue, ce rapport augmentera, & il approchera de plus en plus de celui de $\dfrac{1}{2x}$. Cependant il ne lui deviendra égal, qu'au moment où e s'évanouira : le rapport $\dfrac{1}{2x}$ est donc la *limite* de ceux que les accroissements finis de x & de xx peuvent avoir entre eux. On trouvera de même que la limite de ceux de x & de x^n est $\dfrac{1}{nx^{n-1}}$.

776. Or le calcul différentiel a pour objet de déterminer ces limites dans tous les cas. Voyez ce que M. d'Alembert a écrit sur cette matiere ; vous y trouverez les vraies notions de ce calcul. S'il reste encore quelques difficultés, c'est qu'elles sont inséparables des idées abstraites de limite & d'infini.

777. Voici une des applications les plus propres à faire entendre la maniere de déterminer ces limites. Soit proposé de mener une tangente au point M de la courbe A M m, ou, ce qui revient au même, soit proposé de déterminer la soutangente P T.

On supposera que l'abscisse A P $= x$ croît d'une quantité finie P $p = e$; on mene ra l'ordonnée P M $= y$, & on déterminera l'ordonnée $m p$, en substituant $x + e$ au lieu de x dans l'équation de la courbe. Quelle que soit la valeur de cette ordonnée, on pourra toujours la représenter par $y + P e + Q e^2 + R e^3 + $ &c. (P, Q, R, &c. étant des fonctions de x); on aura donc pour l'expression de $r m$, accroissement correspondant de l'ordonnée P M, la quantité P $e + Q e^2 + R e^3 + $ &c.

Cela posé, soient menées la sécante S M m, & la ligne M r parallele & égale à P p; on aura P S $= \dfrac{y}{P + Q e + R e^2 + \text{&c}}$. Rapprochons maintenant le point p du point P ; le point m s'approchera du point M, & le point S du point T : mais on aura toujours P S $= \dfrac{y}{P + Q e + R e^2 + \text{&c}}$. Si la quantité P p diminue encore & devient très-petite, il ne s'en faudra que de très-peu que m ne se confonde avec M, & que la sécante ne devienne tangente. Mais si e s'évanouit, le rapport déja trouvé se réduit à $\dfrac{y}{P}$, P S devient P T, S m devient T M qui n'a plus que le point M de commun avec la courbe, & la soutangente est déterminée par cette limite.

PAR Ex. Si A M m est une parabole, on substituera $x + e$ à x dans l'équation $y = \sqrt{p x}$, & on aura $y = p^{\frac{1}{2}} (x+e)^{\frac{1}{2}} = p^{\frac{1}{2}} x^{\frac{1}{2}}$

$$+ \frac{\frac{1}{2} \cdot p^{\frac{1}{2}}}{x^{\frac{1}{2}}} e - \text{&c} , \quad \text{qui donne P} = \frac{1}{2} \sqrt{\frac{p}{x}} ; \quad \text{d'où P T} =$$

$$\frac{\sqrt{p x}}{\frac{1}{2} \sqrt{\frac{p}{x}}} = 2 x , \quad \text{comme nous l'avons déja trouvé } (669).$$

On voit par là avec quelle promptitude cette méthode résout le problême des tangentes, qui est en quelque sorte le berceau du calcul différentiel. Mais on verra bien plus amplement dans la suite la conformité des résultats de ce calcul avec ceux de l'ancienne Géométrie.

En attendant, nous remarquerons que ces quantités P p, ou M r, & $r m$ qui diminuent de plus en plus, à mesure que le point p se rapproche du point P, sont les éléments respectifs de l'abscisse A P & de l'ordonnée M P.

778. Ces éléments, quelque petits qu'on les suppose, conservent entre eux le même rapport que les quantités finies auxquelles ils appartiennent; cela est visible par la seule inspection des triangles semblables T P M &

M $m\,r$. Et comme la limite de ce rapport n'a lieu qu'au moment où ces éléments s'évanouissent, on peut dire avec M. Euler, que le calcul différentiel a pour objet de faire connoître à quoi se réduisent les rapports des éléments des quantités variables, lorsque ces éléments deviennent nuls.

Mais ne pouvant devenir nuls, sans passer par tous les degrés possibles de diminution, on sent bien qu'il doit résulter de leur décroissement infini des idées un peu confuses : car notre esprit ne comporte pas de perception claire de ce qui tient à l'infini. Aussi depuis son origine, le calcul différentiel a-t-il éprouvé beaucoup de contradictions. Il en éprouvera sans doute encore ; mais s'il falloit répondre à toutes les chicanes d'une Métaphysique pointilleuse, on n'en finiroit pas. L'existence même du mouvement seroit encore un problême, si on s'étoit arrêté aux difficultés que Zénon proposoit autrefois pour la combattre.

Ce n'est pas au reste que Maclaurin, dans son *Traité des Fluxions*, n'ait répondu à la plûpart des sophismes dont quelques Auteurs ont voulu embrouiller la matiere.

Mais on ne peut se dissimuler, que pour suivre la marche rigoureuse de ce savant homme, il faut essuyer bien des longueurs.

779. Au reste, si les principes dont Leibnitz est parti, ne semblent pas aussi rigoureux que ceux de Newton, ils ont du moins l'avantage de conduire aux mêmes résultats, ce qui finit par inspirer le même degré de confiance. Or telle est, suivant Leibnitz, la subordination d'une quantité infiniment petite par rapport à la quantité finie dont elle fait partie, qu'elle peut être négligée sans erreur sensible, de même qu'on néglige une quantité finie par rapport à une quantité infinie. C'est ainsi, par exemple, que $\infty - 1$, & plus généralement $\infty + a$ se réduisent à ∞. On peut regarder de même un infiniment petit du second ordre, comme une quantité qui s'évanouit par rapport à un infiniment petit du premier.

Cela posé, Leibnitz imagine qu'une variable x croisse ou décroisse d'une quantité infiniment petite, qu'il désigne par $d\,x$, & il cherche quels doivent être les accroissemens ou les décroissemens respectifs des autres fonctions de x. Son quarré x^2, par exemple, devenant $(x + d\,x)^2 = x^2 + 2\,x\,d\,x + d\,x\,d\,x$, il est clair que $d\,x\,d\,x$ doit être rejetté comme un infiniment petit du second ordre, & que par conséquent la différence entre x^2 & $x^2 + 2\,x\,d\,x$ est $+ 2\,x\,d\,x$. Ainsi l'accroissement correspondant du quarré d'une variable quelconque est le produit du double de cette variable multipliée par son accroissement.

780. En général, la différence qui regne entre une quantité variable, avant qu'elle ait reçu aucune altération infiniment petite, & cette même quantité, après qu'elle a reçu quelque altération de ce genre, s'appelle *la différentielle* de cette quantité ; ce qui a fait donner le nom de calcul différentiel, à la méthode qui détermine dans tous les cas ces différences.

Newton lui avoit donné auparavant le nom de *Calcul des Fluxions*, par une suite de l'idée qu'il s'étoit faite de la formation de toutes les quantités. Imaginant en effet que tout ce qui croît ou diminue dans la nature , reçoit ces accroiffements ou ces diminutions par le mouvement d'un de fes éléments , il appella calcul des fluxions , la méthode dont il fe fervoit pour déterminer les rapports de ces variations.

781. Il nomma *Fluentes* les quantités que Leibnitz appelle *variables* , & ce que nous défignerons par $d\,x$, il le défigna par un point mis fur x ; enforte que dx & $\dot{x}$ fignifient la même chofe , & que fluxion de x , ou différentielle de x font abfolument fynonymes. Le feul avantage qu'il y ait à fe fervir de la lettre d , au lieu d'un point, pour marquer les différentielles ou les fluxions des variables , c'eft qu'elle les fait mieux reconnoître parmi d'autres quantités. Il eût même été à propos d'introduire dès le commencement quelque caractere propre à marquer les différentielles, comme on en a introduit un pour marquer les radicaux. Mais à préfent que l'ufage a prévalu, toute innovation de ce genre feroit déplacée, outre qu'elle auroit bien peu d'utilité.

782. Ainfi que les quantités finies & variable x & y ont des différentielles $d\,x$ & $d\,y$, ces différentielles à leur tour en ont auffi.

On les appelle *Différences fecondes* , pour les diftinguer des premieres , & on les défigne indifféremment par $d\,d\,x$ & $d\,d\,y$, ou par $\ddot{x}$ & $\ddot{y}$. Les différentielles troifiemes font $d\,d\,d\,x$ & $d\,d\,d\,y$, ou $\dddot{x}$ & $\dddot{y}$, & ainfi de fuite.

Pour abréger , on écrit $d^{2}\,x$, $d^{3}\,x$ au lieu de ddx , $d\,d\,dx$. En général, la lettre d mife devant une quantité quelconque indique qu'il faut *différentier* cette quantité ; & l'expofant de la même lettre d annonce combien de fois de fuite il faut procéder à la *différentiation*.

Lorfque la quantité propofée eft polynome , on la met entre deux parenthèfes , que l'on fait précéder de la lettre d. Ainfi $d\,(x^{2}+y^{2})$ indique qu'il faut différentier le binome $x^{2}+y^{2}$.

783. Quoique les différentielles de même degré foient toutes infiniment petites , elle ne font égales entre elles , que lorfqu'il y a égalité entre les quantités variables , dont elles dépendent refpectivement. En attendant que nous enfeignions la maniere de trouver l'expreffion du rapport que peuvent avoir des quantités qui s'évanouiffent en même temps ,

foit $\dfrac{aa-xx}{a-x}$; il eft certain que $a+x$ exprime la valeur de cette fraction , quelle que foit la valeur de x ; mais fi $x=a$; la fraction fe réduit à $\frac{o}{o}$, & le quotient devient $2\,a$. Voilà donc un exemple de ces fortes de fractions dont le numérateur & le dénominateur s'évanouiffent en même temps , & qui cependant ont des valeurs très-réelles.

784. Si on fuppofe infini le divifeur d'une quantité finie quelconque a , il eft clair que le quotient doit alors fe réduire à zéro. On a donc $\dfrac{a}{\infty}=o$; ce qui donne $a=o\times\infty$; d'où il fuit que zéro multiplié par une quantité infinie peut repréfenter indifféremment toute forte de quantités finies ; réciproquement , que *toute quantité finie divifée par*

zéro a pour quotient l'infini, c'eſt-à-dire, que ∞ & o ſervent dans le calcul différentiel, comme autant de quantités indéterminées. Ce ſont des expreſſions vagues, dont il ſemble que l'on ne s'eſt aviſé, que pour éviter des circonlocutions.

Regles du Calcul Différentiel.

785. Etant donné $y = ax$, on ſuppoſe que x reçoive un accroiſſement infiniment petit, déſigné par dx; y en recevra donc un auſſi que nous déſignerons par dy, & nous aurons $y + dy = ax + adx$; d'où $dy = adx$; c'eſt la différentielle de l'équation propoſée.

Elle eût été la même pour l'équation $b + y = ax - c$; car *les conſtantes n'ont point de différentielle*.

786. Et toutes les fois que les variables ne paſſeront pas le premier degré, on aura les différentielles des quantités propoſées, en effaçant les termes conſtans & en ſubſtituant aux variables leurs propres différentielles. S'il falloit, par exemple, différentier $bx + cy - a = \frac{m}{n}\zeta + f$, vous écririez $bdx + cdy = \frac{m}{n}d\zeta$.

Mais ſi les variables ſont élevées à d'autres puiſſances que la premiere; ſi on a, par exemple, $y = x^m$, alors en ſuppoſant que x devienne $x + dx$, on aura $y + dy = (x + dx)^m = x^m + mx^{m-1}dx + \frac{m \cdot m-1}{2}x^{m-2}dx^2 + $ &c. Or dx^2, dx^3 &c. s'évanouiſſent par rapport à dx: reſtera donc $dy = mx^{m-1}dx$; donc ſi $m = 2$, $dy = 2xdx$; ſi $m = 3$, $dy = 3x^2dx$; &c.

787. En général, *pour différentier une variable élevée à une puiſſance quelconque, diminuez ſon expoſant d'une unité, & multipliez-la par l'expoſant qu'elle avoit d'abord & par ſa différentielle.* On auroit pû déduire cette regle par induction, ſans y employer la formule du binome, & alors on eût trouvé cette formule même avec plus de facilité que par l'Algebre ordinaire. Suppoſons en effet que l'on demande la valeur générale de $(1 + \zeta)^m$. On peut repréſenter cette valeur par l'équation . . . $(1 + \zeta)^m = 1 + A\zeta + B\zeta^2 + C\zeta^3 + $ &c. Cela poſé, différentions en ſuivant la regle précédente; nous aurons . . . $m(1 + \zeta)^{m-1}d\zeta = Ad\zeta + 2B\zeta d\zeta + 3C\zeta^2 d\zeta + $ &c, en diviſant par $d\zeta$, nous trouverons $m(1 + \zeta)^{m-1} = A + 2B\zeta + 3C\zeta^2 + $ &c.

Or cette équation doit avoir lieu quelle que ſoit la valeur de ζ, ſuppoſons-la donc $= 0$; alors $m = A$; donc $m(1 + \zeta)^{m-1} = m + 2B\zeta + 3C\zeta^2 + $ &c. Différentions de nouveau, & diviſons enſuite par $d\zeta$; il viendra $m \cdot m - 1(1 + \zeta)^{m-2} = 2B + 2 \cdot 3C\zeta + 3 \cdot 4D\zeta^2 + $ &c. Soit $\zeta = 0$; donc $B = \dfrac{m \cdot m-1}{2}$, & $m \cdot m - 1$

$$(1 + \zeta)$$

$(1 + \zeta)^{m-2} = m . m - 1 + 2 . 3 C\zeta + $ &c. Le même calcul donnera $C = \dfrac{m . m - 1 . m - 2}{2 . 3}$, & ainſi des autres coefficients indéterminés D, E, &c. On aura donc $(1 + \zeta)^m = 1 + m\zeta + \dfrac{m . m - 1}{2} \zeta^2 + $ &c, & $(a + b)^m$, ou $a^m (1 + \dfrac{b}{a})^m = a^m (1 + m . \dfrac{b}{a} + \dfrac{m . m - 1}{2} \dfrac{b^2}{a^2} + $ &c$) = a^m + m a^{m-1} b + \dfrac{m . m - 1}{2} a^{m-2} b^2 + $ &c. Revenons aux différentielles.

788. Lorſque deux variables x & y ſe trouvent multipliées l'une par l'autre, alors $d(xy) = (x + dx)(y + dy) - xy = y dx + x dy + dx dy = y dx + x dy$, parce que $dx dy$ s'évanouit.

On a de même, $d(xy\zeta) = \zeta d(xy) + xy d\zeta = xy d\zeta + x\zeta dy + y\zeta dx \ldots d(uxy\zeta) = y\zeta d(ux) + ux d(y\zeta) = uxy d\zeta + ux\zeta dy + uy\zeta dx + xy\zeta du$.

Donc en général, *pour différentier le produit de tant de variables que l'on voudra, il n'en faut différentier qu'une à la fois, comme ſi toutes les autres étoient conſtantes; & après avoir fait la même choſe pour chacune, il faut raſſembler toutes ces différentielles.*

Soit, par exemple, la quantité $x^3 y$. Je fais varier y, & j'ai $x^3 dy$; je fais varier x, & j'ai $3 y x^2 dx$. Donc $d(x^3 y) = x^3 dy + 3 y x^2 dx$. De même $d(x^2 y^3 \zeta^4) = 3 x^2 \zeta^4 y^2 dy + 4 x^2 y^3 \zeta^3 d\zeta + 2 xy^3 \zeta^4 dx$.

789. Soit maintenant la fraction $\dfrac{x}{y}$; je l'écris ainſi . . . $x y^{-1}$, & en différentiant j'ai $d\left(\dfrac{x}{y}\right) = y^{-1} dx - x y^{-2} ay = \dfrac{dx}{y} - \dfrac{x dy}{yy} = \dfrac{y dx - x dy}{yy}$.

Donc *pour différentier une fraction où il entre des variables, il faut* 1°, *multiplier le dénominateur par la différentielle du numérateur;* 2°, *multiplier le numérateur par la différentielle du dénominateur;* 3°, *retrancher le dernier produit du premier; & diviſer le reſte par le quarré du dénominateur.*

Avec ces règles ſeules, il n'eſt pas de quantité algébrique que l'on ne puiſſe différentier. Voici quelques exemples de celles qui ſont les plus uſitées.

I. Soit $x = \dfrac{1}{y}$; on aura $dx = d\left(\dfrac{1}{y}\right) = -\dfrac{dy}{yy}$.

II. Soit $x = \sqrt{(qy + yy)} = (qy + yy)^{\frac{1}{2}}$, on aura . . . . $dx = \frac{1}{2}(qy + yy)^{\frac{1}{2} - 1} d(qy + yy) = \dfrac{(\frac{1}{2} q + y) dy}{\sqrt{(qy + yy)}}$.

E e

790. En général, si $x = \overset{m}{\sqrt{}}(a\zeta + \zeta^2) = (a\zeta + \zeta^2)^{\frac{1}{m}}$, on trou‑
vera que $dx = \dfrac{1}{m}(a\zeta + \zeta^2)^{\frac{1}{m}-1}(ad\zeta + 2\zeta d\zeta)$

$$= \frac{d\zeta(a+2\zeta)}{m\overset{m}{\sqrt{}}(a\zeta + \zeta^2)^{m-1}}.$$

D'où il suit que *pour différentier un radical du degré* m *, il faut diviser la différentielle de la quantité qui est sous le signe , par l'exposant* m *& par la racine* m *de cette* quantité élevée à la puissance *m* - 1.

III. Soit $x = (a + by + cyy)^m$, on aura $\;.\;.\;.\;.\;.\;.$
$$dx = m(a+by+cy^2)^{m-1}(b+2cy)\,dy.$$

IV. Si $y = (ax + bxx + cx^3)^{\frac{m}{n}}$, on trouvera $\;.\;.\;.\;.\;.\;.$

$$dy = \frac{m}{n}(ax + bxx + cx^3)^{\frac{m}{n}-1}(a + 2bx + 3cx^2)\,dx.$$

V. Soit $\zeta = \dfrac{x}{-x + \sqrt{}(aa+xx)} = \dfrac{x}{aa}(x + \sqrt{}(xx+aa))$,

on aura $d\zeta = \dfrac{2xdx}{aa} + \dfrac{dx}{aa}\sqrt{}(aa+xx) + \dfrac{x^2\,dx}{aa\sqrt{}(a^2+x^2)}$

$$= \frac{2xdx}{aa} + \frac{aadx + 2xxdx}{aa\sqrt{}(a^2+x^2)}.$$

Des Différentielles secondes , troisiemes , &c.

791. La différentielle seconde d'une quantité est la différentielle de la premiere différence. La différentielle troisieme est la différentielle de la seconde, & ainsi de suite : $d\,dx$ ou d^2x signifie la différentielle seconde de x , d^3x ou $dddx$ marque la troisieme , &c. Le quarré de la différentielle dx s'écrit ainsi, dx^2 , & sa puissance m s'écrit dx^m, &c. Il ne faut pas confondre $d(x^m)$ avec dx^m.

D'après ce que nous venons de dire sur les différentielles premieres , il est facile d'avoir les secondes , &c. Soit x^2 dont on demande la différentielle seconde : on aura pour la premiere $2xdx$; la seconde sera donc $2dxdx + 2xddx = 2dx^2 + 2xddx$. De même , puisque $d(x^m) = mx^{m-1}dx$, on a $dd(x^m) = mx^{m-1}ddx + m.m-1 . x^{m-2}dx^2$. On a aussi $d(xy) = xdy + ydx$; donc $dd(xy) = xddy + yddx + 2dydx$.

De ce que $d\left(\dfrac{x}{y}\right) = \dfrac{ydx - xdy}{yy} = \dfrac{dx}{y} - \dfrac{xdx}{yy}$, on tire

$$dd\left(\frac{x}{y}\right) = \frac{ddx}{y} - \frac{dxdy}{yy} - \frac{xddy}{yy} - \frac{dxdy}{yy} + \frac{2xdy^2}{y^3}.$$

$$= \frac{2\,x\,dy^2}{y^3} + \frac{ddx}{y} - \frac{x\,ddy}{yy} - \frac{2\,dx\,dy}{yy} = \ldots \ldots$$

$$\frac{2\,y\,dy^2 + y^2\,ddx - x\,y\,ddy - 2\,y\,dx\,dy}{y^3} , \text{ \& ainsi des autres.}$$

Par les mêmes principes on peut trouver les différentielles troisiemes, quatriemes, & en général les différentielles d'un degré quelconque, de toutes fortes de quantités affectées de dx & de dy.

Par exemple, la différentielle de $y\,dx$ est $y\,ddx + dy\,dx \ldots$ celle de $\sqrt{(dx^2 + dy^2)}$ est $\dfrac{dx\,ddx + dy\,ddy}{\sqrt{(dx^2 + dy^2)}} \ldots \ldots$ celle

de $\dfrac{y\,dx}{dy}$ est $dx + \dfrac{y\,ddx}{dy} - \dfrac{y\,dx\,ddy}{dy^2}$; celle de la quantité infiniment grande $\dfrac{a}{dx}$ est $- \dfrac{a\,ddx}{dx^2}$, &c, &c.

792. Pour abréger le calcul des fecondes différentielles de plufieurs variables, on fuppofe ordinairement une des premieres différentielles conftante; c'est-à-dire, que l'on rapporte les autres différentielles à celle-là, comme à un terme fixe de comparaifon; on en verra bientôt des exemples. Cette fuppofition fimplifie le travail en ce qu'elle fait difparoître tous les termes affectés de la différentielle de la quantité que l'on a prife pour conftante.

Si on cherchoit, par exemple, la différentielle de $\dfrac{y\,dx}{dy}$, en fuppofant dx conftante, on trouveroit $dx - \dfrac{y\,dx\,ddy}{dy^2}$; & fi on faifoit dy conftante, on auroit $dx + \dfrac{y\,ddx}{dy}$.

793. REM. Nous avons fuppofé jufqu'ici que les variables qu'on avoit à différentier, augmentoient toutes en même-tems. Si les unes augmentant, les autres diminuoient, il n'y auroit pas de difficulté pour cela : car dx & dy peuvent être pofitives ou négatives, comme toutes les autres quantités algébriques.

Des Différentielles Logarithmiques & Exponentielles.

794. Soit propofé de différentier le logarithme naturel de la variable x . . . . . Je défigne ce logarithme par lx, & faifant $lx = \zeta$, j'ai $\zeta + d\zeta = l(x + dx)$; ce qui donne $d\zeta$, ou $d(lx) = l(x + dx) - lx = l(1 + \dfrac{dx}{x}) = \dfrac{dx}{x} - \dfrac{dx^2}{2\,x^2} + \dfrac{dx^3}{3\,x^3} - \&c. = \dfrac{dx}{x}$.

Donc *la différentielle du logarithme d'une quantité quelconque est égale à la différentielle de cette quantité divisée par elle-même.* Par conséquent pour un système dont le module $= m$, on a $d(lx)$ $= \dfrac{m\,dx}{x}$. Mais nous ne parlerons dans la suite que des logarithmes naturels dont le module $= 1$.

Cette regle posée, il est facile d'entendre les exemples suivants,

$$d\,l\,x^n = \frac{n\,x^{n-1}\,dx}{x^n} = \frac{n\,dx}{x} \;\ldots\; d\,l\,xy = \frac{dx}{x} + \frac{dy}{y} = \frac{y\,dx + x\,dy}{x\,y};$$

$$d\,l\,\frac{x}{y} = \frac{dx}{x} - \frac{dy}{y} = \frac{y\,dx - x\,dy}{x\,y} \;\ldots\; d\,l\,(aa - xx) = \frac{-2\,x\,dx}{aa - xx}$$

$$= \frac{-dx}{a-x} + \frac{dx}{a+x} \;\ldots\; d\,l\,\sqrt{(a + b\,x^n)}^{\,p} = \frac{p}{m}\cdot d\,l\,(a + b\,x^n)$$

$$= \frac{\dfrac{b\,p\,n}{m}\,x^{n-1}\,dx}{a + b\,x^n} \;\ldots\; d\,l\,\frac{x}{\sqrt{(1 + xx)}} = \frac{dx}{x} - \frac{x\,dx}{1 + xx}$$

$$= \frac{dx}{x\,(1 + xx)}.$$

795. Si on a des puissances de logarithmes, ou même des logarithmes de logarithmes, leur différentiation sera aisée. Soit, par exemple, $y = (lx)^m$, on aura $dy = m\,(lx)^{m-1}\,\dfrac{dx}{x}$. Si on a $y = x^m\,(lx)^n$, il viendra $dy = m\,x^{m-1}\,dx\,(lx)^n + n\,x^{m-1}\,dx\,(lx)^{n-1} = x^{m-1}\,dx\,(lx)^{n-1}\,(n + m\,lx)$ &c. Soit ensuite $y = llx$, on fera $lx = \zeta$, & on aura $dy = \dfrac{d\zeta}{\zeta} = \dfrac{dx}{x\,lx}$.

796. L'équation $d\,(lx) = \dfrac{dx}{x}$, donne $dx = x\,d\,(lx)$. Donc *la différentielle d'une quantité quelconque est égale au produit de cette quantité par la différentielle de son logarithme.* Cette regle peut servir à trouver facilement les différentielles des quantités même algébriques. Par exemple $d\,(x^m) = x^m\,d\,l\,x^m = \dfrac{m\,x^m\,dx}{x}$ $= m\,x^{m-1}\,dx$; $d\,(xy) = x\,y\left(\dfrac{dx}{x} + \dfrac{dy}{y}\right) = y\,dx + x\,dy$; $d\left(\dfrac{x}{y}\right) = \dfrac{x}{y}\left(\dfrac{dx}{x} - \dfrac{dy}{y}\right) = \dfrac{y\,dx - x\,dy}{y^2}$ &c. On l'applique sur-tout avec succès à la différentiation des quantités *exponentielles.* On nomme ainsi celles qui ont des exposants variables. Telles sont a^x, x^y, &c. qui sont du premier ordre; x^{y^z} est du second, &c.

La différentielle de a^x, ou $d(a^x)$ sera $a^x\, d\, l\, a^x = a^x d(x\, l\, a)$
$= a^x\, dx\, l\, a$. Donc si e est le nombre $2{,}7182818$, dont le logarithme $= 1$, on aura $d(e^x) = e^x\, dx$. De même $d(x^y) = x^y\, d(y\, l\, x)$
$= x^y (dy\, l\, x + \dfrac{y\, dx}{x})$, &c.

797. On auroit pu trouver ces différentielles de cette autre maniere.
Nous avons vu (306) que $n = 1 + l\, n + \dfrac{(l\, n)^2}{2} + \dfrac{(l\, n)^3}{2 \cdot 3} +$ &c.
Suppofons donc que $n = a^x$, & fubftituons cette valeur de n, nous
trouverons . . . . $a^x = 1 + l\, a^x + \dfrac{(l\, a^x)^2}{2} + \dfrac{(l\, a^x)^3}{2 \cdot 3} +$ &c.
Or $l\, a^x = x\, l\, a$, & $(l\, a^x)^2 = (x\, l\, a)^2 = x^2\, l^2\, a$; donc $a^x = 1 +$
$x\, l\, a + \dfrac{x^2\, l^2\, a}{2} + \dfrac{x^3\, l^3\, a}{2 \cdot 3} +$ &c, & par conféquent $d(a^x) =$
$dx\, l\, a + x\, dx\, l^2\, a + \dfrac{x^2\, dx\, l^3\, a}{2} +$ &c $= dx\, l\, a\, (1 + x\, l\, a +$
$\dfrac{x^2\, l^2\, a}{2} + \dfrac{x^3\, l^3\, a}{2 \cdot 3} +$ &c $) = a^x\, dx\, l\, a$.

A l'égard des exponentielles telles que x^{y^z}, leur différentielle eft
aifée à trouver : car on a $d(x^{y^z}) = x^{y^z} d(y^z\, l\, x) = x^{y^z} [y^z \dfrac{dx}{x}$
$+ y^z\, l\, x\, (d\, z\, l\, y + \dfrac{z\, dy}{y})] = x^{y^z} y^z (\dfrac{dx}{x} + \dfrac{z\, dy}{y}\, l\, x + d\, z\, l\, x\, l\, y)$;
fi $x = y = e$, on a $e^{e^z} e^z\, d\, z$ pour la différentielle de e^{e^z}. On trou-
veroit de même les différentielles fecondes, troifiemes, &c. des quantités logarithmiques & exponentielles, mais nous ne nous y arrêterons pas. Voyons maintenant comment on différentie les finus, cofinus, &c.

Des Différentielles des quantités affectées de Sinus, de Cofinus, &c.

798. Soit $fin\, x = y$, on aura $y + dy = fin\, (x + dx) =$
$fin\, x\, cof\, dx + fin\, dx\, cof\, x$. Or dx étant un arc infiniment petit,
on aura $1°$, $cof\, dx = 1$; $2°$, $fin\, dx = dx$. Donc $y + dy = fin\, x +$
$dx\, cof\, x$, ou $dy = d\, fin\, x = dx\, cof\, x$. La différentielle du finus d'un
arc quelconque eft donc égale à la différentielle de cet arc multipliée
par fon cofinus.

799. Puifque $d\, fin\, x = dx\, cof\, x$, fi on fait $x = 90° - y$,

on aura $dx = -dy$, & $d\,\cos y = -dy\sin y$, formule que l'on auroit pu trouver de ces deux autres manieres. 1°, $\sin^2 x + \cos^2 x = 1$.

Donc $\sin x \, d\sin x + \cos x \, d\cos x = 0$, & $d\cos x = -\dfrac{\sin x}{\cos x} d\sin x$

$= -dx \sin x \ldots 2^{\circ}$, $d\cos x = \cos(x + dx) - \cos x = \cos x \cos dx - \sin dx \sin x - \cos x = -dx\sin x$. Concluons donc que *la différentielle du cosinus d'un arc quelconque est égale à la différentielle négative de cet arc multipliée par son sinus.*

800. Soit $\tan x = z = \dfrac{\sin x}{\cos x}$, on aura $dz = \ldots$

$\dfrac{\cos x \, d\sin x - d\cos x \times \sin x}{\cos^2 x} = \dfrac{dx \cos^2 x + dx \sin^2 x}{\cos^2 x} = \dfrac{dx}{\cos^2 x}$

$= d\tan x$. *La différentielle de la tangente d'un arc est donc égale à la différentielle de cet arc divisée par le quarré de son cosinus.*

Si au lieu de supposer le rayon $= 1$, on le supposoit $= a$, on auroit $d\tan x = \dfrac{aa\,dx}{\cos^2 x}$.

801. Soit $x = 90^{\circ} - y$, on aura $d\cot y = \dfrac{-dy}{\sin^2 y}$; de même

$d\sec y = d\dfrac{1}{\cos y} = \dfrac{-d\cos y}{\cos^2 y} = \dfrac{dy\sin y}{\cos^2 y} = \dfrac{dy\tan y}{\cos y}$, &

$d(\operatorname{cosec} y) = d.\dfrac{1}{\sin y} = \dfrac{-d\sin y}{\sin^2 y} = \dfrac{-dy\cos y}{\sin^2 y} = \dfrac{-dy\cot y}{\sin y}$.

On trouveroit les mêmes formules d'une autre maniere, en supposant que l'arc A B désigné par z, a pour cosinus $x = $ C D, pour sinus $y =$ B D, & 1 pour rayon.

Car on auroit d'abord $y = \sqrt{(1 - x^2)}$, ce qui donneroit $dy = d\sin z = x.\dfrac{-dx}{\sqrt{(1-x^2)}}$, $=$ or $x = \cos z$, & $\dfrac{-dx}{\sqrt{(1-x^2)}} = dz$,

comme on le prouveroit aisément par deux triangles semblables; donc $d\sin z = dz\cos z \ldots$ On auroit ensuite $\cos$ A B $= x = \sqrt{(1-y^2)}$, d'où on tireroit dx ou $d\cos z = -y\dfrac{dy}{\sqrt{(1-y^2)}} = -\sin z \, dz$.

D'où on pourroit déja conclure que $d\dfrac{\sin z}{\cos z}$, ou $d\tan z = \dfrac{dz}{\cos^2 z}$.

Mais cette formule peut se trouver d'une autre maniere.

Soit A T $\tan z = t$, on aura $t : 1 :: y : \sqrt{(1-y^2)}$; & par conséquent $t = \dfrac{y}{\sqrt{(1-y^2)}}$; donc $dt = \dfrac{dy}{(1-y^2)^{\frac{3}{2}}} = \dfrac{dy}{\sqrt{(1-y^2)}}$

$\times \dfrac{1}{(1-y^2)} = \dfrac{dz}{\cos^2 z}$.

FIG.

D'où il suit que $d\left(\dfrac{1}{t}\right)$, ou $-\dfrac{dt}{t^2}$ ou $d\cot \chi = -\dfrac{dy}{y^2 \sqrt{(1-y^2)}}$

$= -\dfrac{1}{y^2} \times \dfrac{dy}{\sqrt{(1-y^2)}} = \dfrac{-d\chi}{\sin^2 \chi}$, comme ci-dessus.

Ces regles suffisent pour trouver les différences premieres, secondes, &c. de toute quantité dans laquelle entrent des sinus, des cosinus, &c. Voici quelques Exemples. $d(\sin x)^m = m(\sin x)^{m-1}$ $dx \cos x = m \sin x^m \, dx \cot x \ldots \ldots dd(\sin x) = dd x \cos x - dx^2 \sin x \ldots dd(\cos x) = d(-dx \sin x) = -dd x \sin x - dx^2 \cos x \ldots \ldots d(\sin m x) = m \, dx \cos m x \ldots \ldots d\cos m x = -m \, dx \sin m x \ldots d(\sin x \cos x) = dx \cos^2 x - dx \sin^2 x = dx \cos 2 x.$

Puisque $\sqrt{\dfrac{(1+\cos x)}{2}} = \cos \tfrac{1}{2} x$, on a donc $d\left(\dfrac{1+\cos x}{2}\right)$ $= d\cos \tfrac{1}{2} x = -\tfrac{1}{2} dx \sin \tfrac{1}{2} x.$

On trouvera de même, que $d(\cos l x) = -dl x \sin l x = -\dfrac{dx}{x} \sin l x$; & que $d(x \sin x) = dx \sin x + x \, dx \cos x.$

802. Si x est un arc quelconque, sa différentielle $dx = \dfrac{d\sin x}{\cos x}$

$= \dfrac{-d\cos x}{\sin x} = \cos^2 x \, d\tan x = \dfrac{d\tan x}{\sec^2 x} = \dfrac{d\tan^2 x}{1+\tan^2 x} =$

$-d\cot x \sin^2 x = \dfrac{-d\cot x}{\cos ec^2 x} = \dfrac{-d\cot x}{1+\cot^2 x}$, &c, &c.

Applications du Calcul Différentiel à la Théorie des Courbes.

803. De tous les problêmes que l'on peut proposer sur une courbe, le plus simple est celui qui a pour objet de mener une tangente à l'un quelconque de ses points. Commençons donc par rappeller la solution qui en a été donnée (777).

Soit la courbe A M, son axe A P, ses coordonnées A P & P M ; 185. il est clair que pour mener la tangente au point M, il suffit de déterminer la soutangente P T.

Imaginons donc l'arc infiniment petit Mm, les deux ordonnées infiniment proches M P, $m p$, & supposons M r parallele à P p. Soit à l'ordinaire A P $= x$, P M $= y$, & nous aurons P p ou

M $r = dx$, $m r = dy$, & P T $= \dfrac{y \, dx}{dy}$. Il n'y aura donc plus

E e iv

qu'à différentier l'équation de la courbe, afin d'en tirer la valeur de $\frac{dx}{dy}$, que l'on fubftituera dans la formule des foutangentes, & P T fera déterminée.

804. L'expreffion de la tangente M T eft $\sqrt{\left(y^2 + \frac{y^2\,dx^2}{dy^2}\right)}$, ou $\frac{y}{dy}\sqrt{(dx^2 + dy^2)}$; celle de la founormale P N eft $\frac{y^2}{PT}$, ou $\frac{y\,dy}{dx}$; la normale $MN = \frac{y}{dx}\sqrt{(dx^2 + dy^2)}$; & fi on mene par le point A la ligne A Q parallele à M P, on aura $\frac{y\,dx}{dy} : \frac{y\,dx}{dy} - x$ ou A T $:: y : AQ = y - \frac{x\,dy}{dx}$. Ces valeurs de A Q & de A T ferviront à trouver les afymptotes de la courbe A M, lorfqu'elle en aura : car fi après avoir fubftitué dans ces deux valeurs celle de $\frac{dy}{dx}$ tirée de l'équation même de la courbe, on fuppofe x infinie, il y aura autant d'afymptotes que de valeurs différentes des lignes A Q & A T. Quant à la pofition des afymptotes, elle fera toujours déterminée par les points T & Q. Appliquons maintenant ces formules à quelques exemples.

On fait que l'équation au cercle eft $y^2 = a^2 - x^2$; donc $y\,dy = - x\,dx$, & $\frac{y\,dx}{dy} = \frac{-y^2}{x} = -\frac{(a^2 - x^2)}{x} = PT$. Le figne $-$ indique que la foutangente doit être prife dans le même fens que l'abfciffe, parce que dans la conftruction de la formule on l'a prife en fens contraire. Si on eût compté les abfciffes du fommet, l'équation $y^2 = 2ax - xx$ eût donné un réfultat pofitif comme la formule.

Par l'équation $y^2 = a^2 - x^2$, on trouve $\frac{y\,dy}{dx}$ ou la founormale $= -x$, & la normale $\sqrt{\left(y^2 + \frac{y^2\,dy^2}{dx^2}\right)} = \sqrt{(x^2 + y^2)} = a = $ le rayon, comme cela doit être.

Dans la parabole, $y^2 = p x$; donc $\frac{y\,dy}{dx} = \tfrac{1}{2}p$, & $\frac{y\,dx}{dy} = \frac{2y^2}{p} = 2x$.

Dans l'ellipfe, $y^2 = \dfrac{b^2}{a^2}(a^2 - x^2)$; donc $y\,dy = \dfrac{b^2}{a^2}(-x\,dx)$,

& $\dfrac{y\,dy}{dx} = \dfrac{-b^2\,x}{a^2}$; enfuite $\dfrac{y\,dx}{dy} = \dfrac{-a^2\,y^2}{b^2\,x} = \dfrac{-(a^2 - x^2)}{x}$.

Dans l'hyperbole, $y^2 = \dfrac{b^2}{a^2}(2\,a\,x + x\,x)$; donc $\dfrac{y\,dy}{dx} = \dfrac{b^2}{a^2} \times$

$(a + x)$, & $\dfrac{y\,dx}{dy} = \dfrac{a^2\,y^2}{b^2\,(a + x)} = \dfrac{2\,a\,x + x\,x}{a + x}$.

On a aufli $AT = \dfrac{a\,x}{a + x}$, expreffion qui eft réduit à la feule **185.**
quantité a, quand on fuppofe x infinie. Dans la même fuppofition
on trouve que $AQ = y - \dfrac{x\,dy}{dx} = y - \dfrac{b^2\,x}{a^2\,y}(a + x) =$

$\dfrac{a^2\,y^2 - b^2\,x\,(a + x)}{a^2\,y} = \dfrac{b^2\,x}{a\,y} = b\,\sqrt{\left(\dfrac{x}{2\,a + x}\right)}$ fe réduit à b.
Ces deux valeurs de AT & de AQ donnent la pofition des afymp-
totes, telle que nous l'avons déja trouvée (695).

805. Soit $y^m = x^n\,a^{m-n}$, on aura $n\,l\,x + (m - n)\,l\,a = m\,l\,y$,
$\dfrac{n\,dx}{x} = \dfrac{m\,dy}{y}$, & la foutangente $\dfrac{y\,dx}{dy} = \dfrac{m}{n}\,x$. Toutes les courbes repréfentées par l'équation générale $y^m = x^n\,a^{m-n}$, font
nommées paraboles, lorfque m & n font pofitives. Si $m = 2$,
& $n = 1$, on a $y\,y = a\,x$, équation à la parabole ordinaire ou
Apollonienne, comme l'appellent quelques Auteurs, du nom d'Apol-
lonius ancien Géometre, dont on a un Traité fur les Sections
coniques. Si $m = 3$, & $n = 1$ l'équation eft $y^3 = a^2\,x$, & la
courbe qui en réfulte, eft *la premiere parabole cubique* à caufe de
$n = 1$. Si $m = 3$, & $n = 2$, c'eft alors *la feconde parabole cubique*,
dont l'équation eft $y^3 = a\,x^2$. Voyez les Fig. 129 & 130.

806. Si n eft négative, les paraboles fe changent en hyperboles
dont l'équation eft $x^n\,y^m = a^{m+n}$; la foutangente de ces courbes
eft donc généralement $-\dfrac{m}{n}\,x$, c'eft-à-dire qu'elle doit être prife
dans le même fens que les x. Et fi $m = n = 1$, on a l'hyperbole
ordinaire dont la foutangente $= -x$ (699).

Dans la logarithmique, on a $x = A\,log\,y$, & $dx = \dfrac{A\,dy}{y}$.

Donc $\dfrac{y\,dx}{dy} = A$; *Sa foutangente eft donc toujours égale au module* (730).

807. Soit maintenant une courbe quelconque BIOC avec une autre courbe BMA, telle que si on prolonge les ordonnées OP de la première jusqu'à la rencontre de la seconde, la ligne MO soit une fonction quelconque de l'arc BIO; il s'agit de mener par le point donné M la tangente MT.

Concevons l'ordonnée mp infiniment proche de MP, & Mr parallele à la tangente au point O; si on fait $BIO = z$, $MO = u$, on aura $mr = du$, $rM = Oo = dz$, & $du : dz :: u : OT = \dfrac{u\,dz}{du}$.

Or u étant une fonction de z, on aura $\dfrac{dz}{du}$ en prenant les différentielles; ainsi TO, ou le point T sera déterminé, d'où il est facile de mener la tangente MT.

Suppofons, par exemple, $u = \dfrac{b}{a} z$, on aura $du = \dfrac{b\,dz}{a}$, & $OT = z = BIO$. Si BIOC est un arc de cercle, alors AMB est une cycloïde, & cette construction est la même que celle que nous avons déja donnée.

160. Dans la quadratrice, si on compte les abscisses du centre, on a (737) $y = \dfrac{x}{a} \cot \dfrac{c\,x}{a}$; donc $dy = \dfrac{dx}{a} \cot \dfrac{c\,x}{a} - \ldots \ldots$ $\dfrac{c\,x\,dx}{\operatorname{sin}^2 \dfrac{c\,x}{a}}$, & $\dfrac{x\,dy}{dx} = \dfrac{x}{a} \cot \dfrac{c\,x}{a} - \dfrac{c\,x\,x}{\operatorname{sin}^2 \dfrac{c\,x}{a}}$. Mais $-\dfrac{x\,dy}{dx} =$ OT, comme on peut le prouver par deux triangles femblables, favoir MOT, & le triangle différentiel que l'on imaginera en menant une ordonnée infiniment proche de MP. (Il faut $-dy$, parce que y diminue, lorsque x augmente).

Donc $OT = \dfrac{c\,x\,x}{\operatorname{sin}^2 \dfrac{c\,x}{x}} - \dfrac{x}{a} \cot \dfrac{c\,x}{a}$; & en ajoutant de part &

d'autre $CO = PM = y = \dfrac{x}{a} \cot \dfrac{c\,x}{a}$, on aura $CT = \dfrac{c\,x\,x}{\operatorname{sin}^2 \dfrac{c\,x}{a}}$

$= \dfrac{c}{a\,a} CM^2.$

Lorsque $CM = CT$, ou au point D, on a comme nous l'avons déja trouvé, la base $CD = \dfrac{a\,a}{c}$, & par conféquent $CT = \dfrac{CM^2}{CD}$. Il faut donc prendre CT troifieme proportionelle à la base CD & au rayon CM, ce qui donnera le point T par laquelle, & par le point M fi on mene la ligne M T, elle fera la tangente demandée. FIG.

808. Pour mener les tangentes aux fpirales, il faut réfoudre le problême fuivant. Soit décrit un cercle d'un rayon quelconque C A, & foit une courbe C K M telle qu'en menant le rayon C M N, la ligne C M foit une fonction quelconque de l'arc A B N, il s'agit de mener par le point donné M la tangente N T. 161.

On imaginera les deux rayons infiniment proches C M N, C m n, & le petit arc M r décrit du centre C & du rayon C M, on menera enfuite C T perpendiculaire à C M.

Cela pofé, foit $CM = y$, $ABN = x$, $CA = a$, on aura $a : y :: N\pi$ $(dx) : Mr = \dfrac{y\,dx}{a}$, & $rm\ (dy) : \dfrac{y\,dx}{a} :: y : CT = \dfrac{y^2\,dx}{a\,dy}$.

Soit par exemple $y = \dfrac{ax}{\pi}$, la courbe C K M fera la fpirale d'Archimede, & on aura $\dfrac{dx}{dy} = \dfrac{\pi}{a}$, $CT = \dfrac{y^2\pi}{aa} = \dfrac{axy}{aa} = \dfrac{xy}{a} = MQO'$.

Soit la fpirale hyperbolique dont l'équation eft $xy = ab$, on aura $xdy + y\,dx = 0$, $y\,dx = -x\,dy$, $CT = -\dfrac{xy\,dy}{a\,dy} = -\dfrac{xy}{a} = -b$; ce que nous avons déja trouvé (746).

809. Dans la fpirale logarithmique, où l'angle C M T eft conftant, on imaginera les rayons infiniment proches C M, C m, & décrivant du centre C & d'un rayon quelconque C N un cercle, on fera $CM = \zeta$, $CN = a$, & marquant fur la circonférence du cercle un point fixe A, on fuppofera l'abfciffe $AN = x$ ce qui donnera la proportion . . . . $a : dx :: \zeta : Mr = \dfrac{\zeta\,dx}{a}$. 164.

Soit $t = tang\ Mmr$, on aura $t = \dfrac{\zeta\,dx}{a\,d\zeta}$, ou $\dfrac{dx}{at} = \dfrac{d\zeta}{\zeta} = d\,(l\zeta)$; donc $l\,\zeta = \dfrac{x}{at}$, ou $\dfrac{x}{at} +$ une conftante C, parce que la différentielle de l'équation $l\zeta = \dfrac{x}{at}$ eft la même que celle de $l\zeta = \dfrac{x}{at} + C$.

Or cette équation $l\zeta = \dfrac{x}{at} + C$, fait voir 1°, que la fpirale fait une infinité de révolutions autour de fon centre, tant pour s'en approcher que pour s'en éloigner; car au lieu de x on peut fubftituer fucceffivement $x + \pi$, $x + 2\pi$, $x + 3\pi$, &c, $-\pi + x$, $-2\pi + x$. &c, π étant la circonférence A N B.

2°, Que si on fait $C = l\,C'$, on aura $l\,\dfrac{\chi}{C'} = \dfrac{x}{a\,t} = \dfrac{x}{a\,t}\,l\,e$, ou

$\dfrac{\chi}{C'} = e^{\frac{x}{a\,t}}$ & $\chi = C'e^{\frac{x}{a\,t}}$; donc au point A où $x = 0$, on a $CD = C'$.

3°, Que les abscisses A N croissant en progression arithmétique . . . . $x, 2\,x, 3\,x$, &c, les ordonnées forment la progression géométrique . . . . $C\,e^{\frac{x}{a\,t}}$, $C'e^{\frac{2\,x}{a\,t}}$, $C'e^{\frac{3\,x}{a\,t}}$, &c. 4^{u}, Que si $t = \infty$, on a $\chi = C'$, propriété du cercle qui coupe à angles droits tous ses rayons, comme on le sait déja.

Ces exemples suffisent pour mener les tangentes de toute sorte de courbes soit méchaniques soit géométriques. Au reste, on peut voir cette matiere traitée plus en détail dans l'*Analyse des infiniment petits du Marquis de l'Hôpital.*

Des Développées.

810. Imaginons un fil ABC appliqué sur une courbe quelconque BC dont l'origine est en B, & dont A B est tangente en ce point; si on développe ce fil en le tenant toujours également tendu, son extrémité A décrira une courbe A M, qui aura les propriétés suivantes.

1°, La tangente M C de la courbe BC sera toujours perpendiculaire à la courbe A M; 2°, la longueur de cette ligne sera égale à la ligne A B + à l'arc B C; 3°, l'arc infiniment petit M m pourra être regardé comme un arc de cercle décrit du centre C & du rayon C M; 4°, le point C sera le point de réunion des deux normales infiniment proches M N, $m\,n$.

811. La courbe B C se nomme *la Développée* de la courbe A M; la ligne M C est le rayon de la développée; on l'appelle aussi rayon osculateur, rayon de courbure.

Cela posé, on demande comment on pourroit déterminer pour chaque point M le rayon M C de la développée B C que l'on suppose connue.

Soient M P, $m\,p$ deux perpendiculaires à l'arc A Q infiniment proches, & C O, r M paralleles au même axe; si on appelle M O, u ... A P, x . . . . P M, y . . . . M m ou $\sqrt{(dx^2 + dy^2)}$, ds, on aura . . . . $dx : ds :: u : MC = \dfrac{u\,ds}{dx}$. Mais pendant que A P, P M, & M O varient, M C devenant mC ne varie point; ainsi l'équation M C $= \dfrac{u\,ds}{dx}$ étant différentiée, on aura $(u\,dds + ds\,du)\,dx = u\,ds\,ddx$;

& puisque $du = mr = dy$, on trouvera que $u = \dfrac{ds\,dx\,dy}{ds\,ddx - dx\,dds}$;

& que par conséquent $MC = \dfrac{ds^2\,dy}{ds\,ddx - dx\,dds} = \ldots$

$$\dfrac{ds^3\,dy}{ds^2\,ddx - dx\,(dx\,ddx + dy\,ddy)} = \dfrac{ds^3}{dy\,ddx - dx\,ddy} =$$

$$\dfrac{ds^3}{-dx^2\,d\left(\dfrac{dy}{dx}\right)}.$$

Supposons maintenant, pour abréger, qu'une de ces différentielles soit constante, l'élément ds de la courbe, par exemple, & nous aurons $MC = \dfrac{ds\,dy}{ddx} = \dfrac{dy\sqrt{(dx^2 + dy^2)}}{ddx}$.

Si on eût supposé dy constante, on eût eu $ds\,dds = dx\,ddx$; d'où $dds = \dfrac{dx\,ddx}{ds}$, ce qui donne $MC = \dfrac{dy\,ds^3}{(ds^2 - dx^2)\,ddx}$

$= \dfrac{ds^3}{dy\,ddx} = \dfrac{(dx^2 + dy^2)^{\frac{3}{2}}}{dy\,ddx}$.

Mais si on suppose, comme on le fait ordinairement, que dx soit constante, alors $MC = \dfrac{ds^2\,dy}{-dx\,dds} = \dfrac{ds^3}{-dx\,ddy} = \dfrac{(dx^2 + dy^2)^{\frac{3}{2}}}{-dx\,ddy}$.

812. Comme les courbures des cercles sont en raison inverse de leurs rayons, on en déduit qu'en deux points différents d'une courbe quelconque, les courbures sont en raison inverse des rayons de la développée. Ainsi pour savoir en quels points la courbe a une plus grande courbure, il faut chercher le *minimum* du rayon de la développée.

Si la tangente en A est perpendiculaire à l'axe, alors pour déterminer la ligne droite BA, ou la distance du sommet A à l'origine B de la développée, il faudra faire $x = 0$ dans l'expression du rayon MC, & on aura la valeur de BA. Enfin pour trouver l'équation de la développée, menons CQ perpendiculaire à l'axe, & nommons AB, $a \ldots$ BQ, $t \ldots$ CQ, z; nous aurons d'abord, en supposant dx constante, $MO = \dfrac{dx^2 + dy^2}{-ddy}$, & $z = \dfrac{dx^2 + dy^2}{-ddy} - y$. Ensuite, $dx : dy :: \dfrac{dx^2 + dy^2}{-ddy} : CO = PQ = \dfrac{dy\,(dx^2 + dy^2)}{-dx\,ddy}$. Donc

$$AP + PQ - AB = t = x - a + \dfrac{dy\,(dx^2 + dy^2)}{-dx\,ddy} : \text{valeurs qui}$$

 fuffifent, avec l'équation de la courbe, pour déterminer l'équation de la développée.

813. Jufqu'ici nous avons fuppofé les ordonnées parallèles entre elles. Si elles partoient d'un même point B, voici comment on détermineroit le rayon M C.

187. J'imagine deux ordonnées infiniment proches B M, B m, & C O, C o perpendiculaires à ces ordonnées ; je décris enfuite du centre B l'arc M r. Cela pofé, foit B M $= y$, M $r = dx$, $m r = dy$, M $m = ds$ $= \sqrt{(dx^2 + dy^2)}$, M O $= u$; à caufe des triangles femblables M rm, C M O, on a $dx : u :: dy : CO = \dfrac{u\,dy}{dx} :: ds : MC = \dfrac{u\,ds}{dx}$. Dif-férentiant cette derniere équation (en fuppofant dx conftante) on a $du = -\dfrac{u\,dds}{ds}$, & la différentielle de C O qui eft C o – C O $=$

$$O Q = \frac{du\,dy + u\,ddy}{dx} = \frac{u\,ddy - \dfrac{u\,dy\,dds}{ds}}{dx} = \frac{u\,ddy}{dx} - \frac{u\,dy^2\,ddy}{ds^2\,dx}$$

$$= \frac{+ u\,dx\,ddy}{ds^2}. \text{ Donc } O Q = -\frac{u\,dx\,ddy}{ds^2}, \ \& \ y : dx :: y - u :$$

$$\frac{- u\,dx\,ddy}{ds^2}. \text{ D'où on tire } u = \frac{y\,ds^2}{ds^2 - y\,ddy}, \ \& \ MC = \frac{y\,ds^3}{ds^2\,dx - y\,dx\,ddy}$$

$$= \frac{y\,(dx^2 + dy^2)^{\frac{3}{2}}}{dx^3 + dx\,dy^2 - y\,dx\,ddy}, \text{ qui fe réduit à } \frac{ds^3}{- dx\,ddy} \text{ lorfque}$$

$y = \infty$, ou lorfque les ordonnées font parallèles, comme nous l'a-vons déja trouvé. Paffons maintenant à quelques exemples.

L'équation à l'ellipfe & à l'hyperbole, lorfqu'on compte les abf-ciffes du fommet, eft généralement exprimée par $y y = p x \pm \dfrac{p x x}{2 a}$; où il eft clair que fi $a = \infty$, on a $y y = p x$; équation à la parabole, qui n'eft par conféquent qu'une ellipfe ou une hyper-bole dont le grand axe eft infini. Ainfi l'équation $y y = p x \pm \dfrac{p x x}{2 a}$ eft générale pour toutes les fections coniques. Elle peut donc fervir à trouver leur rayon de courbure.

814. Obfervons d'abord que $\dfrac{y}{dx} \sqrt{(dx^2 + dy^2)}$, étant égale à la normale (804), fi on le nomme n, le rayon de la développée, en fuppofant dx conftante, fera exprimé par $\dfrac{n^3\,dx^2}{- y^3\,d\,dy}$; & puifque dans

cet exemple, $yy = px \pm \dfrac{pxx}{2a}$, on a $2\,y\,dy = p\,dx \pm \dfrac{px\,dx}{a}$ ....

$2\,y\,ddy + 2\,dy^2 = \pm \dfrac{p\,dx^2}{a}$ .... $y^3\,ddy = \pm \dfrac{p}{2a}\,y^2\,dx^2 - y^2$

$dy^2 = dx^2\left[\pm \dfrac{p}{2a}\left(px \pm \dfrac{pxx}{2a}\right) - \left(\dfrac{p}{2} \pm \dfrac{px}{2a}\right)^2\right] = -\dfrac{p^2}{4}\,dx^2.$

Donc le rayon de la développée pour toutes les sections coniques $= \dfrac{n^3}{\frac{1}{4}pp}$, c'est-à-dire, qu'*il est égal au cube de la normale divisée par le quart du quarré du parametre.* D'où il suit que dans le cercle où $n = \frac{1}{2}p$, le rayon de la développée est toujours égal à la normale, ce qui est évident. Quant à la développée du cercle, on voit bien qu'elle n'est autre chose que le point même qui sert de centre au cercle.

815. On a $n = \dfrac{y}{dx} \, \surd\,(dx^2 + dy^2) = $ . . . .

$\surd\left[px \pm \dfrac{pxx}{2a} + \dfrac{pp}{4}\left(1 \pm \dfrac{2x}{a} + \dfrac{xx}{aa}\right)\right]$; & au sommet, lorsque $x = 0$, $n = \frac{1}{2}p$, & le rayon de la développée, ou la droite $AB = \frac{1}{2}p$. Dans l'ellipse, la développée a quatre branches BD, Db, bd, Bd, égales & faisant entre elles quatre points de rebroussement. La distance $CB = Cb = a - \frac{1}{2}p$, & $ED = ed = $ la moitié du parametre du petit axe. **188.**

Dans la parabole, le rayon $MC = \dfrac{MN^3}{\frac{1}{4}pp} = NT \times \dfrac{MN}{PN}$, & par conséquent CO ou $PQ = NT = 2x + \frac{1}{2}p$; donc $AQ = 3x + \frac{1}{2}p = 3x + AB$, & par conséquent $BQ = 3x$, ce qui donne une construction bien simple pour déterminer le point C, ou le centre du cercle osculateur ; prenez $BQ = 3AP$, & menez CQ perpendiculaire à AQ, le point de concours C des deux lignes MC, CQ sera le centre du cercle cherché. **189.**

Pour trouver l'équation de la développée, soit $BQ = z$, $CQ = u$, on aura $x = \frac{1}{3}z$, & $\frac{1}{2}p : y :: QN : CQ :: 2x : u = \dfrac{4xy}{p} = \dfrac{4x\surd px}{p}$. Donc $\dfrac{pu^2}{16} = x^3 = \frac{1}{27}z^3$, & $z^3 = \frac{27}{16}pu^2$; ce qui fait voir que *la développée de la parabole ordinaire est une seconde parabole cubique, dont le parametre est les $\frac{27}{16}$ de celui de la parabole donnée.*

Par la nature des développées $AB + BC = MC$. Donc $BC =$

$$MC - \tfrac{1}{2}p = \frac{MN^3}{\tfrac{1}{4}pp} - \tfrac{1}{2}p \; : \; \text{or } MN = \surd\,(px + \tfrac{1}{4}pp) =$$

$\surd\,(\tfrac{1}{3}p\,\zeta + \tfrac{1}{4}pp)$. On a donc, en faisant $\tfrac{27}{16}p = a$, $BC = \tfrac{8}{27}$
$a\,[\,(1 + \dfrac{9\,\zeta}{4\,a})^{\frac{3}{2}} - 1\,]$, expreßion d'un arc quelconque de la seconde parabole cubique dont l'équation eft $\zeta^3 = q\,u^2$.

816. Soit la cycloïde A MB a, fon cercle générateur B O D O', l'ordonnée M O P perpendiculaire à B D. Si on fait $BP = x$, PM $= y$, $BD = 2a$, on aura $y = BO + \surd\,(2ax - xx)$; or la différentielle de l'arc B O eft $\dfrac{a\,d\,(\mathit{fin}\,BO)}{\mathit{cof}\,BO} = \dfrac{a}{a-x}\,d\,\surd\,(2ax-xx)$ $= \dfrac{a\,d\,x}{\surd\,(2ax-xx)}$. Donc $dy = \dfrac{(2a-x)\,dx}{\surd\,(2ax-xx)} = dx\,\surd\,(\dfrac{2a-x}{x}) = \dfrac{dx}{x}\,(2ax - xx)$, équation différentielle de la cycloïde.

Cela pofé, pour trouver le rayon MC de la développée, fuppofons dx conftante, & nous aurons en différentiant, $ddy = \dfrac{-a\,dx^2}{x\,\surd\,(2ax-xx)}$,
$dx^2 + dy^2 = \dfrac{2\,a\,d\,x^2}{x}$. Donc le rayon $MC = \dfrac{(dx^2 + dy^2)^{\frac{3}{2}}}{-dx\,ddy} =$
$2\,\surd\,2a\,(2a - x) = 2\,OD$; or M N C eft parallele à O D, puif-que (733) la tangente M T eft parallele à O B. Donc $OD = MN = NC$.

Il fuit de-là 1°, que le rayon de la développée au point A eft nul; & que par conféquent la développée paffe par ce point. 2°. Que le rayon de la développée au point B eft la ligne B E double de B D.

817. Pour déterminer la développée A C E, achevons le rectan-gle A E, & fur le côté $AB' = DE = BD$, comme diametre, décrivons un demi-cercle A'Q'B', menons A Q' parallele à CM, & joignons C & Q'; cela pofé, l'angle $NAQ' = NDO$. Donc $OD = AQ'$, & l'arc O I D ou la droite $AN = $ l'arc A L Q'. Or $OD = CN$. Donc $CN = AQ'$, & par conféquent $CQ' = AN = $ l'arc A L Q'; propriété diftinctive de la cycloïde ordinaire; d'où il fuit que la développée A C E eft une demi-cycloïde égale à celle que l'on avoit déja, A M B. Elle n'en differe que par fa pofition. On auroit trouvé la même chofe, en cherchant directe-ment l'équation de la développée, par ce qui a été dit (812).

L'arc $AC = MC = 2\,AQ'$; donc *un arc quelconque de cy-cloïde eft double de la corde correfpondante du cercle générateur.*
Ainſi

Ainsi $MB = 2OB$, $AMB = 2BD$, & la cycloïde entiere ABa FIG.
est quadruple du diametre BD. 191.

818. Soit la spirale logarithmique ADM dont le centre est A,
on aura $cot\ MmA = \frac{mr}{Mr} = \frac{dy}{dx}$; & en différentiant, ($dx$ étant
supposée constante), on aura $ddy = 0$, & le rayon de la déve-
loppée $MC = \dfrac{y(dx^2 + dy^2)^{\frac{3}{2}}}{dx(dx^2 + dy^2) - y\,dx\,ddy}$ se réduit à ...

$\frac{y}{dx}\sqrt{(dx^2 + dy^2)}$. Donc si on mene AC perpendiculaire à MA,
& MC perpendiculaire à la tangente en M, leur point de concours C
sera sur la développée : car les triangles semblables Mrm & MAC
donnent $Mm : Mr :: MC : MA$, c'est-à-dire ds ou $\sqrt{(dx^2 + dy^2)}$:
$dx :: MC : y$; donc $MC = \frac{y}{dx}\sqrt{(dx^2 + dy^2)}$.

819. L'angle $ACM = 90° - AMC = AMT$; d'où il suit que
la développée ABC est la même spirale logarithmique ADM; elle
est seulement disposée d'une maniere différente. Il suit de-là que la
tangente MC est égale en longueur à la spirale ABC, quoique celle-ci
fasse une infinité de révolutions autour du point A. Donc aussi,
si on mene AT perpendiculaire à AM, on aura $MT = $ l'arc
ADM. *La spirale logarithmique & la cycloïde sont donc elles-mêmes*
leurs développées.

Des Points d'inflexion, & de la méthode de Maximis & Minimis.

820. Si une courbe AMO de convexe qu'elle étoit, devient concave, le point M où ce changement arrive, est ce que l'on appelle un 192.
point d'inflexion.

Pour déterminer ces sortes de points, on peut regarder la tangente
en M comme étant tout à la fois tangente des deux parties MA, MO;
& dans cette supposition on peut imaginer de part & d'autre du
point M deux éléments Mm, Mm' en ligne droite, d'où il suit
que le rayon de la développée au point M doit alors être infini.
Mais comme ces éléments peuvent être supposés décroître de plus en
plus, de maniere à s'évanouir tous deux, le rayon de la développée
doit alors se réduire à zéro.

821. Donc *au point d'inflexion, le rayon de la développée est*
toujours infini, ou nul. Donc en supposant dx constante, on aura

toujours $\dfrac{(dx^2+dy^2)^{\frac{3}{2}}}{-dx\,ddy}$, ou $\dfrac{\left(1+\dfrac{dy^2}{dx^2}\right)^{\frac{3}{2}}}{\dfrac{-ddy}{dx^2}} = \infty$ ou $\circ$: & par confé-

quent $\dfrac{-ddy}{dx^2} = 0$, ou ∞.

On différentiera donc deux fois l'équation de la courbe, en fuppofant dx conftante ; & on aura la valeur finie de $\dfrac{-ddy}{dx^2}$ que
l'on égalera à zéro ou à l'infini. Au moyen de cette équation & de
celle de la courbe, on déterminera les valeurs de x & de y qui
conviennent au point d'inflexion, ou aux points d'inflexion, s'il y
en a plufieurs.

822. Lorfque les ordonnées partent d'un point fixe, alors on a
$\dfrac{dx^2+dy^2-y\,ddy}{dx^2} = 0$ ou $= \infty$.

Ex. I. Soit la premiere parabole cubique dont l'équation eft y^3
$= a^2 x$, ou aura $y = x^{\frac{1}{3}} a^{\frac{2}{3}} \ldots dy = \tfrac{1}{3} x^{-\frac{2}{3}} dx \times a^{\frac{2}{3}} \ldots ddy =$
$- \tfrac{2}{9} x^{-\frac{5}{3}} dx^2 a^{\frac{2}{3}} \ldots \dfrac{ddy}{dx^2} = -\tfrac{2}{9} x^{-\frac{5}{3}} \sqrt{aa} = 0$ au point
d'inflexion ; on a donc $x = 0$. Ainfi le point d'inflexion eft à
l'origine.

Ex. II. Soit la conchoïde de Nicomede, dont l'équation eft $y =$
$\dfrac{b+x}{x} \sqrt{(aa-xx)}$; on a en differentiant $\ldots dy =$
$\dfrac{-dx(aab+x^3)}{xx\sqrt{(aa-xx)}}$; différentiant de nouveau, en fuppofant dx
conftante, on a $\ldots -\dfrac{ddy}{dx^2} = \dfrac{a^2 x^3+3a^2 b x^2-2a^4 b}{(a^2 x^3-x^5)\sqrt{(aa-xx)}} = 0$ au
point d'inflexion. Donc $x^3+3bx^2-2a^2 b = 0$, équation qui
étant réfolue (338), donnera pour x la valeur qui convient au point
d'inflexion.

Ex. III. Soit une courbe qui ait pour équation $y-a =$
$(x-a)^{\frac{3}{5}}$, il s'agit de trouver les valeurs de x & de y qui répondent au point d'inflexion, au cas qu'il doive y en avoir.

En différentiant deux fois de fuite, on a $-\dfrac{ddy}{dx^2} = \dfrac{6}{25(x-a)^{\frac{7}{5}}}$,

qui étant égalée à zéro, ne fait rien connoître; il faut donc l'égaler à l'infini, & on a $x = a = y$; valeurs qui répondent au point
d'inflexion.

823. Si l'ordonnée M P d'une courbe quelconque B M est plus
grande ou plus petite que celles qui la précédent (*pm*), & que
celles qui la suivent (*p' m'*), on lui donne alors le nom de
Maximum ou de *Minimum*; & la méthode qui apprend à déterminer
ces sortes de quantités, se nomme la méthode de *Maximis & Minimis.*

824. Si C M est le rayon du cercle osculateur au point M, il est clair
que l'ordonnée M P doit être plus grande ou plus petite que toute autre
ordonnée correspondante à quelque point de l'arc K M D décrit du
rayon C M ; d'où il suit que l'ordonnée M P (prolongée dans le cas du
Minimum) passe par le centre du cercle osculateur: donc la tangente
en M est paralléle à l'axe A P, & par conséquent la soutangente
$\dfrac{y\,dx}{dy} = \infty$. Donc $\dfrac{dy}{dx} = 0$.

Or y peut être considérée comme une fonction quelconque de
l'abscisse A P *(x)*, d'où il suit que pour savoir dans quels cas une
quantité y dépendante de x peut devenir un *Maximum* ou un *Minimum*, il faut bien différentier l'équation qui exprime leur rapport,
& égaler à zéro la quantité $\dfrac{dy}{dx}$. L'équation qui en résultera, combi-
née avec la premiere, donnera les valeurs de y & de x dans lesquelles y
est un *Maximum* ou un *Minimum*.

825. Mais pour distinguer lequel de ces deux cas a lieu, *il faut observer que le rayon de la développée au point du* Maximum *est
positif, & qu'il est négatif au point du* Minimum. Or l'expression
du rayon osculateur est $(1 + \dfrac{dy^2}{dx^2})^{\frac{3}{2}} : - \dfrac{d\,dy}{d\,x^2}$; & comme $\dfrac{dy}{dx}$
$= 0$, on a C M $= \dfrac{-d\,x^2}{d\,dy}$. Donc, si y est un *Maximum*, $\dfrac{d\,dy}{d\,x^2}$
doit être négatif, & s'il est un *Minimum*, $\dfrac{d\,dy}{d\,x^2}$ doit être positif.

S'il arrive que $\dfrac{d\,dy}{d\,x^2}$ soit infini ou nul, alors M sera un point
d'inflexion, ou de rebroussement, la tangente en M sera paralléle
à l'axe, mais il pourra se faire que M P ne soit ni un *Maximum*
ni un *Minimum*. Voyez la Fig. 191.

826. Il peut encore arriver que l'ordonnée P M soit un *Maximum* ou un *Mininum*, lorsque la tangente en M est perpendicu-
laire à l'axe. Or dans ce cas $\dfrac{y\,dx}{dy} = 0$, & par conséquent $\dfrac{dy}{dx}$

$= \infty$; formule qui déterminera ces fortes d'ordonnées. Alors M P peut être tout à la fois un *Maximum* & un *Minimum* à l'égard des deux branches M B, M B'. Mais ce n'est qu'un cas particulier, renfermé dans celui dont nous venons de parler, & dont voici quelques exemples.

827. I. Soit proposé de diviser une droite a en deux parties, telles que leur rectangle soit un *Maximum* ou un *Minimum*. En nommant x l'une de ces parties, $a - x$ sera l'autre, & on aura $a x - x x$ pour l'expression du *Maximum* ou du *Minimum*. Soit donc $y = a x - x x$, & on aura $\dfrac{dy}{dx} = a - 2 x = 0$, d'où $x = \frac{1}{2} a$. Pour savoir maintenant si cette solution donne un *Maximum* ou un *Minimum*, je différentie l'équation $\dfrac{dy}{dx} = a - 2 x$, & j'ai $\dfrac{ddy}{dx^2} = - 2$, quantité négative; d'où il suit que la valeur $x = \dfrac{a}{2}$ donne un *Maximum* $y = \frac{1}{4} a^2$.

En général, si $y = x^m (a - x)^n$, pour que cette quantité soit un *Maximum* ou un *Minimum*, il faut que $\dfrac{dy}{dx} = m x^{m-1} (a - x)^n - n x^m (a - x)^{n-1} = 0 = \dfrac{m}{x} - \dfrac{n}{a - x}$. Alors $x = \dfrac{a m}{m + x}$; & cette valeur donne un *Maximum* pour y, parceque $\dfrac{ddy}{dx^2} = - \dfrac{m}{x x} - \dfrac{n}{(a - x)^2}$.

II. Trouver les diametres conjugués de l'ellipse qui font entre-eux le plus petit angle.

Soient m, n ces diametres, p l'angle qu'ils font entre-eux, on aura (684) $m n \sin p = a b$, & $m^2 + n^2 = a^2 + b^2$. Donc $\sin p = \dfrac{a b}{n (a^2 + b^2 - n^2)^{\frac{1}{2}}}$, & $\dfrac{d \sin p}{d n} = \dfrac{- a b (a^2 + b^2 - 2 n^2)}{n^2 (a^2 + b^2 - n^2)^{\frac{3}{2}}} = 0$; donc $n = \sqrt{\dfrac{(a^2 + b^2)}{2}} = m$.

Ainsi les diametres conjugués & égaux de l'ellipse font ceux qui par leur intersection forment le plus petit angle cherché. Le sinus de cet angle est $\dfrac{2 a b}{a^2 + b^2}$.

828. Soit $\dfrac{b}{a} = \operatorname{tang} u$, on aura $\sin p = \dfrac{2 \operatorname{tang} u}{1 + \operatorname{tang}^2 u} = \dfrac{2 \operatorname{tang} u}{\sec^2 u}$

$= 2 \sin u . \cos u = \sin 2 u$; donc l'angle p eſt egal à celui que FIG. forment entre elles les deux lignes menées des deux extrémités du 138. petit axe à une du grand.

III. De toutes les paraboles que l'on peut couper dans le cône droit D C B, déterminer celle qui a le plus de ſurface. 196.

Soit $B D = a$, $C D = b$, $B P = x$, on aura $a : b : : x : A P$
$= \dfrac{b x}{a} \dots P M = \sqrt{(a x - x x)} \dots$ la ſurface $m A M P m$
$= \dfrac{4}{3} . \dfrac{b x}{a} \sqrt{(a x - x x)} = y$; donc $\dfrac{dy}{dx} = \dfrac{4}{3} . \dfrac{b}{a} \sqrt{(a x - x x)}$
$+ \dfrac{4}{3} . \dfrac{b x}{a} (\dfrac{a}{2} - x) : \sqrt{(a x - x x)} = 0 = a x - x x +$
$x (\dfrac{a}{2} - x) = \frac{1}{2} a x - 2 x x$. D'où $x = \frac{1}{4} a$, ſolution qui donne un

$Maximum$, parce que $\dfrac{d d y}{d x^2} = - \frac{1}{2} a$.

IV. De tous les triangles conſtruits ſur la même baſe A B, & de même périmetre, quel eſt celui qui a le plus de ſurface ? 197.

Soit le demi-périmetre $= q$, la baſe $A B = a$, le côté $A M = x$, M B ſera $2 q - a - x$. Donc en appellant y la ſurface, on aura
$(492) y = \sqrt{[q . q - a . q - x . (a + x - q)]} \dots 2 l y =$
$l q + l (q - a) + l (q - x) + l (a + x - q) \dots \dfrac{2 d y}{y} =$
$\dfrac{d x}{q - x} + \dfrac{d x}{a + x - q} \dots \dfrac{dy}{dx} = \dfrac{y}{2} (\dfrac{1}{a + x - q} - \dfrac{1}{q - x}) = 0.$
Donc $a + x - q = q - x$, $2 q - a - x = x$; & par conſéquent le triangle cherché eſt iſoſcele.

828. Il ſuit de-là qu'entre tous les triangles *iſopérimetres* ou de même contour, celui qui a le plus de ſurface eſt équilatéral. Car ſi A M B eſt le triangle cherché, il eſt clair qu'il doit avoir plus de ſurface que tout autre triangle iſopérimetre A M B conſtruit ſur la même baſe A B; donc $A M = M B$. On prouvera de même que $A M = A B$.

829. Juſqu'ici nous n'avons conſidéré que le *Maximum* ou le *Minimum* des fonctions d'une ſeule variable x. Pour trouver dans quels cas une fonction quelconque Y de deux variables x & y devient un *Maximum* ou un *Minimum*, on peut ſe ſervir de la méthode ſuivante. (Le mot fonction eſt pris généralement pour toute expreſſion dépendante de la valeur des deux variables).

Suppoſons que y a déja la valeur propre à rendre la fonction Y un *Maximum* ou un *Minimum* ; il ne s'agira donc plus que de trouver la valeur convenable de x, c'eft-à-dire qu'il faudra différentier la fonction Y en faifant varier x feule, & égaler le coefficient de dx à zéro. En faifant un raifonnement femblable, on verra que pour avoir y, il faut différentier la fonction Y en faifant varier y feule, & égaler le coefficient de dy à zéro. D'où il fuit que fi dY eft repréfenté généralement par $P\,dx + Q\,dy$, on doit avoir $P = 0$, $Q = 0$, équations qui donneront les valeurs de x & de y propres à rendre la fonction Y *Maximum* ou *Minimum*.

Or il eft aifé de voir que ce même raifonnement a lieu quel que foit le nombre des variables dont Y peut repréfenter une fonction. D'où il fuit en général, que pour connoître les valeurs des variables qui rendent la fonction Y *Maximum* ou *Minimum*, il faut prendre la différentielle totale de Y, & égaler à zéro le coefficient de la différentielle de chaque variable, ce qui donnera autant d'équations que d'inconnues.

Par exemple, foit propofé de divifer le nombre donné a en trois parties dont le produit foit un *Maximum*.

En appellant x & y deux de ces parties, la troifieme fera exprimée par $a - x - y$, & on aura $xy\,(a - x - y)$ dont la différentielle $= (a - 2x - y)\,y\,dx + (a - 2y - x)\,x\,dy$. Egalant donc féparément à zéro le coefficient de dx & celui de dy, on aura $a - 2x - y = 0 = a - 2y - x$, d'où $y = x = \frac{1}{3}a$. Il faut donc divifer le nombre donné en trois parties égales.

Propofons-nous maintenant de trouver entre tous les triangles ifopérimetres celui qui a le plus de furface. Nous avons déja réfolu ce problême, mais indirectement.

Soient x, y deux de fes côtés, $2q$ le périmetre, $2q - x - y$ fera l'autre côté, & la furface $\sqrt{[\,q\,.\,q - x\,.\,q - y\,.\,(x + y - q)\,]}$ devant être un *Maximum*, fi on la nomme Y, on aura $2\,lY - lq$ $= l(q - x) + l(q - y) + l(x + y - q)$. Donc $dY = \dfrac{Y\,dx}{2}$

$(\dfrac{1}{x + y - q} - \dfrac{1}{q - x}) + \dfrac{Y\,dy}{2}(\dfrac{1}{x + y - q} - \dfrac{1}{q - y})$,

égalant à zéro le coefficient de dy & celui de dx, on a $x + y - q$ $= q - y = q - x$; d'où $x = y = \dfrac{2q}{3} = 2q - x - y$. Le triangle cherché eft donc équilatéral, comme nous l'avons déja trouvé.

Pour s'exercer à la réfolution de quelques autres problêmes de ce genre, on peut chercher la réponfe aux queftions fuivantes.

I. De tous les quarrés infcrits dans un quarré donné, quel eft le plus petit ?

II. De toutes les fractions, quelle est celle qui surpasse sa puissance m de la plus grande quantité possible?

III. Quel est le nombre x dont la racine x est un *Maximum*?

IV. On voudroit construire une mesure cylindrique d'une capacité donnée, & dont la surface intérieure fût un *Minimum*. Quel rapport doit-il y avoir entre la hauteur de cette mesure & le diametre de sa base?

V. Entre tous les cylindres que l'on peut inscrire dans une même sphere, quel est celui dont la surface convexe est un *Maximum*?

VI. Parmi tous ces cylindres, lequel a le plus de solidité?

VII. Quelles doivent être les dimensions du plus grand cylindre qu'il soit possible d'inscrire dans un cône donné?

VIII. De tous les triangles qui ont même base, & qui sont inscrits dans le même cercle, quel est le plus grand?

IX. Quel seroit, au contraire, le plus petit de ceux qui seroient circonscrits au même cercle?

Des Fractions dont le Numérateur & le Dénominateur se réduisent à zéro dans certains cas.

830. On trouve quelquefois des expressions algébriques en forme de fractions, qui se réduisent à $\frac{0}{0}$. Telle est, par exemple, la quantité $\frac{x^2 - a^2}{x - a}$, lorsque $x = a$. Or, quoique indéterminés en apparence, ces résultats sont pourtant susceptibles de valeurs déterminées, & voici une méthode pour les trouver.

Soit $\frac{P}{Q}$ une fraction dont le numérateur & le dénominateur sont des fonctions de x qui se réduisent l'une & l'autre à o lorsque $x = a$. Pour en trouver la valeur, on substituera $x + dx$ au lieu de x dans P & dans Q, & on aura $\frac{P + dP}{Q + dQ}$: faisant ensuite $x = a$ dans cette fraction, elle se réduira à $\frac{dP}{dQ}$; & ce sera la valeur de la fraction proposée dans la supposition de $x = a + dx$, ou de $x = a$, si toutefois les termes de la fraction $\frac{dP}{dQ}$ ne s'anéantissent pas encore en faisant $x = a$.

Ex. On demande la valeur de $\dfrac{x^2 - a^2}{x - a}$, lorsque $x = a$?...;

Ici $P = x^2 - a^2$, & $Q = x - a$; donc $\dfrac{dP}{dQ} = \dfrac{2\,x\,dx}{dx} = 2\,x$ $= 2\,a$, comme cela doit être (783).

Soit la progression géométrique $\div x : x^2 : x^3 : \ldots\ldots x^n$, dont la somme est $\dfrac{x^{n+1} - x}{x - 1}$; on demande la valeur de cette somme

lorsque $x = 1$?..... On trouvera $\dfrac{dP}{dQ} = (n + 1)\,x^n - 1$ $= n$, ce qui est évident.

Soit la quantité $\dfrac{\sqrt{(2\,a^3\,x - x^4)} - a\sqrt[3]{(a^2\,x)}}{a - \sqrt[4]{a\,x^3}}$ qui devient $\dfrac{0}{0}$,

lorsque $x = 0$. En prenant les différentielles séparément, on aura

$$\frac{\dfrac{a^3 - 2\,x^3}{\sqrt{(2\,a^3\,x - x^4)}} - \dfrac{a}{3\,x}\sqrt[3]{a^2\,x}}{-\dfrac{3}{4}\sqrt[4]{\dfrac{a}{x}}} = \frac{16}{9}\,a,$$ valeur de la quantité

proposée.

831. Mais s'il arrive qu'en substituant a au lieu de x dans $\dfrac{dP}{dQ}$,

cette fraction devienne aussi $\dfrac{0}{0}$, on la traitera de même que la premiere & ainsi de suite, jusqu'à ce qu'on ait une valeur dont un des termes au moins soit fini.

Ex. Si on différentie la même équation $\div x : x^2 : x^3 : \ldots x^n = \dfrac{x - x^{n+1}}{1 - x}$, on aura après avoir divisé par $\dfrac{dx}{x}$, $x + 2\,x^2 + 3\,x^3$

$+ n\,x^n = \dfrac{x + n\,x^{n+2} - (n + 1)\,x^{n+1}}{(1 - x)^2}$, qui se réduit à $\dfrac{0}{0}$ lors

que $x = 1$. Ainsi $\dfrac{dP}{dQ} = \dfrac{1 - x^n(n + 1)^2 + n(n + 1)\,x^{1+n}}{-2(1 - x)}$;

mais cette nouvelle expression donne encore $\dfrac{0}{0}$, en y substituant 1 à x; il faut donc différentier séparément son numérateur & son dénominateur, & on aura $\dfrac{-n\,x^{n-1}.(n + 1)^2 + n.n + 1.n + 2.x^n}{2}$;

qui en faifant $x = 1$, donne $\dfrac{n\,(n+1)}{2}$ fomme de la progreffion arithmétique $\div\, 1 \cdot 2 \cdot 3 \ldots n$.

Dans la Quadratrice, $y = \dfrac{a - x}{a}\, tang\, \dfrac{c\,x}{a}$; & cette expref-fion fe réduit à $\dfrac{0}{0}$, lorfque $x = a$. Donc $y = \dfrac{-\,d\,x}{a\,d\,\cot\dfrac{c\,x}{a}}$ =

$$\dfrac{\mathit{fin}^2\,\dfrac{c\,x}{a}}{c} = \dfrac{a\,a}{c}.$$

On peut avec ces principes trouver dans chaque cas particulier les valeurs indéterminées de $0 \times \infty$, & de $\infty - \infty$. Car $0 \times \infty$ fe réduit à $\dfrac{0}{0}$, parce que $\infty = \dfrac{a}{0}$. On y ramene auffi $\infty - \infty$, en fup-pofant que le premier ∞ provient de $\dfrac{a}{0}$, & le fecond de $\dfrac{b}{0}$. Par exemple, fi $x = 1$, on a $\dfrac{1}{L\,x} - \dfrac{x}{L\,x} = \infty - \infty$; qui en diffé-rentiant $\dfrac{1-x}{L\,x}$, fe réduit à $-\,x = -\,1$.

Quelques autres Applications du Calcul Différentiel.

832. **N**OUS avons déja trouvé des séries qui donnent les valeurs de $\sin z$ & de $\cos z$. Le Calcul différentiel va nous les faire retrouver.

Suppofons $\sin z = A z + B z^2 + C z^3 + D z^4 + \&c \ldots \ldots \&$ $\cos z = 1 + a z + b z^2 + c z^3 + \&c$; comme le calcul que nous allons faire nous apprendroit que B, D, $\&c$, a, c, $\&c$ font zéro, faifons tout fimplement $\sin z = A z + B z^3 + C z^5 + D z^7 + \&c$, & $\cos z = 1 + a z^2 + b z^4 + c z^6 + \&c$; maintenant, puifque $d(\sin z) = dz \cos z$, & $d(\cos z) = - dz \sin z$, on aura, après avoir divifé par dz, les deux équations fuivantes.

$$A + 3 B z^2 + 5 C z^4 + 7 D z^6 + \&c = 1 + a z^2 + b z^4 + c z^6 + \&c$$
$$A + B z^2 + C z^4 + D z^6 + \&c = - 2 a - 4 b z^2 - 6 c z^4 - 8 d z^6 - \&c.$$

D'où l'on tire $A = 1$, $a = -\frac{1}{2}$, $B = \dfrac{-1}{2 \cdot 3}$, $b = \dfrac{1}{2 \cdot 3 \cdot 4}$,

$C = \dfrac{1}{2 \cdot 3 \cdot 4 \cdot 5}$, $d = \dfrac{-1}{2 \cdot 3 \cdot 4 \cdot 5 \cdot 6}$, $\&c$. Donc $\sin z = z -$

$\dfrac{z^3}{2 \cdot 3} + \dfrac{z^5}{2 \cdot 3 \cdot 4 \cdot 5} - \dfrac{z^7}{2 \cdot 3 \cdot 4 \cdot 5 \cdot 6 \cdot 7} + \&c \ldots \ldots$ Et $\cos z =$

$1 - \dfrac{z^2}{2} + \dfrac{z^4}{2 \cdot 3 \cdot 4} - \dfrac{z^6}{2 \cdot 3 \cdot 4 \cdot 5 \cdot 6} + \&c$, comme nous l'avons déja vu (562).

833. Cela pofé, foit $x = ly$, on aura $dx = l\left(1 + \dfrac{dy}{y}\right) =$

$l(1 + dx) = dx\, le = le^{dx}$; donc $e^{dx} = 1 + dx$, & $e^x =$

$(1 + dx)^{\frac{x}{dx}}$. Soit donc $\dfrac{x}{dx} = \omega$, la quantité ω fera infiniment

grande, & on aura $e^x = \left(1 + \dfrac{x}{\omega}\right)^{\omega}$. Développant cette expref-

fion, & ayant égard à ce que $\omega - 1$, $\omega - 2$, $\&c$. ne different pas de

ω à caufe qu'il eft infini, on a $e^x = 1 + x + \dfrac{x^2}{2} + \dfrac{x^3}{2 \cdot 3} + \&c$

$= \left(1 + \dfrac{x}{\omega}\right)^{\omega}$. Comme on l'auroit déduit de la férie déja trouvée

$$(306)\ \ldots\ n = 1 + ln + \frac{l^2 n}{2} + \frac{l^3 n}{2.3} + \&c\ ,\ \&\text{ en faifant}$$

$$ln = x.$$

Subftituons fucceffivement $\zeta\sqrt{-1}\ \&\ -\zeta\sqrt{-1}$, dans la valeur de e^x à la place de x, nous aurons $\ldots\ldots$

$$e^{\zeta\sqrt{-1}} = 1 + \zeta\sqrt{-1} - \frac{\zeta\zeta}{2} - \frac{\zeta^3\sqrt{-1}}{2.3} + \frac{\zeta^4}{2.3.4} + \frac{\zeta^5\sqrt{-1}}{2.3.4.5} - \&c.$$

$$e^{-\zeta\sqrt{-1}} = 1 - \zeta\sqrt{-1} - \frac{\zeta\zeta}{2} + \frac{\zeta^3\sqrt{-1}}{2} + \frac{\zeta^4}{2.3.4} - \frac{\zeta^5\sqrt{-1}}{2.3.4.5} - \&c.$$

Ajoutant & fouftrayant, il vient

$$e^{\zeta\sqrt{-1}} + e^{-\zeta\sqrt{-1}} = 2\left(1 - \frac{\zeta\zeta}{2} + \frac{\zeta^4}{2.3.4} - \frac{\zeta^6}{2.3.4.5.6} + \&c\right) = 2\cos\zeta\ ;$$

$$\frac{e^{\zeta\sqrt{-1}} - e^{-\zeta\sqrt{-1}}}{\sqrt{-1}} = 2\left(\zeta - \frac{\zeta^3}{2.3} + \frac{\zeta^5}{2.3.4.5} - \&c\right) = 2\sin\zeta.$$

$$\text{Donc } \sin\zeta = \frac{e^{\zeta\sqrt{-1}} - e^{-\zeta\sqrt{-1}}}{2\sqrt{-1}}\ \ldots\ \cos\zeta = \frac{e^{\zeta\sqrt{-1}} + e^{-\zeta\sqrt{-1}}}{2},$$

$$\text{ou } \sin\zeta = \frac{\left(1 + \frac{\zeta\sqrt{-1}}{\omega}\right)^{\omega} - \left(1 - \frac{\zeta\sqrt{-1}}{\omega}\right)^{\omega}}{2\sqrt{-1}}\ \ldots\ldots\ldots$$

$$\cos\zeta = \frac{\left(1 + \frac{\zeta\sqrt{-1}}{\omega}\right)^{\omega} + \left(1 - \frac{\zeta\sqrt{-1}}{\omega}\right)^{\omega}}{2}.\ \text{Et par conféquent}$$

$$\frac{\sin\zeta}{\cos\zeta} = \tan\zeta = \frac{1}{\sqrt{-1}} \cdot \frac{e^{\zeta\sqrt{-1}} - e^{-\zeta\sqrt{-1}}}{e^{\zeta\sqrt{-1}} + e^{-\zeta\sqrt{-1}}} = \frac{1}{\sqrt{-1}} \cdot \frac{e^{2\zeta\sqrt{-1}} - 1}{e^{2\zeta\sqrt{-1}} + 1}.$$

On a auffi $e^{\zeta\sqrt{-1}} = \cos\zeta + \sqrt{-1}\sin\zeta$, $e^{-\zeta\sqrt{-1}} = \cos\zeta$

$- \sqrt{-1}\sin\zeta$; d'où l'on tire $e^{n\zeta\sqrt{-1}} = (\cos\zeta + \sqrt{-1}\sin\zeta)^n\ \ldots$

$e^{-n\zeta\sqrt{-1}} = (\cos\zeta - \sqrt{-1}\sin\zeta)^n\ \ldots\ (\cos\zeta \pm \sqrt{-1}\sin\zeta)^n$

$= \cos n\zeta \pm \sqrt{-1}\sin n\zeta \ldots \dfrac{e^{n\zeta\sqrt{-1}} + e^{-n\zeta\sqrt{-1}}}{2} = \cos n\zeta =$

$\frac{1}{2}(\cos\zeta + \sqrt{-1}\sin\zeta)^n + \frac{1}{2}(\cos\zeta - \sqrt{-1}\sin\zeta)^n \ldots\ldots\ldots$

$$\frac{e^{n\zeta\sqrt{-1}} - e^{-n\zeta\sqrt{-1}}}{2\sqrt{-1}} = \operatorname{\it fin} n\zeta = \ldots\ldots\ldots$$

$$\frac{(\operatorname{\it cof}\zeta + \sqrt{-1}\operatorname{\it fin}\zeta)^{n} - (\operatorname{\it cof}\zeta - \sqrt{-1}\operatorname{\it fin}\zeta)^{n}}{2\sqrt{-1}}.$$

Or les valeurs de $e^{\zeta\sqrt{-1}}$, $e^{-\zeta\sqrt{-1}}$ donnent, en prenant les logarithmes, $\zeta\sqrt{-1} = l(\operatorname{\it cof}\zeta + \sqrt{-1}\operatorname{\it fin}\zeta) = l\operatorname{\it cof}\zeta + l(1 + \sqrt{-1}\,tang\,\zeta)$ . . . . $-\zeta\sqrt{-1} = l(\operatorname{\it cof}\zeta - \sqrt{-1}\operatorname{\it fin}\zeta) = l\operatorname{\it cof}\zeta + l(1 - \sqrt{-1}\,tang\,\zeta)$; & en fouftrayant

$$2\zeta\sqrt{-1} = l\left(\frac{\operatorname{\it cof}\zeta + \sqrt{-1}\operatorname{\it fin}\zeta}{\operatorname{\it cof}\zeta - \sqrt{-1}\operatorname{\it fin}\zeta}\right) = l\left(\frac{1 + \sqrt{-1}\,tang\,\zeta}{1 - \sqrt{-1}\,tang\,\zeta}\right);$$

d'où l'on déduiroit , comme on le fait déja (567) . . . .

$$\zeta = tang\,\zeta - \frac{tang^{3}\,\zeta}{3} + \frac{tang^{5}\,\zeta}{5} - \&c.$$

834. Avec ces principes, on peut réduire une quantité exponentielle quelconque $a^{x} =$ en férie , lorfque x eft réel , & à des finus lorfqu'il eft imaginaire. Car fi on fait $a^{x} = e^{\zeta}$, on aura $x\,l\,a = \zeta$,

$$\& \ a^{x} = e^{\zeta} = 1 + x\,l\,a + \frac{x^{2}\,l^{2}\,a}{2} + \frac{x^{3}\,l^{3}\,a}{2\cdot 3} + \&c.$$

Suppofant enfuite qu'on ait $a^{x\sqrt{-1}}$, on fera $e^{\zeta\sqrt{-1}} = a^{x\sqrt{-1}}$;

d'où l'on déduira encore $\zeta = x\,l\,a$, & $a^{x\sqrt{-1}} = \operatorname{\it cof}(x\,l\,a) + \sqrt{-1}\operatorname{\it fin}(x\,l\,a)$.

Reprenons l'équation $\pm\,\zeta\sqrt{-1} = l\operatorname{\it cof}\zeta + l(1 \pm \sqrt{-1}\,tang\,\zeta) = l(\operatorname{\it cof}\zeta \pm \sqrt{-1}\operatorname{\it fin}\zeta)$, & en fuppofant la demi-circonférence $3.1415\,\&c = \pi$, fi on fait $\zeta = (2k+1)\pi$, k étant un nombre entier quelconque , on aura $\operatorname{\it fin}\zeta = 0$, & $\operatorname{\it cof}\zeta = -1$: Donc $\pm (2h+1)\pi\sqrt{-1} = l\text{-}1$. Ainfi le logarithme de -1 a une infinité de valeurs toutes imaginaires ; ce qui ne doit pas paroître plus étonnant que la multiplicité des racines dans une équation algébrique, & que l'infinité d'arcs différents qui répondent à un même finus.

835. On peut remarquer, en paffant, que les logarithmes des quantités positives ont auffi une infinité de valeurs dont une feule eft réelle. Il n'y a pourtant que celle-ci dont on faffe ufage dans le calcul : on néglige les autres.

Pour s'affurer que ces logarithmes ont réellement un nombre infini de valeurs, on n'a qu'à fuppofer $\chi = 2 k \pi$ dans la formule $l\,(cof\,\chi \pm \sqrt{-1}\,fin\,\chi) = \pm \chi \sqrt{-1}$, il en réfultera $l\,1 = \pm 2 k \pi \sqrt{-1}$. Donc le logarithme de $+1$ a une infinité de valeurs imaginaires, & une feule réelle, favoir zéro, que l'on obtiendra, en faifant $k = 0$.

836. Il eft facile par ce qui précede 1°. de réduire des logarithmes de quantités imaginaires à des finus ou des cofinus d'arcs réels. 2°. de trouver une expreffion fimple des logarithmes des nombres négatifs, s'il en étoit jamais befoin.

En effet, foit d'abord $l\,(a + b\sqrt{-1})$ qui peut répréfenter le logarithme d'une quantité quelconque imaginaire, on fera $\dfrac{b}{a} = tang\,u$, u étant un arc réel déterminé par cette valeur. On aura donc $l\,(a + b\sqrt{-1}) = l\,a + l\,(1 + \sqrt{-1}\,tang\,u) = l\,a - l\,cof\,u + u\sqrt{-1}$. Mais $cof\,u = \dfrac{fin\,u}{tang\,u} = \sqrt{1 - cof^2\,u} \times \dfrac{a}{b}$. Donc $cof\,u = \dfrac{a}{\sqrt{(a^2 + b^2)}}$, $\& l\,(a + b\sqrt{-1}) = l\,\sqrt{(a^2 + b^2)} + u\sqrt{-1} = \pm \frac{1}{2} l\,(a^2 + b^2) + u\sqrt{-1}$.

Soit maintenant $l - a$; puifqu'on a $l - a = l\,a + l - 1$, & que $l - 1 = (2 k + 1)\pi\sqrt{-1}$ on en déduit $l - a = l\,a + (2 k + 1)\pi\sqrt{-1}$. Donc encore une fois les logarithmes des nombres négatifs font imaginaires. Mais comme leur expreffion eft affez fimple, quoiqu'elle dépende de la circonférence du cercle, on peut les traiter dans le calcul auffi facilement que les logarithmes des nombres pofitifs.

837. Reprenons maintenant les deux équations . . . .

$$fin\,\chi = \frac{e^{\chi\sqrt{-1}} - e^{-\chi\sqrt{-1}}}{2\sqrt{-1}}, \quad cof\,\chi = \frac{e^{\chi\sqrt{-1}} + e^{\chi\sqrt{-1}}}{2}, \quad \& \text{ fai-}$$

fons $\chi = \dfrac{(2 i + 1)\pi}{m}$, i étant un nombre entier quelconque, nous aurons

$$fin\,\frac{(2 i + 1)\pi}{m} = \frac{e^{\frac{2 i + 1}{m}\pi\sqrt{-1}} - e^{-\frac{2 i + 1}{m}\pi\sqrt{-1}}}{2\sqrt{-1}}$$

$$\cos\frac{(2i+1)\pi}{m} = \frac{e^{\frac{2i+1}{m}\pi\sqrt{-1}} + e^{-\frac{2i+1}{m}\pi\sqrt{-1}}}{2}.$$

Puisqu'on a $e^{\pi\sqrt{-1}} = -1$, on aura $e^{(2i+1)\pi\sqrt{-1}} = -1$,

& par conséquent $e^{\frac{2i+1}{m}\pi\sqrt{-1}} = \sqrt[m]{-1}$; donc $\sin\frac{(2i+1)\pi}{m}$

$$= \frac{\sqrt[m]{-1} - \frac{1}{\sqrt[m]{-1}}}{2\sqrt{-1}}, \quad \& \cos\frac{(2i+1)\pi}{m} = \frac{\sqrt[m]{-1} + \frac{1}{\sqrt[m]{-1}}}{2}. \quad \text{Soit}$$

$\sqrt[m]{-1} = x$, on aura $x^m + 1 = 0$, & $\sin\frac{2i+1}{m}\pi = \frac{xx-1}{2x\sqrt{-1}}$. . .

$\cos\frac{2i+1}{m}\pi = \frac{xx+1}{2x}$. On substituera donc à x toutes les racines

de l'équation $x^m + 1 = 0$, & on aura les valeurs de $\sin\frac{2i+1}{m}\pi$

& de $\cos\frac{2i+1}{m}\pi$.

Par exemple, si $m = 3$, on a $x = -1$, $x = +\frac{1}{2} - \frac{1}{2}\sqrt{-3}$, $x = +$

$\frac{1}{2} + \frac{1}{2}\sqrt{-3}$, & les trois valeurs de $\sin\frac{2i+1}{3}\pi = \sin(2i+1)60^o$

sont 0, $-\frac{1}{2}\sqrt{3}$, $-\frac{1}{2}\sqrt{3}$, quel que soit le nombre entier que l'on prenne pour i. On trouvera de même que les trois valeurs de $\cos(2i+1)60^o$ sont -1, $+\frac{1}{2}$, $+\frac{1}{2}$. Il est aisé de vérifier tout cela.

838. Puisqu'on a $\cos\frac{(2i+1)\pi}{m} = \frac{xx+1}{2x}$, il est clair que

$xx - 2x\cos\frac{(2i+1)\pi}{m} + 1 = 0$ est un facteur de l'équation

$x^m + 1 = 0$, & par conséquent que $xx - 2ax\cos\frac{(2i+1)\pi}{m}$

$+ aa = 0$ est un facteur du second degré de l'équation $x^m + a^m = 0$. Enforte que si on substitue à i tous les nombres entiers possibles, on aura tous les facteurs du second degré de $x^m + a^m = 0$. Il ne pourra donc y en avoir qu'un certain nombre. Aussi retrouvera-t-on les mêmes facteurs lorsque $2i+1$ sera plus grand que m. Par exemple, si on demande les facteurs du second degré de l'équation

$x^5 + a^5 = 0$, le facteur général sera dans ce cas

$$xx - 2\,a\,x\,\cos\frac{(2i+1)\,\pi}{5} + aa = 0.$$

Faisons $i = 0$, nous aurons pour premier facteur . . . $xx - 2\,a\,x$ $\cos\frac{1}{5}\pi + aa = 0$. Soit $i = 1$, le facteur sera $xx - 2\,a\,x$ $\cos\frac{3}{5}\pi + aa = 0$; soit $i = 2$, on aura $\cos\frac{2i+1}{5}\pi = -1$, & le facteur sera $xx + 2\,a\,x + aa = 0$, ou $x + a = 0$. Donc les facteurs de l'équation proposée sont $x + a = 0$ . . . . $xx - 2\,a\,x$ $\cos\frac{1}{5}\pi + aa = 0$ . . . . . $xx - 2\,a\,x\cos\frac{3}{5}\pi + aa = 0$, & par le moyen du cercle, connoissant $\cos\frac{1}{5}\pi$, $\cos\frac{2}{5}\pi$, l'équation proposée sera résolue.

839. Pour trouver de la même maniere les facteurs de $x^m - a^m = 0$, je reprends l'équation $2\cos z = e^{z\sqrt{-1}} + e^{-z\sqrt{-1}}$, & je fais $z = \frac{2k\pi}{m}$, k étant un nombre entier, ce qui donne

$$2\cos\frac{2k\pi}{m} = e^{\frac{2k}{m}\pi\sqrt{-1}} + e^{-\frac{2k}{m}\pi\sqrt{-1}}.$$

Or $e^{\pi\sqrt{-1}} = -1$, donc $e^{2k\pi\sqrt{-1}} = +1$, & $e^{\frac{2k\pi}{m}\sqrt{-1}} = \sqrt[m]{1}$.

Soit $\sqrt[m]{1} = x$, on aura $2\cos\frac{2k\pi}{m} = \frac{xx+1}{x}$, & par conséquent

$xx - 2\,x\cos\frac{2k\pi}{m} + 1 = 0$ est le facteur général de l'équation

$x^m - 1 = 0$, ou $xx - 2\,a\,x\cos\frac{2k\pi}{m} + aa = 0$; celui de $x^m - a^m = 0$.

Par exemple, les cinq facteurs de $x^5 - a^5 = 0$ se déduisent facilement des trois équations $x - a = 0$ . . . $xx - 2\,a\,x\cos\frac{2}{5}\pi + aa = 0$ . . . $xx - 2\,a\,x\cos\frac{4}{5}\pi + aa = 0$; si on eût fait $k = 3$, $k = 4$, &c, on auroit trouvé les mêmes facteurs. Passons à quelques autres usages du Calcul différentiel.

840. Soit une fonction quelconque y de la variable x, on sait que si x devient $x + dx$, y deviendra $y + dy$, & par conséquent si x varie uniformément & devient $x + 2\,dx$, y deviendra $y + dy + d(y + dy) = y + 2\,dy + ddy$. De même si x devient $x + 3\,dx$,

y se changera en $y + 3\,dy + 3\,ddy + d^3y$, & en général si on substitue dans y, $x + n\,dx$ au lieu de x, y deviendra

$$y + n\,dy + \frac{n.n-1}{2}\,ddy + \frac{n.n-1.n-2}{2.3}\,d^3y + \frac{n.n-1.n-2.n-3}{2.3.4}\,d^4y + \&c.$$

Soit donc $n\,dx = $ à la quantité finie a, alors n étant infini on aura $n = n-1 = n-2$ &c. Donc si dans y on substitue $x + a$ au lieu de x, la fonction y se changera en $y + \dfrac{a\,dy}{dx} + \dfrac{a^2\,ddy}{2\,dx^2} + \dfrac{a^3\,d^3y}{2.3.dx^3} +$

$\dfrac{a^4\,d^4y}{2.3.4.dx^4} + \&c$, dx étant supposée constante.

Pour faire voir la vérité de cette formule dans un exemple simple, supposons $y = xx - 2x + 1$, & cherchons la valeur que cette quantité doit avoir si on substitue $x + 2$ à x, nous aurons $a = 1$, $\dfrac{dy}{dx} = 2x - 2$, $\dfrac{ddy}{dx^2} = 2$, $\dfrac{d^3y}{dx^3} = 0$, &c. Donc y se change en $xx - 2x + 1 + 2x - 2 + 1 = xx$, ce qui est évident.

Si on fait a négatif dans la formule générale, on aura $y - \dfrac{a\,dy}{dx} + \dfrac{a^2\,ddy}{2\,dx^2} - \dfrac{a^3\,d^3y}{2.3\,dx^3} + \&c$, pour la valeur de y lorsqu'on y substitue $x - a$ au lieu de x. Voici quelques applications de cette formule.

Soit $y = x^m$, & on aura $\dfrac{dy}{dx} = m\,x^{m-1} \ldots \dfrac{ddy}{dx^2} = m.m-1.x^{m-2} \ldots$

$\dfrac{d^3y}{dx^3} = m.m-1.m-2.x^{m-3}$, &c. Donc si x devient $x + a$,

y deviendra $(x + a)^m = x^m + m\,a\,x^{m-1} + \dfrac{m.m-1}{2}\,a^2\,x^{m-2} + \&c.$

Faisons $a = \dfrac{-b\,x}{x+b}$, nous aurons

$$(x + a)^m = \frac{x^{2m}}{(x+b)^m} = x^m - \frac{m\,b\,x^m}{x+b} + \frac{m.m-1.b^2\,x^m}{2(x+b)^2} - \&c,$$

ou $\dfrac{1}{(x+b)^m} = (x+b)^{-m} = x^{-m} - \dfrac{m\,x^{-m}\,b}{x+b} + \dfrac{m.m-1.x^{-m}\,b^2}{2(x+b)^2} - \&c$

$$= x^{-m}\left(1 - \frac{m\,b}{x+b} + \frac{m.m-1.b^2}{2(x+b)^2} - \frac{m.m-1.m-2.b^3}{2.3.(x+b)^3} + \&c\right);$$

série

férie qui n'aura qu'un nombre fini de termes lorfque m fera un nombre entier.

Soit $-m = n$; on aura $(x + b)^m = x^m (1 + \dfrac{m \, b}{x + b} +$

$\dfrac{m \cdot m + 1 \; b^2}{2 (x + b)^2} + $ &c) : on peut vérifier ces formules en réduifant

en féries les fractions $\dfrac{1}{x + b}$, $\dfrac{1}{(x + b)^2}$, &c. Or ces féries peuvent

fervir à trouver les racines des nombres d'une maniere prompte, parce qu'on peut toujours les rendre très-convergentes.

841. Soit maintenant $y = l x$; fi on met $x + a$ au lieu de x, on

aura (à caufe de $\dfrac{d y}{d x} = \dfrac{1}{x}$ & de $\dfrac{d d y}{d x^2} = \dfrac{-1}{x \, x}$, &c)... $l (x + a)$

$= l x + \dfrac{a}{x} - \dfrac{a^2}{2 \, x^2} + \dfrac{a^3}{3 \, x^3} - \dfrac{a^4}{4 \, x^4} + $ &c ... $l (x - a) =$

$l x + \dfrac{a}{x} (1 + \dfrac{a}{2 \, x} + \dfrac{a^2}{3 \, x^2} + $ &c). Soit $a = \dfrac{- x \, x}{b + x}$, on

aura $l (x + a) = l \dfrac{b \, x}{b + x}$, ou $l b x - l (b + x) = l x -$

$\dfrac{x}{b + x} - \dfrac{x^2}{2 (b + x)^2} - \dfrac{x^3}{3 (b + x)^3} - $ &c. Donc $l (b + x)$

$= l b + \dfrac{x}{b + x} (1 + \dfrac{x}{2 (b + x)} + \dfrac{x^2}{3 (b + x)^2} + $ &c)... $l(b - x) =$

$l b - \dfrac{x}{b - x} (1 - \dfrac{x}{2 (b - x)} + \dfrac{x^2}{3 (b - x)^2} - $ &c) ; féries

convergentes qui facilitent beaucoup le calcul des logarithmes.

Suppofons $y = b$, nous aurons $\dfrac{d y}{d x} = b^x \, l \, b \ldots \dfrac{d d y}{d x^2} =$

$b^x l^2 b$, &c. Donc $b^{x + a} = b^x (1 + a \, l \, b + \dfrac{a^2 \, l^2 \, b}{2} + \dfrac{a^3 \, l^3 \, b}{2 \cdot 3} + $ &c),

& par conféquent $b^a = 1 + a \, l \, b + \dfrac{a^2 \, l^2 \, b}{2} + \dfrac{a^3 \, l^3 \, b}{2 \cdot 3} + $ &c.

842. Soit à préfent y un arc de cercle dont le finus $= x$; que nous défignerons par $y = A \, fin \, x$, alors on aura $x = fi \, y \ldots$

$$\frac{dy}{dx} = \frac{1}{\cos y} \ \cdots \cdots \ \frac{ddy}{dx^2} = \frac{\sin y}{\cos^3 y} = \frac{x}{(1-xx)^{\frac{3}{2}}} \ \cdots \cdots \ \frac{d^3 y}{dx^3}$$

$$= \frac{1+2xx}{(1-xx)^{\frac{7}{2}}} \; , \; \&c.$$ Donc l'arc qui a pour finus $x + a$, ou

$$A \sin (x+a) = A \sin x + \frac{a}{(1-xx)^{\frac{1}{2}}} + \frac{a^2 x}{2 (1-xx)^{\frac{3}{2}}} +$$

$$\frac{a^3 (1+2xx)}{6 (1-xx)^{\frac{5}{2}}} + \&c.$$ On trouve de même que A $\sin (x-a)$

$$= A \sin x - \frac{a}{(1-xx)^{\frac{1}{2}}} + \frac{a^2 x}{2 (1-xx)^{\frac{3}{2}}} - \&c.$$

Ces féries font très-propres à calculer d'une maniere facile l'arc qui répond à un finus donné. Pour cela on cherche dans les Tables l'arc qui en approche le plus; fon finus x étant ôté du finus propofé donnera la quantité a qui fera toujours extrêmement petite ; & comme on a immédiatement $\sqrt{(1-xx)}$, on trouvera l'arc cherché

en ajoutant $\dfrac{a}{(1-xx)^{\frac{1}{2}}} + \dfrac{a^2 x}{2 (1-xx)^{\frac{3}{2}}} + \&c$ à celui dont le finus eft x.

Mais il faut obferver 1°, que la férie fera fi convergente que les deux premiers termes fuffiront toujours lorfqu'on ne voudra pas pouffer l'approximation plus loin qu'environ jufqu'aux quintes. 2°, Que l'arc qu'on aura par cette férie fera exprimé en parties du rayon 1 , & que pour les exprimer en fecondes, tierces, &c, il faudra les divifer par la longueur de l'arc d'une feconde ou retrancher de leur logarithme celui de l'arc d'une feconde qui eft 4.68557486682354, en fuppofant le logarithme de l'unité $=$ 10 pour éviter les caractériftiques négatives. Le refte eft le logarithme du nombre de fecondes de l'arc cherché, ce qui donne auffi-tôt les tierces, les quartes, &c.

843. Ex. Soit une hyperbole dont la puiffance $= 1$, & l'angle fait par fes Afymptotes $= A$, on aura $\sin A \, l\, \zeta$ pour la furface d'un

trapeze afymptotique compris entre les ordonnées 1 , $\dfrac{1}{\zeta}$. Donc pour

que cet efpace repréfente le logarithme tabulaire de l'abfciffe ζ, il faut que $\sin A$ foit égal au module 0.4342944819 ; cherchons donc l'angle A dont le finus $= 0.4342644819$.

Or celui qui en approche le plus , dans les Tables ordinaires , eft de 25° 44'. Son $\sin x = 0.4341833$, & fon $\cos x$ $\sqrt{(1-xx)} = 0.9008245$. On a donc $a = 0.0001112$. Maintenant,

pour trouver ce qu'il faut ajouter à $25^\circ\ 44'$ pour avoir l'arc cher-
ché, calculons les deux premiers termes $\dfrac{a}{(1-xx)^{\frac{1}{2}}}+\dfrac{a^2 x}{2\,(1-xx)^{\frac{3}{2}}}$,
& en faisant $25^\circ\ 44'=y$, on aura $\dfrac{a}{cof\ y}+\dfrac{a^2\,fin\ y}{2\,cof^3\ y}=\dfrac{a}{2\,cof^3\ y}$

$(2\,cof^2\ y+a\,fin\ y)=\dfrac{a}{2\,cof^3\ y}\ (1+cof\ 2\ y+a\,fin\ y)=$

$\dfrac{a}{2\,cof^3\ y}\ (1+cof\ 51^\circ\ 28'+a\,fin\ 25^\circ\ 44')=\dfrac{a}{2\,cof^3\ y}$,
1,62301807, dont le logarithme eft 6,0914025 (en fuppofant celui
de l'unité $=10$); ôtant 4,6855748, il refte 1,4058277, pour le
logarithme du nombre de fecondes de l'arc demandé.

Or ce logarithme répond au nombre 25, 4582; l'arc cherché a
donc $25''+0.4582''$; multipliant par 60 cette fraction décimale,
elle fe réduit à $27'''+0.492'''$; multipliant par 60, on a $29^{IV}+$
0.52^{IV}, ou $29^{IV}+31^V+12^{VI}$. Donc enfin l'angle que doivent
faire entre elles les afymptotes d'une hyperbole dont les efpaces
afymptotiques repréfentent les logarithmes des Tables, ou celui qui
a pour finus le module, eft de $25^\circ\ 44'\ 25''\ 27'''$; & fi on prenoit
le finus x avec dix ou douze décimales, le calcul feroit exact jufqu'aux 12^{VI}.

844. Faifons actuellement $y=A\,.\,cof\,(x)$, nous aurons $x=cof\,y\ldots$
$\dfrac{dy}{dx}=\dfrac{-1}{fin\ y}=\dfrac{-1}{\sqrt{(1-xx)}}\ldots.\ \dfrac{d\,dy}{dx^2}=\dfrac{-x}{(1-xx)^{\frac{3}{2}}}\ldots.\ \dfrac{d^3 y}{dx^3}=-$

$\dfrac{1+2\,xx}{(1-xx)^{\frac{5}{2}}}$, &c. Donc $A\,cof\,(x+a)=A\,cof\,x-\dfrac{a}{\sqrt{(1-xx)}}-$

$\dfrac{a^2 x}{2\,(1-xx)^{\frac{3}{2}}}-\dfrac{a^3\,(1+2\,xx)}{6\,(1-xx)^{\frac{5}{2}}}-$ &c, & $A\,cof\,(x-a)=$

$A\,cof\,x+\dfrac{a}{\sqrt{(1-xx)}}-\dfrac{a^2 x}{2\,(1-xx)^{\frac{3}{2}}}+\dfrac{a^3\,(1+2\,xx)}{6\,(1-xx)^{\frac{5}{2}}}-$ &c,

féries dont on fera le même ufage que des précédentes. On en trouvera de femblables pour l'arc dont la tangente ou la cotangente eft
$x\pm a$.

845. Suppofons maintenant $y = \sin x$, nous aurons $\dfrac{dy}{dx} = \cos x$, $\dfrac{ddy}{dx^2} = -\sin x$, $\dfrac{d^3 y}{dx^3} = -\cos x$, &c, Donc . . . .

$$\sin(x+a) = \sin x + a\cos x - \tfrac{1}{2}a^2\sin x - \tfrac{1}{6}a^3\cos x + \tfrac{1}{24}a^4\sin x + \&c$$
$$\sin(x-a) = \sin x - a\cos x - \tfrac{1}{2}a^2\sin x + \tfrac{1}{6}a^3\cos x + \tfrac{1}{24}a^4\sin x - \&c.$$

De même, fi $y = \cos x$, on aura . . . . . .

$$\cos(x+a) = \cos x - a\sin x - \tfrac{1}{2}a^2\cos x + \tfrac{1}{6}a^3\sin x + \tfrac{1}{24}a^4\cos x - \&c$$
$$\cos(x-a) = \cos x + a\sin x - \tfrac{1}{2}a^2\cos x - \tfrac{1}{6}a^3\sin x + \tfrac{1}{24}a^4\cos x + \&c.$$

Ces formules font d'un très-grand ufage, pour interpoler les Tables des finus ; il nous fuffit de l'indiquer.

Faifons $x = 0$, les valeurs de $\sin(x+a)$, $\cos(x+a)$, deviendront, à caufe de $\sin x = 0$, & de $\cos x = 1$ . . . . . .

$$\sin a = a - \frac{a^3}{2 . 3} + \frac{a^5}{2.3.4.5} - \frac{a^7}{2.3\ldots 7} + \frac{a^9}{2.3\ldots 9} - \frac{a^{11}}{2.3\ldots 11} + \&c$$

$$\cos a = 1 - \frac{a^2}{2} + \frac{a^4}{2.3.4} - \frac{a^6}{2.3.4.5.6} + \frac{a^8}{2.3\ldots 8} - \frac{a^{10}}{2.3\ldots 10} + \&c,$$

comme on le fait déja.

846. Suppofons encore $y = \operatorname{tang} x$, nous aurons $\dfrac{dy}{dx} = \dfrac{1}{\cos^2 x}$ . . . . $\dfrac{ddy}{2\,dx^2} = \dfrac{\sin x}{\cos^3 x}$ . . . . $\dfrac{d^3 y}{2\,dx^3} = \dfrac{1}{\cos^2 x} + \dfrac{3\sin^2 x}{\cos^4 x} = \dfrac{3}{\cos^4 x} - \dfrac{2}{\cos^2 x}$ &c. Donc $\operatorname{tang}(x+a) = \operatorname{tang} x + \dfrac{a}{\cos^2 x}$

$$+ \frac{a^2\sin x}{\cos^3 x} + \frac{a^3}{\cos^4 x} + \frac{a^4\sin x}{\cos^5 x} + \&c - \frac{2a^3}{3\cos^2 x} - \frac{a^4\sin x}{3\cos^3 x} - \&c.$$

Or $\dfrac{a}{\cos^2 x} + \dfrac{a^2\sin x}{\cos^3 x} + \dfrac{a^3}{\cos^4 x} + \dfrac{a^4\sin x}{\cos^5 x} + \&c$ eft une

progreffion géométrique dont le premier terme $= \dfrac{a}{\cos^2 x} +$

$\dfrac{a^2\sin x}{\cos^3 x}$, & dont le quotient $= \dfrac{a^2}{\cos^2 x}$. Donc la fomme $=$

$\dfrac{a + a^2\operatorname{tang} x}{\cos^2 x - aa}$, & par conféquent $\operatorname{tang}(x+a) = \operatorname{tang} x +$

$$\frac{a + a^2 \tan x}{\cos^2 x - aa} - \frac{2 a^3}{3 \cos^2 x} - \frac{a^4 \sin x}{3 \cos^3 x} - \&c = \frac{a + \sin x \cos x}{\cos^2 x - aa}$$

$$- \frac{2 a^3}{3 \cos^2 x} - \frac{a^4 \sin x}{3 \cos^3 x} - \&c.$$ On trouvera de semblables formules pour $\cot (x \pm a)$.

847. Soit maintenant $y = $ le logarithme tabulaire de $\sin x = m\, l \sin x$, si m représente le module, on aura $\dfrac{dy}{dx} = \dfrac{m \cos x}{\sin x}$ . . .

$$\frac{ddy}{dx^2} = - \frac{m}{\sin^2 x} \ldots \frac{d^3 y}{dx^3} = \frac{2 m \cos x}{\sin^3 x},$$ &c. Donc $\log \sin (x + a)$

$$= \log \sin x + a m \frac{\cos x}{\sin x} - \frac{m a^2}{2 \sin^2 x} + \frac{a^3 m \cos x}{3 \sin^3 x} \&c. \ldots$$

$$\log \sin (x - a) = \log \sin x - a m \frac{\cos x}{\sin x} - \frac{m a^2}{2 \sin^2 x} - \frac{a^3 m \cos x}{3 \sin^3 x} \&c.$$

Si $y = \log \cos x$, on aura $\dfrac{dy}{dx} = \dfrac{- m \sin x}{\cos x}$ . . . $\dfrac{ddy}{dx^2} = \dfrac{- m}{\cos^2 x}$ . . .

$$\frac{d^3 y}{dx^3} = - \frac{2 m \sin x}{\cos^3 x} , \&c.$$ Donc $\log \cos (x + a) = \log$

$$\cos x - \frac{a m \sin x}{\cos x} - \frac{a^2 m}{2 \cos^2 x} - \frac{a^3 m \sin x}{3 \cos^3 x} - \&c. \ldots \& \log$$

$$\cos (x - a) = \log \cos x + \frac{a m \sin x}{\cos x} - \frac{a^2 m}{2 \cos^2 x} + \&c.$$ Soit

$y = \log \tan x$, on aura $\dfrac{dy}{dx} = \dfrac{2 m}{\sin 2 x}$ . . . . $\dfrac{ddy}{2 dx^2} =$

$$\frac{- 2 m \cos 2 x}{\sin^2 2 x} , \ldots \&c,$$ & par conséquent $\log \tan (x + a) =$

$$\log \tan x + \frac{2 a m}{\sin 2 x} - \frac{2 a^2 m \cos 2 x}{\sin^2 2 x} \&c.$$ Il en seroit de même pour $l \cot x$.

848. Si on suppose maintenant que y soit l'arc dont le logarithme du sinus $= x$, ou $y = A\, l \sin x$, on aura $x = l \sin y$, & par conséquent $\dfrac{dy}{dx} = \dfrac{\sin y}{m \cos y}$, $\dfrac{ddy}{dx^2} = \dfrac{\sin y}{m^2 \cos^3 y}$, &c. Donc

$$A\, l \sin (x + a) = y + \frac{a \sin y}{m \cos y} + \frac{a^2 \sin y}{2 m^2 \cos^3 y} + \&c.$$

Soit $y = A\, l\, tang\, x$, il viendra $\dfrac{dy}{dx} = \dfrac{\sin 2y}{2m}$, $\dfrac{ddy}{dx^2} =$ $\dfrac{\sin 4y}{4mm}$, $\dfrac{d^3 y}{dx^3} = \dfrac{\sin 2y \cos 4y}{2m^3}$, &c. Donc $A\, l\, tang\,(x+a) =$ $y + \dfrac{a \sin 2y}{2m} + \dfrac{a^2 \sin 2y \cos 2y}{4mm} + \dfrac{a^3 \sin 2y \cos 4y}{1\,2\,m^3} + $ &c. Ces formules peuvent servir à résoudre d'une maniere très-approchée les problêmes relatifs à l'usage de Tables des sinus.

ELÉMENTS DU CALCUL INTÉGRAL.

Dans le Calcul différentiel on suppose connu le rapport des quantités variables, & on cherche celui de leurs différentielles; dans le Calcul intégral, au contraire, on détermine le rapport des variables par celui de leurs différentielles.

849. On se sert de la lettre $\int$ pour indiquer une *intégrale*; $\int a\,dx$, par exemple, est l'expression générale de toutes les quantités qui par leur différentiation produisent $a\,dx$; & comme $a\,dx$ peut également provenir ou de $a\,x$ seul, ou de $a\,x +$ une quantité constante, on ajoute à chaque intégrale une constante C que l'on détermine ensuite par les conditions du problême.

La quantité $a\,x$ étant en quelque sorte la somme de tous ses éléments $a\,dx$, on prononce *somme de $a\,dx$* l'expression $\int a\,d\,x$; & *sommer, intégrer,* ou *trouver la fluente,* sont des mots synonymes.

S'il n'y avoit de différentielles que celles qui proviennent d'une différentiation exacte, chacune auroit son intégrale : mais comme on entend par différentielle toute quantité affectée de $d\,x$, $d\,y$, &c, il y en a plusieurs qui ne sont susceptibles d'aucune intégration, parce qu'elles ne peuvent provenir d'aucune quantité différentiée : $y\,d\,x$, par exemple, est de ce nombre.

Il y en a beaucoup d'autres que l'on n'a pu intégrer jusqu'à présent que par approximation. Telles sont les différentielles des logarithmes, des arcs de cercle, & en général de toutes les quantités que l'on appelle transcendantes. Voyons d'abord celles dont on a trouvé les intégrales exactes, ou algébriques.

Des Quantités susceptibles d'une Intégration exacte.

850. Puisque la différentielle de x^n est $n\,x^{n-1}\,dx$, il est clair que l'intégrale de $n\,x^{n-1}\,dx$ doit être réciproquement x^n; donc $\int x^{n-1}\,dx = \dfrac{x^n}{n}$; & faisant $n - 1 = m$, on aura $\int x^m\,d\,x = \dfrac{x^{m+1}}{m+1}$, ou $\dfrac{x^{m+1}}{m+1} + $ C; formule qui donne pour l'intégration des différentielles monomes la regle inverse de leur différentiation (848).

851. *Ainsi pour intégrer les différentielles monomes, il faut d'abord augmenter d'une unité l'exposant de la variable, & diviser ensuite par l'exposant ainsi augmenté, & par la différentielle de la variable.*

852. Cette regle est cependant sujette à exception dans le cas où $m = -1$; car alors l'intégrale devient $\frac{1}{0} + C$, c'est-à-dire, qu'elle prend une forme infinie. Mais comme la différentielle $x^m\, dx$ se réduit dans ce cas à $\frac{dx}{x}$, que l'on sait d'ailleurs être la différentielle du logarithme hyperbolique de x, son intégrale est $l\,x$. Ainsi $\int \frac{dx}{x} = l\,x + C$, & par conséquent les différentielles monomes à une variable peuvent s'intégrer exactement, ou du moins par approximation au moyen des logarithmes. Voici plusieurs autres différentielles que l'on peut intégrer de la même maniere.

853. Supposons $dy = dx\,(a + b\,x + c\,x^2 + \&c.) = a\,dx + b\,x\,dx + c\,x^2\,dx + \&c$, & nous aurons $y = C + a\,x + \frac{b\,x^2}{2} + \frac{c\,x^3}{3} + \&c.$

Soit $dy = a\,dx\,(b + x)^m$; si on fait $b + x = z$, on aura $dx = dz$, & $dy = a\,z^m\,dz$; d'où $y = \frac{a\,z^{m+1}}{m+1} = \frac{a}{m+1}\,(b + x)^{m+1} + C$; & lorsque $m = -1$, on aura $y = \int \frac{a\,dx}{b+x} = a\,l\,(b + x) + C = l\,c\,(b + x)^a$, en faisant $C = l\,c$.

854. Soit maintenant $dy = a\,x^{n-1}\,dx\,(b + x^n)^m$, on aura $y = C + \frac{a}{n\,(m+1)}\,(b + x^n)^{m+1}$; & en général, si on a $dy = x^n\,dx\,(a + b\,x^m)^k$, on trouvera, en développant cette expression...

$dy = a^k\,x^n\,dx + k\,a^{k-1}\,b\,x^{m+n}\,dx + \frac{k\cdot k-1}{2}\,a^{k-2}\,b^2\,x^{2m+n}\,dx + \&c$,

dont l'intégrale est $y = C + \frac{a^k\,x^{n+1}}{n+1} + \frac{k}{m+n+1}\,a^{k-1}\,b\,x^{m+n+1} + \frac{k\cdot k-1}{2\,(2m+n+1)}\,a^{k-2}\,b^2\,x^{2m+n+1} + \cdots \cdot$

$\frac{k\cdot k-1\cdot k-2}{2\cdot 3\,(3m+n+1)}\,a^{k-3}\,b^3\,x^{3m+n+1} + \&c.$ Or cette intégrale sera toujours finie, lorsque k sera un nombre entier positif. Mais on doit observer que si après avoir développé le binome, il y a des termes de la forme $\dfrac{dx}{x}$, il faut les intégrer par logarithmes. La méthode est la même pour $x^m\,dx\,(a+bx+cx^2+\&c)^k$.

855. Concluons donc que toute différentielle binome représentée par la formule $x^n\,dx\,(a+bx^m)^k$ est intégrable algébriquement, 1°, toutes les fois que $n=m-1$, quelles que soient d'ailleurs les valeurs de m & de k; 2°, toutes les fois que k est un nombre entier positif, quels que soient m & n. Voici encore deux autres cas où l'intégration exacte est possible.

856. 1°. Soit $a+bx^m=\zeta$; on aura $x^{n+1}=\dfrac{(\zeta-a)^{\frac{n+1}{m}}}{b^{\frac{n+1}{m}}}$.

$$x^n\,dx=\frac{1}{mb^{\frac{n+1}{m}}}\cdot d\zeta\,(\zeta-a)^{\frac{n+1}{m}-1},\ \&\ x^n\,dx\,(a+bx^m)^k=$$

$$\frac{1}{mb^{\frac{n+1}{m}}}\zeta^k\,d\zeta\,(\zeta-a)^{\frac{n+1}{m}-1},\ \text{différentielle intégrable toutes}$$

les fois que $\dfrac{n+1}{m}$ sera un nombre entier positif.

Soit, par exemple, $x^3\,dx\,(a^2+x^2)^{\frac{1}{3}}$, qui donne $\dfrac{n+1}{m}=2$. La transformée devient alors $\ldots\ldots\ldots\ldots\ldots\ldots\ldots$

$$\int\tfrac{1}{2}\zeta^{\frac{1}{3}}\,d\zeta\,(\zeta-a^2)=\int\tfrac{1}{2}\zeta^{\frac{4}{3}}\,d\zeta-\int\tfrac{1}{2}a^2\zeta^{\frac{1}{3}}\,d\zeta=\frac{\tfrac{1}{2}\zeta^{\frac{7}{3}}}{\frac{7}{3}}-\tfrac{1}{2}a^2\cdot\frac{\zeta^{\frac{4}{3}}}{\frac{4}{3}}=$$

$$\tfrac{3}{14}\zeta^{\frac{7}{3}}-\tfrac{3}{8}a^2\zeta^{\frac{4}{3}}=3\zeta^{\frac{4}{3}}(\tfrac{1}{14}\zeta-\tfrac{1}{8}a^2)=3(a^2+x^2)^{\frac{4}{3}}\cdot\ldots$$

$$(\tfrac{1}{14}(a^2+x^2)-\tfrac{1}{8}a^2)=\tfrac{1}{56}(a^2+x^2)^{\frac{4}{3}}(4x^2-3a^2).\ \text{Donc}$$

$$\int x^3\,dx\,(a^2+x^2)^{\frac{1}{3}}=C+\tfrac{3}{56}(a^2+x^2)^{\frac{4}{3}}(4x^2-3a^2).$$

857. 2°. $x^n\,dx\,(a+bx^m)^k=x^{mk+n}\,dx\,(b+ax^{-m})^k$; or cette différentielle est intégrable, suivant ce que nous venons de dire, si $\dfrac{mk+n+1}{-m}$, ou $-k-(\dfrac{n+1}{m})$ est un nombre entier

positif. Soit, par exemple, $x^{-2} dx (a + x^3)^{-\frac{5}{3}}$; on aura . . . . .
$\dfrac{mk + n + 1}{-m} = 2$, & $x^{-7} dx (1 + a x^{-3})^{-\frac{5}{3}} = x^{mk+n}$
$dx (b + a x^{-m})^k$. Je suppose $1 + a x^{-3} = \zeta$, & j'ai $-\dfrac{1}{3aa} \cdot \zeta^{-\frac{5}{3}} d\zeta (\zeta - 1)$, ou $- \dfrac{1}{3aa} \zeta^{-\frac{2}{3}} d\zeta + \dfrac{1}{3aa} \zeta^{-\frac{5}{3}} d\zeta$,
dont l'intégrale est $- \dfrac{1}{aa} \zeta^{+\frac{1}{3}} - \dfrac{1}{2aa} \zeta^{-\frac{2}{3}}$, qui donne . . . .
$$\int x^{-2} dx (a + x^3)^{-\frac{5}{3}} = C - \frac{1}{aa} \left(1 + \frac{a}{x^3}\right)^{\frac{1}{2}} \left(1 + \frac{1}{2(1 + a x^{-3})}\right).$$

Lorsqu'une différentielle binome n'a pas les conditions que nous venons d'indiquer, on tâche de la ramener à quelque autre différentielle connue, telle, par exemple, que celle de la quadrature du cercle, ou celle des logarithmes, &c. Si cette réduction est possible, voici une maniere de l'effectuer.

Méthode pour ramener l'intégration de plusieurs différentielles binomes à celle d'autres différentielles connues.

858. Soit proposé d'intégrer la différentielle $x^n dx (a + b x^m)^k$, en supposant connue l'intégrale de $x^p dx (a + b x^m)^k$, & n étant plus grand que p.

Je considere la quantité $x^{q+1} (a + b x^m)^{k+1}$, dont la différentielle $d(x^{q+1} (a + b x^m)^{k+1}) = (aq + a) x^q dx (a + b x^m)^k + (bmk + bm + bq + b) x^{m+q} dx (a + b x^m)^k$. Donc
$$\int x^{m+q} dx (a + b x^m)^k = \frac{x^{q+1} (a + b x^m)^{k+1}}{b(mk + m + q + 1)} - \cdots$$
$$\frac{a(q+1) \int x^q dx (a + b x^m)^k}{b(mk + m + q + 1)}.$$
Soit $m + q = n$, ou $q = n - m$, on aura $\int x^n dx (a + b x^m)^k =$
$$\frac{x^{1+n-m} (a + b x^m)^{k+1}}{b(mk + n + 1)} - \cdots$$

$$\frac{a(n-m+1)}{b(mk+n+1)}\int x^{n-m}\,dx\,(a+bx^m)^k.$$ Par la même formule,

$$x^{n-m}\,dx\,(a+bx^m)=\frac{x^{1+n-2m}(a+bx^m)^{k+1}}{b(1+n+mk-m)}-\dots$$

$$\frac{a(1+n-2m)}{b(1+n+mk-m)}\int x^{n-2m}\,dx\,(a+bx^m)^k.$$ Donc $\int x^n\,dx\,(a+bx^m)^k$

$$=\frac{x^{1+n-m}(a+bx^m)^{k+1}}{b(mk+n+1)}-\frac{a(n-m+1)\,x^{1+n-2m}}{b^2(mk+n+1)}\times$$

$$\frac{(a+bx^m)^{k+1}}{(1+n+mk-m)}+\frac{a^2(1+n-m)(1+n-2m)}{b^2(1+n+mk)(1+n+mk-m)}\int x^{n-2m}\,dx\,(a+bx^m)^k.$$

On peut donc réduire l'intégrale de la différentielle proposée $x^n\,dx\,(a+bx^m)^k$ à celle de $x^{n-m}\,dx\,(a+bx^m)^k$, ou même de $x^{n-2m}\,dx\,(a+bx^m)^k$; & en général, on la réduira à celle de $x^{n-im}\,dx\,(a+bx^m)^k$, i étant un nombre entier positif, par cette formule qui se déduit des précédentes. . . . . $S\,x^n\,dx\,(a+bx^m)^k=$

$$\frac{x^{1+n-m}(a+bx^m)^{k+1}}{b(mk+n+1)}-\frac{a(1+n-m)\,x^{1+n-2m}(a+bx^m)^{k+1}}{b^2(mk+n+1)(mk+n+1-m)}+$$

$$\frac{a^2(1+n-m)(1+n-2m)\,x^{1+n-3m}(a+bx^m)^{k+1}}{b^3(mk+n+1)(mk+n+1-m)(mk+n+1-2m)}-\&c.\mp$$

$$\frac{a^{i-1}(1+n-m)(1+n-2m)\dots(1+n-m(i-1))\,x^{1+n-im}(a+bx^m)^{k+1}}{b^i(mk+n+1)(mk+n+1-m)\dots(mk+n+1-m(i-1))}$$

$$\pm\frac{a^i(1+n-m)(1+n-2m)\dots(1+n-im)}{b^i(mk+n+1)(mk+n+1-m)\dots(mk+n+1-m(i-1))}\int x^{n-im}\,dx\,(a+bx^m)^k$$

Le signe supérieur a lieu lorsque i est pair ; le signe inférieur, toutes les fois que i est impair.

859. Cela posé, si $n-im=p$, ou si $\dfrac{n-p}{m}$ différence des exposants de x hors du binome, divisée par l'exposant de x dans le

binome donne un quotient i entier & positif, on pourra réduire l'intégrale de $x^n\, dx\, (a + b\, x^m)^k$ à celle de $x^p\, dx\, (a + b\, x^m)^k$, par le moyen de la formule précédente.

Ex. Soit la différentielle $x^{10}\, dx\, (1 - xx)^{\frac{1}{2}}$, dont on propose de réduire l'intégrale à celle de $dx\, (1 - xx)^{\frac{1}{2}}$ qui dépend de la quadrature du cercle, comme on le verra bientôt. On aura $m = 2$, $n = 10$, $p = 0$, $k = \frac{1}{2}$, $a = 1$, $b = -1$; $\dfrac{n - p}{m} = 5 = i$; donc la réduction est possible, & on trouvera

que . . . . $\displaystyle\int x^{10}\, dx\, (1 - xx)^{\frac{1}{2}} = -\; \frac{x^9\,(1 - xx)^{\frac{3}{2}}}{12}\; -$

$$\frac{9\,x^7\,(1 - xx)^{\frac{3}{2}}}{12.10} - \frac{9.7\,x^5\,(1 - xx)^{\frac{3}{2}}}{12.10.8} - \frac{9.7.5\,x^3\,(1 - xx)^{\frac{3}{2}}}{12.10..8.6}$$

$$\frac{9.7.5.3\,x\,(1 - xx)^{\frac{3}{2}}}{12.10.8.6.4} + \frac{9.7.5.3.1}{12.10.8.6.4}\int dx\,(1 - xx)^{\frac{1}{2}}.$$

860. Soit proposé maintenant de réduire l'intégrale de . . . . . . $x^n\, dx\, (a + b\, x^m)^p$ à celle de $x^r\, dx\,(a + b\, x^m)^q$. Puisqu'on a $d\,[\,x^{n+1}\,(a + b\, x^m)^p\,] = (n + 1)\, x^n\, dx\,(a + b\, x^m)^p + \dots$ $bmp\, x^{m+n}\, dx\,(a + b\, x^m)^{p-1}$, il est clair que $\int x^n\, dx\,(a + bx^m)^p =$ $\dfrac{x^{n+1}\,(a + b\, x^m)^p}{n + 1} - \dfrac{bmp}{n + 1}\int x^{m+n}\, dx\,(a + b\, x^m)^{p-1}$. Par la

même raison $\displaystyle\int x^{m+n}\, dx\,(a + bx^m)^{p-1} = \frac{x^{m+n+1}\,(a + b\, x^m)^{p-1}}{m + n + 1}$

$$-\; \frac{bm\,(p - 1)}{m + n + 1}\int x^{n+2m}\, dx\,(a + b\, x^m)^{p-2}\; ; \text{ donc . . . . . .}$$

$$\int x^n\, dx\,(a + b\, x^m)^p = \frac{x^{n+1}\,(a + b\, x^m)^p}{n + 1} - \dots$$

$$\frac{bpmx^{m+n+1}\,(a + bx^m)^{p-1}}{(n + 1)(n + 1 + m)} + \frac{b^2 m^2.p.p-1.\int x^{n+2m}\, dx\,(a + bx^m)^{p-2}}{(n + 1)(n + 1 + m)}$$

& en général $\int x^n\, dx\, (a + b x^m)^p = \dfrac{x^{n+1}(a + b x^m)^p}{n+1} - \ldots$

$\dfrac{bpm x^{m+n+1}(a+bx^m)^{p-1}}{(n+1)(n+1+m)} + \dfrac{b^2 m^2 . p(p-1) x^{n+1+2m}(a+bx^m)^{p-2}}{(1+n)(1+n+m)(1+n+2m)} - \&c.$

$\pm \dfrac{b^{i-1} m^{i-1}. p.p-1:p-2 \ldots\ldots (p-i+2)}{(1+n)(1+n+m)(1+n+2m)\ldots[1+n+m(i-1)]} \times \ldots$

$x^{1+n+m(i-1)}(a+bx^m)^{p-i+1} \mp \int x^{n+im}\, dx\, (a+bx^m)^{p-i}$

$\times \dfrac{b^i m^i . p.p-1 \ldots (p-i+1)}{(1+n)(1+n+m)\ldots[1+n+m(i-1)]}$; le signe supérieur est

pour le nombre entier i impair, & l'inférieur pour i pair.

Il est clair à présent que si $p - i = q$, ou si $p - q$ est un nombre entier i, l'intégrale de $x^n\, dx\, (a + b x^m)^p$ se réduira à celle de $x^{n+im}\, dx\, (a+bx^m)^q$, laquelle pouvant être réduite à $\ldots\ldots$ $\int x^r\, dx\, (a+bx^m)^q$, lorsque $\dfrac{n+im-r}{m}$, ou $\dfrac{n-r}{m}$ est un nombre entier positif, la formule proposée pourra s'y réduire aussi.

Qu'il s'agisse, par exemple, de ramener $\int x^4\, dx\, (1-xx)^{\frac{5}{2}}$ à $\int dx\, (1-xx)^{\frac{5}{2}}$; on aura $a = 1$, $b = -1$, $n = 4$, $m = 2$, $p = \frac{5}{2}$, $q = \frac{5}{2}$, $r = 0$, $p-q = i = 2$. Donc $\int x^4\, dx\, (1-xx)^{\frac{5}{2}} =$

$\dfrac{x^5 (1-xx)^{\frac{5}{2}}}{5} + \dfrac{5 x^7 (1-xx)^{\frac{3}{2}}}{5.7} + \dfrac{5.3}{5.7} \int x^2\, dx\, (1-xx)^{\frac{5}{2}}$; mais

$\int x^8\, dx\, (1-xx)^{\frac{5}{2}} = \dfrac{-x^7(1-xx)^{\frac{7}{2}}}{10} - 7 x^5 \dfrac{(1-xx)^{\frac{7}{2}}}{10.8} - \ldots$

$\dfrac{7.5}{10.8.6} x^3 (1-xx)^{\frac{7}{2}} - \dfrac{7.5.3}{10.8.6.4} x (1-xx)^{\frac{7}{2}} + \ldots\ldots$

$\dfrac{7.5.3}{10.8.6.4} \int dx\, (1-xx)^{\frac{7}{2}}$. Donc $\int x^4\, dx\, (1-xx)^{\frac{5}{2}} =$

$\dfrac{x^5 (1-xx)^{\frac{5}{2}}}{5} + \dfrac{x^7 (1-xx)^{\frac{3}{2}}}{10} - \dfrac{3}{10.8} x^5 (1-xx)^{\frac{3}{2}} - \ldots$

$$\frac{3 \cdot 5}{10 \cdot 8 \cdot 6} x^3 (1 - xx)^{\frac{3}{2}} - \frac{3 \cdot 5 \cdot 3}{10 \cdot 8 \cdot 6 \cdot 4} x (1 - xx)^{\frac{3}{2}} + \ldots$$

$$\frac{3 \cdot 5 \cdot 3}{10 \cdot 8 \cdot 6 \cdot 4} \int dx (1 - xx)^{\frac{1}{2}} + C.$$

861. La méthode réuſſira toujours, lorſque $p - q$ ſera un nombre entier poſitif; mais s'il étoit négatif, ou ſi q étoit plus grand que p, au lieu de ramener $\int x^n \, dx \, (a + b x^m)^p$ à la formule . . . . . . $\int x^r \, dx \, (a + b x^m)^q$, il faudroit réduire celle-ci à la premiere, & on auroit une intégrale de cette forme

$$\int x^r \, dx \, (a + b x^m)^q = X + A \int x^n dx \, (a + b x^m)^p;$$

d'où par une ſimple tranſpoſition on déduiroit

$$\int x^n \, dx (a + b x^m)^p = \frac{1}{A} \int x^r \, dx \, (a + b x^m) - \frac{X}{A}.$$

EXEMPLE. Soit la différentielle $x^4 \, dx \, (1 + xx)^{-3}$ qu'il faut ramener à $dx (1 + xx)^{-1}$. Je ſuppoſe, au contraire, qu'il faut ramener celle-ci à la premiere, & j'ai $n = 0$, $a = 1$, $b = 1$, $m = 2$, $p = -1$, $q = -3$, $r = 4$, $p - q = i = 2$. Donc $\int dx (1 + xx)^{-1} = x (1 + xx)^{-1} + \frac{2}{3} x^3 (1 + xx)^{-2} + \frac{8}{3} \int x^4 \, dx \, (1 + xx)^{-3}$, & par conſéquent, ſans avoir recours à la premiere formule, j'ai $\int x^4 \, dx \, (1 + xx)^{-3} = -\frac{3}{8} x (1 + xx)^{-1} - \frac{1}{4} x^3 (1 + xx)^{-2} + \frac{3}{8} \int dx (1 + xx)^{-1}$. Or $\int dx (1 + xx)^{-1} = \int \frac{dx}{1 + xx} = $ l'arc de cercle dont le rayon eſt 1, & dont la tangente eſt x; car $d (\mathrm{tang}\, z) = \frac{dz}{\cos^2 z}$; donc $dz = \frac{d \, \mathrm{tang}\, z}{1 + \mathrm{tang}^2 z} = \frac{dx}{1 + xx}$, ſi on fait $\mathrm{tang}\, z = x$.

En général, cette méthode peut ſervir à ramener l'intégrale de $x^{2k} \, dx \, (1 + xx)^{-m}$ à celle de $dx (+ xx)^{-1}$, ou à un arc de cercle.

De l'Intégration des Fractions différentielles rationelles.

862. Suppofons que $\dfrac{P\,dx}{Q}$ foit une fraction rationelle, & que le plus grand expofant de x dans P foit plus petit, au moins d'une unité que dans Q. S'il ne l'eft pas, on divifera le numérateur par le dénominateur, jufqu'à ce que cette derniere condition ait lieu. Soit, par exemple, $\dfrac{x^4\,dx}{a+bx^3}$; on aura en divifant $\dfrac{x\,dx}{b}-$

$\dfrac{\frac{a}{b}.x\,dx}{a+bx^3}$, dont la feconde partie eft telle que nous l'avons fuppofée

pour $\dfrac{P\,dx}{Q}$.

863. Cela pofé, on cherchera les facteurs de Q, comme fi on avoit à réfoudre l'équation $Q=0$; & s'ils font tous du premier degré, réels & inégaux, alors la fraction propofée fera de cette forme $\dfrac{ax^{m-1}+bx^{m-2}\&c...+a}{(x-f)(x-g)(x-h)\&c.}\,dx$ en fuppofant que le nombre des facteurs $x-f, x-g$, &c foit m. Pour intégrer dans ce cas on décompofera cette fraction en celles-ci . . . .

$\dfrac{A\,dx}{x-f}+\dfrac{B\,dx}{x-g}+\&c$, dont l'intégrale eft $A\,l\,(x-f)+B\,l\,(x-g)$

$+\&c.....$ avec une conftante, & on déterminera les coefficients A, B, &c, en réduifant d'abord au même dénominateur, en tranfpofant enfuite, & égalant fucceffivement à zéro le coefficient de chaque puiffance de x, ce qui donnera autant d'équations que d'inconnues.

Ex. On demande l'intégrale de $\dfrac{dx}{(aa-xx)x}$? je décompofe cette fraction en celles-ci, $\dfrac{A\,dx}{x}+\dfrac{B\,dx}{a-x}+\dfrac{C\,dx}{a+x}$, & réduifant au même dénominateur, tranfpofant & ordonnant, je trouve . . . .

$$\left.\begin{array}{l} A\,a^2+B\,ax+B\,xx \\ -\,1+C\,a-A \\ \qquad\quad -\,C \end{array}\right\}=0.$$

Donc $A = \dfrac{1}{aa}$, $B = \dfrac{1}{2aa}$, $C = -\dfrac{1}{2aa}$, $\&\ \dfrac{dx}{(aa-xx)x} = \dfrac{1}{aa}\cdot\dfrac{dx}{x}$

$+ \dfrac{1}{2aa}\cdot\dfrac{dx}{a-x} - \dfrac{1}{2aa}\cdot\dfrac{dx}{a+x}$, dont l'intégrale est $\dfrac{lx}{aa}\ -$

$\dfrac{l(a-x)}{2aa} - \dfrac{l(a+x)}{2aa} + \dfrac{lc}{aa} = \dfrac{1}{aa}\, l\,\dfrac{xc}{\sqrt{(a^2-x^2)}}$. On trouvera de

même que $\displaystyle\int \dfrac{dx}{a^2-x^2} = \int \dfrac{\frac{1}{2a}\,dx}{a+x} + \int \dfrac{\frac{1}{2a}\,dx}{a-x} = \dfrac{1}{2a}\, l\,\dfrac{c(a+x)}{a-x}$.

864. Cette méthode réuſſira toujours lorſque les facteurs du dénominateur propoſé ſeront tous réels & inégaux ; mais ſi quelques-uns d'entre eux étoient égaux, ſi $(x-a)^m$ par exemple, repréſentoit un nombre m de ces facteurs, alors on décompoſeroit la fraction en celles-ci,

$$\dfrac{A\,dx}{x-f} + \dfrac{B\,dx}{x-g} + \&c\ldots\ldots + \dfrac{A'x^{m-1} + B'x^{m-2} + \&c\ldots + R}{(x-a)^m}\,dx\,;$$

& après avoir déterminé les coefficients, comme ci-deſſus, on intégreroit $\dfrac{A'x^{m-1}}{(x-a)^m}\,dx + \dfrac{B'x^{m-2}}{(x-a)^m}\,dx + \&c$, ou en général,

$x^k\,dx\,(x-a)^{-m}$, en faiſant $x-a = z$.

Ex. Soit $\dfrac{(x^3+x^2+2)\,dx}{x(x-1)^2\,(x+1)^2}$, dont on cherche l'intégrale. Je ſuppoſe $\dfrac{(x^3+x^2+2)\,dx}{x(x-1)^2(x+1)^2} = \dfrac{A\,dx}{x} + \dfrac{(Bx+C)\,dx}{(x-1)^2} + \ldots$

$\dfrac{(Dx+E)\,dx}{(x+1)^2}$, d'où $A=2$, $B=-\frac{1}{4}$, $C=\frac{7}{4}$, $D=-\frac{5}{4}$, $E=-\frac{7}{4}$;

ainſi $\dfrac{(x^3+x^2+2)\,dx}{x(x-1)^2(x+1)^2} = \dfrac{2\,dx}{x} + \dfrac{1}{4}\dfrac{(7-3x)\,dx}{(x-1)^2} - \dfrac{1}{4}\dfrac{(5x+7)\,dx}{(x+1)^2}$.

Maintenant pour intégrer la fraction $\dfrac{(7-3x)\,dx}{(x-1)^2}$, je fais $x-1=z$,

ce qui la change en $\dfrac{(4-3z)\,dz}{zz} = \dfrac{4\,dz}{zz} - \dfrac{3\,dz}{z}$, dont l'intégrale est $-\dfrac{4}{z} - 3\,lz = \dfrac{-4}{x-1} - 3\,l(x-1)$; & en traitant de la même maniere l'autre fraction, je trouve pour l'intégrale totale,

$2\,lx$

$$2\,l\,x - \frac{1}{x-1} + \frac{1}{2}\cdot\frac{1}{x+1} - \frac{3}{4}\,l\,(x-1) - \frac{5}{4}\,l\,(x+1) + \mathrm{C}.$$

865. S'il y avoit dans Q des facteurs imaginaires, en repréfentant l'un d'eux par $x + a + b\sqrt{-1}$, il y en auroit un autre de la forme $x + a - b\sqrt{-1}$. Donc leur produit $x^2 + 2\,a\,x + a^2 + b^2$ feroit un facteur réel de Q. On chercheroit donc (347) les coefficients $2\,a$, $a^2 + b^2$, & le facteur réel du fecond degré $x^2 + 2\,a\,x + a^2 + b^2$, ou pour abréger, le facteur $x^2 + m\,x + n$ feroit déterminé. Ainfi on fuppoferoit que $\dfrac{(\mathrm{A}\,x + \mathrm{B}\,)\,d\,x}{x^2 + m\,x + n}$ eft une des fractions partielles de $\dfrac{\mathrm{P}\,d\,x}{\mathrm{Q}}$, & on détermineroit A & B comme ci-deffus.

Enfuite, faifant $x + \frac{1}{2}\,m = \zeta$, la fraction deviendroit $\dfrac{(\mathrm{A}'\zeta + \mathrm{B}'\,)\,d\zeta}{\zeta\zeta + b'b'} = \dfrac{\mathrm{A}'\zeta\,d\zeta}{\zeta\zeta + b'b'} + \dfrac{\mathrm{B}'\,d\zeta}{\zeta\zeta + b'b'}$. Or $\displaystyle\int\dfrac{\mathrm{A}'\zeta\,d\zeta}{\zeta\zeta + b'b'} = \dfrac{\mathrm{A}'}{2}\,l\,(\,\zeta\zeta + b'b'\,)$, &

$$\int\dfrac{\mathrm{B}'\,d\zeta}{\zeta\zeta + b'b'} = \dfrac{\mathrm{B}'}{b'}\int\dfrac{\dfrac{d\zeta}{b'}}{1 + \dfrac{\zeta\zeta}{b'b'}} = \dfrac{\mathrm{B}'}{b'} \times \textit{Arc de cercle dont la tangente eft}$$

$\dfrac{\zeta}{b'} = \dfrac{\mathrm{B}'}{b'} \times \textit{Arc tang } \dfrac{\zeta}{b'} + \mathrm{C}$; on auroit donc l'intégrale demandée.

Ex. Soit $\dfrac{(\zeta^2 - \zeta + 1\,)\,d\zeta}{(\,1 + \zeta\,)\,(\,1 + \zeta\zeta\,)} = \dfrac{\mathrm{A}\,d\zeta}{1 + \zeta} + \dfrac{(\,\mathrm{B}\,\zeta + \mathrm{C}\,)\,d\zeta}{1 + \zeta\zeta}$; on trouvera $\mathrm{A} = \frac{1}{2}$, $\mathrm{B} = -\frac{1}{2}$, $\mathrm{C} = -\frac{1}{2}$, ce qui change la fraction en celles-ci $\ldots \frac{1}{2}\,\dfrac{d\zeta}{1 + \zeta} - \frac{1}{2}\,\dfrac{\zeta\,d\zeta}{1 + \zeta\zeta} - \frac{1}{2}\,\dfrac{d\zeta}{1 + \zeta\zeta}$, dont l'intégrale eft

$\frac{1}{2}\,l\,(\,1 + \zeta\,) - \frac{1}{4}\,l\,(\,1 + \zeta\zeta\,) + \frac{1}{2}\,\textit{Arc tang }\zeta + \mathrm{C}.$

Soit encore $\dfrac{d\,x}{x\,(\,1 + x\,)^2\,(\,1 + x + x\,x\,)}$ qui fe réduit à $\dfrac{d\,x}{x} - \dfrac{(\,2\,x + 3\,)\,d\,x}{(\,1 + x\,)^2} + \dfrac{x\,d\,x}{1 + x + x\,x}$. Pour intégrer cette derniere quantité, je fais $x = \zeta - \frac{1}{2}$, & elle devient $\dfrac{(\,\zeta - \frac{1}{2}\,)\,d\zeta}{\zeta\zeta + \frac{1}{4}} =$

$$\frac{\zeta\, d\zeta}{\zeta\zeta + \frac{3}{4}} - \frac{1}{2}\, \frac{d\zeta}{\zeta\zeta + \frac{3}{4}}$$ dont l'intégrale est $\frac{1}{2}\, l\left(\zeta\zeta + \frac{3}{4}\right) - \frac{1}{\sqrt{3}}\, Arc$ $tang\, \frac{2\,\zeta}{\sqrt{3}}$. Substituant donc la valeur de ζ, j'ai pour l'intégrale entiere,

$$l\, x - 2\, l\, (1 + x) + \frac{1}{2}\, l\, (1 + x + x\, x) + \frac{1}{1 + x} -$$

$$\frac{1}{\sqrt{3}}\, Arc\, tang\, \frac{(2\, x + 1)}{\sqrt{3}} + C.$$

866. Le dernier cas qui nous reste à traiter est celui où le dénominateur Q auroit un ou plusieurs facteurs de cette forme. . . . . . . $(x\, x + a\, x + b)^m$. Alors on supposera que la fraction partielle provenue de ce facteur est $d\, x\, \dfrac{(A\, x^{2m-1} + B\, x^{2m-2} + \&c + R)}{(x\, x + a\, x + b)^m}$, & on déterminera les coefficients A, B, &c, comme ci-dessus. Ensuite, faisant $x = \zeta - \frac{1}{2}\, a$, & substituant, la fraction deviendra de cette forme, $\dfrac{A'\, \zeta^{2m-1} + B'\, \zeta^{2m-2} + \&c. \ldots + R'}{(\zeta\zeta + b'\, b')^m}\, d\zeta$, que l'on peut décomposer ainsi, $\dfrac{A'\, \zeta^{2m-1}}{(\zeta\zeta + b'\, b')^m}\, d\zeta + \dfrac{B'\, \zeta^{2m-2}}{(\zeta\zeta + b'\, b')^m}\, d\zeta + \&c.$ Or les termes où le numérateur a une puissance impaire, font intégrables, en partie algébriquement, & en partie par logarithmes (854); & ceux où ζ dans le numérateur a une puissance paire, étant de la forme $\dfrac{M\, \zeta^{2i}\, d\zeta}{(\zeta^2 + b'\, b')^m}$, peuvent se ramener (861) à $\dfrac{d\zeta}{\zeta\zeta + b'\, b'}$, c'est-à-dire, qu'on peut les intégrer, en partie algébriquement, & en partie par arcs de cercle; on aura donc par ce moyen l'intégrale de la fraction proposée.

867. Pour éclaircir ces différentes méthodes, voici un exemple qui les comprend toutes.

Soit la fraction $\dfrac{d\, x}{(1 + x)\, x\, x\, (x\, x + 2)\, (x\, x + 1)^2} = \dfrac{A\, d\, x}{1 + x} +$

$$\frac{(B\, x + C)\, dx}{x\, x} + \frac{(D\, x + E)\, dx}{x\, x + 2} + \frac{(F\, x^3 + G\, x^2 + H\, x + I)\, d\, x}{(x\, x + 1)^2}.$$

On trouvera, en réduisant au même dénominateur $A = \frac{1}{12}$, $B = -\frac{1}{2}$, $C = \frac{1}{2}$, $D = \frac{1}{6}$, $E = -\frac{1}{6}$, $F = \frac{1}{4}$, $G = -\frac{1}{4}$, $H = \frac{1}{4}$,

$I = -\frac{1}{4}$, & la fraction proposée $= \frac{1}{12}\cdot\dfrac{dx}{1+x} + \frac{1}{2}\cdot\dfrac{(1-x)\,dx}{xx}$

$+ \frac{1}{6}\cdot\dfrac{(x-1)\,dx}{xx+2} + \dfrac{(\frac{1}{4}x^3 - \frac{1}{4}x^2 + \frac{3}{4}x - \frac{1}{4})\,dx}{(xx+1)^2}$. Or $\int \frac{1}{12}\cdot\dfrac{dx}{1+x} =$

$\frac{1}{12} l(1+x) \ldots \int \frac{1}{2}\dfrac{(1-x)\,dx}{xx} = \frac{1}{2} l\dfrac{1}{x} - \dfrac{1}{2x} \ldots \int \frac{1}{6}\dfrac{x\,dx - dx}{xx+2} =$

$\frac{1}{12}\int \dfrac{2x\,dx}{xx+2} - \dfrac{1}{6\sqrt{2}}\cdot\int \dfrac{\frac{dx}{\sqrt{2}}}{\frac{1}{2}xx+1} = \frac{1}{12} l(xx+2) - \dfrac{1}{6\sqrt{2}}\,Arc$

$tang\ \dfrac{x}{\sqrt{2}} \ldots \int \frac{1}{4}\cdot\dfrac{x^3\,dx}{(xx+1)^2} = \frac{1}{8} l(xx+1) + \dfrac{1}{8(xx+1)}$,

$\int \frac{3}{4}\cdot\dfrac{x\,dx}{(xx+1)^2} = -\dfrac{3}{8(xx+1)}$. Pour intégrer $-\frac{1}{4}\cdot\dfrac{x^2\,dx}{(xx+1)^2}$,

$-\frac{3}{4}\cdot\dfrac{dx}{(1+xx)^2}$, il faut se proposer de ramener $\int \dfrac{dx}{1+xx}$ à la premiere,

& on aura $(861)\ \int \dfrac{dx}{1+xx} = \dfrac{x}{1+xx} + 2\int x^2\,dx\,(1+xx)^{-2}$.

Donc $\int x^2\,dx\,(1+xx)^{-2} = -\dfrac{\frac{1}{2}x}{1+xx} + \frac{1}{2}\,Arc\ tang\ x$. Or

$\int x^2\,dx\,(1+xx)^{-2} = -x(1+xx)^{-1} + \int dx\,(1+xx)^{-2}$.

Donc $\int dx\,(1+xx)^{-2} = x(1+xx)^{-1} + \int x^2\,dx\,(1+xx)^{-2}$

$= \dfrac{\frac{1}{2}x}{1+xx} + \frac{1}{2}\,Arc\ tang\ x$. Réunissant donc toutes ces intégrales, on

a pour celle de la fraction proposée $\ldots \int \dfrac{dx}{(1+x)xx(xx+2)(xx+1)^2}$

$= \frac{1}{12} l(1+x) + \frac{1}{12} l(xx+2) + \frac{1}{8} l(xx+1) + \frac{1}{2} l\dfrac{1}{x} - \dfrac{1}{2x} -$

$\dfrac{\frac{1}{4}(x+1)}{1+xx} - \frac{1}{2}\,Arc\ tang\ x - \dfrac{1}{6\sqrt{2}}\,Arc\ tang\ \dfrac{x}{\sqrt{2}} + C.$

868. Il suit de ce qui précéde que toute différentielle fractionaire & rationelle est intégrable, ou algébriquement, ou par logarithmes, ou par arcs de cercle. La seule difficulté consiste à trouver les facteurs du dénominateur Q. Mais c'est plutôt un défaut de l'Algébre ordinaire, que de la méthode d'intégration que nous venons de donner.

Lorsqu'on pourra donc rendre rationelle une fraction différentielle, on fera sûr d'en trouver l'intégrale ; or voici quelques cas où cette réduction est possible.

869. Soit d'abord une quantité où il n'entre point d'autres radicaux que des radicaux monomes, telle que $\left(\dfrac{\sqrt[3]{x} + x\sqrt{x} + xx}{x + \sqrt[4]{x}} \right) dx$; je l'écris ainsi $\dfrac{x^{\frac{4}{12}} dx + x^{\frac{18}{12}} dx + xx dx}{x + x^{\frac{3}{12}}}$. Or il est clair que si je fais $x^{\frac{1}{12}} = \zeta$, ce qui donne $x = \zeta^{12}$, & $dx = 12\,\zeta^{11} d\zeta$, la différentielle deviendra rationelle, & par conséquent intégrable.

Soit maintenant X une fonction rationelle de x ; pour trouver l'intégrale de $dy = X dx \sqrt{(a + bx + cxx)}$, je cherche les deux facteurs de $a + bx + cxx$; s'ils sont réels, j'ai $\sqrt{(a + bx + cxx)} = \sqrt{(m + nx)(p + qx)}$. Je suppose cette quantité $= (m + nx)\zeta$, & en élevant au quarré, j'ai $p + qx = (m + nx)\zeta\zeta$, d'où je tire $x = \dfrac{p - m\zeta\zeta}{n\zeta\zeta - q} \dots dx = \dfrac{2\zeta d\zeta (mq - pn)}{(n\zeta\zeta - q)^2} \dots (m + nx)\zeta = \dfrac{(pn - mq)\zeta}{n\zeta\zeta - q} = \sqrt{(a + bx + cx^2)}$. Or ces valeurs étant substituées dans la formule $X dx \sqrt{(a + bx + cx^2)}$ la rendront rationelle, & par conséquent intégrable. On voit que la même chose auroit lieu, si on avoit à intégrer $dy = \dfrac{X dx}{\sqrt{(a + bx + cxx)}}$.

Ex. Soit $dy = dx \sqrt{(aa - xx)}$, on fera $\sqrt{(aa - xx)} = (a - x)\zeta$, donc $x = \dfrac{-a + a\zeta^2}{1 + \zeta\zeta} \dots dx = \dfrac{4a\zeta d\zeta}{(1 + \zeta\zeta)^2} \dots (a - x)\zeta = \dfrac{2a\zeta}{1 + \zeta\zeta} = \dots$ $\sqrt{(aa - xx)} \dots dy = \dfrac{8a^2\zeta^2 d\zeta}{(1 + \zeta\zeta)^3}$, quantité rationelle & facile à intégrer.

Soit encore $dy = \dfrac{dx}{\sqrt{(xx - aa)}}$; en faisant $\sqrt{(xx - aa)} = (x - a)\zeta$, on aura $dy = \dfrac{-2 d\zeta}{\zeta^2 - 1} \dots y = l\dfrac{c(\zeta + 1)}{\zeta - 1} = l\dfrac{c}{a}(x + \sqrt{(xx - aa)})$.

870. Lorsque les facteurs de $a + bx + cx^2$ sont imaginaires, il faut faire évanouir le second terme de cette quantité en supposant $x +$

$\frac{b}{2c} = \zeta$, & alors $X\,dx\,\sqrt{(a + bx + cxx)}$ devient de cette forme ...

$Z\,d\zeta\,\sqrt{(\zeta\zeta + b'b')}$: Soit donc $\sqrt{(\zeta\zeta + b'b')} = \zeta + u$, on aura

$\frac{b'b' - uu}{2u} = \zeta \ldots \sqrt{(\zeta\zeta + b'b')} = \zeta + u = \frac{b'b' + uu}{2u} \ldots d\zeta =$

$- \frac{du}{2uu}(b'b' + uu)$; ces valeurs étant subſtituées dans la formule ..

$\frac{Z\,d\zeta}{\sqrt{(\zeta\zeta + b'b')}}$; ou $Z\,d\zeta \times \sqrt{(\zeta\zeta + b'b')}$, la rendront rationelle.

Soit, par exemple, $dy = dx\,\sqrt{(xx + aa)}$; en faiſant $\sqrt{(xx + aa)}$

$= x + \zeta$, on aura $dy = x\,dx + \zeta\,dx$; or $dx = - \frac{d\zeta}{2\zeta\zeta}(aa + \zeta\zeta)$.

Donc $dy = x\,dx - \frac{aa}{2}\cdot\frac{d\zeta}{\zeta} - \frac{\zeta\,d\zeta}{2}$, & $y = C + \frac{1}{2}xx - \frac{aa}{2}\,l\,\zeta -$

$\frac{1}{4}\zeta^2 = C - \frac{1}{4}aa + \frac{x}{2}\sqrt{(xx + aa)} + \frac{1}{2}aal(x + \sqrt{xx + aa}) - aala$;

ſoit donc $C - \frac{1}{4}aa - aala = C'$, on aura $y = C' + \frac{x}{2}\sqrt{(xx + aa)}$

$+ \frac{1}{2}aal(x + \sqrt{xx + aa})$.

871. On peut appliquer la même méthode au premier cas où $a + bx + cx^2$ a deux facteurs réels ; car en faiſant évanouir le ſecond terme, on aura à intégrer $d\zeta\,\sqrt{(\zeta\zeta - bb})$, ou $d\zeta\,\sqrt{(bb - \zeta\zeta)}$. Or ſi on ſuppoſe $\sqrt{(\zeta\zeta - bb)} = \zeta - u$, ou $\sqrt{(bb - \zeta\zeta)} + b - u\zeta$, on rendra rationelles l'une & l'autre différentielles.

Méthodes pour intégrer par Séries.

872. LORSQU'UNE différentielle n'eſt pas ſuſceptible d'une intégration exacte, on a recours aux approximations, & les ſéries ſont alors une des dernieres reſſources. On voit bien, en effet, qu'en réduiſant en ſérie une fonction X de la variable x, on aura une ſuite de termes monomes dont les intégrales réunies donneront une valeur approchée de $\int X\,dx$.

Par exemple, on ſait que l'intégrale de $\frac{dx}{a + x}$ eſt $l(a+x)$, & que

$\frac{dx}{a + x} = \frac{dx}{a} - \frac{x\,dx}{a^2} + \frac{x^2\,dx}{a^3} - \&c.$ Donc $\int\frac{dx}{a + x}$ ou $l(a + x)$

$$= \frac{x}{a} - \frac{x^2}{2a^2} + \frac{x^3}{3x^3} - \&c. + C.$$ Mais si on fait $x = 0$, la cons-

tante $C = l\,a$; on aura donc $l\,(a + x) = l\,a + \frac{x}{a} - \frac{x^2}{2\,a^2} + \frac{x^3}{3\,a^3} -$

$\&c$, $\&$ par conséquent $l\,(a - x) = l\,a - \frac{x}{a}\,(1 + \frac{x}{2a} + \frac{x^2}{3\,a^2} + \&c\,)$.

Supposons maintenant $\frac{x}{a} = \frac{z}{a + z}$, ou $x = \frac{a\,z}{a + z}$, $\&$ nous au-

rons $l\,(a - x) = 2\,l\,a - l\,(a + z) = l\,a - \frac{z}{a + z} - \frac{z^2}{2\,(a + z)^2}$

$- \&c$; donc $l\,(a + z) = l\,a + \frac{z}{a + z} + \frac{z^2}{2\,(a + z)^2} + \&c$, série

d'autant plus convergente que z sera plus petit que a. Par exemple,

$l\,100 = l\,(99 + 1) = l\,99 + \frac{1}{100} + \frac{1}{2\,(\,100\,)^2} + \&c = 4{,}60517018$;

$\& \, l\,11 = l\,(10 + 1) = l\,10 + \frac{1}{11} + \frac{1}{2\,.\,11^2} + \&c = 2{,}397 \, \&c.$

Si on a $dy = \frac{dx}{1 + xx}$, alors $y = Arc\ tang\ x$; mais $\frac{dx}{1 + xx}$

étant réduit en série, donne $dy = dx - x^2\,dx + x^4\,dx - x^6\,dx$
$+ \&c$; donc y ou $Arc\ tang\ x = x - \frac{1}{3}\,x^3 + \frac{1}{5}\,x^5 - \frac{1}{7}\,x^7 + \&c.$

Soit à présent y un arc quelconque, x son sinus, ou $y = Arc\ sinus\ x$,

on aura $dy = \frac{dx}{\sqrt{(1 - xx)}} = dx\,(1 - xx)^{-\frac{1}{2}} = dx\,(1 + \frac{1}{2}\,x^2$

$+ \frac{1\,.\,3}{2\,.\,4}\,x^4 + \frac{1\,.\,3\,.\,5}{2\,.\,4\,.\,6}\,x^6 + \&c)$. Donc y, ou $Arc\ sin\ x = x +$

$\frac{1}{2}\,.\,\frac{x^3}{3} + \frac{1\,.\,3}{2\,.\,4}\,.\,\frac{x^5}{5} + \frac{1\,.\,3\,.\,5}{2\,.\,4\,.\,6}\,.\,\frac{x^7}{7} + \&c$, intégrale à laquelle il

n'y a pas de constante à ajouter ; soit $x = 1$, $\&$ la demi-circonférence

$= \pi$, on aura $\frac{\pi}{2} = 1 + \frac{1}{2}\,.\,\frac{1}{3} + \frac{1\,.\,3}{2\,.\,4}\,.\,\frac{1}{5} + \frac{1\,.\,3\,.\,5}{2\,.\,4\,.\,6}\,.\,\frac{1}{7} + \&c.$

Si $x = \frac{1}{2}$, l'arc y devient $\frac{\pi}{6} = 1 + \frac{1}{2}\,.\,\frac{1}{3\,.\,2^3} + \frac{1\,.\,3}{2\,.\,4}\,.\,\frac{1}{5\,.\,2^5} +$

$\frac{1\,.\,3\,.\,5}{2\,.\,4\,.\,6}\,.\,\frac{1}{7\,.\,2^7} + \&c.$

873. Ces exemples suffisent pour faire entendre la méthode précédente. Celle qui suit, est digne d'attention.

La formule $d(xy) = x\, dy + y\, dx$, donne $xy = \int x\, dy + \int y\, dx$; Donc, en général, $\int x\, dy = xy - \int y\, dx$, & si on désigne par X une fonction quelconque de x, on aura pareillement $\int X\, dx = Xx - \int x\, dX$. Je suppose $dX = X'\, dx$; donc par le même principe, $\int x\, dX$, ou $\int X'\, x\, dx = \dfrac{X'\, xx}{2} - \dfrac{\int x\, x\, dX'}{2}$.

Soit maintenant $dX' = X''$, on aura . . . .
$\int \dfrac{x\, x\, dX'}{2} = \dfrac{x^3}{2 \cdot 3} X'' - \int \dfrac{x^3}{2 \cdot 3} dX''$, &c. Substituant ces différentes valeurs dans la premiere expression, on trouve . . . $\int X\, dx = Xx -$

$$\dfrac{x^2}{2} X' + \dfrac{x^3}{2 \cdot 3} X'' - \dfrac{x^4}{2 \cdot 3 \cdot 4} X''' + \dfrac{x^5}{2 \cdot 3 \cdot 4 \cdot 5} X^{IV} - \&c,$$

ou bien en supposant dx constante, $\int X\, dx = Xx - \dfrac{x^2\, dX}{2 \cdot dx}$

$$+ \dfrac{x^3\, d\, dX}{2 \cdot 3 \cdot dx^2} - \dfrac{x^4\, d\, d\, dX}{2 \cdot 3 \cdot 4 \cdot dx^3} + \&c.$$

Ex. Soit $X = \dfrac{1}{a+x}$, on aura $\dfrac{dX}{dx} = \dfrac{-1}{(a+x)^2}$, $\dfrac{d\, dX}{dx^2} =$

$\dfrac{2}{(a+x)^2}$, $\dfrac{d\, d\, dX}{dx^3} = \dfrac{-2 \cdot 3}{(a+x)^4}$, &c. Donc $\int \dfrac{dx}{a+x} = \dfrac{x}{a+x}$

$$+ \dfrac{x^2}{2(a+x)^2} + \dfrac{x^3}{3(a+x)^3} + \&c. \ldots\ldots + C, \text{ ou bien}$$

$l(a+x) = la + \dfrac{x}{a+x} + \dfrac{xx}{2(a+x)^2} + \dfrac{x^3}{3(a+x)^3} + \&c,$

comme nous l'avons déja trouvé.

874. Soit maintenant $dy = m(a+x)^{m-1}\, dx$, dont l'intégrale est $y = (a+x)^m$; on aura $X = m(a+x)^{m-1}$, $\dfrac{dX}{dx} =$

$m \cdot (m-1)(a+x)^{m-2}$, $\dfrac{d\, dX}{dx^2} = m \cdot m - 1 \cdot m - 2 \cdot (a+x)^{m-3}$, &c.

Donc y, ou $(a+x)^m = C + mx(a+x)^{m-1} - \dfrac{m \cdot m - 1}{2} x^2$

$(a+x)^{m-2} + \dfrac{m \cdot m - 1 \cdot m - 2}{2 \cdot 3} x^3 (a+x)^{m-3} - \&c.$ Soit

H h ij

$x = 0$, on aura $C = a^m$, & $(a+x)^m = a^m + mx(a+x)^{m-1} - \dfrac{m \cdot m - 1}{2} x^2 (a+x)^{m-2} + $ &c. Faisons $a + x = \zeta$, nous

aurons $\zeta^m = (\zeta - x)^m + mx\,\zeta^{m-1} + \dfrac{m \cdot m - 1}{2} x^2 \zeta^{m-2} + $ &c ;

donc $(\zeta - x)^m = \zeta^m - mx\,\zeta^{m-1} + \dfrac{m \cdot m - 1}{2} x^2 \zeta^{m-2} - $ &c. . . .

$(\zeta + x)^m = \zeta^m + mx\,\zeta^{m-1} + \dfrac{m \cdot m - 1}{2} x^2 \zeta^{m-2} + $ &c . . . .

$\dfrac{(\zeta + x)^m}{\zeta^m} = 1 + m \cdot \dfrac{x}{\zeta} + \dfrac{m \cdot m - 1}{2} \cdot \dfrac{x^2}{\zeta^2} + $ &c. . . . & $\dfrac{(\zeta + x)^{-m}}{\zeta^{-m}} =$

$\dfrac{\zeta^m}{(\zeta + x)^m} = 1 - m \cdot \dfrac{x}{\zeta} + \dfrac{m \cdot m + 1}{2} \cdot \dfrac{x^2}{\zeta^2} - \dfrac{m \cdot m + 1 \cdot m + 2}{2 \cdot 3} \cdot$

$\dfrac{x^3}{\zeta^3} + $ &c. Maintenant si $\zeta + x = b$, on aura $(b - x)^m = b^m \left(1 - \dfrac{mx}{b - x} \right.$

$+ \dfrac{m \cdot m + 1}{2} \cdot \dfrac{x^2}{(b - x)^2} - $ &c $\Big)$, & $(b + x)^m = b^m \left(1 + \dfrac{mx}{b + x} \right.$

$+ \dfrac{m \cdot m + 1}{2} \cdot \dfrac{x^2}{(b + x)^2} + \dfrac{m \cdot m + 1 \cdot m + 2}{2 \cdot 3} \cdot \dfrac{x^3}{(b + x)^3} + $ &c $\big)$.

875. Pour trouver la valeur de $y = a^x$, je différentie, & j'ai $dy = a^x dx\, la$ (796). Donc $X = a^x la$, $\dfrac{dX}{dx} = a^x l^2 a$, $\dfrac{ddX}{dx^2} =$

$a^x l^3 a$, &c. ce qui donne y, ou $a^x = C + a^x x la - \dfrac{x x l^2 a}{2} a^x +$

$\dfrac{x^3 l^3 a}{2 \cdot 3} a^x - $ &c. Soit $x = 0$, on aura $C = 1$, & $a^x = 1 + x la \cdot a^x$

$- \dfrac{x x l^2 a}{2} a^x + $ &c ; divifant par a^x, il viendra $1 = a^{-x} + x la -$

$\dfrac{x x l^2 a}{2} + $ &c. Donc $a^{-x} = 1 - x la + \dfrac{x^2 l^2 a}{2} - $ &c ; & par con-

féquent en fuppofant x pofitive, fes puiffances impaires doivent changer de figne, ce qui rend la férie toute pofitive . . . , $a^x = 1 + x la +$

$\dfrac{x \cdot l^2 a}{2} + \dfrac{x \cdot l^3 a}{2 \cdot 3} + $ &c , comme on le fait d'ailleurs.

876. Soit maintenant y un arc quelconque, x fa tangente, on

aura $dy = \dfrac{dx}{1 + xx}$; mais comme en faisant $X = \dfrac{1}{1 + xx}$, on trouveroit une férie trop compliquée pour la valeur de l'arc y, on pourra modifier ainfi la méthode précédente.

D'abord il eft clair que $y = \dfrac{x}{1 + xx} - \int x\, d\left(\dfrac{1}{1 + xx}\right) =$

$\dfrac{x}{1 + xx} + \int \dfrac{2\,x^2\,dx}{(1 + xx)^2}$. Il eft clair enfuite que $\int \dfrac{2\,x^2\,dx}{(1 + xx)^2} =$

$\dfrac{\frac{2}{3}\,x^3}{(1 + xx)^2} + \int \dfrac{2.4.x^4\,dx}{3\,(1 + xx)^3}$. De même $\int \dfrac{2.4.x^4\,dx}{3\,(1 + xx)^3} = \ldots$

$\dfrac{2.4.x^5}{3.5(1 + xx)^3} + \int \dfrac{2.4.6\,x^6\,dx}{3.5(1 + xx)^4}$, &c. Donc *Arc tang* $x =$

$\dfrac{x}{1 + xx} + \dfrac{2\,x^3}{3\,(1 + xx)^2} + \dfrac{2.4.x^5}{3.5\,(1 + xx)^3} + \dfrac{2.4.6.x^7}{3.5.7\,(1 + xx)^4}$

$+$ &c. Donc en général, $y = cofy\left(\int in\, y + \tfrac{2}{3}\int in^3\, y + \dfrac{2.4}{3.5}\int in^5\, y\right.$

$\left. + \dfrac{2.4.6}{3.5.7}\int in^7\, y + \text{&c.}\right) = \ldots\ \dfrac{\int in\, 2\,y}{2}\left(1 + \dfrac{2}{3}\int in^2\, y + \dfrac{2.4}{3.5}\right.$

$\left.\int in^4\, y + \dfrac{2.4.6}{3.5.7}\int in^6\, y + \text{&c}\right)$. Si $y = 45°$, on aura $\ldots\ldots$

$\pi = 2\left(1 + \dfrac{1}{1.3} + \dfrac{1.2}{1.3.5} + \dfrac{1.2.3}{1.3.5.7} + \text{&c}\right)$.

De l'intégration des différentielles Logarithmiques & Exponentielles.

877. POUR intégrer la différentielle logarithmique $X\,dx\,lx$, en fuppofant X une fonction quelconque de x, foit $y = lx$, & $d\zeta = X\,dx$, on aura $\int X\,dx\,lx = \int y\,d\zeta = y\zeta - \int \zeta\,dy = lx\int X\,dx - \int \zeta\,\dfrac{dx}{x}$. Donc l'intégrale de la quantité propofée fe réduit à celle de $X\,dx$, & de $\dfrac{dx}{x}\int X\,dx$. On pourra donc la trouver par les regles précédentes, fi $\int X\,dx$ ne contient pas de tranfcendante.

EXEMPLES. Soit $X = x^n$; on aura $\int X\,dx = \zeta = \dfrac{x^{n+1}}{n+1}$, &

$\int \zeta \dfrac{dx}{x} = \dfrac{x^{n+1}}{(n+1)^2}$. Donc $\int \lambda^n \, dx \, lx = \dfrac{1}{n+1} x^{n+1} \left(lx - \dfrac{1}{n+1} \right)$; intégrale qui n'est sujette à d'autre exception qu'à celle du cas où $x = -1$. Mais alors on a $\int \dfrac{dx}{x} \, lx = \int lx \, d \, lx = \tfrac{1}{2} l^2 \, x$.

Soit encore $X = \dfrac{1}{(1-x)^2}$, on aura $\int X \, dx = \dfrac{1}{1-x}$, $\int \dfrac{\zeta \, dx}{x}$

$= \int \dfrac{d \, x}{x \, (1-x)} = \int \dfrac{d \, x}{x} + \int \dfrac{d \, x}{1-x} = l \, x - l \, (1 - x)$. Donc

$\int \dfrac{dx \, l \, x}{(1-x)^2} = \dfrac{l \, x}{1-x} - lx + l \, (1-x) = \dfrac{x \, l \, x}{1-x} + l(1-x)$.

878. Si X est toujours une fonction de x, & qu'il s'agisse d'intégrer $d \, X \, l^n x$, on mettra cette expression sous la forme $\int d \, X \, l^n \, x = X \, l^n \, x - n \int \dfrac{X \, d \, x}{x} \, l^{n-1} x$; & supposant ensuite $\int \dfrac{X \, d \, x}{x} = X'$, on aura par la même formule, $\int d \, X' \, l^{n-1} \, x = X' \, l^{n-1} \, x - (n-1) \int \dfrac{X' \, d \, x}{x} \, l^{n-2} x$. Si on fait $\int \dfrac{X' \, d \, x}{x} = X''$, on aura $\int d \, X'' \, l^{n-2} x = X'' \, l^{n-2} \, x - (n-2) \int \dfrac{X'' \, d \, x}{x} \, l^{n-3} x$, &c. Donc $\int d \, X \, l^n \, x = X \, l^n x - n \, X' \, l^{n-1} \, x + n \cdot \overline{n-1} \cdot X'' \, l^{n-2} x - n \cdot \overline{n-1} \cdot \overline{n-2} \cdot X''' \, l^{n-3} x + $ &c; expression qui ne dépend que de l'intégration de quantités algébriques, & qui n'aura qu'un nombre fini de termes, lorsque n sera entier & positif.

Soit, par exemple, $d \, X = x^m \, d \, x$, on aura $X = \dfrac{x^{m+1}}{m+1}$,

$\int \dfrac{X \, d \, x}{x} = X' = \dfrac{x^{m+1}}{(m+1)^2}$, $\int \dfrac{X' \, d \, x}{x} = X'' = \dfrac{x^{m+1}}{(m+1)^3}$, X'''

$= \dfrac{x^{m+1}}{(m+1)^4}$, &c. Donc $\int x^m \, d \, x \, l^n \, x = \dfrac{x^{m+1}}{m+1} \left(l^n \, x - \dfrac{1}{m+1} \right.$

$l^{n-1} x + \dfrac{n \cdot \overline{n-1}}{(m+1)^2} l^{n-2} x - \dfrac{n \cdot \overline{n-1} \cdot \overline{n-2}}{(m+1)^3} l^{n-3} \, x + $ &c $\left. \right)$. Le seul cas qui échappe à la formule générale est celui où $m = -1$, & alors on a $\int \dfrac{d \, x}{x} \, l^n \, x = \dfrac{l^{n+1} \, x}{n+1}$.

879. Cette formule générale s'applique également au cas où n eſt négatif. Mais comme on a alors pour intégrale une ſérie infinie, voici un autre moyen d'intégrer.

Propoſons-nous la quantité $\dfrac{X\,dx}{(l\,x)^n}$, qui étant miſe ſous cette forme,

$X\,x\cdot\dfrac{d\,l\,x}{(l\,x)^n}$, donne $\displaystyle\int\dfrac{X\,dx}{(l\,x)^n}=\dfrac{-X\,x}{(n-1)\,l^{n-1}\,x}+\dfrac{1}{n-1}\int\dfrac{1}{l^{n-1}\,x}$

$d\,(X\,x)$. Faiſant maintenant $d\,(X\,x)=X'\,dx,\,dX'\,x=X''\,dx,$

$dX''\,x=X'''\,dx$, &c, nous aurons $\displaystyle\int\dfrac{X\,dx}{(l\,x)^n}=\dfrac{-X\,x}{(n-1)\,l^{n-1}\,x}$

$-\dfrac{X'\,x}{(n-1)(n-2)\,l^{n-2}\,x}-\dfrac{X''\,x}{(n-1)(n-2)(n-3)\,l^{n-3}\,x}-\&c,$

juſqu'à un terme de la forme $\dfrac{1}{n-1\,.\,n-2\,.\,n-3\,\ldots\,2\,.\,1}\displaystyle\int\dfrac{X\,dx}{l\,x}$,

dont l'intégration, ſi elle eſt poſſible, donnera celle de la formule propoſée.

Soit par exemple $X=x^m$, nous aurons $X'=x^m\,(m+1)$, $X''=(m+1)^2\,x^m$, $X'''=(m+1)^3\,x^m$, &c. Donc.....

$\displaystyle\int\dfrac{x^m\,dx}{l^n\,x}=\dfrac{-x^{m+1}}{(n-1)\,l^n\,x}\left(l\,x+\dfrac{m+1}{n-2}\,l^2\,x+\dfrac{(m+1)^2}{n-2\,.\,n-3}\,l^3\,x\right.$

$+\left.\dfrac{(m+1)^3}{n-2\,.\,n-3\,.\,n-4}\,l^4\,x+\&c\right)+\dfrac{(m+1)^{n-2}}{n-1\,.\,n-2\,\ldots\,1}\displaystyle\int\dfrac{x^m\,dx}{l\,x}$;

l'intégrale propoſée ſe réduit donc à celle de $\dfrac{x^m\,dx}{l\,x}$. Or ſi on fait

$x^{m+1}=u$, cette quantité deviendra $\dfrac{du}{l\,u}$, différentielle qu'on n'a

pas encore pu intégrer. C'eſt pourquoi on ne peut avoir l'intégrale de

$\dfrac{x^m\,dx}{l^n\,x}$ que par ſéries, excepté dans le cas où $m=-1$; car alors

on trouve par la ſérie précédente, & ſans ſon ſecours, $\displaystyle\int\dfrac{dx}{x\,l^n\,x}=$

$\dfrac{1}{1-n}\,l^{1-n}\,x.$

880. Soit maintenant la formule exponentielle $a^x\,X\,dx$ qu'il s'agiſſe

d'intégrer. J'obferve d'abord que $a^x \, d\,x\, l\, a = d\,(a^x)$; donc $\int a^x d\,x =$

$\frac{1}{l\,a}.\,a^x$, & puifque $\int a^x X\, dx = X \int a^x d\,x - \int d X \int a^x d\,x$, on a

$\int a^x X\, d\,x = \frac{a^x X}{l\,a} - \frac{1}{l\,a} \int a^x d\,X$. Soit $d\,X = X^{\mathrm{I}}\, d\,x$, on aura $\int a^x d\,X =$

$\int a^x X^{\mathrm{I}}\, d\,x = \frac{a^x X^{\mathrm{I}}}{l\,a} - \frac{1}{l\,a} \int a^x d\,X^{\mathrm{I}}$; foit $d\,X^{\mathrm{I}} = X^{\mathrm{II}}\, d\,x$, & on

aura $\int a^x d\,X^{\mathrm{I}} = \frac{a^x X^{\mathrm{II}}}{l\,a} - \frac{1}{l\,a} \int a^x d\,X^{\mathrm{II}}$, &c. Donc $\int a^x X\, d\,x =$

$\frac{1}{l\,a}\, a^x X - \frac{1}{l^2\,a}\, a^x X^{\mathrm{I}} + \frac{1}{l^3\,a}\, a^x X^{\mathrm{II}} -$ &c, jufqu'à ce qu'on

arrive à une intégrale $\int a^x d\,x'$, qui fera au moins la plus fimple des intégrales tranfcendantes de fon efpéce, fi elle n'eft pas fufceptible d'une intégration exacte.

881. Remarquons que fi e eft le nombre dont le logarithme $= 1$, on a $\int e^x X\, d\,x = e^x X - e^x X^{\mathrm{I}} + e^x X^{\mathrm{II}} - e^x X^{\mathrm{III}} + e^x X^{\mathrm{IV}} - e^x X^{\mathrm{V}} +$ &c. Soit, par exemple, $X = x^n$, on aura $X^{\mathrm{I}} = n\,x^{n-1}$, $X^{\mathrm{II}} = n\,.\,n - 1\,.\,x^{n-2}$, $X^{\mathrm{III}} = n\,.\,n - 1\,.\,n - 2\,.\,x^{n-3}$, &c.

Donc $\int a^x x^n d\,x = \frac{a^x}{l\,a} \Big(x^n - \frac{n\,x^{n-1}}{l\,a} + \frac{n\,.\,n - 1}{(l\,a)^2}\, x^{n-1} - \frac{n\,.\,n - 1\,.\,n - 2}{(l\,a)^3}\, x^{n-3} +$ &c $\Big)$, & par conféquent $\int e^x x^n d\,x = e^x$

$\big(x^n - n\,x^{n-1} + n\,.\,n - 1\,.\,x^{n-2} - n\,.\,n - 1\,.\,n - 2\,.\,x^{n-3} +$ &c $\big)$.

882. Pour trouver l'intégrale de $\frac{a^x\, d\,x}{x}$, comme les regles précédentes deviennent inutiles, je réduis en férie, & j'ai $\frac{a^x\, d\,x}{x} = \frac{d\,x}{x}$

$\Big(1 + x\,l\,a + \frac{x^2\,l^2\,a}{2} + \frac{x^3\,l^3\,a}{2\,.\,3} +$ &c. $\Big) = \frac{d\,x}{x} + d\,x\,l\,a +$

$\frac{x\,d\,x}{2}\,l^2\,a +$ &c. Donc $\int \frac{a^x\, d\,x}{x} = C + l\,x + x\,l\,a + \frac{1}{2}.\,\frac{x^2\,l^2\,a}{2}$

$+ \frac{1}{3}.\,\frac{x^3\,l^3\,a}{2\,.\,3} +$ &c, & $\int \frac{e^x\, d\,x}{x} = C + l\,x + x + \frac{1}{2}.\,\frac{x\,x}{2}$

$+ \frac{1}{3}.\,\frac{x^3}{2\,.\,3} +$ &c. Soit $e^x = \zeta$, on aura $\frac{e^x\, d\,x}{x} = \frac{d\,\zeta}{l\,\zeta}$ différentielle d'une quantité tranfcendante qui eft égale à la férie infinie

$C + l \cdot l \zeta + l \zeta + \frac{1}{2} \frac{l^2 \zeta}{2} + \frac{1}{3} \frac{l^3 \zeta}{2 \cdot 3} + $ &c. Puisqu'on a $\int \frac{d\zeta}{l\zeta} = $

$\zeta l l \zeta - \int d\zeta \, l l \zeta$, il est clair que $\int d\zeta \, l l \zeta = \zeta l l \zeta - \int \frac{d\zeta}{l\zeta}$, inté-

grale qui dépend encore de la quantité transcendante $\int \frac{d\zeta}{l\zeta}$.

883. Lorsque les regles précédentes ne pourront pas s'appliquer à l'intégration d'une quantité exponentielle, on la réduira en séries par la formule $a^x = 1 + x \, l a + \frac{x^2 \, l^2 a}{2} + \frac{x^3 \, l^3 a}{2 \cdot 3} + \frac{x^4 \, l^4 a}{2 \cdot 3 \cdot 4}$ + &c, & il sera facile d'intégrer.

Soit $dy = x^{mx} dx$; on aura par les séries, $dy = dx \, (1 + m x \, lx$ $+ \frac{m^2 x^2 \, l^2 x}{2} + \frac{m^3 x^3 \, l^3 x}{2 \cdot 3} + $ &c$) = d x + m x \, d x \, l x + $ $\frac{m^2}{2} x^2 \, d x \, l^2 x + $ &c, dont l'intégrale se trouve par celle de

$x^m \, d x \, l^n x \, (878)$, & on a $\int x^{mx} \, d x = x \, (1 - \frac{m x}{2^2} + \frac{m^2 x^2}{3^3}$ $- \frac{m^3 x^3}{4^4} + $ &c$) + m x^2 \, l x \, (\frac{1}{2} - \frac{m x}{3^2} + \frac{m^2 x^2}{4^3} - $ &c$) + \frac{m^2 x^3 \, l^3 x}{2}$ $(\frac{1}{3} - \frac{m x}{4^2} + \frac{m^2 x^2}{5^3} - $ &c$) + $ &c, qui dans le cas particulier de

$x = 1$ se réduit à la série convergente $1 - \frac{m}{2^2} + \frac{m^2}{3^3} - \frac{m^3}{4^4} + $ &c.

Cet exemple suffit pour faire voir comment on peut intégrer ces sortes de quantités par séries.

De l'Intégration des Quantités différentielles où il entre des Sinus, des Cosinus, &c.

884. Puisque $d x \cos x = d \sin x$, & que $- d x \sin x = d \cos x$, il est évident que $\int d x \cos x = \sin x$, que $\int d x \sin x = - \cos x$, que $\int d y \cos n y = \frac{1}{n} \int n \, d y \cos n y = \frac{1}{n} \sin n y$, & que

$\int d y \sin n y = - \frac{1}{n} \cos n y$. Il est clair aussi que $\int d \zeta \cos \zeta \, (\sin \zeta)^m$

$$= \int (\sin z)^n \, d\sin z = \frac{1}{n+1} (\sin z)^{n+1}, \ \&\ \text{que}\ \int (dz \sin z)$$

$\cos^n z = -\dfrac{1}{n+1} (\cos z)^{n+1}$. De même, ſi on avoit à intégrer

$dy \sin y \cos ay$, on feroit $\sin y \cos ay = \frac{1}{2}\sin(a+1)y - \frac{1}{2}\sin(a-1)y$, & l'intégrale deviendroit $-\dfrac{1}{2(a+1)}\cos(a+1)y$

$+\dfrac{1}{2(a-1)}\cos(a-1)y$.

885. Il en feroit de même pour $dx \sin x \sin ax$, pour $dx \cos x \cos ax$, &c. On traiteroit avec la même facilité $dx \sin x \sin ax \cos bx$, &c, en réduifant ces produits à des finus ou à des cofinus fimples, par le moyen des valeurs de $\sin a \cos b$, $\sin a \sin b$, &c. On pourroit donc intégrer par cette méthode, $dx \sin^2 x$, $dx \sin^3 x$, $dx \cos^2 x$, &c: mais il eſt plus fimple de les intégrer de la manière fuivante.

886. La formule $dx \sin^n x = dx \sin x . \sin^{n-1} x$. On a donc
$\int dx \sin^n x = \sin^{n-1} x \int dx \sin x - \int [d(\sin^{n-1} x) . \int dx \sin x] =$
$-\cos x \sin^{n-1} x + (n-1) \int dx \sin^{n-2} x \cos^2 x = -\cos x \sin^{n-1} x$
$+ (n-1) \int dx \sin^{n-2} x - (n-1) \int dx \sin^n x$; & en tranſpoſant,
$\int dx \sin^n x = -\dfrac{1}{n}\cos x \sin^{n-1} x + \dfrac{n-1}{n} \int dx \sin^{n-2} x$. On a

donc auffi $\int dx \sin^{n-2} x = -\dfrac{1}{n-2}\cos x \sin^{n-3} x + \dfrac{n-3}{n-2}$

$\int dx \sin^{n-4} x$; & par conféquent $\int dx \sin^n x = -\dfrac{1}{n}\cos x \sin^{n-1} x$

$-\dfrac{n-1}{n.n-2}\cos x \sin^{n-1} x + \dfrac{n-1 . n-3}{n.n-2} \int dx \sin^{n-4} x = -$

$\dfrac{1}{n}\cos x \sin^{n-1} x - \dfrac{n-1}{n.n-2}\cos x \sin^{n-3} x - \dfrac{n-1 . n-3}{n.n-2.n-4}$

$\cos x \sin^{n-5} x - \dfrac{n-1 . n-3 . n-5}{n.n-2.n-4.n-6}\cos x \sin^{n-7} x - \&c \ldots$

$-\dfrac{n-1 . n-3 \ldots\ldots\ldots 2}{n.n-2.n-4\ldots\ldots 4}\cos x$; formule qui n'a lieu que dans les cas où n eſt impair, & alors l'intégrale ne dépend que des quantités $\cos x, \sin x$. Mais lorſqu'il eſt pair, au lieu du dernier terme de la férie , qui feroit de cette forme $- \dfrac{n-1.n-3\ldots1}{n.n-2\ldots\ldots 0} \cdot \dfrac{\cos x}{\sin x}$,

on auroit $+ \dfrac{n-1.n-3\ldots\ldots\ldots 1}{2.4\ldots\ldots\ldots n-2.n} \int d x \sin^{n-n} x =$

$+ \dfrac{n-1.n-3\ldots.1}{2.4\ldots\ldots. n} x.$ L'intégrale feroit donc alors $\ldots\ldots$

$- \dfrac{1}{n} \cos x \sin^{n-1} x - \dfrac{n-1}{n.n-2} \cos x \sin^{n-3} x -$ &c. $\ldots\ldots$

$+ \dfrac{n-1.n-3\ldots.1}{2.4\ldots\ldots. n} x.$

Ex. $\int d x \sin^5 x = - \tfrac{1}{5} \cos x \sin^4 x - \dfrac{4}{5\cdot3} \cos x \sin^2 x - \dfrac{4\cdot2}{5\cdot3} \cos x ;$

& $\int d x \sin^6 x = -\tfrac{1}{6} \sin^5 x \cos x - \dfrac{5}{6\cdot4} \sin^3 x \cos x - \dfrac{5\cdot3}{6\cdot4\cdot2} \sin x \cos x$

$+ \dfrac{5\cdot3\cdot1}{2\cdot4\cdot6} x.$

887. Faifons $x = 90° - \zeta$, nous aurons $d x = - d\zeta \ldots \sin x = \cos \zeta$,

& $\int d \zeta \cos^n \zeta = \dfrac{1}{n} \sin \zeta \cos^{n-1} \zeta + \dfrac{n-1}{n.n-2} \sin \zeta \cos^{n-3} \zeta + \ldots$

$\dfrac{n-1.n-3}{n.n-2.n-4} \sin \zeta \cos^{n-5} \zeta + \dfrac{n-1.n-3.n-5}{n.n-2.n-4.n-6} \sin \zeta \cos^{n-7} \zeta + \ldots$

$+ \dfrac{n-1.n-3.n-5\ldots.2}{n.n-2.n-4\ldots\ldots.1} \sin \zeta$, fi n eft impair ; & s'il eft pair , le

dernier terme $= + \dfrac{n-1.n-3\ldots\ldots1}{n.n-2\ldots\ldots.2} \zeta.$ Par exemple , $\int d y \cos^5 y =$

$\tfrac{1}{5} \sin y \cos^4 y + \dfrac{4}{5\cdot3} \sin y \cos^2 y + \dfrac{4\cdot2}{5\cdot3\cdot1} \sin y$, & $\int d y \cos^6 y$

$= \tfrac{1}{6} \sin y \cos^5 y + \dfrac{5}{6\cdot4} \sin y \cos^3 y + \dfrac{5\cdot3}{6\cdot4\cdot2} \sin y \cos y + \dfrac{5\cdot3\cdot1}{6\cdot4\cdot2} y.$

888. Soit maintenant à intégrer $d y \sin^m y \cos^n y$; puifque

$d (\sin^p y \cos^q y) = p \cos^{q+1} y \sin^{p-1} y . d y - q \cos^{q-1} y \sin^{p+1} y$

$. d y$, on a $\int d y \sin^{p-1} y \cos^{q+1} y = \dfrac{1}{p} \sin^p y \cos^q y + \dfrac{q}{p} \int d y$

$\cos^{q-1} y \sin^{p+1} y$. Donc $\int dy \sin^m y \cos^n y = \dfrac{1}{m+1} \sin^{m+1} y$ $\cos^{n-1} y + \dfrac{n-1}{m+1} \int dy \cos^{n-2} y \sin^{m+2} y$. Subſtituant $1 - \cos^2 y$ à la place de $\sin^2 y$, & tranſpoſant, on a $\int dy \sin^m y \cos^n y =$

$$\dfrac{1}{m+n} \sin^{m+1} y \cos^{n-1} y + \dfrac{n-1}{m+n} \int dy \sin^m y \cos^{n-2} y = \dfrac{1}{m+n}$$

$$\sin^{m+1} y \cos^{n-1} y + \dfrac{n-1}{m+n \, . \, m+n-2} \sin^{m+1} y \cos^{n-3} y + \ldots$$

$$\dfrac{n-1 \, . \, n-3 \, . \, \sin^{m+1} y \cos^{n-5} y}{m+n \, . \, m+n-2 \, . \, m+n-4} + \&c \ldots + \dfrac{n-1 \, . \, n-3 \ldots 2 \, \sin^{m+1} y}{m+n . m+n-2 .. m+1} \, ,$$

ſi n eſt impair, ou juſqu'au dernier terme $+ \ldots \ldots \ldots \ldots$

$$\dfrac{n-1 \, . \, n-3 \ldots \ldots 1}{m+n \, . \, m+n-2 \ldots m+2} \int dy \sin^m y \, , \text{ ſi } n \text{ eſt pair.}$$

889. Faiſons $y = 90° - \zeta$, nous aurons $\int d\zeta \cos^m \zeta \sin^n \zeta =$

$$- \dfrac{1}{m+1} \sin^{n-1} \zeta \cos^{m+1} \zeta - \dfrac{n-1 \, . \, \sin^{n-3} \zeta \cos^{m+1} \zeta}{m+n \, . \, m+n-2} - \ldots$$

$$\dfrac{n-1 \, . \, n-3 \, \cos^{m+1} \zeta \sin^{n-5} \zeta}{m+n \, . \, m+n-2 \, . \, m+n-4} - \&c \ldots - \dfrac{n-1 \, . \, n-3 \ldots 2 \, \cos^{m+1} \zeta}{m+n . m+n-2 \ldots m+1}$$

ſi n eſt impair, & juſqu'au terme $+ \dfrac{n-1 \, . \, n-3 \ldots 1 \int d\zeta \cos^m \zeta}{m+n \, . \, m+n-2 \ldots m+2}$, s'il eſt pair.

Par exemple, la premiere formule donne $\ldots \int dy \cos^3 y \sin^5 y = \frac{1}{6} \sin^6 y \left(\cos^2 y + \frac{1}{2} \right) = \frac{1}{8} \sin^6 y \left(\frac{4}{3} - \sin^2 y \right)$, & la ſeconde $\ldots \ldots$ $\int dy \cos^3 y \sin^5 y = - \frac{1}{8} \cos^4 y \left(\sin^4 y + \frac{2}{3} \sin^2 y + \frac{1}{3} \right)$. Il faut donc que cés deux réſultats ſoient égaux, ou tout au moins qu'ils ne différent que d'une quantité conſtante. Dans le cas préſent, cette quantité eſt $\frac{1}{24}$, en réduiſant tout en ſinus, & comparant les deux réſultats.

890. Conſidérons maintenant les fractions où il entre des ſinus ; & comme les plus ſimples ſont $\dfrac{dy}{\sin y} \ldots \dfrac{dy}{\cos y} \ldots \dfrac{dy \cos y}{\sin y} \ldots \ldots$ $\dfrac{dy \sin y}{\cos y}$; commençons par les intégrer.

La

La premiere, $\dfrac{dy}{\sin y} = \dfrac{dy\,\sin y}{\sin^2 y} = \dfrac{-\,d\cos y}{1 - \cos^2 y} = \dfrac{-\frac{1}{2}d\,\cos y}{1 + \cos y}$

$-\dfrac{\frac{1}{2}d\cos y}{1 - \cos y}$. Donc $\displaystyle\int \dfrac{dy}{\sin y} = \frac{1}{2}\,l\,\dfrac{1 - \cos y}{1 + \cos y} = \frac{1}{2}\,l\,\tang^2\frac{1}{2}\,y\ (557)$

$= l\,\tang\frac{1}{2}\,y.$

Pour intégrer la seconde, soit $y = 90^\circ - \zeta$, & on aura $dy = -d\zeta$;

$\sin y = \cos\zeta$; donc $\displaystyle\int \dfrac{d\zeta}{\cos\zeta} = -\,l\,\tang\left(45^\circ - \frac{1}{2}\zeta\right) = -\,l\,\cot$

$\left(45^\circ + \frac{1}{2}\zeta\right) = l\,\tang\left(45^\circ + \frac{1}{2}\zeta\right).$

La troisieme de ces fractions, $\displaystyle\int \dfrac{dy\,\cos y}{\sin y}$, a pour intégrale $\displaystyle\int \dfrac{d\sin y}{\sin y}$

$= l\,\sin y = \displaystyle\int dy\,\cot y.$

La quatrieme, $\displaystyle\int \dfrac{dy\,\sin y}{\cos y} = -\,l\,\cos y = l\,\sec y = \displaystyle\int dy\,\tang y$;

de même $\displaystyle\int \dfrac{dy}{\sin y\,\cos y} = \displaystyle\int \dfrac{2\,dy}{\sin 2\,y} = l\,\tang y.$

891. Cela posé, cherchons l'intégrale de la formule $\dfrac{dy}{\sin^m y}$. Nous

avons déja vu (886) que $\displaystyle\int dy\,\sin^n y = -\,\dfrac{1}{n}\cos y\,\sin^{n-1} y + \dfrac{n-1}{n}$

$\displaystyle\int dy\,\sin^{n-2} y$; faisons donc $n - 2 = -m$, ou $n = 2 - m$, & nous

aurons $\displaystyle\int \dfrac{dy}{\sin^{m-2} y} = \dfrac{1}{m-2}\cos y\,\sin^{1-m} y + \dfrac{1-m}{2-m}\displaystyle\int \dfrac{dy}{\sin^m y}$; donc

$\displaystyle\int \dfrac{dy}{\sin^m y} = -\,\dfrac{1}{m-1}\cdot\dfrac{\cos y}{\sin^{m-1} y} + \dfrac{m-2}{m-1}\displaystyle\int \dfrac{dy}{\sin^{m-2} y} = -\,\dfrac{1}{m-1}\cdot$

$\dfrac{\cos y}{\sin^{m-1} y} - \dfrac{m-2}{m-1\,.\,m-3}\cdot\dfrac{\cos y}{\sin^{m-3} y} - \dfrac{m-2\,.\,m-4}{m-1\,.\,m-3\,.\,m-5}\cdot\dfrac{\cos y}{\sin^{m-5} y}$

$-$ &c. $\dots\dots\dots$ jusqu'au terme $+\,\dfrac{m-2\,.\,m-4.\dots 1}{m-1\,.\,m-3.\dots 2}\displaystyle\int \dfrac{dy}{\sin y}$,

c'est-à-dire, $\dfrac{m-2\,.\,m-4\dots\dots 1}{m-2\,.\,m-3\dots\dots 1}\,l\,\tang\frac{1}{2}\,y$, si m est impair, &

jusqu'à $\dfrac{m-1\,.\,m-4\dots\dots\dots 2}{m-1\,.\,m-3\dots\dots\dots 1}\cdot\dfrac{\cos y}{\sin y}$ si m est pair.

892. Supposons $y = 90^\circ - \zeta$, & la formule précédente donnera

$$\int \frac{d\zeta}{\cos^m \zeta} = \frac{1}{m-1} \cdot \frac{\sin\zeta}{\cos^{m-1}\zeta} + \frac{m-2}{m-1 \cdot m-3} \cdot \frac{\sin\zeta}{\cos^{m-3}\zeta} +$$

$$\frac{m-2 \cdot m-4}{m-1 \cdot m-3 \cdot m-5} \cdot \frac{\sin\zeta}{\cos^{m-5}\zeta} + \&c \ldots \ldots \text{ jufqu'au terme}$$

$$+ \frac{m-2 \cdot m-4 \ldots \ldots 2}{m-1 \cdot m-3 \ldots \ldots 1} \cdot \frac{\sin\zeta}{\cos\zeta}, \text{ fi } m \text{ eft pair, \& jufqu'au terme}$$

$$+ \frac{m-2 \cdot m-4 \ldots \ldots 1}{m-1 \cdot m-3 \ldots \ldots 2} \cdot \int\frac{d\zeta}{\cos\zeta} = \frac{m-2 \cdot m-4 \ldots \ldots 1}{m-1 \cdot m-3 \ldots \ldots 2} \, l\,tang$$

$(45° + \frac{1}{2}\zeta)$, fi m eft impair. Par exemple, $\int\dfrac{dy}{\cos^7 y} = \dfrac{1}{6} \cdot \dfrac{\sin y}{\cos^6 y}$

$$+ \frac{5}{6.4} \cdot \frac{\sin\zeta}{\cos^4 y} + \frac{5.3}{6.4.2} \cdot \frac{\sin y}{\cos^2 y} + \frac{5.3.1}{6.4.2} \, l\,tang\,(45° + \tfrac{1}{2} y).$$

893. Il eft donc facile d'intégrer la formule $\dfrac{dy\cos^m y}{\sin^n y}$: car fi m eft

un nombre impair $2k+1$, on a $\dfrac{dy\cos^{2k+1} y}{\sin^n y} = \dfrac{d(\sin y)}{\sin^n y}(1-\sin^2 y)^k$,

qui eft évidemment intégrable, quel que foit n. Si m eft un nombre

pair $2k$, alors $\dfrac{dy\cos^{2k} y}{\sin^n y} = \dfrac{dy(1-\sin^2 y)^k}{\sin^n y}$, expreffion qui

étant développée s'intégrera facilement par la formule $\int\dfrac{dy}{\sin^m y}$.

894. Il en feroit de même pour $\dfrac{dy\sin^m y}{\cos^n y}$, \& la formule . . .

$\dfrac{dy}{\sin^m y \cos^n y}$ s'intégreroit par les mêmes principes ; enforte qu'il

eft aifé d'intégrer les différentielles où il entre des finus \& des cofinus, lorfqu'elles font fufceptibles d'intégration.

De l'Intégration des Différentielles à plufieurs Variables.

895. SOIT $P\,dx + Q\,dy$ une différentielle à deux variables, dans laquelle P \& Q font des fonctions quelconques de x \& de y. Si T eft fon intégrale, on aura $dT = P\,dx + Q\,dy$. Donc fi on ne prend la différentielle de T qu'en faifant varier y, on

aura $d\,T = Q\,dy$, & si on ne prend la différentielle de T qu'en faisant varier x, on aura $d\,T = P\,dx$.

Marquant donc par $d^y\,T$ la différentielle de T prise en faisant varier y seul, & par $d^x\,T$ sa différentielle en ne faisant varier que x, on aura $d^y\,T = Q\,dy$, $d^x\,T = P\,dx$. Donc $d^x\,(d^y\,T) = dy\,d^x\,Q$, $d^y\,(d^x\,T) = dx\,d^y\,P$. Or il est clair que $d^x\,d^y\,T = d^y\,d^x\,T$. Donc $dy\,d^x\,Q = dx\,d^y\,P$, ou $\dfrac{d^x\,Q}{d\,x} = \dfrac{d^y\,P}{d\,y}$; c'est-à-dire, que *si la différentielle* $P\,dx + Q\,dy$ *peut être intégrée, la différentielle de* Q *prise en faisant varier* x *seule & divisant par* d x *, doit être égale à la différentielle de* P *prise en faisant varier* y *seul & divisant par* d y.

896. Cette condition ayant lieu, il sera facile d'intégrer. Car puisque $d^x\,T = P\,dx$, si on marque par $\int^x$ les intégrales prises en ne considérant que x comme variable, on aura $T = \int^x P\,dx +$ une constante qui peut être une fonction Y de y comme il est évident. Ainsi T ou $\int(P\,dx + Q\,dy) = \int^x(P\,dx) + Y$. On a de même $T = \int(P\,dx + Q\,dy) = \int^y(Q\,dy) +$ une fonction X de x. Donc $\int^y(Q\,dy) + X = \int^x(P\,dx) + Y$, ou $\int^y Q\,dy - \int^x P\,dx = Y - X$. On fera donc dans la quantité qu'on aura pour la valeur de $\int^y(Q\,dy) - \int^x(P\,dx)$, $x = 0$, & on aura Y. Si on fait $y = 0$, on aura la valeur de $- X$, & par-là l'intégrale de $P\,dx + Q\,dy$ sera déterminée.

Soit, par exemple, la quantité $(3\,z^2 + 2\,b\,z\,y - 3\,y^2)\,dz + (b\,z^2 - 6\,z\,y + 3\,c\,y^2)\,dy$, qui est intégrable, parce que

$$\frac{d^y\,(3\,z^2 + 2\,b\,z\,y - 3\,yy)}{d\,y} = 2\,b\,z - 6\,y = \frac{d^z\,(b\,z^2 - 6\,z\,y + 3\,c\,y^2)}{d\,z}.$$

On aura $\int^z(P\,dz) = z^3 + b\,y\,zz - 3\,y^2\,z$, $\int^y(Q\,dy) = b\,z^2\,y - 3\,zy^2 + c\,y^3$. Par conséquent $Y - X = c\,y^3 - z^3$, faisant $z = 0$, on a $Y = c\,y^3$, & si on suppose $y = 0$, on aura $X = z^3$. Donc l'intégrale de la différentielle proposée est $z^3 + b\,z^2\,y - 3\,zy^2 + c\,y^3 + C$.

897. On pourroit trouver la quantité Y sans avoir besoin de

$\int^y_\beta Q\, dy$. Car puifque $\int (P\, dx + Q\, dy) = \int^x P\, dx + Y$, il eft clair que fi on différentie $\int^x (P\, dx)$ en faifant varier y feul, en forte que le réfultat foit $P'\, dy$, on doit avoir $Q\, dy = P'\, dy + dY$; donc $Y = \int (Q - P')\, dy$. Ainfi dans l'exemple précédent, $\int^x P\, d\zeta = \zeta^3 + b\zeta^2 y - 3\zeta y^2$, dont la différentielle prife en faifant varier y feul donne $P'\, dy = (b\zeta^2 - 6\zeta y)\, dy$. Donc $Y = \int (Q - P')\, dy = \int 3 c y^2\, dy = c y^3$.

898. Si on a une différentielle à trois variables $P\, dx + Q\, dy + R\, d\zeta$, en appellant fon intégrale T, on aura $d^x T = P\, dx$, $d^y T = Q\, dy$, $d^z T = R\, d\zeta$. Donc pour que la différentielle propofée foit complette, ou puiffe être intégrée, il faut qu'on ait $\dfrac{d^y P}{dy} = \dfrac{d^x Q}{dx}$, $\dfrac{d^z P}{d\zeta} = \dfrac{d^x R}{dx}$, $\dfrac{d^z Q}{d\zeta} = \dfrac{d^y R}{dy}$. Ces trois conditions ayant lieu, l'intégrale fera $\int^x P\, dx + V$, V étant une fonction des deux autres variables y & ζ.

899. Pour la déterminer, on différentiera $\int^x P\, dx$, en faifant varier y & ζ, & on aura une quantité de cette forme, $P'\, dy + P''\, d\zeta$; il faudra donc qu'on ait $dV + P'\, dy + P''\, d\zeta = Q\, dy + R\, d\zeta$, & par conféquent $V = \int [(Q - P')\, dy + (R - P'')\, d\zeta]$, intégrale où il n'entrera que deux variables, & qu'on aura par la méthode précédente. Il eft clair qu'on pourroit trouver l'intégrale par le moyen de $\int^y Q\, dy$, ou par $\int^z R\, d\zeta$, de la même maniere que par $\int^x P\, dx$.

Soit, par exemple, la quantité $(2 x y^2 + 4 b \zeta^2 x^3)\, dx + [\dfrac{y}{\sqrt{(yy + \zeta\zeta)}} + 3 y^2 + 2 y x^2]\, dy + [4\zeta^3 + 2 b x^4 \zeta + \dfrac{\zeta}{\sqrt{(yy + \zeta\zeta)}}]\, d\zeta$ qui a les trois conditions néceffaires pour être intégrable ; on aura $\int^x P\, dx = y^2 x^2 + b \zeta^2 x^4$, dont la différentielle, prife en faifant varier y & ζ, donne $P' = 2 y x^2$, $P'' = 2 b \zeta x^4$. Donc $dV = [\dfrac{y}{\sqrt{(yy + \zeta\zeta)}} + 3 y^2]\, dy + [4\zeta^3 + \dfrac{\zeta}{\sqrt{(yy + \zeta\zeta)}}]\, d\zeta = 4\zeta^3\, d\zeta + 3 y^2\, dy + \dfrac{y\, dy + \zeta\, d\zeta}{\sqrt{(yy + \zeta\zeta)}}$, dont l'intégrale s'apperçoit tout de fuite, fans le fecours de la méthode précédente, & on a $V = z^4 + y^3 + \sqrt{(yy + zz)}$. Donc celle de la différentielle propofée eft $z^4 + y^3 + \sqrt{(yy + zz)} + y^2 x^2 + b z^2 x^4 + C$. Il n'eft pas difficile à préfent de trouver les conditions que doivent avoir les différentielles à un plus grand nombre de variables, & d'intégrer lorfque ces conditions ont lieu.

900. Cela pofé, voyons comment on integre les différences fecondes. Soit d'abord la différentielle du fecond ordre $P \, ddx + Q \, dx^2$, dans laquelle P & Q font des fonctions quelconques de la variable x. Si on confidere dx comme une variable y, la différentielle propofée fera $P \, dy + Q y \, dx$. Or pour qu'elle foit intégrable, il faut que $\dfrac{d^x \, P}{dx} = \dfrac{d^x Q y}{dy}$; mais il n'entre que des x dans P, il n'y a point de y dans Q. Donc $\dfrac{dP}{dx} = \dfrac{Q \, dy}{dy} = Q$, ou $dP = Q \, dx$; condition néceffaire pour qu'une différentielle du fecond ordre $P \, ddx + Q \, dx^2$ foit intégrable. Si cette condition a lieu, on a $\int (P \, ddx + Q \, dx^2)$ $= \int (P \, ddx + dx \, dP) = \int^y P \, dy = P y = P \, dx$.

Exemple. La différentielle $m x^{m-1} \, ddx + m.m - 1. x^{m-2} \, dx^2$ eft intégrable, parce que $dP = m.m - 1. x^{m-2} \, dx = Q \, dx$; & l'intégrale eft $m x^{m-1} \, dx$, qui étant intégrée de nouveau donne $x^m + C$.

901. Si dx a été fuppofée conftante, la différentielle eft $Q \, dx^2$, dont l'intégrale (à caufe de $P = \int Q \, dx$) eft $dx \int Q \, dx +$ la conf-tante $C \, dx$. Par exemple, $\int dx^2 (1 - xx) = dx \int (dx - x x \, dx)$ $= dx (x - \frac{1}{3} x^3) + C \, dx$, & en intégrant de nouveau, on a $C x + C' + \frac{1}{2} x x - \frac{1}{12} x^4$.

902. Soit une différentielle générale du fecond ordre $P \, ddx + Q \, dx^2$; fi on la différentie, on aura $P \, d^3 x + (dP + 2 Q \, dx) \, ddx + dQ \, dx^2$. Donc réciproquement une différentielle générale du troifieme ordre $R \, d^3 x + S \, dx \, ddx + T \, dx^3$ fera intégrable, ou ré-ductible à une différentielle du fecond ordre, fi $\dfrac{S}{2} - \dfrac{dR}{2 \, dx} = \int T \, dx$; alors l'intégrale fera $R \, ddx + dx^2 \int T \, dx$. Par exemple, $x x \, d^3 x + 2 x^3 \, dx \, ddx + (3 x x - 1) \, dx^3$, a la condition néceffaire pour être intégrable, & fon intégrale eft $x x \, ddx + dx^2 (x^3 - x)$.

903. Si dx est constante, alors il est clair que, sans aucune condition, $\int T\,dx^3 = dx^2 \int T\,dx + C\,dx^2$, l'intégrale de cette différentielle est $dx \int (dx \int T\,dx) + C x\,dx + C'\,dx$; enfin l'intégrale de celle-ci est $\int dx \int dx \int T\,dx + \dfrac{Cxx}{2} + C'x + C''$.

C'est ainsi que $\int x^m\,dx^3 = \dfrac{x^{m+3}}{m+1\,.\,m+2\,.\,m+3} + \dfrac{1}{2}\,C\,x^2 + C'x + C''$. On trouveroit de la même maniere les intégrales des différentielles plus élevées, & les conditions de leurs coefficients.

904. Considérons maintenant les différentielles du second ordre à deux variables, représentées généralement par $P\,ddx + Q\,ddy + R\,dx^2 + S\,dx\,dy + T\,dy^2$. Pour trouver les conditions des coefficients P, Q, R, &c, je prends la différentielle de $A\,dx + B\,dy$, dans laquelle A & B sont des fonctions quelconques de x & de y, & j'ai $A\,ddx + B\,ddy + dA\,dx + dB\,dy$. Or $dA = \dfrac{d^x A}{dx}\,.\,dx + \dfrac{d^y A}{dy}\,.\,dy$; on a donc $A\,ddx + B\,ddy + \dfrac{d^x A}{dx}\,.\,dx^2 + \left(\dfrac{d^y A}{dy} + \dfrac{d^x B}{dx}\right) dx\,dy + \dfrac{d^y B}{dy}\,.\,dy^2$; d'où il suit que la différentielle proposée est intégrable, toutes les fois que $R = \dfrac{d^x P}{dx}$, que $S = \dfrac{d^y P}{dy} + \dfrac{d^x Q}{dx}$, & que $T = \dfrac{d^x Q}{dy}$.

905. Ces conditions ayant lieu, l'intégrale sera $P\,dx + Q\,dy$, & si dx a été supposée constante, l'intégrale de $Q\,ddy + R\,dx^2 + S\,dx\,dy + T\,dy^2$ sera $Q\,dy + dx \int^x R\,dx + C\,dx$, (à cause de $P = \int^x R\,dx$), & les conditions de cette nouvelle différentielle feront $T = \dfrac{d^y Q}{dy}$, $S = \dfrac{d^x Q}{dx} + \dfrac{d^y \int^x R\,dx}{dy}$. Par exemple, $6x^2\,dx\,dy + 6xy\,dx^2 + x^3\,ddy$ dans laquelle dx est constante, a les conditions précédentes, & son intégrale est $x^3\,dy + 3x^2 y\,dx + C\,dx$, qui en intégrant de nouveau donne $x^3 y + Cx + C'$. On trouveroit de la même maniere les conditions pour un plus grand nombre de variables.

Applications du Calcul Intégral.

LES applications du Calcul Intégral s'étendent à toutes les parties des Mathématiques : mais pour nous borner à celles qui font purement géométriques, & qui fervent de fondement aux autres, nous déterminerons les formules des quadratures & des rectifications des courbes, les folidités des corps, celles des folides de révolution, ainfi que leurs furfaces, & nous finirons par quelques ufages de la méthode inverfe des tangentes.

De la Quadrature des Courbes.

906. SOIT la courbe A M, fon axe A P, P M l'ordonnée au point M; pour trouver la quadrature de l'efpace A M P, je mene une autre ordonnée $m p$, & la ligne M r parallele à P p; alors j'ai la furface de l'efpace $M m p P = M P \times P p + M m r$: imaginons maintenant que le point m s'approche du point M, le triangle $M m r$ diminuera de plus en plus, mais ne pourra devenir zéro que lorfque le point m tombera fur le point M; alors $M m p P$ s'évanouira & fera la différentielle de l'efpace A M P; P p fera $d x$, & on aura $d (A M P) = y d x$, & par conféquent $A M P = \int y\, d x + C = (873)$

$$C + x y - \frac{x x\, d y}{2\, d x} + \frac{x^3\, d d y}{2 . 3 . d x^2} - \frac{x^4\, d^3\, y}{2 . 3 . 4\, d x^3} + \&c.\ \text{Donc}$$

l'efpace $A Q M = \int x\, d y = C + x y - \frac{y y\, d x}{2\, d y} + \frac{y^3\, d^2\, x}{2 . 3 . d y^2} - \&c.$

907. EX. I. Soit un quart de cercle décrit du centre A & du rayon a, on aura $y = \sqrt{(a a - x x)}$, & l'efpace $A Q M P =$ 199.

$$\int d x \sqrt{(a a - x x)} + C = C + a x - \frac{x^3}{2 . 3 a} - \frac{1 . x^5}{2 . 4 . 5\, a^3} -$$

$$\frac{1 . 3\, x^7}{2 . 4 . 6 . 7 a^5} - \frac{1 . 3 . 5}{2 . 4 . 6 . 8} \cdot \frac{x^9}{9\, a^7} - \frac{1 . 3 . 5 . 7}{2 . 4 . 6 . 8 . 10} \cdot \frac{x^{11}}{11\, a^9} - \&c.$$

Faifons $x = 0$, nous aurons $A Q M P = 0$, & par conféquent $C = 0$. Donc $A Q M P = a x - \frac{1}{2} \cdot \frac{x^3}{3 a} - \frac{1}{2 . 4} \cdot \frac{x^5}{5 a^3} -$

$$\frac{1 . 3}{2 . 4 . 6} \cdot \frac{x^7}{7 a^5} - \&c.\ (712).$$

Ex. II. Dans l'ellipse, $y = \dfrac{b}{a} \sqrt{(aa - xx)}$. Donc $\int y\, dx =$

$\dfrac{b}{a} \left(ax - \dfrac{1}{2} \cdot \dfrac{x^3}{3a} - \dfrac{1}{2 \cdot 4} \cdot \dfrac{x^5}{5 a^3} - \&c \right)$, comme nous l'avons déjà trouvé (714).

Ex. III. Dans la parabole, $y\, dx = p^{\frac{1}{2}} x^{\frac{1}{2}}\, dx$, & $\int y\, dx =$

198. $\frac{2}{3} p^{\frac{1}{2}} x^{\frac{3}{2}} = \frac{2}{3} x y$, ou l'espace A P M est les deux tiers du rectangle circonscrit (715). L'équation aux paraboles de tous les degrés est $y^m = x^n a^{m-n}$; donc $m\, l\, y = n\, l\, x + (m - n)\, l\, a$; donc $\dfrac{m\, dy}{y} = \dfrac{n\, dx}{x}$, ou $m : n :: y\, dx : x\, dy :: \int y\, dx : \int x\, dy ::$ A M P : A M Q. Par conséquent l'espace A M P est au rectangle circonscrit A P M Q $:: m : m + n$.

Ex. IV. Dans l'hyperbole équilatere , $x y = a a$, & $y\, dx =$

200. $\dfrac{a a\, dx}{x}$. Donc $\int y\, dx = a a\, l\, x + C$. Si on veut compter les espaces depuis l'origine A , lorsque $x = 0$, l'espace sera $= 0$. Donc $C = - a a\, l\, 0$, & l'espace Q'A P M N $= a a\, l x - a a\, l\, 0 = \infty$.

Si $x = A D$, alors Q'A D B N $= a a\, l\, a - a a\, l\, 0$; donc

B D P M $= a a\, l x - a a\, l a = a a\, l\, \dfrac{x}{a}$, comme on le savoit déja.

201.   EXEMPLE V. Dans la cissoïde , $y = \dfrac{x^2}{\sqrt{a x - x x}}$, & $y\, dx = x^{\frac{3}{2}}$

$dx\, (a - x)^{-\frac{1}{2}}$; donc $\int y\, dx$ ou l'espace A K M P A $= \int x^{\frac{3}{2}}$ $dx\, (a - x)^{-\frac{1}{2}}$. Or $\int dx\, (a x - x x)^{\frac{1}{2}} =$ le demi-segment A O N P, & si on se propose de ramener $\int x^{\frac{1}{2}}\, d x\, (a - x)^{\frac{1}{2}}$ à $\int x^{\frac{3}{2}}\, dx\, (a - x)^{-\frac{1}{2}}$, on trouvera que la réduction est possible, & que l'on a (860), $\int x^{\frac{1}{2}}\, dx\, (a - x)^{\frac{1}{2}} = \frac{2}{3} x^{\frac{3}{2}} (a - x)^{\frac{1}{2}} + \frac{1}{3} \int x^{\frac{3}{2}}\, dx\, (a - x)^{-\frac{1}{2}}$. Donc $\int x^{\frac{3}{2}}\, dx\, (a - x)^{-\frac{1}{2}} = 3 \int dx\, (a x - x x)^{\frac{1}{2}} - 2 x\, (a x - x x)^{\frac{1}{2}}$, ou A P M K A $= 3$ A P N O A $- 4$ A N P $= 3$ A O N A $-$ A N P. Donc l'espace infiniment long M K A B Q est triple du demi-cercle générateur A N B.

202.   Ex. VI. Dans la logarithmique, $y\, dx = m\, dy$, & $\int y\, dx$, ou

A B P M $= m y +$ C. Mais lorfque $y = 1 =$ A B, l'efpace A B M P FIG.
devient nul. Donc C $= - m$, & A B M P $= m (y - 1) =$ le
rectangle O I Q M. Si on fait $y = 0$, on aura l'efpace infiniment
long B X Y A $= - m =$ le rectangle P Q I T.

Ex. VII. Soit une courbe B M qui ait pour équation $y = x^x$, 203.
on aura (883) l'efpace A B M P $= S x^x d x = x (1 - \dfrac{x}{2^2} + \dfrac{x^2}{3^3} -$

$\dfrac{x^3}{4^4} +$ &c.) $+ x x l x (\frac{1}{2} - \dfrac{x}{3^2} + \dfrac{x x}{4^3} -$ &c.) $+ \dfrac{x^3 l^2 x}{2}$

$(\frac{1}{3} - \dfrac{x}{4^2} + \dfrac{x^2}{5^3} -$ &c.) $+$ &c ; & lorfque $x =$ A P $=$ P M $= 1$,

on a l'efpace A B M P $= 1 - \dfrac{1}{2^2} + \dfrac{1}{3^3} - \dfrac{1}{4^4} + \dfrac{1}{5^5} - \dfrac{1}{6^6} +$ &c,

$= 0,7834304975 89.$

Ex. VIII. Soit la courbe des finus A M A' M', &c dont l'équation 204.
eft $y = fin x$, on aura A P M $= \int d x fin x =$ C $- cof x$. Faifons
$x = 0$, nous aurons C $= 1$, & A P M $= 1 - cof x$. Soit
$x = 180° = \pi$, on aura A M A' A $= 2 =$ le double du quarré du
rayon. Si on fuppofe $x = 2 \pi = $ A A'', on aura l'efpace A M A' A
$+$ A' M' A'' A' $= 0$, ce qui eft évident, puifque l'un eft pofitif &
l'autre négatif. En général fi $x = 2 k \pi$, l'efpace fera zéro, & fi
$x = (2 k + 1) \pi$, l'efpace fera $= 2$.

Si on met l'origine des x au point A, milieu de A' A', on aura 205.
$y = cof x$. Donc l'efpace A B M P $= fin x$, l'efpace A B A' A $= 1$,
& A' M B A' A $= 0$, ou $= 2$, fi on ne fait pas attention à fes deux
parties, l'une pofitive, l'autre négative.

908. Si les ordonnées partent d'un point fixe C, voici comment 206.
on peut trouver la quadrature de la courbe. On menera les deux rayons
C M, C m, & on décrira du centre C & du rayon C M l'arc M r;
alors le triangle C M $m = \dfrac{M r \times C M}{2} + $ Mmr. Mais lorfque le point
m eft infiniment proche de M, l'efpace M $m r$ s'évanouit, & il refte
d (C O M C) $= \dfrac{M r \times C M}{2}$. Soit donc M $r = d x$, C M $= y$, on
aura C O M C $= \frac{1}{2} \int y d x +$ C.

FIG.   Si on nomme φ l'angle que fait C M avec une ligne fixe partant
du point C, ou l'arc qui mesure cet angle dans un cercle dont le rayon
est 1, on aura $Mr = y\,d\varphi$, & $COMC = \frac{1}{2}\int yy\,d\varphi + C$.

207.   909. Ex. I. Soit la conchoïde A M, son pôle P, $PM = y$, $QM = a$, $PB = b$, & l'angle $APM = \varphi$; on aura $\cos\varphi : b :: 1 : PQ = \dfrac{b}{\cos\varphi}$; & $y = \dfrac{b}{\cos\varphi} \pm a$. Donc l'espace $APM = \frac{1}{2}\int \dfrac{b^2\,d\varphi}{\cos^2\varphi} \pm ab\int \dfrac{d\varphi}{\cos\varphi} + \int \dfrac{a^2\,d\varphi}{2} = \dfrac{b^2}{2}\,\tan\varphi \pm a\,b\,l\,\tan\left(45° + \frac{1}{2}\varphi\right) + \dfrac{a^2\varphi}{2}$, sans constante. Donc $\pm APM \mp PBQ$, ou $ABQM = a\,b\,l\,\tan\left(45° + \frac{1}{2}\varphi\right) \pm \dfrac{a^2\varphi}{2}$, & $AAMM = 2\,a\,b\,l\,\tan\left(45° + \frac{1}{2}\varphi\right)$.

201.   Ex. II. Dans la cissoïde, si on fait $AM = y$, $MAB = \varphi$, $AQ = \dfrac{a}{\cos\varphi}$, $AO = MQ = a\cos\varphi$, & $y = \dfrac{a}{\cos\varphi} - a\cos\varphi = \dfrac{a\sin^2\varphi}{\cos\varphi}$, donc $AKMOA = \frac{1}{2}\int \dfrac{a^2\,d\varphi}{\cos^2\varphi} - \int aa\,d\varphi + \frac{1}{2}\int aa\,d\varphi\cos^2\varphi = \frac{1}{2}\,aa\,\tan\varphi - aa\varphi + \frac{1}{2}\,aa\left(\frac{1}{2}\sin\varphi\cos\varphi + \frac{1}{2}\varphi\right) = \frac{1}{2}\,aa\,\tan\varphi + \frac{1}{8}\,aa\sin 2\varphi - \frac{1}{4}a^2\varphi$. Donc $AKMPA = \frac{1}{4}a^2\varphi - \frac{1}{8}a^2\sin 2\varphi + \frac{1}{16}a^2\sin 4\varphi$, & l'espace infiniment long $MKABQ = \frac{1}{4}a^2\varphi = 3\,AONB$.

206.   Ex. III. Dans la spirale d'Archimede, $AGFBN = x$, $AGFBA = c$, $CM = y$, $CA = a$, $Mr = \dfrac{y\,dx}{a}$, $d(COMC) = \dfrac{y^2\,dx}{2a}$, $x = \dfrac{cy}{a}$, $dx = \dfrac{c\,dy}{a}$, $COMC = \dfrac{c}{2aa} \cdot \dfrac{y^3}{3}$, sans constante. Donc l'espace $COMAC = \dfrac{ac}{2} \cdot \dfrac{1}{3} = $ le tiers de tout le cercle.

Remarquez qu'on ne doit pas étendre l'intégrale $\frac{1}{2}\int yy\,d\varphi$ au delà de $\varphi = 360°$: car passé $360°$, les triangles élémentaires $\frac{1}{2}yy\,d\varphi$ contiennent ceux qu'on a déjà sommés.

Du reste il seroit aisé de suppléer à ce défaut en calculant les **FIG.** trapezes élémentaires compris entre deux spires voisines. Le même **208.** inconvénient auroit lieu pour la formule ordinaire $\int y\, dx$, si plusieurs ordonnées répondoient à la même abscisse.

Ex. IV. Dans la spirale hyperbolique, $a : -dx :: y : M\, r = -\dfrac{y\, dx}{a}$; donc $COMC = \frac{1}{2}\int \dfrac{-yy\, dx}{a}$. Or $xy = ab$, donc $\dfrac{-yy\, dx}{a} = b\, dy$, & l'espace compris entre la courbe & deux ordonnées $= \frac{1}{2}by + C$.

De la Rectification des Courbes.

910. Si on imagine le point m infiniment proche de M, M m **209.** sera la différentielle de l'arc A M, & on aura $dAM = \sqrt{(dx^2 + dy^2)}$. Par conséquent $AM = \int\sqrt{(dx^2 + dy^2)} + C$; formule qui a lieu soit que les ordonnées soient paralleles, soit qu'elles partent d'un point fixe.

911. **Ex. I.** Dans le cercle $y = \sqrt{(aa - xx)} \ldots dy^2 = $ **199.** $\dfrac{x^2\, dx^2}{aa - xx}$, & $QM = \int \dfrac{a\, dx}{\sqrt{(aa - xx)}} = x + \dfrac{1}{2}\cdot\dfrac{x^3}{3\, aa} + \dfrac{1\cdot3}{2\cdot4}\cdot\dfrac{x^5}{5\, a^4} + \dfrac{1\cdot3\cdot5}{2\cdot4\cdot6}\cdot\dfrac{x^7}{7\, a^6} + \&c$; donc l'arc $MB = y + \dfrac{1}{2}\cdot\dfrac{y^3}{3\, aa} + \dfrac{1\cdot3}{2\cdot5}\cdot\dfrac{y^5}{5\, a^4} + \&c$, comme nous l'avons déja trouvé (567).

Ex. II. Dans la parabole, $AM = \int dy\sqrt{(1 + \dfrac{4yy}{pp})} = \ldots$ **198.** $\int \dfrac{2\, dy}{p}\sqrt{(\frac{1}{4}pp + yy)}$. Or nous avons trouvé ($870$) $\int dx\sqrt{xx + aa}$ $= C + \frac{1}{2}x\sqrt{(xx + aa)} + \frac{1}{2}aa\, l(x + \sqrt{xx + aa})$. Donc AM $= C + \dfrac{y}{p}\sqrt{(yy + \frac{1}{4}pp)} + \frac{1}{4}p\, l[y + \sqrt{(yy + \frac{1}{4}pp)}]$; faisons

FIG.

$y = 0$, nous aurons $C = -\frac{1}{2} p \, l \, \frac{1}{2} p$. Donc $AM = \frac{y}{p} \sqrt{(yy + \frac{1}{4} pp)}$

$$+ \frac{1}{4} p \, l \left(\frac{y + \sqrt{yy + \frac{1}{4} pp}}{\frac{1}{2} p} \right).$$

912. On peut remarquer que si du centre A & du demi-grand axe $BA = \frac{1}{2} p$, on décrit une hyperbole équilatere BN', l'espace $ABN'Q$ sera $\int dy \sqrt{(yy + \frac{1}{4} pp)}$. Donc $AM \times \frac{1}{2} p = ABN'Q$; d'où il suit que *la rectification de la parabole dépend de la quadrature de l'hyperbole, & réciproquement.*

210.   Ex. III. Dans l'ellipse, si on suppose le demi-grand axe $= 1$, on aura $y = b \sqrt{(1 - xx)}$, & en faisant $\sqrt{(1 - bb)}$ ou la demi-distance des foyers $= c$, on a $BM = \int \frac{dx \sqrt{(1 - ccxx)}}{\sqrt{(1 - xx)}}$, intégrale qu'on ne peut avoir par les regles précédentes. Il faut donc réduire en séries; mais pour simplifier, nous ne réduirons que $\sqrt{(1 - ccxx)}$; alors nous aurons . . . . . .

$$BM = \int \frac{dx}{\sqrt{(1 - xx)}} \left(1 - \frac{1}{2} ccxx - \frac{1}{2.4} c^4 x^4 - \frac{1 \cdot 3}{2.4.6} c^6 x^6 - \right.$$

$$\left. \frac{1 \cdot 3 \cdot 5}{2.4.6.8} c^8 x^8 - \&c. \right) = \int \frac{dx}{\sqrt{(1 - xx)}} - \frac{1}{2} cc \int \frac{xx \, dx}{\sqrt{(1 - xx)}} -$$

$$\frac{1}{2.4} c^4 \int \frac{x^4 \, dx}{\sqrt{(1 - xx)}} - \frac{1 \cdot 3}{2.4.6} c^6 \int \frac{x^6 \, dx}{\sqrt{(1 - xx)}} - \&c. \text{ Or } (858)$$

$$\int x^{2i} \, dx (1 - xx)^{-\frac{1}{2}} = - \frac{x^{2i-1} (1 - xx)^{\frac{1}{2}}}{2i} - \frac{(2i - 1) x^{2i-3} (1 - xx)^{\frac{1}{2}}}{2i \cdot 2i - 2}$$

$$- \&c. \ldots - \frac{(2i - 1)(2i - 3) \ldots 3}{2i \cdot 2i - 2 \ldots 2} x (1 - xx)^{\frac{1}{2}} + \frac{1 \cdot 3 \ldots 5 \ldots (2i - 1)}{2.4.6 \ldots 2i}$$

$$\int \frac{dx}{\sqrt{(1 - xx)}}. \text{ Donc } BM = \left(1 - \frac{c^2}{2^2} - \frac{3 c^4}{2^2 \cdot 4^2} - \frac{3^2 \cdot 5 c^6}{2^2 \cdot 4^2 \cdot 6^2} - \right.$$

$$\left. \frac{3^2 \cdot 5^2 \cdot 7 c^8}{2^2 \cdot 4^2 \cdot 6^2 \cdot 8^2} - \&c. \right) \int \frac{dx}{\sqrt{(1 - xx)}} + c^2 x (1 - xx)^{\frac{1}{2}} \left[\frac{1}{2^2} + \frac{3 c^2}{2^2 \cdot 4^2} + \right.$$

$$\left. \frac{3^2 \cdot 5 c^4}{2^2 \cdot 4^2 \cdot 6^2} + \&c. \right] + c^4 x^3 (1 - xx)^{\frac{1}{2}} \left[\frac{1}{2.4^2} + \frac{3 \cdot 5 c^2}{2.4^2 \cdot 6^2} + \right.$$

210. $\left. \frac{3 \cdot 5^2 \cdot 7 c^4}{2.4^2 \cdot 6^2 \cdot 8^2} + \&c \right]$. Or $DN = \int \frac{dx}{\sqrt{(1 - xx)}}$, on connoît donc

toutes les quantités qui entrent dans cette suite dont il est facile de reconhoître la loi.

Soit $x = 1$, on aura . . . .

$$A M B = \left(1 - \frac{c^2}{2^2} - \frac{3\,c^4}{2^2 \cdot 4^2} - \frac{3^2 \cdot 5\,c^6}{2^2 \cdot 4^2 \cdot 6^2} - \&c \right) A N D.$$ Donc la périphérie de l'ellipse est à celle du cercle circonscrit : : $1 -$

$$\frac{1}{2^2} \cdot \frac{c^2}{a^2} - \frac{1 \cdot 1^2}{2^2 \cdot 4^2} \cdot \frac{3\,c^4}{a^4} - \frac{1 \cdot 1^2 \cdot 3^2}{2^2 \cdot 4^2 \cdot 6^2} \cdot \frac{5\,c^6}{a^6} - \&c. : 1 \,,$$ (en supposant a le demi-grand axe). Cette suite sera très-convergente, lorsque les foyers seront peu éloignés. Par exemple, si $c = \frac{1}{10} a$, la circonférence de l'ellipse sera à celle du cercle circonscrit . . . . . .

$$: : 0,997\ 495\ 292\ 861\ 261 : 1.$$

913. La rectification de l'hyperbole se trouve en suivant à peu-près la même méthode, & on peut voir dans les Mémoires de Berlin, an. 1746, & suiv. la maniere de ramener à la rectification de ces deux courbes, les intégrales d'un grand nombre d'autres différentielles.

Ex. IV. L'équation à la seconde parabole cubique est $y^3 = a x^2$. Donc $\int \sqrt{(dx^2 + dy^2)} = \int dy \sqrt{\left(1 + \frac{9\,y}{4\,a} \right)} = \frac{8}{27} a \left(1 + \frac{9\,y}{4\,a} \right)^{\frac{3}{2}}$ $+ C$, faisant $y = 0$, on a $C = - \frac{8}{27} a$, & un arc quelconque de cette courbe compté depuis l'origine $= \frac{8}{27} a \left[\left(1 + \frac{9\,y}{4\,a} \right)^{\frac{3}{2}} - 1 \right].$

Ex. V. Dans la cycloïde, $dy = dx \sqrt{\left(\frac{a - x}{x} \right)}$. Donc $\sqrt{(dx^2 + dy^2)} = dx \sqrt{\frac{a}{x}}$: intégrant, on a $A M = 2 \sqrt{a x} = 2 A N$ (817).

Ex. VI. Dans la logarithmique $y\,dx = a\,dy$, $\sqrt{(dx^2 + dy^2)} = \frac{dy}{y} \sqrt{(yy + aa)}$, soit $\sqrt{(yy + aa)} = \zeta$, on aura $yy = \zeta\zeta - aa$, $\frac{dy}{y} = \frac{\zeta\,d\zeta}{\zeta\zeta - aa}$, $\sqrt{(dx^2 + dy^2)} = d\zeta + \frac{aa\,d\zeta}{\zeta\zeta - aa}$, dont l'intégrale est $\zeta + \frac{a}{2} l \frac{\zeta - a}{\zeta + a}$, ou $\sqrt{(aa + yy)} -$

FIG. $a\,l\,[\dfrac{a+\sqrt{(aa+yy)}}{y}]+C$, expreſſion d'un arc quelconque de logarithmique dans laquelle C eſt facile à déterminer.

206. Ex. VII. Dans la ſpirale d'Archimede, ſi on fait A G F B N $= x$, C M $= y$, on aura $Mr = \dfrac{y\,dx}{a}$, $Mm = d(COM)$ $= \sqrt{(dy^2 + \dfrac{y^2\,dx^2}{a^2})}$. Or $x = \dfrac{cy}{a}$. Donc C O M $=$ $\int \dfrac{c}{a^2} dy\,(yy + \dfrac{a^4}{c^2})^{\frac{1}{2}}$. Décrivons une parabole C N dont le para‑mettre $= \dfrac{2\,a^2}{c^2}$, nous aurons, en faiſant C Q $=$ C M, & menant l'ordonnée Q N, C N' $= \int \dfrac{c}{a^2} dy\,\sqrt{(\dfrac{a^4}{c^2} + yy)}$. Donc C N' $=$ C O M. D'où l'on peut conclure qu'il regne une certaine analogie entre la ſpirale d'Archimede & la parabole.

208. Ex. VIII. Dans la ſpirale hyperbolique, l'arc C O M $=$ $\int \dfrac{dy}{y} \sqrt{(bb + yy)}$. Donc ſi on décrit une logarithmique N K dont la ſoutangente $= b =$ celle de la ſpirale, on aura M O C $=$ l'arc infini N K, en prenant l'ordonnée N R $=$ C Q $=$ C M. Mais ſi on veut avoir l'expreſſion d'un arc de ſpirale ou de loga‑rithmique compris entre les deux ordonnées y, y', on trouvera $$\sqrt{(bb + yy)} - \sqrt{(bb + y'y')} + b\,l\,\dfrac{y\,(b + \sqrt{bb + yy})}{y'\,(b + \sqrt{bb + y'y'})}.$$

191. Ex. IX. Dans la ſpirale logarithmique, $cof\ M\,m\,r\,(c) : m\,r\,(dy)$ $:: 1 : M\,m = \dfrac{dy}{c}$. Donc A D M $= \dfrac{y}{c} =$ M T.

De la Meſure des Solidités.

214. Un ſolide étant propoſé à meſurer, on l'imaginera décom‑poſé en une infinité de petites tranches paralleles entre elles. Nom‑mant donc t la ſurface d'une de ces tranches, dx ſon épaiſſeur ou une portion infiniment petite d'une ligne perpendiculaire à cette tranche, $\int (t\,dx) + C$ ſera la ſolidité du ſolide propoſé ; il ne s'agira plus que d'avoir t en x.

915. Par exemple, soit B la base du solide, H sa hauteur ou la FIG. distance de cette base à son sommet; si on suppose que les surfaces de ces tranches soient proportionnelles à une puissance m de leur distance x au sommet, on aura $H^m : B :: x^m : = \dfrac{B\,x^m}{H^m}$. Donc la solidité d'une portion du solide sera $C + \dfrac{B\,x^{m+1}}{(m+1)\,H^m}$, ou simplement $\dfrac{B\,x^{m+1}}{(m+1)\,H^m}$, si cette portion commence au sommet. Donc le solide entier $= \dfrac{B\,H}{m+1}$. Ainsi dans les pyramides cette solidité $= \frac{1}{3} B\,H$, parce que $m = 2$.

916. Si une courbe quelconque A M tourne autour de son axe 213. A P, elle engendrera un solide de révolution dont chaque coupe perpendiculaire à l'axe sera un cercle qui aura pour expression $\pi y y$, en faisant P M $= y$, & $\pi = 3.141$ &c. Donc un solide quelconque de révolution $= C + \int \pi y y\, dx$.

Ex. I. Dans la sphere, $y y = 2 a x - x x$. Donc la solidité d'un segment sphérique (535), $= \pi x x\left(a - \frac{1}{3}x\right)$, & la sphere $= \frac{2}{3} . 2 a^3 \pi =$ les deux tiers du cylindre circonscrit.

Ex. II. Dans l'ellipse, $y y = \dfrac{b b}{a a}\,(2 a x - x x)$. Donc le solide engendré par sa révolution autour du grand axe est à la sphere circonscrite :: $b b : a a$, ou $=$ les deux tiers du cylindre qui lui est circonscrit.

917. On nomme *Ellipsoïde allongé* celui que nous venons de considérer, & *Ellipsoïde applati* celui qui est formé par la révolution de l'ellipse autour de son petit axe. Or il est aisé de trouver que ce dernier solide est aussi les deux tiers du cylindre qui lui est circonscrit. Donc l'ellipsoïde allongé est à l'ellipsoïde applati :: $a b b : a a b :: b : a$.

Ex. III. Si une parabole d'un ordre quelconque dont l'équation est $y^m = x^n a^{m-n}$ tourne autour de son axe, elle engendrera un solide qui aura pour expression $\int \pi y^2 d x = \dfrac{m}{m + 2 n}\,\pi x y^2$, ou qui sera au cylindre circonscrit :: $m : m + 2 n$; ainsi le paraboloïde

FIG. ordinaire dans lequel $m = 2$, $n = 1$, eſt la moitié du cylindre circonſcrit.

212. Ex. IV. De même, ſi l'hyperbole dont l'équation eſt $y^m x^n = a^{m+n}$ tourne autour de l'aſymptote C P, en prenant C D = A D = a, le ſolide décrit par le trapeze A D M P aura pour expreſſion . . . .

$$\frac{m}{2n - m}\,\pi\,(a^3 - xy^2),$$

& par conſéquent le ſolide décrit par l'eſpace infiniment long　O A D X eſt au cylindre décrit par A C D E :: $m : 2n - m$, & = ce cylindre dans l'hyperbole ordinaire.

Des Surfaces courbes des Solides de révolution.

213. 918. LA différentielle de la ſurface décrite par la courbe A M = le petit cône tronqué décrit par l'élément M m. Donc cette ſurface courbe $= \int M m \; circ \; P M = 2\pi \int y \sqrt{(dx^2 + dy^2)} + C = 2\pi \int n \, dx + C$, en appellant n la normale M N.

Ex. I. Dans la ſphere, $n = a$. Donc la ſurface d'une calotte ſphérique quelconque $= 2a\pi x$, & celle de la ſphere $= 4a^2\pi = 4$ grands cercles.

214. Ex. II. La ſurface du paraboloïde, eſt, à cauſe de $n = \sqrt{(yy + \frac{1}{4}pp)}$,
$$\frac{2\pi}{p}\int 2 y \, dy \, (yy + \tfrac{1}{4}pp)^{\frac{1}{2}} + C = \frac{4\pi}{3p}(y^2 + \tfrac{1}{4}p^2)^{\frac{1}{2}} + C.$$
Soit $y = 0$, on aura $C = -\frac{4\pi}{3p} \cdot \frac{1}{8} p\, p^2$, & la ſurface du ſolide $= \frac{\pi}{6p}\left[(pp + 4yy)^{\frac{3}{2}} - p^3\right]$.

Ex. III. Dans l'ellipſe, $y = \frac{b}{a}\sqrt{(aa - xx)}$. Donc la ſurface décrite par la révolution de l'arc A M autour de l'axe a, ſera exprimée par $\frac{2b\pi}{a}\int - dx \sqrt{[aa - (aa - bb)\frac{xx}{aa}]}$, & comme a eſt l'axe de révolution, il déſignera le demi-grand axe dans l'ellipſoïde allongé, & la moitié du petit dans l'ellipſoïde applati.

Dans le premier cas, ſoit $aa - bb = mm$, on aura $\frac{2b\pi m}{aa}$

$$\int =$$

$— d x \, \sqrt{(\dfrac{a^4}{m^2} — x^2)}$. Donc fi du rayon $C\,D = \dfrac{a^2}{m}$ on décrit un arc de cercle $D\,B\,N$, on aura pour l'expreſſion de la ſurface décrite par la révolution de $A\,M$ autour de $A\,P$, $\dfrac{2\,b\,\pi\,m}{a\,a} \times A\,B\,N\,P.$

Dans le ſecond cas, en faiſant $b\,b — a\,a = m\,m$, on aura . . . . .
$$\dfrac{2\,b\,\pi\,m}{a\,a} \int d x \, \sqrt{(\dfrac{a^4}{m^2} + x^2)} = \dfrac{b\,\pi\,m\,x}{a\,a} \, \sqrt{(x\,x + \dfrac{a^4}{m^2})} + \dfrac{a\,a\,b\,\pi}{m}$$
$l \dfrac{m}{a\,a} [x + \sqrt{(\dfrac{a^4}{m^2} + x^2)}] = $ la ſurface décrite par la révolution de $A\,M$ autour de $C\,E$. On doit remarquer qu'ici $C\,E = a$, $C\,A = b$, $C\,Q = x$, $Q\,M = y$.

Ex. IV. Dans l'hyperbole, $y = \dfrac{b}{a} \, \sqrt{(x\,x — a\,a)}$. Donc fi cette courbe tourne autour de l'axe $A\,P$, la ſurface décrite par l'arc $A\,M$ ſera, en faiſant $a\,a + b\,b = m\,m$, & déterminant la conſtante,
$$\dfrac{2\,b\,\pi\,m}{a\,a} \int d x \, \sqrt{(x\,x — \dfrac{a^4}{m^2})} = \dfrac{b\,\pi\,m\,x}{a\,a} \, \sqrt{(x\,x — \dfrac{a^4}{m^2})} — b\,b\,\pi —$$
$\dfrac{a^2\,b\,\pi}{m} \, l \, \dfrac{m\,x + \sqrt{(m^2\,x^2 — a^4)}}{a\,(m + b)}$. Et fi elle tourne autour du ſecond axe $C\,Q$, alors $y = M\,Q = \dfrac{a}{b} \, \sqrt{(b\,b + x\,x)}$. Donc la ſurface décrite par l'arc $A\,M = \dfrac{a\,\pi\,m\,x}{b\,b} \, \sqrt{(x\,x + \dfrac{b^4}{m^2})} + \dfrac{a\,\pi\,b\,b}{m}$
$l [\dfrac{m\,x}{b\,b} + \sqrt{(1 + \dfrac{m^2\,x^2}{b^4})}].$

De la Méthode inverſe des Tangentes, & des Équations différentielles.

919. On appelle *Méthode inverſe des Tangentes*, celle qui apprend à trouver l'équation d'une courbe, dans laquelle on connoît une propriété quelconque des tangentes.

920. Cherchons, par exemple, la courbe dans laquelle la ſounormale eſt conſtante, ou $= a$. Puiſque nous ſavons d'ailleurs que l'expreſſion générale de cette ligne eſt $\dfrac{y\,d y}{d x}$, nous aurons $\dfrac{y\,d y}{d x}$

$= a$, $y\,dy = a\,dx$, & en intégrant, pour exprimer que la propriété donnée convient à tous les points de la courbe, on a $yy = 2\,a\,(x + c)$ équation à la parabole qui réfout le problême propofé.

921. La méthode inverfe des tangentes fe réduit toujours à la folution d'une équation différentielle ; ainfi comme nous n'avons pas encore parlé de ces fortes d'équations, il eft à propos d'en dire quelque chofe, avant d'aller plus loin.

On appelle équations différentielles du premier ordre, celles où il n'entre que des différences premieres. Les équations différentielles du fecond ordre font celles où il entre des différences fecondes, fans différentielles d'un ordre plus élevé ; & ainfi de fuite.

922. Soient donc en général P & Q deux fonctions quelconques des variables x & y, $P\,dx + Q\,dy = 0$ repréfentera généralement toute équation différentielle du premier ordre à deux variables x & y, & il eft évident qu'elle fera intégrable, 1°. lorfque P fera une fonction de x ou de y feule, & qu'il en fera de même de Q. 2°. Lorfqu'on aura $\dfrac{dy\,P}{dy} = \dfrac{dx\,Q}{dx}$.

923. Mais lorfque ces conditions n'ont pas lieu, on tâche de *féparer l'équation*, c'eft-à-dire, de la partager en deux membres qui ne renferment l'un & l'autre qu'une feule variable avec fa différentielle. Il s'en faut bien qu'on ait des méthodes générales pour faire cette féparation dans tous les cas. En voici cependant quelques-uns où elle réuffit.

924. Si $P = XY$, & $Q = X'Y'$, X & X' étant des fonctions de x, Y & Y' des fonctions de y, on aura $\dfrac{X\,dx}{X'} = -\dfrac{Y'\,dy}{Y}$ équation féparée, & reduite à l'intégration des différentielles à une feule variable.

925. Si P & Q font des fonctions homogenes de x & de y, c'eft-à-dire s'il y a dans tous leurs termes le même nombre de dimenfions de x & de y, alors, en faifant $\dfrac{x}{y} = \zeta$, on voit aifément que $\dfrac{Q}{P}$ fera une fonction Z de ζ. Ainfi, on aura $dx + Z\,dy = 0$, ou $\zeta\,dy + y\,d\zeta + Z\,dy = 0$, & en féparant on trouvera $\dfrac{d\zeta}{Z + \zeta} = -\dfrac{dy}{y}$.

Par exemple $(ax + by)\,dx = (mx + ny)\,dy$ devient en faisant

$$\frac{x}{y} = \zeta \ldots : -\frac{dy}{y} = \frac{(a\zeta + b)\,d\zeta}{a\zeta^2 + (b-m)\zeta - n}\,;$$ équation facile à intégrer.

926. Soit maintenant l'équation $(ax + by + c)\,dx + (mx + ny + p)\,dy = 0$, on fera $ax + by + c = u$, $mx + ny + p = \zeta$, & on aura $x = \dfrac{nu - b\zeta + bp - cn}{an - mb}$, $y = \dfrac{a\zeta - mu + mc - ap}{an - bm}$; substituant, on a $(nu - m\zeta)\,du + (a\zeta - bu)\,d\zeta = 0$ dont l'intégrale est facile à trouver par ce qui précede.

Soit encore $ax\,dy + by\,dx + x^m y^n (f x\,dy + g y\,dx) = 0 = \dfrac{a\,dy}{y} + \dfrac{b\,dx}{x} + x^m y^n (\dfrac{f\,dy}{y} + \dfrac{g\,dx}{x})$. Si on fait $y^a x^b = \zeta$, $y^f x^g = t$, on aura $\dfrac{a\,dy}{y} + \dfrac{b\,dx}{x} = \dfrac{d\zeta}{\zeta}$, $\dfrac{f\,dy}{y} + \dfrac{g\,dx}{x} = \dfrac{dt}{t} \ldots y^{ap} x^{bp} = \zeta^p \ldots y^{fq} x^{gq} = t^q \ldots y^{ap-fq} x^{bp-gq} = \zeta^p t^{-q}$. Soit $ap - fq = m$, $bp - gq = n$, on aura $p = \dfrac{ng - mf}{ag - bf}$, $q = \dfrac{bn - am}{ag - bf}$, & en substituant $\dfrac{d\zeta}{\zeta} + \dfrac{dt}{t} \zeta^p t^{-q} = 0$, ou $\zeta^{-p-1}\,d\zeta + t^{-q-1}\,dt = 0$; intégrant, $q\zeta^{-p} + pt^{-q} = C$, ou $(bn - am)$

$$(y^a x^b)^{\frac{mf-ng}{ag-bf}} + (ng - mf)(y^f x^g)^{\frac{am-bn}{ag-bf}} = (ag - bf)C = C'.$$

927. Soit à présent $dy + Py\,dx = aQ\,dx$, P & Q étant des fonctions de x, on fera, selon la méthode de Bernoulli, $y = X\zeta$, X étant une autre fonction de x, alors $X\,d\zeta + \zeta\,dX + PX\zeta\,dx = aQ\,dx$. Supposons $\zeta\,dX + PX\zeta\,dx = 0$, nous aurons $\dfrac{dX}{X} = -P\,dx$, $lX = -\int P\,dx$, $X = e^{-\int P\,dx}$, & par conséquent $aQ\,dx = e^{-\int P\,dx}\,d\zeta$. Donc $\zeta = a\int(e^{\int P\,dx} Q\,dx) \ldots y e^{\int P\,dx} = a\int(e^{\int P\,dx} Q\,dx) + C$.

Par exemple, l'équation $dy + y\,dx = a x^m\,dx$ donne $y = a e^{-x}$

FIG. $(C + \int e^x x^m\, dx) = a\, C e^{-x} + a(x^m - m x^{m-1} + m.m-1.x^{m-2} - \&c).$

928. On intégrera par la même méthode l'équation $X y^m\, dy + X' y^{m+1}\, dx = X'' y^x\, dx$, en divisant par $X y^n$ & faisant $y^{m-n+1} = z$.

Il y a peu d'autres cas où la féparation générale d'une équation foit poffible. Voyons maintenant quelques applications de ces principes à la méthode inverfe des tangentes.

PROB. I. Trouver la courbe dont la foutangente $\dfrac{y\, dx}{dy} = \dfrac{m}{n}\, x$, on

aura donc en féparant $\dfrac{n\, dx}{x} = \dfrac{m\, dy}{y}$, & en intégrant $n\, l\, x = m\, l\, y + (n - m)\, l c$, d'où l'on tire $y^m = x^n c^{m-n}$, équation cherchée.

PROB. II. Quelle eft la courbe dont la foutangènte $\dfrac{y\, dx}{dy} = \dots$

$\dfrac{aa + xx}{x}$? on aura d'abord $\dfrac{dy}{y} = \dfrac{x\, dx}{aa + xx}$; puis, $y y = \dfrac{b^2}{a^2}(aa + xx)$, équation à l'hyperbole.

PROB. III. Quelle eft la courbe dans laquelle l'efpace $A\,P\,M = \dfrac{m}{n}$

AMQ? On a donc $\dfrac{m}{n}\int x\, dy = \int y\, dx$, $\dfrac{m\, dy}{y} = \dfrac{n\, dx}{x}$, $y^m = x^n a^{m-n}$.

PROB. IV. Trouver la courbe B M dont l'efpace A B M P $=$ l'arc B M multiplié par une conftante a, ou telle que $\int y\, dx = a\int \sqrt{(dx^2 + dy^2)}$. Donc $dx = \dfrac{a\, dy}{\sqrt{(y y - a a)}}$, & $\dfrac{x}{a} = l\dfrac{y + \sqrt{(y y - a a)}}{c}$ eft l'équation cherchée.

PROB. V. Trouver la courbe A M dans laquelle le rayon ofculateur $M\,C = \dfrac{m}{n}\, M\,N$.

Si on fuppofe dx conftante, on aura $\dfrac{m}{n} y = \dfrac{dx^2 + dy^2}{-d\,dy}$, ou $\dfrac{m}{n} y\, d\,dy + dx^2 + dy^2 = 0$. Pour intégrer, foit $dx = p\, dy$, on aura $d\,dy = -\dfrac{dp\, dy}{p}$, & $\dfrac{n}{m} \cdot \dfrac{dy}{y} = \dfrac{dp}{p(p^2 + 1)}$. Donc .

$$\frac{n}{m} \, l \, \frac{y}{c} = l \, \frac{p}{\sqrt{(p^2+1)}} \, \dots \, p = \frac{\pm y^{\frac{n}{m}}}{\sqrt{\left(c^{\frac{2n}{m}} - y^{\frac{2n}{m}}\right)}}, \; \& \; dx =$$

$$\frac{\pm y^{\frac{n}{m}} \, dy}{\sqrt{\left(c^{\frac{2n}{m}} - y^{\frac{2n}{m}}\right)}}$$: c'est l'équation différentielle du premier ordre de la courbe cherchée.

Si $n = m$, on a $dx = \pm \dot{y} \, dy \, (cc - yy)^{-\frac{1}{2}}$, & $x = c' \pm \sqrt{(cc - yy)}$ équation au cercle. Si $m = 2n$, on a $dx = \frac{\pm dy \sqrt{y}}{\sqrt{(c - y)}}$, équation à la cycloïde.

PROB. VI. Trouver une courbe B M, telle qu'en menant par l'origine A une droite A O, qui fasse avec l'axe un angle de 45°, on ait toujours cette proportion .... l'ordonnée P M est à la soutangente P T :: une ligne donnée a : O M.

On voit par l'énoncé de ce problême, que $dy : dx :: a : y - x$, & $a \, dx = (y - x) \, dy$. Soit $y - x = \zeta$, on aura $\frac{dy}{a} = \frac{d\zeta}{a - \zeta}$, $\frac{x}{a} = l \frac{C}{a - \zeta}$, & $x = y - a + C e^{-\frac{y}{a}}$. On auroit pu trouver immédiatement cette intégrale, en comparant l'équation $dx + \frac{x}{a} \, dy = \frac{y \, dy}{a}$, avec celle des numéros 926 & 927. La plus petite ordonnée B D se trouve en faisant $\frac{dy}{dx} = \infty$, & alors on a $B D = A D = a \, l \frac{C}{a}$; l'espace $D B M P = xy - \frac{1}{2} yy + aa \, l \frac{a}{C} + \frac{1}{2} aa \, l^2 \frac{a}{C}$.

PROB. VII. Trouver la courbe B M qui fasse par tout avec l'ordonnée P M un angle E M P proportionel à l'abscisse A P.

On aura donc $E M P = \frac{x}{m}$, m étant constant, & $tang \, E M P = tang \frac{x}{m} = \frac{dx}{dy}$; par conséquent $\frac{dy}{m} = \frac{dx}{m} \cot \frac{x}{m} = \frac{\frac{dx}{m} \cos \frac{x}{m}}{\sin \frac{x}{m}}$. Donc $y = C + m \, log \, \sin \frac{x}{m}$; équation qui fait

voir que la courbe rencontre la ligne des abscisses en des points
E, F, E', F', &c, tels que $log \, \sin \dfrac{x}{m} = - \dfrac{C}{m}$; & que par
conséquent $x = m$ multiplié par tous les arcs dont le sinus $= e^{-\frac{C}{m}}$:
or le nombre de ces arcs est infini ; car si le premier est a, & si l'arc
de 180° est c, ceux qui auront le même sinus, formeront la suite
a, $c - a$, $2 c + a$, $3 c - a$, $4 c + a$, $5 c - a$, &c : ainsi les
distances où la courbe rencontrera la ligne des abscisses, seront
représentées par $m a$, $m (c - a)$, $m (2 c + a)$, $m (3 c - a)$, &c.

On prendra donc $A E = m a$, $A F = m c - m a$, $A E' =$
$2 m c + m a$, $A F' = 3 m c - m a$, &c ; & on aura les valeurs positives de x. On trouveroit de même ses valeurs négatives, c'est-à-
dire, les abscisses comptées vers la gauche de $A S$, & on verroit
que les intervalles $E F$, $E' F'$, &c. font égaux.

Cherchons maintenant en quel point l'ordonnée de cette courbe est
un *Maximum*. Pour cela, soit $\dfrac{dy}{dx} = 0$, on aura $cot \dfrac{x}{m} = 0$,
& par conséquent $\sin \dfrac{x}{m} = 1$. Or les valeurs qui satisfont dans
le sens positif à cette équation, font . . . .

$$\frac{x}{m} = \frac{1}{2} c, \quad \frac{x}{m} = \frac{5}{2} c, \quad \frac{x}{m} = \frac{9}{2} c, \quad \frac{x}{m} = \frac{13}{2} c, \, \&c.$$

Et puisque $\sin \dfrac{x}{m}$ est égal à 1 dans ce cas, on a $y = C$; donc
aux points les plus élevés C, C', &c. les ordonnées font égales
entre elles & à la constante.

Pour trouver les asymptotes, on supposera $y = \infty$ ce qui donnera
$\sin \dfrac{x}{m} = 0$, équation qui aura lieu soit que $\dfrac{x}{m} = 0$, soit que
$\dfrac{x}{m} = \pm c$, ou $\pm 2 c$, ou $\pm 3 c$, &c. Alors x aura une des
valeurs suivantes, 0, $\pm c m$, $\pm 2 c m$, $3 c m$, à l'infini. La courbe
doit donc avoir une infinité d'asymptotes perpendiculaires à l'axe.
La première passe par l'origine des abscisses, c'est $A S$, la seconde

passe à la distance $AD = cm$, la troisieme, à une distance AD' FIG.
$= 2AD = 2cm$, &c. Il en est de même dans le sens négatif.

PROB. VIII. Entre toutes les courbes isopérimetres qui passent
par les points B & D, trouver celle qui rend l'aire A B D E un 221.
Maximum, en supposant la ligne AE donnée de position.

Si on considere les trois éléments consécutifs M N, N S, S V, il
faudra qu'entre tous les isopérimetres qui passent par les points
M & V, M N S V soit propre à rendre l'aire M P T V M *Maximum*.
Supposons donc les dy constantes, & nommons P M $= a$, N Q
$= b$, S R $= c$, N $r =$ S $n =$ V $s = m$, M $r = u$, N $n = t$,
S $s = \zeta$, on aura 1°, à cause des points M & V dont la distance
est constante $du + dt + d\zeta = 0$. 2°, à cause de l'arc M N S V
dont la longueur est constante aussi, $\sqrt{(u^2 + m^2)} + \sqrt{(t^2 + m^2)} +$
$\sqrt{(\zeta^2 + m^2)} = $ à une constante ; & par conséquent $\dfrac{u\,du}{\sqrt{(u^2 + m^2)}}$

$+ \dfrac{t\,dt}{\sqrt{(t^2 + m^2)}} + \dfrac{\zeta d\zeta}{\sqrt{(\zeta^2 + m^2)}} = 0$. 3°, l'espace M P T V

étant un *Maximum*, on a $a\,du + b\,dt + c\,d\zeta = 0$. Éliminant $d\zeta$
& dt au moyen de ces trois équations, & ayant égard à ce que

$b - c = -m$, & que $a = c = -2m$, on a $-\dfrac{u}{MN} + \dfrac{2t}{NS} -$

$\dfrac{\zeta}{SV} = 0$, ou $\dfrac{Nn}{NS} - \dfrac{Mr}{MN} + \left(\dfrac{Nn}{NS} - \dfrac{Ss}{SV}\right) = 0$. Or il suit des

principes du Calcul différentiel que $- \dfrac{Mr}{MN} + \dfrac{Nn}{NS} = d\,\dfrac{Mr}{MN}$, & que

$\left(\dfrac{Ss}{SV} - \dfrac{Nn}{NS}\right) - \left(\dfrac{Nn}{NS} - \dfrac{Mr}{MN}\right) = d\left(-\dfrac{Mr}{MN} + \dfrac{Nn}{NS}\right)$. Donc

$dd\left(\dfrac{Mr}{MN}\right) = 0$.

Exprimant cette équation à la maniere accoutumée, c'est-à-dire
faisant M $r = dx$, M N $= \sqrt{(dx^2 + dy^2)}$, on a . . . . . .

$dd\,\dfrac{dx}{\sqrt{(dx^2 + dy^2)}} = 0$. Donc $d\,\dfrac{dx}{\sqrt{(dx^2 + dy^2)}} = \dfrac{dy}{C}$, &

$\dfrac{dx}{\sqrt{(dx^2 + dy^2)}} = \dfrac{y + C'}{C}$. Donc $\dfrac{dx^2 + dy^2}{dx^2} = \dfrac{C^2}{(y + C')^2}$

$$= 1 + \frac{dy^2}{dx^2}, \; \& \pm \frac{dv}{dx} = \sqrt{\left(\frac{C^2}{(y+C')^2} - 1 \right)}; \text{ donc } dx =$$

$$\frac{\pm \, dy\,(y+C')}{\sqrt{[C^2 - (y+C')^2]}}, \; \& \text{ en intégrant} \ldots \ldots$$

$$x = C'' \pm \sqrt{[C^2 - (y+C')^2]} \, ;$$

équation au cercle. Donc *le cercle est la courbe qui, sous le même périmetre, renferme le plus de surface.*

929. Pour déterminer les constantes C'', C', C, ou pour décrire le cercle cherché, on aura ces trois conditions. 1°, lorsque $x = 0$ $y = AB$. 2°, lorsque $x = AE$, $y = DE$. 3°, on cherchera par l'équation précédente la longueur de l'arc BMD, & comme cette longueur est supposée connue, on aura la troisieme condition nécessaire pour déterminer les constantes C'', C', C.

Réſultats des Solutions de quelques Problêmes énoncés dans le cours de l'Ouvrage.

Pages

5	A....	Soixante-quinze.
Ibid.	B....	Huit cents quatre-vingt-treize.
Ibid.	C....	Mille cent-onze.
Ibid.	D....	Soixante-ſept mille cinq cents-neuf.
Ibid.	E....	Dix millions deux cents mille ſept cents-un.
Ibid.	F	302.
Ibid.	G	8001.
Ibid.	H	15016.
Ibid.	I	50001000.
Ibid.	K	22004000079.
7	L	24619.
Ibid.	M	181164.
Ibid.	N	11167080.
10	O	2000.
Ibid.	P	145.
Ibid.	Q	1111.
Ibid.	R	429.
Ibid.	S	73616.
14	T	15317010848432.
Ibid.	U	4943221371825660.
Ibid.	X	121932631112635269.
27	Y	$999\,\frac{2443}{2568}$.
Ibid.	Z	$387\,\frac{21998}{99887}$.
Ibid.	A'	$1024\,\frac{112715}{683679}$.
35	B'	$\frac{7}{16}$.
Ibid.	C'	$\frac{13}{21}$.

Pages.

35　D'................$\frac{3}{8}$.

Ibid. E'................irréductible.

38　F'................$\frac{1}{3}$.

Ibid. G'................$\frac{2}{3}$.

Ibid. H'................1.

39　I'................$\frac{1}{2}$.

Ibid. K'................4.

Ibid. L'................1.

Ibid. M'................19.

41　N'...Un dixieme.

Ibid. O'...Trois unités quarante-deux centiemes.

Ibid. P'...Trois cents cinquante - quatre unités ſoixante - trois dix milliemes.

Ibid. Q'...Huit unités ſept mille deux cents-un millioniemes.

42　R'................0,0003.

Ibid. S'................1000,004.

Ibid. T'................9,000002.

Ibid U'................0,00013000.

66　A''................$5x - 34xy$.

Ibid. B''................$\frac{3}{7} \cdot \frac{a}{b} - \frac{77}{10} \cdot a - u^2$.

Ibid. C''................$295\,\alpha\beta + \varphi$.

71　D''................$2xy^3 - \frac{16}{5}x^2 y \zeta - 5uy^2 \zeta^3 + 8ux\zeta^4$.

Ibid. E''................$a^2 + 2ab + b^2 - c^2 - 2cd - d^2$.

Ibid. F''................$\alpha^3 \beta^2 + \beta^5$.

103.　D''................853,6 &c.

Ibid. E''................33333.

Ibid. F''................30000,00045 — &c.

110　G''................2,828427124746.

Pages 248 , 249, 250.

H''

I. Soit A le Courrier de Paris , B celui de Fontainebleau, le rapport de leurs vîteffes refpectives :: $m : n$, la diftance de Paris à Fontainebleau $= d$, la diftance de Paris au lieu de rencontre fera $x = \dfrac{m\,d}{m+n}$. Faifant dans cette formule $d = 14$, $m = 3$, $n = 4$, on trouvera $x = 6$.

II. Si on appelle x le nombre des pas que le lévrier doit faire avant d'atteindre le lievre , 1°. on trouvera $x = \dfrac{m\,n\,p}{m\,p - (m+a)\,q}$; 2°. Le lévrier n'atteindra le lievre que dans le cas où $m\,p > (m+a)\,q$.

III. Si on nomme x l'argent de B , y celui de C, & a le gain de ce dernier; on trouvera $y = 9$, par conféquent B aura 6 de refte; mais la feconde partie du problême eft indéterminée , & en donnant à a une valeur arbitraire, l'argent du fecond fera....
$$y = 4\,a\,\sqrt{\dfrac{a}{3}}.$$

IV. La montre marquoit 5 heures $27\frac{3}{11}$ minutes.

V. Le temps demandé $T''' = \dfrac{E'''}{\dfrac{E}{T} + \dfrac{E'}{T'} + \dfrac{E''}{T''}}$.

VI. Les parties qui compofent le mélange , feront . . . .
$$x = \dfrac{c\,(m-b)}{a-b} , \ \& \ y = \dfrac{c\,(a-m)}{a-b}.$$

VII. La Regle de double fauffe pofition ne réfoud exactement que les Equations du premier degré , & dans les applications qu'on en fait ordinairement , on ne confidere qu'une feule inconnue; il eft donc néceffaire lorfqu'il y en a plufieurs, que ces inconnues aient entre elles & celle que l'on confidere des rapports immédiats & bien déterminés , afin que l'on puiffe déduire facilement leurs valeurs d'après les différentes fuppofitions qu'on fera pour la valeur de celle que l'on confidere. Cela pofé , tout problême du premier degré fera cenſé n'avoir qu'une feule inconnue ; on pourra donc exprimer toutes ſes conditions par une équation de cette forme $Ax = B$: A & B étant des quantités que les conditions du problême feroient trouver ſi on en avoit beſoin, & par conſéquent connues. Cela poſé, on fera pour x deux ſuppoſitions S, S'; il en réſultera deux erreurs e, e', & l'équation $Ax = B$ ſe changera en ces deux autres $AS = B + e$, $AS' = B + e'$: multipliant la premiere par e' & la feconde par e, les produits feront $Ae'S = Be' + ee'$, $AeS' = Be + e'e$. Souſtrayant la premiere équation de la feconde, on trouvera pour reſte $A(eS' - e'S) = B(e - e')$, & par conſéquent $\dfrac{eS' - e'S}{e - e'} = \dfrac{B}{A} = x$, équation dans laquelle on reconnoît la regle de double fauſſe poſition.

VIII. La ſomme a été placée au denier 13,463, ou à 7,428 pour $\frac{0}{0}$.

IX. $\dfrac{a^2 - x^2}{a + bx - x^2} = a - bx + \dfrac{b^2 + a - 1}{a} \cdot x^2 - \dfrac{b^3 + (2a - 1)b}{a^2} \cdot x^3$
$+ \dfrac{b^4 + (3a - 1)b^2 + a^2 - a}{a^3} \cdot x^4 - \&c.$

X. On trouvera $y = \dfrac{8}{3}x - \dfrac{1120}{81} \cdot x^2 + \dfrac{1111868}{10935} \cdot x^3 - \&c.$

XI. Soit a le nombre des habitants pour une époque quelconque, t le nombre d'années écoulées durant la population, b leur nombre à la fin de ce temps, l'accroiſſement annuel $= \dfrac{1}{x}$, on trouvera $a = \dfrac{bx^t}{(x + 1)^t} \ldots b = \dfrac{a(x + 1)^t}{x^t} \ldots t = \dfrac{Lb - La}{L(x + 1) - Lx} \ldots$
$L(1 + \dfrac{1}{x}) = \dfrac{Lb - La}{t}.$

XII. Le plus grand des deux nombres eſt 32, & le plus petit eſt 5.

XIII. Le plus petit nombre eſt $= q [\sqrt[3]{(\dfrac{a}{2} + \sqrt{(\dfrac{a^2}{4} + \dfrac{q^3}{27})})} + \sqrt[3]{(\dfrac{a}{2} - \sqrt{(\dfrac{a^2}{4} + \dfrac{q^3}{27})})}]$, qui étant ôté de a donnera le plus grand nombre pour reſte.

XIV. Ce nombre est 923.

XV. Les quatre racines sont imaginaires, & se trouveront aisément en résolvant les deux facteurs du second degré $x^2 + 2x + 3$. $x^2 - x + 1$, dont l'équation proposée a été composée.

XVI. La Garnison étoit de 700 hommes.

XVII. Le Voiturier avoit tiré $39\frac{1}{2}$ bouteilles environ.

XVIII. On trouvera 1°. $\sqrt{(14 + 6\sqrt{5})} = 3 + \sqrt{5}$, 2° & 3°. impossible, 4°. $\sqrt{10}\sqrt{-1} = (1 + \sqrt{-1})\sqrt{5}$.

XIX. On trouvera 1°. $\sqrt[3]{(22 + 10\sqrt{7})} = 1 + \sqrt{7}$, 2°. impossible.

XX. On trouvera $x = 8,9540686$, les deux autres sont imaginaires.

XXI. Les quatres racines sont $x = 3,208245 \ldots x = 3,472092 \ldots$ $x = 1,284723 \ldots x = 0,034940$.

XXII. On trouvera $y = 4,8278$.

XXIII. On pourra combiner de 43 manieres différentes.

XXIV. Le nombre 301 satisfait aux conditions.

XXV. Deux manieres. $\begin{cases} \text{Caffé à } 50^{\text{f}}. \\ \text{Caffé à } 38. \\ \text{Caffé à } 24. \end{cases}$ $\begin{cases} 4 \ldots 11. \\ 20 \ldots 7. \\ 40 \ldots 46. \end{cases}$

XXVI. Quatre solutions. $\begin{cases} \text{Maîtres.} & 1 \ldots 1 \ldots 2 \ldots 3 \\ \text{Domestiques} & 2 \ldots 5 \ldots 3 \ldots 1 \\ \text{Chevaux.} & 8 \ldots 4 \ldots 4 \ldots 4 \end{cases}$

XXVII. Problème impossible.

XXVIII. $\begin{cases} 153 \text{ Solutions} \\ \text{qui commen-} \\ \text{cent ainsi.} \end{cases}$ $\begin{cases} \textit{in-folio.} & 1 \ldots 2 \ldots 3 \ldots 153 \\ \textit{in-}4°. & 457 \ldots 454 \ldots 451 \ldots 1 \\ \textit{in-}12. & 542 \ldots 544 \ldots 546 \ldots 846 \end{cases}$

XXIX. En 1582.

XXX. En l'année 1680.

FAUTES A CORRIGER.

Pag.	lig.	fautes.	corrections.
2.	8	dût	dut
7.	dernier	dif.	dif-
35.	23 & 24	expreſſion ; $3\frac{3}{7}$	expreſſion $3\frac{1}{2}$
36.	23	$5\frac{3}{8}$	$5\frac{5}{8}$.
44.	26	parce	parce que
46.	30	418445	418443
57.	14	57ᵗᵗ 14 ſ. 10 d. $\frac{1}{8}$	557ᵗᵗ 14 ſ. 10 d. $\frac{2}{8}$
71.	19	parqu'en	parce qu'en
78.	25	$a^2 = b^2$	$a^2 - b^2$
83.	12	multipiié	multiplié
180.	29	22140	22114
Ibid.	30	$- q\, t$	$- q_{t}$
211.	23	(307)	(312)
228.	16	$-\frac{1}{2}\sqrt{-3}$	$+\frac{1}{2}\sqrt{-3}$
283.	27	B	A
290.	32	A B	E B.
303.	dern	$\dfrac{m\,x^2}{n}$	$\dfrac{m\,x^3}{2\,n}$
304.	1	$\dfrac{a^2\,n\,m}{m^2 + n^2}$	$\frac{1}{2}\cdot\dfrac{a^2\,n\,m}{m^2 + n^2}$
Ibid.	16	la ſurface	la double ſurface
308.	1	ſur les deux plans q	ſur les deux plans pq & PQ.
327.	5	l'arc C E B	l'arc E B
331.	7	$\int m^2\,\frac{1}{2}\,q$	$\int in^2\,\frac{1}{2}\,q$
363.	12	*tang* A C	*tang* C
364.	30	A B C	A C B
394.	19 & 20	le point T	les points T & D
400.	5	$\dfrac{x^5}{6\,a} - \dfrac{x^3}{40\,a^3}$	$\dfrac{x^3}{6\,a} - \dfrac{x^5}{40\,a^4}$

Page	Ligne	au lieu de	lisez
401.	20	$\dfrac{x^5}{5\,m^3} +$	$\dfrac{x^5}{5\,m^3} -$
407.	37	A T	A G
439.	16	$\dfrac{d\,tang^2 x}{1 + tang^2 x}$	$\dfrac{d\,tang\,x}{1 + tang^2 x}$
458.	14	d	c
459.	6	$\dfrac{\zeta^3\,\sqrt{-1}}{2}$	$\dfrac{\zeta^3\,\sqrt{-1}}{2\cdot 3}$
471.	32	(848)	(787)
511.	27	$x^m a^{m-n}$	$x^n a^{m-n}$
512.	20	$\frac{1}{8} pp$	$\frac{1}{8} p^3$

DE L'IMPRIMERIE DE PH.-D. PIERRES,
Imprimeur Ordinaire du Roi, &c. 1784.

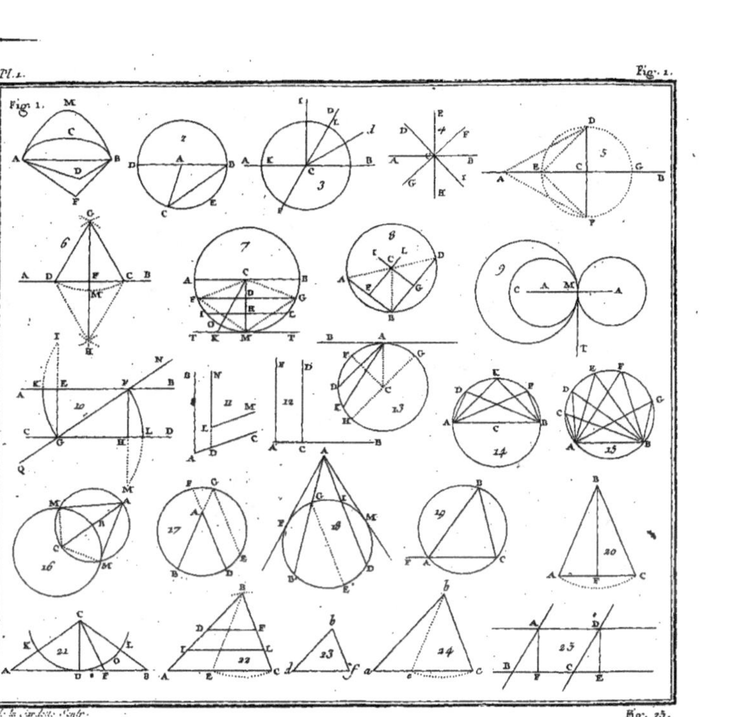
Fig. 1.
1
2
3
4
5
6
7
8
9
10
11
12
13
14
15
16
17
18
19
20
21
22
23
24
25

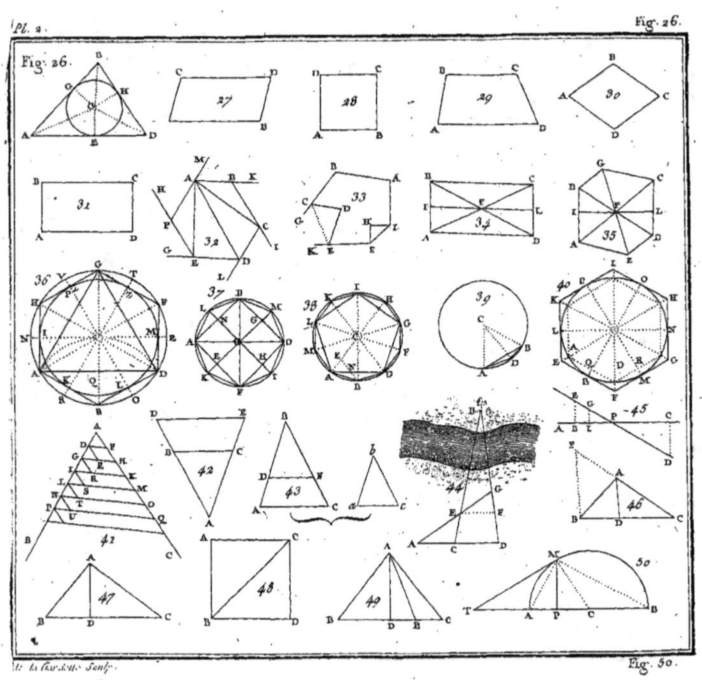

Pl. 2.
Fig. 26.
Fig. 26.
Fig. 50.

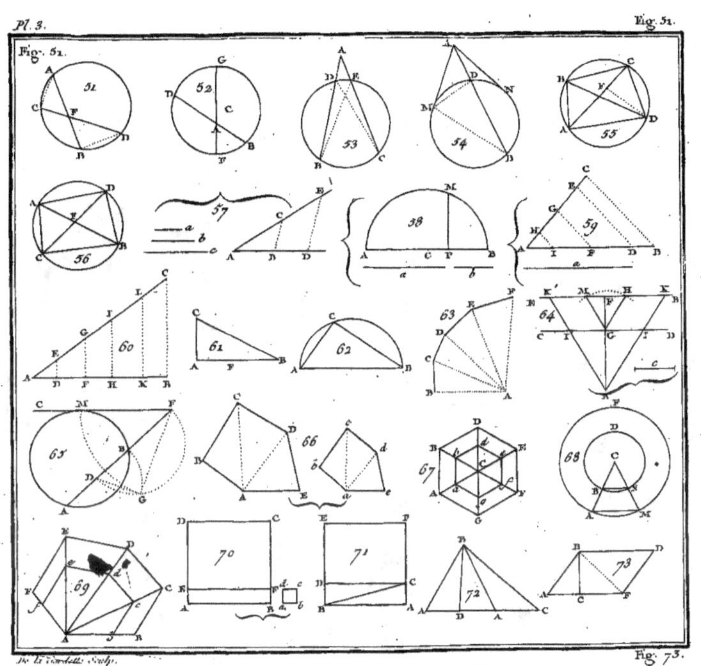
Fig. 51.
Fig. 51.
51
52
53
54
55
56
57
58
59
60
61
62
63
64
65
66
67
68
69
70
71
72
73

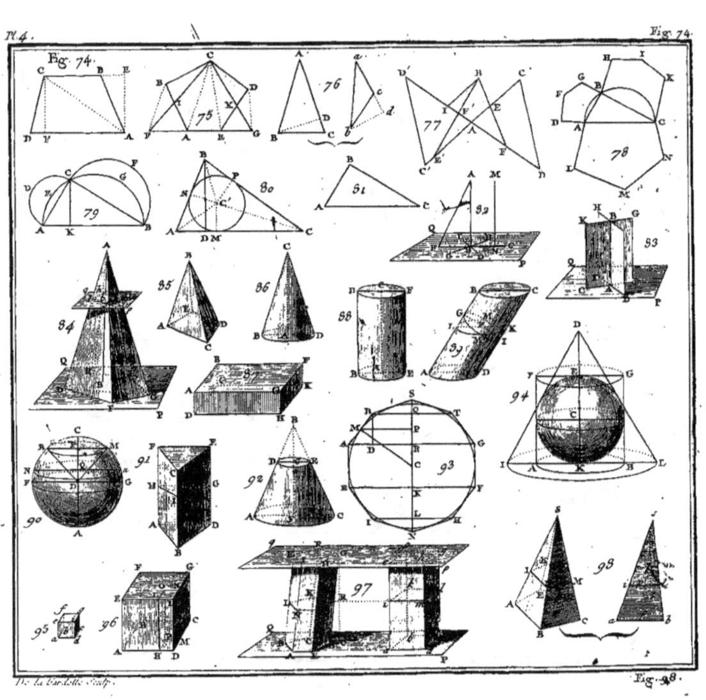

De la Gardette Sculp.

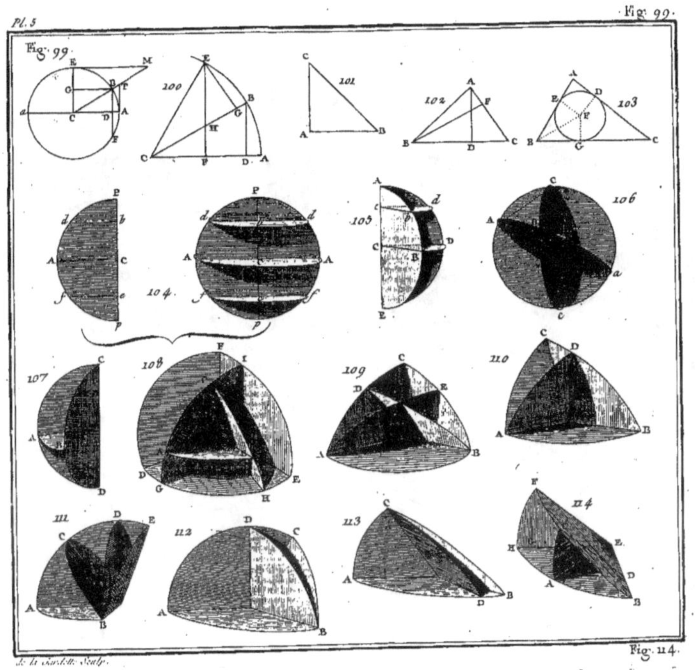
Fig. 99.
100
101
102
103
104
105
106
107
108
109
110
111
112
113
114

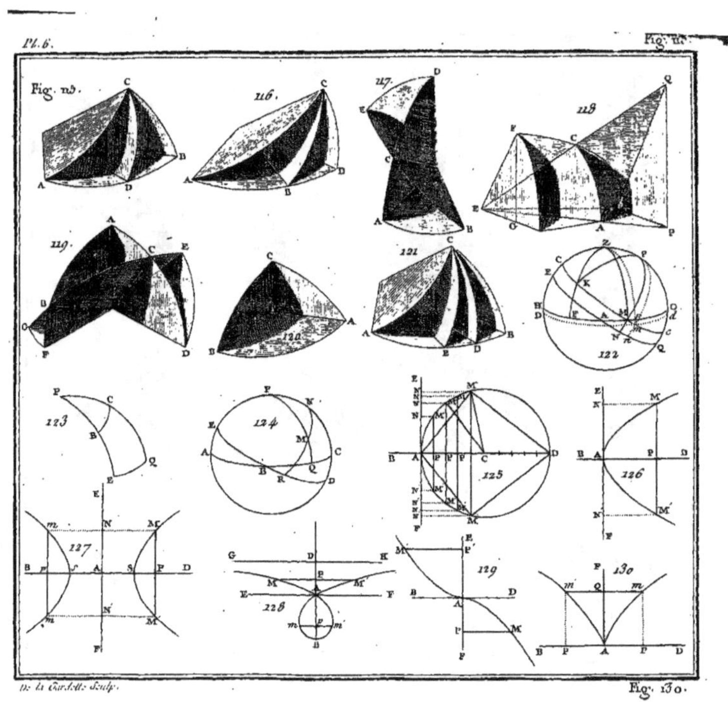
Fig. 115.
116.
117.
118.
119.
120.
121.
122.
123.
124.
125.
126.
127.
128.
129.
130.

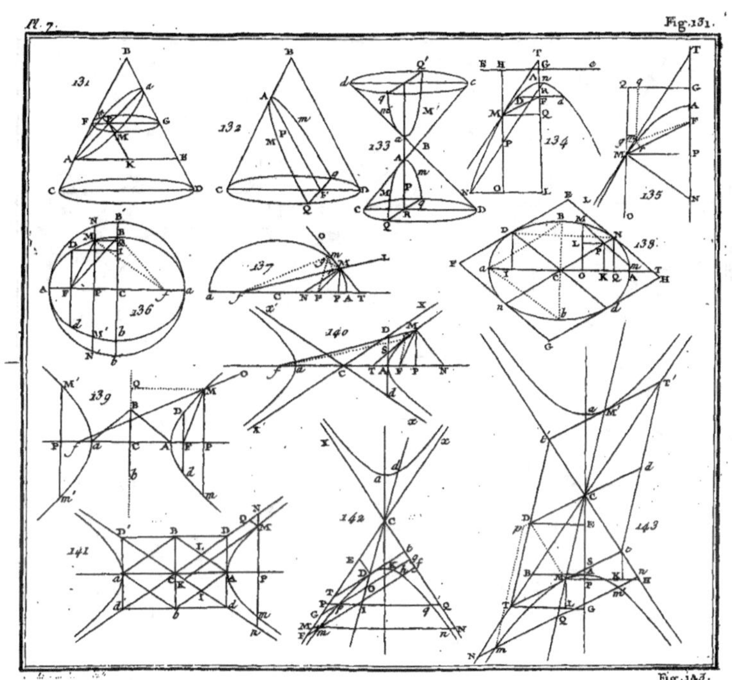

131
132
133
134
135
136
137
138
139
140
141
142
143

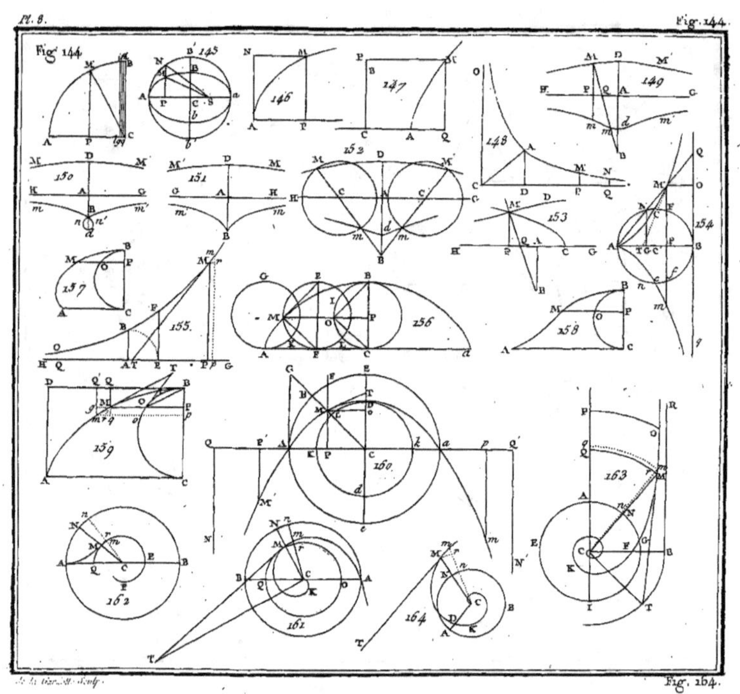

Fig. 144.
145
146
147
148
149
150
151
152
153
154
155.
156
157
158
159
160.
161
162
163
164

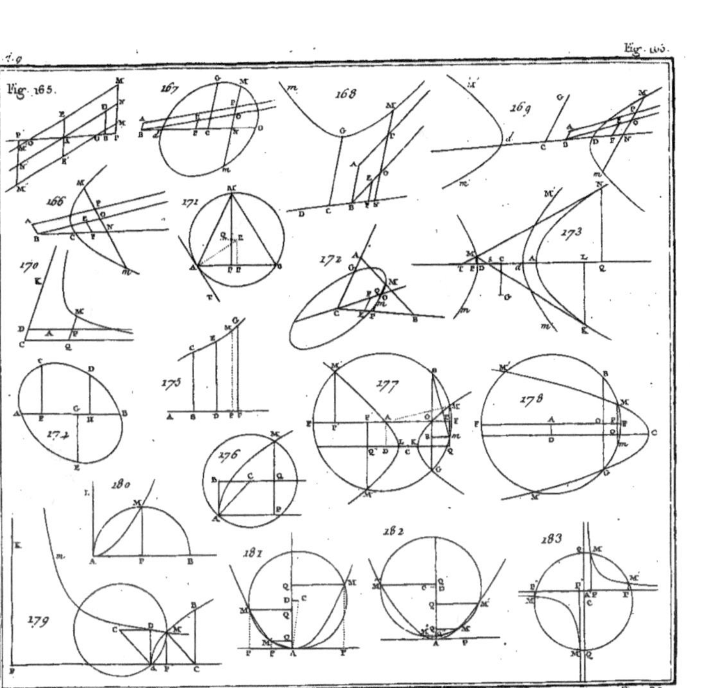

Fig. 165.
167
168
169
166
171
170
172
173
175
174
177
178
176
180
181
182
183
179
Fig. 183.

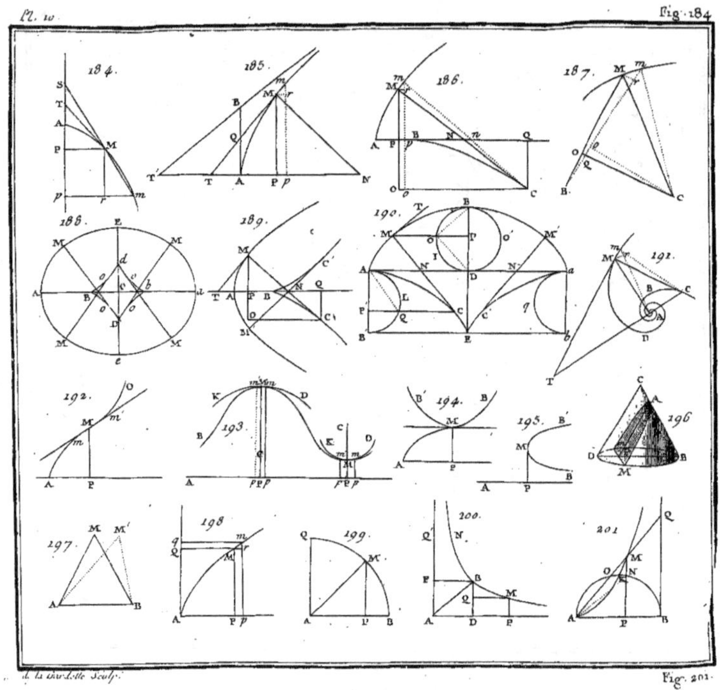

184.
185.
186.
187.
188.
189.
190.
191.
192.
193.
194.
195.
196.
197.
198.
199.
200.
201.

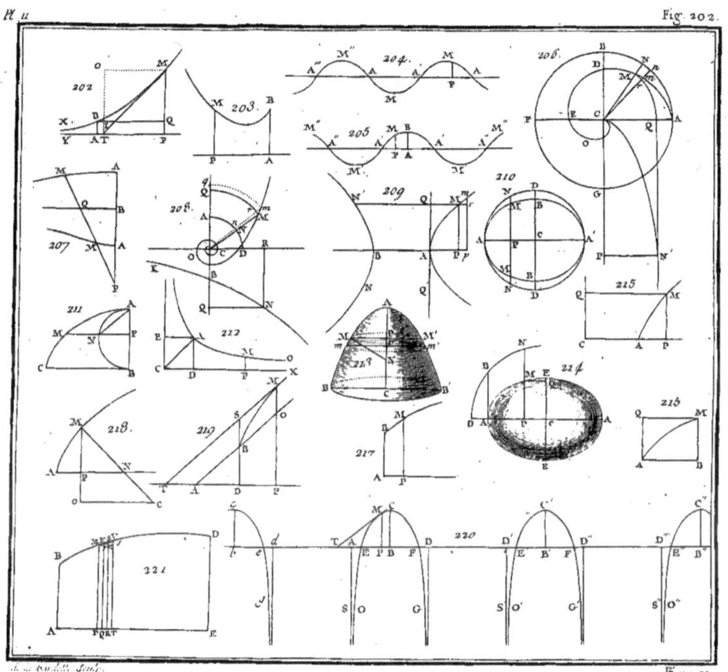

www.ingramcontent.com/pod-product-compliance
Lightning Source LLC
LaVergne TN
LVHW020240060726
842525LV00001B/105